L. O. Figura

Lebensmittelphysik

L. O. Figura

Lebensmittelphysik

Physikalische Kenngrößen – Messung und Anwendung

Mit 193 Abbildungen und 195 Tabellen

Prof. Dr. FIGURA
Hochschule Bremerhaven
An der Karlstadt 8
D-27568 Bremerhaven
lfigura@hs-bremerhaven.de
www.figura.de

ISBN 978-3-540-20337-7   (Hardcover)
ISBN 978-3-642-32390-4   (Softcover)

Bibliografische Information Der Deutschen Bibliothek
Die Deutsche Bibliothek verzeichnet diese Publikation in der Deutschen Nationalbibliografie;
detaillierte bibliografische Daten sind im Internet über <http://dnb.ddb.de> abrufbar.

Dieses Werk ist urheberrechtlich geschützt. Die dadurch begründeten Rechte, insbesondere die der Übersetzung, des Nachdrucks, des Vortrags, der Entnahme von Abbildungen und Tabellen, der Funksendung, der Mikroverfilmung oder der Vervielfältigung auf anderen Wegen und der Speicherung in Datenverarbeitungsanlagen, bleiben, auch bei nur auszugsweiser Verwertung, vorbehalten. Eine Vervielfältigung dieses Werkes oder von Teilen dieses Werkes ist auch im Einzelfall nur in den Grenzen der gesetzlichen Bestimmungen des Urheberrechtsgesetzes der Bundesrepublik Deutschland vom 9. September 1965 in der jeweils geltenden Fassung zulässig. Sie ist grundsätzlich vergütungspflichtig. Zuwiderhandlungen unterliegen den Strafbestimmungen des Urheberrechtsgesetzes.

Springer ist ein Unternehmen von Springer Science+Business Media GmbH

springer.de

© Springer-Verlag Berlin Heidelberg 1993, 1996, 1999, 2002 und 2004, Softcover 2013

Die Wiedergabe von Gebrauchsnamen, Handelsnamen, Warenbezeichnungen usw. in diesem Werk berechtigt auch ohne besondere Kennzeichnung nicht zu der Annahme, dass solche Namen im Sinne der Warenzeichen- und Markenschutz-Gesetzgebung als frei zu betrachten wären und daher von jedermann benutzt werden dürften.

Sollte in diesem Werk direkt oder indirekt auf Gesetze, Vorschriften oder Richtlinien (z. B. DIN, VDI, VDE) Bezug genommen oder aus ihnen zitiert worden sein, so kann der Verlag keine Gewähr für Richtigkeit, Vollständigkeit oder Aktualität übernehmen. Es empfiehlt sich, gegebenenfalls für die eigenen Arbeiten die vollständigen Vorschriften oder Richtlinien in derjeweils gültigen Fassung hinzuzuziehen.

Umschlag-Entwurf: medio Technologies AG, Berlin
Satz: Fotosatz-Service Köhler GmbH, Würzburg

Gedruckt auf säurefreiem Papier   7/3020kk   5 4 3 2 1 0

Vorwort

Häufig werde ich gefragt, was Lebensmittelphysik ist. Die Kurzantwort ist, dass man sich in der Lebensmittelchemie und der Lebensmittelmikrobiologie mit der Bestimmung von Lebensmittelinhaltsstoffen und Mikroorganismen befasst, während die Lebensmittelphysik diejenige Disziplin ist, welche die physikalischen Eigenschaften der Lebensmittel und die zugehörigen Messverfahren im Blick hat. Die ausführliche Antwort ist schon etwas komplizierter: Die Forderungen nach Schnellmethoden und On-line-Verfahren für die Bestimmung und die Einhaltung der Qualität von Lebensmitteln bedingt die Suche nach schnell messbaren – d.h. in der Regel physikalischen – Größen, welche zuverlässig mit der Qualität korrelieren. Beispiele sind die optische Bestimmung des Zuckergehaltes, die Bestimmung des Wassergehaltes durch Kernresonanz oder die akustische Ermittlung von Partikelgrößen. Außer in der Qualitätskontrolle und der Prozess-Automatisierung spielt die Lebensmittelphysik eine Rolle für die Lebensmittelverfahrenstechnik, wo Stoffdaten wie z.B. Viskositäten oder Wärmekapazitäten benötigt werden. Die zunehmende Bedeutung physikalischer Verfahren in der Lebensmittelverarbeitung verstärkt diese Rolle.

Physikalische Messverfahren können sehr schnell sein, dafür sind sie in der Regel wenig spezifisch. Die sorgfältige Validierung von physikalischen Messverfahren mit geeigneten chemischen und biologischen Methoden gehört daher ebenso zur Lebensmittelphysik wie die Bestimmung von fundamentalen Größen wie z.B. der Fließgrenze und deren Korrelation mit organoleptisch ermittelten Texturmerkmalen.

Einige physikalische Themenbereiche wie die Mikroskopie von Lebensmitteln, Bildverarbeitung und statistische Verfahren werden in diesem Buch nicht behandelt. Der Stoff jedes Kapitels endet bewusst dort, wo die Verfahrenstechnik beginnt, so sind z.B. die elektrischen Eigenschaften von Lebensmitteln behandelt, nicht aber die Verfahren der ohmschen Erhitzung und der Mikrowellenerhitzung.

Ich danke dem Team, das mich bei der Erstellung dieses Lehrbuches unterstützt hat und freue mich auch zukünftig über Anregungen, Beispiele und Vorschläge, die dem Lernenden das Verstehen von naturwissenschaftlich-technischen Zusammenhängen erleichtern.

Der Lehrstoff des Buches ist nach den physikalischen Eigenschaften der Lebensmittel sortiert, am Ende jedes Kapitels findet sich eine Liste von Anwendungen zum jeweiligen Gebiet. Das Studium der dort angegeben Originalliteratur soll zusammen mit diesem Lehrbuch Anregung und Training für alle diejenigen sein, deren Aufgabe es ist, technische Probleme zu lösen und die Qualität unserer Lebensmittel zu sichern und zukünftig weiter zu verbessern.

Quakenbrück, im Juni 2004 Ludger Figura

Inhalt

1	**Wasseraktivität**	1
1.1.1	Festkörper-Fluid-Grenzflächen	1
1.2	Adsorptionsgleichgewicht	1
1.2.1	Oberflächen-Belegung	4
1.2.2	Adsorptions-Isothermen	7
1.2.3	BET-Modell	9
1.2.4	GAB-Modell	18
1.2.5	Andere Modelle	22
1.3	Haltbarkeit von Lebensmitteln	23
1.4	Messung von Sorptions-Isothermen	26
1.5	Applikationen	29
1.6	Literatur	29
2	**Masse und Dichte**	31
2.1	Masse	31
2.2	Wiegen und Luftauftrieb	32
2.3	Dichte	35
2.3.1	Temperaturabhängigkeit der Dichte	35
2.3.2	Ideale Gase	35
2.3.3	Festkörper und Flüssigkeiten	36
2.3.4	Druckabhängigkeit der Dichte	37
2.3.5	Ideale Gase	37
2.3.6	Flüssigkeiten und Festkörper	37
2.3.7	Relative Dichte	40
2.3.8	Verfahren zur Bestimmung der Dichte	40
2.4	Applikationen	58
2.5	Literatur	58
3	**Disperse Systeme: Geometrische Eigenschaften**	59
3.1	Partikelgröße	60
3.1.1	Längen aus Bildauswerteverfahren	60
3.1.2	Äquivalentdurchmesser	60
3.1.3	Geometrische Äquivalentdurchmesser	61
3.1.4	Physikalische Äquivalentdurchmesser	62

3.1.5	Spezifische Oberfläche	62
3.1.6	Partikelform	63
3.2	Partikelgrößenverteilungen	65
3.2.1	Masseverteilung	66
3.2.2	Medianwert	71
3.2.3	Modalwert	72
3.2.4	Mittlere Partikelgröße – integrale Mittelwerte	72
3.2.5	Spezifische Oberfläche	76
3.2.6	SAUTER-Durchmesser	78
3.2.7	Weitere Verteilungs-Parameter	79
3.3	Messung von Partikelgrößen	79
3.3.1	Gravimetrische Verfahren	80
3.3.2	Optische Verfahren	81
3.3.3	Elektrische Verfahren	82
3.3.4	Weitere Messverfahren	83
3.4	Applikationen	85
3.5	Literatur	86

4 Rheologische Eigenschaften 87

4.1	Elastische Eigenschaften	87
4.1.1	Zugbeanspruchung	87
4.1.2	Dehnung	89
4.1.3	Kompression, Kompressibilität, Kompressionsmodul	91
4.1.4	Scherung	92
4.1.5	Querdehnung	93
4.2	Rheologische Modell-Körper	94
4.3	Viskose Eigenschaften – Fließen	97
4.3.1	Scherrate	98
4.3.2	NEWTON'sches Fließverhalten	103
4.3.3	Nicht-NEWTON'sches Fließverhalten	105
4.3.4	Vergleich: NEWTON'sche Fluide – nicht-NEWTON'sche Fluide	106
4.3.5	Strukturviskoses Fließverhalten	107
4.3.6	Thixotropes Fließverhalten	107
4.3.7	Dilatantes Fließverhalten	108
4.3.8	Plastisches Fließverhalten	108
4.3.9	Übersicht: Nicht-NEWTON'sches Fließverhalten	110
4.3.10	Modellfunktionen	112
4.3.11	OSTWALD-DE-WAELE-Fließgesetz	114
4.3.12	Modellfunktionen für plastische Fluide	116
4.4	Viskoelastizität	118
4.5	Temperaturabhängigkeit der Viskosität	122
4.6	Rheologische Messsysteme	123
4.6.1	Rotations-Rheometer	123
4.6.2	Oszillationstest	137
4.6.3	Weitere Messsysteme	141
4.7	Textur-Untersuchung	144

4.7.1	Messverfahren	146
4.7.2	Stress-Test	151
4.7.3	Fließtest	152
4.7.4	Relaxations-Test	152
4.7.5	Kriech-Tests	155
4.7.6	Bruch-Tests	156
4.8	Applikationen	162
4.9	Literatur	163
5	**Grenzflächen**	**167**
5.1	Zwei-Phasen-Systeme	168
5.1.1	Grenzflächenspannung	168
5.1.2	Gekrümmte Grenzflächen	169
5.1.3	Temperaturabhängigkeit der Grenzflächenspannung	172
5.1.4	Konzentrationsabhängigkeit der Grenzflächenspannung	176
5.1.5	Messung der Grenzflächenspannung	178
5.1.6	Adsorption von Polymeren aus der flüssigen Phase	182
5.2	Drei-Phasen-Systeme	183
5.2.1	Phasengrenze Flüssigkeit-Flüssigkeit-Gas	183
5.2.2	Phasengrenze Festkörper-Flüssigkeit-Gas	184
5.3	Applikationen	186
5.4	Literatur	186
6	**Transport von Stoff, Masse, Wärme, Ladung**	**187**
6.1	Stationäre Diffusion in Festkörpern	187
6.2	Leitfähigkeit, Leitwert, Widerstand	192
6.3	Stationäre Transportprozesse in mehrschichtigen Festkörpern	194
6.4	Permeation durch Verpackungen	196
6.4.1	Temperaturabhängigkeit	200
6.4.2	Messung der Permeabilität	200
6.5	Applikationen	204
6.6	Literatur	205
7	**Thermische Größen**	**207**
7.1	Temperatur	207
7.2	Thermische Ausdehnung	209
7.2.1	Längenausdehnung	209
7.2.2	Volumenausdehnung	210
7.3	Temperatur-Messung	212
7.3.1	Ausdehnungs-Thermometer	212
7.3.2	Elektrische Temperaturmessung	213
7.4	Enthalpie und Wärme	215
7.5	Thermodynamische Grundlagen	217
7.5.1	Hauptsätze der Thermodynamik	218
7.5.2	Klassifikation von Phasenumwandlungen	219

7.6	Wärmekapazität	222
7.6.1	Ideale Gase und ideale Festkörper	223
7.6.2	Wärmekapazität zusammengesetzter, realer Festkörper	226
7.7	Wärmetransport in Lebensmitteln	227
7.7.1	Wärmestrahlung	227
7.7.2	Wärmeleitung	229
7.7.3	Wärmeleitfähigkeit	239
7.7.4	Temperaturleitfähigkeit	244
7.7.5	Messung von Wärmeleitfähigkeit und Temperaturleitfähigkeit	245
7.8	Brennwert und Energieinhalt von Lebensmitteln	248
7.8.1	Energieinhalt und -umsatz	248
7.8.2	Berechnung des Energieinhaltes von Lebensmitteln	250
7.8.3	Messung des Brennwertes	251
7.9	Thermische Analyse	252
7.9.1	Thermogravimetrie (TG)	253
7.9.2	Wärmestrom-Kalorimetrie	257
7.10	Applikationen	273
7.11	Literatur	275
8	**Elektrische Eigenschaften**	**279**
8.1	Konduktivität	279
8.1.1	Temperaturabhängigkeit der elektrischen Leitfähigkeit	281
8.1.2	Feste pflanzliche Lebensmittel	282
8.1.3	Feste tierische Lebensmittel	282
8.1.4	Elektrolyt-Lösungen	283
8.2	Messung der elektrischen Leitfähigkeit	288
8.3	Kapazität und Induktivität	290
8.4	Applikationen	294
8.5	Literatur	294
9	**Magnetische Eigenschaften**	**295**
9.1	Paramagnetismus	295
9.2	Ferromagnetismus	296
9.3	Diamagnetismus	296
9.4	Magnetisierung	298
9.4.1	Applikationen	301
9.5	Magnetische Resonanz	303
9.5.1	NMR-Varianten	306
9.5.2	Applikationen	310
9.5.3	Literatur	312
10	**Elektromagnetische Eigenschaften**	**315**
10.1	Elektrische Polarisation	315
10.1.1	Temperaturabhängigkeit	319
10.1.2	Frequenzabhängigkeit	321

10.1.3	Applikationen	322
10.2	Mikrowellen	322
10.2.1	Umwandlung von Mikrowellen in Wärme	324
10.2.2	Eindringtiefe von Mikrowellen	326
10.2.3	Mikrowellenerwärmung von Lebensmitteln	327
10.2.4	Applikationen	328
10.2.5	Literatur	329

11	**Optische Eigenschaften**	331
11.1	Refraktometrie	331
11.1.1	Grundlagen	331
11.1.2	Messung der Brechzahl	333
11.1.3	Applikationen	336
11.2	Kolorimetrie	336
11.2.1	Entstehen von Farbe und Färbung	337
11.2.2	Physiologie des Farbsehens	339
11.2.3	Terminologie	340
11.2.4	Farbmessverfahren	344
11.2.5	Applikationen	345
11.2.6	Literatur	346
11.3	NIR – nahes Infrarot	347
11.3.1	Grundlagen	347
11.3.2	Messtechnik	350
11.3.3	Applikationen	353
11.3.4	Literatur	354

12	**Akustische Eigenschaften**	355
12.1	Schall	355
12.1.1	Schallgeschwindigkeit	355
12.1.2	Lautstärke	358
12.1.3	Geräusch	359
12.1.4	Lärm	360
12.2	Ultraschall	360
12.3	Anwendungsbeipiele	362
12.4	Literatur	362

13	**Radioaktivität**	365
13.1	Strahlenarten	365
13.2	Radioaktives Zerfallsgesetz	366
13.3	Messung ionisierender Strahlung	368
13.4	Natürliche Radioaktivität	371
13.5	Applikationen	377
13.6	Literatur	377

14	**Anhänge**	379
14.1	Das Internationale Einheitensystem (SI)	379
14.2	Gestaltung von Manuskripten	386
14.3	Verteilungsfunktionen	392
14.4	Komplexe Zahlen	399
14.5	Griechische Schriftbuchstaben	405
14.6	Umrechnung von Temperaturangaben	406
14.7	Umrechnung von Zuckergehalt und Dichte	407
14.8	Einige Stoffdaten	408
14.9	Farbvergleichslösungen	416
14.10	Abbildungs-Verzeichnis	420
14.11	Tabellen-Verzeichnis	427
15	**Allgemeine Literatur**	433

1 Wasseraktivität

Die Bindung von Wasser an Lebensmitteln führt zu einem charakteristischen Feuchte-Milieu im betrachteten Material, welches für die Qualität und den Verderb des Produktes eine ausschlaggebende Rolle spielt (s. z.B. [1]). Die so genannte Wasseraktivität eines Lebensmittels ist die Folge eines Adsorptionsgleichgewichtes von Wasserdampf an der Feststoff-Grenzfläche. Im Folgenden geht es um dieses Sorptions-Gleichgewicht an festen Grenzflächen. Phänomene an fluiden Grenzflächen werden in Kapitel 5 behandelt.

1.1.1
Festkörper-Fluid-Grenzflächen

Grenzflächen, bei denen eine der beiden Phasen im festen Aggregatzustand ist, sind räumlich an den Festkörper gebunden und werden daher auch als feste Grenzflächen bezeichnet. Dies sind Grenzflächen des Typs Festkörper-Flüssigkeit und Festkörper-Gas. Die Anlagerung von Teilchen aus einer fluiden Phase an eine feste Grenzfläche wird als Adsorption bezeichnet. Adsorptions- und Desorptionsprozesse spielen eine Rolle für die aktuelle Wasseraktivität von festen Lebensmitteln, für die Extraktion und Trocknung, Vakuumerzeugung, aber auch z.B. bei der heterogenen Katalyse. Besonderheiten bei der Adsorption an einer Festkörperoberfläche sind:

- die Größe der Grenzfläche wird auch von der Gestalt und der Oberflächenstruktur (z.B. Poren) bestimmt
- neben der physikalischen Anlagerung (Physisorption) sind auch chemische Bindungen zu den angelagerten Teilchen möglich (Chemisorption).

Aus diesen Gründen bezeichnet man Festkörpergrenzflächen, insbesondere die Größe der für die Adsorption verfügbaren Fläche – als chemisch und physikalisch modifizierbar.

1.2
Adsorptionsgleichgewicht

Bringt man eine frisch erzeugte Festkörpergrenzfläche mit einer fluiden Phase in Kontakt (z.B. ein Milchpulverpartikel mit Umgebungsluft), so werden sich Teilchen der fluiden Phase an die Festkörpergrenzfläche anlagern, bis eine gewisse Grenzflächenkonzentration erreicht ist, die sich nicht mehr ändert. Dieser sta-

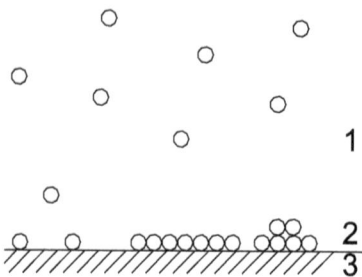

tionäre Zustand ist ein dynamisches Gleichgewicht, das dadurch gekennzeichnet ist, dass pro Zeiteinheit gleich viele Teilchen an der Grenzfläche adsorbieren wie Teilchen sich von der Grenzfläche ablösen (desorbieren) und in das Volumen der fluiden Phase zurück diffundieren. In diesem Zustand des Adsorptions-Gleichgewichts sind die Belegung der Grenzfläche (die so genannte Grenzflächenkonzentration) und die Konzentration der Teilchen in der fluiden Phase zeitlich konstant. Eine Erhöhung der Teilchenkonzentration in der Fluidphase führt zu einer höheren Gleichgewichtsbelegung der Grenzfläche und umgekehrt. Selbstver-

Tabelle 1-1. Einteilung von gebundenem Wasser [6]

	Haftwasser	Kapillarwasser		Hydrationswasser	Adsorbiertes Wasser	Hydratwasser	Konstitutionswasser
		Grobkapillarwasser	Mikrokapillarwasser	Quellungswasser		Kristallwasser	
Bindung	ungebunden	mechanisch	physikalisch	physikochemisch		chemisch	
Bindungsverhältnis	Nicht stöchiometrisch					stöchiometrisch	
Beweglichkeit	frei	frei	abnehmend			ortsfest	
Bindungswärme J/g H_2O	0	0	0–300	0–1000	100–3300	300–2200	1000–6000
Beispiele	nasse Festkörperoberflächen	Glasfritten	Kieselgel Molekularsiebe	Gele Gelatine Tone CMC	Alle hydrophilen Festkörperoberflächen an feuchter Luft	Kristallhydrate z.B. Glucosemonohydrat	Oxidhydrate z.B. $Ca(OH)_2$

1.2 Adsorptionsgleichgewicht

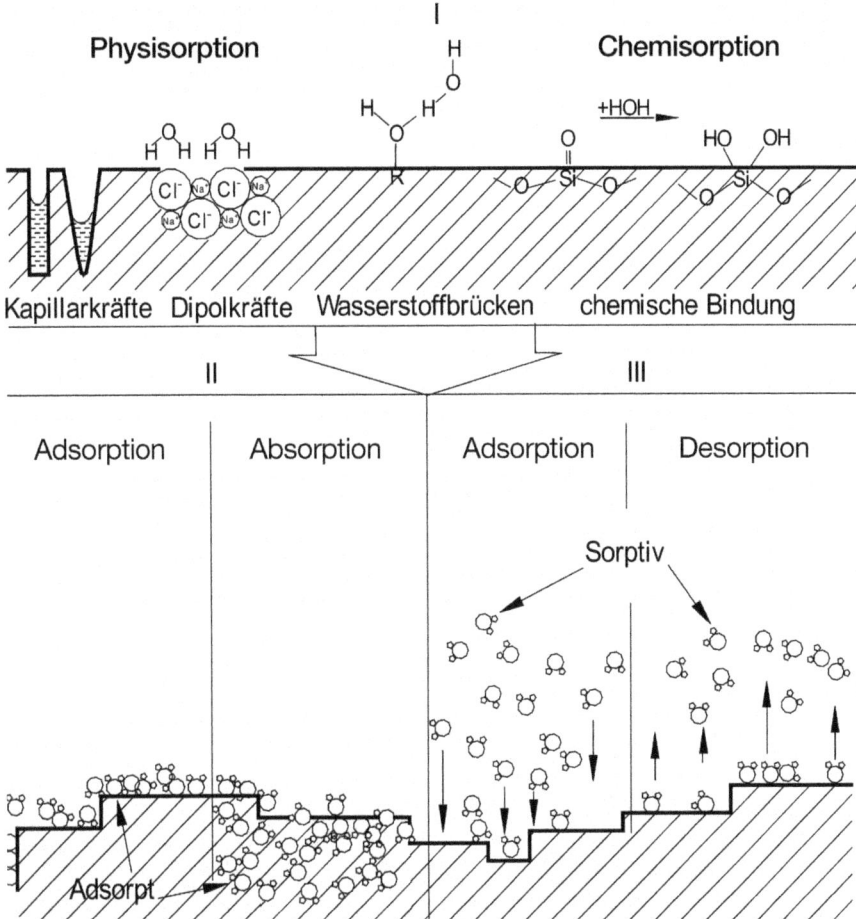

Abb. 1-2. Begriffe der Sorption. Einteilung nach Art der Bindung (I), nach Ort der Anlagerung (II), nach Richtung der Sorption (III)

ständlich gilt dies nur bei konstant gehaltener Temperatur. Erhöht man die Temperatur, d.h. erhöht man die mittlere kinetische Energie der Teilchen (vgl. 14.3, MAXWELL-BOLTZMANN-Verteilung), so löst sich ein Teil der adsorbierten Teilchen von der Festkörperoberfläche und ein neues Gleichgewichtsverhältnis zwischen Grenzflächenkonzentration und Fluidphasen-Konzentration stellt sich ein.

Typische Fälle in der Praxis, in denen dieses Adsorptionsgleichgewicht eine wichtige Rolle spielt, sind z.B.:

- Aktivkohle in Flüssigkeit oder Gas: bestimmte Stoffe in der Fluidphase, z.B. Schadstoffe, werden an der Aktivkohle-Grenzfläche adsorbiert (Aktivkohlefilter, Aktivkohle-Extraktion).
- Festkörper in trockener Luft: N_2- und O_2-Moleküle werden bis zur Gleichgewichtsbelegung auf der Festkörperoberfläche adsorbiert. Der Partialdruck tritt an die Stelle der Teilchenkonzentration in der Fluidphase.

– Festkörper in feuchter Luft: zusätzlich werden H_2O-Moleküle entsprechend dem H_2O-Partialdruck adsorbiert.

1.2.1
Oberflächen-Belegung

Bei der Adsorption von Teilchen an Festkörperoberflächen wird zwischen Festkörpergrenzflächen ohne Poren und Festkörpergrenzflächen mit Poren unterschieden. Beim Vorhandensein von Poren ist die spezifische Fläche gegenüber der glatten Grenzfläche stark vergrößert und es treten Effekte wie die Kapillarkondensation (s. Festkörperoberfläche mit Poren, s. 1.2.1) ein.

Bei Naturstoffen und Lebensmitteln ist der porenfreie Fall eher selten. Teilweise kann man den porenfreien Fall als Näherung verwenden. Der weitaus häufigere Fall ist die Adsorption von Molekülen aus der Gasphase an porösen Festkörperoberflächen. Beispiele hierfür sind die Adsorption von Wasser aus der Umgebungsluft an Lebensmittel wie Backwaren oder von Stickstoff-Molekülen an Pulvern (s. Oberflächenbestimmung nach BET, s. 1.2.3).

Zur begrifflichen Vereinfachung wird bei Festkörper-Gas-Grenzflächen von Festkörper-Oberflächen gesprochen und die Konzentration der fluiden Phase mit dem Partialdruck angegeben. Die im Folgenden besprochenen Gesetzmäßigkeiten gelten jedoch prinzipiell auch für die Adsorption aus flüssigen Phasen.

Festkörperoberfläche ohne Poren
Setzt man eine (frisch gebildete) Festkörperoberfläche einer gasförmigen Phase mit dem Partialdruck p aus, so werden einige gasförmige Moleküle z.B. durch Diffusion an die Oberfläche gelangen und sich dort anlagern. Je nach Stärke der dabei ausgebildeten Bindung wird Energie frei (Adsorptionswärme, Adsorptionsenthalpie, s. 1.2.3). Einige adsorbierte Moleküle verfügen über ausreichend Energie (s. MAXWELL-BOLTZMANN-Verteilung, s. 14.3), die Oberfläche unter Aufbringung dieser Adsorptionsenergie wieder zu verlassen und ins Gasvolumen zurückzukehren. Diesen Vorgang nennt man Desorption.

Das Adsorptionsgleichgewicht (bei dieser Temperatur und gegebenem Partialdruck) ist erreicht, wenn beide Vorgänge sich zahlenmäßig gegenseitig kompensieren, d.h. wenn die Belegung der Oberfläche konstant bleibt. Erhöht man den Partialdruck des Adsorptivs, so stellt sich eine neue, höhere Gleichgewichtsbelegung ein. Bei weiterer Partialdruckerhöhung ist schließlich die gesamte Festkörperoberfläche mit einer vollständigen Schicht Adsorpt belegt. Man nennt diese die monomolekulare Belegung mit einem so genannten Monolayer).

Erhöht man den Partialdruck noch weiter, so findet unter Bildung von Mehrfachlagen weitere Adsorption von Molekülen aus der Gasphase statt. Die adsorptive Bindung ist in den Mehrfachlagen allerdings deutlich schwächer. Aus diesem Grunde verhalten sich dort adsorbierte Moleküle fast wie freie Moleküle im Gasphasenvolumen. Die Bezeichnung „freies Wasser" aus der Trocknungstechnik steht genau für dieses Wasser, welches in höherlagigen Adsorptionsschichten praktisch keine Bindung zum Festkörper mehr hat. Das in niedrigeren Lagen adsorbierte Wasser hingegen heißt im Gegensatz dazu „gebundenes Was-

1.2 Adsorptionsgleichgewicht

Tabelle 1-2. Einteilung von Poren gemäß IUPAC [2]

	Porenradius in nm
Mikroporen	< 1
Mesoporen	1…25
Makroporen	> 25

ser". Tabelle 1-1 zeigt, wie diese Adsorptions-Bindungen je nach Art der Bindung und dessen Bindungsstärke weiter unterteilt werden können.

Festkörperoberfläche mit Poren
Festkörper mit Poren heißen poröse Körper. Unter Porosität versteht man das Verhältnis des Porenvolumens zum Gesamtvolumen des Festkörpers. Bei porösen Körpern wird zwischen äußerer Oberfläche und innerer Oberfläche, die aus den Innenflächen der Poren gebildet wird, unterschieden. Bei hochporösen Stoffen wie z.B. Aktivkohle kann die äußere spezifische Oberfläche 3–5 $m^2 \cdot g^{-1}$, die innere jedoch über 1000 $m^2 \cdot g^{-1}$, betragen. Man unterteilt Poren anhand ihrer Größe, s. Tabelle 1-2.

Die Porenradien unterliegen (wie auch z.B. Partikelgrößen) einer Größenverteilung, dies gilt auch für die Porenform. In Mikroporen existiert durch den geringen Poren-Wandabstand ein extrem hohes Adsorptionspotential. Mikroporen sind daher praktisch stets mit Spuren von Adsorpt belegt, nur im Hochvakuum lassen sich adsorbierte Teilchen auch aus Mikroporen entfernen. In Mesoporen tritt Kapillarkondensation auf. Das in diesen Poren angelagerte Adsorpt (z.B. Wasser) hat – ähnlich wie in kleinen Tröpfchen – einen geringeren Dampfdruck als das freie Adsorptiv. Daher kondensiert eine gasförmige Komponente in diesen Poren bereits bei Partialdrücken, die deutlich kleiner sind als der betreffende Sättigungsdampfdruck. Der Dampfdruck des Adsorpt in einer Kapillare mit dem Porenradius r_P (als idealisierte Vorstellung einer zylindrischen Pore) errechnet sich analog zur KELVIN-Gleichung für kleine Tröpfchen:

$$\ln \frac{p}{p_0} = \frac{2\sigma \cdot V_m}{r_p \cdot RT} \qquad (1\text{-}1)$$

bzw. wegen

$$\frac{V_m}{R} = \frac{V}{n \cdot R_s M} = \frac{V}{m \cdot R_s} = \frac{1}{\rho \cdot R_s} \qquad (1\text{-}2)$$

$$\ln \frac{p}{p_0} = \frac{2\sigma}{\rho \cdot R_s T} \qquad (1\text{-}3)$$

p Dampfdruck in Kapillare
p_0 Sättigungsdampfdruck
σ Oberflächenspannung des Adsorpt in $N \cdot m^{-1}$
R allgemeine Gaskonstante
R_s spezifische Gaskonstante

M Molmasse in kg · mol^{-1}
ρ Dichte Adsorpt in kg · m^{-3}
T Temperatur in K
r_P Porenradius in m
n Stoffmenge in mol
V Volumen in m^3
V_m molares Volumen in m^3 · mol^{-1}

Beispiel 1-1: Relativer Wasserdampfdruck in Zylinderporen
Für Wasserdampf als Adsorptiv ergibt sich bei Raumtemperatur:

$$\ln \frac{p}{p_0} = \frac{1}{r_P} \cdot \frac{2\sigma \cdot V_m}{\rho \cdot R_s T} = \frac{1}{r_P} \cdot \frac{2 \cdot 72{,}25 \cdot 10^{-3} \text{ Nm}^{-1}}{999 \text{ kg} \cdot \text{m}^{-3} \cdot 461{,}9 \text{ J} \cdot \text{K}^{-1} \cdot \text{kg}^{-1} \cdot 293{,}15 \text{ K}}$$

also

$$\ln \frac{p}{p_0} = \frac{1}{r_P} \cdot 1{,}0682 \text{ nm}$$

Tabelle 1-3 gibt einige Beispielwerte für Poren unterschiedlicher Radien.
  Es wird deutlich, dass die Dampfdruck-Absenkung und damit die Kapillarkondensation bei Mesoporen eine Rolle spielt, bei Makroporen jedoch praktisch vernachlässigbar ist. Die klassische Methode zur Ermittlung der Porengrößenverteilung von Stoffen ist die Quecksilberporosimetrie (s. z.B. [3])

Flaschenporen
Die zylindrische Form von Poren ist eine stark idealisierte Vorstellung. Wesentlich häufiger sind flaschenähnliche Poren, deren Öffnung einen deutlich kleineren Radius als der Boden der Pore besitzt. Da die Kapillarkondensation am Boden der ungefüllten Pore beginnt, ist hierfür der Bodenradius zugrunde zu legen. Bei der Desorption (Trocknung) hingegen beginnt der Vorgang an der oberen Öffnung der gefüllten Kapillare, d.h. der Dampfdruck berechnet sich auf der Grundlage des Öffnungsradius. Dies führt dazu, dass der zur Entleerung von Flaschenporen notwendige Partialdruck unterhalb des zur Füllung von Flaschenporen notwendigen Drucks liegt. In der zugehörigen Adsorptions-Isotherme (s. Tabelle 1-4) macht sich dies durch eine Hysterese zwischen Ad- und Desorption bemerkbar.

Tabelle 1-3. Relative Dampfdrücke in Zylinderporen

r_P in nm	p/p_0
1	2,910
10	1,113
100	1,011
1000	1,001

1.2 Adsorptionsgleichgewicht

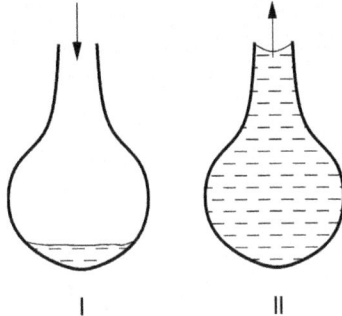

Abb. 1-3. Adsorption (I) und Desorption (II) in einer Flaschenpore, schematisch

1.2.2 Adsorptions-Isothermen

Trägt man für eine gegebene Temperatur die Gleichgewichtsbelegung einer Festkörperoberfläche über dem Partialdruck des Adsorptivs auf, erhält man die sogenannte Adsorptions-Isotherme. Die vier häufigsten Typen (s. z.B. [4]) von Adsorptions-Isothermen sind in Tabelle 1-4 dargestellt.

Die verschiedenen Typen von Adsorptionsisothermen in Tabelle 1-4 basieren auf unterschiedlichen Modellen, die eine mathematische Beschreibung der Kurvenverläufe ermöglichen:

FREUNDLICH-Modell:
Nach FREUNDLICH ist die Belegung m an einer Grenzfläche

$$m = a_F \cdot p^{b_F} \tag{1-4}$$

bzw.

$$\lg m = \lg a_F + b_F \cdot \lg p \tag{1-5}$$

m Belegung in kg
a_F, b_F FREUNDLICH-Konstanten ($0 < b_F < 1$)
p Partialdruck in Pa

Tabelle 1-4. Vier häufige Typen von Sorptions-Isothermen

Typ	I	II	III	IV
Modell	FREUNDLICH	LANGMUIR	BET/GAB	BET/GAB mit Mesoporen

Das FREUNDLICH-Modell eignet sich gut zur Beschreibung von Isothermen des Typs I. Besonders bei niedrigen Partialdrücken wird dieser Typ experimentell gefunden (auch bei der Adsorption aus Flüssigkeiten). In diesem Fall liefert die lineare Regression der doppelt logarithmischen Auftragung die benötigten Parameter a_F und b_F. Bei höheren Partialdrücken eignen sich die folgenden Modelle besser als das FREUNDLICH-Modell.

LANGMUIR-Modell

Das LANGMUIR-Modell berücksichtigt die experimentell beobachtete Abflachung der Isotherme für höhere Partialdrücke (Isotherme des Typs II). Man erklärt dieses Verhalten mit einer Sättigung der Grenzfläche. Hierbei wird davon ausgegangen, dass im Adsorptionsgleichgewicht die Geschwindigkeit der Adsorption $k \cdot p \cdot (1 - m)$ und die Geschwindigkeit der Desorption $k' \cdot m$ gleich groß sind:

$$k \cdot p \cdot (1-m) = k' \cdot m \tag{1-6}$$

$$m = \frac{k \cdot p}{k \cdot p + k'} \tag{1-7}$$

d.h. für den Kurvenverlauf:

$$m = m_{max} \frac{p}{p+b} \tag{1-8}$$

m Belegung in kg
m_{max} maximale Belegung in kg
k, k' Konstanten
b LANGMUIR-Konstante in Pa
p Partialdruck in Pa

Das LANGMUIR-Modell geht von einer homogenen Festkörperoberfläche aus, auf der maximal eine monomolekulare Schicht des Adsorptivs adsorbiert werden kann (m_{max}). Zur Ermittlung der Parameter des LANGMUIR-Modells (b, m_{max}) schreibt man die Gleichung als

$$\frac{1}{m} = \frac{1}{m_{max}} + \frac{b}{m_{max}} \cdot \frac{1}{p} \tag{1-9}$$

und erhält $\frac{1}{m_{max}}$ als Achsenabschnitt und $\frac{b}{m_{max}}$ als Steigung der $\frac{1}{m}$ über $\frac{1}{p}$-Darstellung.

Das vom LANGMUIR-Modell beschriebene Sättigungsverhalten wird bei Gasphasen- und bei Flüssigphasen-Adsorption besonders dann beobachtet, wenn Chemisorption (s. Tabelle 1-1) vorliegt und daher eine monomolekulare Bedeckung nicht überschritten werden kann. Kommt es hingegen zu einer

1.2 Adsorptionsgleichgewicht

Mehrschichtadsorption (im Falle der Physisorption, s. Tabelle 1-1), versagt das LANGMUIR-Modell und es sollte stattdessen das BET-Modell nach BRUNNAUER, EMMET und TELLER [5] verwendet werden. Beispiel 1-2 gibt eine Übersicht über die Anwendbarkeit der Modelle bei steigendem Partialdruck.

Beispiel 1-2: Adsorptionsmodelle und ihre Anwendungsbereiche

Allgemein: $\dfrac{m}{m_{max}} = \dfrac{p}{p+b}$

für kleine p	für mittlere p	für hohe p
$\dfrac{m}{m_{max}} = \dfrac{1}{1+\dfrac{b}{p}}$	$m = m_{max} \dfrac{1}{1+\dfrac{b}{p}}$	$\dfrac{m}{m_{max}} = \dfrac{p}{p+b}$
$\dfrac{m}{m_{max}} \approx \dfrac{p}{b}$	$m = m_{max} \cdot k' \cdot p^{b_F}$	$\dfrac{m}{m_{max}} \approx \dfrac{p}{p} = \text{const.}$
$m = k \cdot p$	$m = a_F \cdot p^{b_F}$	$m = m_{max}$
HENRY-Gesetz	FREUNDLICH-Modell	LANGMUIR-Modell

Das theoretisch fundierte LANGMUIR-Modell geht für mittlere Drücke in das (empirisch gefundene) FREUNDLICH-Modell über. Bei kleinen Drücken ist das FREUNDLICH-Modell praktisch identisch mit dem HENRY-Gesetz.

1.2.3 BET-Modell

Nach Erreichen der monomolekularen Bedeckung kommt es bei einer Steigerung des Partialdrucks durch Mehrschichtadsorption zu einer weiteren Zunahme der Beladung. Die zugehörige Isotherme bekommt dadurch einen sigmoiden Verlauf (Typ III). Die zugehörige mathematische Funktion lautet [5]:

$$\frac{p}{V \cdot (p_S - p)} = \frac{1}{V_a \cdot C} + \frac{C-1}{V_a \cdot C} \cdot \frac{p}{p_S} \qquad (1\text{-}10)$$

mit

$$V \cdot \frac{1}{\rho} = m \qquad (1\text{-}11)$$

und der Abkürzung

$$\frac{p}{p_S} = \varphi \qquad (1\text{-}12)$$

wird

$$\frac{\frac{p}{p_S}}{m \cdot \left(1 - \frac{p}{p_S}\right)} = \frac{1}{m_a \cdot C} + \frac{C-1}{m_a \cdot C} \cdot \frac{p}{p_S} \qquad (1\text{-}13)$$

bzw.

$$\frac{\varphi}{m \cdot (1-\varphi)} = \frac{1}{m_a \cdot C} + \frac{C-1}{m_a \cdot C} \cdot \varphi \qquad (1\text{-}14)$$

- p Partialdruck in Pa
- ρ Dichte des Adsorpt in kg · m^{-3}
- φ relativer Partialdruck
- V_a Volumen der Monoschicht in m^3
- m_a Masse der Monoschicht in kg
- C BET-Konstante
- m Masse des Adsorpt in kg
- V Volumen des Adsorpt in m^3
- p_S Sättigungsdampfdruck in Pa

Die BET-Gleichung hat damit die Form einer Geradengleichung. Trägt man die Beladung m des Adsorbats grafisch auf wie in Abb. 1-4 (Geradengleichung: $y = a + b \cdot \varphi$), so lassen sich die benötigten Parameter (C und das Monolayer-Volumen V_a) grafisch bzw. mit Hilfe linearer Regression ermitteln. Wegen $\frac{b}{a} = C - 1$ bzw. $C = \frac{b}{a} + 1$ ist die Masse der monomolekularen, adsorbierten Schicht:

$$m_a = \frac{1}{a\left(\frac{b}{a}+1\right)} = \frac{1}{a+b} \qquad (1\text{-}15)$$

Das BET-Modell hat den Vorteil einer breiteren Gültigkeit als die Modelle von FREUNDLICH oder LANGMUIR. Eine verbreitete Methode der Oberflächenbestimmung von Pulvern oder mesoporösen Stoffen ist die Ermittlung des Mono-

Abb. 1-4. Lineare Darstellung der Massenzunahme durch Adsorption

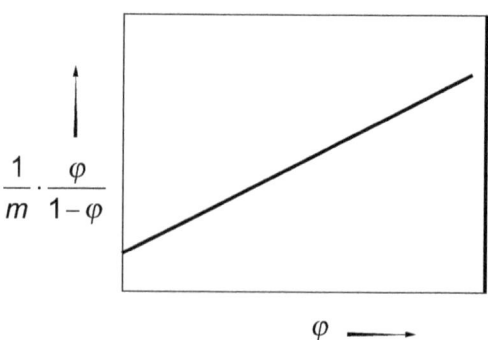

1.2 Adsorptionsgleichgewicht

layer-Volumens bzw. der Monolayer-Masse aus der BET-Auftragung. Hierzu lässt man z.B. Stickstoff auf der Pulver-Oberfläche adsorbieren und berechnet die Monolayer-Fläche aus dem bekannten Flächenbedarf eines Stickstoff-Moleküls (A_{N2} = 1,62 · 10^{-19} m^2). Verwendet man Wasserdampf als Adsorptiv, hat $\varphi = p/p_S$ die Bedeutung der relativen Feuchte des verwendeten Gases (Stickstoff oder auch Luft).

Adsorptions-Isothermen vom Typ IV werden erhalten, wenn das Adsorbens über Poren verfügt, deren Öffnungsradius kleiner als der Bodenradius ist (Flaschenporen, s. 1.2.1).

Derartige Isothermen lassen sich ebenfalls mit dem BET-Modell beschreiben. Hierbei ist zu beachten, dass es sich prinzipiell um zwei eigenständige BET-Kurven (mit eigenen BET-Parametern) handelt, welche einerseits die Adsorption und andererseits die Desorption beschreiben. Während die Desorptions-Isotherme die Grundlage für Trocknungsprozesse ist, beschreibt die Adsorptions-Isotherme das Verhalten z.B. der Feuchtigkeitsaufnahme eines Gutes während der Lagerung. Eine genaue Unterscheidung dieser beiden Fälle ist notwendig und ist Voraussetzung für die experimentelle Vorgehensweise bei der Aufnahme der Isothermen.

Thermische Größen der Sorption

Aus den BET-Kurven können über dies hinaus auch thermische Stoffdaten gewonnen werden, was vor allem für die Planung von Trocknungsprozessen vorteilhaft ist. Die Modellvorstellung der Sorption an Festkörpergrenzflächen geht davon aus, dass das Adsorpt im flüssigen Aggregatzustand vorliegt, während das Adsorptiv gasförmig ist. Will man einen Monolayer nun durch Desorption vom Festkörper entfernen, so muss neben der Monolayer-Bindungsenthalpie (Adsorptiv-Adsorbens) Δh_C die Verdampfungsenthalpie Δh_{vap} des adsorbierten Stoffes aufgebracht werden. Die Enthalpie der Bindung zwischen Adsorptiv und Festkörper (die Monolayer-Bindungsenthalpie Δh_C) hängt von der Art und Stärke der Wechselwirkung zwischen beiden Stoffen ab d.h. von den physikalisch-chemischen Eigenschaften der beteiligten Stoffe. Diese Enthalpie nennt man auch eine Exzess-Enthalpie (engl. excess enthalpy). Ohne Wechselwirkung zwischen den beteiligten Stoffen wäre Δh_C gleich null. Die Summe aus Verdampfungsenthalpie Δh_{vap} und der Exzess-Enthalpie Δh_C ist nun diejenige Enthalpie, die zur Entfernung des Monolayers aufgebracht werden muss:

$$ \tag{1-16}$$

$\Delta h_{s,mono}$ ist die „Monolayer-Desorptions-Enthalpie". Im umgekehrten Fall, bei der Bildung eines Monolayers durch Adsorption wird diese Enthalpie frei, daher verwendet man für $\Delta h_{s,mono}$ auch die Bezeichnung „Monolayer-Bildungsenthalpie". $\Delta h_{s,mono}$ ist die spezifische Sorptionsenthalpie des Monolayers.

$$C = C' \cdot e^{\frac{\Delta h_C}{R_s \cdot T}} \tag{1-17}$$

$$\ln C = \ln C' + \frac{\Delta h_C}{R_s \cdot T} \tag{1-18}$$

d.h. aus der ARRHENIUS-Auftragung der BET-Konstanten (log C über $1/T$) lässt sich die Exzess-Enthalpie Δh_C ermitteln. Die Geradensteigung m lautet dann:

$$m = -\frac{\Delta h_C}{2{,}3 \cdot R_s} \tag{1-19}$$

Δh_C spezifische Bindungsenthalpie des Monolayers in J kg^{-1} (Desorption)
Δh_{vap} spezifische Verdampfungsenthalpie des Adsorpt in J kg^{-1} (Desorption)
$\Delta h_{s,mono}$ spezifische Sorptionsenthalpie des Monolayers J kg^{-1} (Desorption)
T Temperatur in K
R_s spezifische Gaskonstante des Adsorpts
C, C' Konstante

Somit kann aus der Temperaturabhängigkeit der BET-Konstanten die spezifische Sorptionsenthalpie des Monolayers ermittelt werden (vgl. Gl. (1-30)). Sie ist diejenige Enthalpie, die bei der Trocknung für die Entfernung der Monoschicht aufgebracht werden muss. Wenn das Adsorptiv ohne Wechselwirkung mit dem Adsorbens angelagert wird („ungebunden"), dann ist die Exzess-Enthalpie Δh_C gleich null und $\Delta h_{s,mono}$ hat den Wert der „normalen" Verdampfungsenthalpie bzw. Kondensationsenthalpie des Adsorptivs. Im Falle von Wasser wird dieses Adsorptiv als „freies" Wasser bezeichnet. Mit der Exzess-Enthalpie Δh_C lässt sich auf diese Weise der Unterschied zwischen freiem Adsorptiv und gebundenem Adsorptiv charakterisieren. Die auf diese Weise ermittelte Sorptionswärme wird zur Unterscheidung von der kalorimetrisch ermittelten Sorptionswärme als isostere Sorptionswärme bzw. Sorptions-Enthalpie bezeichnet.

Sorption von Wasserdampf
In der Lebensmitteltechnik geht es häufig um die Sorption von Wasserdampf. Dann ist der Wasserdampf das Adsorptiv, das adsorbierte Wasser heißt Adsorpt, das wasserfreie Lebensmittel ist das Adsorbens und das Lebensmittel einschließlich des adsorbierten Wassers heißt Adsorbat (Abb. 1-5 verdeutlicht die Begriffe).

Dann entspricht p/p_s dem relativen Wasserdampfpartialdruck φ und kann im Gleichgewichtsfall mit der Wasseraktivität des Lebensmittels gleichgesetzt werden.

$$\frac{p}{p_s} = \varphi = a_w \tag{1-20}$$

Abb. 1-5. Sorption von Wasserdampf an Lebensmitteln.
1 Wasserdampf = Adsorptiv,
2 adsorbiertes Wasser = Adsorpt, 3 wasserfreies Lebensmittel = Adsorbens,
2 + 3 Lebensmittel einschließlich sorbiertes Wasser = Adsorbat

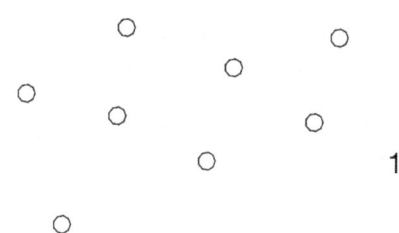
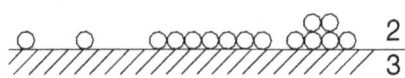

1.2 Adsorptionsgleichgewicht

Damit lautet die BET-Gleichung:

$$\frac{1}{m} \cdot \frac{a_W}{1-a_W} = \frac{1}{m_a \cdot C} + \frac{C-1}{m_a \cdot C} \cdot a_W \quad (1\text{-}21)$$

Die grafische Auftragung erfolgt dann als Diagramm $\frac{1}{m} \cdot \frac{a_W}{1-a_W}$ über a_w, die Auswertung läuft analog über den Achsenabschnitt und die Steigung.

Eine weitere Vereinfachung der Schreibweise besteht darin, anstelle der adsorbierten Masse m den relativen Massenanteil

$$x = \frac{Masse\ des\ Adsorpt}{Masse\ des\ Adsorbens} \quad (1\text{-}22)$$

zu verwenden. Im Falle von Wasser also

$$x_w = \frac{Masse\ adsorbiertes\ Wasser}{Masse\ des\ wasserfreien\ Lebensmittels} \quad (1\text{-}23)$$

x_w ist der relative Wasser-Massenanteil des Lebensmittels bezogen auf die Masse des wasserfreien Lebensmittels, kurz: der Wassergehalt bezogen auf die Trockensubstanz.

$$x_w = \frac{m_W}{m_{TS}} \quad (1\text{-}24)$$

An dieser Stelle sei auf den Unterschied zwischen „Wassergehalt bezogen auf Trockensubstanz" und „Wassergehalt bezogen auf Einwaage" hingewiesen: Während Laboratoriumsmethoden wie z.B. die Trockenschrankmethode (z.B. gemäß Methode L02.06-E in [100]) die Bestimmung der Trockensubstanz in der Regel die Trockensubstanz (bzw. den Wassergehalt) bezogen auf die Einwaage liefern (engl. wet basis), ist bei Sorptions-Analysen der Wassergehalt bezogen auf die wasserfreie Substanz (engl. dry basis) vorteilhafter. Den Unterschied zwischen beiden Angaben und die Umrechnung der Größen ineinander zeigt Tabelle 1-5.

Beispiel 1-3: Wassergehalt von Cornflakes (dry basis)
Eine Probe Cornflakes hat einen Wassergehalt von 7,5 % (m/m) bezogen auf die Einwaage.

Der Wassergehalt bezogen auf die Trockensubstanz ist

$$x_{w,db} = \frac{m_W}{m_{total} - m_W} = \frac{7,5\ kg}{100\ kg - 7,5\ kg} = \frac{7,5\ kg}{92,5\ kg} = 0,081$$

also

$$x_{w,db} = 8,1\ g\ H_2O\ /\ 100\ g\ TS = 8,1\%\ (m/m)\ db$$

Tabelle 1-5. Angabe des Wassergehaltes bezogen auf Trockensubstanz oder auf Einwaage

bezogen auf wasserfreie Substanz (engl. dry basis, db)	bezogen auf Einwaage (engl. wet basis, wb)
$x_{w,db} = \dfrac{m_w}{m_{TS}}$	$x_{w,wb} = \dfrac{m_w}{m_{TS} + m_w}$
$x_{w,db} = \dfrac{m_W}{m_{total} - m_W}$	$x_{w,wb} = \dfrac{m_W}{m_{total} + m_W}$
$x_{w,db} = \dfrac{1}{\dfrac{1}{x_{w,wb}} - 1}$	$x_{w,wb} = \dfrac{1}{\dfrac{1}{x_{w,db}} + 1}$
x_w in g H$_2$O/g TS bzw. x_w in g H$_2$O/100 g TS	x_w in g H$_2$O/g bzw. x_w in g H$_2$O/100 g

oder einfacher:

$$x_{w,db} = \dfrac{1}{\dfrac{1}{0{,}075} - 1} = 0{,}081$$

Beispiel 1-4: Wassergehalt von Cornflakes (wet basis)
Eine Probe Cornflakes hat einen Wassergehalt von 21,2% (m/m) bezogen auf die Trockensubstanz. Der Wassergehalt bezogen auf die Einwaage ist

$$x_{w,wb} = \dfrac{m_W}{m_{total} + m_W} = \dfrac{21{,}2 \text{ kg}}{100 \text{ kg} + 21{,}2 \text{ kg}} = 0{,}175$$

$$x_{w,wb} = 17{,}5 \text{ g H}_2\text{O}/100 \text{ g} = 17{,}5\% \text{ (m/m) wb}$$

Im Folgenden ist mit x_w der Wassergehalt bezogen auf die wasserfreie Substanz (engl. dry basis) gemeint. Als relativer Massenanteil ist x_w eine dimensionslose Größe, die bei Bedarf in Massenprozent (% (m/m)) umgerechnet werden kann.

Mit (1-24) lautet die BET-Gleichung:

$$\dfrac{1}{x_w} \cdot \dfrac{a_W}{1 - a_W} = \dfrac{1}{x_{w,a} \cdot C} + \dfrac{C-1}{x_{w,a} \cdot C} \cdot a_W \qquad (1\text{-}25)$$

a_W Wasseraktivität
x_w Wassergehalt (db) in kg · kg^{-1} TS
C BET-Konstante
$x_{w,a}$ Wassergehalt (db) bei Monoschichtbedeckung in kg · kg^{-1} TS

1.2 Adsorptionsgleichgewicht

Abb. 1-6. BET-Auftagung der Menge adsorbierten Wassers

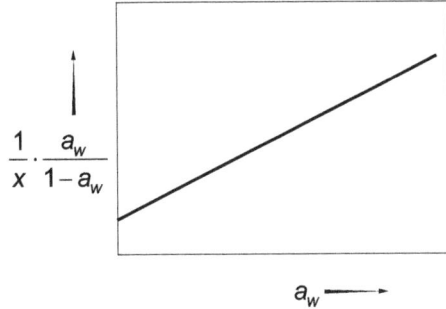

Die grafische Auftragung erfolgt dann als Diagramm $\dfrac{1}{x_w} \cdot \dfrac{a_W}{1-a_W}$ über a_W:

Wegen $\dfrac{b}{a} = C - 1$ bzw. $C = \dfrac{b}{a} + 1$ ist der Wassergehalt des Lebensmittels bei Adsorption des Monolayers: $x_{w,a} = \dfrac{1}{a\left(\dfrac{b}{a}+1\right)} = \dfrac{1}{a+b}$.

Die Auswertung läuft also analog über die Bestimmung von Achsenabschnitt und Steigung.

Man ermittelt die Monolayer-Beladung $x_{w,a}$ und die BET-Konstante C. Diese beiden Parameter reichen aus, um das Sorptionsverhalten des betreffenden Lebensmittels bei der gegebenen Temperatur zu beschreiben [7]. Aus Tabellenwerken wie [8] oder online-Datenbanken wie [9] sind derartige BET-Parameter jeweils für Adsorptions- und Desorptions-Isothermen zusammengestellt. Die Sorptionsenthalpie des Wasser-Monolayers, die zur Berechung von Trocknungsverfahren hilfreich ist, erhält man aus der Temperaturabhängigkeit der BET-Parameter. Ganz analog lassen sich auch Sorptions-Phänomene mit anderen gasförmigen Stoffen (nicht Wasserdampf) behandeln [10].

Beispiel 1-5: BET-Isotherme eines Lebensmittels
Der Wassergehalt x_W (db) eines Lebensmittels im Gleichgewicht mit unterschiedlichen relativen Luftfeuchten φ lautet:

φ/r.F.	x_W/% (m/m)
0	0,0
10	2,5
20	4,3
30	5,2
50	8,3
75	18,8

Um die BET-Auftragung zu zeichnen, berechnet man die notwendige Wertetabelle:

φ/r.F.	x_W/% (m/m)	x_W	a_W	$\dfrac{a_W}{1-a_W}$	$\dfrac{1}{x_w} \cdot \dfrac{a_W}{1-a_W}$
0	0,0	0	0	0	–
10	2,5	0,025	0,1	0,11	4,4
20	4,3	0,043	0,2	0,25	5,8
30	5,2	0,052	0,3	0,43	8,3
50	8,3	0,083	0,5	1,0	12,0
75	18,8	0,188	0,75	3,0	16,0

Die Auswertung des Diagramms liefert für die Steigung $b = 19{,}0$ und für den Achsenabschnitt $a = 2{,}4$. Die Monolayer-Beladung des Lebensmittels ist also

$$x_{w,a} = \frac{1}{a+b} = \frac{1}{2,4+19,0} = 0,0467$$

Für die BET-Konstante C ergibt sich:

$$C = \frac{b}{a} + 1 = \frac{19,0}{2,4} + 1 = 8,92$$

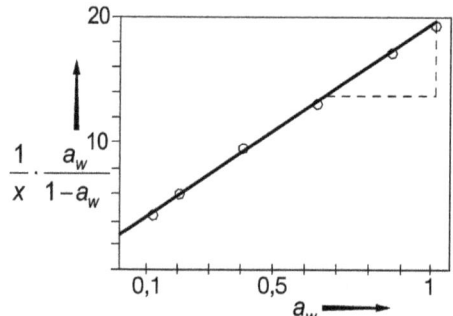

Abb. 1-7. Auswertung des BET-Diagramms

BET-Einpunkt-Verfahren
Für schnelle Überschlagsrechnungen kann die BET-Gerade näherungsweise aus einem Messpunkt und dem Koordinatenursprung konstruiert werden. Der einzelne Messpunkt sollte allerdings bei einer Wasseraktivität aufgenommen werden, bei welcher die Monoschicht ausgebildet aber Mehrfachschichten noch nicht vorhanden sind. Als Faustregel gilt hierfür, eine Wasseraktivität zu wählen, die zwischen $a_w = 0{,}3…0{,}4$ liegt. Die Gerade wird der Einfachheit halber durch den Koordinaten-Ursprung konstruiert, d.h. es wird $a = 0$ gesetzt. Die BET-Parameter ergeben sich dann aus:

$$x_{w,a} = \frac{1}{b} \qquad (1\text{-}26)$$

$$C = b+1 \qquad (1\text{-}27)$$

1.2 Adsorptionsgleichgewicht

Beispiel 1-6: Sorptions-Isotherme eines Lebensmittels aus dem BET-Ein-Punkt-Verfahren
Im Gleichgewicht mit Luft mit einer relativen Luftfeuchte von $\varphi = 30\%$ r.F. hat ein Lebensmittel einen Wassergehalt x_W (db) = 5,2% (m/m).

Um die Ein-Punkt- BET-Gerade zu zeichnen, berechnet man:

φ/r.F.	x_W/% (m/m)	x_W	a_W	$\dfrac{a_W}{1-a_W}$	$\dfrac{1}{x_w} \cdot \dfrac{a_W}{1-a_W}$
30	5,2	0,052	0,3	0,43	8,3

Die Auswertung des Diagramms liefert für die Steigung $b = \dfrac{8,3-0}{0,3-0} = 27$ und für den Achsenabschnitt $a = 0$. Für die BET-Parameter ergibt sich hier somit

$$x_{w,a} = \frac{1}{b} = \frac{1}{27,7} = 0,036$$

und

$$C = b+1 = 28,7\,.$$

Thermische Größen

Aus der Temperaturabhängigkeit der BET-Konstanten C bzw. aus der Steigung der ARRHENIUS-Geraden log C über $1/T$ erhält man nun analog die Exzess-Enthalpie Δh_C des adsorbierten Wassers. Die Geradensteigung m liefert:

$$m = -\frac{\Delta h_C}{2,3 \cdot R_s} \tag{1-28}$$

mit

$$\Delta h_C = \Delta h_{s,mono} - \Delta h_{vap} \tag{1-29}$$

bzw.

$$\Delta h_{s,mono} = \Delta h_{vap} + \Delta h_C \tag{1-30}$$

Δh_C spezifische Bindungsenthalpie des H_2O-Monolayers in J kg^{-1} (Desorption)
Δh_{vap} spezifische Verdampfungsenthalpie H_2O in J kg^{-1}
$\Delta h_{s,\,mono}$ spezifische Sorptionsenthalpie des H_2O-Monolayers J kg^{-1} (Desorption)
T Temperatur in K
R_s spezifische Gaskonstante H_2O

$\Delta h_{s,mono}$ ist diejenige Enthalpie, die bei der Trocknung für die Entfernung der Wasser-Monoschicht aufgebracht werden muss. Bei der Anlagerung einer Wasser-Monoschicht an eine völlig unbelegte Festkörperschicht wird diese Enthalpie frei. Δh_C ermöglicht die Unterscheidung zwischen freiem („ungebundenem") Wasser und gebundenem Wasser. Wenn Wassermoleküle ohne Wechselwirkung mit dem Adsorbens adsorbiert werden („ungebunden"), dann ist die Exzess-Enthalpie Δh_C gleich null und $\Delta h_{s,\,mono}$ hat den Wert der „normalen" Verdampfungsenthalpie von Wasser (im Falle der Desorption) bzw. der Kondensationsenthalpie (im Falle der Adsorption). Ein hoher Wert für Δh_C deutet auf eine starke Bindung des Wassers am Lebensmittel hin. Somit ist es möglich, auf Basis von BET-Daten auf die Stärke der Wasserbindung zu schließen, Haltbarkeiten abzuschätzen sowie Trockungs- und Verpackungsverfahren zu planen. Bei vielen Pulvern hat die Exzess-Enthalpie Δh_C die Größenordnung von $0{,}4\ldots0{,}9 \cdot \Delta h_{vap}$, d.h. einen für Trockungsprozesse nicht zu vernachlässigbaren Wert.

Als Schnellmethode zur Abschätzung der Monolyer-Bindungsenthalpie Δh_C bietet sich an, die Wasseraktivitäten eines Lebensmittels bei unterschiedlichen Temperaturen zu vergleichen: Für die Temperaturabhängigkeit der Wasseraktivität gilt analog zur CLAUSIUS-CLAPEYRON-Gleichung [11]:

$$\left(\frac{d \ln a_w}{d \frac{1}{T}} \right)_{x_W} = -\frac{\Delta h_C}{R_S} \qquad (1\text{-}31)$$

$$\frac{\Delta \log a_w}{\Delta \frac{1}{T}} = -\frac{\Delta h_C}{2{,}3 \cdot R_s} \qquad (1\text{-}32)$$

Die Steigung m eines log a_w über $1/T$-Diagrammes liefert demnach Δh_C, die spezifische Sorptionsenthalpie des Monolayers: $\Delta h_C = -2{,}3 \cdot m \cdot R_s$.

Δh_C spezifische Bindungsenthalpie des H_2O-Monolayers in J kg^{-1}
a_W Wasseraktivität
T Temperatur in K
R_s spezifische Gaskonstante von Wasser

Außer der Monoschicht enthalten Lebensmittel in der Regel adsorbiertes Wasser in einer zweiten (3., 4. usw.) Schicht. Bevor man bei der Trockung von Lebensmitteln zur Monoschicht vordringt, müssen zunächst diese Mehrfachschichten entfernt werden. Das BET-Modell kennt diese Mehrfachschichten nicht und kann daher keine Informationen zur Exzess-Enthalpie dieser Mehrfachschichten bzw. der Bindungsenthalpie der höheren Lagen liefern. Hierzu ist aber das folgende Modell geeignet.

1.2.4
GAB-Modell

Das GAB-Modell (nach GUGGENHEIM-ANDERSEN-DE BOER) liefert gute Anpassungen an experimentell aufgenommenen Wasserdampf-Sorptions-Isothermen. Besonders bei hohen Wasseraktivitäten – bis hin zu $a_W = 0{,}9$ zeigt das GAB-

1.2 Adsorptionsgleichgewicht

Modell seine Überlegenheit im Vergleich zum BET-Modell. Im Unterschied zum BET-Modell werden beim GAB-Modell die Effekte berücksichtigt, die durch die Adsorption von Mehrfachlagen entstehen. Die GAB-Gleichung ist eine 3-Parameter-Gleichung mit physikalisch interpretierbaren Koeffizienten, sie lautet:

$$\frac{a_W}{m \cdot (1 - k \cdot a_W)} = \frac{1}{m_a \cdot C \cdot k} + \frac{C-1}{m_a \cdot C} \cdot a_W \tag{1-33}$$

- a_W Wasseraktivität
- m Masse des Adsorpt in kg
- k GAB-Korrekturfaktor (0,7…1,0)
- C Guggenheim-Konstante
- m_a Masse des Monolayers in kg

Man erkennt, dass die GAB-Gleichung analog zur BET-Gleichung aufgebaut ist, jedoch über eine weitere Anpassungsgröße, *den* GAB-Korrekturfaktor k verfügt. Der Faktor k beschreibt diejenigen Effekte, die dadurch entstehen, dass auch die Mehrfachschichten eine geringe Bindungsenthalpie zur Lebensmittel-Oberfläche aufweisen. Im BET-Modell werden alle Schichten oberhalb der Monoschicht als „freies Wasser" aufgefasst.

Die BET-Gleichung ist somit ein Spezialfall der GAB-Gleichung: Für $k = 1$ geht die GAB-Gleichung in die BET-Gleichung über.

Wie im BET-Modell existiert im GAB-Modell eine Monoschicht des Adsorpts. Diese Monoschicht ist dann vollständig ausgebildet, wenn alle Adsorptionsstellen der Festkörperoberfläche mit jeweils einem Molekül des Adsorptivs belegt sind. Dies ist erreicht bei der Beladung der Probe mit m_a. Die Temperaturabhängigkeit der GUGGENHEIM-Konstanten C liefert analog zur BET-Konstanten C eine Aussage über die Sorptionsenthalpie dieser Monoschicht. Aus der Temperaturabhängigkeit des Faktors k lassen sich Informationen zur Bindung der Mehrfachschichten gewinnen.

Thermische Größen aus dem GAB-Modell

Für die GUGGENHEIM-Konstante gilt analog zum BET-Modell

$$C = C' \cdot e^{\frac{\Delta h_C}{R_s \cdot T}} \tag{1-34}$$

bzw.

$$\ln C = \ln C' + \frac{\Delta h_C}{R_s \cdot T} \tag{1-35}$$

d.h. aus der ARRHENIUS-Auftragung der GUGGENHEIM-Konstanten (log C über $1/T$) lässt sich die Exzess-Enthalpie Δh_C ermitteln. Die Geradensteigung m lautet

$$m = -\frac{\Delta h_C}{2{,}3 \cdot R_s} \tag{1-36}$$

Im Unterschied zum BET-Modell berücksichtigt das GAB-Modell jedoch, dass höhere Lagen des angelagerten Adsorpts sich nicht wie freies Wasser ($a_w = 1$) verhalten. Höhere Lagen des Adsorpts sind zwar nicht so stark gebunden wie die Monoschicht, sie unterliegen aber noch einer Wechselwirkung mit dem Substrat, wodurch ihr Dampfdruck (d.h. ihre Desorptions-Tendenz und damit ihre Wasseraktivität) leicht reduziert wird. Diesem Verhalten trägt der GAB-k-Faktor Rechnung, der als multiplikativer Korrekturfaktor (mit Werten zwischen 0,7 und 1,0) für die Wasseraktivität eingesetzt wird. Das BET-Modell vernachlässigt diesen Effekt ($k = 1$), d.h. es wird davon ausgegangen, dass sich die zweite, dritte usw. Lage des Adsorpts wie ungebundenes, d.h. freies Wasser verhalten. Durch die Temperaturabhängigkeit des GAB-Parameters k lässt sich die mittlere Bindungsenthalpie höherer Lagen des Adsorpts ermitteln [13]:

$$k = k' \cdot e^{\frac{\Delta h_k}{R_s \cdot T}} \tag{1-37}$$

Δh_k ist die mittlere Exzess-Enthalpie der höheren Lagen Adsorpt. Sie ist die Differenz, um welche sich freies Wasser und das in Multilayern adsorbierte Wasser unterscheiden.

$$\Delta h_k = \Delta h_{S,multi} - \Delta h_{vap} \tag{1-38}$$

Diese Exzess-Enthalpie kann aus der ARRHENIUS-Auftragung von $\log k$ über $1/T$ ermittelt werden. Die Geradensteigung m lautet dann

$$m = -\frac{\Delta h_k}{2{,}3 \cdot R_s} \tag{1-39}$$

$\Delta h_{S,\,multi}$ mittlere spezifische Sorptions-der H_2O-Multi-Layer in J kg^{-1} (Desorption)
Δh_{vap} spezifische Verdampfungsenthalpie von Wasser in J kg^{-1}
Δh_k mittlere spezifische Bindungsenthalpie des H_2O in Multi-Layern in J kg^{-1} (Desorption)
R_s spezifische Gaskonstante von Wasser in J kg^{-1} K^{-1}
T Temperatur in K

Das GAB-Modell ist für viele Lebensmittel – besonders für höhere a_w-Werte – das Modell, welches die experimentell gefundene Sorptions-Isotherme am besten wiedergibt. Ein Nachteil des GAB-Modells ist der höhere mathematische Aufwand im Umgang mit 3-Parameter-Gleichungen [14].

Zur Vereinfachung der Schreibweise kann man auch bei der GAB-Gleichung anstelle der Beladung mit Wasserdampf m den relativen Wasser-Massenanteil x_w des Lebensmittels bezogen auf die Masse des wasserfreien Lebensmittels verwenden. Mit (1-24) erhält die GAB-Gleichung die Form

$$x_W = \frac{x_{W,a} \cdot C \cdot k \cdot a_W}{(1 - k \cdot a_W)(1 + (C-1) \cdot k \cdot a_W)} \tag{1-40}$$

1.2 Adsorptionsgleichgewicht

also

$$x_W = \frac{x_{W,a} \cdot C \cdot k \cdot a_W}{(1 - k \cdot a_W)(1 - k \cdot a_W + C \cdot k \cdot a_W)} \qquad (1\text{-}41)$$

a_W Wasseraktivität
x_w Wassergehalt (db) in kg · kg^{-1} TS
C Guggenheim-Konstante
k GAB-Korrekturfaktor (0,7…1,0)
$x_{w,a}$ Wassergehalt (db) bei Monoschichtbedeckung in kg · kg^{-1} TS

Zur Bestimmung der GAB-Parameter stellt man die experimentell gewonnenen Sorptionsdaten (x_w über a_w) in Form eines Polynoms 2. Ordnung dar [13]:

$$\frac{a_W}{x_w} = \alpha \cdot a_W^2 + \beta \cdot a_W + \gamma \qquad (1\text{-}42)$$

Man ermittelt die Koeffizienten α, β, γ der Polynom-Gleichung durch quadratische Regression der experimentellen Sorptionskurve.

$$\alpha = \frac{k}{x_{w,a}} \left(\frac{1}{C} - 1 \right) \qquad (1\text{-}43)$$

$$\beta = \frac{1}{x_{w,a}} \left(1 - \frac{2}{C} \right) \qquad (1\text{-}44)$$

$$\gamma = \frac{1}{x_{w,a} \cdot C \cdot k} \qquad (1\text{-}45)$$

Man errechnet die GAB-Parameter (C, k und m_a) dann aus diesen Koeffizienten. Nach [15] ist:

$$x_{w,a} = \left(\frac{1}{\beta^2 - 4\alpha \cdot \gamma} \right)^{\frac{1}{2}} \qquad (1\text{-}46)$$

$$k = \frac{2 \cdot \alpha \cdot x_{w,a}}{\beta \cdot x_{w,a} + 1} \qquad (1\text{-}47)$$

$$C = \frac{1}{x_{w,a} \cdot \gamma \cdot k} \qquad (1\text{-}48)$$

Mit entsprechender Software lassen sich die GAB-Parameter in wenigen Sekunden berechnen. Für den täglichen Routine-Betrieb gibt es Software-Entwicklungen, die mit Hilfe von BET- oder GAB-Daten die Abschätzungen von Haltbarkeiten und Lagerfähigkeiten bei unterschiedlichen Bedingungen erlauben sowie Hilfestellung bei der Optimierung von Rezepturen hinsichtlich der Wasseraktivität und bei Verpackungsfragen geben (s. z.B. [16]).

1.2.5
Andere Modelle

Zur Anpassung experimentell gefundener Sorptions-Isothermen wurden weitere Modellgesetze vorgeschlagen. Die Modelle unterscheiden sich hinsichtlich ihres physikalischen Ansatzes, des mathematischen Aufbaus (Anzahl der Parameter) und der damit jeweils zu erzielenden Anpassungsgüte. Nachstehend sind einige Modelle zusammengestellt, die auf zwei Parametern (Tabelle 1-6), auf drei (Tabelle 1-7) bzw. auf vier (Tabelle 1-8) Parametern basieren [15]. Behandelt man wasserreiche Lebensmittel näherungsweise wie wässrige Lösungen, so lässt sich die Sorptions-Isotherme auch auf Basis des RAOULT'schen Gesetzes berechnen [17].

Tabelle 1-6. Zwei-Parameter-Modelle für Sorptions-Isothermen

FREUNDLICH (1906)	$x_w = A \cdot a_w^B$
LANGMUIR (1916)	$x_w = x_{\max} \left(\dfrac{a_w}{a_w + B} \right)$
SMITH (1947)	$x_w = A + B \left(\ln(1 - a_w) \right)$
OSWIN (1946)	$x_W = A \left(\dfrac{a_W}{1 - a_W} \right)^B$
HENDERSON (1952)	$x_W = \left[\dfrac{\ln(1 - a_W)}{-A} \right]^{\frac{1}{B}}$
BRUNAUER, EMMET, TELLER (1938) (BET)	$x_W = \dfrac{x_{W,a} \cdot C \cdot a_W}{(1 - a_W)(1 + (C-1) \cdot a_W)}$ $\dfrac{1}{x_W} \cdot \dfrac{a_W}{1 - a_W} = \dfrac{1}{x_{W,a} \cdot C} + \dfrac{C-1}{x_{W,a} \cdot C} \cdot a_W$
HALSEY (1948)	$x_W = \left[-\dfrac{A}{\ln a_W} \right]^{\frac{1}{B}}$
CHUNG, PFOST (1967)	$x_W = -\dfrac{1}{B} \ln \left[\dfrac{\ln a_W}{A} \right]$
IGLESIAS, CHIRIFE (1978)	$\ln \left[x_W + (x_W^2 + x_{0,5W})^{\frac{1}{2}} \right] = A \cdot a_W + B$
LEWICKI (2000)	$x_W = A \cdot \left(\dfrac{1}{a_W} - 1 \right)^{B-1} - 1$

Tabelle 1-7. Drei-Parameter-Modelle für Sorptions-Isothermen

Cubic model	$x_W = p_1 + p_2 \cdot a_W + p_3 \cdot a_W^2 + p_4 \cdot a_W^3$
Guggenheim (1966), Andersen (1946), De Boer (1953) (GAB)	$x_W = \dfrac{x_{W,a} \cdot C \cdot k \cdot a_W}{(1 - k \cdot a_W)(1 + (C-1) \cdot k \cdot a_W)}$
Formulierung von Bizot:	$\dfrac{a_W}{x_W} = A \cdot a_W^2 + B \cdot a_W + C$

Tabelle 1-8. Vier-Parameter-Modelle für Sorptions-Isothermen

Peleg (1993)	$x_W = A \cdot a_W^C + B \cdot a_W^D$
Isse (1993)	$\ln x_W = A \cdot \ln \dfrac{a_W}{1 - a_W} + B, \quad q > 0, q < 0$

x_w Wassergehalt (db) in kg · kg^{-1} TS
a_w Wasseraktivität
x_m Wassergehalt (db) in kg · kg^{-1} TS bei Monolayer-Bedeckung
$x_{0,5,m}$ Wassergehalt (db) in kg · kg^{-1} TS bei $a_w = 0{,}5$
A, B, C, D Konstanten
q Sorptionswärme

1.3 Haltbarkeit von Lebensmitteln

Der Verderb von Lebensmitteln bzw. deren Haltbarkeit hängt entscheidend von deren Wasseraktivität und damit vom Wassergehalt ab [1]. Wasserhaltige Lebensmittel zeigen durch unterschiedliche Mechanismen oft raschen Verderb, während trockene Produkte oftmals stabil genug sind, um die Lagerung bzw. den weltweiten Handel mit Rohstoffen und Zutaten zu ermöglichen.

Tabelle 1-9 zeigt einige grobe Regeln für die Haltbarkeit von Lebensmitteln unterschiedlicher Wasseraktivität. Da der Verderb von Lebensmitteln je nach Zusammensetzung durch unterschiedliche Mechanismen vonstatten geht und stark von Parametern wie der Temperatur und der Anfangsverkeimung abhängt, können die angegebenen Haltbarkeiten in vielen Fällen unterschritten oder übertroffen werden und dürfen daher nur als grobe Orientierungshilfen verstanden werden.

Die Haltbarkeit von Lebensmitteln wird durch eine Reihe von Reaktionen begrenzt, die als Verderbsreaktionen zusammengefasst werden. Hierzu gehören Fettoxidation, Hydrolyse, enzymatische und nichtenzymatische Bräunungsreaktionen und Reaktionen, die mit Hilfe von Mikroorganismen wie Bakterien, Hefen und Pilzen ablaufen. Das Wachstum von Mikroorganismen ist ebenfalls stark von der Wasseraktivität abhängig. Bei abnehmender Wasseraktivität werden die optimalen Wachstumsbedingungen für spezifische Mikroorganismen nach und

Tabelle 1-9. Faustregeln zur Haltbarkeit von Lebensmitteln unterschiedlicher Wasseraktivität

Wasseraktivität	Faustregel zur Haltbarkeit von Lebensmitteln
$a_w > 0{,}95$	einige Tage
$a_w \approx 0{,}85$	1 bis 2 Wochen
$a_w < 0{,}75$	1 bis 2 Monate
$a_w < 0{,}65$	1 bis 2 Jahre
$a_w < 0{,}6$	unbegrenzt

nach unterschritten, sodass die Toxinbildung von Mikroorganismen und schließlich auch deren Vermehrung vermindert bzw. inhibiert werden kann. Dies ist ein wesentliches Prinzip der technologischen Haltbarmachung von Lebensmitteln. Tabelle 1-10 listet Anhaltswerte für die Mindest-Wasseraktivität zum Wachstum spezifischer Mikroorganismen auf.

Nach Labuza [18] ist die relative Geschwindigkeit der jeweiligen Verderbsreaktionen als Funktion der Wasseraktivität darstellbar, s. Abb. 1-8.

Tabelle 1-11 zeigt typische, durchschnittliche Wasseraktivitäten einiger Lebensmittel. Das die Wasseraktivität selbstverständlich vom jeweiligen Wassergehalt, von den Inhaltsstoffen d.h. der Rezeptur und auch von den Lagerungsbedingungen und damit auch vom Alter des Lebensmittels abhängt, dürfen derartige Auflistungen nur als grobe Anhaltspunkte verwendet werden.

Tabelle 1-10. Grenzen der Wasseraktivität für das Wachstum von Mikroorgansimen (aus: [101])

a_W	Unterer Grenzwert für die Vermehrung von
0,95	*B. cereus*, Enterobacteriaceen, *C. botulinum*, Pseudomonaden
0,91	Clostridien, Bacillen
0,86	*St. aureus*, Kokken
0,80	Schimmelpilze, Hefen
0,60	Osmotolerante Hefen
<0,6	Kein Wachstum

Abb. 1-8. Relative Geschwindigkeit v_{rel} verschiedener Verderbsreaktionen als Funktion der Wasseraktivität a_W von Lebensmitteln.
1 Lipid-Oxidation,
2 Bräunungs-Reaktionen,
3 enzymatische Reaktionen,
4 Schimmelpilze, 5 Hefen,
6 Bakterien

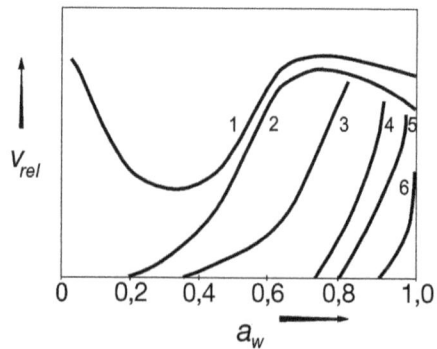

1.3 Haltbarkeit von Lebensmitteln

Tabelle 1-11. Typische Wasseraktivitäten einiger Lebensmittel (Durchschnittswerte)

a_W	Lebensmittel	nach
0,96	Leberwurst	[102]
0,94–0,82	Marmelade	[102]
0,86	ges. Saccharoselösung	[19]
0,82–0,85	Salami	[102]
0,72–0,80	Getrocknete Früchte	[102]
0,75	Getreidemehl	[19]
0,75	Honig	[102]

Um Haltbarkeiten von Lebensmitteln abschätzen zu können, um Trocknungsprozesse zu planen oder z.B. um Verpackungen zu entwerfen wird häufig die Wasseraktivität beim jeweiligen Wassergehalt benötigt. Der Zusammenhang zwischen dem Wassergehalt eines Lebensmittels und seiner Wasseraktivität bei einer gegebenen Temperatur heißt Sorptions-Isotherme. Die Funktion spiegelt wieder, wie „stark" das enthaltene Wasser im Lebensmittel „gebunden" ist. Die Isotherme ist im Allgemeinen nicht linear und von der Zusammensetzung des Lebensmittels abhängig.

Die Sorptions-Isotherme beschreibt das Gleichgewicht zwischen sorbiertem Wasser (Wassergehalt) und der Wasseraktivität für die betrachtete Temperatur. Aufgetragen ist häufig der Wassergehalt bezogen auf die wasserfreie Substanz über der Wasseraktivität. Zur Umrechnung Wassergehalt bezogen auf die wasserfreie Substanz (dry basis, db) und dem Wassergehalt bezogen auf die Einwaage (wet basis, wb) siehe Tabelle 1-5. Um aus einem vorliegenden Wassergehalt auf den Wert der Wasseraktivität und damit auf die Haltbarkeit und Lagerfähigkeit zu schließen, ist die Kenntnis dieser Sorptions-Isothermen notwendig. Um Trockungsverfahren oder andere Haltbarmachungsverfahren zu planen benötigt man die zum gemessenen Wassergehalt gehörende Wasseraktivität oder umgekehrt. Die jeweiligen Trocknungsverfahren richten sich stark nach Art und Stärke der Wasserbindung im Lebensmittel. Zur Berechnung und Festlegung von Trocknungsverfahren werden neben den jeweiligen Sorptions-Isothermen, Sorptions-Enthalpien und Monolayer-Feuchten benötigt.

Die Geschwindigkeit von Trockungsverläufen nimmt mit zunehmender Sorptions-Enthalpie des zu entfernenden Wassers ab, also in der Reihenfolge (vgl. Tabelle 1-1):

- Haftwasser, z.B. nasse Festkörperoberflächen
- Kapillarwasser, z.B. in porösen Stoffen (Molekularsiebe, Kieselgel)
- Hydratationswasser, z.B. in Gelatine oder Carboxymethylcellulose
- Kristallwasser, z.B. in Glucose-Monohydrat
- Konstitutionswasser, z.B. in Oxihydraten.

Ein anderes Konzept zur Vorausberechnung der Haltbarkeit von Lebensmitteln geht vom Glaszustand aus. Beim Erreichen des Glaszustands durch Temperaturabsenkung und/oder Wasserentzug kommen sämtliche Reaktionen, einschließlich der Verderbsreaktionen zum Erliegen. Die Geschwindigkeit der

Verderbsreaktionen oberhalb des Glaszustandes lässt sich mit Hilfe der Glasübergangstemperatur berechnen [102]. Die Glasübergangstemperatur eines Stoffes hängt von der Zusammensetzung ab und lässt sich mittels Thermischer Analyse, vgl. Abschnitt 7.9 ermitteln.

1.4
Messung von Sorptions-Isothermen

Zur Aufnahme von Sorptions-Isothermen ist die Messung der Wassergehalte einer Probe bei unterschiedlichen Wasseraktivitäten (bzw. umgekehrt) notwendig. Hierzu gibt es unterschiedliche Messverfahren (s. z.B. [20]). Der Wassergehalt wird im Allgemeinen gravimetrisch ermittelt, die Angabe erfolgt bezogen auf die Trockensubstanz oder bezogen auf die Einwaage (vgl. Tabelle 1-5). Die Wasseraktivität lässt sich z.B. bestimmen, durch:

- Direkte Messung des Wasserdampfdruckes der Probe
- Messung der relativen Luftfeuchte im Gleichgewicht mit dem zu untersuchenden Probematerial
- Bestimmung der Gefrierpunktserniedrigung bzw. Siedepunktserhöhung (Rückschlüsse aus den kolligativen Eigenschaften auf den a_w-Wert).

Da die Sorption stark temperaturabhängig ist, muss die Temperatur während einer Messung konstant gehalten werden. Es ist wichtig zu beachten, ob die Desorptions-Isotherme oder die Adsorptions-Isotherme bestimmt werden soll. Die beiden Isothermen sind häufig nicht identisch (Hysterese, vgl. Tabelle 1-4). Geht man von einem vorgetrockneten Material aus und erhöht schrittweise den Wassergehalt bzw. die Wasseraktivität, erhält man die Adsorptions-Isotherme, im Falle der schrittweisen Trocknung erhält man die Desorptions-Isotherme.

Die Bestimmung des a_w-Wertes eines Lebensmittels kann am einfachsten durch Messung der relativen Luftfeuchte der Luft erfolgen, die mit dem Lebensmittel im Gleichgewicht steht. Um eine Gleichgewichtseinstellung zu erzielen, arbeitet man mit geschlossenen Systemen, in welchen die Probe platziert wird und in dessen Kopfraum die relative Luftfeuchte meistens mittels eines Hygrometers gemessen wird. Je nach Geschwindigkeit der Gleichgewichtseinstellung, kann die Messdauer zur Bestimmung eines a_w-Wertes je nach Lebensmittel, Einwaage und Temperatur in Größenordnungen zwischen 1 h und 100 h liegen. Eine scheinbar sehr langsame Gleichgewichtseinstellung kann ihre Ursache auch in einer allmählichen Drift der Probe-Eigenschaften haben (Instabilität des Gleichgewichtes) [21]. Lange Messzeiten können ebenso Probleme bereiten im Falle von Lebensmitteln, die unter erhöhten Wasseraktivitäten so schnell verderben, dass ihre physikalischen Eigenschaften nicht als konstant angesehen werden können.

Bei Sorptions-Messungen durch isopiestische Methoden wird die zu untersuchende Probe einer definierten konstanten Luftfeuchte ausgesetzt und nach der Gleichgewichtseinstellung wird der Wassergehalt der Probe bestimmt. Hier wird also der a_w-Wert nicht gemessen sondern vorgegeben. Die Vorgabe des a_w-Wertes im geschlossenen System erfolgt durch einen Feuchtestandard, von dem eine

1.4 Messung von Sorptions-Isothermen

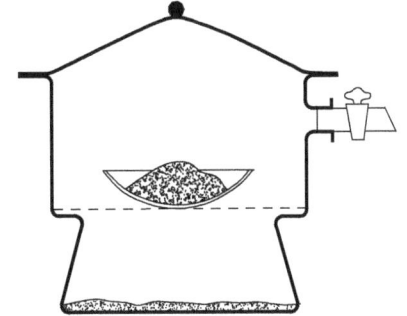

Abb. 1-9. Aufnahme eines Punktes der Sorptions-Isotherme. Die Probe wird in einem geschlossenen Gefäß mit einem Feuchte-Standard definiert Wasseraktivität ins Gleichgewicht gebracht und anschließend gewogen

definierte relative Luftfeuchte ausgeht. Man gibt das zu untersuchende Lebensmittel zusammen mit einem Feuchtestandard – z.B. für 20% r.F. – in einen geschlossenen Behälter. Der Feuchtestandard sorgt dafür, dass im System die relative Feuchte konstant bleibt. Das Lebensmittel nimmt aus der Luft im System Wasser auf (oder es gibt Wasser ab) bis es eine Wasseraktivität von $a_W = 0{,}2$ hat. Nun ändert sich der Wassergehalt des Lebensmittels nicht mehr (Gleichgewicht) und kann mit üblichen Analyseverfahren, z.B. gravimetrisch nach Trocknung bei 103°C (s. z.B. [103]) bestimmt werden. Der Vorteil dieses Verfahrens besteht darin, dass pro Messpunkt nur der Wassergehalt der Lebensmittelprobe zu bestimmen ist und die Messung der relativen Feuchte im System entfällt. Durch diese Vereinfachung können eine Reihe von Proben – z.B. 10 parallel – in 10 geschlossenen Gefäßen ohne großen apparativen Aufwand simultan untersucht werden. Als hermetische Gefäße für die Einstellung des Feuchtegleichgewichtes eignen sich Exsikkatoren oder ähnliche Gefäße (vgl. Abb. 1-9). Auch bei diesem Verfahren ist die Unterscheidung zwischen Adsorptions-Isotherme und Desorptions-Isotherme notwendig.

Als Feuchtestandards werden häufig gesättigte Salzlösungen verwendet. Tabelle 1-12 zeigt einige hierzu häufig eingesetzte Salze.

Tabelle 1-12. Feuchte-Standards

gesättigte Lösung von:	a_W (20°C)	a_W (25°C)
LiCl	–	0,113
NaOH	0,07	–
$ZnCl_2 \cdot 1{,}5\ H_2O$	0,119	–
K-CH$_3$CO$_2$	0,20	0,216
$MgCl_2 \cdot 6\ H_2O$	0,336	0,328
K_2CO_3	0,441	0,44
$MgNO_3$	0,549	0,528
NH_4NO_3	0,66	0,66
NaCl	0,756	0,753
KCl	0,851	0,843
KNO_3	0,933	0,937

Eine isopiestische Methode, bei der die Probe mit einem Tropfen einer so genannten Indikatorflüssigkeit ins Feuchte-Gleichgewicht gebracht wird, wird von Steele beschrieben [22]. Nachdem die Indikatorflüssigkeit die Wasseraktivität des Lebensmittels angenommen hat, wird sie entnommen und ihre optische Brechzahl (vgl. 11.1) bestimmt. Mit Hilfe einer Kalibrierkurve „Brechzahl über Wasseraktivität" kann auf diese Weise sehr schnell die Wasseraktivität der Indikatorflüssigkeit bestimmt werden. Die Wasseraktivität der Indikatorflüssigkeit entspricht der Wasseraktivität der Probe, wenn beide miteinander im Gleichgewicht gewesen sind. Der Vorteil dieser Methode liegt im geringen Zeitbedarf und niedrigen Probenvolumen. Die refraktometrische Messung muss allerdings hochgenau ausgeführt werden und erfordert ein entsprechendes hochauflösendes und temperierbares Refraktometer.

Sorptions-Isothermen sind außerdem mittels isothermer Thermogravimetrie (vgl. Abschnitt 7.9) sehr schnell zu erfassen. Der Vorteil liegt in der geringen Probenmenge und der Automatisierbarkeit der Messung. Es kann sowohl die isotherme Massezunahme einer Probe in einer definierten Gasatmosphäre als auch der thermische Masseverlust (Trockensubstanzgehalt) der Probe bestimmt werden (vgl. 7.9.1).

Standard für Sorptions-Messungen

Um ein installiertes Messverfahren zu validieren, sind Standard-Proben mit bekannten Eigenschaften notwendig. Als Wasserdampf-Sorptions-Standard wird zu diesem Zweck mikrokristalline Cellulose (MCC) empfohlen [23]. MCC ist z.B. unter der Handelsbezeichnung Avicel in gleichbleibender Qualität erhältlich. Abbildung 1-10 zeigt eine Sorptions-Isotherme dieses Standardmaterials.

Zur Berechnung von Daten zwischen den experimentellen Punkten wird die Gleichung

$$x_w = A \left(\frac{1}{a_w} - 1 \right)^b \tag{1-49}$$

empfohlen. Die Werte für Avicel PH1 bei 25°C lauten: $A = 0{,}0540$, $b = -0{,}4343$.

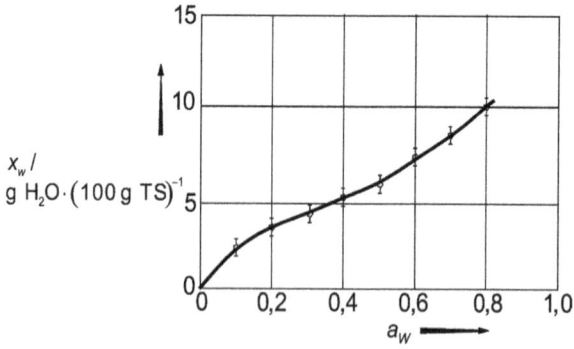

Abb. 1-10. Sorptions-Isotherme von mikrokristalliner Cellulose (25°C, Adsorption) (aus [23])

Damit berechnete Werte lauten:

a_w	x_w in % (m/m db) berechnet	x_w in % (m/m db) experimentelle Werte (aus [23])
0,1	2,80	2,0 ± 0,5
0,2	2,96	3,0 ± 0,5
0,4	4,53	5,0 ± 0,5
0,6	6,44	7,0 ± 0,5
0,8	9,86	10,0 ± 0,5
0,9	14,02	–

1.5 Applikationen

Zucker und Zuckeraustauschstoffe: Phasenumwandlungen durch Feuchtigkeitsaufnahme	[24]
Lupine: Sorptions-Isotherme und isostere Enthalpie	[25]
Kartoffel: Sorptions-Isotherme und isostere Enthalpie	[26, 27]
Stärke-Pulver: Sorptions-Isothermen	[28]
Agar-Agar: Sorptions-Isotherme und isostere Enthalpie	[29]
Erdbeeren: GAB-Sorptions-Isotherme und Glasübergang	[30]
Geflügel-Fleisch: Isotherme und Glasübergang	[31]
Ananas: Sorptions-Isotherme und Sorptions-Enthalpie	[32]
Pfeffer: Sorptions-Enthalpie	[33]
Stärke und Gluten: GAB-Sorptions-Isothermen	[34]

1.6 Literatur

1. Lewicki PP (2004) Water as the determinant of food engineering properties. A review. J Food Engineering, 61: 483–495
2. Gregg SJ, Sing KSW (1982) Adsorption, Surface Area and Porosity. Academic Press, London
3. Luy B (1991) Vakuum Wirbelschicht. Dissertation, Universität Basel
4. Korte F (ed) (1973) Methodicum chimicum Bd 1 Teil 2. Thieme Stuttgart
5. Brunauer S, Emmet PH, Teller E (1938) J Am Chem Soc 60: 309
6. Bauer KH, Frömming KH, Führer C (1999) Pharmazeutische Technologie. Deutscher Apotheker Verlag, Stuttgart
7. Cazier JB, Gekas V (2001) Water activity and its prediction: a review. Intern J Food Properties 4: 35
8. Iglesias HA, Chirife J (1982) Handbook of food isotherms: Water sorption parameters for food and food components. Academic Press Inc., New York
9. Nesvadba P, Houska M, Wolf W, Gekas V, Jarvis D, Sadd PA, Johns AI (2004) Database of physical properties of *agro-food materials*. *J Food* Engineering 61: 497–503
10. Taylor AJ (1998) Physical chemistry of flavour. Int J Food Sci Tech 33: 53–62

11. Atkins PW (1990) Physikalische Chemie. VCH Weinheim
12. Van den Berg, Bruin S (1981) Water activity and its estimation in food systems. In: Rockland LB, Stewart GF (eds) Water Activity: Influence on Food Quality. Academic Press, New York
13. Bizot H (1983) in: Jowitt R, Escher F, Hallström B, Meffert HFTh, Spiess WEL, Vos G (1983) Physical properties of food. Applied Science Publishers Ltd., Ripple Road, Barking, UK
14. Timmermann EO, Chirife J, Iglesias HA (2001) Water sorption isotherms of foods and foodstuffs: BET or GAB parameters? J Food Engineering 48: 19–31
15. Rahman S (ed) (1995) Food Properties Handbook, CRC Press, Boca Raton, FL
16. Labuza Th, University of Minnesota, online available from: http://www.fsci.umn.edu/Ted_Labuza/CV/tplcv.htm [cited 2003-12-24]
17. Lewicki PP (2000) Raoult's law based food water sorption isotherm. J Food Engineering 43: 31–40
18. Labuza TP (1971) Kinetics of lipidoxidation in foods. Crit Rev Food Technol 2: 355
19. Troller JA (1978) In: Water activity and food. Academic Press, New York
20. Hofer AA (1962) Zur Aufnahmetechnik von Sorptionsisothermen und ihre Anwendung in der Lebensmittelindustrie. Dissertation, Universität Basel
21. Chirife J, Buera MP (1995) A critical review of some non-equilibrium situations and glass transitions on water activity values of foods in the microbiological growth range. J Food Engineering 25: 531–552
22. Steele RJ (1987) Use of polyols to measure equlibrium relative humidity. Int J Food Sci Technol 22: 377–384
23. Spiess (1983) in: Jowitt R, Escher F, Hallström B, Meffert HFTh, Spiess WEL, Vos G (1983) Physical properties of food. Applied Science Publishers Ltd., Ripple Road, Barking, UK
24. Cammenga HK, Gehrich K (2003) Glatt, rau oder klebrig? Zeitschrift für Lebensmittel- und Verpackungstechnik (LVT) 48: 28
25. Vázquez G, Chenlo F, Moreira R (2003) Sorption isotherms of lupine at different temperatures. J Food Engineering 60: 449–452
26. McMinn WAM, Magee TRA (2003) Thermodynamic properties of moisture sorption of potato. J Food Engineering 60: 157–165
27. McLaughlin CP, Magee TRA (1998) The determination of sorption isotherm and the isosteric heats of sorption for potatoes. J Food Engineering 35: 267–280
28. Al-Muhtaseb AH, McMinn WAM, Magee TRA (2004) Water sorption isotherms of starch powders: Part 1: mathematical description of experimental data. J Food Engineering 62: 135–142
29. Iglesias O, Bueno JL (1999) Water agar-agar equilibrium: determination and correlation of sorption isotherms. Int J Food Sci Tech 34: 209–216
30. Moraga G, Martínez-Navarrete N, Chiralt A (2004) Water sorption isotherms and glass transition in strawberries: influence of pre-treatment. J Food Engineering 62: 315–321
31. Delgado AE, Sun DW (2002) Desorption isotherms and glass transition temperature for chicken meat. J Food Engineering 5: 1–8
32. Hossain MD, Bala BK, Hossain MA, Mondol MRA (2001) Sorption isotherms and heat of sorption of pineapple. J Food Engineering 48, 2: 103–107
33. Kaymak-Ertekin F, Sultanoglu M (2001) Moisture sorption isotherm characteristics of peppers. J Food Engineering 47, 3: 225–231
34. Viollaz E, Rovedo CO (1999) Equilibrium sorption isotherms and thermodynamic properties of starch and gluten. J Food Engineering 40: 287–292

(100–129 befinden sich am Schluss des Buches)

2 Masse und Dichte

2.1
Masse

Während der Begriff Masse in der Lebensmitteltechnik teilweise auch für Rohstoffe – man denke z.B. an Schokoladenmasse oder Brandmasse – verwendet wird, versteht man unter der physikalischen Masse ein Maß für die „Trägheit" und „Schwere" eines Körpers. Die Schwere eines Körpers wird von der Massenanziehung, der Gravitation verursacht. Die Massenanziehungskraft zwischen dem betrachteten Körper und der Erdkugel bezeichnet man als Gewichtskraft des Körpers:

$$G = m \cdot g \qquad (2\text{-}1)$$

G Gewichtskraft in N
m Masse in kg
g Fallbeschleunigung in m · s^{-2}

Aufgrund von Dichte-Inhomogenitäten der Erde, Abweichungen von der Kugelform und infolge der Erdrotation ist die Fallbeschleunigung nicht an allen Orten gleich. Körper am Äquator haben eine größere Umfangsgeschwindigkeit und damit eine höhere Zentrifugalkraft als Körper in äquatorfernen Ländern. Als Normal-Fallbeschleunigung wurde der Wert für Zürich (Schweiz) vereinbart, er beträgt $g = 9{,}80665$ m · s^{-2}. Tabelle 2-1 zeigt am Beispiel eines 1 kg-Körpers, wie sich Unterschiede in der Gravitation an verschiedenen Orten der Welt auf das Wägeergebnis einer 1 kg-Masse auswirken können. Um derartige Abweichungen zu vermeiden, werden Waagen am Aufstellungsort kalibriert oder amtlich geeicht.

Tabelle 2-1. Wägung eines 1 kg-Standards: Eine in Zürich kalibrierte Waage zeigt abweichende Ergebnisse an anderen Aufstellungsorten, da die Erdbeschleunigung nicht überall gleich groß ist.

Ort	g in m · s^{-2}	Waage zeigt
Zürich	9,80665	1000,0 g
Bogota	9,77390	996,7 g
Reykjavik	9,82265	1001,6 g

Hierfür werden Masse-Standards verwendet, deren Wert wiederum mit nationalen und internationalen Standards abgeglichen wird. In Deutschland ist das nationale Metrologie-Institut die Physikalisch-Technische-Bundesanstalt (PTB).

2.2
Wiegen und Luftauftrieb

Waagen reagieren auf die Gewichts<u>kraft</u> von Körpern. Sie zeigen jedoch ein Wägeergebnis in Kilogramm oder Gramm an und nicht in Newton, wie man es bei der Kraftmessung erwarten sollte. Die Ursache liegt in der Art der Kalibrierung. Waagen werden durch Auflegen von Masse-Standards kalibriert bzw. geeicht[1]. Der „Ausschlag" des Messgerätes kann in vielfältiger Form dargestellt werden, z.B. als Winkel, Längenänderung oder als elektrische Spannung. Die Skala, auf der der Ausschlag abzulesen ist, kann in N, g, kg, lbs oder anderen Einheiten skaliert sein. Den Vorgang des Auflegens eines Kalibriergewichtes und des Justierens der Waage bis sie das exakte Gewicht des Kalibriergewichtes zeigt, nennt man Kalibrierung. Durch die Kalibrierung der Waage wird es also möglich, ein Kraftmessgerät zum Anzeigen einer Masse zu benutzen. Mathematisch gesehen wird die gemessene Kraft durch den lokalen Wert der Fallbeschleunigung geteilt und der Zahlenwert des Ergebnisses angezeigt:

$$\frac{G}{g} = m \qquad (2\text{-}2)$$

Das Gewicht eines Körpers wird seit dem Mittelalter als Vielfaches eines Referenzgewichtes angegeben. Eine Wägung ist also nichts anderes als ein Vergleich mit einem Masse-Normal. Das Wägeergebnis ist dann ein Zahlenwert, der die Masse des Prüflings als Vielfaches n eines Masse-Normales ergibt. Dies gilt für Balkenwaagen ebenso wie für Federwaagen und elektronische Waagen.

$$\frac{G_K}{G_R} = \frac{m_K \cdot g}{m_R \cdot g} = n \qquad (2\text{-}3)$$

G_K Gewichtskraft in N
G_R Gewichtskraft Referenzgewicht in N
m_K Masse Körper in kg
m_R Masse Referenzgewicht in kg
n Verhältniszahl
g Fallbeschleunigung in m · s^{-2}

Um die Richtigkeit von Referenzgewichten sicherzustellen, unterhalten viele Staaten metrologische Institute, welche über so genannte Masse-Normale verfügen, welche international harmonisiert sind. Die nationalen kg-Prototypen in Eu-

---

[1] Unterschied zwischen Kalibrieren und Eichen: Die Eichung erfolgt vom Eichamt auf Grundlage des Eichgesetzes. Die Kalibrierung hat keinen amtlichen Charakter. Sie kann genauer als eine Eichung sein.

2.2 Wiegen und Luftauftrieb

ropa orientieren sich am Platin-Iridium-Kilogramm-Prototyp im Bureau International des Poids et Mesures (BIPM) in Sevres bei Paris.

Durch den Luftauftrieb zeigt ein Körper auf einer Waage in Luftatmosphäre ein etwas geringeres Gewicht als im Vakuum (s. Abb. 2-1) Zur exakten Ermittlung der Masse eines Körpers ist daher das angezeigte Wägeergebnis mit einer Luftauftriebskorrektur zu versehen:

$$m_K = m_K^* \cdot K \tag{2-4}$$

$$K = 1 + \rho_L \cdot \frac{\frac{1}{\rho_K} - \frac{1}{\rho_R}}{1 - \frac{\rho_L}{\rho_K}} \tag{2-5}$$

$$K \approx 1 + \rho_L \cdot \left(\frac{1}{\rho_K} - \frac{1}{\rho_R} \right) \tag{2-6}$$

m_K^* angezeigter Wägewert des Körpers in kg
m_K Masse Körper in kg
ρ_L Dichte der Luft in kg · m^{-3}
ρ_K Dichte des Körpers in kg · m^{-3}
ρ_R Dichte des Vergleichsgewichtes in kg · m^{-3}
K Korrekturfaktor für den Luftauftrieb

Die Luftdichte hängt vom Luftdruck, -temperatur und -feuchte sowie von ihrem CO_2-Anteil ab. Die Werte sind tabelliert (s. [105] oder können mit empirischen Gleichungen (s. z.B. [106]) näherungsweise berechnet werden. Vereinfacht (auf Basis von [1]) gilt für die Luftdichte:

$$\rho_L / kg \cdot m^{-3} = 3{,}4849 \cdot 10^{-3} \frac{p/Pa}{T/K} \cdot \left(1 - 0{,}3780 \frac{p_W}{p} \right) \tag{2-7}$$

p Luftdruck in Pa
p_W Wasserdampfpartialdruck in Pa
T Temperatur in K

Beispiel 2-1: Abschätzung der Luftdichte

Luftdruck $\quad\quad\quad\quad\quad p = 10^5$ Pa
Lufttemperatur $\quad\quad\quad \vartheta = 25°C$ d.h. $T = 293{,}15$ K
Luftfeuchte $\quad\quad\quad\quad \varphi = 50\%$ r.F.
Wasserdampfpartialdruck $\quad p_W = \varphi \cdot p_s = 0{,}5 \cdot 23{,}27$ Pa $= 11{,}7$ Pa

$$\rho_L / kg \cdot m^{-3} = 3{,}4849 \cdot 10^{-3} \frac{10^5}{293{,}15} \cdot \left(1 - 0{,}3780 \cdot \frac{11{,}7}{10^5} \right) = 1{,}1887$$

also

$$\rho_L = 1{,}189 \text{ kg} \cdot m^{-3}$$

Abb. 2-1. Einfluss des Luftauftriebs, schematisch
I ohne Gewicht
II Gewicht in Luft
III Gewicht im Vakuum

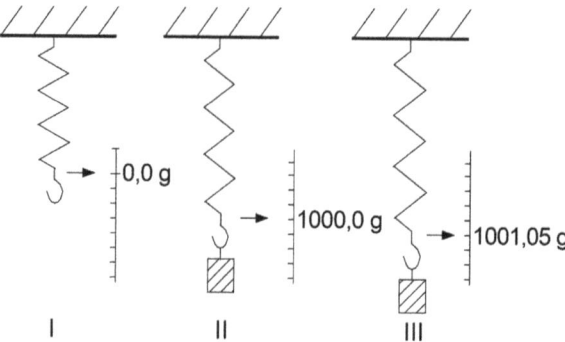

Der Luftauftrieb hängt außer von den atmosphärischen Bedingungen auch von der Dichte des zu untersuchenden Körpers ab. Stark wasserhaltiges biologisches Material hat oftmals Dichten von 1000–1100 kg · m^{-3}, trockene Proteine oder Kohlenhydrate sowie Stärke und Cellulose liegen im Bereich von 1400–1600 kg · m^{-3}. Tabelle 2-2 zeigt einige Beispiele für die Größe der Luftauftriebskorrektur bei unterschiedlichen Lebensmitteln. (ρ_L = 1,2 kg · m^{-3}, ρ_R = 8000 kg · m^{-3}).

Tabelle 2-2 zeigt, dass der Luftauftrieb für derartige Stoffe sehr gering ist. Die Luftauftriebskorrektur wird daher im Alltag der Lebensmittelherstellung oft vernachlässigt. Der dadurch entstehende systematische Fehler von etwa –0,1% (minus 0,1%) wird in vielen Fällen von anderen Störeinflüssen verdeckt. Für die Herstellung, Verbreitung und richtige Anwendung von Prüfgewichten ist die Luftauftriebskorrektur hingegen unerlässlich, ebenso bei Präzisionsmessungen im Labor.

Messverfahren:
Unterschiedliche Wägeverfahren im Labor und in der Produktion sind [107]:

- Vollständige Kompensation der Belastung der Waage durch Auflegen von Gewichtsstücken, z.B. bei der Balkenwaage.
- vollständige Kompensation der Belastung der Waage durch eine von außen wirkende Gegenkraft, z.B. Federkraft, elektrodynamische, induktive, kapazitive Kraft.
- Wägung mit Dehnungsmessstreifen, piezoelektrische Wägezellen.
- Kombinationen aus diesen Verfahren.

Tabelle 2-2. Einfluss der Luftauftriebskorrektur, Beispiele

Material	ρ/kg · m^{-3}	K	m_K^*/g	m_K	Differenz
Kakaobutter	915	1,00116	1000,00	1001,16	0,12%
Wasser	1000	1,00105	1000,00	1001,05	0,11%
Saccharose	1590	1,00091	1000,00	1000,91	0,09%

2.3 Dichte

Die Dichte eines Systems ist der Quotient aus Masse und Volumen. Die gilt gleichermaßen für feste, flüssige und gasförmige Körper sowie disperse Systeme wie z.B. Schäume, Schüttgüter oder Pulver. Die reziproke Größe der Dichte wird als spezifisches Volumen bezeichnet.

$$\rho = \frac{m}{V} \tag{2-8}$$

$$\frac{V}{m} = v = \frac{1}{\rho} \tag{2-9}$$

m Masse in kg
V Volumen in m³
ρ Dichte in kg · m⁻³
v spezifisches Volumen in m³ · kg⁻¹

2.3.1 Temperaturabhängigkeit der Dichte

Aufgrund der thermischen Ausdehnung von Stoffen ist die Dichte eines Systems von der Temperatur abhängig. Im Normalfall nimmt das Volumen von Stoffen mit steigender Temperatur zu, daher sinkt die Dichte bei Erhöhung der Temperatur. Dieser Effekt ist bei gasförmigen Stoffen stärker ausgeprägt als bei festen und flüssigen Stoffen.

2.3.2 Ideale Gase

$$p \cdot V = m \cdot R_S \cdot T \tag{2-10}$$

$$\rho = \frac{p}{R_S T} \tag{2-11}$$

p Druck in Pa
R_s Spezifische Gaskonstante in J · K⁻¹ · kg⁻¹
ρ Dichte in kg · m⁻³
T Temperatur in K
m Masse in kg
V Volumen in m³

Für genauere Berechnungen der Luftdichte in Abhängigkeit vom Luftdruck p und dem Wasserdampfpartialdruck der Luft p_w eignet sich z.B. Gleichung (2-7).

2.3.3
Festkörper und Flüssigkeiten

$$\gamma = \frac{1}{V} \cdot \frac{dV}{dT} \tag{2-12}$$

$$\rho = fkt(T) \tag{2-13}$$

γ Thermischer Volumenausdehnungskoeffizient in K^{-1}
ρ Dichte in $kg \cdot m^{-3}$
T Temperatur in K
V Volumen in m^3

Für eine Reihe von Stoffen sind Werte für die Dichte temperaturabhängig tabelliert (Luft [105, 106], Wasser [105, 108], Milch [109]) bzw. mit Polynomen zu berechnen (vgl. 14.8). Wasser zeigt hinsichtlich seiner thermischen Ausdehnung anomales Verhalten: Bei Temperaturen im Bereich zwischen 4°C und 0°C sinkt die Dichte mit fallender Temperatur. In Abb. 2-2 und Abb. 2-3 ist die relative Volumenänderung und die relative Dichteänderung von Wasser und „normalen" Stoffen gegenübergestellt.

Zudem besitzt die feste Phase (Eis) eine geringere Dichte als die flüssige Phase bei derselben Temperatur. Wegen dieser Anomalie des Wassers gefrieren Seen und Gewässer nicht vom Grund in Richtung Oberfläche, sondern umgekehrt mit weit reichenden Konsequenzen für die Biosphäre. Im folgenden Polynom nach BERTSCH (1983) [106] für flüssiges Wasser ist dieses Verhalten bereits berücksichtigt:

$$\rho \,/\, kg \cdot m^{-3} = 1000.22 + 1.0205 \cdot 10^{-2} \cdot (\vartheta/°C) - 5.8149 \cdot 10^{-3} \\ \cdot (\vartheta/°C)^2 + 1.496 \cdot 10^{-5} \cdot (\vartheta/°C)^3 \tag{2-14}$$

Aufgrund der Temperaturabhängigkeit der Dichte ist es notwendig, bei der experimentellen Bestimmung der Dichte die Temperatur konstant zu halten und diese zusammen mit dem Messergebnis anzugeben.

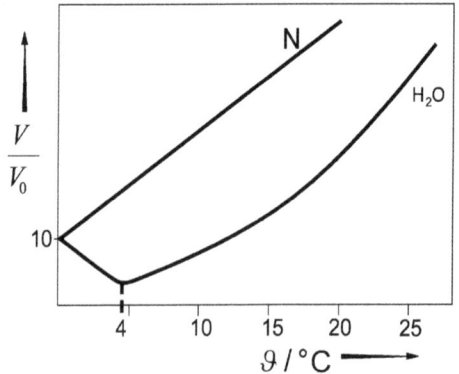

Abb. 2-2. Normale (N) und anomale (H_2O) thermische Volumenausdehnung, schematisch

2.3 Dichte

Abb. 2-3. Anomalie des Wassers (H$_2$O-Dichtemaximum bei 4°C) und normaler Dichteverlauf (N) im Vergleich

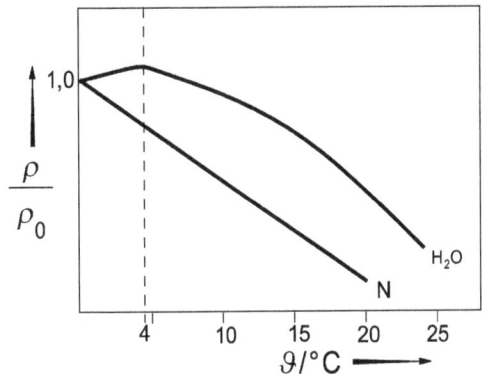

2.3.4
Druckabhängigkeit der Dichte

Infolge der Kompressibilität von Stoffen ist die Dichte vom Druck des betreffenden Systems abhängig. Vor den Flüssigkeiten und Festkörpern soll das Verhalten von Gasen beschrieben werden. Bei nicht zu hohen Drücken und nicht zu tiefen Temperaturen können viele Gase wie ideale Gase behandelt werden.

2.3.5
Ideale Gase

Für ideale Gase gilt

$$pV = m \cdot R_S \cdot T \qquad (2\text{-}15)$$

$$\frac{m}{V} = \frac{p}{R_S T} \qquad (2\text{-}16)$$

$$\rho = \frac{p}{R_S T} \qquad (2\text{-}17)$$

d.h. für die Dichte eines idealen Gases:

$$\rho \sim p \qquad (2\text{-}18)$$

2.3.6
Flüssigkeiten und Festkörper

Für Flüssigkeiten und Festkörper, die sich wie ideal elastische Körper verhalten (vgl. 4.1) gilt:

$$\kappa = -\frac{1}{V} \frac{dV}{dp} \qquad (2\text{-}19)$$

d.h

$$-\frac{dV}{V} = -\kappa \cdot dp \qquad (2\text{-}20)$$

mit

$$\frac{1}{\kappa} = K \qquad (2\text{-}21)$$

wegen m = const gilt auch:

$$\frac{\Delta \rho}{\rho} = \left|\frac{\Delta V}{V}\right| = |\kappa \cdot \Delta p| \qquad (2\text{-}22)$$

p Druck in Pa
R_s Spezifische Gaskonstante in $J \cdot K^{-1} \cdot kg^{-1}$
ρ Dichte in $kg \cdot m^{-3}$
T Temperatur in K
m Masse in kg
V Volumen in m^3
κ Kompressibilität in Pa^{-1}
K Kompressionsmodul in Pa

Die Größe K in (2-21) heißt Kompressionsmodul, die reziproke Größe κ ist der Kompressibilitätskoeffizient (kurz: die Kompressibilität). Festkörper mit einem $\kappa \approx 10^{-11}$ Pa^{-1} oder Wasser mit $\kappa \approx 5 \cdot 10^{-10}$ Pa^{-1} werden häufig als „praktisch inkompressibel" bezeichnet. Damit ist gemeint, dass die aufgrund ihrer Kompressibilität auftretenden Volumenänderungen vernachlässigbar gering sind. Eine Überschlagsrechnung zeigt, dass dies bis zu Druckänderungen in der Größenordnung von etwa 10 MPa (100 bar) weitgehend stimmt, nicht jedoch bei Druckänderungen von einigen 100 MPa, wie sie bei der Hochdruckbehandlung von Lebensmitteln vorkommen [2].

Beispiel 2-2: Dichteänderung von Wasser unter Hochdruck

$$\frac{\Delta \rho}{\rho} = |\kappa \cdot \Delta p|$$

Die relative Dichteänderung beträgt bei Druckänderung um

10 bar: $\dfrac{\Delta \rho}{\rho} = 5 \cdot 10^{-10} \, Pa^{-1} \cdot 10^6 \, Pa \; = \; 5 \cdot 10^{-4} = 0{,}05\%$

1000 bar: $\dfrac{\Delta \rho}{\rho} = 5 \cdot 10^{-10} \, Pa^{-1} \cdot 100 \cdot 10^6 \, Pa \; = \; 5 \cdot 10^{-2} = 5\%$

10 000 bar: $\dfrac{\Delta \rho}{\rho} = 5 \cdot 10^{-10} \, Pa^{-1} \cdot 1000 \cdot 10^6 \, Pa \; = \; 50 \cdot 10^{-2} = 50\%$

2.3 Dichte

Der Kompressionsmodul K ist auch eine Größe zur Charakterisierung der Festigkeit von Stoffen (s. 4.1.3). Tabellierte Werte für die Druckabhängigkeit der Dichte bzw. des spezifischen Volumens findet man für Wasser bis etwa 20 MPa bei [105, 106, 108]. Für höhere Drücke bzw. andere Stoffe ist man auf Literaturwerte für den Kompressibilitätskoeffizienten κ angewiesen.

Beispiel 2-3: Energieeintrag durch Kompression von 1 kg Wasser auf 300 MPa (3000 bar)

$$dW = -p \cdot dV$$
$$W = -\int p \cdot dV$$
$$W = -\int p \cdot (-\kappa \cdot V) \cdot dp$$
$$W = \kappa \int p \cdot V_0 \cdot dp$$
$$W = \kappa \cdot V_0 \int p \cdot dp$$
$$W = \frac{1}{2} \kappa \cdot V_0 \cdot p^2$$

Die Dimensionsanalyse zeigt, dass dies ein Ausdruck für die Energie ist:

$$Pa^{-1} \cdot m^3 \cdot Pa^2 = \frac{N}{m^2} \cdot m^3 = Nm$$

3000 bar = 300 MPa = $3 \cdot 10^8$ Pa,

Probe: 1 kg Wasser

$$\kappa \approx 5 \cdot 10^{-10} \, Pa^{-1}$$
$$\frac{W}{m} = \frac{1}{2} \kappa \cdot \frac{V_0}{m} \cdot p^2$$
$$\frac{W}{m} = \frac{1}{2} \cdot 5 \cdot 10^{-10} \frac{10^{-3}}{1} \cdot (3 \cdot 10^8)^2 \frac{J}{kg} = 22{,}5 \frac{kJ}{kg}$$

Beispiel 2-4: Zu welcher Temperaturerhöhung kann diese Hochdruckbehandlung maximal führen?

$$Q = m \cdot c_p \cdot \Delta T$$
$$\frac{Q}{m} = c_p \cdot \Delta T$$
$$\Delta T = \frac{Q}{m \cdot c_p}$$
$$\Delta T = 22{,}5 \frac{kJ}{kg} \cdot \frac{1\,kg}{4{,}18\,kJ} \cdot K$$
$$\Delta T = 5{,}4 \, K$$

2.3.7
Relative Dichte

Das Verhältnis der absoluten Dichte eines Systems zur Dichte eines Referenzmediums wird als relative Dichte d bezeichnet.

$$d = \frac{\rho}{\rho_R} \qquad (2\text{-}23)$$

d Relative Dichte
ρ Dichte in kg · m^{-3}
ρ_R Dichte Referenzmedium in kg · m^{-3}

Als Referenzmedium wird häufig Wasser verwendet. Früher verwendete man Wasser von 4°C, damit als Dichte des Referenzmediums 1 g · cm^{-3} eingesetzt werden konnte. Inzwischen ist Wasser von 20°C als Referenzmedium gebräuchlich.

Im amerikanischen Sprachgebrauch wird die Bezeichnung „specific gravity" sowohl für Dichte als für die relative Dichte gebraucht. Die direkte Übersetzung „spezifisches Gewicht" ist in Deutschland ebenso wie der Begriff „Wichte" lange abgelöst.

2.3.8
Verfahren zur Bestimmung der Dichte

Es gibt eine Reihe unterschiedlicher Verfahren zur Bestimmung der Dichte.
Tabelle 2-3 zeigt eine Übersicht über häufig eingesetzte Messverfahren.

Pyknometrische Bestimmung
Die Dichte von Flüssigkeiten lässt sich auf einfache Weise durch Wägung eines bekannten Volumens bestimmen. Man verwendet hierfür volumen-kalibrierte Glasgefäße, sog. Pyknometer, die man mit der zu untersuchenden Flüssigkeit sorgfältig bis zur Volumenmarkierung füllt. Es ist dann:

$$\rho_F = \frac{m_F - m_0}{V} \qquad (2\text{-}24)$$

Wegen der thermischen Ausdehnung des Glases gilt das Nennvolumen des Pyknometers für eine bestimmte Temperatur. Darauf ist beim Arbeiten zu achten. Ist das Volumen nicht bekannt oder muss bei einer anderen Temperatur gearbeitet werden, so bietet sich eine Relativmessung an. Man wiegt das Pyknometer mit der zu untersuchenden Flüssigkeit und mit einem Referenzmedium (häufig Wasser) und bildet den Quotienten.

$$\frac{m_F}{m_W} = \frac{m_F \cdot V}{V \cdot m_W} = \frac{\rho_F}{\rho_W} = d \qquad (2\text{-}25)$$

m_0 Masse Pyknometer leer in kg
m_F Masse Pyknometer mit Fluid in kg

2.3 Dichte

Tabelle 2-3. Dichtemessverfahren

Pyknometer-Verfahren	Hydrostatische Waage	Tauchkörper-Verfahren	Aräometer-Verfahren	Schwebe-methode
$V \sim m$			$h \sim \varrho$	$F_G = F_A$
Flüssigkeiten, Feststoffe DIN 53217-2	Flüssigkeiten, Feststoffe DIN 51757	Flüssigkeiten DIN 53217-3	Flüssigkeiten DIN 53217-4	Feststoffe DIN 53479
Mohr-Westphal'sche Waage	Röntgenmethode	Schüttdichte	Rütteldichte	Schwingungs-methode
				$T \sim \varrho$
Flüssigkeiten	Feststoffe	Feststoffe DIN EN 1236	Feststoffe DIN EN 1237	Gase, Flüssigkeiten, Feststoffe DIN 53217-5

m_W Masse Pyknometer mit Wasser in kg
V Volumen in m^3
ρ_F Dichte des Fluids in kg $\cdot$ m^{-3}
ρ_W Dichte von Wasser in kg $\cdot$ m^{-3}
d Relative Dichte

Das Ergebnis heißt relative Dichte d. Ist die Dichte des Referenzmediums aus Tabellenwerken bekannt, lässt sich die absolute Dichte der zu untersuchenden Flüssigkeit angeben:

$$\rho_F = d \cdot \rho_W \tag{2-26}$$

Werden zur Dichteberechnung einfach die abgelesenen Wägewerte (nicht luftauftriebs-korrigiert, s. 2.2) verwendet, nennt man die so erhaltene Dichte die scheinbare Dichte. Die luftauftriebs-korrigierten Massen sind geringfügig höher, die damit erhaltene Dichte heißt wahre Dichte. Bei der Bestimmung der relativen Dichte durch Vergleichswägung eines mit Fluid und eines mit Referenzfluid gefüllten Pyknometers spielt die Luftauftriebskorrektur keine Rolle, da das Pyknometer in beiden Fällen denselben Luftauftrieb erfährt und der Effekt bei der Quotientenbildung wieder herausfällt. Abbildung 2-4 und Abb. 2-5 zeigen unterschiedliche Bauarten von Pyknometern.

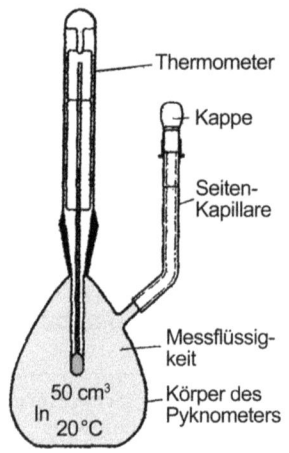
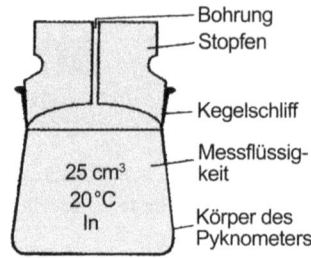

Pyknometer, DIN 12809

HUBBARD-Pyknometer, DIN 12806, (für zähflüssige Proben und Pulver)

Abb. 2-4. Pyknometer nach DIN, Beispiele

Hydrostatische Wägung
Hydrostatische Waagen basieren auf dem ARCHIMEDES-Prinzip: Die Auftriebskraft – also der scheinbare Gewichtsverlust, den ein eingetauchter Körper aufweist – ist direkt proportional zu seinem Volumen und zur Dichte der verdrängten Flüssigkeit. Daher kann man mit Experimenten, die die Auftriebskraft nutzen, das Volumen von Körpern und damit deren Dichte bestimmen:

$$\rho_K = \frac{m_L}{V_K} \tag{2-8}$$

$$F_A = \rho_F \cdot V_K \cdot g \tag{2-27}$$

Mit Δm als dem scheinbaren Masseverlust („Gewichtsverlust") durch Eintauchen:

$$\Delta m = m_L - m_F \tag{2-28}$$

ist dann

$$F_A = \Delta m \cdot g \tag{2-29}$$

$$V_K = \frac{(m_L - m_F)g}{\rho_F \cdot g} = \frac{m_L - m_F}{\rho_F} \tag{2-30}$$

$$\rho_K = \frac{m_L}{m_L - m_F} \cdot \rho_F \tag{2-31}$$

2.3 Dichte

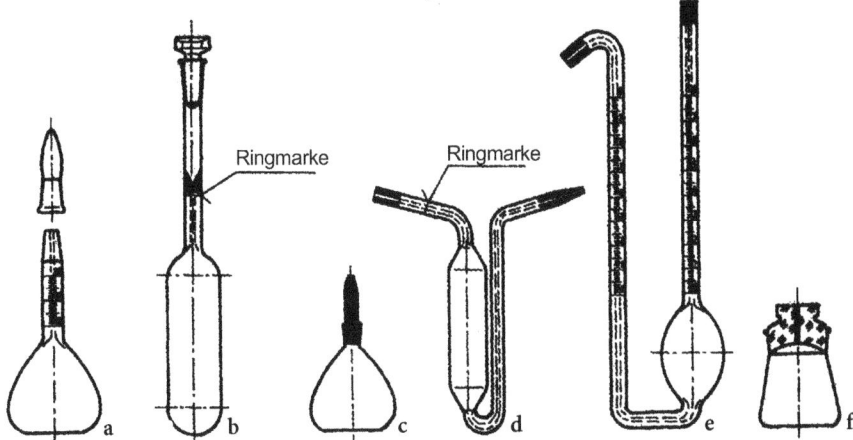

Abb. 2-5. Pyknometer-Bauarten: **a** nach REISCHAUER, **b** nach BINGHAM, **c** nach GAY-LUSSAC, **d** nach SPRENGEL, **e** nach LIPKIN, **f** nach HUBBARD

m_L Masse des Körpers in Luft in kg
m_F Masse Pyknometer mit Fluid in kg
F_A Auftriebskraft in N
g Fallbeschleunigung in m · s^{-2}
m_W Masse Pyknometer mit Wasser in kg
V_K Volumen des Körpers in m^3
ρ_F Dichte des Fluids in kg · m^{-3}
ρ_K Dichte des Körpers in kg · m^{-3}
d Relative Dichte

Wenn m_L nicht luftauftriebs-korrigiert ist, nennt man die so ermittelte Dichte die scheinbare Dichte des Körpers K. Mit angewendeter Luftauftriebskorrektur (s. Abschnitt 2.2) sind m_L und ρ_K geringfügig größer und man spricht von der wahren Dichte des Körpers K. Bildet man den Quotienten

$$\frac{\rho_K}{\rho_F} = \frac{m_L}{m_L - m_F} \tag{2-32}$$

erhält man die relative Dichte d des Körpers

$$d = \frac{\rho_K}{\rho_F} \tag{2-33}$$

Hier also

$$d = \frac{m_L}{m_L - m_F} \tag{2-34}$$

Bei Verwendung von volumen-bekannten Körpern (sog. Senk- oder Tauchkörper) kann man mit der hydrostatischen Waage die Dichte der Auftriebsflüssigkeit nach DIN 51757 bestimmen. Aus (2-8) erhält man hierzu:

$$\rho_F = \frac{m_L - m_F}{V_K} \qquad (2\text{-}35)$$

Eine Bauform der hydrostatischen Waage ist eine oberschalige Analysenwaage mit speziellem Wägeaufsatz (s. Abb. 2-6). Mit dem Wägeaufsatz wird zunächst das Gewicht des Prüfkörpers in Luft bestimmt. Danach wird der Körper in die Auftriebsflüssigkeit getaucht und das Gewicht im getauchten Zustand bestimmt.

Der Wägeaufsatz besteht aus einem Bügel, der an der Waagschale der Oberschalenwaage befestigt ist. Der Bügel nimmt den Tauchkörper auf und dient zur Übertragung seiner Gewichtskraft bzw. der Restgewichtskraft auf die Waagschale. Die über der Waagschale stehende Brücke dient als Tisch für ein Becherglas. Die Brücke steht auf dem Waagengehäuse und hat demzufolge keinen Kontakt mit der Waagschale. Das Gewicht des Becherglases bzw. dessen Füllung hat keinen Einfluss auf das angezeigte Wägeergebnis.

Die oberschalige hydrostatische Waage kann zur Dichtebestimmung von Feststoffen und Flüssigkeiten eingesetzt werden.

Beispiel 2-5. Schnellbestimmung des Stärkegehalts von Körnermais
Die Dichte von Körner-Mais korreliert mit dem Reifezustand. Mit einer hydrostatischen Dichte-Bestimmung der Dichte von Körner-Mais lässt sich daher eine schnelle Eingangskontrolle durchführen. Eine relative Dichte von 1,080···1,118 ist erwünscht, Werte darunter deuten auf unreife, darüber auf überreife Körner [110].

Beispiel 2-6: Schnellbestimmung des Stärkegehalts von Kartoffeln
Eine ähnlich einfache Eingangskontrolle kann mit Kartoffeln durchgeführt werden. Die Dichte der Rohware korreliert mit dem Stärkegehalt. Durch Wägung eines in Wasser getauchten Metallkorbes mit Kartoffeln erhält man das so genannte

Abb. 2-6.
Hydrostatische Waage

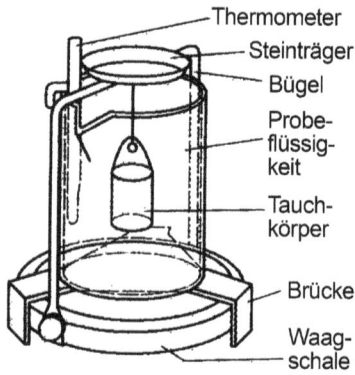

2.3 Dichte

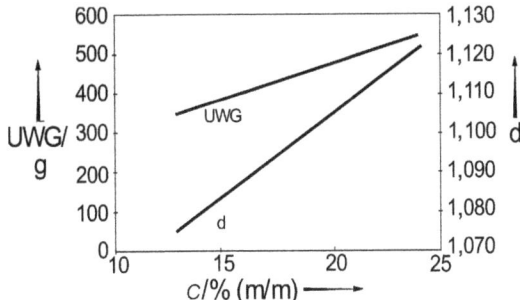

Abb. 2-7. Zusammenhang zwischen Stärkegehalt c von Kartoffeln und relativer Dichte d bzw. dem Unterwassergewicht (UWG)

Unterwassergewicht (UWG). Das ist die scheinbare Masse der Probe im untergetauchten Zustand. Anhand des UWG kann man einfach und schnell den Stärkegehalt einschätzen (s. Abb. 2-7). Die Prüfmethode und eine zugehörige Tabelle „Stärkegehalt über Unterwassergewicht" ist von der Kommission der EU publiziert worden [3].

Es ist:

$$G_{UWG} = G_L - F_A$$

$$m_{UWG} \cdot g = m_L \cdot g - \rho_F \cdot V_K \cdot g$$

$$V_K = \frac{m_L - m_{UWG}}{\rho_F}$$

$$\rho_K = \frac{m_L}{V_K} = \frac{\rho_F \cdot m_L}{(m_L - m_{UWG})}$$

$$d = \frac{\rho_K}{\rho_F} = \frac{m_L}{m_L - m_{UWG}}$$

g Erdbeschleunigung in $m \cdot s^{-2}$
G_{UWG} Unterwassergewichtskraft in N
G_L Gewichtskraft an Luft in N
F_A Auftriebskraft in N
m_{UWG} scheinbare Masse untergetaucht in kg
m_L Masse an Luft in kg
ρ_F Dichte der Tauchflüssigkeit in $kg \cdot m^{-3}$
ρ_K Dichte des Körpers in $kg \cdot m^{-3}$
V_k Volumen der Kartoffelprobe in m^3
d relative Dichte der Probe

Mohr-Westphal'sche-Waage

Eine spezielle Form der hydrostatischen Waage ist die Mohr-Westphal'sche-Waage (s. Abb. 2-8). Es handelt sich um eine ungleicharmige Balkenwaage, die insbesondere zur Bestimmung der Dichte der Auftriebsflüssigkeit eingesetzt wird. Sie kann jedoch auch zur Bestimmung der Dichte von eingetauchten Körpern verwendet werden.

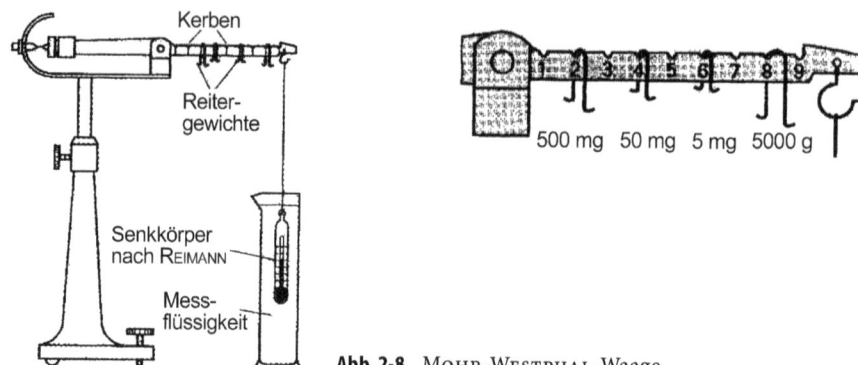

Abb. 2-8. MOHR-WESTPHAL-Waage

Am längeren Arm der Waage hängt an einem dünnen Platindraht ein Senkkörper mit einem bekannten Volumen. Zu Messbeginn wird die Waage mit dem in der Luft hängenden Senkkörper mit Hilfe des Justiergewichtes ins Gleichgewicht gebracht. Zur eigentlichen Messung lässt man den an der Waage hängenden Senkkörper in die zu untersuchende Flüssigkeit eintauchen und ermittelt die Auftriebskraft. Der durch den Auftrieb verursachte scheinbare Gewichtsverlust des Senkkörpers wird durch Auflegen von kleinen Gewichten (sog. Reitergewichten) in die Kerben des Waagebalkens ausgeglichen, bis die Waage wieder im Gleichgewicht ist. Die Summe der Massen der Reitergewichte multipliziert mit deren Position auf dem Waagebalken ergibt den Wert m_F, das ist die Masse, die auf den Senkkörper aufgelegt werden musste, um seine Auftriebskraft in diesem Fluid zu kompensieren. Man wiederholt die Messung mit einem Fluid bekannter Dichte (häufig Wasser) und erhält den zugehörigen Wert m_W.

Das Verhältnis von m_F zu m_W nennt man Tauchgewichts-Verhältnis τ. Es ist:

$$F_A = \rho \cdot V \cdot g \tag{2-36}$$

$$F_A = m \cdot g \tag{2-37}$$

$$F_{A,F} = \rho_F \cdot V_K \cdot g = m_F \cdot g \tag{2-38}$$

$$F_{A,W} = \rho_W \cdot V_K \cdot g = m_W \cdot g \tag{2-39}$$

$$\tau = \frac{m_F}{m_W} \tag{2-40}$$

$$\tau = \frac{\rho_F}{\rho_W} \tag{2-41}$$

$$d = \frac{\rho_F}{\rho_W} \tag{2-42}$$

m Masse in kg
V Volumen in m³

F_A Auftriebskraft in N
ρ Dichte kg · m^{-3}
g Fallbeschleunigung in m · s^{-2}
τ Tauchgewichtsverhältnis
d Relative Dichte
Index F für Fluid
Index W für Referenzmedium (häufig Wasser)

Mit der MOHR-WESTPHAL'schen-Waage kann somit recht einfach die relative Dichte d der zu untersuchenden Flüssigkeit bestimmt werden. Es ist wichtig, die Temperatur der Tauchflüssigkeiten konstant zu halten bzw. zu vermerken. Gebräuchliche Ausdrücke hierfür sind z.B.:

$$d_{20/20} = \frac{\rho_{F,20°C}}{\rho_{W,20°C}}$$

$$d_{20/4} = \frac{\rho_{F,20°C}}{\rho_{W,4°C}}$$

Aräometer
Aräometer (auch: Hydrometer) nach DIN 12790 sind geschlossene zylindrische Schwimmkörper aus Glas (s. Abb. 2-9). Sie haben am unteren Ende eine Beschwerung, damit sie in der Messflüssigkeit lotrecht schwimmen. Der stabförmig verjüngte Stängel enthält eine Strichskala. Da ein Aräometer um so tiefer in die

Abb. 2-9. Aräometer

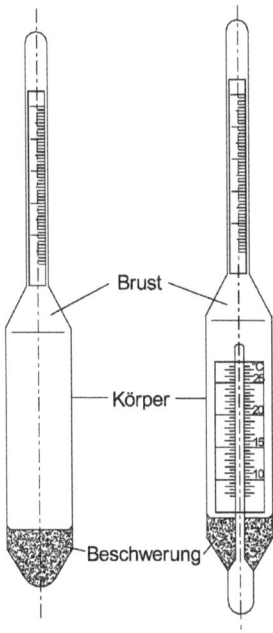

Prüfflüssigkeit eintaucht, je geringer ihre Dichte ist, befindet sich der Skalenendwert am unteren Ende des Stängels.

Die Eintauchtiefe in der Messflüssigkeit wird auf einem Skalenträger im Stängel abgelesen. Er ist z.B. in g · cm^{-3} kalibriert oder bereits beispielsweise in °Bx oder % Stammwürze (Bier) umgerechnet. Die Ablesung erfolgt bei durchsichtigen Flüssigkeiten auf der Schnittlinie zwischen Flüssigkeitsspiegel und Stängel (s. Abb. 2-10).

Wegen seiner Form wird ein Aräometer manchmal als „Spindel" bezeichnet, die Dichtemessung mit dem Aräometer wird dann „Spindeln" genannt. Die Eintauchtiefe eines Aräometers wird von folgendem Kräftegleichgewicht bestimmt (Aräometergleichung):

$$F_G + F_\sigma = F_A \tag{2-43}$$

d.h.

$$m \cdot g + \sigma \cdot \pi \cdot d = V \cdot \rho \cdot g \tag{2-44}$$

also

$$m \cdot g + \sigma \cdot \pi \cdot d = \left(V + \frac{\pi \cdot d^2}{4} \cdot h\right) \cdot \rho \cdot g \tag{2-45}$$

- m Aräometermasse in kg
- V durch Aräometer verdrängtes Volumen in m^3
- F_G Gewichtskraft in N
- F_A Auftriebskraft in N
- F_σ Grenzflächenkraft in N
- σ Grenzflächenspannung in N · m^{-1}
- d Durchmesser Aräometerstängel in m
- ρ Dichte kg · m^{-3}
- g Fallbeschleunigung in m · s^{-2}
- h Eintauchtiefe des Aräometerstängels in m

Die Eintauchlänge h ergibt sich somit in Abhängigkeit von der Dichte des Fluids aus diesem Kräftegleichgewicht und kann zur Skalierung des Aräometerstängels

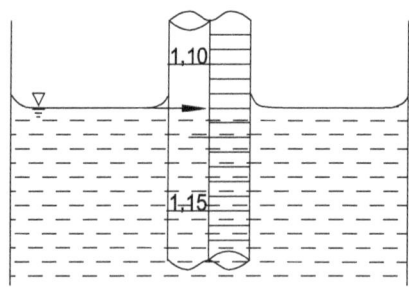

Abb. 2-10. Ablesung eines Aräometers

2.3 Dichte

benutzt werden. Aus Gleichung (2-45) ist zu erkennen, dass die Eintauchlänge des Aräometers von der Oberflächenspannung des Fluids abhängig ist. Daher sind Aräometer für bestimmte Oberflächenspannungen justiert: Die Oberflächenspannungsklasse L (Low) umfasst den Bereich 15–35 mN · m^{-1}, die Klasse M (Medium) 35–65 mN · m^{-1} und die Klasse H (High) den darüber liegenden Bereich. Für erhöhte Genauigkeitsanforderungen kann die Aräometergleichung noch mit einem Korrekturfaktor für die tatsächliche Grenzflächenspannung des Fluids und ggfls. mit dem Korrekturfaktor für den Luftauftrieb versehen werden.

Für spezielle Aräometerausführungen gibt es eine Reihe von Sonderbezeichnungen wie Alkoholometer, Saccharimeter, BAUMÉ-Hydrometer für Salzlösungen, Säure- und Laugen-Aräometer, Milch- und Buttermilch-Aräometer, Quevenne Lactometer, Bier- und Bierwürze-Aräometer, TWADELL-Hydrometer, Urinprüfer, Bodenproben-Aräometer, Flüssiggas-Aräometer usw.

Tauchkörper-Verfahren

Die Dichtebestimmung nach dem Tauchkörper-Verfahren (vgl. Tabelle 2-3) wird bei niedrig- und mittelviskosen Flüssigkeiten angewandt. Das Verfahren ist auch als einfaches Betriebsprüfverfahren für Stoffe dieser Art geeignet. Ein Gefäß mit der zu untersuchenden Flüssigkeit wird auf eine oberschalige Waage gestellt (s. Abb. 2-11). Anschließend senkt man den an einem Stativ befestigten genormten Tauchkörper vollständig bis zur Mitte der Verjüngung in die zu prüfende Flüssigkeit. Aus den Wägewerten, vor und nach dem Absenken des Tauchkörpers kann die Dichte der Flüssigkeit berechnet werden.

Schwebemethode

Die Schwebemethode nach DIN 53479 (vgl. Tabelle 2-3) nutzt die Eigenschaft, dass ein Feststoff einer bestimmten Dichte in einer Flüssigkeit gleicher Dichte schwebt. Die Auftriebskraft des Körpers ist dann genauso groß wie seine Gewichtskraft.

Zur Bestimmung der Dichte wird die zu untersuchende Substanz in eine Flüssigkeit gegeben. Diese Flüssigkeit darf die Probe weder lösen noch mit ihr reagieren. Die Flüssigkeit wird dann mit einer anderen Flüssigkeit so lange gemischt, bis die zu untersuchende Substanz in der Flüssigkeit schwebt. Durch

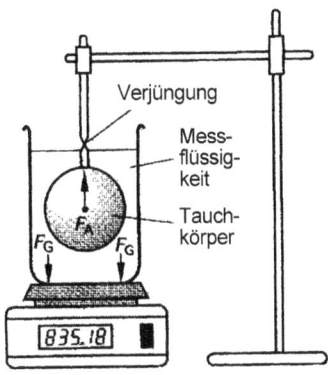

Abb. 2-11. Tauchkörper-Verfahren

Abb. 2-12. Schwebemethode, schematisch. P Probe, F Fluid gleicher Dichte

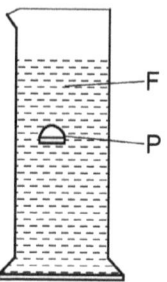

Bestimmung der Dichte des Flüssigkeitsgemisches (z.B. pyknomtrisch, (vgl. Tabelle 2-3)) erhält man gleichzeitig die Dichte des schwebenden Feststoffes.

Biegeschwinger

Das Dichte-Messgerät nach dem Biegeschwingersystem besteht im Wesentlichen aus einem u-förmigen Rohr, welches mit der Probe gefüllt wird oder kontinuierlich von der Probe durchströmt wird. Das U-Rohr wird durch einen elektrischen Erreger so in Schwingung versetzt, dass es mit seiner Resonanzfrequenz schwingt. Die Resonanzfrequenz hängt von der im U-Rohr befindlichen Flüssigkeitsmasse ab. Daher lässt sich aus der Bestimmung der Resonanzfrequenz die im Rohr befindliche Masse bestimmen, welche zusammen mit dem bekannten Volumen des Rohres die gesuchte Dichte liefert.

Für die Periodendauer des Biegeschwingers gilt:

$$T = 2\pi \sqrt{\frac{m}{D}} \qquad (2\text{-}46)$$

mit:

$$T = 2\pi \sqrt{\frac{m_{Rohr} + m_{Probe}}{D}} \qquad (2\text{-}47)$$

Abb. 2-13. Aufbau eines U-Rohr-Biegeschwingers, schematisch. Ein elektromagnetisches System (E) versetzt das probegefüllte u-förmige Rohr (U) in Schwingungen

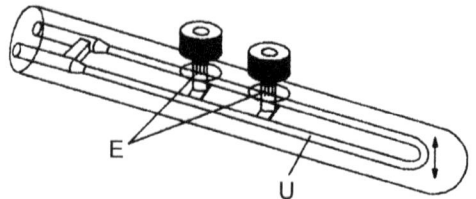

$$T^2 = 4\pi^2 \frac{m_{Rohr} + \rho_{Probe} V_{Rohr}}{D} \tag{2-48}$$

$$\rho_{Probe} = \frac{T^2 D}{4\pi^2 V_{Rohr}} - \frac{m_{Rohr}}{V_{Rohr}} = \frac{D}{4\pi^2 V_{Rohr}} \left(T^2 - \frac{4\pi^2 m_{Rohr}}{D} \right) \tag{2-49}$$

mit den Abkürzungen

$$A = \frac{D}{4\pi^2 V_{Rohr}} \quad \text{und} \quad B = \frac{4\pi^2 m_{Rohr}}{D}$$

ist die Bestimmungsgleichung für die Dichte:

$$\rho = A(T^2 - B) \tag{2-50}$$

ω Kreisfrequenz in s^{-1}
ν Frequenz in s^{-1}
D Federkonstante in N · m
m_{Rohr} Masse des leeren U-Rohres in kg
m_{Probe} Masse der Probe im U-Rohr in kg
T Periodendauer (Schwingungsdauer) in s

Die Größen A und B sind Gerätekonstanten. Nachdem A und B durch Kalibrierung mit Stoffen bekannter Dichte ermittelt sind, lässt sich die Dichte von unbekannten Proben ermitteln. Ein wesentlicher Vorteil der Biegeschwingermethode liegt in der kurzen Messzeit. Darüberhinaus können Messwerte erhalten werden, während das Fluid den Biegeschwinger durchströmt. Dies bietet die Möglichkeit der on-line-Prozesskontrolle.

Kalibrierung des Biegeschwinger-Systems
Wie aus Abb. 2-14 ersichtlich, charakterisiert A die Steigung im ρ-T^2-Diagramm und B den Achsenabschnitt auf der T^2-Achse. Durch Aufnahme der Schwin-

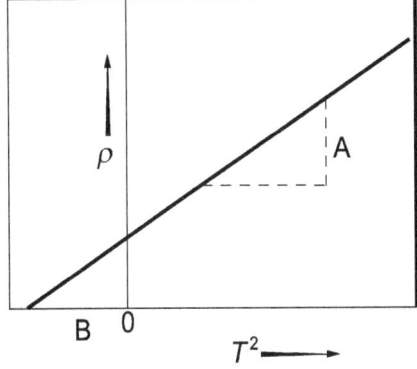

Abb. 2-14. Beziehung zwischen Schwingungsdauer und Dichte im Biegeschwingersystem

gungsdauern T für eine Reihe von Proben unterschiedlicher Dichte ρ lassen sich daher die Größen A und B grafisch aus dem aus dem ρ-T^2-Diagramm entnehmen.

Beispiel 2-7: Bestimmung der Dichte von Bier mit dem Biegeschwinger
Zur Erstellung einer Schnell-Kalibrierung bzw. zur Ermittlung der Gerätekonstanten A und B sind die Schwingungsdauern von mindestens zwei Proben mit den Dichten ρ_1 und ρ_2 zu ermitteln. Diese Proben nennt man Kalibrier-Standards. Die Kalibrier-Standards sollten so gewählt werden, dass die späteren Messwerte in dem Bereich liegen, für welchen das Gerät kalibriert wurde. Sollen z.B. Dichten um 1200 kg $\cdot$ m^{-3} gemessen werden, so ist es nicht sinnvoll, als Kalibrier-Standards Ethanol (ρ = 780 kg $\cdot$ m^{-3}) und Wasser (ρ = 998.2 kg $\cdot$ m^{-3}) zu verwenden. Im Falle von Bier kann die Kalibrierung mit Wasser und einer 20% (m/m) Saccharoselösung erfolgen:

H$_2$O (20°C) $\quad \rho_1$ = 998.200 kg/m $\quad T_1$ = 4.0044 µs

Saccharoselösung
20% (m/m) $\quad \rho_2$ = 1080.96 kg/m $\quad T_2$ = 4.0594 µs

Für A und B gilt:

$$A = \frac{d\rho}{dT^2} \approx \frac{\Delta \rho}{\Delta T^2} = \frac{\rho_2 - \rho_1}{T_2^2 - T_1^2}$$

$$B = T_1^2 - \frac{\rho_1}{A} = T_2^2 - \frac{\rho_2}{A}$$

d.h.

$$A = \frac{\rho_1 - \rho_2}{T_1^2 - T_2^2} = \frac{(998.2019 - 1080.96) \text{ kg/m}^3}{(4.0044^2 - 4.0594^2) \text{ µs}^2} = 186.598 \text{ kg} \cdot \text{m}^{-3} \cdot \text{µs}^{-2}$$

$$B = T_2^2 - \frac{\rho_2}{A} = 4.0594^2 \text{µs} - \frac{1080.96 \text{ kg/m}^3 \text{ µs}^2}{186.598 \text{ kg/m}^3} = 10.68575 \text{ µs}^2$$

Die Dichte der Bier-Probe erhält man aus der ermittelten Schwingungsdauer von

$T_{20°}$ = 4,0045 µs

zu

$$\rho_{Bier}^{20°} = 186.598 \, (4.0045^2 - 10.685754) = 998.3497 \text{ kg} \cdot \text{m}^{-3}$$

Spezielle Dichte-Einheiten
Produktspezifisch bzw. branchenspezifisch gibt es einige spezielle Dichte-Einheiten: Das Grad Öchsle (auch: Öchslegrad, Abk. Oe°), ist eine Einheit für die Dichte von Most. Man benutzt sie als Richtgröße für den Zuckergehalt von Früchten wie Weintrauben. Der durch spätere Vergärung erzielbare Alkoholge-

halt lässt sich bereits an der Dichte des Mostes abschätzen. Die Schnellbestimmung der Mostdichte (umgangssprachlich: Mostgewicht) kann z.B. mit einem speziell skalierten Aräometer oder mit einem Refraktometer (s. 11.1) erfolgen, das anstelle einer Brechzahl-Skala oder Dichte-Skala über eine Öchsle-Skala verfügt.

Für die Umrechnung von °Oe aus dem Tauchgewichtsverhältnis gilt: 1°Oe = (*Tauchgewichtsverhältnis* − 1) · 1000. Beispiel: Eine 10% (m/m)-ige Zuckerlösung hat ein Tauchgewichtsverhältnis von 1.040 und damit 40 °Oe. Zur Umrechnung in andere Einheiten siehe Tabelle 14-23. Zur physikalischen Bestimmung von Größen wie dem Extraktgehalt, Alkoholgehalt oder z.B. dem Stammwürzegehalt von Bier auf Basis der Messung von Dichte und/oder Brechzahl existieren eine Reihe von produktspezifischen Umrechnungsformeln (Bier, Wein, Spirituosen) [101, 111].

Aufschlag
Bei Schaumbildungsprozessen ist die Schaumdichte bzw. die Volumenzunahme ein wichtiger Prozessparameter. Die relative Volumenzunahme bezogen auf das Volumen der Ausgangslösung bezeichnet man als Aufschlag A (engl. overrun). Es ist

$$A = \frac{V_{Schaum} - V_{Lösung}}{V_{Lösung}} \tag{2-51}$$

wegen

$$m_{Schaum} = m_{Lösung}$$

und mit (2-8) ist

$$A = \frac{\frac{1}{\rho_{Schaum}} - \frac{1}{\rho_{Lösung}}}{\frac{1}{\rho_{Lösung}}} \tag{2-52}$$

bzw.

$$A = \frac{\rho_{Lösung}}{\rho_{Schaum}} - \frac{\rho_{Lösung}}{\rho_{Lösung}} \tag{2-53}$$

also

$$A = \frac{\rho_{Lösung}}{\rho_{Schaum}} - 1 \tag{2-54}$$

Häufig wird der Aufschlag in % angegeben. Aus Gl. (2-51) ist ersichtlich, dass dies eine Angabe in Volumenprozent ist (% (V/V)).

$$A \text{ in \%} = \left(\frac{\rho_{Lösung}}{\rho_{Schaum}} - 1\right) \cdot 100 \qquad (2\text{-}55)$$

A Aufschlag
m Masse in kg
V Volumen in m³
ρ Dichte in kg · m⁻³

Beispiel 1-8: Overrun von Eiskrem:
Speiseeis wird aus flüssigem Eismix durch Einschlagen von Luft unter gleichzeitigem Gefrieren hergestellt (s. z.B. [109]). Auf dem europäischen Markt ist ein typischer Wert für den overrun:

$$A = \left(\frac{\rho_{Eismix}}{\rho_{Speiseeis}} - 1\right) \cdot 100\%$$

$$A = \left(\frac{1150 \text{ kg} \cdot \text{m}^{-3}}{550 \text{ kg} \cdot \text{m}^{-3}} - 1\right) \cdot 100\%$$

also $A = 109\%$.

Feststoffdichte

Unter Feststoffdichte versteht man die Dichte der festen Partikel in Pulvern und Schüttgütern (z.B. Milchpulver, Erbsen, Mehl). Die gasgefüllten Zwischenräume zwischen den Partikeln einer Schüttung spielen für die Feststoffdichte keine Rolle. Enthalten die festen Partikel selbst geschlossene Hohlräume oder Kanäle, so werden diese gasgefüllten Räume bei der Ermittlung der Feststoffdichte i. Allg. mit erfasst. Um Irrtümer zu vermeiden, sollte bei porösen Stoffen die Feststoffdichte mit dem Zusatz versehen werden „einschließlich Porenvolumen" bzw. „ausschließlich Porenvolumen". Dieser Zusatz erlaubt zudem die Auswahl der passenden Messmethode für die gewünschte Feststoffdichte bzw. Partikeldichte. Gleichung (2-8) hat hier die Form:

$$\rho = \frac{m_S}{V_S} \qquad (2\text{-}8)$$

m_S Masse des Feststoffs in kg
V_S Volumen des Feststoffs in m³
ρ Feststoffdichte in kg · m⁻³

Für die pyknometrische Bestimmung der Feststoffdichte von Pulvern gibt es spezielle, weithalsige Pyknometer (s. Abb. 2-4). Man ermittelt zunächst die Masse m_0 des Pyknometers im leeren Zustand, dann mit der pulverförmigen Probe m_P und die Gesamtmasse (m_{PF}) nachdem es mit einem Referenzfluid bis zur Markierung (V_0) aufgefüllt wurde. Sofern das Volumen des Pyknometers nicht bekannt ist bzw. bei der verwendeten Messtemperatur nicht bekannt ist, wiegt man vorher das ausschließlich mit Referenzfluid gefüllte Pyknometer (m_F). Ab-

2.3 Dichte

Abb. 2-15. Pyknometrische Bestimmung der Feststoffdichte eines Pulvers P

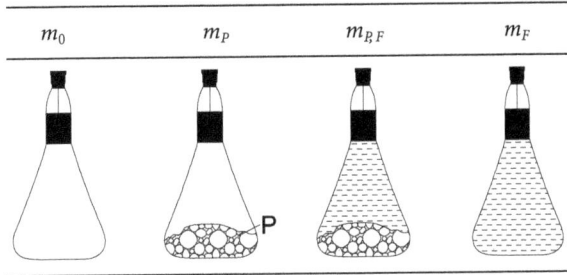

bildung 2-15 zeigt die einzelnen Schritte. Mit Gl. (2-8) ergibt sich relative Dichte des Feststoffs zu [101]:

$$\rho_S = \frac{m_S}{V_S} \tag{2-56}$$

$$m_S = m_P - m_0 \tag{2-57}$$

$$V_S = V_0 - V_F \tag{2-58}$$

$$V_F = \frac{m_{P,F} - m_P}{\rho_F} \tag{2-59}$$

$$\rho_S = \frac{m_P - m_0}{V_0 - \dfrac{m_{P,F} - m_P}{\rho_F}} \tag{2-60}$$

$$\rho_S = \frac{m_P - m_0}{\dfrac{m_F}{\rho_F} - \dfrac{m_{P,F} - m_P}{\rho_F}} \tag{2-61}$$

$$\rho_S = \rho_F \frac{m_P - m_0}{m_F - m_{P,F} - m_P} \tag{2-62}$$

$$d = \frac{\rho_S}{\rho_F} \tag{2.63}$$

$$d = \frac{m_P - m_0}{m_F - m_{P,F} + m_P}$$

$$d = \frac{m_P - m_0}{m_F - m_{P,F} + m_P} \tag{2-64}$$

Wenn luftauftriebs-korrigierte Werte für die ermittelten Massen m eingesetzt werden, nennt man die so erhaltene Dichte die wahre Dichte, ansonsten scheinbare Dichte. Auch beim einzusetzenden Wert für ρ_F ist zwischen wahrer und scheinbarer Dichte zu unterscheiden.

Schüttgutdichte

Schüttungen von Pulvern oder Schüttgütern (z.B. Erbsen oder Cornflakes) enthalten gasgefüllte – im Allgemeinen luftgefüllte – Hohlräume zwischen den Partikeln. Die Dichte der Schüttung einschließlich dieser Gasräume heißt Schüttgutdichte oder kurz Schüttdichte.

$$\rho = \frac{m}{V} \tag{2-8}$$

m Masse der Schüttung in kg
V Volumen der Schüttung in m^3
ρ Schüttdichte kg · m^{-3}

Die Schüttdichte hängt von vielen Faktoren ab: Von der Feststoffdichte, Form, Größe und der Oberflächeneigenschaft der Partikel. Das Bestimmungsverfahren kann das Messergebnis ebenfalls beeinflussen. Die Schüttdichte-Bestimmung erfolgt im Prinzip durch Wägung eines definierten Volumens der Schüttung (Bestimmung des Schüttgewichts). Zur Herstellung der Schüttungen existieren eine Reihe unterschiedlicher Geräte und Methoden, die den Zweck verfolgen, die Schüttungen reproduzierbar herzustellen. Bei Bestimmung der Schüttdichte direkt nach dem Herstellen der Schüttung bezeichnet man die erhaltenen Größen als „ungeklopftes" Schüttgewicht bzw. „ungeklopfte" Schüttdichte. Im Gegensatz dazu stehen das geklopfte Schüttgewicht (Rüttelgewicht) und die geklopfte Schüttdichte (Rütteldichte), die erhalten werden, wenn die Ablesung nach einer festgelegten Zahl von Klopfbewegungen des Messgefäßes erfolgt. Gebräuchlich ist die Angabe der Schüttdichte nach 10, 90, 1150 oder 2500 Klopfbewegungen. Zum Klopfen des Messgefäßes sind automatische Geräte mit Zählvorrichtung im Einsatz.

Nach DIN EN 1237 wird die Schüttdichte in einem 1000 cm^3 Messzylinder aus Polypropen (PP) bestimmt. Zunächst wird der tarierte Messzylinder mit der lose eingefüllten Probe überfüllt. Nach dem Abstreichen des überschüssigen Schüttguts bestimmt man die Masse des gefüllten Zylinders und berechnet daraus die Schüttdichte.

Die Rütteldichte kann anschließend bestimmt werden, indem auf den Messzylinder eine Kunststoffmanschette gesteckt und so viel Schüttgut hinzugefügt wird, dass es nach dem Klopfen (Rütteln) noch einige Zentimeter über dem Rand des Messzylinders steht. Nach 2500 Rüttelbewegungen mit einer Frequenz von 250 min^{-1} wird das überschüssige Gut erneut abgestrichen und die Masse des gefüllten Messzylinders bestimmt.

Das Verhältnis von Rütteldichte zur Schüttdichte ist ein Maß für das Verdichtungspotenzial von Pulvern und wird HAUSNER-Verhältnis oder auch HAUSNER-Faktor genannt.

Der Unterschied zwischen der Feststoffdichte und der Schüttdichte liegt im extra-partikulären Hohlraumvolumen, das zur Berechnung der Schüttdichte

2.3 Dichte

Abb. 2-16. Gerät zur Bestimmung von Schüttdichte und Rütteldichte

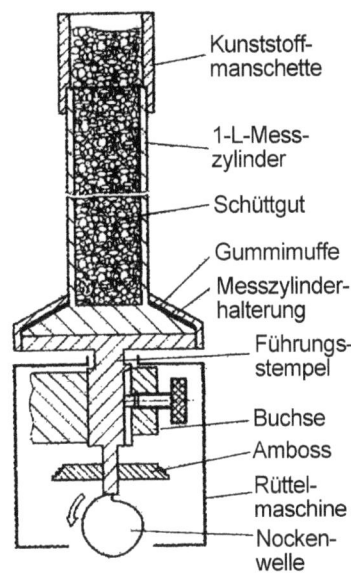

herangezogen wird, nicht jedoch für die Feststoffdichte. Den relativen Anteil dieses Hohlraumvolumens bezogen auf das Volumen der Schüttung nennt man Porosität. Es gilt:

$$\varepsilon = \frac{V_H}{V_B} \tag{2-65}$$

also

$$\varepsilon = \frac{V_B - V_S}{V_B} = 1 - \frac{V_S}{V_B} \tag{2-66}$$

wegen $m_B \approx m_S = m$ ist

$$\varepsilon = 1 - \frac{V_S \cdot m}{m \cdot V_B} \tag{2-67}$$

d.h.

$$\varepsilon = 1 - \frac{\rho_B}{\rho_S} \tag{2-68}$$

Mit dem relativem Hohlraumvolumen ε und dem relativen Volumen des Feststoffes α gilt für derartige Systeme

$$\alpha + \varepsilon = 1 \tag{2-69}$$

V_H Hohlraumvolumen in m³
V_S Festkörpervolumen in m³

V_B Volumen der Schüttung in m³
ρ_B Dichte der Schüttung in kg · m⁻³
ρ_S Dichte des Feststoffs in kg · m⁻³
m_B Masse der Schüttung in kg
m_S Masse des Feststoffs in kg
ε Porosität der Schüttung
α relatives Volumen des Feststoffs

2.4
Applikationen

Alkoholgehalt von Getränken, pyknometrisch	[104] Methode 930.17
Alkoholgehalt von Getränken, Hydrometer	[104] Methode 95.03
Solids in sugar syrups	[104] Methode 932.14 B
Solids in milk	[104] Methode 925.22
Aräometrische Bestimmung der Dichte von Milch	[100] Methode L01.00-28
Bestimmung der relativen Dichte von Frucht- und Gemüsesäften	[100] Methode L31.00-1
Bestimmung der relativen Dichte d 20/20 von Würze und Bier	[100] Methode L36.00-3

2.5
Literatur

1. CIPM, Comite Internationale des Poid et Mesures (1979) PTB-Mitt 89: 271–280
2. Ludwig H (ed) (1999) Advances in high pressure bioscience and biotechnology, Springer, Berlin Heidelberg New York
3. EU-Komission (Hrsg) (1995) EG-Verordnung Nr. 97/95 vom 17.1.95, A.Bl. vom 24.1.1995, available online http://europa.eu.int/eur-lex/hu/dd/docs/1999/31999R2718-HU.doc

(100–129 befinden sich am Schluss des Buches)

3 Disperse Systeme: Geometrische Eigenschaften

Systeme aus Einzelpartikeln in einem Umgebungsmedium heißen disperse Systeme. Die dispergierten Partikel bilden die disperse Phase, während das Umgebungsmedium die kontinuierliche Phase darstellt. Sowohl disperse als auch kontinuierliche Phase können gasförmig, flüssig oder fest vorliegen. Tabelle 3-1 zeigt Beispiele für disperse Systeme.

Zur Kennzeichnung von dispersen Systemen sind Angaben zur Größe und Form der Partikel notwendig. So unterscheiden sich physikalische Eigenschaften wie beispielsweise die Fließeigenschaften von Kandiszucker und Puderzucker (oder Kohle und Kohlenstaub) je nach Zerkleinerungsgrad ganz erheblich. Auch für die Stabilität von Emulsionen, Schäumen und Suspensionen ist die Partikelgröße von entscheidender Bedeutung.

Für die Definition der Partikelgröße ist es zunächst egal, ob eine Korngröße, Tropfengröße oder Blasengröße angegeben werden soll. Bei Betrachtung eines unregelmäßig geformten Partikels (z.B. Bohne) wird jedoch klar, dass die angegebene Partikelgröße von der Betrachtungsrichtung (Messrichtung) und gegebenenfalls auch vom Messverfahren abhängen kann. Es kommt hinzu, dass Größe und Form der Partikel nicht einheitlich sind, sondern einer Verteilung unterliegen. Aus diesen Gründen werden Partikelgrößen häufig mit Hilfe von Verteilungsfunktionen angegeben bzw. mit statistischen Größen (z.B. Mittelwerten und Streumaßen), die aus Verteilungskurven gewonnen werden.

Im Folgenden sollen einige Definitionen von Partikelgrößen und Formfaktoren vorgestellt werden. Das Thema Verteilungen folgt im Abschnitt 3.2

Tabelle 3-1. Beispiele für disperse Systeme

disperse Phase	kontinuierliche Phase	disperses System	Beispiele
fest	gasförmig	Schüttgut, Pulver, Staub	Zucker, Stärke, Mais, Erbsen
fest	flüssig	Suspensionen	Stärkesuspension, Gemüspüree, Kakaotrunk, geschmolzene Schokolade
flüssig	flüssig	Emulsionen	Mayonnaise, Milch, Salatdressing
flüssig	gasförmig	Aerosole	Nebel, Zerstäubernebel, -spray
gasförmig	flüssig	Schaum	Schlagsahne, Eiskrem, Eischnee
gasförmig	fest	fester Schaum	Marshmallows, Brot, Baiser

3.1
Partikelgröße

Eindeutige geometrische Maße sind z.B. die Hauptabmessungen eines Partikels. Sie eignen sich zur Angabe der Partikelgröße bei regelmäßig geformten Partikeln, z.B. die Kantenlänge bei würfelförmigen Partikeln oder der Durchmesser von kugelförmigen Partikeln (Luftblasen, Fetttröpfchen etc.). Ebenso können das Volumen und die Oberfläche zur Charakterisierung der Partikelgröße herangezogen werden. Sie dienen zur Ermittlung der so genannten Äquivalentdurchmesser.

3.1.1
Längen aus Bildauswerteverfahren

Bei Bildauswerteverfahren wird (wie sonst bei mikroskopischen Untersuchungen) die Projektion des Partikels in Untersuchungsrichtung, d.h. Blickrichtung bewertet. Die zu untersuchenden Partikel liegen in zufälligen Winkellagen im Strahlengang und erzeugen jeweils eine Partikelprojektion. Selbst gleiche Partikel können aufgrund ihrer Lage unterschiedliche Projektionen erzeugen. Die aus der Auswertung von Projektionen gewonnenen Längen können daher nur „statistische Längen" und keine realen Durchmesser sein. Bei der ebenen Projektion eines Partikels kann man mehrere statistische Längen unterscheiden. Abbildung 3-1 zeigt die Projektionsfläche eines in Aufsicht betrachteten Partikels. Die schwarzen Pfeile in der linken Bildhälfte deuten die Richtung der Längenskala an und werden Messrichtung genannt [1].

Die Projektionslängen, die parallel zur Messrichtung bzw. senkrecht zur Messrichtung abgelesen werden, sind nicht identisch und müssen unterschieden werden [2]. Tabelle 3-2 gibt eine Übersicht.

3.1.2
Äquivalentdurchmesser

Ein Äquivalentdurchmesser ist der Durchmesser eines Referenzobjektes, das die gleichen Eigenschaften wie das betrachtete Partikel hat. Dabei können sowohl geometrische als auch physikalische Eigenschaften herangezogen werden. Einige Typen von Äquivalentdurchmessern werden im Folgenden vorgestellt.

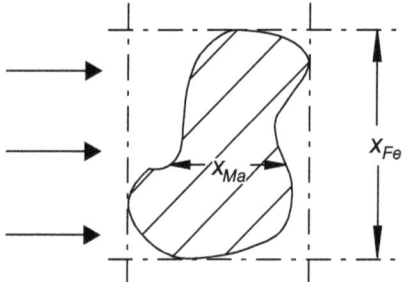

Abb. 3-1. Längen aus der Projektion eines Einzelpartikels. Die Pfeile links geben die Messrichtung an. Der MARTIN-Durchmesser x_{Ma} teilt die Projektionsfläche in zwei gleiche Hälften [1]

3.1 Partikelgröße

Tabelle 3-2. Statistische Längen von Partikeln (Auswahl)

	Definition	Symbol
FERET-Durchmesser	Höhe der Projektionsfläche (Höhe senkrecht zur Messrichtung)	x_{Fe}
MARTIN-Durchmesser	Länge der Strecke, die die Projektionsfläche halbiert	x_{Ma}
Längste Sehne	Größte Länge der Projektionsfläche	$x_{C,\,max}$

3.1.3
Geometrische Äquivalentdurchmesser

Der geometrische Äquivalentdurchmesser eines Objektes ist der Durchmesser eines Referenzobjektes, welches eine mit dem betrachteten übereinstimmende geometrische Eigenschaft hat. Betrachten wir z.B. das Volumen eines unregelmäßig geformten Partikels. Ein kugelförmiges Partikel müsste einen bestimmten Durchmesser besitzen, damit es das gleiche Volumen wie das betrachtete Partikel besitzt. Dies ist der Äquivalentdurchmesser des Partikels für eine volumengleiche Kugel. Weitere Äquivalentdurchmesser sind in Tabelle 3-3 aufgeführt.

Betrachtet man anisotrop geformte Partikel, so sind verschiedene Projektionen möglich, von denen manchmal eine bevorzugt beobachtet wird. So können die Partikel sich z.B. in einer mechanisch stabilen Lage (z.B. auf einem Objektträger) befinden oder in einer statistischen, mittleren Lage (z.B. in einer Suspension). In derartigen Fällen ist zum oben genannten Äquivalentdurchmesser das Messverfahren mit anzugeben.

Tabelle 3-3. Geometrische Äquivalentdurchmesser

Äquivalentdurchmesser	Bestimmungs-gleichung	experimentell zu ermitteln:
Durchmesser der volumengleichen Kugel	$d_V = \sqrt[3]{\dfrac{6 \cdot V}{\pi}}$	Volumen V
Durchmesser der oberflächengleichen Kugel	$d_A = \sqrt{\dfrac{A}{\pi}}$	Oberfläche A
Durchmesser des projektionsflächengleichen Kreises	$d_P = \sqrt{\dfrac{4 \cdot S}{\pi}}$	Projektionsfläche S
Durchmesser des umfanggleichen Kreises der Partikelprojektion	$d_{Pe} = \dfrac{U}{\pi}$	Umfang U der Projektionsfläche

3.1.4
Physikalische Äquivalentdurchmesser

Der physikalische Äquivalentdurchmesser eines Objektes ist der Durchmesser eines Referenzobjektes, welches eine mit dem betrachteten übereinstimmende physikalische Eigenschaft hat. Betrachten wir z.B. die Sinkgeschwindigkeit eines unregelmäßig geformten Partikels in einem Fluid. Ein kugelförmiges Partikel müsste einen bestimmten Durchmesser besitzen, damit es die Sinkgeschwindigkeit wie das betrachtete Partikel besitzt. Dies ist der Äquivalentdurchmesser des Partikels für ein Objekt gleicher Sinkgeschwindigkeit. Weitere physikalische Äquivalentdurchmesser sind in Tabelle 3-4 aufgeführt.

Tabelle 3-4. Physikalische Äquivalentdurchmesser

Äquivalentdurchmesser	Bestimmungsgleichung	experimentell zu ermitteln:
Durchmesser einer Kugel mit gleicher Sinkgeschwindigkeit im STOKES-Bereich	$d_{ST} = \sqrt{\dfrac{18 \cdot \eta}{\Delta \rho \cdot g} \cdot c}$	Volumen V
Durchmesser einer Kugel mit gleicher Sinkgeschwindigkeit im NEWTON-Bereich	$d_N = 0{,}33 \dfrac{\rho_F}{\Delta \rho \cdot g} \cdot c^2$	Oberfläche A
Durchmesser einer Kugel mit gleicher Streulichtintensität	s. 3.3.2	Projektionsfläche S

η dynamische Viskosität der fluiden Phase in Pa · s
g Fallbeschleunigung m · s^{-2}
c Sinkgeschwindigkeit in m · s^{-1}
ρ_F Dichte der fluiden Phase in kg · m^{-3}
ρ_F Partikeldichte in kg · m^{-3}
$\Delta \rho = \rho_S - \rho_F$

3.1.5
Spezifische Oberfläche

Die spezifische Oberfläche ist neben der Partikelgröße eine weitere wichtige Größe zur Charakterisierung der Partikelfeinheit. Man unterscheidet:

Tabelle 3-5. Spezifische Oberfläche von Körpern

Bezeichnung	Berechnungsformel	SI-Einheit
volumenbezogene spezifische Oberfläche	$A_V = \dfrac{A}{V}$	m^{-1}
massebezogene spezifische Oberfläche	$A_m = \dfrac{A}{m}$	m^2 · kg^{-1}

3.1 Partikelgröße

Mit Hilfe der Partikeldichte ρ_S lassen sich beide Größen ineinander umrechnen:

$$A_V = \rho_S \cdot A_m \tag{3-1}$$

Die volumenbezogene spezifische Oberfläche hat den Vorteil, eine rein geometrische Angabe, also stoffunabhängig, zu sein. Oftmals ist jedoch die massebezogene spezifische Oberfläche experimentell leichter zu erfassen.

Mit Hilfe von Äquivalentdurchmessern lässt sich auch die spezifische Oberfläche unregelmäßig geformter Partikel berechnen. Mit dem Durchmesser der volumengleichen Kugel d_V und dem Durchmesser der oberflächengleichen Kugel d_A ergibt sich für die volumenbezogene spezifische Oberfläche eines unregelmäßig geformten Partikels:

$$A_V = \frac{\pi \cdot d_A^2}{\frac{\pi}{6} \cdot d_V^3} = \frac{6 \cdot d_A^2}{d_V^3} \tag{3-2}$$

Für grobe Abschätzungen verwendet man oftmals die Näherung, die betrachteten Partikel seien Kugeln mit dem Durchmesser d, dann ist die volumenbezogene spezifische Oberfläche

$$A_V = \frac{6}{d} \tag{3-3}$$

bzw. bei der Betrachtung als Würfel mit der Kantenlänge a

$$A_V = \frac{6}{a} \tag{3-4}$$

Beispiel 3-1: Spezifische Oberfläche von Puderzucker
Nimmt man vereinfachend an, dass Puderzucker aus einheitlichen, kugelförmigen Partikeln mit dem Durchmesser $d = 10\ \mu m$ besteht, dann lässt sich abschätzen:

$$A_V = 6 \cdot 10^{-5}\ m^{-1}$$

bzw. mit der Partikeldichte $\rho_S = 1500\ kg \cdot m^{-3}$

$$A_m = 400\ m^2 \cdot g^{-1}\ .$$

3.1.6 Partikelform

Bei der Betrachtung kristalliner Materialien werden Gestalt und Habitus der Kristalle unterschieden. Die Gestalt hängt ausschließlich vom Aufbau des Festkörpergitters ab und ist je nach zugrunde liegendem Gittertyp z.B. oktaedrisch, tetraedrisch, prismatisch oder kubisch. Der Habitus ist zwar nicht unabhängig vom Festkörpergitter, wird aber häufig vom Herstellprozess dominiert.

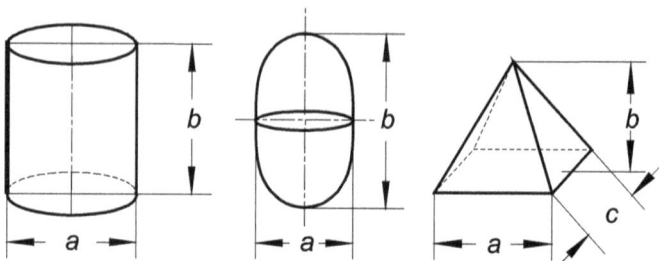

Abb. 3-2. Partikelformen, Beispiele

So kann ein Kristall würfelförmige Gestalt, aber je nach Kristallisationsbedingungen einen nadelförmigen oder z.B. einen plättchenförmigen Habitus aufweisen. Da der Habitus verfahrenstechnisch beeinflussbar ist, spielt er eine wichtige Rolle als Qualitätsmerkmal kristallisierter chemischer Grundstoffe. In der Beschreibung von Schüttgütern und Pulvern, die nicht in Form von einzelnen Kristallen vorliegen (z.B. Nüsse oder durch Zerkleinerung hergestellte Schüttgüter) kann die Unterscheidung zwischen Gestalt und Habitus entfallen: man spricht lediglich von der Partikelform. In manchen Fällen ist die verbale Beschreibung mit Begriffen wie „nadelförmig", „plättchenförmig", „kantig", „kugelig" ausreichend, in anderen Fällen verwendet man den Formfaktor als Maßstab für die Form von Partikeln. Ein Formfaktor ist allgemein das Verhältnis zweier unabhängig voneinander am Partikel gemessener Größen. Die in der Praxis verwendeten Formfaktoren stellen auch immer einen Vergleich der realen Partikel mit einer Kugel dar. Verschiedene Formfaktoren sind im Einsatz, in Tabelle 3-6 sind einige davon aufgelistet.

Formfaktoren, welche die Größe x enthalten, bedürfen zusätzlich noch der Festlegung, welcher Äquivalentdurchmesser für x eingesetzt werden soll. Um-

Tabelle 3-6. Definition einiger Formfaktoren

Sphärizität nach WADELL	$\dfrac{\text{Oberfläche der volumengleichen Kugel}}{\text{tatsächliche Oberfläche}}$	$\varphi = \dfrac{\pi \cdot d_V^2}{A} = \dfrac{\pi \cdot d_V^2}{\pi \cdot d_A^2}$
HEYWOOD-Faktor	$\dfrac{\text{gemessene spezifische Oberfläche}}{\text{spez. Oberfläche einer Kugel mit } \varnothing\, x}$	$f = \dfrac{A_V}{6/x}$
Formfaktor lt. DIN 66141	$\dfrac{\text{gemessene spezifische Oberfläche}}{\text{spez. Oberfläche der volumengleichen Kugel}}$	$f_r = \dfrac{A_V}{\pi \cdot d_V^2} = \dfrac{\pi \cdot d_A^2}{\pi \cdot d_V^2}$ $f_r = \dfrac{1}{\varphi}$
Volumen-Formfaktor	$\dfrac{\text{gemessenes Volumen}}{\text{Volumen einer Kugel mit } \varnothing\, x}$	$k_V = \dfrac{V}{x^3}$
Oberflächen-Formfaktoren	$\dfrac{\text{gemessene Oberfläche}}{\text{Oberfläche einer Kugel mit } \varnothing\, x}$	$k_A = \dfrac{A}{x^2}$

Tabelle 3-7. Beispielwerte für Formfaktoren idealer Partikel

Form	nach WADELL	Nach DIN 66 141
Kugel	1	1
Nadeln	$\to 0$	$\to \infty$
Würfel	0,806	1,241
Quader	< 1	≫ 1

rechnungen zwischen den einzelnen Formfaktoren sind möglich. Die WADELL-Sphärizität φ_{WA} hat einen Wertebereich von 0 bis 1. Im Falle von Partikeln, die tatsächlich Kugeln sind, besitzt dieser Formfaktor seinen maximalen Wert $\varphi_{WA} = 1$. Je stärker die Form des Partikels von der Kugelgestalt abweicht, desto kleiner ist φ_{WA}. Im Falle von unendlich langen Zylindern wird $\varphi_{WA} = 0$. Der DIN-Formfaktor (reziproke WADELL-Sphärizität) beträgt für Kugeln 1 und für unendlich lange Zylinder ∞. Einige Beispiele für geometrisch einfache Körper zeigt Tabelle 3-7. Da die Partikelform ebenso wie die Partikelgröße nicht für alle Partikel eines Kollektivs einheitlich sind, sondern einer Verteilung unterliegen, sind Formfaktoren streng genommen immer Mittelwerte einer Formfaktor-Verteilung.

3.2
Partikelgrößenverteilungen

Verteilungen spielen für biologische und technische Größen eine wichtige Rolle. Größen wie das Bevölkerungsalter, die örtliche Erntequalität oder die zeitliche Auslastung des Internet lassen sich durch Verteilungsfunktionen und deren dazugehörige statistische Kennwerte beschreiben. Auch Geschwindigkeiten von Objekten sind meistens nicht einheitlich, sondern unterliegen einer Verteilung. Um sich mit Verteilungsfunktionen vertraut zu machen, kann man z.B. die Geschwindigkeitsverteilung von Autos bei einer Radarkontrolle studieren (s. Anhang 14.3). Atome und Moleküle unterliegen aufgrund ihrer thermischen Energie ebenfalls Geschwindigkeitsverteilungen. Die MAXWELL'sche Geschwindigkeitsverteilung als eine der wichtigsten Verteilungsfunktionen der Technik ist im Anhang 14.3 ebenfalls abgeleitet.

Ein sehr häufiger Fall ist die Größenverteilung von Partikeln eines Kollektivs. Für die mathematische Betrachtung ist es dabei unerheblich, ob es sich um die Größenverteilung von Agrarprodukten (z.B. Körnermais) oder um die Größenverteilung von technisch erzeugten Schüttgütern (z.B. Paprikapulver oder Kandiszucker) handelt. Nicht unerheblich hingegen ist das Messverfahren, mit dem die betreffende Partikelgröße erfasst wird. Während zählende Verfahren zu Anzahlverteilungen der Partikelgröße führen, erhält man z.B. durch eine Siebanalyse eine Masseverteilung der Partikelgröße. Auch andere Mengenarten wie Länge, Fläche oder Volumen können zur Darstellung der Partikelgrößenverteilung verwendet werden. Tabelle 3-8 zeigt die für Größenverteilungen verwendeten Mengenarten.

Bevor man sich mit Volumenverteilungen ode Flächenverteilungen befasst, muss man die notwendigen Begriffe von Verteilungsfunktionen studieren. Hierzu

Tabelle 3-8. Mengenarten

Mengenarten	Index r	Verwendung
Anzahl	$r = 0$	sehr häufig
Länge	$r = 1$	sehr selten
Fläche	$r = 2$	häufig
Volumen	$r = 3$	häufig
Masse	$r = 3\,*$	sehr häufig

* Masse und Volumen unterscheiden sich nur anhand eines Faktors (nämlich der Dichte) und erhalten daher den gleichen Index.

bietet sich die Masseverteilung aus einer Analysen-Siebung an, die vergleichsweise anschaulich ist.

3.2.1
Masseverteilung

Ein Pulver sei zur Ermittlung der Partikelgrößenverteilung einer Analysen-Siebung unterzogen worden. Auf jedem Sieb des verwendeten Siebturmes liegt nun eine bestimmte Menge des Pulvers. Da die Menge gravimetrisch bestimmt wird, heißt die Mengenart „Masse". Da die Menge einen Bruchteil der gesamten Pulvermenge darstellt wird sie auch als „Fraktion" bezeichnet. Die Partikelgrößen einer Fraktion sind durch die Siebmaschenweiten des betreffenden Siebes (untere Intervallgrenze) und des darüber liegenden Siebes (obere Intervallgrenze) eingegrenzt. Diese Partikelklasse (auch: Kornklasse) wird also durch ein Partikelgrößenintervall Δx_i sowie dessen arithmetischen Mittelwert $\overline{x_i}$ charakterisiert (in seltenen Fällen, besonders bei großen Intervallen, findet auch der geometrische Mittelwert Anwendung).

$$\Delta x_i = x_i - x_{i-1} \tag{3-5}$$

$$\overline{x_i} = \frac{x_i + x_{i-1}}{2} \tag{3-6}$$

x_{i-1} untere Intervallgrenze (Öffnungsweite unteres Sieb)
x_i obere Intervallgrenze (Öffnungsweite oberes Sieb)
Δx_i Intervallbreite
$\overline{x_i}$ arithmetischer Mittelwert des Intervalls
i Nummer der oberen Intervallgrenze

Die Partikelgrößen-Verteilungskurve entsteht nun durch ein Diagramm, bei dem auf der Abszisse die Partikelgröße x aufgetragen wird.
Auf der Ordinate werden die Mengenanteile aufgetragen, z.B. als Anteil $Q(x_i)$ an der Gesamtmenge, die unterhalb einer bestimmten Partikelgröße x_i liegt; das ist im Falle der Siebanalyse der durch das Sieb der Maschenweite x_i hindurchgehende Masseanteil (der „Durchgang"). Diese Darstellungsform heißt

3.2 Partikelgrößenverteilung

Abb. 3-3. Definition der Klasse und Klassenbreite

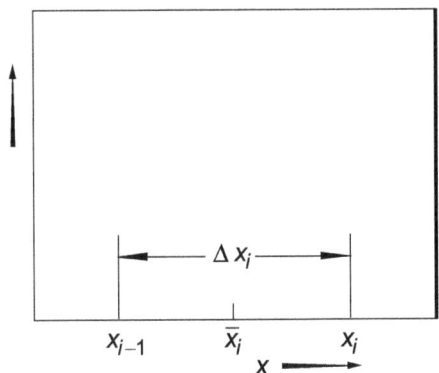

Partikelgrößen-Verteilungssummen-Funktion oder kurz Verteilungssummenfunktion

$$Q_r(x_i) = \frac{\text{Teilmenge}(x_{\min}\ldots x_i)}{\text{Gesamtmenge}(x_{\min}\ldots x_{\max})} \tag{3-7}$$

Trägt man den Anteil $q(x_i)$ der Gesamtmenge innerhalb eines bestimmten Größenintervalls bezogen auf die Intervallbreite Δx_i auf der Ordinate auf, erhält man die Partikelgrößen-Verteilungsdichte-Funktion oder kurz Verteilungsdichtefunktion. Im Falle der Analysensiebung ist $q(x_i)$ der Masseanteil, der zwischen den Sieben mit den Maschenweiten x_i und x_{i-1} liegen bleibt, bezogen auf den Maschenweitenunterschied Δx_i.

$$q_r(x_i) = \frac{\text{Teilmenge}(x_{i-1}\ldots x_i)}{\text{Gesamtmenge}(x_{\min}\ldots x_{\max})\cdot \text{Intervallbreite}}$$
$$= \frac{\text{relativer Mengenanteil der Fraktion } i}{\Delta x_i} \tag{3-8}$$

$$q_r(x_i) = \frac{\text{relativer Mengenanteil der Fraktion } i}{\Delta x_i} = \frac{\Delta Q_r(x_i)}{\Delta x_i} \tag{3-9}$$

bei stetig differenzierbaren Funktionen ist dies

$$q_r = \frac{dQ_r}{dx} \tag{3-10}$$

Der Index r kennzeichnet die Mengenart (Masse, Volumen, Anzahl etc.), s. Tabelle 3-8. In Tabelle 3-9 ist die Auswertung einer Analysensiebung und die Berechnung von $Q(x_i)$ und $q(x_i)$ dargestellt. In der linken Spalte der Tabelle ist der Siebsatz schematisch dargestellt.

Die Tabellendarstellung nach DIN 66141 kommt ohne (gedachten) Siebturm aus und hat genau die umgekehrte Reihenfolge der einzelnen Kornklassen. In Tabelle 3-10 sind die Daten aus Tabelle 3-9 in dieser Form dargestellt:

Tabelle 3-9. Beispiel einer Analysensiebung und deren Auswertung. In der linken Spalte ist der Siebsatz angedeutet

i	j	Maschen-weite x_i/μm	Δx_i/μm	Δm_i/g	$\Delta m_i/m$	$Q_{3,i}=D_j$	R_j	$q_{3,i}$/μm^{-1}
	8	500				1,000	0,000	
8			100	0,7	0,007			$0{,}7 \cdot 10^{-4}$
	7	400				9,994	0,006	
7			85	2,2	0,022			$2{,}6 \cdot 10^{-4}$
	6	315				0,972	0,023	
6			115	12,2	0,122			$10{,}6 \cdot 10^{-4}$
	5	200				0,850	0,150	
5			75	34,8	0,348			$464 \cdot 10^{-4}$
	4	125				0,502	0,498	
4			25	17,0	0,170			$680 \cdot 10^{-4}$
	3	100				0,333	0,667	
3			37	25,2	0,252			$68{,}1 \cdot 10^{-4}$
	2	63				0,080	0,920	
2			13	4,9	0,049			$37{,}7 \cdot 10^{-4}$
	1	50				0,031	0,969	
1			50	3,1	0,031			$6{,}2 \cdot 10^{-4}$
	0	0				0,000	1,000	

$$D_j = \sum_{i=1}^{j} \frac{\Delta m_i}{m} = Q_3(x_i) = Q_{3,j}$$
Durchgangssumme (der „Durchgang") = Verteilungssumme

$$R_j = 1 - D_j$$
Rückstandssumme (der „Rückstand")

$$m = \sum_{i=1}^{k} \Delta m_i$$
Gesamtmasse (Aufgabemasse)

$$q_{3,i} = \frac{\frac{\Delta m_i}{m}}{\Delta x_i}$$
Verteilungsdichte

k = maximaler Wert von i (Gesamtanzahl Klassen)
Δm_i Rückstandsmasse auf dem einzelnen Sieb
i Index der Klasse (obere Intervallgrenze)
j Index des Merkmalswertes (Äquivalentdurchmesser, Sinkgeschwindigkeit etc.) hier obere Grenze (Siebmaschenweite) der Klasse i

$\dfrac{\Delta m_i}{m}$ Fraktion (z.B. in %)

$\dfrac{\Delta \mu_i}{\mu} = \Delta Q_{r,i}$ allgemein für: relativer Mengenanteil $\left(\text{z.B. } \dfrac{\Delta m_i}{m}\right)$ der Klasse i

3.2 Partikelgrößenverteilung

Tabelle 3-10. Beispiel einer Analysensiebung: Tabellendarstellung nach DIN 66141

i	j	$x_j/\mu m$	$\Delta x_i/\mu m$	$\overline{x}_i/\mu m$	$\Delta m_i/g$	$\Delta m_i/m$	$Q_{3,i}=D_j$	R_j	$q_{3,i}/\mu m^{-1}$
	0	0							
1			50	25	3,1	0,031			$6{,}2 \cdot 10^{-4}$
	1	50					0,031	0,969	
2			13	57	4,9	0,049			$37{,}7 \cdot 10^{-4}$
	2	63					0,080	0,920	
3			37	82	25,2	0,252			$68{,}1 \cdot 10^{-4}$
	3	100					0,333	0,667	
4			25	113	17,0	0,170			$680 \cdot 10^{-4}$
	4	125					0,502	0,498	
5			75	163	43,8	0,348			$464 \cdot 10^{-4}$
	5	200					0,850	0,150	
6			115	258	12,2	0,122			$10{,}6 \cdot 10^{-4}$
	6	315					0,972	0,028	
7			85	358	2,2	0,022			$2{,}6 \cdot 10^{-4}$
	7	400					0,994	0,006	
8			100	450	0,7	0,007			$0{,}7 \cdot 10^{-4}$
	8	500					1,000	0,000	

Aus den Werten in Tabelle 3-10 lassen sich Verteilungssumme und Verteilungsdichte grafisch auftragen. In Abb. 3-4 sind die zugehörigen Kurven dargestellt. $Q(x_i)$ als Verteilungssumme läuft von 0...1. $q(x_i)$ ergibt sich aus der mathematischen Ableitung dieser Funktion. Die Normierungsbedingung für die Verteilungsdichte lautet

$$Q_r(x_{\max}) = \int_{x_{\min}}^{x_{\max}} q_r(x)\, dx = 1 \qquad (3\text{-}11)$$

Es gibt eine Reihe verschiedener Verteilungen. Die Größe auf der Abszisse gibt an, ob es sich um eine Größenverteilung oder z.B. eine Altersverteilung handelt. Auf der Ordinate wird entweder die Verteilungssumme oder die Verteilungsdichte aufgetragen. Gebildet werden beide Größen aus gemessenen oder berechneten Werten einer Mengenart. Die Mengenart ist häufig „Anzahl", das heißt man ermittelt mit Hilfe von Zählverfahren, wie viele Elemente des Kollektivs in einem bestimmten Größenintervall – z.B. in einem Geschwindigkeitsintervall oder einem Altersintervall – liegen und verwendet diese Mengenanteile zur Ermittlung der Verteilungskurven. Anzahl-Summenverteilungen besitzen die Besonderheit, dass mit ihrer Hilfe Wahrscheinlichkeitsaussagen gemacht werden können. Wenn z.B. lt. Verteilungskurve 80% aller gezählten Autos eine Geschwindigkeit über 50 km · h^{-1} besitzen, dann beträgt (bei ausreichend großer Zahl untersuchter Elemente) die Wahrscheinlichkeit, dass das nächste vorbeifahrende Auto über 50 km · h^{-1} fährt, 80%. Aus diesem Grunde findet häufig auch der Begriff der „Wahrscheinlichkeitsverteilung" Anwendung.

Partikelgrößenverteilungen können ebenfalls mit Zählverfahren ermittelt werden. Andere Methoden erfassen die Partikel-Sinkgeschwindigkeit oder die

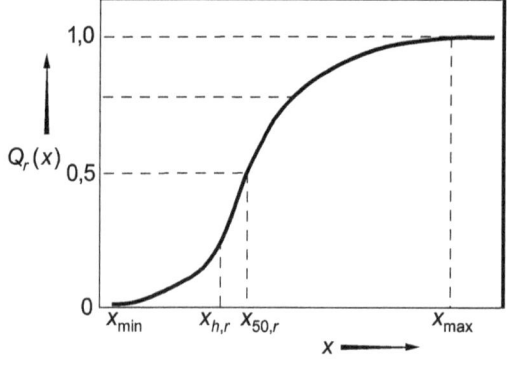

Verteilungssummen-Funktion

Durchgangs-Summen-Funktion

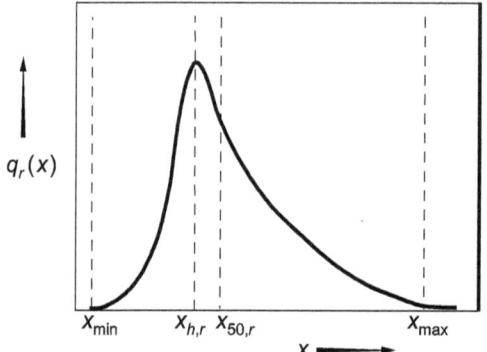

Verteilungsdichte-Funktion

= Ableitung der oberen Kurve nach x:

$$q_r(x) = \frac{dQ_r(x)}{dx}$$

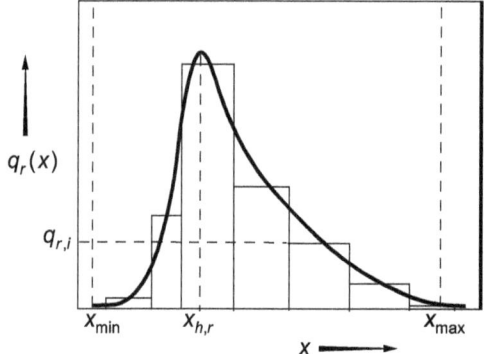

Verteilungsdichte-Funktion

in Histogramm-Darstellung

Abb. 3-4. Verteilungssummenfunktion und zugehörige Verteilungsdichtefunktion

Streulichtintensität und liefern dann keine Anzahlverteilungen, sondern z.B. Volumenverteilungen (s. Abschnitt 3.3).

Zum einfachen Vergleich von Verteilungen, z.B. der Partikelgrößenverteilungen zweier verschieden stark zerkleinerten Pulverproben, lassen sich Kennwerte aus den Verteilungskurven ermitteln. Hierzu zählen z.B. der Medianwert, der Modalwert, die mittlere Partikelgröße, die spezifische Oberfläche und der SAUTER-Durchmesser.

3.2.2
Medianwert

Der Median einer Zahlenmenge ist der Wert, der die geordnete Reihe in zwei gleiche Hälften teilt. Bei ungeraden Anzahlen n von Messwerten steht der Medianwert in der Mitte, bei geraden Anzahlen n von Messwerten wird er aus dem Mittelwert der beiden inneren Messwerte errechnet.

n gerade $\quad x_{50,r} = x_{\frac{n+1}{2}}$

n ungerade $\quad x_{50,r} = \left(x_{\frac{n}{2}} + x_{\frac{n}{2}+1} \right)/2$

Wesentliche Eigenschaften des Medianwertes sind: Es sind keine Annahmen für die Art der Verteilung der Grundgesamtheit notwendig. Er bleibt von extremen Ereignissen weitgehend unbeeinflusst. Man nennt ihn daher auch einen „robusten" Kennwert, Beispiel 3-4 verdeutlicht diese Eigenschaft.

Beispiel 2-2: Medianwert der Zahlenreihe A

48   51   55   60   66   75   87

Der Medianwert der gezeigten Zahlenreihe ist 60.

Beispiel 3-3: Medianwert der Zahlenreihe B

48   51   55   60   66   75   76   87

Der Medianwert der gezeigten Zahlenreihe ist 63.

Beispiel 3-4: Medianwert der Zahlenreihe C

48   51   55   60   66   75   76   187

Der Medianwert der gezeigten Zahlenreihe ist ebenfalls 63.

Bei Partikelgrößenverteilungen gibt der Medianwert $x_{50,r}$ diejenige Partikelgröße an, unterhalb derer 50% der Partikelmenge liegen. Es ist notwendig, mit dem Medianwert auch die Mengenart (Masse, Anzahl etc.) anzugeben. Man erhält den Medianwert aus dem Schnittpunkt der Verteilungssummenkurve mit der 50%-Horizontalen (vgl. Abb. 3-6).

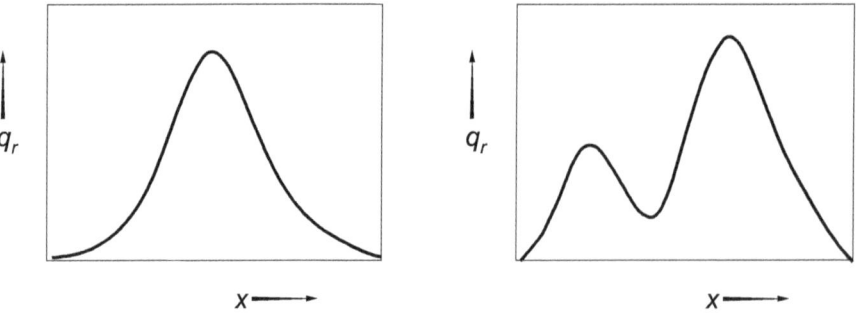

Abb. 3-5. Monomodale Verteilung (links) und bimodale Verteilung (rechts)

Beispiel 3-5: Median einer Siebanalyse

Der Medianwert einer Analysen-Siebung lautet $x_{50,r} = 75$ μm. Das bedeutet, dass 50% der Masse der untersuchten Partikel ein Feinheitsmerkmal <75 μm besitzen. In diesem Fall heißt das, dass sie einen 75 μm-Siebboden passieren würden. Dies ist nicht gleichbedeutend mit der Aussage 50% aller Teilchen seien kleiner als 75 μm.

3.2.3
Modalwert

Der Modalwert $x_{h,r}$ gibt die mengenmeiste Partikelgröße an. Man erhält den Modalwert aus dem Maximum der stetigen Verteilungsdichtefunktion. Wenn man den Modalwert aus der höchsten Säule der Histogrammdarstellung der Verteilungsdichtefunktion (Abb. 3-4) erhält, dann ergibt sich der Wert aus dem Mittelwert des Intervalls. Der Index r gibt die Mengenart an. Verteilungsdichtekurven können monomodal (ein Maximum), bimodal (zwei Maxima) oder mehrmodal sein (Abb. 3-5). Den Unterschied zwischen Modalwert und Medianwert illustriert Abb. 3-6 [1].

3.2.4
Mittlere Partikelgröße – integrale Mittelwerte

Im Gegensatz zum Medianwert und Modalwert tragen zur Bildung des integralen Mittelwertes $\overline{x_i}$ alle vorkommenden Partikelgrößen entsprechend ihrem Mengenanteil im Partikelkollektiv bei.

Die mittlere Partikelgröße

$$\overline{x_i} = \frac{x_i + x_{i-1}}{2}$$

eines Intervalls wird mit dem zugehörigen Mengenanteil $\frac{\Delta \mu_i}{\mu}$ in diesem Intervall gewichtet.

3.2 Partikelgrößenverteilung

Im Falle der Siebanalyse wäre das z.B. der zugehörige Masseanteil:

$$\Delta Q_{r,i} = \frac{\Delta \mu_i}{\mu} = \frac{\Delta m_i}{m} \tag{3-12}$$

Die so gewichteten Werte werden dann zur Mittelwertbildung aufaddiert:

$$\overline{x}_r = \sum_{i=1}^{k} \overline{x}_i \cdot \Delta Q_{r,i} \tag{3-13}$$

wegen

$$\Delta Q_r = q_r \cdot \Delta x \tag{3-14}$$

ist (3-13) gleichbedeutend mit:

$$\overline{x}_r = \sum_{i=1}^{k} \overline{x}_i \cdot q_{r,i} \cdot \Delta x_i \tag{3-15}$$

Im Falle infinitesimal kleiner Intervalle wird hieraus:

$$\overline{x}_r = \int_{x_{min}}^{x_{max}} x \cdot q_r(x) \cdot dx \tag{3-16}$$

Beim Zeichnen der Funktion kann man sich den Übergang von (3-15) nach (3-16) anschaulich vorstellen als den Übergang von der Histogrammdarstellung zur stetigen Verteilungsfunktion, indem die Histogrammbalken immer schmaler, d.h. die Intervallbreiten immer kleiner gewählt werden (vgl. Abb. 3-4).
Die Verteilungsdichtefunktion $q_r(x)$ in (3-16) heißt hier auch Gewichtungsfunktion, denn je größer q_r an der Stelle x ist, desto „gewichtiger" trägt diese Partikelgröße zur Bildung des Mittelwertes bei.
Im Falle der Mengenart „Anzahl" liefert (3-16)

$$\overline{x}_0 = \int_{x_{min}}^{x_{max}} x \cdot q_0(x) \cdot dx \tag{3-1}$$

d.h. den bekannten arithmetischen Mittelwert $\overline{x} = \overline{x}_0$.
Falls anstelle des arithmetischen Mittelwertes der linearen Partikelabmessung x der Mittelwert von x^2 oder von x^3 benötigt wird, dann gilt analog:

$$\overline{x_0^2} = \int_{x_{min}}^{x_{max}} x^2 \cdot q_0(x) \cdot dx \tag{3-18}$$

bzw.

$$\overline{x_0^3} = \int_{x_{\min}}^{x_{\max}} x^3 \cdot q_0(x) \cdot dx \qquad (3\text{-}19)$$

sowie auch:

$$\overline{x_0^4} = \int_{x_{\min}}^{x_{\max}} x^4 \cdot q_0(x) \cdot dx \qquad (3\text{-}20)$$

Alle diese Mittelwerte sind nach der Anzahl gewichtet ($r = 0$). Dies ist gleichbedeutend mit: Die ermittelten Werte für x sind nach der Häufigkeit ihres Auftretens gewichtet.

Die Normierungsbedingung ist:

$$Q_0(x_{\max}) = \int_{x_{\min}}^{x_{\max}} q_0(x) dx = 1 \qquad (3\text{-}21)$$

Anstelle nach der Anzahl ($r = 0$) zu gewichten, lässt sich nach der Länge gewichten ($r = 1$). Dann ist:

$$\overline{x_1} = \int_{x_{\min}}^{x_{\max}} x \cdot q_1(x) \cdot dx \qquad (3\text{-}22)$$

$$\overline{x_1^2} = \int_{x_{\min}}^{x_{\max}} x^2 \cdot q_1(x) \cdot dx \qquad (3\text{-}23)$$

$$\overline{x_1^3} = \int_{x_{\min}}^{x_{\max}} x^3 \cdot q_1(x) \cdot dx \qquad (3\text{-}24)$$

Ebenso lässt sich nach der (Fläche) gewichten ($r = 2$):

$$\overline{x_2} = \int_{x_{\min}}^{x_{\max}} x \cdot q_2(x) \cdot dx \qquad (3\text{-}25)$$

$$\overline{x_2^2} = \int_{x_{\min}}^{x_{\max}} x^2 \cdot q_2(x) \cdot dx \qquad (3\text{-}26)$$

$$\overline{x_2^3} = \int_{x_{\min}}^{x_{\max}} x^3 \cdot q_2(x) \cdot dx \qquad (3\text{-}27)$$

Ebenso lässt sich nach Volumen oder Masse gewichten *($r = 3$)*:

$$\overline{x_3} = \int_{x_{\min}}^{x_{\max}} x \cdot q_3(x) \cdot dx \qquad (3\text{-}28)$$

3.2 Partikelgrößenverteilung

$$\overline{x_3^2} = \int_{x_{\min}}^{x_{\max}} x^2 \cdot q_3(x) \cdot dx \tag{3-29}$$

$$\overline{x_3^3} = \int_{x_{\min}}^{x_{\max}} x^3 \cdot q_3(x) \cdot dx \tag{3-30}$$

Man nennt derart gebildete (gewichtete) Mittelwerte auch **integrale Mittelwerte**. Allgemein lässt sich ein integraler Mittelwert also schreiben als:

$$\overline{x_r^k} = \int_{x_{\min}}^{x_{\max}} x^k \cdot q_r(x)\, dx \tag{3-31}$$

Integrale Mittelwerte sind die Erwartungswerte für x in der jeweiligen Verteilungsfunktion, sie heißen auch **statistische Momente**. Die allgemeine Schreibweise für statistische Momente ist:

$$M_{k,r} = \overline{x_r^k} = \int_{x_{\min}}^{x_{\max}} x^k \cdot q_r(x)\, dx \tag{3-32}$$

Hierbei steht der Parameter r für die Art der verwendeten Verteilungsfunktion (s. Tabelle 3-8) und k für die Potenz der Partikelgröße x.

Schreibt man die oben genannten integralen Mittelwerte als statistische Momente, dann lauten die Bezeichnungen:

$$M_{1,0} = \overline{x_0} = \int_{x_{\min}}^{x_{\max}} x \cdot q_0(x) \cdot dx \tag{3-33}$$

$$M_{2,0} = \overline{x_0^2} = \int_{x_{\min}}^{x_{\max}} x^2 \cdot q_0(x) \cdot dx \tag{3-34}$$

$$M_{3,0} = \overline{x_0^3} = \int_{x_{\min}}^{x_{\max}} x^3 \cdot q_0(x) \cdot dx \tag{3-35}$$

$$M_{4,0} = \overline{x_0^4} = \int_{x_{\min}}^{x_{\max}} x^4 \cdot q_0(x) \cdot dx \tag{3-36}$$

$$M_{1,1} = \overline{x_1} = \int_{x_{\min}}^{x_{\max}} x \cdot q_1(x) \cdot dx \tag{3-37}$$

$$M_{2,1} = \overline{x_1^2} = \int_{x_{\min}}^{x_{\max}} x^2 \cdot q_1(x) \cdot dx \tag{3-38}$$

$$M_{3,1} = \overline{x_1^3} = \int_{x_{\min}}^{x_{\max}} x^3 \cdot q_1(x) \cdot dx \tag{3-39}$$

$$M_{1,2} = \overline{x_2} = \int_{x_{\min}}^{x_{\max}} x \cdot q_2(x) \cdot dx \qquad (3\text{-}40)$$

$$M_{2,2} = \overline{x_2^2} = \int_{x_{\min}}^{x_{\max}} x^2 \cdot q_2(x) \cdot dx \qquad (3\text{-}41)$$

$$M_{3,2} = \overline{x_2^3} = \int_{x_{\min}}^{x_{\max}} x^3 \cdot q_2(x) \cdot dx \qquad (3\text{-}42)$$

$$M_{1,3} = \overline{x_3} = \int_{x_{\min}}^{x_{\max}} x \cdot q_3(x) \cdot dx \qquad (3\text{-}43)$$

$$M_{2,3} = \overline{x_3^2} = \int_{x_{\min}}^{x_{\max}} x^2 \cdot q_3(x) \cdot dx \qquad (3\text{-}44)$$

$$M_{3,3} = \overline{x_3^3} = \int_{x_{\min}}^{x_{\max}} x^3 \cdot q_3(x) \cdot dx \qquad (3\text{-}45)$$

Für die Berechnung allgemeiner Momente aus den Momenten der Anzahlverteilungen ($r = 0$) gilt:

$$M_{k,r} = \int_{x_{\min}}^{x_{\max}} x^k \cdot q_r(x)\, dx = \overline{x_r^k} = \frac{M_{k+r,0}}{M_{r,0}} \qquad (3\text{-}46)$$

In Deutschland ist eine weitere Nomenklatur gebräuchlich. Nach DIN 66 141 wird z.B. für lineare, integrale Mittelwerte (x^1) auch die Schreibweise $x_{k,r} = x_{1,r}$ verwendet. Die einzelnen Entsprechungen zeigt Tabelle 3-11.

Obwohl die Verwendung unterschiedlicher Nomenklaturen leicht verwirren kann, hat die Darstellung der charakteristischen Partikelabmessungen nach DIN 66 141 den Vorteil, dass man sofort die Potenz der charakteristischen Länge (das ist der erste Index, k-r) und die Art der zugrunde liegenden Verteilung erkennen kann (der zweite Index, r). In Tabelle 3-15 sind einige Anwendungsbeispiele genannt.

Die Unterschiede zwischen integralen Mittelwerte, Modalwert und Medianwert illustriert Abb. 3-6. Der integrale Mittelwert (gewogene Mittelwert) ist der Schwerpunkt der Verteilungsdichtekurve.

3.2.5
Spezifische Oberfläche

Die volumenbezogene spezifische Oberfläche lässt sich ebenfalls aus der Verteilungskurve ermitteln. Sie ist für ein einzelnes Partikel

$$A_V = \frac{A}{V} = \frac{6}{x} \cdot f \qquad (3\text{-}47)$$

f HEYWOOD-Faktor $\quad$ V Partikelvolumen
A Partikeloberfläche $\quad$ x Partikelgröße

3.2 Partikelgrößenverteilung

Tabelle 3-11. Nomenklatur charakteristischer Partikelgrößen

k	r		Momenten-Schweibweise	nach DIN 66141
1	0	$d_{1,0}$	$\dfrac{M_{1,0}}{M_{0,0}}$	$d_{1,0}$
2	0	$d_{2,0}$	$\dfrac{M_{2,0}}{M_{0,0}}$	$d_{2,0}$
3	0	$d_{3,0}$	$\dfrac{M_{3,0}}{M_{0,0}}$	$d_{3,0}$
2	1	$d_{2,1}$	$\dfrac{M_{2,0}}{M_{1,0}}$	$d_{1,1}$
3	1	$d_{3,1}$	$\dfrac{M_{3,0}}{M_{1,0}}$	$d_{2,1}$
3	2	$d_{3,2}$	$\dfrac{M_{3,0}}{M_{2,0}}$	$d_{1,2}$
4	3	$d_{4,3}$	$\dfrac{M_{4,0}}{M_{3,0}}$	$d_{1,3}$
		$d_{k,r}$		$d_{k-r,r}$

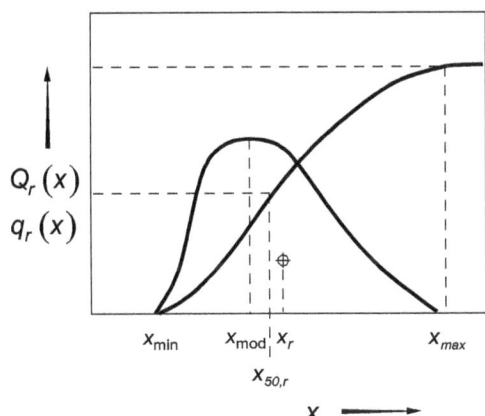

Abb. 3-6. Lage von Medianwert und Modalwert [1]

und für ein Partikelkollektiv

$$A_V = \frac{A_{ges}}{V_{ges}} = \frac{\sum_{i=1}^{k} A_i}{V_{ges}} = \frac{\sum_{i=1}^{k} \frac{A_i}{V_i} \cdot V_i}{V_{ges}} = \sum_{i=1}^{k} A_i \cdot \frac{V_i}{V_{ges}} \qquad (3\text{-}48)$$

d.h.

$$A_V = \sum_{i=1}^{k} A_i \cdot \Delta Q_{3,i} = \sum_{i=1}^{k} \frac{6 \cdot f}{\overline{x_i}} \cdot \Delta Q_{3,i} = 6 \cdot f \cdot \sum_{i=1}^{k} \frac{\Delta Q_{3,i}}{\overline{x_i}} \qquad (3\text{-}49)$$

Mit dieser Gleichung kann A_V direkt aus der Massensummenverteilung oder aus dem Histogramm der Massendichteverteilung ($Q_{3,i} = q_{3,i} \cdot \Delta x_i$) bestimmt werden.

Für die Berechnung der spezifischen Oberfläche aus der stetigen Dichtefunktion gilt:

$$A_V = 6 \cdot f \cdot \int_{x_{min}}^{x_{max}} \frac{1}{x} \cdot q_3(x) \cdot dx \qquad (3\text{-}50)$$

Liegt anstelle der Volumen- bzw. Masseverteilung eine Anzahlverteilung $Q_0(x)$ bzw. $q_0(x)$ vor, so erhält man A_V aus dem Quotienten des mittleren Quadrats der Partikelgröße und des mittleren Kubus der Partikelgröße:

$$A_V = 6 \cdot f \cdot \frac{\overline{x^2}}{\overline{x^3}} = 6 \cdot f \cdot \frac{\sum_{i=1}^{k} \overline{x_i}^2 \cdot \Delta Q_{0,i}}{\sum_{i=1}^{k} \overline{x_i}^3 \cdot \Delta Q_{0,i}} \qquad (3\text{-}51)$$

bzw. bei stetiger Darstellung

$$A_V = 6 \cdot f \cdot \frac{\int_{x_{min}}^{x_{max}} x^2 \cdot q_0(x) \cdot dx}{\int_{x_{min}}^{x_{max}} x^3 \cdot q_0(x) \cdot dx} \qquad (3\text{-}52)$$

verwendet man statistische Momente, lautet (3-52) einfach

$$A_V = 6 \cdot f \cdot \frac{M_{2,0}}{M_{3,0}} \qquad (3\text{-}53)$$

3.2.6
Sauter-Durchmesser

Der sogenannte SAUTER-Durchmesser d_{32} stellt eine (hypothetische) mittlere Kugelgröße des Partikelkollektivs dar, mit welcher sich die tatsächliche spezifische Oberfläche des Partikelkollektives ergeben würde. Es ist also der Äquivalentdurchmesser für kugelförmige Partikel mit gleicher spezifischer Oberfläche wie die Probe.

$$d_{32} = \frac{6}{A_V} = \frac{\overline{x^3}}{\overline{x^2}} \cdot \frac{1}{f} \qquad (3\text{-}54)$$

Mit Hilfe der statistischen Momente lautet der SAUTER-Durchmesser:

$$d_{3,2} = \frac{1}{f} \cdot \frac{M_{3,0}}{M_{2,0}} \qquad (3\text{-}55)$$

Im folgenden Beipiel sind diese Kennwerte für das Ergebnis der Analysen-Siebung in Tabelle 3-10 berechnet worden:

Beispiel 3-6: Berechnete Kennwerte aus Analysen-Siebung

Medianwert	$x_{50,3} = 110$ µm
Modalwert	$x_{h,3} = 112$ µm
Mittlere Partikelgröße	$\bar{x}_3 = \sum_{i=1}^{8} \overline{x}_i \cdot \Delta Q_{3,i} = 143$ µm
Spezifische Oberfläche (für $f = 1.3$)	$A_V = 6 \cdot f \cdot \sum_{i=1}^{8} \dfrac{\Delta Q_{3,i}}{\overline{x}_i} = 56172.5$ m^{-1}
SAUTER-Durchmesser	$d_{32} = \dfrac{6}{A_V} = 107$ µm

3.2.7
Weitere Verteilungs-Parameter

Verteilungen können anhand weiterer Größen charakterisiert werden, die Aufschluss über die Breite und Form der Verteilungskurve liefern. Oft können die experimentell erhaltenen Kurven mit mathematischen Modellfunktionen wiedergegeben werden. Drei häufige Modellfunktionen sind die GGS-Funktion (Potenzfunktion nach GATES, GAUDIN, SCHUMANN, DIN 66143), die logarithmische Normalverteilung (DIN 66144) und die die RRSB-Funktion (nach ROSIN-RAMMLER-SPERLING-BENETT, DIN 66145). Gelingt die Kurvenanpassung mit einer dieser zweiparametrigen Modellfunktionen, so lässt sich die gesamte Partikelgrößen-Verteilungskurve mit nur 2 Parametern charakterisieren. Die beiden Parameter werden häufig Feinheitsparameter und Körnungsparameter genannt. Der Feinheitsparameter kennzeichnet die Lage der Verteilung (auch: Lageparameter), der Körnungsparameter kennzeichnet die Breite der Verteilung (auch: Streuungsparameter) [1]. Für derartige Verteilungen existieren spezielle Diagrammpapiere, in denen die jeweilige Verteilung als Gerade erscheint, die sich entsprechend einfach einzeichnen und schnell auswerten lässt.

3.3
Messung von Partikelgrößen

Zur Bestimmung der Partikelgröße gibt es eine Reihe von physikalischen Messverfahren, die auf elektrischen, optischen, gravimetrischen und anderen Messgrößen beruhen. Um repräsentative Größenverteilungen zu erhalten, kommt der Probenahmetechnik und der Probeteilung eine hohe Bedeutung zu. Zur Technik der Probenahme und der Bildung einer Analysenprobe aus einer Sammelprobe bei Pulvern und Schüttgütern s. [1].

3.3.1
Gravimetrische Verfahren

Für Pulver und Schüttgüter ist die Siebung das häufigste Verfahren zur Größen-Klassierung. Die Partikelmenge in den einzelnen Größenklassen wird im Allgemeinen durch Wägung bestimmt. Es handelt sich also streng genommen nicht um eine Messung der Partikelgröße, sondern um eine gravimetrische Bestimmung der Menge in den Klassen der Probe, die durch die Siebung entstanden sind. Das Feinheitsmerkmal der Partikel ist im Falle der Analysen-Siebung die Sieböffnungsweite. Bei der Angabe der Sieböffnungsweite ist mit anzugeben, ob es sich um ein Drahtgewebe-Sieb (DIN 4188) oder Lochblech-Sieb (DIN 4187) handelt. Lochblechsiebe sind mit Quadratlöchern, Rundlöchern oder Langlöchern erhältlich.

Die Durchführung einer Analysensiebung erfolgt durch Aufgabe der Analysenprobe auf einen Siebsatz (Abb. 3-7). Der Siebsatz besteht aus verschiedenen Sieben, deren Maschenweite von oben nach unten abnimmt. Durch eine geeignete Siebbewegung fallen die Partikel durch diejenigen Siebe, deren Sieböffnungsweite größer als die Partikelgröße ist und bleiben auf dem oberen Sieb derjenigen Siebe liegen, deren Sieböffnungsweiten unter der Partikelgröße liegen. Bei der Bewegung der Siebe unterscheidet man Plansiebung (horizontale Bewegung), Wurfsiebung (vertikale Bewegung) und kombinierte Bewegungen wie sie z. B. bei der Taumelsiebung stattfinden. Die Siebbewegung dient dazu, jedem Partikel möglichst viele Möglichkeiten zu geben, eine freie Sieböffnung zu passieren und wirkt einer Verstopfung der Sieböffnungen entgegen. Häufig angewendet wird die Vibrations-Siebung, bei der ein Siebsatz periodisch vertikale Bewegungen variabler Amplitude ausführt (Abb. 3-7).

Zusätzlich zur Siebbewegung können kugel- oder würfelförmige Festkörper als Siebhilfen eingesetzt werden. Sie können die Siebung agglomerierender Partikel unterstützen, dürfen jedoch nicht zur Zerkleinerung der Primärkörner führen. Auch Pressluft kann als Siebhilfsmittel eingesetzt werden (Luftstrahlsieb).

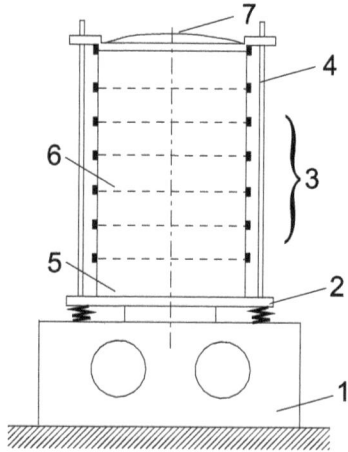

Abb. 3-7. Siebmaschine [1]
1 Antrieb
2 federnde Grundplatte
3 Siebsatz
4 Haltevorrichtung
5 Siebpfanne
6 Siebe
7 Deckel

3.3 Messung von Partikelgrößen

Zur Partikelgröße einer Pulvermenge, die sich nach der Siebung auf einem Sieb mit der Maschenweite x_{i-1} befindet, lässt sich sagen, dass sie größer als x_{i-1} und kleiner als x_i sein muss. x_i ist die Sieböffnungsweite des nächstgröberen Siebs. Zur Frage, wie groß denn die Partikel nun sind, lässt sich lediglich sagen, dass die Partikelgröße im Intervall $x_{i-1}\ldots x_i$ liegt. Als Schätzwert für die Partikelgröße kann man den arithmetischen Mittelwert des $\overline{x_i}$ aus (3-14) nennen.

$$\overline{x_i} = \frac{x_i + x_{i-1}}{2}$$

Hieraus wird ersichtlich, dass es hinsichtlich genauerer Angaben zur Partikelgröße wünschenswert ist, möglichst viele und enge Intervalle zu haben, anstelle einiger sehr großer Intervalle.

Für sehr kleine Partikel kann anstelle der Trockensiebung eine Nass-Siebung ratsam sein (s. z.B. [3]). Zur Auswertung von Analysensiebungen und der Ermittlung von Partikelgrößenverteilungen siehe Abschnitt 3.2.1.

Die Klassierung von Partikeln kann auch durch Sichtung erfolgen. Die Windsichtung ist ein mechanisches Trennverfahren, das überwiegend in der Produktion eingesetzt wird, jedoch auch als Analysen-Sichtung verwendet werden kann. Es handelt sich um ein Strömungstrennverfahren, bei dem die Partikel konkurrierenden Kräften ausgesetzt sind, z.B. Schwerkraft und Reibungskraft in einem strömenden Fluid („Wind"). Wenn beide Kräfte verschiedene Richtungen haben, lassen sich Partikel mit unterschiedlichen Sinkgeschwindigkeiten und/oder unterschiedlichem Strömungswiderstand an unterschiedlichen Orten auffangen und gravimetrisch bestimmen [1].

Bei der Sedimentation von Partikeln in einer Flüssigkeit lassen sich Partikel anhand unterschiedlicher Sinkgeschwindigkeiten charakterisieren. Aus der Sinkgeschwindigkeit lässt sich auf den Durchmesser eine Kugel mit gleichem Sinkverhalten (Äquivalentdurchmesser, s. 3.1.4) schließen. Partikelgrößenmessungen nach dem Sedimentationsverfahren können ausgeführt werden, indem man die Analysenprobe in einen mit Flüssigkeit gefüllten Standzylinder gibt und die Sedimentation der Partikel startet. Nach geeigneten Zeiten bestimmt man das Sedimentationsbild im Standzylinder. Die Bestimmung kann optisch erfolgen (Trübungsmessung, Röntgenabsorption) oder indem der Feststoffgehalt von kleinen Proben gravimetrisch ermittelt wird.

3.3.2
Optische Verfahren

Zu den optischen Verfahren der Partikelgrößenmessung gehören mikroskopische Verfahren, die häufig mit Bildauswerte-Systemen gekoppelt werden. Zu den Längen, die aus der Projektion von Einzelpartikeln gewonnen werden können vgl. Abschnitt 3.1.1.

Große Verbreitung haben Streulicht-Verfahren erlangt, bei denen monochromatisches Laser-Licht an den zu bestimmenden Partikeln gestreut und die Streulichtverteilung analysiert wird. Abbildung 3-8 zeigt das Prinzip einer derartigen Streulicht-Partikelgrößenanalyse, die auch als Laserbeugungs-Spektroskopie be-

Abb. 3-8. Streuung: Beugung (3), Reflexion (5), Brechung (4) von Lichtwellen (1) an einem Einzelpartikel (2)

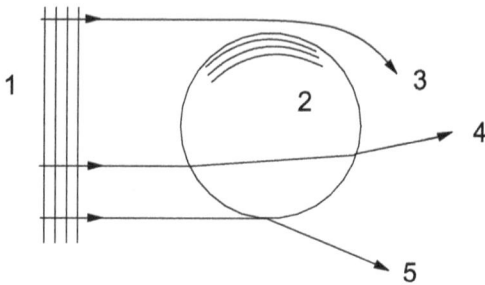

zeichnet wird. Die Partikel werden in den Strahlengang gebracht und verursachen dort eine Streuung des Laserlichtes (Abb. 3-8). Unter Streuung werden alle Vorgänge verstanden, welche das Licht aus der ursprünglichen Richtung ablenken, also Reflexion an den Partikeln, optische Brechung und Beugung. Die Beugung von parallelen Lichtstrahlen an Partikeln, die groß sind gegenüber der Wellenlänge des verwendeten Lichtes, nennt man FRAUNHOFER-Beugung, die Beugung an Partikeln mit Durchmessern in der Größenordnung der Wellenlänge MIE-Streuung. Nach der MIE-Theorie [112] ist der Beugungswinkel (Ablenkwinkel) des Lichtes mit der Größe des als kugelförmig angenommenen Streuzentrums verknüpft. Die Feststellung des Ablenkwinkels mit Hilfe eines lichtempfindlichen Detektors und der Intensität des Lichtes, welches unter diesem Winkel auftrifft, erlaubt die Bestimmung der Partikelgröße und der zugehörigen Partikelmenge, die diese Größe besitzt. Da die Theorie der Streuung von kugelförmigen Streuzentren ausgeht, liefert die Streulicht-Analyse als Partikelgrößen die Durchmesser von volumengleichen Kugeln (Äquivalentdurchmesser, s. Abschnitt 3.1.4). Aus diesem Grund werden Partikelgrößenverteilungen aus Laserbeugungs-Messungen häufig als Volumen-Verteilungskurven dargestellt. Eine Umrechnung in andere Mengenarten (Masse, Länge, Fläche, Anzahl) ist möglich.

Die Vorteile der Laserbeugungs-Partikelgrößenanalyse liegen in der Vielseitigkeit und hohen Geschwindigkeit. Da das Streubild praktisch mit Lichtgeschwindigkeit entsteht, können pro Sekunde mehrere tausend Momentaufnahmen gemacht und gemittelt werden. In der Praxis transportiert man Partikeldispersionen während der Messung durch den Strahlengang und erhält als Verteilungskurve einen Mittelwert vieler tausend Momentaufnahmen. So können viele Einzelpartikel in die Mittelung einbezogen werden. Es können sowohl Suspensionen als auch trockene Pulver (in Form von Stäuben) untersucht werden. Damit tatsächlich Einzelpartikel vermessen werden können, dürfen die Partikelkonzentrationen nicht zu hoch gewählt werden.

3.3.3
Elektrische Verfahren

Beim Impuls-Zählverfahren werden die Partikel in einer Elektrolyt-Lösung suspendiert und zusammen mit dieser Lösung durch eine Zählöffnung transportiert. Die Zählöffnung wird durch eine enge Glaskapillare mit definiertem Durchmesser realisiert. Misst man den elektrischen Widerstand über der Zählöffnung,

3.3 Messung von Partikelgrößen

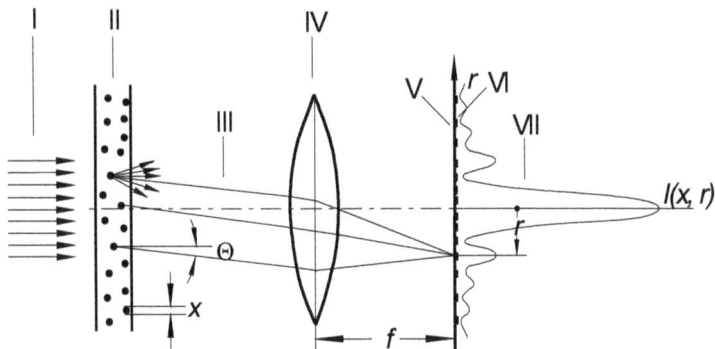

Abb. 3-9. Prinzip der Laser-Streuung: I Lichtquelle, II Probe, III gestreutes Licht, IV Linse, V Brennebene, VI Detektor, VII Intensitätsverteilung am Detektor, schematisch

so stellt man fest, dass der Widerstand immer dann impulsartig ansteigt, wenn ein Partikel die Zählöffnung passiert. Der Anstieg ist umso größer, je größer das Partikelvolumen ist. Man klassiert nun die Impulse nach ihrer Höhe, d.h. nach der Partikelgröße und bestimmt deren Häufigkeit. Auf diese Weise erhält man Anzahlverteilungen der Partikelgröße. Abbildung 3-10 zeigt das Messprinzip schematisch. Um einen größeren Messbereich abzudecken, setzt man mehrere Kapillaren mit unterschiedlichem Durchmesser der Zählöffnung ein.

3.3.4 Weitere Messverfahren

Eine weitere Möglichkeit der Partikelgrößenbestimmung besteht in der Messung der spezifischen Oberfläche der Partikel. Für Pulver kann hierzu durch Stickstoff-Adsorption die BET-Oberfläche bestimmt werden (s. Abschnitt 1.2.3). Eine andere Möglichkeit besteht in der Bestimmung des Strömungswiderstands eines Pulverbetts nach BLAINE [4]. Akustische Verfahren wie die Schallspektroskopie zur Partikelgrößenbestimmung haben gegenüber optischen Methoden den Vorteil, dass sie mit hohen Partikelkonzentrationen durchgeführt werden können [5–9]. Tabelle 3-12 zeigt die Unterschiede und Anwendungsbereiche einiger Par-

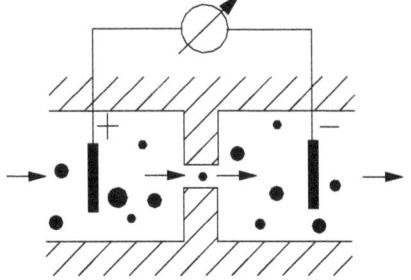

Abb. 3-10. Elektrisches Impuls-Zählverfahren, schematisch

Tabelle 3-12. Vergleich von Partikel-Messverfahren

Verfahren	liefert im Allgemeinen zunächst eine	Anwendungsbereich
Siebung, Sichtung	Masseverteilung	Pulver, Schüttgüter
Sedimentation	Masseverteilung	Pulver, Schüttgüter
Lichtstreuung	Volumenverteilung	Pulver, Schüttgüter, Emulsionen
elektrische Impulszählung	Anzahlverteilung	Pulver
Mikroskopie/Bildanalyse	Anzahlverteilung	Pulver, Schüttgüter, Emulsionen, Schäume
Schall-Spektroskopie	Volumenverteilung	Emulsionen

tikelmessverfahren, in Tabelle 3-16 sind wichtige DIN-Normen zu diesem Gebiet zusammengestellt.

Anwendungshinweise

Medianwerte, die aus unterschiedlichen Verteilungskurven gewonnen werden, werden unterschiedlich bezeichnet. Üblich sind Kennzeichnungen wie in Tabelle 3-13.

Für den Anwender stellen sich häufig Fragen wie: Welche Verteilung ist die „richtige"? Welcher Mittelwert ist am aussagekräftigsten? Um Antworten zu bekommen, muss man sich vergegenwärtigen, dass verschiedene Messverfahren i.Allg. unterschiedliche Verteilungskurven liefern. So führen Zählverfahren zu Anzahlverteilungen und Analysen-Siebungen zu Masseverteilungen. Tabelle 3-14 zeigt eine Übersicht.

Zur Frage der Anwendung von Kennwerten aus Verteilungen gibt Kessler [109] einige Hinweise (vgl. Tabelle 3-15).

Tabelle 3-13. Benennung von Medianwerten

	Medianwert der
$x_{50,3}$	Volumenverteilung
$x_{50,2}$	Flächenverteilung
$x_{50,1}$	Längenverteilung
$x_{50,0}$	Anzahlverteilung

Tabelle 3-14. Messverfahren und Mengenarten

Mengenarten	Index	Messverfahren
Anzahl	$r = 0$	Zählverfahren
Länge	$r = 1$	Bildauswertung
Fläche	$r = 2$	Extinktionsverfahren, Verfahren nach BET, BLAINE
Volumen	$r = 3$	Lichtstreuung (gerätespezifisch)
Masse	$r = 3*$	gravimetrische Analysen-Siebung

3.3 Messung von Partikelgrößen

Tabelle 3-15. Anwendung von Kennwerten aus Verteilungsfunktionen

Kennwert	Benennung nach DIN 66141	dieser integrale Mittelwert ist bezogen auf...	er ist vorteilhaft z.B. bei der Charakterisierung ...
$d_{3,1}$	$d_{2,1}$	...die Länge	des Durchtritts bei einer Membranfiltration
$d_{3,2}$	$d_{1,2}$	...die Fläche	der Oberflächenbedeckung von Fetttröpfchen
$d_{4,3}$	$d_{1,3}$	...das Volumen	der Aufrahmstabilität, da die Aufrahmung ebenfalls volumenbezogen beurteilt wird

Tabelle 3-16. Deutsche Normen zum Bereich Partikelanalyse

DIN 4185	Siebböden
DIN 4186	Runde Metalldrähte
DIN 4187	Runde Lochplatten für Prüfsiebe
DIN 4188	Drahtsiebböden für Analysensiebe
DIN 4189	Drahtgewebe
DIN 4195	Siebgewebe aus Seide oder Chemiefasern
DIN 4196	Runde Monofilgarne
DIN 4197	Siebgewebe aus rundem Chemie-Monofilgarn
DIN 24041	Rundlochplatten
DIN 24042	Quadratlochplatten
DIN 24043	Langlochplatten
DIN 66100	Körnungen
DIN 66111	Sedimentationsanalyse
DIN 66115	Sedimentationsanalyse, Pipettenverfahren
DIN 66116	Sedimentationsanalyse, Sedimentationswaage
DIN 66118	Sichtanalyse-Gegenstromsichter
DIN 66120	Sichtanalyse-Fliehkraftsichter
DIN 66141	Darstellung von Korngrößenverteilungen
DIN 66142	Darstellung und Kennzeichnung disperser Güter
DIN 66143	Potenznetz
DIN 66144	Log. Normalverteilungsnetz
DIN 66145	RRSB-Netz
DIN 66160	Messen disperser Systeme
DIN 66161	Partikelgrößenanalyse
DIN 66165	Siebanalyse

3.4 Applikationen

Schokolade: Partikelgröße und sensorische Qualität	[10, 11]
Erdnuss-Aufstrich: Partikelgrößenverteilung und Qualität	[12]
Getreidefasern: Partikelgröße und Sorptionsverhalten	[13]
Sensorik: Cremigkeit und Partikelgröße	[14]
Apfel-Pulver: Funktionelle Eigenschaften und Partikelgröße	[15]

3.5
Literatur

1. Stieß M (1995) Mechanische Verfahrenstechnik 1. Springer-Verlag, Heidelberg Berlin New York
2. Hartel RW (2001) Crystallization in foods. Aspen Publishers, Gaithersburg
3. Baltes W (Hrsg.) (1995) Schnellmethoden zur Beurteilung von Lebensmitteln und ihren Rohstoffen. Behr's, Hamburg
4. Allen T (1997) Particle size measurement. Chapman and Hall, New York
5. Coupland JN, McClements D (2001) Droplet size determination in food emulsions: comparison of ultrasonic and light scattering methods. J Food Engineering 50: 117–120
6. Javanaud C, Gladwell NR, Gouldby SJ, Hibberd DJ, Thomas A, Robins MM (1991) Experimental and theoretical values of the ultrasonic properties of dispersions: effect of particle state and size distribution. Ultrasonics 29: 331–337
7. McClements DJ, Povey MJW, Jury M, Betsanis E (1990) Ultrasonic characterization of a food emulsion. Ultrasonics 28: 266–272
8. Povey MJW, McClements DJ (1988) Ultrasonics in food engineering, Part I: introduction and experimental methods. J Food Engineering 8: 217–245
9. Babick F, Ripperger S (2002) Schallspektroskopische Bestimmung von Partikelgrößenverteilungen submikroner Emulsionen. Filtrieren and Separieren 16, 6: 311–313
10. Ziegler G, Mongia G, Hollender R (2001) The role of particle size distribution of suspended solids in defining the sensory properties of milk chocolate. Intern J Food Properties 4: 353
11. Windhab EJ, Attaie H, Breitschuh B, Braun P (2003) The functionality of milk powder and its relationship to chocolate mass processing, in particular the effect of milk powder manufacturing and composition on the physical properties of chocolate masses. Intern J of Food Science & Technology 38: 325–335
12. Santos BL, Resurreccion AVA (1989) Effect of particle size on the quality of peanut pastes. J of Food Quality 12: 87–97
13. Strange ED, Onwulata CI (2002) Effect of particle size on the water sorption properties of cereal fibers. J of Food Quality 25: 63–73
14. Kilcast D, Clegg S (2002) Sensory perception of creaminess and its relationship with food structure. Food Quality and Preference 13 (7/8): 609–623
15. Grover SS, Chauhan GS, Masoodi FA (2003) Effect of particle size on surface properties of apple pomace. Intern J of Food-Properties 6: 1–7

(100–129 befinden sich am Schluss des Buches)

4 Rheologische Eigenschaften

Von HERAKLIT (550–480 v. Chr.) stammt die Aussage „Panta rhei", (griechisch: alles fließt). Übertragen auf die Physik der Stoffe bedeutet dies, dass *alle* Stoffe – also nicht nur Gase und Flüssigkeiten sondern auch Festkörper – fließen können. Dass das tatsächlich stimmt, wird bewusst, wenn man z.B. eine Straße betrachtet, deren Bitumenschicht nach langer Nutzung Spurrillen oder andere Verformungen aufweist. An diesem Beispiel wird auch klar, dass die Temperatur einen starken Einfluss auf die Fließfähigkeit fester Stoffe bzw. sehr zähflüssige Fluide hat. Spurrillen bilden sich bei Normaltemperatur nach langer Zeit und Belastung, bei hohen Sommertemparturen jedoch sehr viel schneller.

In diesem Kapitel wird das Fließen von Fluiden und Festkörpern behandelt. Nach dem Verhalten idealer Festkörper und dem Verhalten idealer Flüssigkeiten werden nicht-ideales Verhalten und Erscheinungen wie die Viskoelastizität erklärt. Am Schluss des Kapitels wird die Verbindung zur Textur-Untersuchung von festen und halbfesten Lebensmitteln hergestellt.

4.1 Elastische Eigenschaften

Körper können sich infolge einer Beanspruchung elastisch verformen. Als Beanspruchungsarten werden einachsige Zug- bzw. Druckbelastung, allseitige Zug- bzw. Druckbelastung sowie die Belastung durch Scherung unterschieden.

4.1.1 Zugbeanspruchung

Unter einer eindimensionalen Zugbeanspruchung versteht man den vom Körper weg gerichteten Angriff einer eindimensionalen Kraft an einem System. Den Quotienten aus Kraft und der Größe des Flächenelementes, an welchem diese Kraft angreift, nennt man mechanische Spannung. Die Einheit der Spannung ist $1\,\text{N} \cdot \text{m}^{-2} = 1\,\text{Pa}$. Die Spannung ist eine wichtige Kenngröße für die Festkörperbeanspruchung. Feste Körper reagieren auf die Zugspannung mit einer Längenänderung. Die Längenänderung ist im elastischen Bereich vollständig reversibel, bei höheren Beanspruchungen kann sie irreveresibel werden (plastische Verformung oder Bruch). Das Verhältnis von beobachteter Längenänderung Δl

zur Originallänge l bezeichnet man als Dehnung. Negative, eindimensionale Zugspannung – also zum Körper hin gerichtet – nennt man Druck.

$$\sigma = \frac{dF}{dA} \qquad (4\text{-}1)$$

$$\varepsilon = \frac{\Delta l}{l} \qquad (4\text{-}2)$$

		engl.
F	Zugkraft in N	load
A	Fläche in m²	area
σ	Zugspannung in Nm⁻²	stress
Δl	Dehnung	strain
l	Länge in m	length
ε	Längenänderung in m	extension

Die im Koordinatenursprung beginnende Spannungs-Dehnungs-Kurve lässt sich bei vielen Festkörpern näherungsweise als linearer Zusammenhang zwischen Spannung und Dehnung (HOOKE'sches Gesetz) beschreiben. Die obere Grenze dieses elastischen Bereiches ist am Punkt R_{eL} erreicht (s. Abb. 4-1). Innerhalb des elastischen Bereichs kehrt der Körper nach Wegfallen der Beanspruchung reversibel in seinen Ausgangszustand zurück. Eine Zugbeanspruchung oberhalb von R_{eL} führt zu einer bleibenden – plastischen – Verformung des Körpers. Der Kurvenabschnitt zwischen R_{eL} und der Bruchgrenze ist der Bereich der plastischen Verformung. R_{eH} in Abb. 4-1 heißt Dehngrenze bzw. Fließgrenze, der Punkt maximaler Spannung heißt auch Zugfestigkeit des Materials.

Die Streckgrenze ist die Spannung, bei welcher bei zunehmender Dehnung die Zugkraft erstmalig gleich bleibt oder abfällt. Bei größerem Spannungsabfall wird zusätzlich zwischen oberer Streckgrenze (R_{eH} in Abb. 4-1) und unterer Streckgrenze unterschieden.

Werkstoffe der Technik und Materialien mit wenig ausgeprägter Fließgrenze (Abb. 4-2) werden auch anhand der 0,2%-Dehngrenze charakterisiert. Das ist die Spannung, bei welcher die bleibende Dehnung den Wert von 0,2% erreicht. Die

Abb. 4-1. Spannungs-Dehnungs-Diagramm eines Materials mit ausgeprägter Streckgrenze

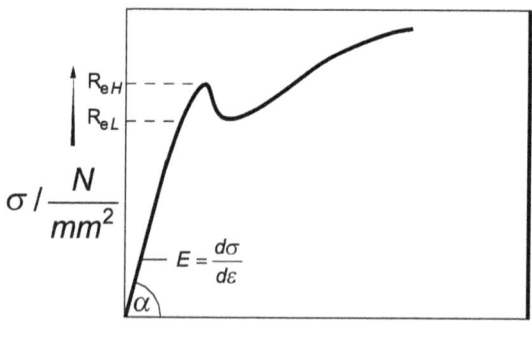

4.1 Elastische Eigenschaften

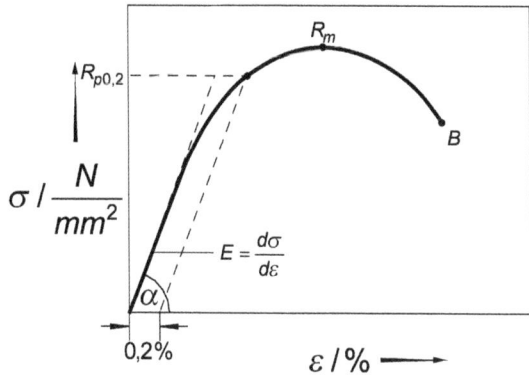

Abb. 4-2. Spannungs-Dehnungs-Diagramm eines Stoffes mit wenig ausgeprägter Streckgrenze

Tabelle 4-1. Begriffe zur Interpretation von σ-ε-Diagrammen

Phänomen		Beschreibung	
		σ	ε
elastischer Bereich	$\dfrac{d\sigma}{d\varepsilon} = \text{const}$		Dehnung ist elastisch
nicht-elastischer Bereich	$\dfrac{d\sigma}{d\varepsilon} \neq \text{const}$		Dehnung ist plastisch
	$\dfrac{d\sigma}{d\varepsilon} = 0$	Streckgrenze (obere, untere)	Dehnung an der Streckgrenze
Maximum der Spannung	$\sigma = \text{max.}$	Zugfestigkeit	Dehnung bei maximaler Zugfestigkeit
bleibende Dehnung von 0,2%	$\varepsilon = 0{,}2\%$	0,2%-Dehngrenze	0,2%-Dehnung
Bruch	$\sigma = 0$	Bruchgrenze	Bruchdehnung

0,1%-Dehngrenze wird auch technische Elastizitätsgrenze genannt. Tabelle 4-1 stellt die Begriffe zusammen.

4.1.2
Dehnung

Die Elastizität von Werkstoffen kann mit Hilfe von Spannungs-Dehnungs-Diagrammen aus experimentellen Druckversuchen oder Zugversuchen bestimmt werden (s. z.B. Abb. 4-1). Für isotrope Stoffe kann man die Beziehung zwischen einwirkender Spannung und der resultierenden, elastischen Verformung häufig als näherungsweise linear betrachten. In diesem Fall nennt man den Zusammenhang dann HOOKE'sches Gesetz:

$$\sigma = E \cdot \varepsilon \qquad (4\text{-}3)$$

Die Proportionalitätskonstante im HOOKE'schen Gesetz heißt Elastizitätsmodul (auch E-Modul oder YOUNG'scher Modul). Der E-Modul lässt sich aus der Steigung der Spannungs-Dehnungs-Kurve ermitteln, siehe z.B. in Abb. 4-1:

$$E = \frac{d\sigma}{d\varepsilon} = \tan \alpha \qquad (4\text{-}4)$$

Verwendet man nicht die Begriffe Spannung und Dehnung, lautet das HOOKEsche Gesetz:

$$\frac{F}{A} = E \cdot \frac{\Delta l}{l} \qquad (4\text{-}5)$$

$$F = \frac{E \cdot A}{l} \cdot \Delta l \qquad (4\text{-}6)$$

$$F = D \cdot \Delta l \qquad (4\text{-}7)$$

σ Zugspannung in Nm^{-2}
E Elastizitätsmodul in Pa
ε Dehnung
F Zugkraft in N
A Fläche in m^2
Δl Längenänderung in m
l Originallänge in m
D HOOKE'sche Konstante in $N \cdot m^{-1}$

Die Größenordnung einiger E-Module lässt sich Tabelle 4-2 entnehmen.

Tabelle 4-2. Werte für den Elastizitäts-Modul, Beispiele

Material	engl.	E/Nm^{-2}	Quelle
Eis	ice	$9,9 \cdot 10^9$	[113]
V2A Stahl	stainless steel	$195 \cdot 10^9$	[113]
Al	Al	$72 \cdot 10^9$	[113]
Gummi	rubber	$8 \cdot 10^5$	[116]
trockene Spaghetti	dry spaghetti	$3 \cdot 10^9$	[116]
Apfel, roh	apple, raw	$0,6…1,4 \cdot 10^7$	[116]
Gelatine (Gel)	gelatin (gel)	$2 \cdot 10^7$	[116]
Banane	banana	$0,8…3 \cdot 10^6$	[116]

4.1.3
Kompression, Kompressibilität, Kompressionsmodul

Durch Einwirken eines allseitigen Drucks verringert sich das Volumen eines festen, flüssigen oder gasförmigen Systems. Im Allgemeinen ist die Volumenverringerung eine Folge der elastischen reversiblen Verformung des Materials durch Verringerung der Molekül- bzw. Atomabstände. Aus diesem Grund nimmt das System nach Wegfallen der Druckbeanspruchung sein ursprüngliches Volumen wieder an. Für die Volumenänderung gilt:

$$-\frac{dV}{V} = -\kappa \cdot dp \tag{2-10}$$

$$\kappa = -\frac{1}{V}\frac{dV}{dp} \tag{2-19}$$

V Volumen in m³
p Druck in Pa
K Kompressionsmodul in Pa
κ Kompressibilität in Pa⁻¹

Die Kompressibilität eines Systems ist eine Stoffeigenschaft, die von den Abständen und den Wechselwirkungskräften zwischen den molekularen bzw. atomaren Bausteinen bestimmt wird. Für Gase und Flüssigkeiten ist die Kompressibilität in allen Raumrichtungen gleich, man spricht von einer isotropen Kompressibilität. Bei Festkörpern hingegen können die mechanischen Eigenschaften von der Raumrichtung abhängig sein (Anisotropie). Um die Richtungsabhängigkeit der Kompressibilität auszudrücken, verwendet man den Kompressionsmodul K. Man nennt K auch den K-Modul (engl. bulk modulus) oder den elastischen Modul der Volumenkompression bei isotropem Druck. Die Volumenänderung eines Körpers unter Druck lässt sich gemäß (4-8) berechnen. Tabelle 4-3 zeigt die Größenordnung einiger Werte für den K-Modul. Den umgekehrten Fall der Volumenausdehnung aufgrund einer allseitigen Zugbeanspruchung z.B. im Vakuum nennt man Volumendilatation des Systems bzw. kurz Dilatation.

$$K = -V\frac{dp}{dV} \tag{4-8}$$

Der allgemeine Kompressionsmodul ist ein Tensor mit 9 K_{ij}-Komponenten.

$$K = \begin{pmatrix} K_{xx} & K_{xy} & K_{xz} \\ K_{yx} & K_{yy} & K_{yz} \\ K_{zx} & K_{zy} & K_{zz} \end{pmatrix} \tag{4-9}$$

Im isotropen Festkörper sowie in Fluiden besitzen alle Komponenten den gleichen Wert, dann ist:

$$K = K_{ij} \tag{4-10}$$

Tabelle 4-3. K-Modul einiger Materialien

Material	engl.	K/Nm^{-2}	
Eis	ice	$10 \cdot 10^9$	[113]
V2A-Stahl	stainless steel	$170 \cdot 10^9$	[113]
Teig	dough	$1,4 \cdot 10^6$	[2]
Gummi	rubber	$1,9 \cdot 10^7$	[2]
Glas	glass	$3,8 \cdot 10^9$	[113]

und

$$\kappa = \frac{1}{K} \tag{4-11}$$

Im Falle anisotroper Kompressibilität ändern sich unter allseitig gleichem Druck die Abmessungen eines Körpers in verschiedenen Raumrichtungen unterschiedlich stark. Eine Änderung der Gestalt des Körpers ist die Folge (Abb. 4-3). Im Falle isotroper Stoffeigenschaft hingegen ändert sich die Gestalt des Festkörpers durch die Kompression nicht. Bei der Hochdruckbehandlung von Lebensmitteln (s. z.B. [109] können erhebliche Volumenänderungen bzw. Gestaltsänderungen von Stoffen auftreten (vgl. Beispiel 2-2).

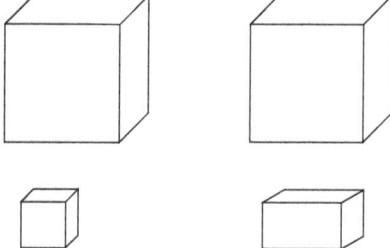

Abb. 4-3. Kompression eines Festkörpers durch isotropen Druck. Links: isotrope Kompressibilität. Rechts: Gestaltsänderung infolge anisotroper Kompressibilität

4.1.4
Scherung

Greift an einer Fläche eines Körpers eine Tangentialkraft an, kommt es zur Scherung. Hierunter versteht man eine Winkeldeformation des Körpers um den Winkel γ gemäß Abb. 4-4.

Den Quotienten aus Tangentialkraft und Fläche nennt man Schubspannung τ, manchmal auch Scherspannung, engl. shear stess. Die Winkeldeformation γ wird Scherung (engl. shear) genannt (auch: Schiebung). Es ist:

$$\tau = \frac{F_t}{A} \tag{4-12}$$

4.1 Elastische Eigenschaften

Abb. 4-4. Scherung eines Körpers unter dem Einfluss der Tangentialkraft F_t

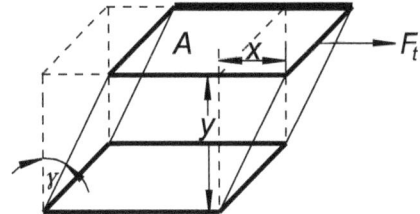

Im Falle einer elastischen Verformung gilt:

$$\tau = G \cdot \tan \gamma \tag{4-13}$$

bei geringen Verformungen ist:

$$\tan \gamma \approx \gamma \tag{4-14}$$

d.h.

$$\tau = G \cdot \gamma \tag{4-15}$$

Für ideal elastische Körper ist also die Scherung γ proportional zur Schubspannung τ. Die Proportionalitätskonstante heißt Schubmodul G. Synonyme Bezeichnungen sind Torsionsmodul (engl. shear modulus), Steifheit (engl. rigidity modulus) und elastischer Gleitmodul. Analog zum E-Modul und K-Modul ist auch der Schubmodul ein Tensor. Für Materialien mit isotropen mechanischen Eigenschaften erübrigt sich jedoch die Betrachtung der Richtungsabhängigkeit der Scherung.

F_t Tangential-Kraft in N
A Fläche in m^2
τ Schubspannung in N $\cdot$ m^{-2}
G Schubmodul in N $\cdot$ m^{-2}
γ Winkel der Deformation in rad

4.1.5 Querdehnung

Bei der elastischen Längenänderung Δl eines Materials tritt parallel eine materialspezifische Dickenänderung Δd auf. Die relative Dickenänderung $\dfrac{\Delta d}{d}$ heißt Querdehnung. Die Querdehnung ist der Dehnung proportional. Der Proportionalitätsfaktor heißt Querdehnungszahl oder POISSON-Zahl μ.

$$\varepsilon_q = \frac{\Delta d}{d} \tag{4-16}$$

$$\varepsilon = \frac{\Delta l}{l} \tag{4-17}$$

$$\varepsilon_q = -\mu \cdot \varepsilon \qquad (4\text{-}18)$$

Poisson- Zahl:

$$\mu = -\frac{\text{relative Querdehnung}}{\text{relative Längsdehnung}} \qquad (4\text{-}19)$$

d Dicke
Δd Dickenänderung
l Länge
Δl Längenänderung
ε Dehnung
ε_q Querdehnung
μ Poisson-Zahl

Die Poisson-Zahl μ verknüpft die elastischen Eigenschaften eines Materials (G- und E-Modul) mit seiner Kompressibilität (K-Modul). Für positive Spannungen liegt sie zwischen $0 \leq \mu \leq 0{,}5$. Festkörper mit gegenüber der Kompressibilität dominierenden elastischen Eigenschaften (Fall A) haben eine Poisson-Zahl in der Nähe von $\mu = 0{,}5$. Festkörper hingegen, bei denen die elastischen Eigenschaften gegenüber der Kompressibilität untergeordnet sind (Fall B), besitzen Poisson-Zahlen nahe Null. Tabelle 4-5 stellt die Fälle einander gegenüber. Näherungen, die für diese Extremfälle gelten, sind in Tabelle 4-6 zusammengestellt.

Im Allgemeinen liegen die Poisson-Zahlen zwischen diesen Extremwerten. Für die Umrechnungen zwischen den beteiligten Größen gilt dann gemäß [116]:

$$G = \frac{E}{2(1+\mu)} = \frac{3\,E \cdot K}{9\,K - E} = \frac{3K(1-2\mu)}{2(1+\mu)} \qquad (4\text{-}20)$$

$$K = \frac{E}{3(1-2\mu)} = \frac{E \cdot G}{9G - 3E} = G\left[\frac{2(1+\mu)}{3(1+2\mu)}\right] \qquad (4\text{-}21)$$

$$E = \frac{9G \cdot K}{3K + G} = 2G(1+\mu) = 3K(1-2\mu) \qquad (4\text{-}22)$$

$$\mu = \frac{E - 2G}{2G} = \frac{1 - \dfrac{E}{3K}}{2} = \frac{3K - 2G}{2(3K + G)} \qquad (4\text{-}23)$$

4.2
Rheologische Modell-Körper

Zur einfacheren mathematischen Beschreibung des rheologischen Verhaltens von Körpern geht man häufig von idealisierten Modellkörpern aus. Die Grund-Modellkörper sind die für ideal starres Festkörperverhalten, für ideal viskoses Verhalten, ideal elastisches Verhalten und ideal plastisches Verhalten. Aufbauend auf diesen Grund-Modellkörpern lassen sich zusammengesetzte Modelle (Ta-

Tabelle 4-4. POISSON-Zahlen einiger Materialien [115]

Material	engl.	μ
Hartkäse	cheddar cheese	0,5
Kartoffelgewebe	potato issue	0,49
Gummi	rubber	0,49
Apfel-Gewebe	apple tissue	0,37
Apfel	apple	0,21–0,34
Kupfer	copper	0,33
Stahl	steel	0,30
Glas	glass	0,24
Kork	cork	0

Tabelle 4-5. Extremfälle der POISSON-Zahl

	K	E	G	μ
Fall A	groß	klein	klein	$\mu = 0{,}5$
Fall B	klein	groß	groß	$\mu = 0$

Tabelle 4-6. Abschätzungen für extreme POISSON-Zahlen

$\mu = 0$	$\mu = 0{,}5$
$G = \dfrac{E}{2} = \dfrac{3}{2} K$	$G = \dfrac{E}{2(1+\mu)} = \dfrac{E}{3}$
$K = \dfrac{E}{3(1-2\mu)} = \dfrac{E}{3}$	$K = \dfrac{E}{3(1-2\mu)} = \infty$
$E = 3 \cdot K$	$E = 3 \cdot G$

belle 4-8) für Materialien mit gemischten Verhalten entwickeln. Tabelle 4-7 fasst die Grund-Modellkörper zusammen.

Zusammengesetzte Modelle wie in Tabelle 4-8 sind aus Grund-Modellkörpern zusammengesetzt. Zur Veranschaulichung der Modelle benutzt man Schaltbilder, ähnlich wie in der Elektrotechnik, in denen die Grund-Modellkörper mit Symbolen wie in Abb. 4-5 dargestellt werden. Die Grund-Modellkörper in derartigen

Tabelle 4-7. Rheologische Grund-Modellkörper

Bezeichnung des Körpers	rheologische Eigenschaften	Material
PASCAL	ideal reibungsfrei fließend	Fluid
NEWTON	ideal viskos fließend	Fluid
ST. VENANT	ideal plastisch verformbar	Festkörper
HOOKE	ideal elastisch verformbar	Festkörper
EUKLID	ideal unelastisch, starr	Festkörper

Tabelle 4-8. Zusammengesetzte Modelle

Körper	Modell	Modell mit Bruchelement
HOOKE		
NEWTON		
ST. VENANT		
PASCAL	ideal reibungsfreies Fließen	
EUKLID	ideal unelastisch starr	
MAXWELL		
PRANDTL		
KELVIN		

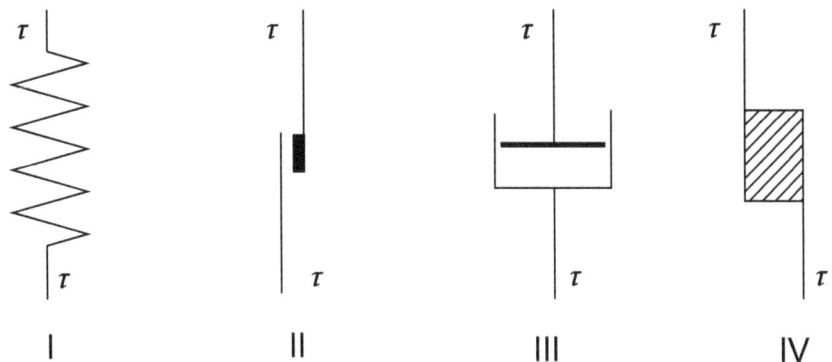

Abb. 4-5. Symbole für die Grund-Modellkörper: I Hooke-Element, II Bruch-Element, III-Newton-Element, IV St. Venant-Element

Schaltungen werden als Elemente bezeichnet. So besteht z.B. ein Kelvin-Körper (s. Tabelle 4-8) aus einem Hooke-Element und einem dazu parallel geschalteten Newton-Element. Der Kelvin-Körper kann als Modell für viskoelastisches Verhalten dienen.

4.3
Viskose Eigenschaften – Fließen

Bei Angriff einer Schubspannung kommt es zu einer Scherung um den Winkel γ. Wenn der Winkel unter einer konstanten Schubspannung kontinuierlich wächst – anstatt einen festen Wert einzunehmen – nennt man dies viskoses Verhalten oder Fließen.

Während ideal elastische Körper unter einer vorgegebenen Schubspannung eine zeitlich unveränderte Verformung (Scherwinkel γ) zeigen, reagieren ideal viskose Körper mit einem konstant zunehmenden Scherwinkel γ, d.h. mit einer konstanten Scherrate $\dot{\gamma}$. Abbildung 4-6 zeigt das Fließen einer Substanz zwischen einer ruhenden Platte und einer mit konstanter Geschwindigkeit bewegten Platte.

Während das elastische Verhalten (Scherung, s. 4.1.4) von Gl. (4-15) beschrieben wird, gilt für das ideal viskose Verhalten eine Proportionalität zwischen Schubspannung und Scherrate, s. Gl. (4-15). Die Proportionalitätskonstante heißt dynamische Viskosität η. In komplizierteren Fällen, d.h. bei nicht-idealem Fließverhalten sind auch andere Bezeichnungen für η gebräuchlich (s. 4.3.8...4.3.12).

Abb. 4-6. Zweiplattenmodell: Fließen eines Materials zwischen einer ruhenden und einer bewegten Platte

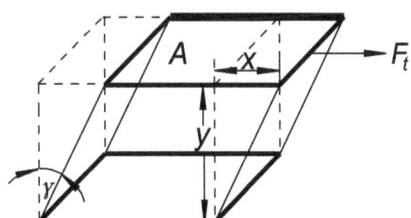

Ideal elastisches Verhalten:

$$\tau = G \cdot \gamma \qquad (4\text{-}15)$$

Ideal viskoses Verhalten:

$$\tau = \eta \cdot \dot{\gamma} \qquad (4\text{-}24)$$

F_t Tangential-Kraft in N
A Fläche in m^2
τ Schubspannung in N · m^{-2}
G Schubmodul in N · m^{-2}
γ Winkel der Deformation in rad
$\dot{\gamma}$ Scherrate in s^{-1}
η Viskosität in N · m^{-2} · s^{-1}

Wegen der starken Wechselwirkungskräfte zwischen ihren Atomen bzw. Molekülen zeigen Festkörper im Allgemeinen elastisches Verhalten. Fluide – d.h. Flüssigkeiten und Gase – bei denen die intermolekularen Wechselwirkungen wesentlich schwächer sind, zeigen hingegen viskoses Verhalten. Jedoch können auch Festkörper zum Fließen gebracht werden, wenn die Beanspruchung die Elastizitätsgrenze überschreitet (vgl. 4.1.1). Umgekehrt können auch fließfähige Systeme elastische Eigenschaften besitzen (vgl. 4.4). Zunächst soll jedoch das ideal viskose Verhalten behandelt werden.

4.3.1
Scherrate

Beim Angreifen einer Tangentialspannung τ zeigt der viskose Körper einen mit der Zeit zunehmenden Scherwinkel γ, d.h. eine konstante Scherrate $\dot{\gamma}$. Die Scherrate ist definiert als:

$$\dot{\gamma} = \frac{d\gamma}{dt} \qquad (4\text{-}25)$$

und besitzt damit die Einheit s^{-1}.

Betrachtet man den Winkel γ in Abb. 4-7, so lässt sich schreiben

$$\tan \gamma = \frac{s}{r} \qquad (4\text{-}26)$$

für kleine Winkel gilt die Näherung

$$\tan \gamma = \gamma \qquad (4\text{-}27)$$

d.h.

$$d\gamma = \frac{ds}{r} \qquad (4\text{-}28)$$

4.3 Viskose Eigenschaften – Fließen

Abb. 4-7. Winkelgeschwindigkeit und Scherwinkel

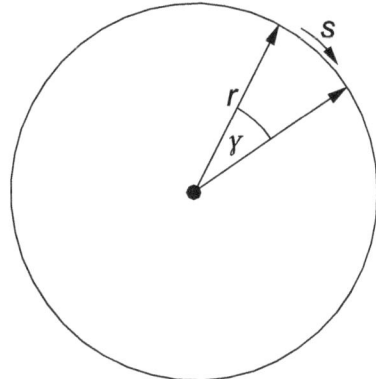

also

$$\frac{d\gamma}{dt} = \frac{ds}{dt \cdot r} \tag{4-29}$$

mit der Umfangsgeschwindigkeit v in Abb. 4-7

$$v = \frac{ds}{dt} \tag{4-30}$$

lässt sich für die Scherrate schreiben:

$$\dot{\gamma} = \frac{v}{r} \tag{4-31}$$

Die Scherrate ist also der Quotient aus der Geschwindigkeit am Kreisumfang und dem Abstand zwischen Umfang und dem (nicht bewegten) Zentrum der Drehbewegung. Gleichzeitig kann man $\dot{\gamma}$ als die Winkelgeschwindigkeit der Drehbewegung ansehen.

Betrachtet man Abb. 4-6 und schreibt

$$\tan \gamma = \frac{x}{y} \tag{4-32}$$

dann wird mit Gl. (4-27)

$$\dot{\gamma} = \frac{dx}{y \cdot dt} = \frac{v}{y} \tag{4-33}$$

Das heißt, auch hier ergibt sich die Scherrate als der Quotient aus der Geschwindigkeit der bewegten Platte in Abb. 4-6 und dem Abstand zwischen bewegter und ruhender Platte. Aus diesem Grund wird die Scherrate gelegentlich als Geschwindigkeitsgradient im Zweiplattenmodell bezeichnet. Der laterale

Schergeschwindigkeitsgradient ist der Quotient aus der Änderung der Geschwindigkeit v_x und dem Weg senkrecht dazu, in Abb. 4-6 heißt das:

$$\dot{\gamma} = \frac{dv_x}{dy} \approx \frac{\Delta v_x}{\Delta y} = \frac{v_2 - v_1}{y_2 - y_1} = \frac{v_2 - 0}{y_2 - 0} = \frac{v}{y} \qquad (4\text{-}34)$$

Betrachtet man den in Abb. 4-6 zwischen zwei Platten befindlichen Stoff als einen Punkt auf dem Umfang in Abb. 4-7, in großem Abstand vom Kreiszentrum, so fließen beide Betrachtungsweisen zusammen. Wegen der unterschiedlichen Betrachtungsweisen gibt es eine Reihe von synonymen Begriffen für die Scherrate. Tabelle 4-9 fasst die Begriffe zusammen.

Der Begriff „Scherrate" hat den Vorteil der Kompatibilität mit dem englischen Begriff „shear rate". Physikalisch gesehen hat $\dot{\gamma}$ mit der Einheit s^{-1} die Einheit einer „Rate". Das ist selbstverständlich auch die Einheit eines Geschwindigkeitsgradienten $\frac{m/s}{m}$. Die Bezeichnung „Schergeschwindigkeit" für $\dot{\gamma}$ ist jedoch unrichtig und irreführend.

Auch für den Scherwinkel und die Schubspannung bzw. -kraft werden verschiedene Bezeichnungen verwendet. Die Begriffe sind in Tabelle 4-10 und Tabelle 4-11 zusammengestellt.

Beispiele für die Größenordnung von typischen Scherraten sind in Tabelle 4-12 zusammengestellt [2]. Zur überschlägigen Berechnung von Scherraten in der Lebensmitteltechnik sind untenstehend einige Beispiele aufgeführt.

Tabelle 4-9. Synonyme Begriffe für die Scherrate

$\dot{\gamma}/s^{-1}$
Winkelgeschwindigkeit
Deformationsgeschwindigkeit
Winkeldeformationsgeschwindigkeit
Lateraler Schergeschwindigkeitsgradient
Schergeschwindigkeitsgradient
Geschwindigkeitsgradient
(„Schergeschwindigkeit")
Scherrate
shear rate
rate of shear

Tabelle 4-10. Synonyme Begriffe für den Scherwinkel

γ/rad
Scherwinkel
Scherung
Deformation
Winkeldeformation

4.3 Viskose Eigenschaften – Fließen

Tabelle 4-11. Synonyme Begriffe für die Schubspannung und -kraft

F_G/N	$\tau/N \cdot m^{-2}$
Schubkraft	Schubspannung
Scherkraft	Scherspannung
Tangentialkraft	Tangentialspannung
Querkraft	Querspannung

Tabelle 4-12. Größenordnung der Scherraten von Strömungsvorgängen

Strömungsvorgang	Scherrate $\dot\gamma/s^{-1}$	Beispiel
Sedimentation fein dispergierter Feststoffe	$10^{-6}...10^{-4}$	Fruchtsäfte, medizinische Suspensionen
Sedimentation gröberer Feststoffe	$10^{-4}...10^{-1}$	Pigmentfarben, keramische Suspensionen, Gewürzpartikel in Dressings
Verlaufen infolge Oberflächenspannung	$10^{-2}...10^{-1}$	Glasuren, Anstrichmittel, Druckfarben, Reinigungsmittel, Überzüge
Ablaufen unter Schwerkraft	$10^{-1}...10^{1}$	aus Behältern, Abtropfen, Anstrichmittel, Überzüge
Extrudieren	$10^{0}...10^{3}$	Snacks, Cerealien, Zahnpasta, Nudeln, Petfood, Kunststoffe
Walzen	$10^{1}...10^{2}$	Teig auswalzen
Ausgießen	$10^{1}...10^{2}$	Lebensmittel, Kosmetika aus Flaschen
Tauchen	$10^{1}...10^{2}$	Süßwarenüberzüge, Tauchlake
Kauen/Schlucken	$10^{1}...10^{2}$	Lebensmittel, Futtermittel, Pharmaka
Rohrströmung	$10^{0}...10^{3}$	Fördern/Pumpen von Flüssigkeiten
Rühren/Mischen	$10^{1}...10^{3}$	Flüssigkeiten
Streichen, Pinseln, Bürsten	$10^{2}...10^{4}$	Anstrichmittel, Lippenstift, Nagellack, Brotaufstrich
Einreiben	$10^{2}...10^{4}$	Cremes, Salben, Gele, Lotionen
Sprühen, Spritzen	$10^{3}...10^{6}$	Sprühtrocknung, Lackieren, Kraftstoffe
Nasszerkleinern	$10^{3}...10^{5}$	Pigmentfarben, Lebensmittel-Suspensionen
Walzen	$10^{4}...10^{6}$	Druckfarben in der Papierverarbeitung
Hochdruckhomogenisieren	$10^{5}...10^{6}$	Milch-Homogenisierung
Schmierung	$10^{3}...10^{7}$	Lager in Maschinen/Motoren
Kalandrieren	$10^{3}...10^{7}$	Beschichten mit Polymeren

Beispiel 4-1: Scherrate beim Streichen
Gemäß den Bezeichnungen in Abb. 4-6 herrscht beim Streichen
a) mit der Streichgeschwindigkeit $v = 0{,}5$ m·s^{-1} und einer Schichtdicke von $y = 2$ mm eine Scherrate von $\dot{\gamma} = \dfrac{dv}{dy} = 250$ s^{-1}
b) mit der Streichgeschwindigkeit $v = 1$ m·s^{-1} und einer Schichtdicke von $y = 0{,}2$ mm ist es eine Scherrate von bereits $\dot{\gamma} = \dfrac{dv}{dy} = 5000$ s^{-1}.

Beispiel 4-2: Scherrate beim Walzen
Gemäß den Bezeichnungen in Abb. 4-7 herrscht beim Herstellen
a) einer Beschichtung mit der Schichtdicke $y = 100$ μm durch eine rotierende Walze mit dem Radius $r = 50$ cm und 20 UPM die Umfangsgeschwindigkeit

$$v = \omega \cdot r = \frac{20 \cdot 2\pi}{60 \text{ s}} \cdot 0{,}5 \text{ m} = 1 \text{ m·s}^{-1}$$

also eine Scherrate von

$$\dot{\gamma} = \frac{dv}{dy} = \frac{1 \text{ m·s}^{-1}}{10^{-4}} = 10000 \text{ s}^{-1}$$

b) einer Beschichtung mit der Schichtdicke $y = 25$ μm durch eine rotierende Walze mit dem Radius $r = 25$ cm und 100 UPM die Umfangsgeschwindigkeit

$$v = \omega \cdot r = \frac{100 \cdot 2\pi}{60 \text{ s}} \cdot 0{,}25 \text{ m} = 2{,}6 \text{ m·s}^{-1}$$

also eine Scherrate von

$$\dot{\gamma} = \frac{dv}{dy} = \frac{2{,}6 \text{ m·s}^{-1}}{25 \cdot 10^{-6}} \approx 10^5 \text{ s}^{-1}.$$

Beispiel 4-3: Scherrate in einer Rohrströmung
In einer laminaren, stationären Rohrstömung eines inkompressiblen, ideal viskosen Fluids mit der Schubspannung $\tau_W = \dfrac{r \cdot \Delta p}{2l}$ und der Scherrate $\dot{\gamma}_W = \dfrac{4 \cdot \dot{V}}{\pi \cdot r^3}$ ergibt sich in einem Rohr von 10 cm Durchmesser bei einem Volumenstrom von 6000 l/min für die Scherrate an der Rohrwand:

$$\dot{\gamma}_W = \frac{4 \cdot \dot{V}}{\pi \cdot r^3} = \frac{4 \cdot 6000 \cdot 10^{-3} \text{ m}^3}{60 \text{ s} \cdot \pi \cdot (0{,}1 \text{ m})^3} = 127 \text{ s}^{-1}.$$

Beispiel 4-4: Scherrate bei der Sedimentation
Nach STOKES ist für REYNOLDS-Zahlen < 1 und ohne Wechselwirkung zwischen den sedimentierenden Partikeln und dem Fluid: $v = \dfrac{d^2 \cdot g}{18 \cdot \eta}(\rho_K - \rho_{fl})$.

4.3 Viskose Eigenschaften – Fließen

Für Quarzsand in Wasser ergibt sich bei einem Partikeldurchmesser von $d = 0{,}5$ µm, einer Dichtedifferenz von $= \rho_K - \rho_{fl} = 1500$ kg · m^{-3} − 1000 kg · m^{-3} = 500 kg · m^{-3} und einer dynamischen Viskosität von Wasser von $\eta = 1$ mPa · s eine Sinkgeschwindigkeit von

$$v = \frac{(5 \cdot 10^{-7}\,\text{m})^2 \cdot 9{,}81\,\text{m} \cdot \text{s}^{-2}}{18 \cdot 10^{-3}\,\text{N} \cdot \text{m}^{-2} \cdot \text{s}} \cdot 500\,\text{kg} \cdot \text{m}^{-3} = 6{,}8 \cdot 10^{-8}\,\text{m} \cdot \text{s}^{-1}$$

sowie eine Scherrate von

$$\dot{\gamma} = \frac{dv}{dy} \cong \frac{6{,}8 \cdot 10^{-8}\,\text{m}}{5 \cdot 10^{-7}\,\text{s} \cdot \text{m}} \cong 0{,}1\,\text{s}^{-1} \, .$$

4.3.2
Newton'sches Fließverhalten

Im Falle einer linearen Abhängigkeit zwischen der Schubspannung und der Scherrate einer Substanz spricht man von ideal viskosem Verhalten oder Newton'schen Fließverhalten. Fluide, die sich derartig verhalten, heißen Newtonsche Fluide.

Trägt man in einem Diagramm die Schubspannung über der Scherrate auf, erhält man die so genannte Fließkurve (Abb. 4-8, oben). Bei Newton'schen Fluiden ist die Fließkurve eine Ursprungsgerade, deren Steigung der dynamischen Viskosität η entspricht. Das **Newton'sche Fließgesetz** lautet

$$\tau = \eta \cdot \dot{\gamma} \tag{4-24}$$

Die Steigung der Fließkurve ist

$$\eta = \frac{d\tau}{d\dot{\gamma}} \tag{4-35}$$

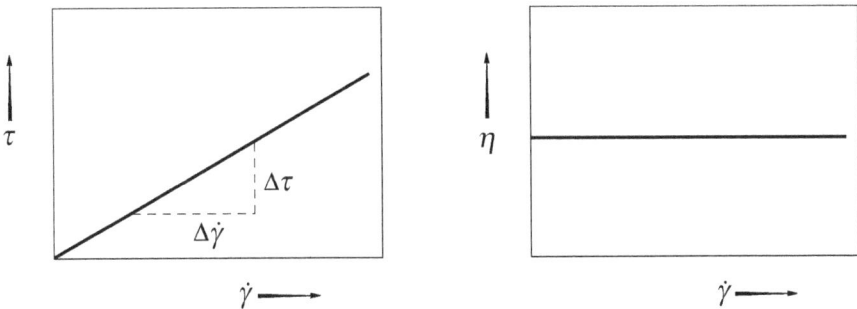

Abb. 4-8. Fließkurve (links) und Viskositätskurve (rechts) eines Newton'schen Fluids. Die Steigung der Fließkurve – die Viskosität – ist für alle Scherraten gleich

Um die Viskosität von NEWTON'schen Fluiden zu ermitteln, berechnet man die Steigung der Fießkurve gemäß Gl. (4-36).

$$\eta = \frac{\Delta \tau}{\Delta \dot{\gamma}} \qquad (4\text{-}36)$$

Einige NEWTON'sche Fluide bzw. Fluide, die sich mit guter Näherung als solche auffassen lassen, sind in Tabelle 4-13 aufgeführt.

Von der dynamischen Viskosität η zu unterscheiden ist die kinematische Viskosität ν, die sich mit Hilfe der Dichte (s. 2.3.6) durch Umrechnung aus der ersten errechnen lässt.

$$\nu = \frac{\eta}{\rho} \qquad (4\text{-}37)$$

η dynamische Viskosität in Pa · s
ν kinematische Viskosität in m² · s^{-1}
ρ Dichte des Fluids in kg · m^{-3}
ϕ Fluidität in Pa^{-1} · s^{-1}

Die reziproke Größe der dynamischen Viskosität heißt Fluidität.

$$\phi = \frac{1}{\eta} \qquad (4\text{-}38)$$

Die dynamische Viskosität wird in der SI-Einheit N · m^{-2} · s bzw. Pa · s angegeben. Wasser von Raumtemperatur hat eine dynamische Viskosität von etwa η = 1 mPa · s. Mit einer Dichte von etwa 1000 kg · m^{-3} beträgt die kinematische Viskosität also etwa ν = 10^{-6} m² · s^{-1}. Zur Umrechnung von Angaben in alten Einheiten siehe Tabelle 4-14.

Im Falle NEWTON'scher Fluide ist der Differentialquotient $\eta = \frac{d\tau}{d\dot{\gamma}}$, d.h. die Steigung der Fließkurve ist für alle Scherraten gleich groß. D.h. bei NEWTON'schen Fluiden ist die Angabe eines einzigen Viskositätswertes hinreichend, um

Tabelle 4-13. NEWTON'sche Fluide (Beispiele)

Material	engl.	$\eta_{20°C}$/mPa · s
Kohlendioxid	carbon dioxide	0,0148
Stickstoff	nitrogen	0,0177
Wasser	water	1,002
Ethanol	ethanol	1,20
Milch	milk	2
Olivenöl	olive oil	84
Glycerin	glycerol	1490

4.3 Viskose Eigenschaften – Fließen

Tabelle 4-14. Umrechnungen alter Viskositätsangaben

dynamische Viskosität Poiseuille (Pl) Poise (P)	kinematische Viskosität Stokes (St)
$1\,P = 1\,dyn \cdot s \cdot cm^{-2} = \dfrac{10^{-5}\,N \cdot s}{10^{-4}\,m^2} = 10^{-1}\,Pa \cdot s$ $1\,cP = 10^{-2}\,P = 10^{-3}\,Pa \cdot s = 1\,mPa \cdot s$ $1\,Pa \cdot s = 1\,Pl$	$1\,St = 1\,cm^2 \cdot s^{-1} = 10^{-4}\,m^2 \cdot s^{-1}$ $1\,St = 10^{-6}\,m^2 \cdot s^{-1}$
Wert von Wasser: 1 cP	Wert von Wasser: 1 cSt

das Fließverhalten bei allen Scherraten zu beschreiben. Dieser Wert gilt „universal" für alle Scherraten bzw. alle laminaren Strömungszustände, denen das Fluid ausgesetzt ist.

Dieser einfache Fall trifft für die meisten biologischen Materialien und Lebensmittel nicht zu. Hier ist die Viskosität von der vorherrschenden Scherrate bzw. von der anliegenden Schubspannung abhängig. Man nennt dies nicht-NEWTON'sches Verhalten.

4.3.3
Nicht-NEWTON'sches Fließverhalten

Besteht zwischen Schubspannung τ und Scherrate $\dot\gamma$ kein linearer Zusammenhang oder verläuft die Fließkurve nicht durch den Koordinatenursprung, spricht man von nicht-NEWTON'schem Fließverhalten und nicht-NEWTON'schen Fluiden. Man stellt sich vor, dass das Fließverhalten eines derartigen Fluids sich mit Belastung des Fluids ändert. Typische derartige Fließkurven und die zugehörigen Viskositätskurven sind in Abb. 4-9 und Abb. 4-10 dargestellt:

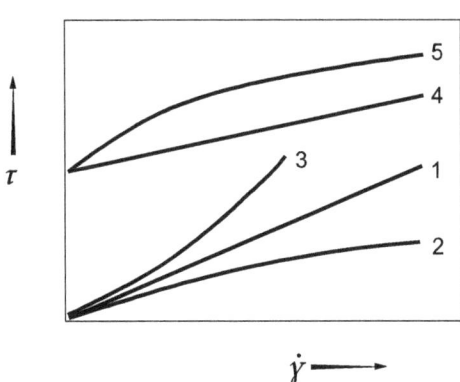

Abb. 4-9. Fließfunktionen: 1 NEWTONsch, 2 strukturviskos, 3 dilatant, 4 NEWTONsch mit Fließgrenze (BINGHAM), 5 strukturviskos mit Fließgrenze (BINGHAM)

Abb. 4-10. Viskositäts-Funktionen: 1 Newtonsch, 2 strukturviskos, 3 dilatant, 4 Newtonsch mit Fließgrenze (Bingham), 5 strukturviskos mit Fließgrenze (Bingham)

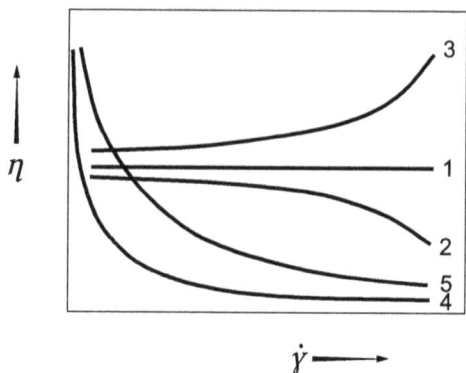

4.3.4
Vergleich: Newton'sche Fluide – nicht-Newton'sche Fluide

Während Newton'sche Fluide bei niedrigen wie hohen Beanspruchungen (Scherraten) die gleiche Viskosität haben, ist die Viskosität nicht-Newton'scher Fluide nicht konstant, sondern von der Höhe der Belastung – häufig auch von der Belastungszeit – abhängig.

Betrachtet man in Abb. 4-11 die niedrige Scherrate $\dot{\gamma}_1$, so ist die Viskosität des Fluides 3 höher als die Viskosität von 2. Bei der höheren Scherrate $\dot{\gamma}_2$ ist es genau umgekehrt. Die Viskosität des Newton'schen Fluids 1 hingegen ist bei allen Scherraten gleich groß. Dieses Beispiel zeigt, dass im Falle nicht-Newton'scher Fluide zur Beschreibung des Fließverhaltens die Angabe einer einzigen Viskosität alleine nicht ausreicht. Angegeben werden muss die zu einer bestimmten Scherrate zugehörige Viskosität. Vorteilhaft ist die Angabe der gesamten Viskositätsfunktion anstelle des einzelnen Wertes für η. Wenn der betrachtete Scherratenbereich vergleichsweise klein ist, kann in manchen Fällen ein nicht-Newton'sches Fluid näherungsweise als Newton'sches Fluid behandelt werden. Wie groß die Ungenauigkeit ist, die durch so eine Näherung entsteht, hängt stark vom jeweiligen Stoffsystem ab und muss im Einzelfall geprüft werden.

Abb. 4-11. Newton'sches (1) Fluid und nicht-Newton'sche Fluide (2, 3) im Vergleich

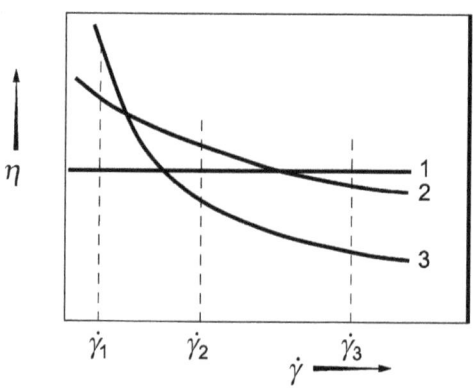

4.3.5
Strukturviskoses Fließverhalten

Strukturviskoses Fließverhalten liegt vor, wenn die Viskosität eines Systems bei zunehmender Scherrate abnimmt. Man nennt dies umgangssprachlich manchmal „Fließverflüssigung". Im angelsächsischen Sprachgebrauch heißt dieses Verhalten „pseudoplastic", daher wird dieses Fließverhalten im Deutschen gelegentlich auch pseudoplastisch genannt. Charakteristisch für ein strukturviskoses Fluid ist die Abnahme des Fließwiderstandes infolge der Scherung des Fluids. Als Ursache hierfür wird die Abnahme der intermolekularen Wechselwirkungen zwischen den Fluidmolekülen bei zunehmender Scherbelastung angesehen. Bei Makromolekülen kommt hinzu, dass die zunehmende Ausrichtung der Moleküle parallel zur Strömungsrichtung den Fließwiderstand erniedrigt. Abbildung 4-9 und Abb. 4-10 zeigen die Fließkurve und die Viskositätskurve eines strukturviskosen Fluids.

Man unterscheidet echte und unechte Strukturviskosität. Das Kriterium für ein echtes strukturviskoses Fluid ist die vollständige Rückbildung der Anfangsviskosität nach Wegnahme der Scherbelastung. Bleibt die Viskosität jedoch nach Wegnahme der Scherung weiterhin niedrig, so handelt es sich um einen irreversiblen Strukturabbau im untersuchten System. Tabelle 4-15 ordnet die Begriffe zu.

Der Abbau von dreidimensionalen Netzwerk-Strukturen in Gelen infolge von Scherung und der damit verbundene Viskositätsabfall gehört i.Allg. nicht zur echten Strukturviskosität, da bei Wegnahme der Scherung die ursprüngliche Viskosität nicht wieder gefunden wird. Wenn sich die Netzwerk-Strukturen – und damit die Anfangsviskosität – nach Wegnahme der Scherbelastung allmählich zurückbilden, spricht man von Thixotropie.

4.3.6
Thixotropes Fließverhalten

Beim thixotropen Fließverhalten nimmt die Viskosität eines fließendes Stoffes mit der Zeit ab. Die Viskosität sinkt also nicht mit steigender Scherrate (Strukturviskosität) sondern mit zunehmener Dauer der Scherbelastung. Man unterscheidet auch hier echte Thixotropie und unechte Thixotropie. Wenn nach Wegnahme der Scherbelastung die Viskosität allmählich wieder auf den Anfangswert ansteigt, handelt es sich um echte Thixotropie. Bleibt die Viskosität niedrig, handelt es um eine irreversible Strukturveränderung des Stoffes und man spricht von unechter Thixotropie.

Tabelle 4-15. Echte und unechte Strukturviskosität

Strukturviskosität	echt	unecht
Strukturabbau	reversibel	irreversibel
Beispiel	Xanthanlösung	Jogurt

4.3.7
Dilatantes Fließverhalten

Dilatantes Fließverhalten liegt vor, wenn die Viskosität eines Systems bei zunehmender Scherrate zunimmt. Man nennt dies umgangssprachlich manchmal „Fließverfestigung". Dilatanz wird umgangssprachlich auch als „Fließverfestigung" bezeichnet. Charakteristisch für ein dilatantes Fluid ist die Zunahme des Fließwiderstandes infolge der Scherung des Fluids. Hochkonzentrierte Suspensionen verhalten sich häufig dilatant. Als Ursache für die Dilatanz von Suspensionen wird der Effekt der Lösungsmittelverdrängung infolge der Scherung angesehen. Dadurch kommt es zu einer Abnahme der Fluidschichten zwischen den Partikeln. Dies führt zu einer leichten Volumenzunahme (lat. dilatare, ausdehnen) des Stoffes und zu einer Erhöhung der Wechselwirkungen zwischen den dispergierten Partikeln mit der Folge eines höheren Fließwiderstandes. Abbildung 4-9 und Abb. 4-10 zeigen die Fließkurve und die Viskositätskurve eines dilatanten Fluids.

Man unterscheidet echte und unechte Dilatanz. Das Kriterium für ein echtes dilatantes Fluid ist die vollständige Rückbildung der Anfangsviskosität nach Wegnahme der Scherbelastung. Bleibt die Viskosität jedoch nach Wegnahme der Scherung weiterhin hoch, so handelt es sich um eine irreversible Veränderung des Stoffes und man spricht von unechter Dilatanz.

Wenn sich die Viskosität eines Systems nicht mit zunehmender Scherrate, sondern mit zunehmender Dauer der Scherung erhöht, spricht man von Rheopexie. Echte Rheopexie ist selten.

4.3.8
Plastisches Fließverhalten

Man spricht von plastischem Fließverhalten, wenn fließfähige Stoffe eine Fließgrenze aufweisen. Bei Beanspruchung des Körpers unterhalb der Fließgrenze verformt er sich lediglich elastisch, bei Scher-Beanspruchung oberhalb der Fließgrenze hingegen beginnt er zu fließen. Nach Wegnahme der Scherbelastung bzw. nach Unterschreiten der Fließgrenze hört der Körper auf zu fließen. Da der Körper sich bei diesem Vorgang bleibend verformt hat, spricht man von einem plastischen Verhalten.

Die Fließgrenze (engl. yield stress, yield point) ist eine Mindest-Schubspannung für das Fließen des betreffenden Körpers. Bei Beanspruchungen unterhalb dieser Mindest-Schubspannung kann sich der Körper ggfls. elastisch verformen, er fließt aber nicht. In der Fließkurve ist die Fließgrenze als Ordinatenabschnitt abzulesen (s. Abb. 4-9), in der Viskositätskurve (s. Abb. 4-10) zeigt der Körper einen Übergang von unendlich hoher Viskosität zu einer endlichen Viskosität. Beispiele für plastische Materialien sind Butter, Ton Zahnpasta, Druckfarbe, Schokoladenschmelze. Stoffe mit sehr hoher Fließgrenze sind z.B. Metalle. Die Herstellung von Aluminium-Getränkedosen beruht z.B. auf der plastischen Verformung eines flaches Al-Bleches.

Ursache der Plastizität bzw. der Fließgrenze sind strukturbildende Wechselwirkungen zwischen den Bestandteilen des Fluidsystems. Sind diese struktur-

4.3 Viskose Eigenschaften – Fließen

bildenden Wechselwirkungen stark, besitzt das System eine hohe Fließgrenze und beginnt erst bei Überschreitung dieser Mindestschubspannung zu fließen (Beispiel: Butter). Bei sehr geringen strukturbildenden Kräften reichen bereits vergleichsweise geringe Schubspannungen, um die Fließgrenze zu überschreiten (Beispiel: geschlagene Sahne). Bei Stoffen, die eine so geringe Fließgrenze besitzen, dass sie bereits unter unter dem Einfluss der Schwerkraft zu fließen beginnen, spricht man von Stoffen ohne (erkennbare) Fließgrenze. Ein Beispiel hierfür ist ein Tropfen Pflanzenöl auf einer Tischplatte, der bereits durch die Wirkung der Schwerkraft zerfließt.

Beispiel 4-5: Fließgrenze beim Überziehen mit Schokolade
Welche Schichtdicke ergibt sich beim Überziehen eines Lebensmittels mit flüssiger Milchschokolade mit einer Fließgrenze von 25 Pa?
Die Gewichtskraft der Schicht mit der Schichtdicke d ist die Tangentialkraft an der Fäche A. Die Schubspannung beim Herabfließen der Schokoladenschicht mit der Schichtdicke d ist:

$$\tau = \frac{F_G}{A} = \frac{m \cdot g}{A} = \frac{\rho \cdot A \cdot d \cdot g}{A} = \rho \cdot d \cdot g$$

τ_0 Fließgrenze in Pa
A Fläche in m^2
x Schichtdicke in m
ρ Dichte in kg · m^{-3}
g Erdbeschleunigung
F_G Gewichtskraft in N
m Masse in kg

Wenn die Schubspannung den Wert der Fließgrenze τ_0 erreicht, hört das Fließen auf und eine Schicht der Dicke x verbleibt auf der Fläche A.

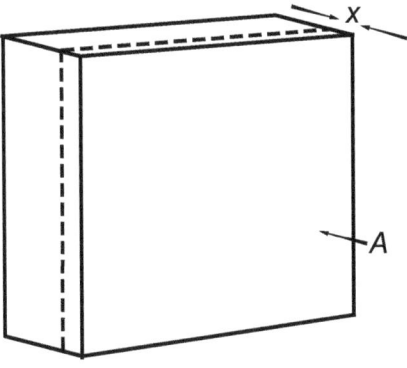

Abb. 4-12. Schichtdicke x beim Überziehen mit Schokolade

Tabelle 4-16. Fließgrenzen und Schichtdicken, Beispielwerte für Schokolade

τ_0/Pa	2,5	25	125
Schichtdicke x	200 µm	2 mm	1 cm

$$\tau_0 = \rho \cdot x \cdot g$$

$$x = \frac{\tau_0}{\rho \cdot g}$$

Bei einer Fließgrenze von: $\tau_0 = 30$ Pa ergibt sich also eine Schichtdicke von:

$$x = \frac{25 \text{ Pa}}{1270 \text{ kg} \cdot \text{m}^{-3} \cdot 9{,}81 \text{ m} \cdot \text{s}^{-2}}$$

$$x = \frac{2{,}5}{1{,}27 \cdot 9{,}81} \cdot 10^{-3} \text{ m} = 2 \text{ mm}$$

In diesem sehr einfachen Ansatz ist die Schichtdicke proportional zur Fließgrenze. Tabelle 4-16 zeigt die hiermit abgeschätzte Größenordnung von erreichbaren Schichtdicken beim Pinseln, Abtropfen, Coaten usw.

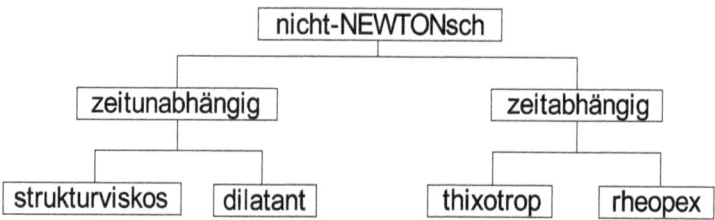

Abb. 4-13. Nicht-NEWTON'sches Fließverhalten

4.3.9
Übersicht: Nicht-NEWTON'sches Fließverhalten

Nicht-NEWTON'sches Verhalten liegt vor, wenn die Fließkurve eines Materials keine Ursprungsgerade ist (Abb. 4-9). Das sind alle jene Fälle, in denen die Fließkurve gekrümmt ist oder wegen einer Fließgrenze nicht durch den Koordinatenursprung geht. Abbildung 4-13 zeigt die Unterteilung der verschiedenen Fälle nicht-NEWTON'schen Verhaltens. In Fällen, bei denen die Viskosität sich mit der Dauer der Beanspruchung ändert (Viskosität zeitabhängig) unterscheidet man Thixotropie und Rheopexie (4.3.6 und 4.3.7). Ist die Viskosität nicht von der Dauer der Beanspruchung abhängig sondern von der Scherrate, unterscheidet man Strukturviskosität und Dilatanz.

Plastische Stoffe, also Stoffe mit einer Fließgrenze sind ebenfalls nicht-NEWTON'sche Fluide. Dies gilt selbst dann, wenn die Viskosität zeitlich konstant

4.3 Viskose Eigenschaften – Fließen

und scherraten-unabhängig ist, wie es beim BINGHAM-Fließverhalten (vgl. Abb. 4-9) der Fall ist. Ebenso sind fließfähige Stoffe mit deutlichen elastischen Eigenschaften, so genannte viskoelastische Stoffe keine NEWTON'schen Fluide. Abbildung 4-14 zeigt die um plastisches und viskoelastisches Verhalten ergänzte Systematik aus Abb. 4-13 mit einigen Beispielen aus dem Lebensmittelbereich. Tabelle 4-17 fasst die unterschiedlichen Fälle stichwortartig zusammen.

Reale Fluide besitzen häufig ein Fließverhalten, das als Mischfall der in Abb. 4-14 angegeben Fälle aufgefasst werden kann. Selbstverständlich ist es möglich, durch Fehlinterpretationen von Messergebnissen Materialien fehlerhaft zu klassifizieren. Beispiele: Wenn es bei der Untersuchung von Substanzen im Rotationsrheometer (4.6.1) durch Wirbelbildung zu einem Anstieg des Fließwiderstandes kommt, ist dies keine Dilatanz oder Rheopexie. Wenn sich eine Emulsion während der rheologischen Untersuchung hinsichtlich ihrer Tröpfchengröße ändert, ist dies keine Strukturviskosität oder Thixotropie sondern eine Veränderung des untersuchten Stoffes. Scheinbare Rheopexie oder Dilatanz kann vorliegen, wenn Stoffe durch Lösungsmittelverdampfung oder chemische Reaktionen einer allmählichen Verfestigung unterliegen.

Um die experimentell gefundenen Fließkurven bzw. Viskositätskurven durch mathematische Funktionen wiedergeben zu können, wurden eine Reihe von Modellgesetzen vorgeschlagen, von denen hier einige vorgestellt werden sollen.

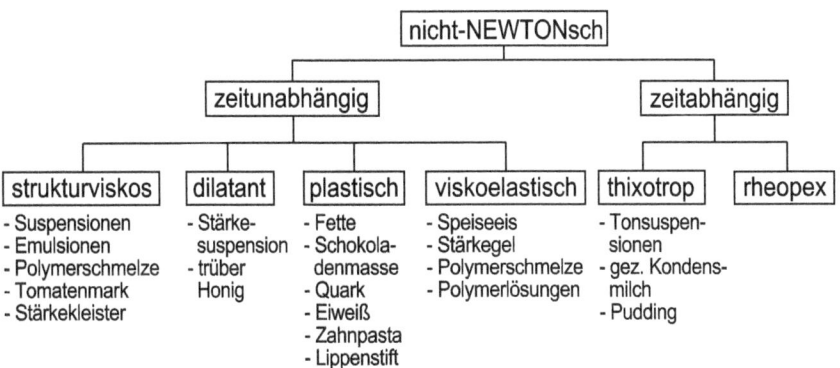

Abb. 4-14. Systematik nicht-NEWTON'schen Fließverhaltens mit Beispielen

Tabelle 4-17. Unterschiedliches Fließverhalten, Glossar

NEWTONsch	die Fließkurve ist eine Ursprungsgerade
nicht-NEWTONsch	die Fließkurve ist keine Ursprungsgerade
strukturviskos	die Viskosität sinkt mit ansteigender Scherrate
dilatant	die Viskosität steigt mit ansteigender Scherrate
plastisch	das Fluid hat eine Fließgrenze
thixotrop	die Viskosität sinkt mit der Dauer der Scherbeanspruchung
rheopex	die Viskosität steigt mit der Dauer der Scherbeanspruchung

4.3.10
Modellfunktionen

In diesem Abschnitt werden Modellfunktionen für Fluide ohne Fließgrenze vorgestellt. Modelle für plastische Fluide folgen in Abschnitt 4.3.12.

Viele strukturviskose Fluide zeigen ausgehend von einer Anfangsviskosität $\eta(\dot\gamma = 0) = \eta_0$ bei zunehmender Scherbeanspruchung eine Abnahme der Viskosität bis ein Zustand erreicht ist, an dem die Viskosität nicht weiter absinkt. Abbildung 4-15 zeigt einen derartigen Verlauf der Fließkurve. Die Viskositätskurve (Abb. 4-16) verdeutlicht den Übergang von der Anfangsviskosität η_0 zur Endviskosität $\eta(\dot\gamma = \infty) = \eta_\infty$.

Zur mathematischen Beschreibung derartiger, sigmoider Kurvenverläufe für strukturviskose Fluide sind eine Reihe von Modellfunktionen entwickelt worden. Es handelt sich um Modellfunktionen mit ein, zwei oder 3 Anpassungsparametern, die für jedes Stoffsystem experimentell ermittelt werden müssen. Tabelle 4-18 listet einige derartige Modelle auf. Die verschiedenen Modelle unterscheiden sich in ihrer Anwendbarkeit – d.h. in der Anpassungsgüte - im jeweils interessierenden Scherratenbereich. Die Modellfunktionen nach FERRY, STEINER-STEIGER-ORY, DE HAVEN, OSTWALD-DE-WAELE, ELLIS I und SISKO gelten nur im Bereich $\eta < \eta_\infty$, in welchem die Struktur der Fluide noch nicht maximal abgebaut ist [116]. In Tabelle 4-18 sind die genannten Modellfunktionen zusammengefasst und können mit dem NEWTON-Gesetz verglichen werden.

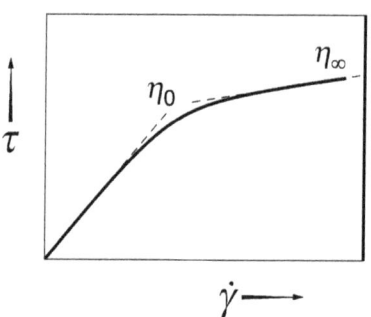

Abb. 4-15. Strukturabbau in einem Fluid: Die Fließkurve flacht ab

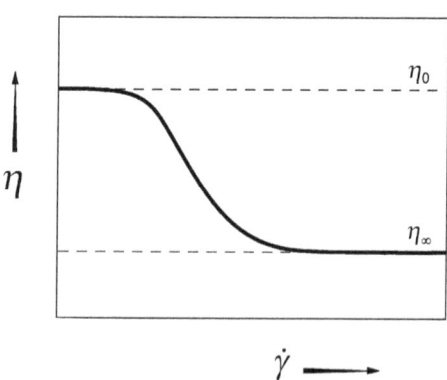

Abb. 4-16. Strukturabbau in einem Fluid: Die Viskosität sinkt von η_0 auf η_∞

4.3 Viskose Eigenschaften – Fließen

Tabelle 4-18. Modellfunktionen für Fluide ohne Fließgrenze

Bezeichnung	Fließfunktion	Viskositätsfunktion		
NEWTON	$\tau = \eta \cdot \dot{\gamma}$	$\eta = \dfrac{\tau}{\dot{\gamma}}$	τ η $\dot{\gamma}$	Schubspannung in Pa Viskosität in Pa·s Scherrate in s^{-1}
FERRY	$\tau = \dfrac{\eta_0}{1 + C \cdot \tau} \cdot \dot{\gamma}$	$\eta_s = \dfrac{\eta_0}{1 + C \cdot \tau}$	C η_0	Konstante in Pa^{-1} Anfangsviskosität in Pa·s (für $C = 0 \Rightarrow$ NEWTON)
STEINER- STEIGER-ORY	$\tau = \dfrac{1}{C + A \cdot \tau^2} \dot{\gamma}$	$\eta_s = \dfrac{1}{C + A \cdot \tau^2}$	$C = \dfrac{1}{\eta_0}$ A η_0	Konstante in (Pa·s)$^{-1}$ Konstante in Pa^{-1} Anfangsviskosität in Pa·s
DE HAVEN	$\tau = \dfrac{\eta_0}{1 + C \cdot \tau^n} \dot{\gamma}$	$\eta_s = \dfrac{\eta_0}{1 + C \cdot \tau^n}$	C n	Konstante in Pa^{-n} Fließexponent (für $n = 1 \Rightarrow$ FERRY)
OSTWALD- DE-WAELE (Potenzgesetz)	$\tau = K_{ow} \cdot \dot{\gamma}^n$	$\eta_s = K_{ow} \cdot \dot{\gamma}^{n-1}$	K_{ow} n	OSTWALD-Faktor in Pa·s^n (Konsistenzfaktor) Fließexponent (für $n = 1 \Rightarrow$ NEWTON)
SISKO	$\tau = \eta_\infty \cdot \dot{\gamma} + b \cdot \dot{\gamma}^n$	$\eta_s = \eta_\infty + b \cdot \dot{\gamma}^{n-1}$	b η_∞	Konstante in Pa·s^n Endviskosität in Pa·s
ELLIS I	$\tau = (\eta_0 + K \cdot \dot{\gamma}^{n-1}) \dot{\gamma}$	$\eta_s = \eta_0 + K \cdot \dot{\gamma}^{n-1}$	η_0 K	Anfangsviskosität in Pa·s Konstante in Pa·s
ELLIS II	$\tau = \dfrac{\eta_0}{1 + \left(\dfrac{\tau}{\tau_{1/2}}\right)^{A-1}} \dot{\gamma}$	$\eta_s = \dfrac{\eta_0}{1 + \left(\dfrac{\tau}{\tau_{1/2}}\right)^{A-1}}$	η_0 A $\tau_{1/2} = \dfrac{\tau(\eta_\infty) - \tau(\eta_0)}{2}$ η_∞	Anfangsviskosität in Pa·s Konstante Endviskosität in Pa·s
PEEK- MCLEAN- WILLIAMSON	$\tau = \left(\eta_\infty + \dfrac{\eta_0 - \eta_\infty}{1 + \dfrac{\tau}{\tau_m}}\right) \dot{\gamma}$	$\eta_s = \left(\dfrac{\eta_0 - \eta_\infty}{1 + \dfrac{\tau}{\tau_m}}\right) + \eta_\infty$	$\tau_m = \tau\left(\dfrac{\eta_0 + \eta_\infty}{2}\right)$	
REINER- PHILLIPHOFF	$\tau = \left(\eta_\infty + \dfrac{\eta_0 - \eta_\infty}{1 + \left(\dfrac{\tau}{\tau_m}\right)^2}\right) \dot{\gamma}$	$\eta_s = \left(\dfrac{\eta_0 - \eta_\infty}{1 + \left(\dfrac{\tau}{\tau_m}\right)^2}\right) + \eta_\infty$		
REINER	$\tau = \dfrac{\eta_\infty}{1 - \dfrac{\eta_0 - \eta_\infty}{\eta_0} \cdot e^{-\tau^2/\kappa}} \dot{\gamma}$		$\kappa = \dfrac{\varphi_\infty - \varphi_0}{\dfrac{d\varphi}{d(\tau^2)}}$ $\varphi = \dfrac{1}{\eta}$	Koeffizient der Struktur- viskosität Fluidität

Kompliziertere Modelle (im unteren Teil von Tabelle 4-18) können die gesamte Fließfunktion sowie die Viskositätsfunktion näherungsweise wiedergeben. Speziell für unvernetzte und ungefüllte Polymere aus der Kunststofftechnik und nicht für Dispersionen und Gele werden die Modelle von CARREAU, CROSS, ELLIS-SISKO, PHILLIPS-DEUTSCH, REINER-PHILLIPHOFF, KRIEGER-DOUGHERTY empfohlen [3].

4.3.11
OSTWALD-DE-WAELE-Fließgesetz

Eine vergleichsweise einfache Modellfunktion, die in der Lebensmitteltechnik weitverbreitet ist, ist das Fließgesetz nach OSTWALD-DE-WAELE. Es wird auch Potenzgesetz (engl. power law) genannt. Es lautet:

$$\tau = K_{ow} \cdot \dot{\gamma}^n \qquad (4\text{-}39)$$

K_{ow} OSTWALD-Faktor in Pa · s^n
$\dot{\gamma}$ Scherrate in s^{-1}
τ Schubspannung in Pa
n Fließexponent

Der OSTWALD-Faktor K_{ow} wird auch Konsistenzfaktor genannt, eine andere Bezeichnung für den Fließexponenten n ist Fließindex. Der Fließexponent n charakterisiert die Krümmung einer nichtlinearen Fließkurve, d.h. die Abweichung vom NEWTON'schen Verhalten. Für NEWTON'sche Fluide, d.h für eine lineare Fließkurve ist $n = 1$ und der OSTWALD-Faktor ist identisch mit der Viskosität des Fluides: $K_{ow} = \eta$.

In allen anderen Fällen haben die Parameter K_{ow} und n eine mathematische aber keine physikalische Bedeutung. Es handelt sich um Parameter einer mathematischen Funktion, die so gewählt werden, dass die mathematische Kurve der experimentellen Kurve weitgehend entspricht. Um eine Unterscheidung zwischen dem Differential-Quotienten $d\tau/d\dot{\gamma}$ NEWTON'scher Fluide und nicht-NEWTON'scher Fluide zu haben, wird $d\tau/d\dot{\gamma}$ bei nicht-NEWTON'schen Fluiden oft als scheinbare Viskosität η_s (engl. aparent viscosity) bezeichnet. Der Begriff scheinbare Viskosität darf jedoch nicht mit dem der Scheinviskosität (vgl. Tabelle 4-26) verwechselt werden. Die scheinbare Viskosität ist:

$$\eta_s = \frac{Schubspannung}{Scherrate} \qquad (4\text{-}40)$$

Im OSTWALD-DE-WAELE-Modellgesetz ergibt sich die scheinbare Viskosität, indem man (4-39) zunächst logarithmisch darstellt, um daraus den OSTWALD-Faktor K_{ow} und den Fließexponenten n zu bestimmen (vgl. Abb. 4-17).

$$\lg \tau = \lg K_{ow} + n \cdot \lg \dot{\gamma} \qquad (4\text{-}41)$$

In der doppelt-logarithmischen grafischen Darstellung ergibt sich eine Gerade. Die Steigung der Geraden ist der Fließexponent n. Der Wert von K_{ow} ergibt sich

4.3 Viskose Eigenschaften – Fließen

Abb. 4-17. Auswertung einer OSTWALD-DEWAELE-Fließkurve

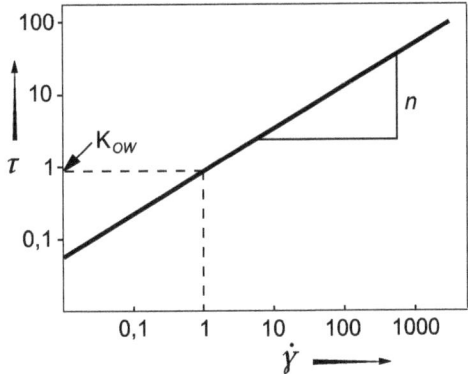

gemäß:

$$\lg K_{ow} = \lg \tau - n \cdot \lg \dot{\gamma} \tag{4-42}$$

Bei einer Scherrate von $\dot{\gamma} = 1\ \text{s}^{-1}$ vereinfacht sich dies zu

$$\lg K_{ow} = \lg \tau \tag{4-43}$$

d.h. durch Ablesen des Ordinatenwertes für $\dot{\gamma} = 1\ \text{s}^{-1}$ lässt sich K_{ow} erhalten (vgl. Abb. 4-17).

Damit ergibt sich die scheinbare Viskosität gemäß (4-40) zu

$$\eta_s = \frac{\text{Schubspannung}}{\text{Scherrate}} = \frac{K_{ow} \cdot \dot{\gamma}^n}{\dot{\gamma}} = K_{ow} \cdot \dot{\gamma}^{n-1} \tag{4-44}$$

Mit Hilfe von (4-44) lässt sich die scheinbare Viskosität des betreffenden Fluids für jede Scherrate berechnen. Zur Charakterisierung des Fluids reichen somit zwei Parameter aus, K_{ow} und n. Tabelle 4-19 zeigt einige Beispiele für Fließkur-

Tabelle 4-19. Fließexponten und OSTWALD-Faktoren (Beispiele)

Material	$\vartheta/°C$	$K_{ow}/\text{Pa} \cdot \text{s}^n$	n	Quelle
Eierkremsoße	80	7,24	0,36	[115]
Bratensaft	80	2,88	0,39	[115]
Tomatensaft (12,8% (m/m) TS)	32	2,0	0,43	[4]
Tomatensaft (25,0% (m/m)TS)	32	12,9	0,4	[4]
Tomatensaft (30,0% (m/m)TS)	32	18,7	0,4	[4]
UF-Konzentrat (Magermilch, Vollmilch) 1–99% (m/m)	5–50	20–16000	1,13–0,17	[115]
Xanthan-Lösung 1 % (m/m)	k.A.	10	0,18	[115]
Xanthan-Lösung 0,5 % (m/m)	k.A.	3	0,24	[109]
Xanthan-Lösung 0,25 % (m/m)	k.A.	0,4	0,35	[109]
Xanthan-Lösung 0,125 % (m/m)	k.A.	0,14	0,5	[109]
reines Wasser	20	0,001	1	[106]

ven von Lebensmitteln, die sich mit Hilfe des Potenzgesetzes von OSTWALD-DE WAELE anpassen lassen.

4.3.12
Modellfunktionen für plastische Fluide

Zur Anpassung der Fließkurven von Fluiden mit Fließgrenze eignen sich u.a. die Modellfunktionen von BINGHAM, CASSON, HEINZ, HERSCHEL-BULKLEY, SCHULMANN-HAROSKE-REHER, TSCHEUSCHNER und WINDHAB (s. Tabelle 4-20 und Tabelle 4-21). Bei Verwendung derartiger Modelle verwendet man häufig spezielle Bezeichnungen für die Anpassungsparameter, so nennt man z.B. bei der Verwendung der BINGHAM-Modellfunktion den Parameter τ_0 die BINGHAM-Fließgrenze und den Parameter η die BINGHAM-Viskosität. Dadurch ist es möglich, mit der Angabe der Größe gleichzeitig zu kennzeichnen, für welche Modellfunktion diese Größe gilt. Bei Stoffen mit Fließgrenze wird η häufig auch als plastische Viskosität bezeichnet. Der Parameter K wird oft als Konsistenzfaktor bezeichnet (s. Tabelle 4-20). Wenn die Fließgrenze τ_0 sehr gering wird, lassen sich die Modellfunktionen oft vereinfachen. Für $\tau_0 = 0$ gehen die Modellfunktionen nach BINGHAM, CASSON, HEINZ in das NEWTON-Gesetz über. Die HERSCHEL-BULKLEY und die SCHULMANN-HAROSKE-REHER-Modellfunktion z.B. geht für $\tau_0 = 0$ in das OSTWALD-DE-WAELE-Gesetz über. Die allgemeine CASSON-Modellfunktion ist sehr vielseitig und nimmt je nach Fließexponent n die Form des BINGHAM-, CASSON- oder HEINZ-Modells an. Für $\tau_0 = 0$ nimmt die allgemeine CASSON-Modellfunktion wiederum die Form des NEWTON-Gesetzes an. Es wird deutlich, dass die Modelle nach BINGHAM, CASSON und HEINZ lediglich Spezialfälle des allgemeinen CASSON-Gesetzes sind. Ebenso ist das OSTWALD-DE-WAELE-Modell offenbar ein Spezialfall des HERSCHEL-BULKLEY–Modells. Die SCHULMANN-HAROSKE-REHER-Modellfunktion ist eine Potenzfunktion wie die OSTWALD-DE-WAELE-Funktion, verfügt jedoch über 4 Anpassungsparameter.

Tabelle 4-20 stellt die Fälle in einer Übersicht zusammen.

Die speziell für geschmolzene Schokolade entwickelten Modelle nach TSCHEUSCHNER bzw. nach WINDHAB verwenden weitere Parameter (η_{str1} bzw. τ_1) zur Erhöhung der Anpassungsgüte zwischen experimenteller und mathematischer Kurve. Für Schokoladenschmelzen wurde vom IOCCC (International Office of Cocoa, Chocolate and Sugar Confectionery) seit 1973 das CASSON-Modell im Scherratenbereich von 5 bis 60 s^{-1} empfohlen, seit dem Jahre 2000 wird das WINDHAB-Modell im Bereich $\dot{\gamma} = 2\ldots50$ s^{-1}, $\vartheta = 40°C$ empfohlen:

$$\tau = \tau_0 + \eta_\infty \cdot \dot{\gamma} + (\tau_1 - \tau_0)\left(1 - e^{-\frac{\dot{\gamma}}{\dot{\gamma}^*}}\right) \qquad (4\text{-}45)$$

$\dot{\gamma}$ Scherrate in s^{-1}
τ Schubspannung in Pa
η_∞ Gleichgewichtsviskosität in Pa $\cdot$ s
$\dot{\gamma}^*$ Anpassungsparameter in s^{-1}
τ_1 Anpassungsparameter in Pa

4.3 Viskose Eigenschaften – Fließen

Tabelle 4-20. Modellfunktionen für plastische Fluide

				mit $\tau_0 = 0$ ergibt sich:
BINGHAM	$\tau = \tau_0 + \eta \cdot \dot{\gamma}$	τ_0	BINGHAM-Fließgrenze in Pa	$\tau = \eta \cdot \dot{\gamma}$ NEWTON
		η	BINGHAM-Viskosität in Pa·s (plastische Viskosität)	
CASSON	$\tau^{\frac{1}{2}} = \tau_0^{\frac{1}{2}} + (\eta \cdot \dot{\gamma})^{\frac{1}{2}}$	τ_0	CASSON-Fließgrenze in Pa	$\tau = \eta \cdot \dot{\gamma}$ NEWTON
		η	CASSON-Viskosität in Pa·s	
HEINZ	$\tau^{\frac{2}{3}} = \tau_0^{\frac{2}{3}} + (\eta \cdot \dot{\gamma})^{\frac{2}{3}}$	τ_0	HEINZ-Fließgrenze in Pa	$\tau = \eta \cdot \dot{\gamma}$ NEWTON
		η	HEINZ-Viskosität in Pa·s	
CASSON (allgemein)	$\tau^{\frac{1}{n}} = \tau_0^{\frac{1}{n}} + (\eta \cdot \dot{\gamma})^{\frac{1}{n}}$	τ_0	CASSON-Fließgrenze in Pa	$\tau = \eta \cdot \dot{\gamma}$ NEWTON für
		η	CASSON-Viskosität in Pa·s	$n = 1 \Rightarrow$ BINGHAM $n = 2 \Rightarrow$ CASSON $n = 3 \Rightarrow$ HEINZ
HERSCHEL-BULKLEY	$\tau = \tau_0 + K \cdot \dot{\gamma}^n$	τ_0	Fließgrenze in Pa	$\tau = K \cdot \dot{\gamma}^n$
		K	plastische Viskosität in Pa·s (Konsistenzfaktor in Pa·s)	OSTWALD-DE-WAELE
SCHULMANN-HAROSKE-REHER	$\tau^{\frac{1}{n}} = \tau_0^{\frac{1}{n}} + (K \cdot \dot{\gamma})^{\frac{1}{m}}$	τ_0	Fließgrenze in Pa	$\tau = K' \cdot \dot{\gamma}^k$
		K	plastische Viskosität (Konsistenzfaktor in Pa·s)	OSTWALD-DE-WAELE

Tabelle 4-21. Modellgesetze nach TSCHEUSCHNER und nach WINDHAB

TSCHEUSCHNER	$\tau = \tau_0 + \eta_\infty \cdot \dot{\gamma} + \eta_{Str1} \cdot \dfrac{\dot{\gamma}}{\dot{\gamma}_r^n}$	τ_0 Fließgrenze in Pa η_∞ Endviskosität in Pa·s $\dot{\gamma}_{Str1} = 1\,\text{s}^{-1}$ $\dot{\gamma}_r = \dfrac{\dot{\gamma}}{\dot{\gamma}_{Str1}}$ $\eta_{Str1} = \eta(\dot{\gamma}_{Str1})$
WINDHAB	$\tau = \tau_0 + \eta_\infty \cdot \dot{\gamma} + (\tau_1 - \tau_0) \cdot \left(1 - e^{-\frac{\dot{\gamma}}{\dot{\gamma}^*}}\right)$	$\dot{\gamma}^* = \dot{\gamma}(\tau^*)$ $\tau^* = \tau_0 + (\tau_1 - \tau_0) \cdot \left(1 - \dfrac{1}{e}\right)$ τ_1 extrapolierte Fließgrenze in Pa

Abb. 4-18. Ermittlung der extrapolierten Fließgrenze τ_1 (WINDHAB-Modell)

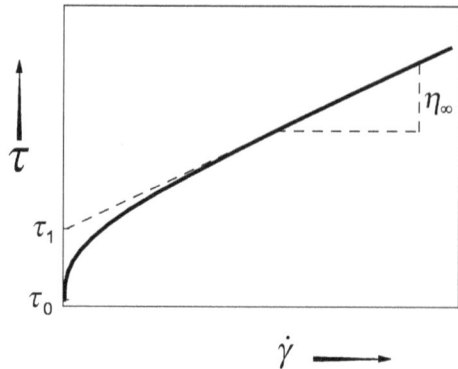

Nach WINDHAB findet bei der Scherung von Schokolade mit zunehmender Scherrate eine scherinduzierte Umstrukturierung statt. Diese Umstrukturierung äußert sich in einem Übergang von einer Anfangsviskosität (Ruhestruktur) bis hin zu einem Punkt maximaler Umstrukturierung, der durch eine Gleichgewichtsviskosität η_∞ gekennzeichnet ist (vgl. Abb. 4-18). An diesem Punkt mit der Schubspanung $\tau^* = \tau(\dot{\gamma}^*)$ geht die Fließkurve in eine lineare Fließfunktion über, deren Extrapolation auf die Ordinate die so genannte extrapolierte Fließgrenze τ_1 liefert (vgl. Abb. 4-18).

Zur Erkennung des Punktes, an welchem diese Umstrukturierung weitgehend abgelaufen ist, wird die Bezeichnung $\tau^* = \tau(\dot{\gamma}^*)$ verwendet.

Mit der Scherrate am Punkt der maximalen Umstrukturierung $\dot{\gamma} = \dot{\gamma}^*$ liefert (4-45)

$$\tau = \tau_0 + \eta_\infty \cdot \dot{\gamma} + (\tau_1 - \tau_0)\left(1 - \frac{1}{e}\right) \tag{4-46}$$

also

$$\tau = \tau_0 + \eta_\infty \cdot \dot{\gamma} + (\tau_1 - \tau_0) \cdot 0{,}632 = \tau^* \tag{4-47}$$

Mathematisch gesehen ist der Punkt der maximalen Umstrukturierung mit τ^*, $\dot{\gamma}^*$ also nicht anderes als der Punkt in der Kurve, an dem die Differenz $(\tau_1 - \tau_0)$ den Wert $\left(1 - \dfrac{1}{e}\right) = 63{,}2\%$ annimmt. Oberhalb dieser Schubspannung bzw. Scherrate zeigen Schokoladenschmelzen wegen der abgeschlossenen Umstrukturierung BINGHAM'sches Verhalten [3].

4.4
Viskoelastizität

Belastet man einen weichen, elastischen Festkörper (z.B. Camembert, Marshmallows) mit einer Schubspannung, so reagiert der Körper mit einer allmählichen Verformung. Bei Wegnahme der Spannung geht die Verformung des Körpers zurück und er kehrt allmählich in den Anfangszustand zurück. Abbildung 4-19 zeigt ein

4.4 Viskoelastizität

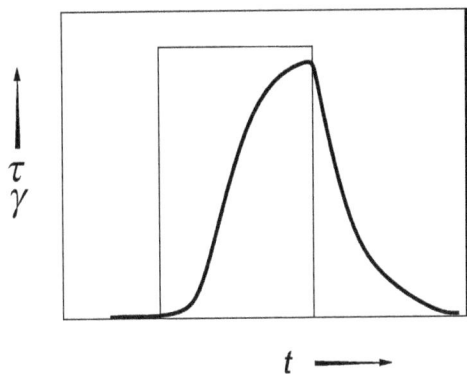

Abb. 4-19. Viskoelastizität: Bei Vorgabe eines rechteckförmigen Schubspannung-Signals (obere Kurve) zeigt ein viskoelastisches Fluid eine zeitverzögerte Sprungantwort

derartiges Verhalten schematisch. Die Schubspannung wird in diesem Beispiel in Form eines rechteckförmigen Signals angelegt und wieder auf Null gesetzt.

Ein ideal elastischer Körper würde auf die Schubspannung mit einer augenblicklichen Verformung reagieren und bei Wegnahme der Spannung ebenso augenblicklich in den Ausgangszustand zurückkehren. Ein elastisches Material, das wie in Abb. 4-19 einer Schubspannung mit einer verzögerten Verformung folgt, nennt man viskoelastisch [5, 15]. Einfache Modelle zur Veranschaulichung von viskoelastischem Verhalten sind der MAXWELL-Körper oder der KELVIN-Körper (s. 4.2), die aus einer Feder und einem Dämpfer bestehen. Die Feder verkörpert das elastische Verhalten des Körpers, der Dämpfer steht für einen Fließwiderstand, welcher die elastische Verformung verlangsamt [6].

Es gibt Körper, die nach einer viskoelastischen Verformung nicht vollständig in ihren Ausgangszustand zurückkehren, sondern eine bleibende Verformung zeigen. Derartige Materialien besitzen neben der Viskoelastizität noch die Eigenschaft der Plastizität, man kann die Materialien viskoplastoelastisch nennen (vgl. Tabelle 4-22).

Die Rheologie als Lehre vom Fließen beschreibt allgemein das Deformationsverhalten von Körpern unter dem Einfluss von Kräften bzw. Spannungen. Um das oftmals komplizierte Deformationsverhalten realer Körper analytisch beschreiben zu können, versucht man das Verhalten als Mischfälle von idealen Körpern darzustellen [7]. In Tabelle 4-7 sind die Grundkörper für ideal elastisches Verhalten, ideal viskoses Verhalten und ideal plastisches Verhalten zusammengestellt.

Tabelle 4-22. Systematik der Rheologie von Festkörpern und Fluiden

Material:	Festkörper	Flüssigkeiten	Gase
		Fluide	
Disziplin:	Festkörper-Rheologie	Rheologie	
überwiegende Eigenschaft:	Elastizität, Plastizität	Viskosität	
gemischte Eigenschaften:		Viskoelastisches Verhalten	
		Viskoplastoelastisches Verhalten	

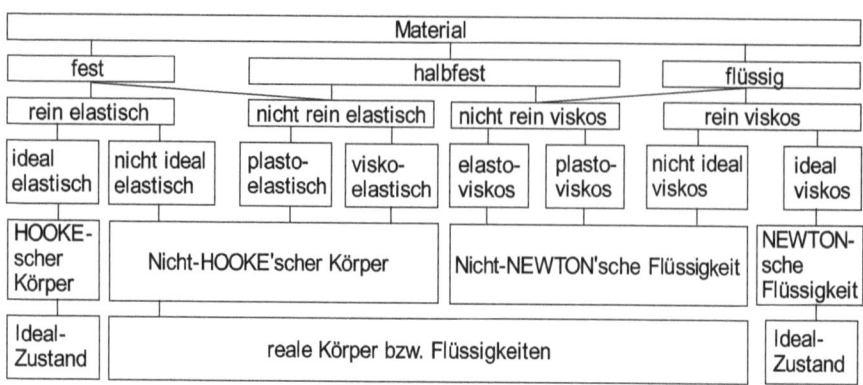

Abb. 4-20. Rheologische Systematik idealer und nicht-idealer Materialien

Tabelle 4-23. Beispiele für ideale und nicht-ideale Materialien, Reihenfolge wie in Abb. 4-20

Stahldraht, Gummi	Lakritz, Weingummi	Marshmallow, Majonaise	Weizenteig	Mürbeteige	Butter 20°C	Xanthan-Lösung	Wasser, Öl

Abbildung 4-20 zeigt die rheologische Systematik idealer und nicht-idealer Materialien. Dort werden 6 Mischfälle unterschieden, die zwischen den beiden reinen Fällen „ideal-elastisch" und „ideal-viskos" liegen. Tabelle 4-23 zeigt einige Beispiele für diese 8 Fälle in der gleichen Reihenfolge von links nach rechts wie in Abb. 4-20.

Wenn man die Option „Bruch des Körpers" neben der Eigenschaft der Plastizität in die Betrachtungen mit einbezieht, erhöht sich die Anzahl der möglichen Mischfälle weiter. Abbildung 2-21 zeigt die Idealfälle als Eckpunkte eines Dreiecks, die verschiedenen Mischfälle liegen innerhalb dieses Dreiecks. Die experimentelle Untersuchung des Deformationsverhaltens von festen, plastischen und viskoelastischen Lebensmitteln wird im Abschnitt 4.7 behandelt.

Die auf S. 87 behandelte Erscheinung der Bildung von Spurrillen in Bitumen-Straßenbelägen kann somit als viskoplastoelastisches Verhalten beschrieben werden. Bitumen ist bei Umgebungstemperatur eindeutig ein Festkörper. Dennoch muss er einem Betrachter, der den Straßenbelag nur von 2 Fotos kennt, zwischen denen eine Zeit von z.B. 5 Jahren liegt, wie eine fließfähige Substanz erscheinen. Das Beispiel zeigt, dass die Beobachtungszeit eine wesentliche Rolle für das Ergebnis der Beurteilung hat. Um das Verhältnis zwischen Fließzeit und Beobachtungszeit zu kennzeichnen, wurde von REINER die DEBORAH-Zahl De eingeführt. Sie ist das Verhältnis der charakteristischen Zeit des Materials und der Beobachtungszeit. Als charakteristische Zeit des Materials kann die Relaxationszeit (s. Abschnitt 4.7.2) verwendet werden.

$$De = \frac{\text{charakteristische Zeit des Materials}}{\text{Beobachtungsdauer}} \qquad (4\text{-}48)$$

4.4 Viskoelastizität

Abb. 4-21. Reales Verhalten als Mischfälle von idealem Verhalten

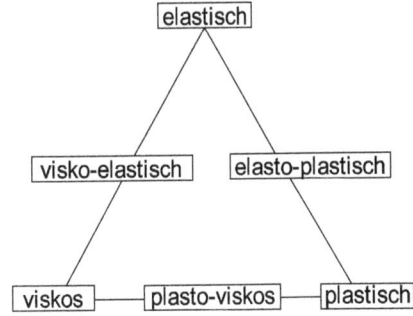

Tabelle 4-24. DEBORAH-Zahl De idealer Körper

ideal eleastischer Körper	ideal viskoser Körper
$De = \infty$	$De = 0$

Eine große *De*-Zahl deutet auf ein Überwiegen des elastischen Verhaltens hin, kleine *De*-Zahlen auf ein Überwiegen des viskosen Verhaltens. *De*-Zahlen um 1 bedeuten, dass elastische und viskose Eigenschaften in ähnlich starker Ausprägung auftreteten, wie es bei viskoelastischen Materialien der Fall ist.

Bitumen ist ein sehr langsam fließendes Material und hat daher eine sehr große Relaxationszeit. Betrachtet man die Bitumenprobe nur einige Minuten lang (große *De*-Zahl) erscheint der Stoff wie ein Festkörper. Beobachtet man das Verhalten der belasteten Probe jedoch über Jahre hinweg (kleine *De*-Zahl) treten die Fluid-Eigenschaften hervor.

Demnach hat ein Körper um so stärker ausgeprägte Festkörpereigenschaften, je größer die *De*-Zahl ist. Verlängert man die Beobachtungszeit um einige Jahre oder beispielsweise einige tausend Jahre, zeigt derselbe Körper Eigenschaften einer Flüssigkeit (kleine *De*-Zahl). Unter diesem Blickwinkel können Festkörper wie Fensterglas, Gletscher und selbst Berge sowohl als fest als auch als fließend aufgefasst werden. HERAKLITS Ausspruch *pantha rhei* („alles fließt") scheint diese Erkenntnis bereits zu beinhalten.

Die DEBORAH-Zahl ist nach der Seherin DEBORAH benannt, die im alten Testament zitiert wird. Der Ausspruch „Die Berge ergossen sich vor dem Herrn", in der englischen Fassung "The mountains flow before the Lord" (Richter 5, 5) dürfte der Anlass für die Namensgebung der *De*-Zahl gewesen sein [2].

4.5
Temperaturabhängigkeit der Viskosität

Da die Viskosität von Fluiden auf intermolekularen Wechselwirkungen beruht, ist sie zwangsläufig eine temperaturabhängige Größe. Bei steigender Temperatur nimmt die thermische Bewegung der Moleküle zu. Dadurch wird der zeitliche Mittelwert der Bindungsstärke zum Nachbarmolekül geringer. Aus diesem Grund sinkt die Viskosität von Flüssigkeiten mit steigender Temperatur. Die reziproke Größe, die Fluidität nimmt folglich mit steigender Temperatur zu.

Für niedrigviskose Stoffe lässt sich dieses Verhalten mit einer ARRHENIUS-analogen Beziehung darstellen:

$$\eta = A \cdot e^{\frac{B}{T}} = A \cdot e^{\frac{E_a}{RT}} \qquad (4\text{-}49)$$

bzw.

$$\ln \frac{\eta}{\eta_r} = \frac{E_a}{R} \left(\frac{1}{T} - \frac{1}{T_r} \right) \qquad (4\text{-}50)$$

η dynamische Viskosität in Pa · s bei T
η_r dynamische Viskosität in Pa · s bei T_r
T Temperatur in K
T_r Referenztemperatur in K
E_a Aktivierungsenergie in J · mol^{-1}
R allgemeine Gaskonstante

Trägt man die bei verschiedenen Temperaturen gemessenen Viskositäten logarithmisch über der reziproken Temperatur auf, erhält man gemäß (4-56) eine Gerade mit der Steigung

$$m = \frac{E_a}{R} \qquad (4\text{-}51)$$

Die Größe E_a heißt in Analogie zum ARRHENIUS-Ansatz Aktivierungsenergie oder auch Scher-Aktivierungsenergie. Bei Systemen mit nicht bekannter Molmasse ist es wenig sinnvoll, E_a zu ermitteln. Man rechnet daher häufig mit m als einem Materialparameter für die temperaturbedingte Änderung der Viskosität. Ist die Viskosität η_r bei der Temperatur T_r bekannt, lässt sich die Viskosität η bei einer fremden Temperatur T gemäß (4-52) berechnen. Da die Temperaturabhängigkeit der Viskosität realer Stoffe vom linearen Verhalten ARRHENIUS-Verhalten abweichen kann, ist die Anpassungsgüte der ARRHENIUS-Näherung besser, je kleiner die Temperaturdifferenz zwischen T und T_r ist.

$$\ln \eta = \ln \eta_r \cdot m \left(\frac{1}{T} - \frac{1}{T_r} \right) \qquad (4\text{-}52)$$

4.6 Rheologische Messsysteme

Neben der drei-parametrigen VOGEL-Gleichung (4-53) gibt es über 100 weitere, überwiegend empirisch gefundene Gleichungen zur Berechnungen der Viskosität in Abhängigkeit von der Temperatur (s. z.B. [15]).

$$\ln \eta = \frac{B}{T+C} + A \tag{4-53}$$

bzw.

$$\ln \frac{\eta}{\eta_r} = B \left(\frac{1}{T+C} - \frac{1}{T_r+C} \right) \tag{4-54}$$

η dynamische Viskosität in Pa · s bei T
η_r dynamische Viskosität in Pa · s bei T_r
T Temperatur in K
T_r Referenztemperatur in K
A, B, C Konstanten

4.6 Rheologische Messsysteme

Es gibt eine Reihe von Möglichkeiten, die Fließeigenschaften von Stoffen zu charakterisieren. Die wichtigsten Labor-Messsysteme sind Rotationsviskosimeter. Weitere Messsysteme einschließlich Kapillar-Viskosimeter und Kugelfallviskosimeter werden in Abschnitt 4.6.3 vorgestellt.

4.6.1 Rotations-Rheometer

Unter den Rotations-Geräten weit verbreitet sind Zylinder-Messsysteme, die aus einem rotierenden, zylindrischen Körper (Rotor) und einer ruhenden Gegenfläche (Stator) bestehen. Zwischen Rotor und Stator befindet sich die zu untersuchende Probe.

Wenn sich beim koaxialen Zylinder-Messsystem der zylindrische Drehkörper in einem feststehenden zylindrischen Becher rotiert, spricht man vom SEARLE-Typ. Rotiert der zylindrische Becher um den feststehenden zylindrischen Körper, spricht man vom COUETTE-Typ. Die Probe befindet sich jeweils im Ringspalt zwischen den koaxialen Zylindern. Abbildung 4-22 verdeutlicht das Prinzip. Koaxiale Zylinder-Messsysteme sind in DIN 53018 beschrieben, sie sind vergleichsweise einfach zu handhaben, besonders der SEARLE-Typ ist weit verbreitet (s. Abb. 4-23).

Beim Kegel-Platte-Messsystem rotiert ein flacher Kegel über einer ruhenden Platte, beim Platte-Platte-System rotiert anstelle des Kegels eine zylindrische Platte. Beim MOONEY-EWART-Messsystem versucht man, die Vorteile von Kegel-Platte-System und SEARLE-System zu verbinden, indem man die untere Stirnfläche des zylindrischen Drehkörpers als Kegel ausbildet (Abb. 4-24).

In allen genannten Fällen ist es möglich, die Rotationsgeschwindigkeit des Drehkörpers zu variieren und das Drehmoment an der Rotationsachse mess-

Abb. 4-22. Zylinder-Messsysteme nach SEARLE (links) und COUETTE (rechts)

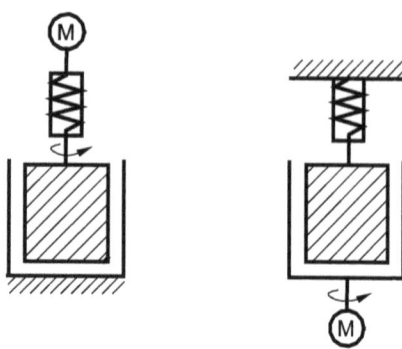

Abb. 4-23. Rotationsrheometer, SEARLE-Typ

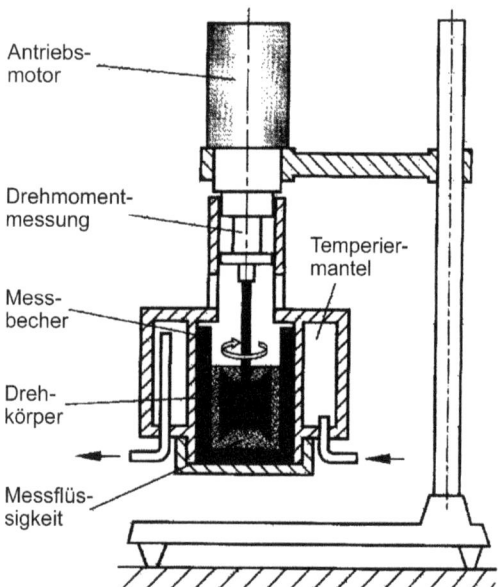

Abb. 4-24. MOONEY-EWART-Messsystem

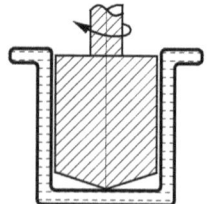

4.6 Rheologische Messsysteme

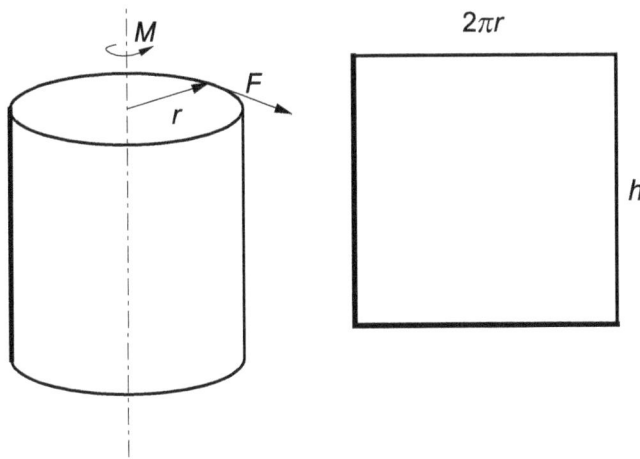

Abb. 4-25. Drehmoment auf den Rotationszylinder (links), Zylinder-Mantelfläche (rechts)

technisch zu erfassen. Aus der Rotationsgeschwindigkeit lässt sich die Scherrate der Probe berechnen, aus dem gemessenen Drehmoment erhält man die Schubspannung, die auf die Probe ausgeübt wird.

Aus der Abhängigkeit zwischen der Rotationsgeschwindigkeit und dem Drehmoment, d.h. aus der Abhängigkeit von Scherrate und Schubspannung lässt sich das Fließverhalten der Probe ermitteln. Messverfahren, bei denen das Drehmoment (→ Schubspannung) als Funktion der Rotationsgeschwindigkeit (→ Scherrate) aufgezeichnet wird, nennt man CSR-Modus (engl. controled shear rate), wenn die Rotationsgeschwindigkeit als Funktion des vorgegebenen Drehmomentes gemessen wird, spricht man vom CSS-Modus (engl. controled shear stress). Viele Rotationsrheometer können anstatt im Rotations-Modus auch im Oszillations-Modus eingesetzt werden. Dies erlaubt insbesondere die gleichzeitige Erfassung von elastischen und viskosen Eigenschaften (s. 4.6.2).

Zylinder-Systeme
Das Drehmoment M auf den rotierenden Zylinder (s. z.B. Abb. 4-25) liefert die Schubspannung:

mit

$$A = 2 \cdot \pi \cdot r \cdot h \tag{4-55}$$

und

$$M = r \cdot F \tag{4-56}$$

ergibt sich

$$\tau = \frac{F}{A} = \frac{M}{2 \cdot \pi \cdot r^2 \cdot h} \tag{4-57}$$

$\dot{\gamma}$ Scherrate in s^{-1}
τ Schubspannung in Pa

A Zylinderfläche in m²
F Tangentialkraft in N
M Drehmoment in Nm
r Zylinderradius in m
h Zylinderhöhe in m
v Umfangsgeschwindigkeit in m · s⁻¹
ω Winkelgeschwindigkeit in s⁻¹
η Viskosität in Pa · s

Die Scherrate im Ringspalt ergibt sich aus:

$$\frac{dv}{dr} = \frac{d}{dr}(\omega \cdot r) = \frac{d\omega}{dr} \cdot r \tag{4-58}$$

$$\dot{\gamma} = -\frac{dv}{dr} = -\frac{d\omega}{dr} \cdot r \tag{4-59}$$

Das heißt, bei konstanter Winkelgeschwindigkeit ω ist die Scherrate $\dot{\gamma}$ vom Radius r abhängig.

Wegen (4-57) ist

$$r = \left(\frac{M}{2 \cdot \pi \cdot h}\right)^{\frac{1}{2}} \cdot \tau^{-\frac{1}{2}} \tag{4-60}$$

also

$$\frac{dr}{d\tau} = \left(\frac{M}{2 \cdot \pi \cdot h}\right)^{\frac{1}{2}} \cdot \left(-\frac{1}{2}\right) \cdot \tau^{-\frac{3}{2}} \tag{4-61}$$

Mit (4-57) ergibt sich hieraus

$$\frac{dr}{d\tau} = \left(\frac{\tau \cdot 2 \cdot \pi \cdot r^2 \cdot h}{2 \cdot \pi \cdot h}\right)^{\frac{1}{2}} \cdot \left(-\frac{1}{2}\right) \cdot \tau^{-\frac{3}{2}} \tag{4-62}$$

d.h.

$$\frac{dr}{d\tau} = -\frac{r}{2\tau} \tag{4-63}$$

und

$$\frac{dr}{r} = -\frac{d\tau}{2\tau} \tag{4-64}$$

4.6 Rheologische Messsysteme

aus (4-59) folgt

$$d\omega = -\frac{dr}{r} \cdot f(\tau) \tag{4-65}$$

Für die Abhängigkeit der Winkelgeschwindigkeit vom Radius heißt das:

$$d\omega = \frac{d\tau}{2\tau} \cdot f(\tau) \tag{4-66}$$

Integriert man über den gesamten Ringspalt mit den Bezeichnungen aus Abb. 4-26, so ergibt sich:

$$\int_{\omega_i=\Omega}^{\omega_a=0} d\omega = \frac{1}{2} \int_{\tau_i}^{\tau_a} f(\tau) \cdot \frac{d\tau}{\tau} \tag{4-67}$$

$$\Omega = -\frac{1}{2} \int_{\tau_i}^{\tau_a} f(\tau) \cdot \frac{d\tau}{\tau} \tag{4-68}$$

τ Schubspannung in Pa
R Zylinderradius in m
ω Winkelgeschwindigkeit in s^{-1}
Ω Winkelgeschwindigkeit in s^{-1} des Innenzylinders
Index i Innenzylinder
Index a Außenzylinder

Dies ist die allgemeine Lösung für den Zusammenhang zwischen der Rotationsgeschwindigkeit des Zylinders Ω und der resultierenden Schubspannung τ im

Abb. 4-26. Schubspannung und Winkelgeschwindigkeit am Rotationszylinder

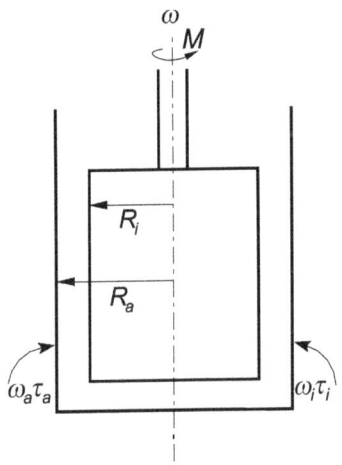

SEARLE-Viskosimeter (s. Abb. 4-22). Die rechte Seite von Gleichung (4-68) lässt sich nur lösen, wenn man das Verhalten $f(\tau)$ des betreffenden Fluids einsetzt.

Für NEWTON'sche Fluide ist

$$\dot{\gamma} = f(\tau) = \frac{\tau}{\eta} \qquad (4\text{-}69)$$

damit lautet Gl. (4-68)

$$\Omega = -\frac{1}{2}\int_{\tau_i}^{\tau_a} f(\tau)\frac{d\tau}{\tau} = -\frac{1}{2}\int_{\tau_i}^{\tau_a}\frac{\tau}{\eta}\cdot\frac{d\tau}{\tau} = -\frac{1}{2\eta}\int_{\tau_i}^{\tau_a} d\tau \qquad (4\text{-}70)$$

das heißt

$$\Omega = \frac{1}{2\eta}(\tau_i - \tau_a) \qquad (4\text{-}71)$$

mit (4-57) und den Bezeichnungen in Abb. 4-26 ergibt sich die MARGULES-Gleichung:

$$\Omega = \frac{M}{4\cdot\pi\cdot h\cdot\eta}\left(\frac{1}{R_i^2} - \frac{1}{R_a^2}\right) \qquad (4\text{-}72)$$

DIE MARGULES-Gleichung beschreibt die Zusammenhänge im konzentrischen Zylindersystem bei Füllung mit einem NEWTON'schen Fluid. Es wird deutlich, dass zwischen dem Drehmoment M und der Rotationsgeschwindigkeit Ω ein linearer Zusammenhang existiert.

Für OSTWALD-DE-WAELE-Fluide
ist anstelle von (4-69)

$$\dot{\gamma} = f(\tau) = \left(\frac{\tau}{K_{OW}}\right)^{\frac{1}{n}} \qquad (4\text{-}73)$$

also

$$\Omega = -\frac{1}{2}\int_{\tau_i}^{\tau_a} f(\tau)\frac{d\tau}{\tau} = -\frac{1}{2}\int_{\tau_i}^{\tau_a}\left(\frac{\tau}{K_{OW}}\right)^{\frac{1}{n}}\frac{d\tau}{\tau} \qquad (4\text{-}74)$$

das heißt für die Winkelgeschwindigkeit des Drehkörpers

$$\Omega = \frac{n}{2\cdot K_{OW}^{\frac{1}{n}}}\left(\tau_i^{\frac{1}{n}} - \tau_a^{\frac{1}{n}}\right) \qquad (4\text{-}75)$$

4.6 Rheologische Messsysteme

nach Einsetzen von Gl. (4-57) ergibt sich

$$\Omega = \frac{n}{2 \cdot K_{OW}^{\frac{1}{n}}} \left(\left(\frac{M}{2 \cdot \pi \cdot h \cdot R_i^2} \right)^{\frac{1}{n}} - \left(\frac{M}{2 \cdot \pi \cdot h \cdot R_a^2} \right)^{\frac{1}{n}} \right) \tag{4-76}$$

und daraus

$$\Omega = \frac{n}{2 \cdot K_{OW}^{\frac{1}{n}}} \left(\frac{M}{2 \cdot \pi \cdot h \cdot R_i^2} \right)^{\frac{1}{n}} \cdot \left(1 - \left(\frac{R_i}{R_a} \right)^{\frac{2}{n}} \right) \tag{4-77}$$

Es wird deutlich, dass zwischen der Rotationsgeschwindigkeit Ω des Drehkörpers und dem Drehmoment M keine direkte Proportionalität besteht und der Fließexponent n eine entscheidende Rolle in dieser Funktion spielt.

Näherung „simple shear"

Wenn der Ringspalt des konzentrischen Zylindersystems sehr klein ist, d.h. $(R_a - R_i) \ll R_i$, dann kann das System näherungsweise so behandelt werden, als ob die Wandflächen nicht gekrümmt wären. Es gelten dann die Betrachtungen wie beim Zweiplatten-Modell (vgl. 4.3.1). Man nennt dies die „simple shear"-Näherung.

Mit (4-34) wird

$$\dot{\gamma}_i = \frac{\Omega \cdot R_i}{R_a - R_i} \tag{4-78}$$

mit der Abkürzung δ für das Radienverhältnis von äußerem und innerem Zylinder

$$\delta = \frac{R_a}{R_i} \tag{4-79}$$

wird aus (4-78)

$$\dot{\gamma}_i = \frac{\Omega}{\delta - 1} \tag{4-80}$$

Als Schubspannung verwendet man dann die mittlere Schubspannung:

$$\tau = \frac{1}{2} (\tau_a + \tau_i) \tag{4-81}$$

Unter Verwendung von (4-57) ist dies

$$\tau = \frac{1}{2} \left(\frac{M}{2 \cdot \pi \cdot h \cdot R_a^2} + \frac{M}{2 \cdot \pi \cdot h \cdot R_i^2} \right) \tag{4-82}$$

also

$$\tau = \frac{M}{4 \cdot \pi \cdot h} \left(\frac{1+\delta^2}{R_a^2} \right) \qquad (4\text{-}83)$$

Dies ist die Umrechnung zwischen dem gemessenen Drehmoment M und der Schubspannung im Rotations-Viskosimeter mit engem Scherspalt. Das Radienverhältnis δ von äußerem und innerem Zylinder des Messspaltes wird in DIN 53019 und ISO 3219 eingegrenzt. Demnach sollte $\delta \leq 1{,}2$ sein, empfohlen wird $\delta = 1{,}0847$.

Die vorgestellten Berechnungen gelten für ideale, laminare Scherströmungen im Ringspalt. Zur Berücksichtigung von Störeinflüssen (Wandgleiteffekte, Wirbel, Stirnflächeneinflüsse) durch Korrekturrechnungen siehe [2].

Kegel-Platte-Systeme
Kegel-Platte-Messsysteme bestehen aus einem flachen Kegel, der über einer ruhenden ebenen Platte rotiert. Abbildung 4-27 zeigt eine derartige Messgeometrie schematisch.

Die Scherrate ist

$$\dot\gamma = \frac{dv}{dh} \qquad (4\text{-}84)$$

mit

$$\omega = v \cdot r \qquad (4\text{-}85)$$

und

$$\tan\alpha = \frac{dh}{dr} \qquad (4\text{-}86)$$

ist

$$\dot\gamma = \frac{\omega \cdot dr}{\tan\alpha \cdot dr} = \frac{\omega}{\tan\alpha} \qquad (4\text{-}87)$$

oder mit Ω

$$\dot\gamma = \frac{\Omega}{\tan\alpha} \qquad (4\text{-}88)$$

Abb. 4-27. Kegel-Platte-Messsystem

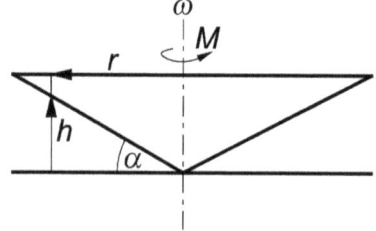

4.6 Rheologische Messsysteme

Das Drehmoment auf den Kegel ist

$$M = r \cdot F = r \cdot \tau \cdot A \tag{4-89}$$

d.h.

$$M = \int r \cdot \tau \cdot dA = \int_0^R r \cdot \tau \cdot 2 \cdot \pi \cdot r \cdot dr = \left| \frac{1}{3} r^3 \cdot 2 \cdot \pi \cdot \tau \right|_0^R = \frac{2}{3} \cdot \pi \cdot R^3 \cdot \tau \tag{4-90}$$

Damit ist die Schubspannung:

$$\tau = \frac{3}{2} \cdot \frac{M}{\pi \cdot R^3} \tag{4-91}$$

Im Gegensatz zum konzentrischen Zylindersystem ist die Schubspannung hier nicht vom Ort r abhängig. Hierin besteht der große Vorteil des Kegel-Platte-Systems: Sämtliche Fluidelemente im Spalt erfahren die gleiche Beanspruchung.

Beschreibt man das zu untersuchende Material als OSTWALD-DE-WAELE-Fluid, so ist wegen (4-39)

$$\frac{3 \cdot M}{2 \cdot \pi \cdot R^3} = K_{OW} \left(\frac{\Omega}{\tan \alpha} \right)^n \tag{4-92}$$

Die Auftragung der Messgröße M über der Rotationsgeschwindigkeit Ω in doppelt logarithmischer Form liefert somit den Fließexponenten n des OSTWALD-DE-WAELE-Gesetzes.

In der rheologischen Praxis werden sehr flache Kegel ($\alpha = 0\ldots5°$) verwendet. Mit der dann möglichen Näherung

$$\tan \alpha \doteq \alpha \tag{4-93}$$

ist die Scherrate

$$\dot{\gamma} = \frac{\Omega}{\alpha} \tag{4-94}$$

Platte-Platte-System

Beim Platte-Platte-System rotiert eine Platte von zylindrischem Querschnitt über einer ruhenden ebenen Platte (Abb. 4-28). Im Hohlraum zwischen den Platten mit dem Abstand h befindet sich die Probe.

Die Scherrate ist hier:

$$\dot{\gamma} = \frac{dv}{dh} = \frac{d(\omega \cdot r)}{dh} \tag{4-95}$$

an der Außenkante der Platte also

$$\dot{\gamma} = \frac{\omega \cdot R}{h} \tag{4-96}$$

Abb. 4-28. Platte-Platte-Messsystem

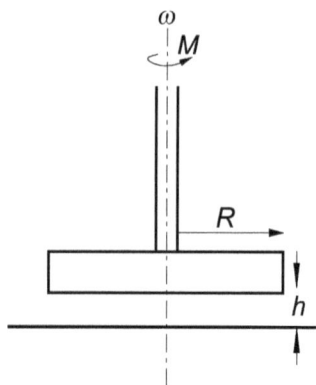

bzw.

$$\dot{\gamma} = \frac{\Omega \cdot R}{h} \tag{4-97}$$

Für das Drehmoment gilt:

$$M = \int r \cdot \tau \cdot dA = \int_0^R r \cdot \tau \cdot 2 \cdot \pi \cdot r \cdot dr = \int_0^R 2 \cdot \pi \cdot r^2 \cdot \tau \cdot dr \tag{4-98}$$

mit

$$r^2 = \left(\frac{\dot{\gamma} \cdot h}{\Omega}\right)^2 \tag{4-99}$$

bzw.

$$dr = \frac{h}{\Omega} d\dot{\gamma} \tag{4-100}$$

ist

$$M = \int_{\dot{\gamma}=0}^{\dot{\gamma}_R} 2 \cdot \pi \cdot \frac{\dot{\gamma}^2 \cdot h^3}{\Omega^3} \cdot \tau \cdot d\dot{\gamma} \tag{4-101}$$

also

$$\frac{M}{2 \cdot \pi \cdot R^3} = \frac{1}{(\dot{\gamma}_R)^3} \int_0^{\dot{\gamma}_R} \dot{\gamma}^2 \cdot \tau \cdot d\dot{\gamma} \tag{4-102}$$

Ersetzt man in dieser Gleichung $\tau = f(\dot{\gamma})$, so ist

$$\frac{M}{2 \cdot \pi \cdot R^3} = \frac{1}{(\dot{\gamma}_R)^3} \int_0^{\dot{\gamma}_R} \dot{\gamma}^2 \cdot f(\dot{\gamma}) \cdot d\dot{\gamma} \tag{4-103}$$

4.6 Rheologische Messsysteme

Differenziert man diese Gleichung nach $d\dot{\gamma}_R$ so ergibt sich unter Anwendung des Satzes von LEIBNITZ (rechte Seite der Gleichung):

$$\dot{\gamma}_R^3 \frac{d\left(\dfrac{M}{2\cdot\pi\cdot R^3}\right)}{d\dot{\gamma}_R} + \left(\frac{M}{2\cdot\pi\cdot R^3}\right)\cdot 3\cdot\dot{\gamma}_R^2 = \dot{\gamma}_R^2 \cdot f(\dot{\gamma}_R) \tag{4-104}$$

Für die Schubspannung an der Außenseite ergibt sich so:

$$\tau = f(\dot{\gamma}_R) \tag{4-105}$$

$$\tau = \frac{3M}{2\cdot\pi\cdot R^3} + \dot{\gamma}_R \frac{d\left(\dfrac{M}{2\cdot\pi\cdot R^3}\right)}{d\dot{\gamma}_R} \tag{4-106}$$

bzw.

$$\tau = \frac{M}{2\cdot\pi\cdot R^3}\left(3 + \frac{d\ln M}{d\ln\dot{\gamma}_R}\right) \tag{4-107}$$

Bei NEWTON'schem Verhalten ist

$$\tau = \eta\cdot\dot{\gamma} = \eta\cdot\frac{\Omega\cdot r}{h} \tag{4-108}$$

also

$$M = \int_0^R 2\cdot\pi\cdot r^3 \cdot\eta\cdot\frac{\Omega}{h}dr \tag{4-109}$$

$$M = \frac{\pi\cdot\eta\cdot\Omega}{2\cdot h}\cdot R^4 \tag{4-110}$$

mit

$$\dot{\gamma} = \frac{\Omega\cdot R}{h} \tag{4-111}$$

vereinfacht sich der Ausdruck zu

$$M = \frac{\pi}{2}\cdot\eta\cdot\dot{\gamma}\cdot R^3 \tag{4-112}$$

das heißt

$$M = \frac{\pi}{2}\cdot R^3\cdot\tau \tag{4-113}$$

bzw.

$$\tau = \frac{2 \cdot M}{\pi \cdot R^3} \qquad (4\text{-}114)$$

wegen (4-24) ist damit

$$\frac{2 \cdot M}{\pi \cdot R^3} = \eta \cdot \frac{\Omega \cdot R}{h} \qquad (4\text{-}115)$$

bzw.

$$\eta = \frac{2 \cdot M \cdot h}{\pi \cdot R^4 \cdot \Omega} \qquad (4\text{-}116)$$

für OSTWALD-DE-WAELE-Fluide ergibt sich analog

$$\frac{M(3+n)}{2 \cdot \pi \cdot R^3} = K_{OW} \cdot \left(\frac{\Omega \cdot R}{h} \right)^n \qquad (4\text{-}117)$$

Vergleicht man Kegel-Platte- und Platte-Platte-Systeme, so besitzen Kegel-Platte-Systeme den Vorteil einer ortsunabhängigen Belastung des Fluids. Die Scherrate und die Schubspannung sind überall im Spalt gleich. Beim Platte-Platte-System hingegen ist die Scherbelastung des Fluids nicht überall gleich sondern vom Ort r abhängig. Häufig rechnet man mit der Scherrate beziehungsweise Schubspannung am äußeren Rand ($r = R$) der rotierenden Platte. Der Vorteil des Platte-Platte-Systems besteht in der im Allgemeinen größeren und einstellbaren Spaltbreite h (engl. gap). Sofern disperse Fluidsysteme (Suspensionen, Emulsionen, Schäume) gemessen werden sollen, ist das Platte-Platte-System häufig von Vorteil bzw. sogar notwendig, da der Messspalt größer als die Partikelgröße sein muss. Kegel-Platte-Systeme werden häufig mit „abgenommener Spitze" (engl. truncated cone) angefertigt. Der entstehende Spalt zwischen Kegelstumpf und Platte (engl. gap) schließt eine störende Festkörperreibung zwischen Kegel und Platte aus und ermöglicht die Vermessung auch von dispersen Fluiden mit nicht zu großer Partikelgröße. Als Faustregel gilt: Die Partikelgröße soll ≤1/5 gap sein. Beispiel: Dem Kegelstumpf fehlen 50 µm zu einem vollständigen Kegel (gap = 50 µm), dann können disperse Systeme mit $x \leq 10$ µm vermessen werden.

Beispiel 4-6: Auswertung einer Kegel-Platte-Messung:
Kegel-Platte-Viskosimeter, $R = 25$ mm, $\alpha = 1°$.
Bei 16,7 UPM wurde ein Drehmoment von $M = 10$ mNm gemessen.
Wie lautet die Viskosität der Probe?

Berechnung der Scherrate:

$$\omega = 2 \cdot \pi \cdot n$$

$$\omega = 2 \cdot \pi \cdot \frac{16{,}7}{60 \text{ s}} = 1{,}748 \text{ s}^{-1}$$

4.6 Rheologische Messsysteme

$$\dot{\gamma} = \frac{\omega}{\tan\alpha}$$

$$\dot{\gamma} \approx \frac{\omega}{\alpha}$$

$$\dot{\gamma} = \frac{2\cdot\pi\cdot\dfrac{16{,}7}{60\text{ s}}}{\dfrac{1}{360}\cdot 2\pi}$$

$$\dot{\gamma} = \frac{16{,}7\cdot 360}{60\text{ s}}$$

$$\dot{\gamma} = 6\cdot 16{,}7\text{ s}^{-1}$$

$$\dot{\gamma} = 100\text{ s}^{-1}$$

Berechnung der Schubspannung:

$$\tau = \frac{3\cdot M}{2\cdot\pi\cdot R^3}$$

$$\tau = \frac{3\cdot 10\cdot 10^{-3}\text{ Nm}}{2\cdot\pi\cdot(0{,}025\text{ m})^3}$$

$$\tau = \frac{3\cdot 10^{-3}}{2\cdot\pi\cdot 2{,}5^3\cdot 10^{-6}}\text{ Pa}$$

$$\tau = \frac{30\cdot 10^3}{2\cdot\pi\cdot 2{,}5^3}\text{ Pa}$$

$$\tau = 305{,}6\text{ Pa}$$

d.h. für die Viskosität:

$$\eta = \frac{\tau}{\dot{\gamma}}$$

$$\eta = \frac{305{,}6\text{ Pa}}{100\text{ s}^{-1}}$$

$$\eta = 3{,}056\text{ Pa}\cdot\text{s}$$

Beispiel 4-7: Deformation beim Platte-Platte-System
Wie groß ist die Deformation γ der Probe bei einer Auslenkung von der oberen Platte um 0,15°?

Platte-Platte-System: $H = 1$ mm, $R = 37{,}5$ mm

Antwort:

$$\dot{\gamma} = \frac{\omega\cdot R}{H}$$

Platte von oben
Auslenkung um α

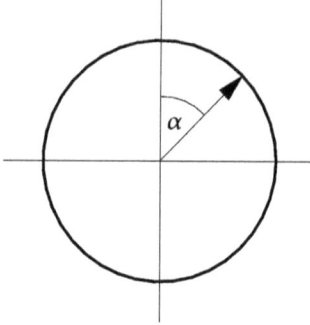

Auslenkung α bewirkt Deformation um γ

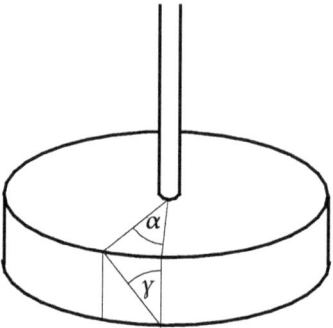

Abb. 4-29. Veranschaulichung von Deformation und Auslenkung beim Platte-Platte-System

$$\gamma = \frac{\varphi \cdot R}{H}$$

$$\gamma = \frac{\frac{0{,}15}{360} \cdot 2 \cdot \pi \cdot 37{,}5 \text{ mm}}{1 \text{ mm}}$$

$$\gamma = 0{,}1$$

Beispiel 4-8: Berechnung der Viskosität beim Platte-Platte-System

$n = 30$ UPM, $R = 25$ mm, $H = 1$ mm.
Das gemessene Drehmoment beträgt 10 mNm.
Wie groß ist die Viskosität?

Schubspannung:

$$\tau = \frac{2 \cdot M}{\pi \cdot R^3}$$

$$\tau = \frac{2 \cdot 10 \cdot 10^{-3} \text{ Nm}}{\pi \cdot (0{,}025 \text{ m})^3} = 407 \text{ Pa}$$

Scherrate:

$$\dot{\gamma} = \omega \cdot \frac{R}{H}$$

$$\dot{\gamma} = \frac{2 \cdot \pi \cdot n \cdot R}{H}$$

$$\dot{\gamma} = \frac{2 \cdot \pi \cdot \frac{30}{60\,s} \cdot 0{,}025}{0{,}001}$$

$$\dot{\gamma} = 78{,}54\ s^{-1}$$

Viskosität:

$$\eta = \frac{\tau}{\dot{\gamma}}$$

$$\eta = \frac{407\ Pa}{78{,}54\ s^{-1}}$$

$$\eta = 5{,}18\ Pa \cdot s$$

4.6.2
Oszillationstest

Rotationsrheometer können teilweise statt im Rotations-Modus im Oszillations-Modus betrieben werden. Häufig verwendet man hierfür Kegel-Platte- bzw. Platte-Platte-Systeme. Durch eine oszillierende Scherbeanspruchung können elastische und viskose Materialeigenschaften gleichzeitig erfasst werden. Für eine zerstörungsfreie Messung ist es notwendig, die Oszillation mit nicht zu großen Scher-Amplituden durchzuführen.

Im Falle einer sinusförmig oszillierenden Deformation ist

$$\gamma = \gamma_0 \sin \omega t \tag{4-118}$$

dann gilt für die Scherrate

$$\dot{\gamma} = \gamma_0 \cdot \omega \cdot \cos \omega t = \dot{\gamma}_0 \cos \omega t \tag{4-119}$$

$$\dot{\gamma} = \dot{\gamma}_0 \sin(\omega t + 90°) \tag{4-120}$$

Bei einer sin-Funktion für die Deformation folgt die Scherrate also einer cos-Funktion. Dies ist gleichbedeutend mit einer Phasenverschiebung von 90° zwischen beiden Funktionen.

Führt man nun eine sinusförmige, oszillierende Deformation der Probe durch, wird ein ideal elastisches Material eine zur Deformation proportionale Schubspannung zeigen. Ein ideal viskoses Material hingegen wird eine Schubspannung zeigen, die der Scherrate proportional ist. Gemäß Abschnitt 4.3 war:

beim ideal elastischen Verhalten:

$$\tau = G \cdot \gamma \qquad (4\text{-}15)$$

beim ideal viskosen Verhalten:

$$\tau = \eta \cdot \dot{\gamma} \qquad (4\text{-}24)$$

Daher wird die oszillierend gemessene Schubspannung bei einem elastischen Material mit der Deformation „in Phase" sein, während bei einem viskosen Material eine Phasenverschiebung von 90° zwischen Deformation und Schubspannung auftritt. Bei einem viskoelastischen Material liegt der Winkel der Phasenverschiebung zwischen diesen beiden Fällen. Abbildung 4-30 zeigt diese Phasenverschiebungen schematisch.

Aus diesem Grund ist die Ermittlung der Phasenverschiebung δ bei oszillierender Beanspruchung (vgl. Abb. 4-31) eine Möglichkeit der Charakterisierung viskoelastischer Materialien bzw. deren elastischer und viskoser Komponenten.

Durch die Verwendung des komplexen Schubmoduls ist es möglich, die elastischen und die viskosen Anteile einer Substanz alleine anhand der Phasenverschiebung δ zu kennzeichnen. Schreibt man den Schubmodul in (4-15) als komplexe Größe

$$G^* = G' + i \cdot G'' \qquad (4\text{-}121)$$

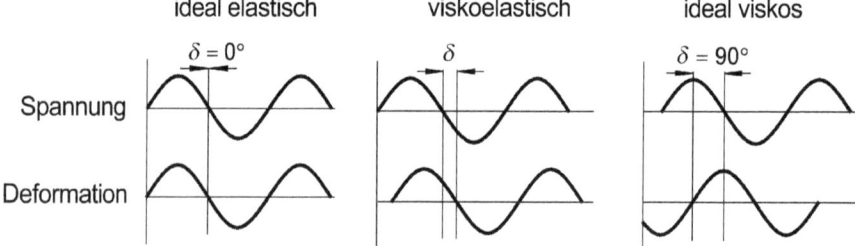

Abb. 4-30. Phasenverschiebung bei oszillierender Scherbelastung

Abb. 4-31. Phasenverschiebung zwischen Deformation (II) und Schubspannung (I)

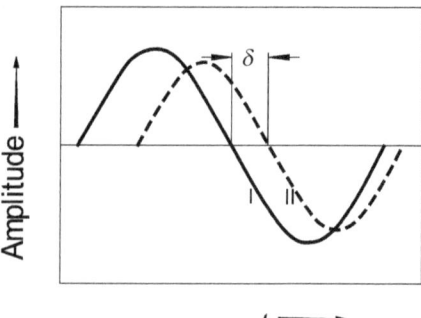

4.6 Rheologische Messsysteme

Tabelle 4-25. Begriffe des komplexen Speichermoduls

komplexer Schubmodul	= Wirkschubmodul (Speichermodul) (elastische Komponente)	+ Blindschubmodul (Verlustmodul) (viskose Komponente)
G^*	$= G'$	$+ i \cdot G''$

dann steht G' für den Speichermodul (die elastische Komponente) und G'' für den Verlustmodul (die viskose Komponente) des komplexen Schubmoduls. Im Anhang 14.4 sind die wichtigsten Regeln zum Arbeiten mit komplexen Größen zusammengestellt. Tabelle 4-25 stellt die synonymen Bezeichnungen zusammen.

Für die Phasenverschiebung gilt

$$\tan \delta = \frac{G''}{G'} \tag{4-122}$$

Hat man einen Körper mit rein elastischen Eigenschaften (HOOKE-Körper, s. 4.2), dann ist der Verlustmodul $G'' = 0$ und damit der Imaginärteil null. In diesem Falle ist eine Unterscheidung zwischen Wirkanteil und Blindanteil nicht notwendig, da mit $G^* = G' + 0 = G$ der klassische elastische Fall vorliegt. Experimentell ist dieser Fall daran zu erkennen, dass $\delta = 0$ ist.

Besitzt ein Körper hingegen rein viskose Eigenschaften (NEWTON-Körper, s. 4.2), dann ist $\tan \delta = \frac{G''}{G'} = \infty$, d.h. $\delta = 90°$. In diesem Falle ist der Speichermodul null und der Verlustmodul (Blindanteil) bestimmt den komplexen Schubmodul: $G^* = 0 + i \cdot G''$.

Reale Stoffe, und damit auch alle biologischen Materialien besitzen sowohl elastische als auch viskose Eigenschaften. Sie zeigen somit ein Verhalten zwischen HOOKE- und NEWTON-Körper und Phasenverschiebungswinkel von $0 < \delta < 90°$.

In manchen Fällen ist es vorteilhaft, anstelle des komplexen Schubmoduls mit der komplexen Viskosität zu rechnen.

$$\eta^* = \eta' + i \cdot \eta'' \tag{4-123}$$

Die komplexe Viskosität setzt sich aus zwei Komponenten zusammen, dem Realteil und dem Blindanteil. Im Falle dieser Schreibweise beschreibt der Realteil die viskose Eigenschaft des Körpers und der Imaginärteil die elastische Eigenschaft. $\delta = 0$ bedeutet hier ideal viskos, d.h. NEWTON-Körper und $\delta = 90°$ bedeutet ideal elastisch, also HOOKE-Körper. Tabelle 4-26 listet die zugehörigen Bezeichnungen auf.

Für die Phasenverschiebung gilt dann

$$\tan \delta = \frac{\eta''}{\eta'} \tag{4-124}$$

In 14.4 ist gezeigt, dass zwischen Scherung γ und Scherrate $\dot{\gamma}$ der folgende Zusammenhang besteht:

$$\dot{\gamma} = i \cdot \omega \cdot \gamma \tag{4-125}$$

Tabelle 4-26. Begriffe der komplexen Viskosität

komplexe Viskosität (Scheinviskosität)	=	Wirkviskosität	+	Blindviskosität (Elastizität)
η	=	η'	+	$i \cdot \eta''$

Damit wird (4-137), also die elastische Eigenschaft zu

$$G' = i \cdot \omega \cdot \eta'' \tag{4-126}$$

und es wird (4-139), also die viskose Eigenschaft zu

$$G'' = i \cdot \omega \cdot \eta' \tag{4-127}$$

Neben dem Schubmodul gibt es die reziproke Größe, die so genannte Nachgiebigkeit zur Charakterisierung des rheologischen Verhaltens. Tabelle 4-27 zeigt die Gegenüberstellung der Definitionen von Viskosität, Schubmodul und Nachgiebigkeit. Alle drei Größen können wie beschrieben als komplexe Größen verwendet werden. Abbildung 4-32 zeigt in einem Beispiel, wie sich Schubmodul und Nachgiebigkeit komplementär verhalten und mit dem Phasenwinkel δ zusammenhängen.

Zusammenfassend lässt sich sagen, dass der Oszillationstest die simultane Bestimmung von viskosen und elastischen Eigenschaften eines Materials erlaubt. Bei Verwendung von komplexen Größen können die rheologischen Eigenschaften der Materialien sehr einfach anhand des Phasenwinkels δ charakterisiert werden. Eine Übersicht zu Anwendungen im Food-Bereich gibt [41].

Untersucht man einen Körper in einem Scher-Oszillationstest durch Variation der Oszillationsfrequenz ω (engl. frequency sweep), erhält man die elastischen und viskosen Stoffgrößen als frequenzabhängige Größen: Im Falle des elastischen Verhaltens $\tau = G \cdot \gamma(\omega)$ und im Falle des viskosen Verhaltens $\tau = \eta \cdot \dot{\gamma}(\omega)$.

Die ermittelten Größen wie Speichermodul und Verlustmodul werden dann grafisch über der Messfrequenz aufgetragen und erlauben die Beschreibung von elastischen und viskosen Materialeigenschaften bei unterschiedlichen Beanspruchungsfrequenzen.

Außer oszillierenden Rotations-Rheometern gibt es so genannte DMA-Geräte (dynamic mechanical analysis), welche die oszillierende Untersuchung von Proben in uniaxialer Richtung erlauben.

Tabelle 4-27. Definition rheologischer Kenngrößen

$\dfrac{\tau}{\dot{\gamma}} = \eta$	Viskosität
$\dfrac{\tau}{\gamma} = G$	Schubmodul
$\dfrac{\gamma}{\tau} = J$	Nachgiebigkeit

4.6 Rheologische Messsysteme

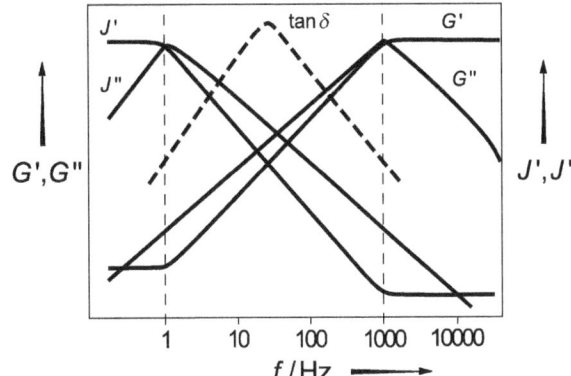

Abb. 4-32. Oszillationstest an einer viskoelastischen Substanz, schematisch

4.6.3 Weitere Messsysteme

In diesem Abschnitt werden Messsysteme angesprochen, die neben den Rotations-Messsystemen eine Rolle spielen. Als Absolut-Messsysteme werden zunächst Kapillar- und Kugelfall-Viskosimeter vorgestellt.

Kapillar-Viskosimeter
Kapillar-Viskosimeter bestehen im Wesentlichen aus einer Kapillare mit definiertem Durchmesser, durch welche das zu untersuchende Fluid strömt. Die Messgröße ist die Durchlaufzeit für ein bestimmtes Flüssigkeitsvolumen. Auf Basis des HAGEN-POISEUILLE-Gesetzes für ideal-viskose Fluide lässt sich bei laminarer Strömung aus der Durchlaufzeit der Volumenstrom und die Scherrate berechnen. Die zugehörige Schubspannung ergibt sich aus der Druckdifferenz zwischen den Enden der Kapillare. Für eine Strömung in einer zylindrischen Kapillare gilt:

mit der Druckkraft

$$F_P = \Delta p \cdot \pi r^2 \tag{4-128}$$

und der Reibungskraft

$$F_R = \eta \cdot A \cdot \frac{dv}{dr} \tag{4-129}$$

ergibt sich im Kräftegleichgewicht

$$F_P + F_R = 0 \tag{4-130}$$

also

$$\Delta p \cdot \pi \cdot r^2 = -\eta \cdot 2\pi \cdot r \cdot l \cdot \frac{dv}{dr} \tag{4-131}$$

v Strömungsgeschwindigkeit in m · s⁻¹
F Kraft in N
p Druck Pa
η Viskosität in Pa · s
A Fläche in m²
r Radius in m
l Länge in m

d.h.

$$r \cdot dr = -\frac{2\eta \cdot l}{\Delta p} \cdot dv \qquad (4\text{-}132)$$

Integration über den Rohrquerschnitt

$$\int_{r=0}^{r=R} r \cdot dr = -\frac{2\eta \cdot l}{\Delta p} \cdot \int_{v=v}^{v=0} dv \qquad (4\text{-}133)$$

liefert

$$\frac{1}{2}(R^2 - r^2) = +\frac{2\eta \cdot l}{\Delta p} \cdot v(r) \qquad (4\text{-}134)$$

d.h. ein parabolisches Geschwindigkeitsprofil

$$v(r) = \frac{\Delta p}{4\eta \cdot l} \cdot (R^2 - r^2) \qquad (4\text{-}135)$$

Aus der Kontinuitätsgleichung

$$d\dot{V} = v(r) \cdot dA \qquad (4\text{-}136)$$

in der Form

$$d\dot{V} = v(r) \cdot 2\pi r \cdot dr \qquad (4\text{-}137)$$

erhält man den Volumenstrom

$$\dot{V} = \int_{r=0}^{r=R} \frac{\Delta p}{4\eta \cdot l} \cdot (R^2 - r^2) \cdot 2\pi \cdot r \cdot dr \qquad (4\text{-}138)$$

Und durch Integration das HAGEN-POISEUILLE-Gesetz

$$\dot{V} = \frac{\pi \cdot \Delta p}{8\eta \cdot l} \cdot R^4 \qquad (4\text{-}139)$$

Gleichung (4-139) ist die Grundlage der Kapillar-Viskosimetrie. Im Allgemeinen arbeiten Kapillar-Viskosimeter mit einer weitgehend festen Druckdifferenz d.h. mit einer konstanten Schubspannung und liefern daher lediglich die Viskosität des Fluids bei dieser Scherbelastung. Aus diesem Grund eignen sich Kapillar-Viskosimeter in erster Linie für NEWTON'sche Fluide. Kapillar-Viskosimeter sind häufig aus Glas gefertigt und funktionieren auf Basis der Gravitation, d.h. die Druckdifferenz entsteht durch den hydrostatischen Druck des zu untersuchenden Fluids. Häufig verwendete Bauarten sind das Kapillarviskosimeter nach UBBELOHDE (DIN 51562), nach CANNON-FENSKE (DIN 51336) und nach OST-WALD. Für zähe Materialien gibt es Ausführungen aus Metall, bei denen das Fluid mit einem Fremddruck durch die Kapillare gepresst wird. Der mit Texturprüfgeräten (s. 4.7.1) durchgeführte Extrusionstest sowie z.B. die Schmelz-Index-

Prüfung (DIN 52735) (engl. melt index), bei der ein kraftbelasteter Kolben die zu untersuchende Masse durch eine Öffnung drückt, gehören auch in die Kategorie Kapillarviskosimetrie. Derartige Tests liefern jedoch in den meisten Fällen keine absolute Viskosität sondern einen viskositätsabhängigen Kennwert, anhand dessen man Proben untereinander vergleichen kann. Messungen dieser Art sind keine Absolut-Messungen sondern Relativ-Messungen.

Kugelfall-Viskosimeter
Durch Bestimmung der Sinkgeschwindigkeit einer Kugel in einem Rohr kann ebenfalls die Sinkgeschwindigkeit ermittelt werden. Für laminare Umströmung ist die Reibungskraft nach STOKES

$$F_R = 6\pi \cdot r \cdot \eta \cdot v \tag{4-140}$$

Die Beschleunigungskraft ist

$$F = (\rho_K - \rho_F) \cdot V_K \cdot g \tag{4-141}$$

im Kräftegleichgewicht stellt sich eine stationäre Sinkgeschwindigkeit ein:

$$v = \frac{(\rho_K - \rho_F) \cdot V_K \cdot g}{6\pi \cdot r \cdot \eta} \tag{4-142}$$

Mit dem Kugelvolumen

$$V_k = \frac{4}{3}\pi \cdot r^3 \tag{4-143}$$

also

$$v = \frac{2 \cdot g \cdot r^2 (\rho_K - \rho_F)}{9 \cdot \eta} \tag{4-144}$$

und damit für die Viskosität

$$\eta = \frac{2 \cdot g \cdot r^2 (\rho_K - \rho_F)}{9 \cdot v} \tag{4-145}$$

Kugelfall-Messungen gehören zu den ältesten rheologischen Testverfahren. Ein genormtes Gerät ist das Kugelfall-Viskosimeter nach HÖPPLER (DIN 53015). Damit laminare Verhältnisse herrschen, darf die Sinkgeschwindigkeit nicht zu hoch sein. Aus diesem Grunde sollte die Dichte der Fallkörper nicht zu hoch sein. Als Fallkörper sind Kugeln aus Stahl, Glas und Kunststoff im Einsatz. Da im Allgemeinen nur eine einzige Scherbelastung gemessen wird, liefert die Kugelfall-Viskosimetrie nur einen Punkt der Fließkurve. Sie ist daher vorzugsweise für NEWTON'sche Fluide geeignet. Verwandte Messverfahren arbeiten mit Körpern, die von einer elektromagnetischen Kraft gezogen bzw. mit Gewichten eingedrückt werden. Abgewandelte Tests sind Fall-Messungen mit Stäben oder Zylindern (Druckfarben) oder das Blasen-Viskosimeter, bei denen die Steigzeit von Glasblasen in einem Fluid gemessen wird.

Sehr einfache Messverfahren zur Charakterisierung der Fließeigenschaften sind Auslauf-Verfahren. Man lässt – ähnlich wie bei der Kapillar-Viskosimetrie – das Fluid unter der Wirkung der Schwerkraft aus einem Becher mit definierter Öffnung auslaufen und bestimmt die Auslaufzeit eines vorgegebenen Volumens. Weltweit sind eine Reihe unterschiedlicher Auslaufbecher im Einsatz, z.B. Becher nach ENGLER, SHELL, FORD, ZAHN, REDWOOD, genormte Becher nach BS, DIN, ASTM. Basierend auf diesen Typen von Auslaufbechern gibt es alte Einheiten wie °ENGLER, REDWOOD-Sekunden, SAYBOLDT-Sekunden usw. Die meisten Auslaufbecher sind mit unterschiedlichen Durchmessern der Auslaufdüse erhältlich. Empfehlenswert ist der Auslaufbecher gemäß DIN EN ISO 2431, da diese Bauart über eine 20 mm lange Auslaufdüse verfügt, die eine Berechnung der Scherrate auf Basis des HAGEN-POISEUILLE-Gesetzes ermöglicht [3].

Weitere einfache Tests nutzen die Ausbreitgeschwindigkeit bzw. den Ausbreitdurchmesser einer punktförmig aufgegebenen Probe, die Fließzeit auf einer schiefen Ebene oder die Fließstrecke in einer vorgegeben Zeit. Beim BOSTWICK-Konsistometer fließt die Probe nach Wegnahme einer Schranke einen vorgegebenen Weg entlang. Die zurückgelegte Strecke wird gemessen und als Maß für das Fließverhalten des bestehenden Materials angegeben. In den USA wird Tomaten-Ketchup häufig auf diese Weise charakterisiert [110]. Die so erhaltenen Messgrößen, z.B. die BOSTWICK-Fließgrenze sind keine fundamentalen physikalischen Größen, sondern stehen in Zusammengang mit Größen wie Viskosität und Fließgrenze des betreffenden Materials. Beim BOSTWICK-Test ist die Schubspannung zeitlich nicht konstant, sie nimmt während der Messung ab.

4.7
Textur-Untersuchung

Der Begriff Textur entstammt dem lateinischen Wort *textura* für Gewebe, gewebtes Material. Man verwendete den Begriff Textur zur Beschreibung von Struktur, Griff und Erscheinung gewebter Stoffe. Laut Oxford English Dictionary (1989) ist Textur die Beschreibung von „constitution, structure or substance of anything with regard to its constituents, formative elements". Im Bereich der Lebensmitteltechnik wird der Begriff Textur sehr allgemein und übergreifend, aber auch unterschiedlich verwendet. Tabelle 4-28 zählt beispielhaft einige Begriffe auf, die zur Beschreibung der Textur von Lebensmitteln verwendet werden.

Die Textur eines Lebensmittels ist eine Kategorie der sensorischen Beschreibung (organoleptische Analyse, engl. sensory evaluation). Laut ISO 5492 ist food texture „All the mechanical, geometrical and surface attributes of a product perceptible by mechanical, tactile and where appropriate visual and auditory receptors" [10].

Der Begriff der Textur von Lebensmitteln umfasst somit sensorisch wahrnehmbare, mechanische und geometrische Eigenschaften eines Lebensmittels. Zu den sensorisch wahrnehmbaren Erscheinungen gehören haptische, auditorische und visuelle Erscheinungen. Haptische (gefühlte) Eindrücke werden in taktile und kinästhetische Eindrücke unterteilt: Während taktile Eindrücke beim Belasten des Lebensmittels mit Fingerspitzen und Zunge entstehen, kommen kin-

4.7 Textur-Untersuchung

Tabelle 4-28. Texturmerkmale

hart	bröckelig
weich	mürbe
fest	zäh
gummiartig	klebrig
pastös	schmierig
streichfähig	cremig
kurz	

ästhetische Eindrücke beim Brechen, Biegen, Kauen oder Schlucken mit Händen, Zähnen beziehungsweise der Mundhöhle zustande. Auditorische Erscheinungen sind hörbare Geräusche, die beim Brechen, Beißen oder Kauen entstehen und häufig den haptischen Eindruck vervollständigen. Visuelle Erscheinungen sind Eindrücke, die mit dem bloßen Auge wahrgenommen werden.

Es gibt eine Reihe von Definitionsversuchen für den Begriff der sensorischen Qualität eines Lebensmittels. Folgt man dem Vorschlag von ESCHER [18], so setzt sich die sensorische Gesamtqualität eines Lebensmittels zusammen aus:

- Farbe
- Flavor
- Textur.

Bezeichnet man mit Flavor alles das, was mit Geruchs- und Geschmackssinn erfasst werden kann, so ergibt sich daraus für den Texturbegriff:

Textur ist:
- alles, was Zunge und Gaumen erfassen außer Geschmack und Geruch
- alles, was das Auge erfasst außer Farbe
- alles, was der Tastsinn erfasst
- alles, was das Gehör erfasst.

Der Vorteil einer derartigen Definition von Textur liegt vor allem darin, dass Flavor (Geschmack und Geruch) und Farbe eindeutig ausgeschlossen sind, das heißt eindeutig außerhalb der Texturuntersuchung zu bestimmen sind. Tabelle 4-29 nennt einige Beispiele für Begriffe, welche die Textur beschreiben.

Betrachtet man die Begriffe der Texturbeschreibung in Tabelle 4-28 und Tabelle 4-29 aus physikalischer Sicht, erkennt man Beziehungen zur Rheologie der Festkörper und Flüssigkeiten. Viele Texturmerkmale lassen sich auf mechanische Eigenschaften zurückführen wie zum Beispiel Bruchverhalten, Fließverhalten, Elastizität und Viskoelastizität. Tabelle 4-30 zeigt eine Sortierung von Texturmerkmalen nach physikalischen Ursachen.

Häufig wird der Versuch unternommen, Texturgrößen außer durch subjektive, sensorische Tests auch durch objektive, instrumentelle Tests zu erfassen. Grundlegende Arbeiten hierzu wurden von MOHSENIN publiziert [8, 9, 16]. Im Folgenden werden die wichtigsten Messverfahren der instrumentellen Texturuntersuchung vorgestellt.

Tabelle 4-29. Beispiele von Texturmerkmalen ausgewählter Lebensmittel

Lebensmittel	deutsch	englisch
Gurke	fest	firm
	knackig	crisp
Steak	weich	tender
	saftig	juicy
	nicht zäh	not tough
	nicht gummiartig	not chewy
Leber	glatt, geschmeidig	smooth
	nicht hart	not hard
	nicht faserig	not fibrous
Apfel	knackig	crisp
	fest	firm
	saftig	juicy
	nicht weich	not soft
	nicht trocken	not dry
	nicht mehlig	not starchy
Eiskrem	glatt, geschmeidig	smooth
	cremig	creamy
	nicht eisig	not icy
	nicht körnig	not gritty
Keks	knusprig, knackig	crisp
	brechend	crunchy
	nicht weich	not soft
Brot	weich	soft
	teigig	doughy
	hart	hard
	krustig	crusty
Margarine	streichbar	spreads easily

4.7.1
Messverfahren

Die einzelnen Messverfahren unterscheiden sich stark je nach physikalischer Fragestellung. So erfordert die Untersuchung des Bruchverhaltens andere Experimente als die Bestimmung der Viskoelastizität oder z.B. der Cremigkeit. Die Messverfahren lassen sich zunächst danach sortieren, welche Art der Beanspruchung auf die Probe vorgegeben beziehungsweise gemessen wird. Tabelle 4-31 zeigt eine Auflistung von möglichen Beanspruchungsarten.

Man unterscheidet statische und dynamische Tests. Bei statischen Tests ist die vorgegebene Beanspruchung zeitlich konstant. Bei dynamischen Tests wird die aufgebrachte Beanspruchung zeitlich variiert, zum Beispiel linear oder sinusförmig. Ist die Beanspruchung bei dynamischen Tests periodisch, spricht man auch von Oszillations-Tests (s. 4.6.2).

4.7 Textur-Untersuchung

Tabelle 4-30. Verknüpfungen von Textur und physikalischen Eigenschaften (Beispiele)

Texturmerkmale	physikalische Ursachen
hart weich fest	Festigkeit Elastizität
elastisch gummiartig	Elastizität
pastös plastisch streichfähig zäh teigig	Fließverhalten Viskosität Viskoelastizität
kurz bröckelig mürbe splittrig knackig knusprig	Bruchverhalten
schmierig cremig gelartig streichbar	Fließgrenze Fließverhalten
körnig eisig mehlig	Partikelgröße
Homogenität pulpig faserig	Partikelform

Tabelle 4-31. Einteilung von Messverfahren nach Beanspruchungsart und Messgröße

Beanspruchung	Symbol	Messung bzw. Aufzeichnung von z.B.
Spannung	σ	$\varepsilon, \dot{\varepsilon}$
Dehnung	ε	σ
Schubspannung	τ	$\gamma, \dot{\gamma}$
Scherung	γ	τ
Kraft	F	s
Weg	s	F
Dehnrate	$\dot{s}$	F
Scherrate	$\dot{\gamma}$	τ

Stufentests, bei denen eine Beanspruchung stufenartig verändert wird, kann man sich als Übergang zwischen statischen und dynamischen Tests vorstellen: Bestehen längere Wartephasen zwischen den einzelnen Stufen, handelt es sich um eine Reihe aufeinander folgender statischer Beanspruchungen. Sind die Wartezeiten zwischen einzelnen Stufen sehr kurz – „unsichtbar" kurz – befindet man sich bereits im dynamischen Test. Abbildung 4-33 verdeutlicht den Zusammenhang.

Eine Einteilung, nach der dynamische Tests ausschließlich Nicht-Gleichgewichtsfälle und statische Tests lediglich Gleichgewichtsfälle erfassen, ist nicht

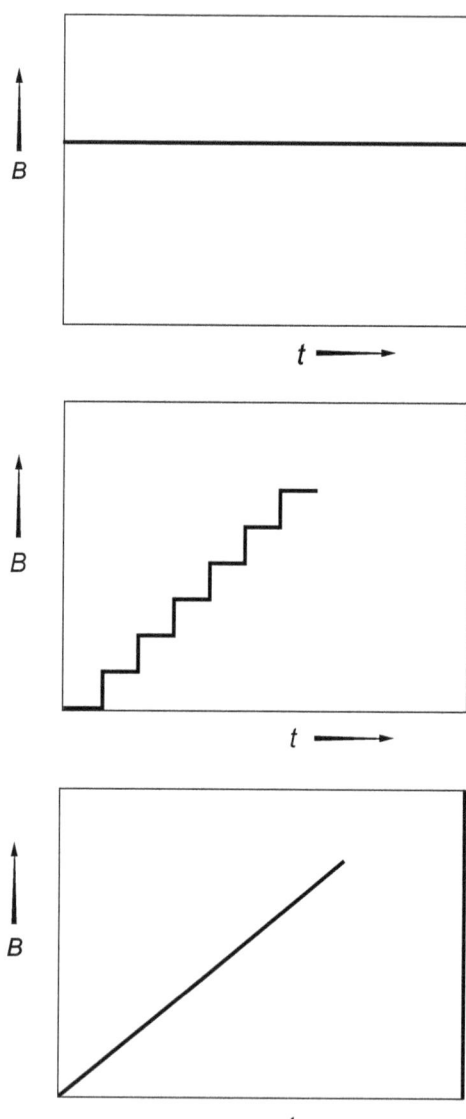

Abb. 4-33. statische Beanspruchung (oben) und dynamische Beanspruchung (unten). Dazwischen liegt die stufenartige Beanspruchung (Mitte)

4.7 Textur-Untersuchung

Tabelle 4-32. Begriffe bei statischen und dynamischen Tests

Begriff	Erklärung
statischer Test	Beanspruchung ist zeitlich konstant
dynamischer Test	Beanspruchung ist zeitlich vorprogrammiert
stationärer Fall (steady state)	Messgröße ist zeitlich konstant
instationärer Fall (transient state)	Messgröße ändert sich mit der Zeit

korrekt. Wenn die Beanspruchung statisch, d.h. zeitlich konstant ist, ist der beanspruchte Körper nicht zwangsläufig bereits im Gleichgewicht. Man denke an den Relaxationstest (s. 4.7.4) Hier wird bei $t = 0$ eine zeitlich konstante Belastung aufgebracht und eine Messgröße aufgezeichnet, die zeitlich veränderlich ist.

Ob und wann sich eine Probe im Gleichgewicht befindet, ist – selbstverständlich probenspezifisch – eine Frage der Zeit. D.h. bei statischen Tests eine Frage der Wartezeit, bei Stufentests eine Frage der Stufenlänge und bei dynamischen Tests eine Frage der Rate, mit der die Beanspruchung geändert wird (vgl. Abb. 4-33). Für die systematische Planung von Experiment-Typen ist es wichtig zu unterscheiden, ob die Messgröße zeitlich konstant (Gleichgewicht, Beharrungszustand, steady state) oder zeitlich veränderlich (Nicht-Gleichgewicht, transient state) ist oder ob die Beanspruchung zeitlich konstant (statischer Test) oder zeitlich vorprogrammiert (dynamischer Test) ist. Tabelle 4-32 fasst die Begriffe zusammen.

Beansprucht man eine Probe mit einer Spannung, so kann sie auf diese Belastung wie unter 4.3 beschrieben, durch Verformung oder durch Fließen reagieren (Tabelle 4-33):

Tabelle 4-33. Möglichkeiten der Reaktion auf eine mechanische Spannung

	Deformation	Fließen
Dehnung, Stauchung	$\sigma = E \cdot \varepsilon$	$\sigma = \eta_E \cdot \dot{\varepsilon}$
Scherung	$\tau = G \cdot \gamma$	$\tau = \eta \cdot \dot{\gamma}$

σ Spannung in Pa
τ Schubspannung in Pa
E Elastizitätsmodul in Pa
G Schubmodul in Pa
ε Dehnung
γ Scherwinkel in rad
$\dot{\varepsilon}$ Dehnrate in s^{-1}
$\dot{\gamma}$ Scherrate in s^{-1}
η Viskosität in Pa · s
η_E Extensional-Viskosität in Pa · s

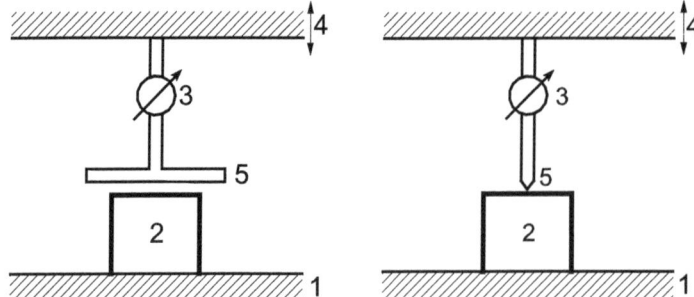

Abb. 4-34. Kompressions-Test zwischen parallelen Platten (links). Penetrations-Test bzw. Schneidtest (rechts). 1 Unterlage, 2 Probe, 3 Kraftmessung, 4 Lift, 5 Werkzeug

Experimente mit uniaxialer Dehnung beziehungsweise Stauchung der Probe sind vergleichsweise einfach durchzuführen. Abbildung 4-34 zeigt schematisch den Aufbau einer einfachen Zug-/Druck-Prüfapparatur, mit welcher die Probe durch ein niederfahrendes Werkzeug gestaucht, komprimiert, penetriert oder auch geschnitten oder gebrochen werden kann. Der Kraft-Weg-Verlauf wird aufgezeichnet und ausgewertet. Bei bekannter Probengeometrie lassen sich noch Kraft-Dehnungs-Kurven und Spannungs-Kurven erhalten. Mit entsprechenden Probehalterungen können auch Dehnversuche, Scherversuche, Peeling-Tests und viele andere mehr durchgeführt werden. Abbildung 4-35 zeigt das Prinzip, wie feste Materialien mit Hilfe von Spannungs-Dehnungs-Diagrammen auf einfache Weise charakterisiert werden können.

Materialien, die sich weniger ideal verhalten oder neben einer elastischen Verformung auch Fließfähigkeit zeigen, unterscheiden sich ihren in σ-ε-Diagrammen deutlich, wie Abb. 4-36 zeigt.

Bei der Untersuchung von Materialien durch Dehnung oder Scherung hat man die Wahl zwischen der Aufzeichnung der Spannung (bzw. Kraft) bei Vorgabe einer Deformation bzw. Deformationsrate – dem so genannten Stress-Test – und der Aufzeichnung der Deformation (bzw. Weg) nach Vorgabe einer Spannung – dem so genannten Kriechtest. Für beide Varianten gibt es unterschiedliche experimentelle Varianten.

Abb. 4-35. Einfache Spannungs-Dehnungs-Kurven fester Materialien. Typen: 1 hard strong, 2 hard weak, 3 soft strong, 4 soft weak

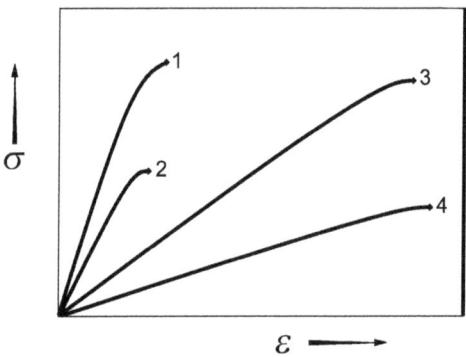

4.7 Textur-Untersuchung

Tabelle 4-34. Einfache Charakterisierung fester Materialien, vgl. Abb. 4-35

Nr.	Typ	E-Modul	Bruchspannung
1	hard strong	groß	hoch
2	hard weak	groß	niedrig
3	soft strong	klein	hoch
4	soft weak	klein	niedrig

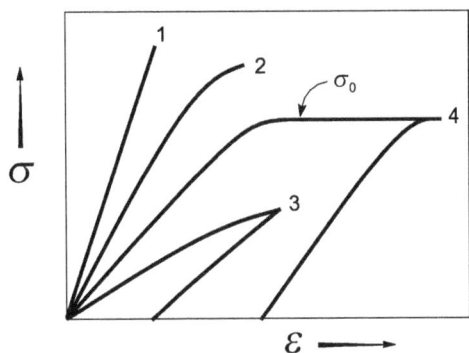

Abb. 4-36. Spannungs-Dehnungs-Kurven fester Körper. Typen: 1 ideal elastisch, 2 nichtlinear elastisch, 3 nichtlinear elastisch plastisch, 4 plastisch. σ_0 ist die Fließgrenze

4.7.2
Stress-Test

Beim Stress-Test wird die Spannung aufgezeichnet, die ein Körper bei vorgegebener Deformation zeigt. Gibt man eine Scherung vor, erhält man eine Schubspannung, gibt man eine Dehnung (Zug oder Stauchung) vor, erhält man eine Zugspannung (oder Druckspannung). Bei ideal elastischen Körpern sind diese Spannungen zeitlich konstant und gestatten die Ermittlung von G-Modul und E-Modul. Bei viskoelastischen Körpern fallen diese Spannungen infolge des Fließens des betreffenden Materials mit der Zeit ab. Die Aufzeichnung dieser Spannungs-Zeit-Kurven ermöglicht die Beschreibung des Relaxations-Verhaltens eines viskoelastischen Materials. Bei überwiegend viskosen Körpern ist die Spannung nur aufrecht zu erhalten, wenn statt einer Scherung bzw. Dehnung eine Scherrate bzw. Dehnrate vorgegeben wird. Dies ist dann ein so genannter Fließtest. Führt man Fließtests mit stufenweise erhöhter Scherrate (bzw. Dehnrate) durch, kann man

Tabelle 4-35. Experimentelle Varianten von Stress-Tests

Beanspruchung	Vorgabe der	Messung zum Beispiel	Bezeichnung
Scherung	Scherrate $\dot{\gamma}$	Schubspannung über t	Fließtest (Abb. 4-37)
Dehnung	Dehnrate $\dot{\varepsilon}$	Spannung der Kraft über t	Fließtest (Abb. 4-37)
Scherung	Scherung γ	Schubspannung über t	Relaxations-Test (Abb. 4-40)
Dehnung	Dehnung ε	Spannung oder Kraft über t	Relaxations-Test (Abb. 4-40)

Fließkurven (Schubspannung über Scherrate) erzeugen (siehe 4.3.2). Tabelle 4-35 zeigt eine Übersicht über die genannten experimentellen Varianten.

Stress-Tests liefern Informationen über das Verhältnis von elastischen und viskosen Komponenten von viskoelastischen Materialien. Bei überwiegend elastischem Verhalten bieten sich Relaxations-Tests an (4.7.4). Wenn das viskose Verhalten überwiegt, sind Fließtests vorteilhaft.

4.7.3
Fließtest

Abbildung 4-37 zeigt Beispiele von Fließtests an einem viskoelastischen Material bei unterschiedlichen Scherraten bzw. Dehnraten. Mit zunehmender Beanspruchungsrate wird der von der elastischen Komponente verursachte „Overshoot" größer. Die Auswertung derartiger Kurven gestattet Aussagen über das Verhalten von Materialien (viskos, viskoelastisch, elastisch) bei unterschiedlicher Beanspruchungsgeschwindigkeit (zum Beispiel beim Kauen, Schneiden, Pressen etc.).

4.7.4
Relaxations-Test

Abbildung 4-38 zeigt den zeitlichen Verlauf der Spannung nach Aufbringen einer plötzlichen Dehnung auf eine Probe. Eine viskoelastische Probe zeigt einen all-

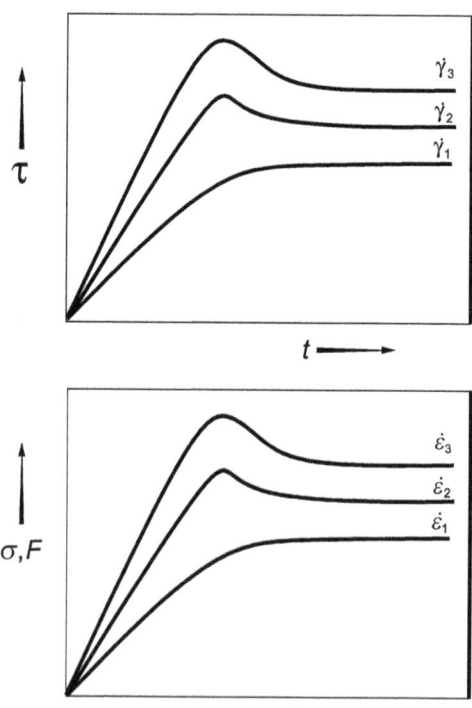

Abb. 4-37. Fließ-Test an einer viskoelastischen Substanz. Oben: Unterschiedliche Scherraten $\dot{\gamma}$ und Messung der Schubspannung. Unten: Unterschiedliche Dehnraten $\dot{\varepsilon}$ und Messung der axialen Spannung beziehungsweise Kraft

4.7 Textur-Untersuchung

Abb. 4-38. Verhalten einer Probe nach Aufbringen einer plötzlichen, gleich bleibenden Deformation. oben: elastisches Material, Mitte: viskoses Material, unten: viskoelastisches Material

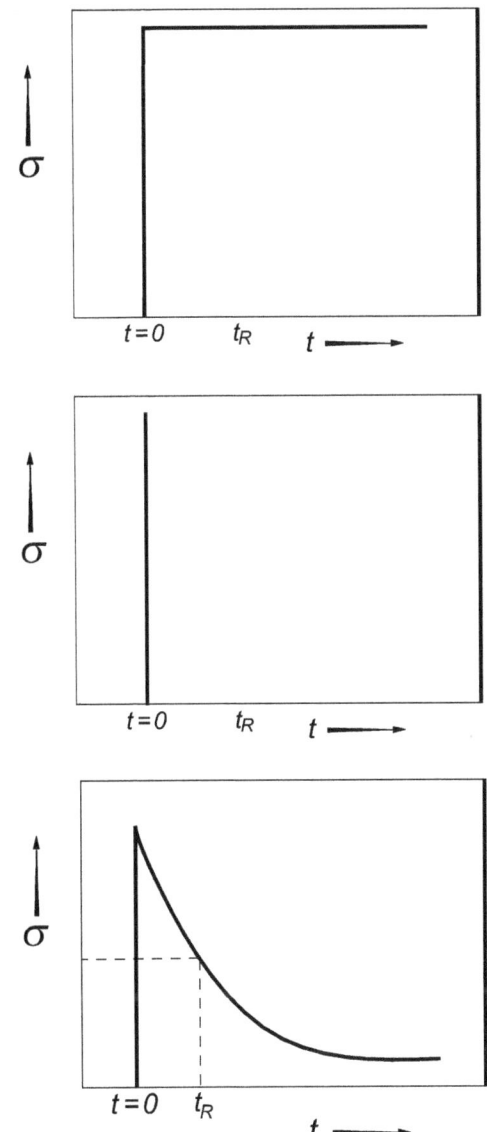

mählichen Abfall der Spannung, der dadurch verursacht wird, dass die Probe nicht nur elastisch verformt wird sondern zusätzlich langsam fließt.

Um Viskoelastizität molekular zu erklären, stellt man sich vor, dass ein Körper aus molekularen Bausteinen besteht, die über Bindungen in Wechselwirkung stehen. Sehr feste Bindungen kann man nicht leicht trennen, man kann sie jedoch deformieren wobei Deformationsenergie gespeichert wird, welche bei der reversiblen Rück-Deformierung wieder frei wird. Weniger feste Bindungen (zum Beispiel nebenvalente) können gelöst und mit Nachbarmolekülen neu geknüpft werden. Dadurch wird eine bleibende Verformung (Fließen) möglich. Die Energie, die zum Fließen aufgewendet werden muss, wird nicht in Bindungen gespeichert, sondern geht als Wärme verloren, man nennt dies Energie-Dissipation. Wie stark ein Material unter einer vorgegebenen Deformation zum Fließen neigt, zeigt der Relaxations-Test (Abb. 4-38). Während ideal elastische Körper keine Relaxation der Spannung zeigen, beginnen ideal viskose Körper unter einer Deformation sofort zu fließen, so dass keine Spannung aufrecht erhalten wird. Ein viskoelastischer Körper stellt den Mischfall dar: Die durch elastische Verformung hervorgerufene Spannung ist messbar und zeigt ein zeitliches Abklingverhalten (so genannte Relaxation) aufgrund eines allmählichen Fließens des Materials. Zur Charakterisierung des viskoelastischen Materials verwendet man die Relaxations-Zeit t_R. Die Relaxationszeit ist diejenige Zeit, nach welcher die Spannung auf $1/e$ – das heißt auf 36,8% – ihres Anfangswerts abgefallen ist.

$e = 2{,}718$

$\dfrac{1}{e} = 0{,}368$

Zur Veranschaulichung von viskoelastischem Verhalten beziehungsweise von Relaxationsverhalten kann man das Feder-Dämpfer-Modell (MAXWELL-Körper) aus der Mechanik heranziehen (Abb. 4-39). Dehnt man den MAXWELL-Körper schlagartig, wird die Feder sämtliche Verformung elastisch aufnehmen. Ein allmähliches Nachgeben des Dämpfers führt zur Entlastung der Feder (Relaxation der Federspannung). Die Relaxations-Kurve (Abb. 4-40) gibt Auskunft über das Ausmaß der elastischen und der viskosen Anteile dieser Anordnung.

Nach [10] ist die Relaxationszeit das Verhältnis von Viskosität und Elastizitäts-Modul. Flüssigkeiten haben sehr kleine Relaxationszeiten (z.B. Wasser: 10^{-3} s), elastische Materialien hingegen sehr hohe Relaxationszeiten. Viskoelastische Materialien besitzen dazwischen liegende Werte von $t_R = 10^{-1} \ldots 10^6$ s [10].

Abb. 4-39. MAXWELL-Körper: Feder-Dämpfer in Serie

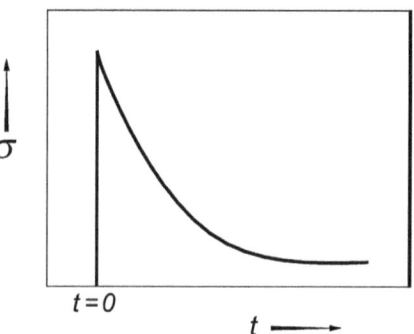

Abb. 4-40. Relaxationsverhalten des MAXWELL-Körpers

Bei der Planung von Relaxations-Tests muss beachtet werden, dass ein Relaxieren der Spannung nur beobachtet werden kann, wenn die Beobachtungszeit ausreichend groß ist. Betrachtet man beispielsweise einen Camembert, desses Inneres viskoelastisch mit einer Relaxationszeit von $t_R = 2$ h sei. Verformt man eine Camembert-Probe und beobachtet ihn 1 min ($t \ll t_R$) wird man praktisch kein Fließen feststellen und das Material für elastisch erklären. Beobachtet man die Probe jedoch über einen Tag ($t > t_R$), wird man feststellen, dass der Camembert fließfähig, also viskos ist. Das Beispiel zeigt, dass die Art des Experiments und die Beobachtungsdauer das Ergebnis beeinflussen. Ein Material kann bei kurzen Einwirkungen (kurze Beobachtungsdauer) wie ein elastischer Körper wirken, jedoch bei langen Einwirkungen (hohe Belastungsdauer) wie ein viskoser Körper wirken.

Das Verhältnis von Relaxationszeit t_R und Einwirkzeit (Beobachtungszeit) t wird DEBORAH-Zahl De genannt (vgl. Abschnitt 4.4). Gemäß (4-48) ist

$$De = \frac{t_R}{t} \tag{4-146}$$

Große De-Zahlen kennzeichnen den elastischen Fall, kleine De-Zahlen den viskosen Fall. Fälle, bei denen die Einwirkzeiten in der Größenordnung der Relaxationszeiten liegen ($De \approx 1$) sind Fälle, in denen Viskoelastizität vorliegt (vgl. Tabelle 4-36).

4.7.5
Kriech-Tests

Moderne Instrumente gestatten die Vorgabe einer definierten Spannung auf die Probe und die Verfolgung der daraus resultierenden Verformung, den so genannten Kriech-Test (engl. creep test). Derartige Experimente können als Scher-Experimente oder als Dehn-Experimente ausgeführt werden. Die experimentellen Varianten zeigt Tabelle 4-37.

Tabelle 4-36. DEBORAH-Zahl und Materialeigenschaft

Fall	De-Zahl	Material
$t > t_R$	$De < 1$	viskos
$t < t_R$	$De > 1$	elastisch
$t \approx t_R$	$De \approx 1$	viskoelastisch

Tabelle 4-37. Experimentelle Varianten von Kriech-Tests

Beanspruchung	Vorgabe der	Messung von z.B.
Scherung	Schubspannung τ	Scherung γ über die Zeit t Scherrate $\dot{\gamma}$ über die Zeit t
Dehnung	Spannung σ	Dehnung ε über die Zeit t Dehnrate $\dot{\varepsilon}$ über die Zeit t

Abb. 4-41. Kriech-Test an einer viskoelastischen Substanz: 1 elastische Verformung, 2 Fließen, 3 elastische Rückverformung, 4 bleibende Verformung

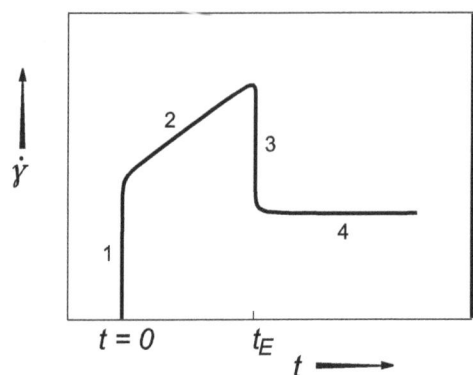

Abbildung 4-41 zeigt die Kriechkurve einer viskoelastischen Substanz. Durch Aufbringen einer plötzlichen Schubspannung reagiert die Probe mit einer elastischen Verformung γ, die sich durch allmähliches Fließen der Probe vergrößert. Nimmt man die vorgegebene Schubspannung wieder weg (t_E), dann zeigt die Probe eine elastische Rück-Deformation, aber auch eine bleibende Verformung. Anhand der Größen der reversiblen (elastischen) und nicht-reversiblen (viskosen) Verformung lässt sich das viskoelastische Verhalten der Probe charakterisieren.

Viskoelastische Materialien lassen sich anhand von zeitabhängigen oder zeitunabhängigen Kenngrößen charakterisieren. Einige Beispiele dafür nennt Tabelle 14-38.

4.7.6
Bruch-Tests

Größere Dehnungen an festen und festkörperähnlichen Materialien führen häufig zum Bruch. Das Verhalten von Stoffen vor dem Bruch ist häufig weit entfernt vom Verhalten des ideal elastischen Körpers. Bei Anwendung größerer Dehnungen kommt es fast immer zu Abweichungen vom rein elastischen Verhalten, der Stoff zeigt plastische Verformung (d.h. Fließen) und schließlich das irreversible Abreißen von Bindungen zwischen den Molekülen beziehungsweise Atomen des Materials. Für die Kompression, Stauchung beziehungsweise Scherung gilt dies

Tabelle 4-38. Zeitabhängige und zeitunabhängige Kenngrößen

Kenngröße	zeitunabhängig	zeitabhängig
Charakterisierung anhand…	E-Modul Maximalwerte im σ-ε-Diagramm, aufzuwendende Arbeit	Zeitkonstanten
Beispiele:	Elastizität von Pasta Härte eines Apfels Schneidarbeit an Salami	Relaxationszeit von Käse Resonanzfrequenz

analog. Aufgrund des nicht ideal elastischen Verhaltens spielt die Geschwindigkeit der Beanspruchung eine große Rolle bei der Charakterisierung des Stoffverhaltens. Es gibt eine Reihe von Methoden zur Charakterisierung des Bruchverhaltens (s. z. B. [10]), die einfachsten Varianten sind die uniaxiale Kompression (Stauch-Test) und der uniaxiale Zug (Zug-Test).

Stauch-Test und Stauch-Bruchtest
Der Stauch-Test wird auch als uniaxialer Kompressionstest bezeichnet. Während unter Kompression im Allgemeinen eine allseitige Beanspruchung verstanden wird, wird hier lediglich die Probengeometrie in einer Raumachse (uniaxial) geändert. Der uniaxiale Kompressions-Test – der Stauch-Test – ist der Gegensatz zum uniaxialen Zug-Test (engl. uniaxial extension test).

Beim Stauch-Test wird die Probe am einfachsten, wie in Abb. 4-34 gezeigt, zwischen zwei planparallelen Platten beansprucht. Abbildung 4-42 (oben) zeigt beispielhaft das Ergebnis eines Stauch-Bruchtests. Aufgetragen ist die ermittelte Spannung über der relativen Längenabnahme, das heißt über der negativen Dehnung. Aus dem Diagramm sind Bruchspannung σ_f, Bruchstauchung beziehungsweise Bruchdehnung ε_f sowie die spezifische Brucharbeit $\sigma_f \cdot \varepsilon_f$ (schraffierte Fläche, Einheit $J \cdot m^{-2}$) abzulesen. Durch die Auftragung von Kraft und Weg kommt man zu ähnlichen Kurvenverläufen (Abb. 4-42, unten), welche das Ab-

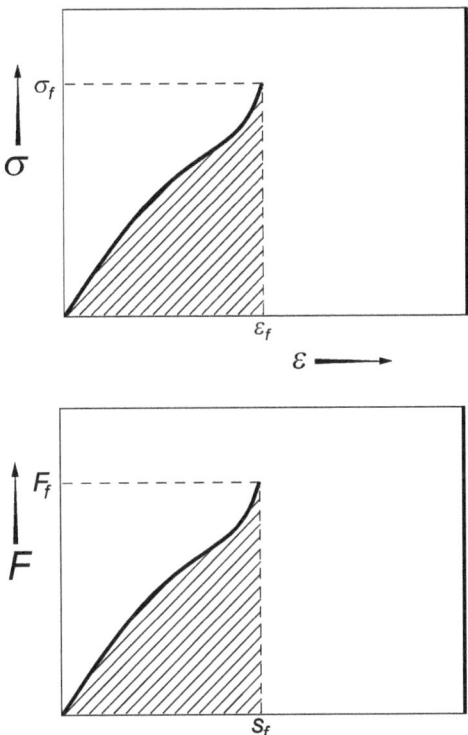

Abb. 4-42. Stauch-Bruchtest, schematisch. Oben: Spannungs-Dehnungs-Diagramm, unten: Kraft-Weg-Diagramm. Die schraffierte Fläche symbolisiert die Bruch-Arbeit

Abb. 4-43. Spannungs-Dehnungs-Diagramm einer viskoelastischen Substanz. *V* dissipierte Energie, *E* elastische Energie (engl. resiliance)

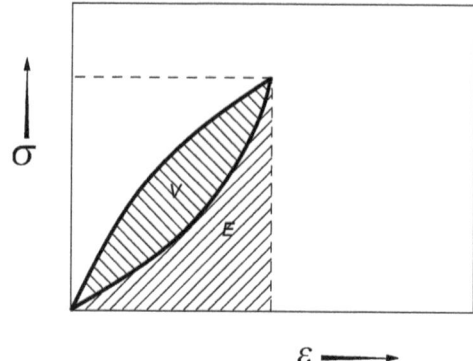

lesen von Bruchkraft und Bruchweg sowie der Brucharbeit gestatten. Die anfängliche Steigung der Kurve wird als Festigkeit der Probe bei geringer Stauchbelastung bezeichnet, häufig auch als Steifheit (stiffness). Sie ist im Fall der σ-ε-Auftragung identisch mit dem Elastizitätsmodul (vgl. 4.1.2).

Obwohl es einfach erscheint, den *E*-Modul der Probe aus dem Stauchtest zu ermitteln, kann man hier auf unerwartete experimentelle Schwierigkeiten stoßen. Um mit einer vorgegebenen Beanspruchungsgeschwindigkeit zu arbeiten, wählt man im Allgemeinen eine feste Dehnrate beziehungsweise Stauchrate. Die Rate der relativen Stauchung ist dann

$$\dot{\varepsilon} = \frac{1}{L(t)} \cdot \frac{dL}{dt} \qquad (4\text{-}147)$$

mit

$$L(t) = L_0 - \frac{dL}{dt} \cdot t \qquad (4\text{-}148)$$

ist

$$\dot{\varepsilon} = \frac{1}{L_0 - \frac{dL}{dt} \cdot t} \cdot \frac{dL}{dt} \qquad (4\text{-}149)$$

also

$$\dot{\varepsilon} = \frac{1}{L_0 \cdot \frac{dt}{dL} - t} \qquad (4\text{-}150)$$

Gleichung (4-150) zeigt, dass bei einer kontinuierlichen Abnahme von $L(t)$ die Stauchrate während des Versuchs kontinuierlich ansteigt, auch wenn das Instrument mit einem konstanten Wert für $\frac{dL}{dt}$ arbeitet. $\dot{\varepsilon}$ zeigt besonders dann eine

4.7 Textur-Untersuchung

starke Zeitabhängigkeit, wenn L_0 klein und die gewählte Rate $\frac{dL}{dt}$ groß sind. Aus diesem Grund, empfiehlt es sich, mit sehr kleinen Raten $\frac{dL}{dt}$ zu arbeiten, wenn die Dehnrate $\dot{\varepsilon}$ zeitlich weitgehend konstant sein soll. Mit $\frac{L_0}{dL/dt} \gg t$ gilt:

$$\dot{\varepsilon} \approx \frac{1}{L_0} \cdot \frac{dL}{dt} = \text{const.} \qquad (4\text{-}151)$$

Zur Bestimmung des *E*-Moduls muss außerdem sorgfältig auf die Probengeometrie geachtet werden. Wird beispielsweise eine Probe mit einer Höhe von $L_0 = 1$ cm untersucht und der elastische Bereich endet bei einer Dehnung bzw. Stauchung von $\varepsilon \cdot 5\%$, dann beträgt der Experimentierweg nur $\Delta L = \varepsilon \cdot L_0 = 0{,}5$ mm. Das heißt, die Probe darf keine Unebenheiten besitzen, die 0,5 mm betragen, ebenso muss die Unparallelität der beanspruchten Flächen (Probevorbereitung) unter diesem Wert liegen. PELEG [11] unterscheidet zwischen CAUCHY-Dehnung und HENCKY-Dehnung (Tabelle 4-39) und empfiehlt, bei größeren Dehnungen die HENCKY-Dehnung zu verwenden. Für kleine Dehnungen ($\varepsilon < 1\%$) sind CAUCHY- und HENCKY-Dehnung praktisch gleich.

Die Berechnung der beanspruchten Probenfläche erfolgt bei inkompressiblen Stoffen gemäß $A(t) = A_0 \cdot \frac{L_0}{L_0 - \Delta L}$. Damit die Querschnittsvergrößerung der Probe im Stauchtest reibungsfrei ablaufen kann, kann bei trockenen Proben der Einsatz von geeigneten Schmiermitteln zwischen Probe und Platte vorteilhaft sein. Generell lässt sich sagen, dass Proben mit einem kleinen Länge-Breite-Verhältnis vorteilhaft sind, dass sie Geometrie während der Stauchung weniger verändern, als Proben mit großem Länge-Breite-Verhältnis.

Schneidtest

Führt man einen Test wie den Stauchtest anstatt mit einer Platte mit einer Messerschneide oder einem Schneiddraht aus, welcher in die Probe eindringt, so liefert das entsprechende Spannungs-Dehnungs-Diagramm (bzw. Kraft-Weg-Diagramm) die Schneidspannung (Schneidkraft), eine Schneidstauchung (Schneidweg) und die zugehörige spezifische Schneidarbeit in $J \cdot m^{-2}$ (Schneid-

Tabelle 4-39. CAUCHY-Dehnung und HENCKY-Dehnung

CAUCHY-Dehnung	$\varepsilon = \dfrac{\Delta L}{L_0}$
HENCKY-Dehnung	$\varepsilon = \int_{L_0}^{L} \dfrac{dL}{L(t)}$
	$\varepsilon = \ln \dfrac{L(t)}{L_0}$

arbeit in J). Die Begriffe Stauchung und Dehnung werden beim Schneidtest kaum verwendet und sind rein formaler Natur, da die elastischen Eigenschaften hier nicht im Vordergrund stehen.

Zug-Bruchtest

Der Zug-Bruchtest (uniaxialer Dehntest) verläuft im Wesentlichen analog zum Stauch-Bruchtest. Aus dem Spannungs-Dehnungs-Diagramm lassen sich wiederum die Bruchspannung, die Bruchdehnung, die spezifische Brucharbeit sowie der *E*-Modul ermitteln (vgl. Abb. 4-42). Ein Vorteil des Dehn-Bruchtests gegenüber dem Stauch-Bruchtest ist, dass keine Reibung aufgrund einer Querschnittsvergrößerung der Probe auftritt. Der Hauptnachteil gegenüber dem Stauchtest besteht darin, dass die Probenbefestigung beim Zugtest komplizierter ist. Die Probe muss im Allgemeinen größer sein, damit sie zwischen Klemmbacken oder ähnlichen Vorrichtungen eingespannt werden kann. Die Befestigung der Probe muss so erfolgen, dass keine Beschädigung der Probe eintritt. Wenn die Probe an der Einspannstelle zuerst bricht, ist dies ein erster Hinweis auf die Beschädigung der Probe durch die Befestigung. Auch das Verbinden von Probe und Messwerkzeug durch Kleben ist möglich. In der Prüfung von technischen Werkstoffen aus Metall oder Kunststoff verwendet man Proben mit standardisierter Geometrie (z.B. DIN 53455). In der Untersuchung von Lebensmitteln lassen sich Probe-Geometrien kaum vorgeben. Die Form, Größe und Homogenität des Lebensmittels bestimmen häufig die Art der Probenbefestigung.

Abbildung 4-44 zeigt beispielhaft ein Spannungs-Dehnungs-Diagramm für einen Zug-Bruchtest. Neben der Bruchspannung σ_f kann auch die maximal aufgetretene Spannung σ_{max} (Zugfestigkeit) und die zugehörige Dehnung ausgewertet werden. Derartige Größen werden häufig für Verpackungsmaterialien angegeben (Kunststoff- und Papierbahnen, Verbundmaterialien, Stretchfolien). Auch Reißfestigkeiten sowie Weiterreißfestigkeiten von Verpackungen und Packstoffen können mit den derartigen Zugtests ermittelt werden. Die Kraft, die zum Öffnen von Kunststoffbeuteln, gesiegelten Deckeln auf Joghurtbechern oder Flaschen benötigt wird, ist ein wichtiges Kriterium für die vom Verbraucher empfundene „Convenience" einer Verpackung.

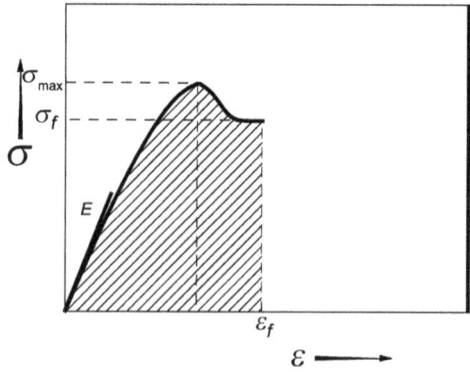

Abb. 4-44. Spannungs-Dehnungs-Diagramm für einen Zug-Bruchtest

Abb. 4-45. Drei-Punkt-Biegetest.
N: neutrale Achse;
C: komprimierte Achse;
E: gedehnte Achse

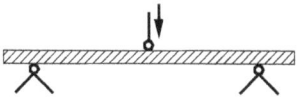

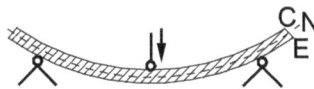

Drei-Punkt-Biegetest/-Bruchtest
Eine weitere experimentelle Variante zur Untersuchung größerer Verformungen bis hin zum Bruch ist der Drei-Punkt-Bruchtest. Hier wird die Probe an zwei Punkten gelagert und an einem dritten Punkt beansprucht (Abb. 4-45).

Diese Art der Untersuchung eignet sich besonders für Proben, die lang sind im Vergleich zu ihrer Dicke. Bei der Biegebeanspruchung wird der untere Teil der Probe gedehnt während im oberen Bereich eine Stauchung stattfindet [12] (vgl. Abb. 4-45). Dieser Test erfordert andererseits große Proben, was in der Lebensmitteltechnik häufig ein Problem darstellt, da die Probe ja zusätzlich auch homogen sein muss. Die Probe darf nicht von ihrem Eigengewicht bereits verformt werden, das heißt der Test beschränkt sich auf Materialien mit ausreichend hoher Steifheit (*E*-Modul). Durch die Form der Auflagepunkte beziehungsweise des Beanspruchungswerkzeugs (rund, spitz, scharf) kann die Fragestellung und der Testverlauf modifiziert werden.

Weitere Tests
Neben den bisher beschriebenen Tests ist eine Reihe von empirischen Tests zur Charakterisierung von Lebensmitteln in Gebrauch. Bei diesen Tests sind die aufgebrachten Kräfte, Spannungen, Dehnungen etc. oftmals nicht klar definiert, daher ist die Ermittlung fundamentaler physikalischer Größen unmöglich. Dennoch können derartige Tests aussagekräftige Informationen über die vom Verbraucher empfundene Qualität liefern. Als Beispiel für derartige Tests seien genannt:

Kompressions-Tests
Es existieren eine Reihe von modifizierten Stauchtests mit eckigen und runden Platten, flachen zylindrischen und abgerundeten zylindrischen Prüfwerkzeugen, mit Kanten oder Schneiden, mit perforierten oder geschlitzten Platten oder mit Nadeln. Die erhaltenen Testergebnisse stehen je nach Versuchsdurchführung in Verbindung zu Viskosität, Elastizitätsmodul, Bruchspannung, Brucharbeit oder zu Kombinationen derartiger Materialeigenschaften.

Penetrations-Test
Eine spezielle Ausführung des Stauchtests ist die Verwendung von konischen Eindringkörpern. Beim Eindringen eines konusförmigen Körpers in ein festkörperähnliches Material kommt es beim Überschreiten der Fließgrenze zum Fließen beziehungsweise zur plastischen Verformung des Materials oder auch

zum Bruch. WALSTRA beschreibt z.B. die Streichfähigkeit von Butter penetrometrisch [13]. Eine experimentell einfache Variante ist die Verwendung von konusförmigen Körpern, die unter der Wirkung ihrer Gewichtskraft in den zu untersuchenden Körper eindringen. Die Eindringtiefe wird abgelesen.

Auslauf-Tests
Sehr einfache Geräte zur Charakterisierung des Fließverhaltens sind Gefäße mit einer vorgegebenen Auslauföffnung. Durch Messung der Auslaufzeit für ein vorgegebenes Volumen lässt sich schnell und einfach eine Kenngröße für die Fließfähigkeit des untersuchten Stoffes erhalten (vgl. 4.6.3). Bei starken strukturviskosen oder thixotropen Fluiden treten Schwierigkeiten auf, die darauf zurückzuführen sind, dass während des Auslauftests die Schubspannung (Füllhöhe) abnimmt. Die Kombination von instrumentellem Stauchtest mit einem Auslaufbehälter ergibt einen Extrusionstest, der es erlaubt, den Auslaufversuch mit konstanter Schubspannung durchzuführen. Auslauftests können auch zur Charakterisierung der Fließfähigkeit von Pulvern eingesetzt werden [17].

Empirische Tests können einfach, schnell, kostengünstig und aussagekräftig sein, aber auch das krasse Gegenteil. Bei der Auswahl und der Verwendung eines Tests sollte man sich von folgenden Fragen leiten lassen:

- Welche Materialeigenschaft soll beschrieben werden?
- Welche physikalischen Eigenschaften werden hinter diesen Materialeigenschaften hauptsächlich vermutet?
- Welche Art der Beanspruchung spricht diese physikalischen Eigenschaften an?
- Welche Größen sind konstant zu halten (z.B. Temperatur, Dehnrate)?
- Welche experimentellen Parameter beeinflussen das Testergebnis außerdem? (z.B. Gefäßgröße, die dann angegeben sein muss)

So genannte DMA-Geräte (dynamic mechanical analysis) schließen die Lücke zwischen Messgeräten, die eine uniaxiale Kompressions-Beanspruchung auf die Probe bringen und Geräten, die oszillierende Scher-Beanspruchungen ausüben. DMA-Messgeräte beanspruchen die Probe mit uniaxialem Zug bzw. Druck, welcher oszillierend mit variabler Frequenz und Amplitude aufgebracht werden kann. Die Vorteile liegen in der Geschwindigkeit und im kleineren Probevolumen [14].

4.8
Applikationen

Spagetti: Festigkeit und Relaxationsverhalten	[19]
Alginat: Spannung-Dehnungs-Verhalten und Viskoelastizität	[20]
Senf: Fließgrenze, komplexe Viskosität, Thixotropie	[21]
Molkenprotein-Konzentrate: Fließeigenschaften	[22]
Ketchup: Einfluss von Hydrokolloiden auf das Fließverhalten	[23]
Ketchup: BOSTWICK-Konsistometer und in-line-Photometrie im Vergleich	[24]

Butter: Streichfähigkeit und Schneidtest	[13], [100] Methode L04.00-14
Fisch: Bruch-Spannung und Glasübergangsstemperatur	[25]
Fette: Viskoelastische Eigenschaften	[26]
Pürees von Obst und Gemüse: Stoffdaten zum Fließverhalten	[27]
Mayonnaise: Rheologische Charakterisierung, gemäß HERSCHEL-BULKLEY-Modell, Wandgleiteffekte	[28, 29]
Schokoladentrunk: Rheologische und optische Eigenschaften	[30]
Mikrokristalline Wachse: Viskositätsmessung	[100] Methode L57.12.15-1
Stärke-Honig-Systeme: Speichermodul und Verlustmodul	[31]
O/W-Emulsion: Speichermodul und Verlustmodul	[32]
Käse: Charakterisierung durch Stress-Relaxation	[33]
Molkenprotein-Gele: Penetrometrische Charakterisierung	[34]
Apfel: Poisson-Zahl und E-Modul, Viskoelastizität	[35, 36]
Schokolade: Textur, Lagerung, Polymorphie, Charakterisierung von	[37, 38]
Cracker-Snacks als MAXWELL-Körper	[39]
On-line Texturmessung zur Sortierung von Früchten	[40]
Pulver-Fließeigenschaften: Tests, Verklumpung und Ursachen	[41]

4.9
Literatur

1. Mohsenin NN (1970) Physical properties of plant and animal materials, Vol. I. Gordon and Breach Science Publishers Inc., New York
2. Steffe JF (1996) Rheological methods in food process engineering, second ed. Freeman Press, East Lansing
3. Mezger Th (2000) Das Rheologie-Handbuch, Vincentz-Verlag, Hannover
4. Toledo RT (1991) Fundamentals of food process engineering. Van Nostrand Reinhold, New York
5. Rao MA, Amanda Rao M (1999) Rheology of fluids and semisolid foods: Principles and applications. Kluwer Academic, Dordrecht 1999
6. Walstra P (2003) Physical Chemistry of Foods. Marcel Dekker, New York
7. Ferry JD (1980) Viskoelastic properties of polymers. Wiley, New York
8. Mohsenin NN (1986) Physical properties of plant and animal materials, Vol II. Gordon and Breach Science Publishers Inc., New York
9. Mohsenin NN (1980) Thermal properties of foods and agricultural materials. Gordon and Breach Science Publishers, New York
10. Rosenthal AJ (1999) Food texture, perception and measurement. Aspen Publishers, Gaithersburg, p 89
11. Peleg M, Bagley EB (1982) Physical properties of foods. AVI Publishing Company Inc., Westport
12. van Vliet T, Luyten H (1995) Fracture mechanics of solid foods, in: Dickison E (ed) New physicochemical techniques for the characterization of complex food systems. Blackie, Glasgow, pp 157–176

13. Walstra P (ed) (1980) Evaluation of the firmness of butter. Int. Dairy Federation Document, Brussels 135: 4–11
14. Meyvis TKL, Stubbe BG, Van Steenbergen MJ, Hennink WE, De Smedt SC, Demeester J (2002) A comparison between the use of dynamic mechanical analysis and oscillatory shear rheometry for the characterisation of hydrogels. Intern J Pharmaceutics 244: 163–168
15. Kulicke WM (1986) Fließverhalten von Stoffen und Stoffgemischen. Hüthig & Wepf, Basel
16. Bourne MC Food (1982) Texture and Viscosity: Concept and Measurement. Academic Press, New York
17. Teunou E, Fitzpatrick JJ, Synnott EC (1999) Characterisation of food powder flowability. J Food Engineering 39: 31–37
18. Escher F (1993) in: Jowitt R, Escher F, Hallström B, Meffert HFTh, Spiess WEL, Vos G (1983) Physical properties of food. Applied Science Publishers Ltd., Ripple Road, Barking, UK
19. Cuq B, Gonçalves F, Mas JF, Vareille L, Abecassis J (2003) Effects of moisture content and temperature of spaghetti on their mechanical properties. J Food Engineering 59: 51–60
20. Mancini M, Moresi M, Rancini R (1999) Mechanical properties of alginate gels: empirical characterisation. J Food Engineering 39: 369–378
21. Juszczak L, Witczak M, Fortuna T, Banys A (2004) Rheological properties of commercial mustards. J Food Engineering 61: 209–217
22. Resch JJ, Daubert CR (2002) Rheological and physicochemical properties of derivatized whey protein concentrate powders. Intern J of Food Properties 5: 419
23. Gujral HS, Sharma A, Singh N (2002) Effect of hydrocolloids, storage temperature, and duration on the consistency of tomato ketchup. Intern J of Food Properties 5: 179
24. Haley TA, Smith RS (2003) Evaluation of in-line absorption photometry to predict consistency of concentrated tomato products. Lebensmittel Wissenschaft und Technologie 36: 159–164
25. Watanabe H, Qi Tang Cun, Toru Suzuki, Mihori T (1996) Fracture stress of fish meat and the glass transition. J Food Engineering 29: 317–327
26. Shellhammer TH, Rumsey TR, Krochta JM (1997) Viscoelastic properties of edible lipids. J Food Engineering 33: 305–320
27. Krokida M, Maroulis Z, Saravacos G (2001) Rheological properties of fluid fruit and vegetable puree products: compilation of literature data. Intern J of Food Properties 4: 179
28. Ma L, Barbosa-Cánovas GV (1995) Rheological characterization of mayonnaise. Part I: Slippage at different oil and xanthan gum concentrations. J Food Engineering 25: 397–408
29. Ma L, Barbosa-Cánovas GV (1995) Rheological characterization of mayonnaise. Part II: flow and viscoelastic properties at different oil and xanthan gum concentrations. J Food Engineering 25: 409–425
30. Mario Yanes LD, Costell E (2002) Rheological and optical properties of commercial chocolate milk beverages. J Food Engineering 51: 229–234
31. Sopade PA, Halley PJ, Junming LL (2004) Gelatinisation of starch in mixtures of sugars. I. Dynamic rheological properties and behaviours of starch-honey systems. J Food Engineering 61: 439–448
32. Rose Ch (1999) Stabilitätsbeurteilung von O/W-Cremes auf Basis der wasserhaltigen hydrophilen Salbe DAB 1996. Dissertation, Technische Universität Braunschweig
33. Venugopal V, Muthukumarappan K (2001) Stress relaxation characteristics of cheddar cheese. Intern J Food Properties 4: 469
34. Kessler HG (1996) Technologische Beeinflussung funktioneller Eigenschaften von Molkenproteinen zur Gestaltung von Prozessen und Produkten. Proc. 54. Diskussionstagung FEI, Bonn, p. 18–41
35. Grotte M, Duprat F, Piétri E, Loonis D (2002) Young's modulus, poisson's ratio, and lame's coefficients of golden delicious apple. Intern J of Food Properties 5: 333
36. Lewicki PP, Lukaszuk A (2000) Effect of osmotic dewatering on rheological properties of apple subjected to convective drying. J Food Engineering 45: 119–126
37. Schantz B, Linke L (2001) Messmethoden für Erstarrung und Kontraktion. Zucker- und Süßwarenwirtschaft 54(12):15–17

38. Ali A, Selamat J, Che Man YB, Suria AM (2001) Effect of storage temperature on texture, polymorphic structure, bloom formation and sensory attributes of filled dark chocolate. Food Chemistry 72: 491–497
39. Kim MH, Okos MR (1999) Some physical, mechanical, and transport properties of crackers related to the checking phenomenon. J Food Engineering 40: 189–198
40. García-Ramos FJ, Ortiz-Cañavate J, Ruiz-Altisent M, Díez J, Flores L, Homer I, Chávez JM (2003) Development and implementation of an on-line impact sensor for firmness sensing of fruits. J Food Engineering 58: 53–57
41. Adhikari B, Howes T, Bhandari B, Truong V (2001) Stickiness in foods: a review of mechanisms and test methods. Int J Food Properties 4:1
42. Gunasekaran S, Ak MM (2000) Dynamic oscillatory shear testing of foods – selected applications. Trends in Food Science and Technology 11: 115–127

(100–129 befinden sich am Schluss des Buches)

Normen:
DIN 13316	Mechanik ideal elastischer Körper
DIN 13342	Nicht-newtonsche Flüssigkeiten
DIN 13343	Linear viskoelastische Stoffe
DIN 53015	Messung der Viskosität mit dem Kugelfallviskosimeter nach Höppler
DIN 53018	Messung der dynamischen Viskosität newtonscher Flüssigkeiten mit dem Rotationsviskosimeter
DIN 53019	Messung von Viskositäten und Fließkurven mit Rotationsviskosimetern mit Standardgeometrie
DIN 53211	Bestimmung der Auslaufzeit mit dem DIN-Becher
DIN 53513	Bestimmung der viskoelastischen Eigenschaften von Polymeren
DIN EN ISO 2431	Bestimmung der Auslaufzeit mit Auslaufbechern
DIN EN ISO 3219	Bestimmung der Viskosität mit einem Rotationsviskosimeter bei defininertem Geschwindigkeitsgefälle

5 Grenzflächen

Die Berührungsfläche zwischen zwei Phasen nennt man Grenzfläche. Unter Phase wird hierbei eine homogene Zustandsform eines Stoffes verstanden, welche eben durch diese erkennbare Trennungsfläche von einer anderen Phase unterschieden werden kann. Voraussetzung für die Bildung einer Grenzfläche ist die unvollständige Mischbarkeit der beteiligten Phasen. Sind zwei Stoffe vollständig ineinander mischbar (wie z.B. zwei Gase oder eine Prise Salz in Wasser), entstehen keine dauerhaften Grenzflächen. Geht man von drei Aggregatzuständen (fest, flüssig, gasförmig) aus, sind die in Tabelle 5-1 aufgeführten Grenzflächen denkbar.

Festkörper-Grenzflächen werden wegen ihrer fehlenden Beweglichkeit auch als feste Grenzflächen bezeichnet, sie werden im Kapitel Wasseraktivität behandelt (1.1.1). In diesem Kapitel geht es vorwiegend um die Eigenschaften von fluiden Grenzflächen. Fluid-Fluid-Grenzflächen werden wegen ihrer Beweglichkeit als fluide Grenzflächen, manchmal auch als flüssige Grenzflächen bezeichnet. Diejenigen Grenzflächen, bei denen eine der beteiligten Phasen gasförmig ist, werden als Oberflächen bezeichnet. Man spricht dann z.B. von Oberflächenspannung anstelle von Grenzflächenspannung. Der Begriff der Grenzflächen ist also ein Oberbegriff, der auch die Oberflächen von Flüssigkeiten und Festkörpern einschließt. Da sich die physikalischen Eigenschaften der Grenzflächen eines Stoffes oft beträchtlich von den physikalischen Eigenschaften im Inneren, d.h. im Volumen desselben Stoffes unterscheiden, wird die Randschicht einer Phase manchmal als eigenständige Phase, als sogenannte Grenzflächenphase [1], bezeichnet. Dies gilt besonders im Falle von molekularen Schichten, die an einer Grenzfläche adsorbiert sind. Beispiele hierfür sind: Wassermoleküle auf Festkörperoberflächen (vgl. Abschnitt 1.2) sowie adsorbierte Tenside bzw. Emulgatoren an Flüssigkeitsgrenzflächen. Während ein Molekül bzw. Atom im Inneren eines Stoffes von gleichartigen Teilchen umgeben ist, ist dies an Grenzflächen nicht der Fall. Hier treten Wechselwirkungen mit „fremden" Teilchen auf und dadurch unterscheiden sich die Teilchen an der Grenzfläche in ihrem physikali-

Tabelle 5-1. Einteilung der Grenzflächen

Fluid-Fluid-Grenzflächen		Festkörper-Grenzflächen	
flüssig – gasförmig	z.B. Bier – CO_2	fest – gasförmig	z.B. NaCl – Luft
flüssig – flüssig	z.B. Wasser – Öl	fest – flüssig	z.B. Zucker – Öl
		fest – fest	z.B. Glas – PE

schen Verhalten von Teilchen im Volumen. Dies ist die Ursache sämtlicher Grenzflächenphänomene wie z.B. der Grenzflächenspannung [2].

5.1
Zwei-Phasen-Systeme

5.1.1
Grenzflächenspannung

Im Inneren einer Phase überlagern sich die allseitig angreifenden intermolekularen Wechselwirkungskräfte auf ein Teilchen M derart, dass die resultierende Kraft Null beträgt (s. Abb. 5-1). An der Grenzfläche hingegen kompensieren sich die Wechselwirkungskräfte nicht in allen Raumrichtungen, so dass eine resultierende, gerichtete Kraft entsteht. Sind z.B. die intermolekularen Wechselwirkungskräfte in der Flüssigkeitsphase größer als die intermolekularen Wechselwirkungskräfte zwischen den Molekülen der Flüssigkeitsphase und der angrenzenden Gasphase (wie in Abb. 5-1), dann resultiert für ein Flüssigkeitsmolekül eine Kraft F, die in das Phaseninnere (z.B. Wasser) gerichtet ist.

Will man die Grenzfläche vergrößern, muss man ein Flüssigkeitsmolekül entgegen dieser Kraft F aus dem Volumen an die Grenzfläche bringen. Die Vergrößerung der Grenzfläche ist daher mit einem Arbeits- bzw. Energieaufwand (Arbeit = Kraft · Weg) verbunden, während die Verkleinerung der Grenzflächengröße mit einem Energiegewinn verbunden ist. Aus diesem Grunde nehmen z.B. kräftefreie Flüssigkeitstropfen Kugelgestalt an: Alle anderen geometrischen Formen wären bei dem gegebenem Tropfenvolumen mit einer größeren Grenzfläche, d.h. mit größerem Energieaufwand verbunden. Im Regelfall besitzen die meisten Flüssigkeitstropfen jedoch keine ideale Kugelgestalt, sondern sind durch weitere äußere Einflüsse wie z.B. Schwerkraft, Haftkraft oder Luftreibungskraft (im freiem Fall) mehr oder weniger stark deformiert.

Betrachtet man eine hypothetische Grenzfläche in einem Drahtbügel, welche durch Verschieben einer beweglichen Querstrebe vergrößert werden kann (Abb. 5-2) kann man erkennen, dass die Erzeugung von zusätzlicher Grenzfläche der Größe $dA = s \cdot db$ mit einem Energieaufwand von $dE = F \cdot db$ verbunden ist. Die flächenbezogene Energie heißt spezifische Grenzflächenenergie σ und ist identisch mit der Grenzflächenspannung des Systems. Man nennt sie auch flächenspezifische Grenzflächenenergie bzw. flächenspezifische Oberflächenenergie.

$$\sigma = \lim_{\Delta A \to 0} \frac{\Delta E}{\Delta A} = \frac{dE}{dA} \tag{5-1}$$

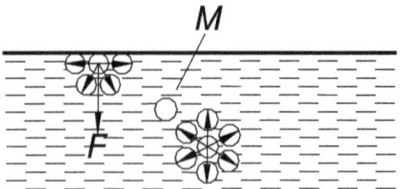

Abb. 5-1. Intermolekulare Kräfte an der Grenzfläche. Ein Molekül M erfährt an der Grenzfläche eine Kraft F

Abb. 5-2. Bildung einer Grenzfläche, schematisch

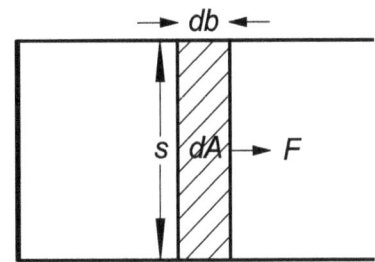

$$\sigma = \frac{F \cdot db}{s \cdot db} = \frac{F}{s} \tag{5-2}$$

F Kraft in N
A Fläche in m^2
σ Grenzflächenspannung N · m^{-1}
b Länge in m
s Breite in m

Die Einheit der Grenzflächenspannung ist die Einheit einer flächenbezogenen Energie:

$$1 \cdot \frac{N}{m} = 1 \cdot \frac{N \cdot m}{m^2} = 1 \cdot \frac{J}{m^2}$$

Die Energie zur Erzeugung einer Grenzfläche der Größe dA bzw. ΔA lässt sich somit berechnen gemäß

$$dE = \sigma \cdot dA \tag{5-3}$$

bzw.

$$\Delta E = \sigma \cdot \Delta A \tag{5-4}$$

5.1.2
Gekrümmte Grenzflächen

Man kann einen Trinkbecher so weit mit Wasser füllen, dass eine leicht gewölbte Wasseroberfläche entsteht, bei der die Flüssigkeit in der Mitte deutlich höher als am Rand steht. Es sieht so aus, als ob eine dünne Haut über die Wasseroberfläche gespannt wäre, welche die Oberflächenmoleküle festhält. Dieses Phänomen tritt nicht nur an Wasseroberflächen, sondern an allen Grenzflächen auf. Die Ursache dieser Grenzflächenspannung sind die unter 5.1 beschriebenen nicht kompensierten molekularen Kräfte in der Grenzfläche. Die scheinbare Haut einer Flüssigkeitsgrenzfläche zieht die Moleküle der Wasseroberfläche ins Flüssigkeitsinnere und führt dazu, dass die Flüssigkeitsmoleküle im Volumen unter einem

Abb. 5-3. Volumenarbeit einer Fluidkugel

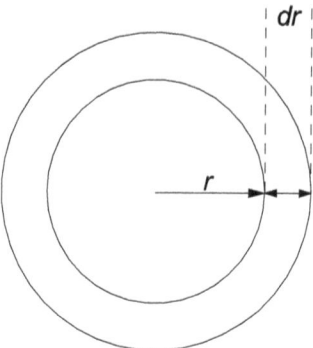

zusätzlichen Druck stehen. Man nennt diesen Druck den Kapillardruck. Will man das Volumen eines Flüssigkeitstropfens (bei gegebener Flüssigkeitsmasse) ein wenig vergrößern (s. Abb. 5-3), muss man gegen diesen Kapillardruck p_σ Arbeit, sogenannte Volumenarbeit dW_P aufbringen:

$$dW_P = -p_\sigma \cdot dV \qquad (5\text{-}5)$$

W_P Volumenarbeit in N · m
W_σ Grenzflächenarbeit in N · m
p_σ Druck N · m^{-2}
V Volumen in m^3

Bildet man das Differential $\dfrac{dV}{dr}$ für das Volumen einer Kugel mit $V = \dfrac{4}{3}\pi \cdot r^3$ erhält man:

$$\frac{dV}{dr} = \frac{d}{dr}\cdot\left(\frac{4}{3}\pi\cdot r^3\right) = 4\pi\cdot r^2 \qquad (5\text{-}6)$$

damit wird aus (5-5)

$$dW_P = -p_\sigma \cdot 4\pi \cdot r^2 \cdot dr \qquad (5\text{-}7)$$

Ein Tropfen, dessen Radius um dr vergrößert wird, bekommt eine größere Grenzfläche. Die hierzu notwendige Grenzflächenarbeit ist nach (5-3):

$$dW_\sigma = \sigma \cdot dA \qquad (5\text{-}8)$$

Bildet man das Differential $\dfrac{dA}{dr}$ für die Fläche einer Kugel mit $A = 4\pi \cdot r^2$ erhält man:

$$\frac{dA}{dr} = \frac{d}{dr}\cdot(4\pi\cdot r^2) = 8\pi\cdot r \qquad (5\text{-}9)$$

5.1 Zwei-Phasen-Systeme

Damit wird aus (5-8):

$$dW_\sigma = \sigma \cdot 8\pi \cdot r \cdot dr \tag{5-10}$$

Nach dem Energieerhaltungssatz ist

$$dW_\sigma + dW_P = 0 \tag{5-11}$$

bzw.

$$dW_\sigma = -dW_P$$

also mit (5-7) und (5-10)

$$\sigma_{12} \cdot 8\pi \cdot r \cdot dr = p_\sigma \cdot 4\pi \cdot r^2 \cdot dr \tag{5-12}$$

also

$$p_\sigma = \frac{2\sigma_{12}}{r} \tag{5-13}$$

Gleichung (5-13) beschreibt den Kapillardruck nach LAPLACE. Er wird auch kapillarer Krümmungsdruck genannt. Der Radius r ist der Krümmungsradius der betrachteten Grenzfläche.

Der Kapillardruck p_σ ist der Überdruck im Inneren einer Phase mit konvex gekrümmter Grenzfläche gegenüber der benachbarten Phase. Bezeichnet man die Phase eines Tropfens mit dem Krümmungsradius r_1 mit Phase 1 und die der Umgebung mit Phase 2, so lautet die LAPLACE-Gleichung für die Absolutdrücke p_1 und p_2 der beiden Phasen:

$$p_1 - p_2 = \frac{2\sigma_{12}}{r_1} = p_\sigma \tag{5-14}$$

σ_{12} Grenzflächenspannung (Phase 1 – Phase 2) in Nm^{-1}
r_1 Krümmungsradius (Phase 1) in m
p_1 Absolutdruck in Phase 1 (Tropfen) in Pa
p_2 Absolutdruck in Phase 2 (Umgebung) in Pa
p_σ Kapillardruck (Überdruck der Phase 1) in Pa

Man sieht, dass der Druck im Inneren eines Flüssigkeitstropfens (z.B. eines Wassertropfens) gegenüber der Umgebung (z.B. Luft) erhöht ist. Die Druckdifferenz wird um so größer, je kleiner der betrachtete Tropfen, d.h. der Krümmungsradius ist.

Ein Tropfen in einem Gas hat eine konvex geformte Grenzfläche mit einem Krümmungsradius $r > 0$. Die LAPLACE-Gleichung gilt jedoch nicht nur für konvexe Grenzflächen, sondern auch für konkav geformte Grenzflächen. Für ebene Grenzflächen ($r = \infty$) liefert die LAPLACE-Gleichung $p_1 - p_2 = p_\sigma = 0$, d.h. die Drücke in Phase 1 und Phase 2 sind gleich. Tabelle 5-2 fasst die Fälle zusammen:

Tabelle 5-2. Kapillardruck von unterschiedlich gekrümmten Grenzflächen

Grenzfläche	gekrümmt	gekrümmt	nicht gekrümmt
Aussehen der Grenzfläche, schematisch	⌣ 2 / 1	2 / ⌢ \ 1	2 / 1
Grenzfläche der Phase 1	konkav	konvex	eben
Krümmungsradius r_1 $p_1 - p_2 = \dfrac{2\sigma_{12}}{r_1}$	$r_1 < 0$ < 0	$r_1 > 0$ > 0	$r_1 = \infty$ 0
in Phase 1 herrscht…	Unterdruck gegenüber Phase 2	Überdruck gegenüber Phase 2	gleicher Druck wie in Phase 2
Beispiel:	Gasblase (Phase 2) in Wasser (Phase 1)	Flüssigkeitstropfen (Phase 1) in Luft (Phase 2)	flache Wasseroberfläche

Beispiel 5-1: Zwei unterschiedlich große Flüssigkeitstropfen werden zur Berührung gebracht, so dass ein Druckausgleich ihrer Kapillardrücke stattfinden kann. Was passiert?

a) der größere Tropfen wird kleiner zugunsten des kleineren Tropfens,
b) der größere Tropfen wächst auf Kosten des kleineren Tropfens,
c) beide Tropfen nehmen die gleiche Größe an.

Antwort: Nach LAPLACE besitzt der kleinere Tropfen einen höheren Druck und zwar um so deutlicher, je kleiner er ist. Daher füllt der kleinere Tropfen den größeren, bis der kleine völlig verschwunden ist. Antwort b.

Die LAPLACE-Gleichung gilt auch für Grenzflächen, die nicht rotationssymmetrisch gekrümmt sind, d.h. die unterschiedliche Krümmungsradien in verschiedenen Raumrichtungen besitzen. Derartige Flächen lassen sich durch 2 Hauptkrümmungsradien r_+ und r_- beschreiben:

$$p_\sigma = \sigma \cdot \left(\frac{1}{r_+} + \frac{1}{r_-} \right) \tag{5-15}$$

Im Falle der Rotationssymmetrie ist $r_+ = r_- = r$ und aus (5-15) entsteht die bekannte Gleichung (5-14).

5.1.3
Temperaturabhängigkeit der Grenzflächenspannung

Die Grenzflächenspannung zwischen zwei Phasen nimmt mit steigender Temperatur ab. Die Oberflächenspannung von Flüssigkeiten geht bei Erreichen der kritischen Temperatur auf den Wert Null. Oberhalb des kritischen Punktes existiert keine Grenzfläche mehr zwischen flüssiger und gasförmiger Phase. Für Tem-

5.1 Zwei-Phasen-Systeme

peraturen weit unterhalb der kritischen Temperatur wurde von Eötvös empirisch gefunden, dass die stoffmengenbezogene Oberflächenenergie mit steigender Temperatur näherungsweise linear abnimmt. Stellt man sich eine Flüssigkeit näherungsweise aus würfelförmigen Molekülen der Kantenlänge l aufgebaut vor, dann ist das Volumen eines Mols dieser Moleküle, das so genannte Molvolumen

$$V_m = N_A \cdot l^3 \tag{5-16}$$

Der Flächenbedarf eines derartigen Moleküls in der Oberfläche ist

$$l^2 = \left(\frac{V_m}{N_A}\right)^{\frac{2}{3}} \tag{5-17}$$

Der Flächenbedarf A_m eines Mols dieser Moleküle ist demnach

$$A_m = N_A \cdot l^2 = N_A^{\frac{1}{3}} \cdot V_m^{\frac{2}{3}} \tag{5-18}$$

Damit ergibt sich die Oberflächenenergie eines Mols dieser Moleküle zu

$$\sigma_m = \sigma \cdot A_m = \sigma \cdot N_A^{\frac{1}{3}} \cdot V_m^{\frac{2}{3}} \tag{5-19}$$

bei reinen Stoffen gilt für das Volumen eines Mols

$$V_m = \frac{M}{\rho} \tag{5-20}$$

Damit wird (5-19) zu

$$\sigma_m = \sigma \cdot N_A^{\frac{1}{3}} \cdot \left(\frac{M}{\rho}\right)^{\frac{2}{3}} \tag{5-21}$$

Nach Eötvös ist die Temperaturabhängigkeit der molaren Grenzflächenenergie

$$\sigma_m = k_E \cdot (T_C - T_\theta - T) \tag{5-22}$$

Gleichsetzen von (5-19) und (5-20) liefert

$$\sigma \cdot N_A^{\frac{1}{3}} \cdot M^{\frac{2}{3}} \cdot \rho^{-\frac{2}{3}} = k_E \cdot (T_C - T_\theta - T) \tag{5-23}$$

und damit die Gleichung nach Ramsey und Shield [115] für die Temperaturabhängigkeit der Grenzflächenspannung:

$$\sigma = N_A^{-\frac{1}{3}} \cdot M^{-\frac{2}{3}} \cdot \rho^{\frac{2}{3}} \cdot k_E \cdot (T_C - T_\theta - T) \tag{5-24}$$

Für Stoffe mit starker Assoziation der Flüssigkeitsmoleküle (wie Wasser) wird in (5-24) ein Korrekturfaktor χ eingeführt:

$$\sigma = N_A^{-\frac{1}{3}} \cdot (M \cdot \chi)^{-\frac{2}{3}} \cdot \rho^{\frac{2}{3}} \cdot k_E \cdot (T_C - T_\theta - T) \tag{5-25}$$

k_E Eötvös-Koeffizient
T Temperatur in K
T_C kritische Temperatur in K
T_θ stoffspezifische Konstante in K
N_A Avogadro-Konstante
V_m Molvolumen in m$^3 \cdot$ mol^{-1}
ρ Dichte in kg $\cdot$ m^{-3}
σ Oberflächenspannung in N $\cdot$ m^{-1}
M Molmasse in kg $\cdot$ mol^{-1}
χ Korrekturfaktor

Abbildung 5-4 stellt die Temperaturabhängigkeit der Grenzflächenspannung reiner Stoffe gemäß (5-25) dar.

Beispiel 5-2: Berechnung der Oberflächenspannung von Wasser mit den Werten

k_E Eötvös-Koeffizient (für H$_2$O: 7,5 J $\cdot$ K^{-1} mol^{-1})
T_C kritische Temperatur in K (für H$_2$O: 647,1 K)
T_θ stoffspezifische Konstante in K (für H$_2$O: 6 K)
N_A Avogadro-Konstante: 6,023 $\cdot$ 10^{23} mol^{-1}
ρ Dichte in kg $\cdot$ m^{-3} (für H$_2$O: 1000 kg $\cdot$ m^{-3})
M Molmasse in kg $\cdot$ mol^{-1} (für H$_2$O: 18 $\cdot$ 10^{-3} kg $\cdot$ mol^{-1})
χ Korrekturfaktor für Molekül-Assoziation (für H$_2$O bei 20°C: 0,47)

ergibt gemäß (5-25)

$$\sigma = \frac{(1000 \text{ kg m}^{-3})^{\frac{2}{3}} \cdot 7,5 \text{ Nm} \cdot \text{K}^{-1} \cdot \text{mol}^{-1}}{(6,023 \cdot 10^{23} \cdot \text{mol}^{-1})^{\frac{1}{3}} \cdot (0,47 \cdot 18 \cdot 10^{-3} \text{ kg} \cdot \text{mol}^{-1})^{\frac{2}{3}}} \cdot (647,15 \text{ K} - 6 \text{ K} - T / \text{K})$$

Abb. 5-4. Temperaturabhängigkeit der Grenzflächenspannung

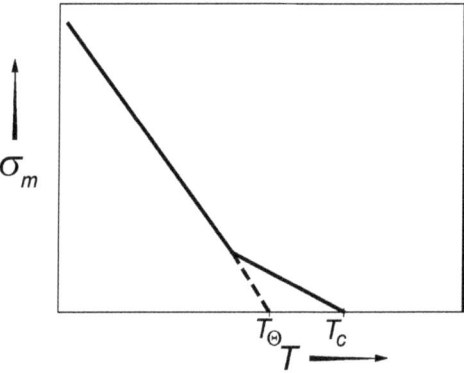

diese Zahlenwertgleichung lässt sich vereinfachen zu

$$\sigma = 0{,}2133 \frac{mN}{m} \cdot (368 - \vartheta / °C) \tag{5-26}$$

Für z.B. 20°C ergibt sich aus (5-26) $\sigma = 74{,}2 \text{ mN} \cdot \text{m}^{-1}$.
In Tabelle 5-3 sind weitere hieraus erhaltenene Werte mitsamt ihren Abweichungen von den experimentellen Werten verglichen.
Die experimentell erhaltenen Werte [106] lassen sich näherungsweise durch die empirische, lineare Zahlenwertgleichung (5-27) wiedergeben. Die hiermit erhaltenen Werte und ihre Differenzen zu den Werten aus [106] sind ebenfalls in Tabelle 5-3 eingetragen.

$$\sigma / mN \cdot m^{-1} = 76{,}056 - 0{,}1675 \cdot \vartheta / °C \tag{5-27}$$

Mit Hilfe Gleichung (5-28) der International Association for the Properties of Steam [108] lässt sich die Oberflächenspannung von Wasser zwischen dem Tripelpunkt und der kritischen Temperatur sehr genau berechnen.

$$\sigma = B \cdot \frac{mN}{m} \cdot \left(\frac{T_C - T}{T_C}\right)^{\mu} \cdot \left(1 + b \cdot \left(\frac{T_C - T}{T_C}\right)\right) \tag{5-28}$$

$B = 235{,}8 \cdot 10^{-3} \text{ Nm}^{-1}$
$b = -0{,}625$
$\mu = 1{,}256$
$T_C = 647{,}15 \text{ K}$

Tabelle 5-3. Oberflächenspannung von Wasser. Vergleich experimenteller und berechneter Daten

nach [106]		mit (5-26)		mit (5-27)		mit (5-28)	
ϑ/°C	σ_{exp}/ mN·m^{-1}	σ_{cal}/ mN·m^{-1}	Abweich.	σ_{cal}/ mN·m^{-1}	Abweich.	σ_{cal}/ mN·m^{-1}	Abweich.
0,01	75,65	78,50	3,8%	76,05	0,5%	75,65	−0,001%
10	74,22	76,37	2,9%	74,38	0,2%	74,22	0,006%
20	72,74	74,24	2,1%	72,71	0,0%	72,74	0,000%
30	71,20	72,11	1,3%	71,03	−0,2%	71,20	−0,003%
40	69,60	69,97	0,5%	69,36	−0,4%	69,60	0,001%
50	67,95	67,84	−0,2%	67,68	−0,4%	67,95	−0,002%
60	66,24	65,71	−0,8%	66,01	−0,4%	66,24	0,005%
70	64,49	63,57	−1,4%	64,33	−0,2%	64,49	−0,006%
80	62,68	61,44	−2,0%	62,66	0,0%	62,68	−0,003%
90	60,82	59,30	−2,5%	60,98	0,3%	60,82	0,003%
100	58,92	57,17	−3,0%	59,31	0,7%	58,92	−0,004%

Bis zu einer Temperatur von 100°C liefert diese Gleichung Werte mit einer Toleranz von unter 0,5%. Die nach (5-28) berechneten Werte sind zum Vergleich ebenfalls in Tabelle 5-3 aufgelistet.

Ein Vergleich der berechneten Werte mit den experimentell gewonnenen Werten zeigt, dass Gl. (5-28) die geringsten Abweichungen liefert. Auch die einfache lineare Regression gemäß Gl. (5-27) liefert eine bessere Anpassung als Gl. (5-26). Während (5-27) und (5-28) rein empirische Anpassungen sind, ist Gl. (5-26) aus Fundamentalgrößen ableitbar, enthält jedoch den empirisch bestimmten Korrekturfaktor χ, der seinerseits von der Temperatur abhängt. Zudem wurde in (5-26) davon ausgegangen, dass die Dichte einen konstanten Wert von 1000 kg $\cdot$ m^{-3} besitzt. Die Anpassungsgüte von (5-26) ließe sich verbessern, wenn die Temperaturabhängigkeit des Korrekturfators und der Dichte (z.B. gemäß 2.14) mit berücksichtigt würde. Die erforderliche Anpassungsgüte ist von der Fragestellung abhängig, sie muss nicht in jedem Fall maximal sein. Ein Vergleich der Daten wie in Tabelle 5-3 kann eine Abschätzung des Verhältnisses von Aufwand und Nutzen bei derartigen Fragen erleichtern.

Die Oberflächenspannungen einiger Lebensmittel sind im Anhang Tabelle 14-25 und Tabelle 14-26 aufgelistet.

5.1.4
Konzentrationsabhängigkeit der Grenzflächenspannung

Stoffe, die sich an der Grenzfläche zwischen zwei Phasen anordnen und damit eine Änderung der Grenzflächenspannung bewirken, werden als grenzflächenaktiv bezeichnet. Besonders deutlich tritt dieser Effekt bei Tensiden in Erscheinung. Hier führen bereits kleine Mengen gelöster Substanz zu einer deutlichen Absenkung der Grenzflächenspannung. Die Ursache liegt im molekularen Aufbau der grenzflächenaktiven Substanzen. Es handelt sich um amphiphile Substanzen, d.h. die Moleküle verfügen sowohl über lyophile („lösungsmittelfreundliche") als auch über lyophobe („lösungsmittelfeindliche") Gruppen. Ist das Lösungsmittel Wasser, so spricht man von hydrophilen („wasserfreundlichen") und hydrophoben („wasserfeindlichen") Gruppen. Während die lyophilen Molekülteile starke Wechselwirkungen mit den Lösungsmittelmolekülen eingehen, besteht für die lyophoben Molekülteile der energetisch günstigste Zustand in der Vermeidung von Wechselwirkungen mit den Molekülen des Lösungsmittels. Aus diesem Grunde reichern sich die amphiphilen Moleküle in der Grenzschicht an, man spricht von Grenzschicht-Adsorption. In der Grenzschicht orientieren sie sich derart, dass die lyophilen Molekülteile stark und die lyophoben Molekülteile schwächer mit dem Lösungsmittel wechselwirken. Die so mit grenzflächenaktiven Molekülen belegte Grenzfläche befindet sich in einer energetisch günstigen Situation, daher ist die spezifische Grenzflächenenergie (vgl. 5.1) niedriger als bei Abwesenheit dieser Moleküle. Mit zunehmender Konzentration der grenzflächenaktiven Substanz nimmt die Belegung der Grenzfläche zu und die Grenzflächenspannung fällt weiter ab. Ab dem Erreichen der vollständigen, monomolekularen Belegung der Grenzfläche (maximale Grenzflächenbelegung) ist kein Platz mehr in der Grenzfläche für weitere Moleküle. Bei weiterer Erhöhung der Tensid-Konzentration bilden die Tensid-Moleküle daher

5.1 Zwei-Phasen-Systeme

Assoziate, so genannte Mizellen, im Volumen des Lösungsmittels. Der Aufbau und die Struktur der Mizellen richten sich nach dem energetisch günstigsten Zustand dieser amphiphilen Substanzen im Lösungsmittelvolumen. So findet die Assoziation und Orientierung derart statt, dass die lyophilen Wechselwirkungen stärker ausgeprägt sind, während Wechselwirkungen zwischen lyophoben Molekülteilen und den Lösungsmittelmolekülen weitgehend vermieden werden. Erreicht wird dies dadurch, dass die lyophoben Gruppen untereinander wechselwirken. (Beispiel: hydrophile Gruppen dem Wasser zugewandt, hydrophobe Gruppen einander zugewandt). Zum Aufbau der unterschiedlichen Arten von Mizellen (kugelförmige, lamellare, hexagonale etc.) vgl. [3].

Die Konzentration, bei der die maximale Grenzflächenbelegung erreicht ist und infolgedessen die Mizellbildung einsetzt, heißt kritische Mizellbildungskonzentration (engl. critical micell concentration, CMC, Abb. 5-5). Da sich bei Zugabe von grenzflächenaktiver Substanz über die CMC hinaus die Belegung der Grenzfläche nicht mehr ändert, bleibt oberhalb dieser Konzentration auch die Grenzflächenspannung unverändert (Abb. 5-5). Die bei der kritischen Mizellbildungskonzentration erreichte Grenzflächenspannung ist daher eine charakteristische Größe für die verwendete grenzflächenaktive Substanz. In Abb. 5-6 ist der Verlauf der σ-c-Kurve mit den unterschiedlichen Konzentrationszuständen in einem Becherglas anschaulich erläutert.

Die Konzentrationsabhängigkeit der Grenzflächenspannung für grenzflächenaktive Substanzen lässt sich mathematisch mit der SZYSZKOWSKI-Gleichung beschreiben:

$$\sigma_0 - \sigma = a \cdot \ln\left(1 + \frac{c}{b}\right) \tag{5-29}$$

σ Grenzflächenspannung in $N \cdot m^{-1}$
σ_0 Grenzflächenspannung bei $c = 0$
c Konzentration der grenzflächenaktiven Substanz in $kg \cdot m^{-3}$
b stoffspezifische Konstante in $m^3 \cdot kg^{-1}$
a stoffspezifische Konstante in $N \cdot m^{-1}$

Es gibt Stoffe, welche – anders als Tenside – die Grenzflächenspannung einer Flüssigkeit erhöhen. Im Falle von wässrigen Systemen sind das vor allem starke

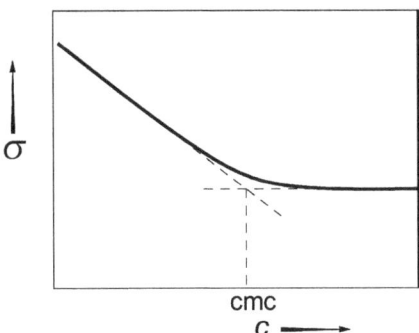

Abb. 5-5. Konzentrationsabhängigkeit der Grenzflächenspannung, grenzflächenaktive Substanzen

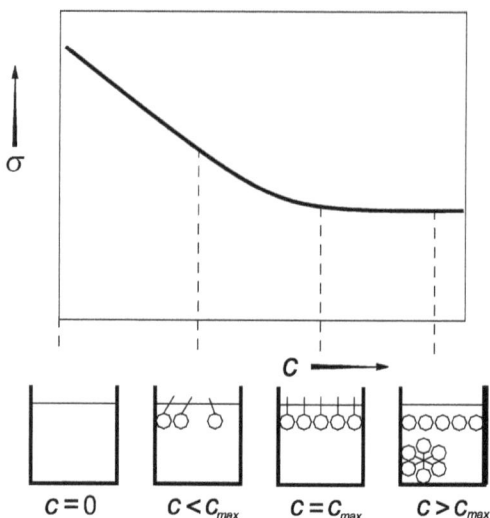

Abb. 5-6. Ab Erreichen der maximalen Grenzflächenbelegung bleibt die Grenzflächenspannung konstant

Elektrolyte (anorganische Salze) und hydroxylreiche Verbindungen wie Kohlenhydrate. Ursache hierfür ist die starke Hydratation dieser Substanzen, welche zu einer Anreicherung der Substanzen im Flüssigkeitsvolumen und einer Abreicherung an der Grenzfläche führt.

5.1.5
Messung der Grenzflächenspannung

Abbildung 5-7 zeigt schematisch die so genannte Bügelmethode. Hier wird ein Drahtstück der Länge l um die Strecke dh aus der Grenzfäche herausgehoben, wodurch die Grenzfläche um den Betrag $dA = 2 \cdot l \cdot dh$ größer wird. Die zugehörige Kraft F für diesen Vorgang wird gemessen. Bei Verwendung einer flachen Platte anstelle des Drahtbügels (Abb. 5-8) spricht man vom Platten-Messverfahren nach WILHELMY.

Häufig verwendet man anstelle eines Drahtbügels einen kreisförmigen Drahtring (Ringmethode nach NOUY). Beim Herausziehen des Ringes aus der Grenzfläche wird die Grenzfläche um den Betrag $dA = 2 \cdot l \cdot dh$ vergrößert (vgl. Abb. 5-7), beim ringförmigen Draht ist $l = \pi \cdot d$. Durch Ermittlung der zugehörigen Kraft F lässt sich die Grenzflächenspannung gemäß (5-30) ermitteln. Basierend auf (5-1) ist

$$\sigma = \frac{dE}{dA} = \frac{F \cdot dh}{2 \cdot l \cdot dh} = \frac{F}{2 \cdot \pi \cdot d} \qquad (5\text{-}30)$$

Die Ring- und Plattenmethode werden häufig zur Bestimmung der Oberflächenspannung von wässrigen Flüssigkeiten eingesetzt. Prinzipiell eignen sich beide Methoden auch zur Messung der Grenzflächenspannung zwischen zwei Flüssigkeiten, jedoch sind dann Auftriebseffekte und die Benetzungseigenschaf-

Abb. 5-7. Messung der Grenzflächenspannung mit der Bügelmethode, schematisch

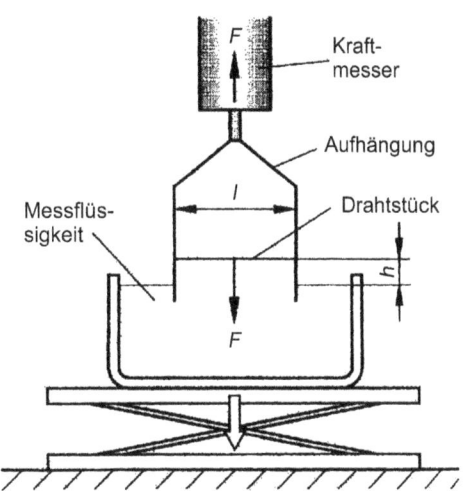

Abb. 5-8. WILHELMY-Platte

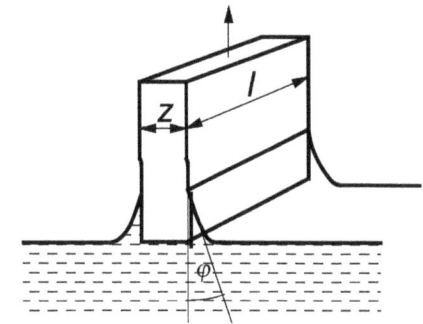

ten der Fluide stärker zu berücksichtigen. In (5-30) wurde vereinfachend vorausgesetzt, dass die Flüssigkeit in Abb. 5-7 den Draht bzw. die WILHELMY-Platte ideal benetzt, d.h. dass der Kontaktwinkel zwischen Flüssigkeit und benetztem Festkörper $\varphi = 0$ ist. Bei hydrophilen Feststoffen und der Benetzung durch wässrige Systeme ist diese Näherung meistens gut erfüllt.

Eine weitere Möglichkeit zur Ermittlung der Oberflächenspannung ist die Messung der kapillaren Steighöhe (Steighöhenmethode). Durch Benetzung einer Kapillare entsteht eine gekrümmte Flüssigkeitsoberfläche (Abb. 5-9), mit einer Druckdifferenz zu beiden Seiten der Oberfläche (vgl. Tabelle 5-2). Die Flüssigkeitssäule in der Kapillare steigt solange an, bis der hydrostatische Druck der Säule dem Druck oberhalb der gekrümmten Oberfläche entspricht. Aus dem Kräftegleichgewicht lässt sich die Oberflächenspannung berechnen.

Die benetzte Fläche in der Kapillare ist:

$$dA = 2\pi \cdot r_K \cdot dh \tag{5-31}$$

Abb. 5-9. Steighöhenmethode zur Ermittlung der Grenzflächenspannung

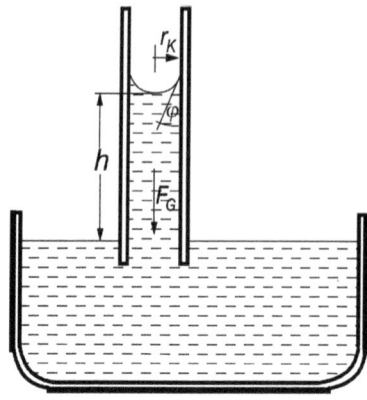

Die Energie zur Bildung der Flüssigkeitssäule lautet:

$$dE = F_A \cdot \cos\varphi \cdot dh \tag{5-32}$$

Das heißt für die Grenzflächenspannung

$$\sigma = \frac{dE}{dA} = \frac{F_A \cdot \cos\varphi \cdot dh}{2 \cdot \pi \cdot r_K \cdot dh} = \frac{F_A \cdot \cos\varphi}{2\pi \cdot r_K} \tag{5-33}$$

Der Kontaktwinkel (auch: Benetzungswinkel) ist der Winkel zwischen der Flüssigkeitsgrenzfläche und der Wand der Kapillare (Abb. 5-9). Bei ideal benetzenden Stoffen ist $\varphi = 0$ und damit $\cos\varphi = 1$.

Die Gewichtskraft der Flüssigkeitssäule ist

$$F_G = \pi \cdot r_K^2 \cdot h \cdot g \cdot (\rho_{Fluid} - \rho_{Luft}) \approx \pi \cdot r_K^2 \cdot h \cdot g \cdot \rho_{Fluid} \tag{5-34}$$

Aus dem Gleichgewicht der vertikalen Kräfte erhält man erhält man $F_G = F_A$

$$\pi \cdot r_K^2 \cdot h \cdot g \cdot \rho_{Fluid} = 2\pi \cdot r_K \cdot \sigma \cdot \cos\varphi \tag{5-35}$$

und damit

$$\sigma = \frac{h \cdot r_K \cdot g \cdot \rho_{Fluid}}{2 \cdot \cos\varphi} \tag{5-36}$$

mit der Annahme $\varphi = 0$, d.h. $\cos\varphi = 1$

$$\sigma = \frac{h \cdot r_K \cdot g \cdot \rho_{Fluid}}{2} \tag{5-37}$$

Weitere Möglichkeiten der Bestimmung der Grenzflächenspannung sind die Messung des Tropfenvolumens bzw. die Bestimmung der Deformation eines ro-

Abb. 5-10. Bestimmung der Oberflächenspannung aus dem Tropfenvolumen

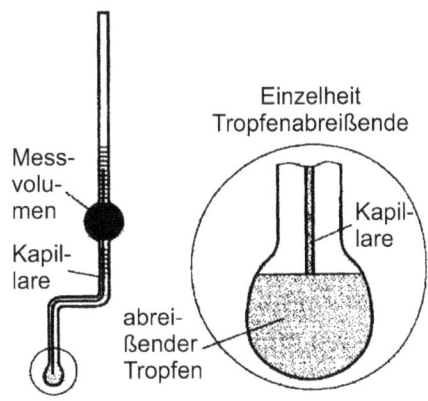

tierenden Tropfens (spinning drop technique). Die tropfenvolumetrischen Methoden beruhen darauf, dass die Abreißkraft von Tropfen, die aus einer Kapillare austreten, von der Grenzflächenspannung abhängt. Beim Heraustropfen von Flüssigkeit aus einer Kapillare entspricht die Abreißkraft der Gewichtskraft des Tropfens (Abb. 5-10). Bildet man andererseits in einem wässrigen System mit Hilfe einer Kapillare z.B. feine Öl-Tröpfchen, entspricht die Tropfen-Abreißkraft der resultierenden Auftriebskraft des Tröpfchens in der wässrigen Umgebung. Die Messgröße ist in diesen Fällen das Tropfenvolumen, was auf einfache Weise durch Zählen von Tropfen und der Bestimmung des zugehörgen Gesamtvolumens aller Tropfen geschieht. So genannte Bubble-point-Tensiometer ermitteln den Druck, ab dem sich Gasblasen definierter Größe in eine Flüssigkeit injizieren lassen. Über den Blaseninnendruck lässt sich gemäß Gl. (5-14) die Oberflächenspannung zwischen Flüssigkeit und Gas errechnen. Bei der Spinning-drop-Methode wird ein rotierender Tropfen mikroskopisch beobachtet. Aus der Rotationsfrequenz und der Deformation des Tropfens kann die Grenzflächenspannung berechnet werden (Abb. 5-11). Da die Grenzflächenspannung temperaturabhängig ist, sind derartige Messungen stets unter temperatur-kontrollierten Bedingungen auszuführen.

Durch zeitaufgelöste Messung der Grenzflächenspannung können Informationen über die Kinetik der Grenzflächen-Adsorption gewonnen werden. Für Emulgierprozesse und Schaumbildungsprozesse ist die Geschwindigkeit der Grenzflächenstabilisierung eine wichtige Größe [4, 5]. Zur Bestimmung der Zeitabhängigkeit der Grenzflächenspannung erzeugt man laufend „frische" Grenzfläche und verfolgt die Einstellung des Gleichgewichtszustandes (s. z.B. [6, 7]).

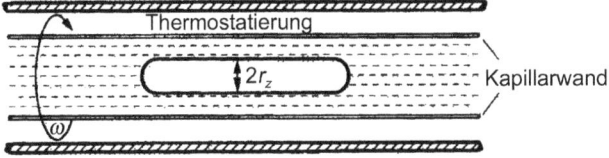

Abb. 5-11. Spinning-drop-Methode, schematisch

Beispiel 5-3: In einer 1 mm-Kapillare wird eine Steighöhe von 28 mm ermittelt. Welche Oberflächenspannung hat die Flüssigkeit?

Gemäß (5-37) ist

$$\sigma = \frac{10^3 \text{kg} \cdot \text{m}^{-3} \cdot 28 \cdot 10^{-3} \text{m} \cdot 9{,}81 \text{ m} \cdot \text{s}^{-2} \cdot 0{,}5 \cdot 10^{-3} \text{m}}{2} = 68{,}7 \text{ mN} \cdot \text{m}^{-1}$$

Beispiel 5-4: Wie hoch wird eine wässrige Lösung mit einer geschätzten Oberflächenspannung von 70 mN · m^{-1} in einer Kapillare mit dem Innendurchmesser D steigen?

Gemäß (5-37) ist

$$h = \frac{2 \cdot \sigma}{r_K \cdot \rho \cdot g}$$

also

$$h \approx \frac{4 \cdot 70 \cdot 10^{-3} \text{N} \cdot \text{m}^{-1}}{D/\text{m} \cdot 10^2 \text{kg} \cdot \text{m}^{-3} \cdot 10 \text{ m} \cdot \text{s}^{-2}} = \frac{280 \cdot 10^{-4} \text{ m}}{D/\text{m}} = \frac{28 \text{ mm}}{D/\text{mm}}$$

Einige Ergebnisse für unterschiedliche Kapillaren lauten damit:

D/mm	h/mm
0,5	56
1	28
2	14
5	5,6
10	2,8

5.1.6
Adsorption von Polymeren aus der flüssigen Phase

Für die Adsorption von Polymeren – z.B. Proteinen – aus einer flüssigen Phase an Festkörpergrenzflächen gelten hinsichtlich der Einstellung eines konzentrationsabhängigen Gleichgewichtes prinzipiell die gleichen Überlegungen. Die Unterschiede, die gegenüber der Adsorption von Monomeren (z.B. Wassermoleküle, vgl. 1.2.1) bestehen, liegen in der Molekülgröße und der i.Allg. komplizierten Molekülstruktur von Polymeren. Die Adsorption von Polymeren verläuft wegen der geringeren Diffusionsgeschwindigkeit der Moleküle meist langsamer, zusätzlich ist zur erfolgreichen Adsorption oftmals eine passende Orientierung des Moleküls notwendig. Voluminöse Polymerketten bewirken mit ihrer starken Abdeckung der Grenzfläche eine weitere Verzögerung der Adsorption. Durch die Art der Bindung zwischen Polymer und Festkörperoberfläche wird häufig ein der Chemisorption ähnliches Verhalten beobachtet, d.h. die Adsorptions-Isotherme lässt sich oftmals mit dem LANGMUIR-Modell (1.2.2) wiedergeben. Das zur Grenzflächen-Anreicherung entgegengesetzte Verhalten wird Depletion genannt. Hierbei beobachtet man eine Abreicherung der Polymermoleküle an der Fest-

5.2 Drei-Phasen-Systeme

körpergrenzfläche und eine starke Wechselwirkung mit Lösungsmittelmolekülen im Volumen. Typisch für die Depletion ist ein Anstieg der Grenzflächenspannung zwischen Flüssigphase und Festkörper mit zunehmender Polymerkonzentration.

5.2
Drei-Phasen-Systeme

5.2.1
Phasengrenze Flüssigkeit-Flüssigkeit-Gas

Die Form eines Flüssigkeitstropfens, der auf der Oberfläche einer anderen Flüssigkeit schwimmt, wird von den Grenzflächenspannungen zwischen den Phasen bestimmt. Abbildung 5-12 zeigt die Tropfenform schematisch. Im Gleichgewicht ist die Spannung σ_{12} so groß wie die Resultierende aus σ_{13} und σ_{23}. Der Winkel φ_3 hat also denjenigen Wert, bei dem dieses Gleichgewicht eingestellt ist.

Mit Hilfe des Cosinus-Satzes für ein schiefwinkliges Dreieck lässt sich formulieren (vgl. Abb. 5-13):

$$c^2 = a^2 + b^2 - 2a \cdot b \cdot \cos\gamma \tag{5-38}$$

$$\sigma_{12}^2 = \sigma_{13}^2 + \sigma_{23}^2 - 2\sigma_{13} \cdot \sigma_{23} \cdot \cos\gamma \tag{5-39}$$

wegen

$$\alpha + \beta = \varphi_3 \tag{5-40}$$

und

$$\gamma + \varphi_3 = 180° \tag{5-41}$$

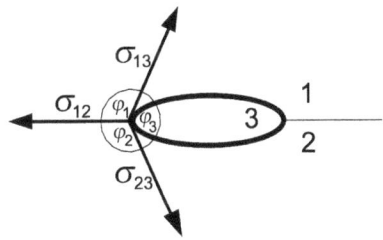

Abb. 5-12. Grenzflächenspannungen am Berührungspunkt von drei Phasen:
1 Gasphase, 2 Flüssigkeit A, 3 Flüssigkeit B

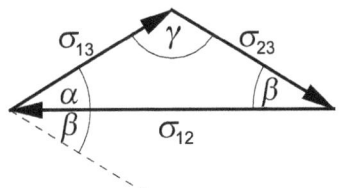

Abb. 5-13. Vektoren der Grenzflächenspannungen

bzw.

$$\gamma = 180° - \varphi_3 \qquad (5\text{-}42)$$

ist

$$\cos\gamma = -\cos\varphi_3 \qquad (5\text{-}43)$$

daher also

$$\sigma_{12}^2 = \sigma_{13}^2 + \sigma_{23}^2 + 2\sigma_{13} \cdot \sigma_{23} \cdot \cos\varphi_3 \qquad (5\text{-}44)$$

und damit

$$\cos\varphi_3 = \frac{\sigma_{12}^2 - (\sigma_{13}^2 + \sigma_{23}^2)}{2 \cdot \sigma_{13} \cdot \sigma_{23}} \qquad (5\text{-}45)$$

Es können drei Fälle unterschieden werden, in denen der Kontaktwinkel φ_3 oberhalb von 90°, unter 90° oder bei 0° liegt. Tabelle 5-4 stellt die Fälle mit einigen Beispielen zusammen.

Das Verhalten der beteiligten Phasen kann auch vom energetischen Standpunkt aus verstanden werden. Im Falle der Oberflächen-Filmbildung wird Adhäsionsarbeit frei, im Falle der Kugelbildung hingegen wird Kohäsionsarbeit frei. Die Differenz aus volumenbezogener Adhäsions- und Kohäsionsarbeit heißt Spreitungsdruck.

Spreitungsdruck = vol. bez. Adhäsionsarbeit − vol. bez. Kohäsionsarbeit (5-46)

Flüssigkeiten, deren Adhäsion auf einer anderen Phase mit einem größeren Energiegewinn verbunden ist als die Kohäsion, zeigen daher einen hohen Spreitungsdruck. Beim Auftropfen einer kleinen Menge dieser Substanz (Phase 3) auf die Phase 2 kommt es dann zur Spreitung bis zum Erreichen des Gleichgewichtes gemäß (5-39). In einigen Fällen bilden sich auf diese Weise monomolekulare Filme (Monolayer) an der betreffenden Grenzfläche.

5.2.2
Phasengrenze Festkörper-Flüssigkeit-Gas

Gibt man einen Tropfen einer Flüssigkeit auf eine Festkörperoberfläche, so wird die Form des Tropfens (s. Abb. 5-14) ebenfalls von den beteiligten Grenzflächenspannungen bestimmt.

Tabelle 5-4. Fälle mit unterschiedlichen Kontaktwinkeln

Fall	$\cos\varphi_3$	φ_3	Phase 3 bildet	Beispiel
I	≈ 1	≈ 0	Film auf Phase 2	Benzin auf Wasser
II	positiv, $\ll 1$	0°–90°	Linse auf Phase 2	Olivenöl auf Wasser
III	negativ	90°–180°	Kugel auf Phase 2	Wasser auf Silikonöl

5.2 Drei-Phasen-Systeme

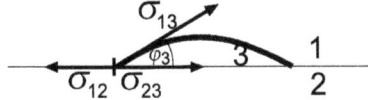

Abb. 5-14. Grenzflächenspannungen am Berührungspunkt von drei Phasen. 1 Gasphase, 2 Festkörper, 3 Flüssigkeit

Im Gleichgewicht gilt die YOUNG'sche Gleichung: Mit $\varphi = \varphi_3$ ist

$$\sigma_{12} = \sigma_{23} + \sigma_{13} \cdot \cos\varphi \qquad (5\text{-}47)$$

d.h.

$$\cos\varphi = \frac{\sigma_{12} - \sigma_{23}}{\sigma_{13}} \qquad (5\text{-}48)$$

Auch hier können drei Fälle unterschieden werden, in denen der Kontaktwinkel φ oberhalb von 90°, unter 90° oder bei 0° liegt. Tabelle 5-5 stellt die Fälle mit einigen Beispielen zusammen. Die Benetzung einer Festkörperoberfläche gemäß der Fälle I, II und III ist in Abb. 5-15 schematisch dargestellt. Der Unterschied zwischen einem kleinen und einem großen Benetzungswinkel wird aus Abb. 5-16 ersichtlich.

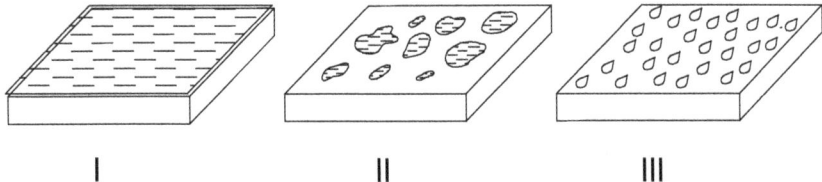

Abb. 5-15. Benetzung einer Festkörperoberfläche: I Filmbildung, II teilweise Benetzung, III Abperlen einer Flüssigkeit

Tabelle 5-5. Unterschiedliche Kontaktwinkel auf einer Festkörperoberfläche

Fall		$\cos \varphi$	φ	Folge
I	$\sigma_{12} - \sigma_{23} \geq \sigma_{13}$	$\cos \varphi \geq 1$	$= 0$	vollständige Benetzung, Kriechen der Flüssigkeit
II	$0 > \sigma_{12} - \sigma_{23} < \sigma_{13}$	$0 > \cos \varphi > -1$	$90° > \varphi > 180°$	keine Benetzung, Flüssigkeit bildet kugelähnliche Tropfen
III	$0 < \sigma_{12} - \sigma_{23} < \sigma_{13}$	$0 < \cos \varphi < 1$	$90° > \varphi > 0°$	teilweise Benetzung, Flüssigkeit bildet flache Tropfen

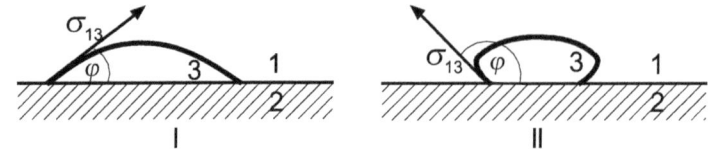

Abb. 5-16. Benetzungswinkel φ unterhalb (I) und oberhalb von 90° (II)

5.3 Applikationen

Eiskrem: Schaumbildung, -stabilität und Grenzflächeneigenschaften [8, 9, 10]

Schokolade: Emulgatoren und physikalische Eigenschaften [11]

Molkenprotein: Schaumbildung und Grenzflächenspannung [12]

Adhäsion von Emulsionen an Verpackungsmaterialien und Werkzeugoberflächen [13]

5.4 Literatur

1. Brezesinski G, Mögel HJ (1993) Grenzflächen und Kolloide. Spektrum Akademischer Verlag, Berlin
2. Walstra P (2003) Physical Chemistry of Foods. Marcel Dekker New York
3. Martin AN, Swarbrick J, Cammarata A (1980) Physikalische Pharmazie. Wissenschaftliche Verlagsgesellschaft Stuttgart
4. Karbstein H (1994) Untersuchungen zum Herstellen und Stabilisieren von Öl in Wasser Emulsionen. Dissertation, Universität Karlsruhe
5. Schubert H (1988) Neue Entwicklungen auf dem Gebiet der Emulgiertechnik. Proc. 55. Diskussionstagung FEI, Bonn p. 75–106
6. Bergink-Martens DJM (1993) Interface dilation, the overflowing cylinder technique. Dissertation, Agricultural University Wageningen
7. Muschiolik G (2000) Produkte der Zukunft auf der Basis von Öl- in Wasser-Emulsionen. Proc. 58. Diskussionstagung FEI, Bonn p. 60–86
8. Goff HD (1988) The role of chemical emulsifiers and dairy proteins in fat destabilization during the manufacture of ice cream. Dissertation, Cornell University, Ithaca
9. Rohenkohl H (2003) Influence of recipe parameters on fat- and gas-phase-structure in ice cream. Proc. FIL-IDF – 2nd Intern. Symp. Ice Cream, Thessaloniki, Greece
10. Chang Y, Hartel RW (2002) Stability of air cells in ice cream during hardening and storage. J Food Engineering 55: 59–70
11. Schantz B, Linke L, Rohm H (2003) Effects of different emulsifiers on rheological and physical properties of chocolate. Proc. 3rd Intern. Symp. Food Rheology and Structure
12. Nylander T, Hamraoui A, Paulsson M (1999) Interfacial properties of whey proteins at air/water and oil/water interfaces studied by dynamic drop tensiometry, ellipsometry and spreading kinetics. Int J Food Sci Tech 34: 573–585
13. Michalski MC, Desobry S, Babak V, Hardy J (1999) Adhesion of food emulsions to packaging and equipment surfaces. Colloids and Surfaces A: Physicochemical and Engineering Aspects 149: 107–121

(100–129 befinden sich am Schluss des Buches)

6 Transport von Stoff, Masse, Wärme, Ladung

Zur Beantwortung von Fragen zur Permeation von Stoffen durch Verpackungen, zum Wärmetransport durch Körper hindurch oder zum Transport von elektrischem Strom in festen Substanzen benötigt man so genannte Transportgrößen. Es werden Transportgrößen unterschieden, welche die Geometrie des gegebenen Systems bereits berücksichtigen und geometrieunabhängigen Transportgrößen, also reinen Stoffgrößen.

Für den Transport von Masseteilchen, Molekülen, Phononen (Wärmequanten) oder elektrischen Ladungsträgern infolge von Diffusion in stationären Feldern gelten analoge Gesetzmäßigkeiten. Die Transportgrößen, mit denen man das Voranschreiten von Molekülen, Wärme und z.B. Elektronen gleichermaßen beschreiben kann, werden in diesem Kapitel erläutert und vergleichend gegenübergestellt.

Durch Anwendung von einfachen elektro-analogen Regeln wie der Addition von Widerständen oder Leitwerten (s. Abschnitt 6.3) wird die Berechnung von Transportprozessen durch Festkörper sehr einfach. So lassen sich Fragen der Wärmeleitung durch mehrschichtige Lebensmittel oder Fragen des Stofftransports durch mehrschichtige Verpackungsfolien mit geringem Rechenaufwand beantworten.

6.1
Stationäre Diffusion in Festkörpern

Der Stofftransport soll zunächst an einem Beispiel betrachtet werden: Eine Verpackungsfolie soll den Verlust eines gasförmigen Aromastoffes aus einem Produkt verhindern. Die Folie trennt also einen Raum mit hoher Konzentration des Aromastoffs (Potential hoch) von der Umgebung, in der die Konzentration des Aromastoffs klein ist (Potential niedrig). Wie viel Aroma durch die Folie diffundiert (vgl. Abb. 6-1) hängt davon ab,

- wie durchlässig die Folie für dieses Aroma ist (Stoffgröße)
- wie groß der Potentialunterschied ist (die treibende „Kraft")
- wie dick die Folie ist (Geometriegröße)
- wie viel Folienfläche zur Verfügung steht (Geometriegröße).

Den Quotienten $\dfrac{d\varphi}{dx}$ in Abb. 6-1 nennt man den Potentialgradienten. Von stationärer Diffusion spricht man nun, wenn dieser Gradient zeitlich konstant ist.

Abb. 6-1. Verlauf des Potentials φ längs eines Festkörpers (z.B. Folie) der Dicke d. Infolge des Potentialgradienten entsteht ein Mengenstrom $\dot{M}$

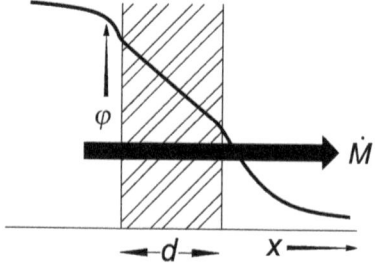

Die allgemeine Transportgleichung lautet damit:

Mengenstromdichte = − Koeffizient · Gradient

also

$$\frac{\text{Menge}}{\text{Fläche} \cdot \text{Zeit}} = - \text{Koeffizient} \cdot \frac{\text{Potentialdifferenz}}{\text{Länge}}$$

kurz

$$\frac{1}{A} \cdot \frac{dM}{dt} = -K \cdot \frac{d\varphi}{dx} \tag{6-1}$$

A Fläche
M Menge
t Zeit
φ Potential
x Länge
K Koeffizient

Zu den Bezeichnungen in (6-1) vgl. Abb. 6-1. Der Begriff „Menge" ist hier ein Oberbegriff und kann je nach Fragestellung für Masse, Stoffmenge, Volumen stehen, aber auch für Wärmemenge oder elektrische Ladung. Ebenso kann die Potentialdifferenz in verschiedenen Ausdrucksweisen angegeben werden, zum Beispiel als Konzentrationsdifferenz, Temperaturdifferenz oder elektrische Potentialdifferenz. Je nachdem, welche Größen man zweckmäßigerweise verwendet, ergeben sich andere Ausdrücke und physikalische Einheiten für den Koeffizienten K. Tabelle 6-1 fasst die verschiedenen Fälle zusammen.

Tabelle 6-1. Mengenbegriffe bei Transportprozessen

Menge	Mengenstromdichte
Masse	Massenstromdichte in $kg \cdot m^{-2} \cdot s^{-1}$
Volumen	Volumenstromdichte in $m^3 \cdot m^{-2} \cdot s^{-1}$
Stoffmenge	Stoffstromdichte in $mol \cdot m^{-2} \cdot s^{-1}$
Wärme	Wärmestromdichte in $J \cdot m^{-2} \cdot s^{-1}$
Ladung	Stromdichte in $C \cdot m^{-2} \cdot s^{-1}$

6.1 Stationäre Diffusion in Festkörpern

Das negative Vorzeichen in der allgemeinen Transportgleichung (6-1) hat den Zweck einem Mengenstrom, der in Richtung von x verläuft ein positives Vorzeichen zu geben. Derartig gerichtete Mengenströme treten auf bei einem in x-Richtung abnehmenden Potential, also bei einem negativen Gradienten (vgl. Abb. 6-1). In vielen Fällen spielt die Richtung des Mengenstroms keine Rolle oder sie ist ohnehin klar. In solchen Fällen kann die Transportgleichung in Betragsschreibweise verwendet werden.

Das Ausmaß des Transports eines Stoffs (z.B. des Aromastoffs in unserem Beispiel) kann man nun in verschiedenen Größen angeben. Wählt man die Schreibweise als Stoffstrom infolge eines Gradienten der Konzentration, lautet die Transportgleichung

$$-\frac{\text{Stoffmenge}}{\text{Fläche} \cdot \text{Zeit}} = \text{Koeffizient} \cdot \text{Konzentrationsgradient}$$

also

$$-\frac{1}{A} \cdot \frac{dn}{dt} = D \cdot \frac{\Delta p}{d} \tag{6-2}$$

In diesem Falle ist die Transportgleichung (6-1) identisch mit dem 1. FICK'schen Gesetz (6-2). Den Koeffizienten in (6-2) nennt man Diffusionskoeffizienten.

A Fläche in m²
n Stoffmenge in mol
t Zeit in s
c Konzentration in mol · m⁻³
x Länge in m
D Diffusionskoeffizient in m² · s⁻¹

Wählt man andere Konzentrationsmaße (wie z.B. g · cm⁻³ oder ppm o.ä.) ergeben sich andere Einheiten für D.

Wählt man als Menge nicht die Stoffmenge sondern die Masse, bekommt die Transportgleichung eine andere Form. Beschreibt man die Aromastoff-Diffusion durch eine Folie als einen Massenstroms infolge eines Partialdruck-Gradienten, dann lautet die Transportgleichung

$$-\frac{\text{Masse}}{\text{Fläche} \cdot \text{Zeit}} = \text{Koeffizient} \cdot \text{Partialdruckgradient}$$

also

$$-\frac{1}{A} \cdot \frac{dm}{dt} = P \cdot \frac{\Delta p}{d} \tag{6-3}$$

A Fläche in m²
m Masse in g
t Zeit in s

p Partialdruck in Pa
x Länge in m
P Permeablilitätskoeffizient in kg · s⁻¹ · m⁻¹ · Pa⁻¹

Der Koeffizient in (6-3) wird häufig Permeabilitätskoeffizient genannt. Seine Einheit hängt von der Einheit des Partialdruckes ab, die man verwendet.

Wählt man an Stelle der Masse das Volumen des diffundierenden Aromastoffs, erhält die Transportgleichung die Form

$$-\frac{\text{Volumen}}{\text{Fläche} \cdot \text{Zeit}} = \text{Koeffizient} \cdot \text{Partialdruckgradient}$$

also

$$-\frac{1}{A} \cdot \frac{dV}{dt} = P \cdot \frac{\Delta p}{d} \qquad (6\text{-}4)$$

A Fläche in m²
V Volumen in m³
t Zeit in s
p Partialdruck in Pa
x Länge in m
P Permeablilitätskoeffizient in m⁴ · s⁻¹ · Pa⁻¹

Der Koeffizient in (6-4) wird ebenfalls Permeabilitätskoeffizient genannt. Seine Einheit hängt von der Einheit des Partialdruckes ab, die man verwendet und von der gewählten Einheit des Volumens. Bei Gasen ist es üblich, das so genannte Norm-Volumen zu verwenden.

Nach dem Aromastoffbeispiel soll die Transportgleichung für die Wärmeleitung durch die Folie betrachtet werden. Die Menge ist hier eine Wärmemenge und der Gradient ist ein Temperaturgradient:

$$-\frac{\text{Wärmemenge}}{\text{Fläche} \cdot \text{Zeit}} = \text{Koeffizient} \cdot \text{Temperaturgradient}$$

also

$$-\frac{1}{A} \cdot \frac{dQ}{dt} = \lambda \cdot \frac{dT}{dx} \qquad (6\text{-}5)$$

In diesem Falle ist die Transportgleichung (6-1) identisch mit dem 1. FOURIER-Gesetz (6-5). Der Koeffizient in (6-5) ist der Wärmeleitfähigkeitskoeffizient des verwendeten Feststoffs, λ wird häufig kurz Wärmeleitfähigkeit genannt.

Bei Betrachtung eines elektrischen Stroms anstelle des Wärmestromes durch die Folie ist die Menge die elektrische Ladung und die Potentialdifferenz ist identisch mit der elektrischen Spannung. Die Transportgleichung lautet somit

$$-\frac{\text{Ladung}}{\text{Fläche} \cdot \text{Zeit}} = \text{Koeffizient} \cdot \text{Potentialgradient}$$

6.1 Stationäre Diffusion in Festkörpern

also

$$-\frac{1}{A} \cdot \frac{dQ_c}{dt} = \kappa \cdot \frac{d\varphi}{dx} \qquad (6\text{-}9)$$

In diesem Falle ist die Transportgleichung (6-1) identisch mit dem OHM'schen Gesetz (6-6). Der Koeffizient in (6-9) hat die Bedeutung der spezifischen elektrischen Leitfähigkeit.

- Q Wärme in J
- A Fläche in m^2
- t Zeit in s
- T Temperatur in K
- x Länge in m
- φ Potential in V
- Q_c elektrische Ladung in C
- κ spezifische elektrische Leitfähigkeit in S · m^{-1}
- λ spezifische Wärmeleitfähigkeit in W · K^{-1} · m^{-1}

Die aufgeführten Beispiele lassen erkennen, dass die allgemeine Transportgleichung (6-1) für eine Reihe von unterschiedlichen Phänomenen gültig ist, welche auf den ersten Blick keine Gemeinsamkeit erkennen lassen. Tabelle 6-2 zeigt eine Zusammenstellung der möglichen Formulierungen der allgemeinen Transportgleichung und listet die zugehörigen Bezeichnungen für den jeweiligen Koeffizienten auf.

Tabelle 6-2. Schreibweisen der Transportgleichung und Benennung der jeweiligen Koeffizienten

Mengenstrom	infolge von Gradienten...	Koeffizient lautet
Massenstrom	der Konzentration in kg · m^{-3}	Diffusionskoeffizient in m^2 · s^{-1}
Volumenstrom	der Konzentration in m^3 · m^{-3}	Diffusionskoeffizient in m^2 · s^{-1}
Stoffstrom	der Konzentration in mol · m^{-3}	Diffusionskoeffizient in m^2 · s^{-1}
Massenstrom	des Partialdruckes	Permeabilitätskoeffizient in kg · s^{-1} · m^{-1} · Pa^{-1}
Volumenstrom	des Partialdruckes	Permeabilitätskoeffizient in m^2 · s^{-1} · Pa^{-1}
Stoffstrom	des Partialdruckes	Permeabilitätskoeffizient in mol · s^{-1} · m^{-1} · Pa^{-1}
Wärmestrom	der Temperatur	spezifische Wärmeleitfähigkeit in W · K^{-1} · m^{-1}
elektrischer Strom	des elektrischen Potentials	spezifische elektrische Leitfähigkeit in S · m^{-1}

6.2
Leitfähigkeit, Leitwert, Widerstand

Der Koeffizient K der allgemeinen Transportgleichung hat die Funktion einer spezifischen Leitfähigkeit. Der Zusatz „spezifisch" deutet in diesem Fall darauf hin, dass die Leitfähigkeit spezifisch für den betrachteten Stoff ist, in welchem der Transport abläuft. Der Koeffizient hängt nicht von der Geometrie des vorliegenden Systems (A und d) ab. Fasst man die spezifische Leitfähigkeit mit den Geometriegrößen A und d zusammen, nennt man die Größe den Leitwert G (auch: Konduktanz). Der Kehrwert des Leitwertes G heißt Widerstand R.

In Betragsschreibweise lautet dies:

$$\frac{1}{A} \dot{M} = K \cdot \frac{\Delta \varphi}{d} \tag{6-7}$$

mit

$$G = K \cdot \frac{A}{d} \tag{6-8}$$

ist

$$\dot{M} = G \cdot \Delta \varphi \tag{6-9}$$

in Worten:

Mengenstrom = Leitwert · Potentialdifferenz

wobei

$$G = \frac{1}{R} \tag{6-10}$$

und damit

$$\dot{M} = \frac{1}{R} \cdot \Delta \varphi \tag{6-11}$$

$\dot{M}$ Mengenstrom
K Koeffizient
A Fläche
d Dicke
φ Potential
G Leitwert
R Widerstand

Der Leitwert G und sein Kehrwert der Widerstand R beinhalten also die Geometrie des vorliegenden Systems. Der Koeffizient K als spezifische Leitfähigkeit enthält keine Geometrieinformation, ist also eine reine Stoffgröße. Das gleiche gilt für den Kehrwert der spezifischen Leitfähigkeit, den so genannten spezifi-

6.2 Leitfähigkeit, Leitwert, Widerstand

Tabelle 6-3. Benennungen der Widerstände und Leitwerte für unterschiedliche Formulierungen der Transportgleichung

Menge	Transportgleichung	R heißt	$\frac{1}{R} = G$ heißt	$\frac{1}{R} = K \cdot \frac{A}{d}$	K heißt	$\frac{1}{K}$ heißt
Stoffmenge/mol	$\dot{n} = \frac{1}{R} \cdot \Delta c$ (FICK'sches Gesetz)	Diffusionswiderstand in $s \cdot m^{-3}$	Diffusionsleitwert in $m^3 \cdot s^{-1}$	$\frac{1}{R} = D \cdot \frac{A}{d}$	Diffusionskoeffizient in $m^2 \cdot s^{-1}$	spezifischer Diffusionswiderstand in $s \cdot m^{-2}$
Masse/kg	$\dot{m} = \frac{1}{R} \cdot \Delta p$ (Permeation gasförmiger Stoffe)	Permeationswiderstand in $Pa \cdot s \cdot kg^{-1}$	Permeationsleitwert in $kg \cdot s^{-1} \cdot Pa^{-1}$	$\frac{1}{R} = P \cdot \frac{A}{d}$	Permeationskoeffizient in $kg \cdot m \cdot s^{-1} \cdot m^{-2} \cdot Pa^{-1}$	spezifischer Permeationswiderstand in $Pa \cdot s \cdot m \cdot kg^{-1}$
Ladung/C	$I = \frac{1}{R} \cdot U$ (OHMsches Gesetz)	elektrischer Widerstand in Ω	elektrischer Leitwert in S	$\frac{1}{R} = \kappa \cdot \frac{A}{d}$	spezifische elektrische Leitfähigkeit in $S \cdot m^{-1}$	spezifischer elektrischer Widerstand in $\Omega \cdot m$
Wärme/J	$\dot{Q} = \frac{1}{R} \cdot \Delta T$ (FOURIER'sches Gesetz)	Wärmeleitwiderstand in $K \cdot W^{-1}$	thermischer Leitwert in $W \cdot K^{-1}$ (Wärmeleitwert)	$\frac{1}{R} = \lambda \cdot \frac{A}{d}$	Wärmeleitfähigkeit in $W \cdot K^{-1} \cdot m^{-1}$	spezifischer Wärmeleitwiderstand in $K \cdot m \cdot W^{-1}$

geometrie-abhängige Größen | geometrie-unabhängige Größen

schen Widerstand. Je nach Anwendungsfall verwendet man weitere, spezielle Begriffe für diese Größen. Tabelle 6-3 fasst diese Bezeichnungen zusammen.

6.3
Stationäre Transportprozesse in mehrschichtigen Festkörpern

Die Betrachtung der Widerstände beziehungsweise der Leitwerte vereinfacht die Berechnung von Transportprozessen bei komplizierteren Systemen. Transportprozesse durch Festkörper, die aus mehreren Schichten bestehen, können auf diese Weise behandelt werden wie Transportprozesse durch mehrere Widerstände. Hierbei ist zu unterscheiden, ob die Widerstände nacheinander (Serienschaltung) oder gleichzeitig (Parallelschaltung) überwunden werden müssen. Abbildung 6-2 verdeutlicht den Unterschied zwischen einem Mengenstrom durch hintereinanderliegende Widerstände und parallel liegende Widerstände. Für die Widerstände kann man Symbole aus der Elektrotechnik benutzen und Ersatzschaltbilder für das vorliegende Transportproblem entwerfen (s. Abb. 6-2).

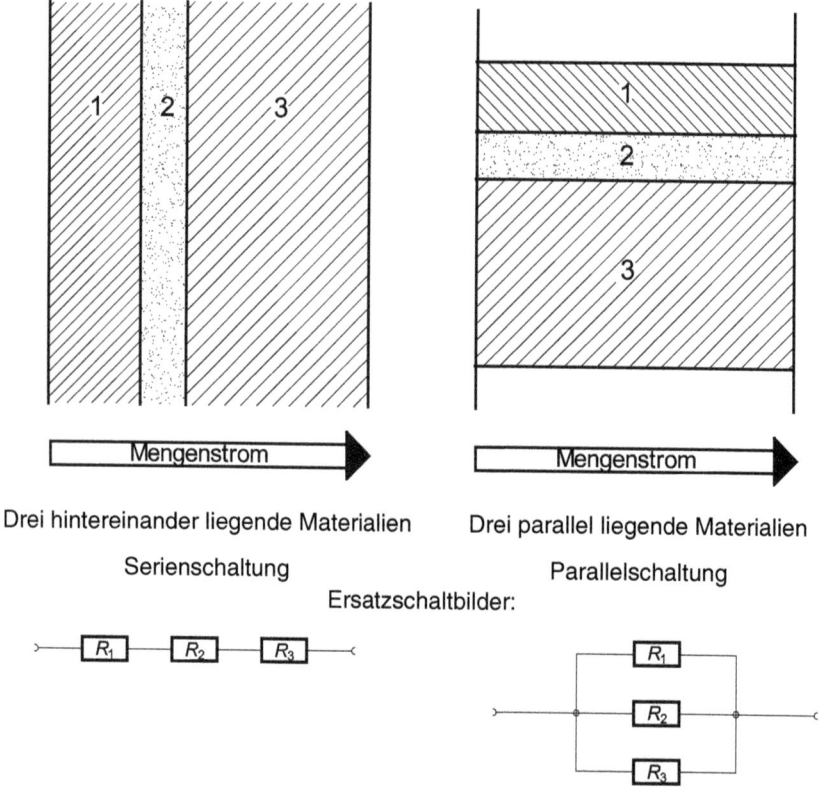

Abb. 6-2. Mengenstrom durch hintereinander liegende Widerstände und parallel liegende Widerstände

6.3 Stationäre Transportprozesse in mehrschichtigen Festkörpern

Unabhängig davon, ob es sich um Stoffströme, Massenströme, Volumenströme, Wärmeströme oder elektrische Ströme handelt, kann der Gesamtwiderstand auf die gleiche Art und Weise berechnet werden: Im Falle der Serienschaltung werden die einzelnen Widerstände einfach zum Gesamtwiderstand addiert. Im Falle der Parallelschaltung erhält man den reziproken Gesamtwiderstand (das ist der Gesamt-Leitwert) durch Addition der einzelnen Leitwerte:

Bei Serienschaltung

$$R_{ges} = \sum_{i=1}^{n} R_i \qquad (6\text{-}12)$$

Bei Parallelschaltung

$$\frac{1}{R_{ges}} = \sum_{i=1}^{n} \frac{1}{R_i} \qquad (6\text{-}13)$$

Häufig werden Verpackungsfolien aus mehreren Schichten hergestellt, um die erforderlichen Barriere-Eigenschaften zu erhalten. Die Berechnung eines Permeationsstromes durch eine Verbundfolie aus unterschiedlich dicken Einzelfolien lässt sich mit dem Konzept der additiven Einzelwiderstände auf einfache Weise durchführen (s. Beispiel 6-2). In analoger Weise verfährt man beim Wärmetransport durch mehrschichtige Festkörper. Wichtig ist zu erkennen, ob eine Serien- oder Parallelschaltung der Widerstände vorliegt. Kompliziertere Systeme können auch aus Widerständen bestehen, die zum Teil in Serie und zum Teil parallel geschaltet sind. Dann zeigt sich der Vorteil der Anwendung dieses elektroanalogen Konzeptes am deutlichsten.

Tabelle 6-4. Ermittlung des Gesamtwiderstandes bei konstanter Geometrie

Serienschaltung	Parallelschaltung
$R_{ges} = \sum R_i$	$\dfrac{1}{R_{ges}} = \sum \dfrac{1}{R_i}$
wegen	wegen
$R = \dfrac{d}{A}\dfrac{1}{K}$	$\dfrac{1}{R} = \dfrac{A}{d} K$
$R_{ges} = \sum_i \dfrac{d_i}{A_i} \cdot \dfrac{1}{K_i}$	$\dfrac{1}{R_{ges}} = \sum_i \dfrac{A_i}{d_i} K_i$
wenn $A_1 = A_2 = A_3 \ldots$	wenn $A_1 = A_2 = A_3 \ldots$
$R_{ges} = \dfrac{1}{A} \sum_i \dfrac{d_i}{K_i}$	$\dfrac{1}{R_{ges}} = A \sum_i \dfrac{K_i}{d_i}$
wenn zusätzlich $d_1 = d_2 = d_3 \ldots$	wenn zusätzlich $d_1 = d_2 = d_3 \ldots$
$R_{ges} = \dfrac{d}{A} \sum_i \dfrac{1}{K_i}$	$\dfrac{1}{R_{ges}} = \dfrac{A}{d} \sum_i K_i$

Widerstände und Leitwerte enthalten die geometrischen Abmessungen A und d des vorliegenden Systems. Daher ist eine einfache Addition von Widerständen und Leitwerten auch dann möglich, wenn A und d nicht für alle Teilwiderstände gleich groß sind. Sind jedoch A und/oder d für sämtliche Einzelwiderstände gleich groß, kann man die Berechnung weiter vereinfachen. Dann ist es möglich, den Gesamtwiderstand zu berechnen, indem lediglich die Koeffizienten bzw. die reziproken Koeffizienten addiert werden (s. Tabelle. 6-4).

6.4
Permeation durch Verpackungen

Unter Permeation (von lat. Durchdringung) wird der Transport einer Substanz durch einen festen Stoff, z.B. ein Verpackungsmaterial (Packstoff, zu den Begriffen s. z.B. [1, 2]) verstanden. Im Unterschied zur Migration (vgl. z.B. [3]) stammt der transportierte Stoff aus der äußeren Umgebung der Verpackung und nicht aus dem Packstoff selbst. Die in der Lebensmitteltechnologie hauptsächlich interessierenden Permeanten sind Wasserdampf sowie die Permanentgase Sauerstoff, Stickstoff und Kohlendioxid. Je nach Lebensmittel sind Verpackungen mit bestimmter Permeabilität (Durchlässigkeit) für z.B. O_2, CO_2, H_2O gefordert. Häufig werden Packstoffe in Form von mehrschichtigen Kunststofffolien oder Verbundmaterialien derart konstruiert, dass sie eine sehr geringe Permeabilität für O_2 und/oder Licht aufweisen und für eine hohe Haltbarkeit des verpackten Lebensmittels sorgen. Unter Haltbarkeit versteht man die Zeitspanne zwischen Herstellung und Kauf bzw. Verzehr eines Lebensmittels, während der keine inakzeptablen Qualitätsverluste auftreten [4]. In Abb. 6-3 ist der Massenstrom eines Permeanten durch eine Folie schematisch dargestellt. Wie in Abschnitt 6.1 beschrieben, kann die Permeation als Massenstrom, Volumenstrom (Gl. (6-4)) oder Stoffstrom (Gl. (6-2)) angegeben werden.

Im stationären Fall (p_1, p_2 = $const$) gilt für den Permeabilitätskoeffizienten P:

ausgedrückt als Massenstrom:

$$-\frac{1}{A} \cdot \frac{dm}{dt} = P \cdot \frac{\Delta p}{d} \qquad (6\text{-}3)$$

$$P = \frac{\dot{m} \cdot d}{A \cdot \Delta p} \qquad (6\text{-}14)$$

A Fläche in m^2
m Masse in kg

Abb. 6-3. Permeations-Strom durch eine Folie, schematisch

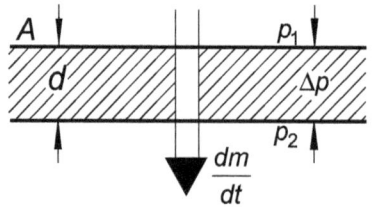

t Zeit in s
P Permeabilitätskoeffizient in kg · s^{-1} · m^{-1} · Pa^{-1}
Δp Partialdruckdifferenz in Pa
d Dicke in m

ausgedrückt als Volumenstrom:

$$-\frac{1}{A} \cdot \frac{dV}{dt} = P \cdot \frac{\Delta p}{d} \tag{6-4}$$

$$P = \frac{\dot{V} \cdot d}{A \cdot \Delta p} \tag{6-15}$$

V Volumen in m^3
P Permeabilitätskoeffizient in m^2 · s^{-1} · Pa^{-1}

ausgedrückt als Stoffstrom:

$$-\frac{1}{A} \cdot \frac{dn}{dt} = D \cdot \frac{\Delta p}{d} \tag{6-2}$$

$$P = \frac{\dot{n} \cdot d}{A \cdot \Delta p} \tag{6-16}$$

n Stoffmenge in mol
P Permeabilitätskoeffizient in mol · s^{-1} · m^{-1} · Pa^{-1}

Beispiel 6-1: Berechnung der Permeabilität eines Beutels
In einen anfangs sauerstofffreien Schlauchbeutel gelangen durch Permeation in 20 Stunden 0,2 cm^3 O$_2$. Die Permeabilität P soll abgeschätzt werden.

Daten:
Schlauchbeutel: Folienfläche 14 cm^2, Dicke 20 µm
Umgebung: Luft mit 20,9 Vol% Sauerstoff, 25°C, 1020 hPa

Lösung:
Berechnung des Norm-Volumens (STP):

$$V_{O_2} = 0{,}2 \cdot 10^{-6} \text{ m}^3 \text{ bei 25°C, 1020 hPa}$$

Näherung ideales Gas:

$$\frac{p_1 V_1}{T_1} = \frac{p_2 V_2}{T_2}$$

$$V_{STP}^{O_2} = \frac{p_2 V_2 \cdot T_{STP}}{T_2 \cdot p_{STP}} = V_2 \cdot \frac{T_{STP}}{T_2} \cdot \frac{p_2}{p_{STP}} = 0{,}2 \text{ cm}^3 \frac{273{,}15}{298{,}15} \cdot \frac{1020}{1013{,}15}$$

$$V_{STP}^{O_2} = 0{,}184 \text{ cm}^3 \text{ (STP)} = 1{,}84 \cdot 10^{-7} \text{ m}^3 \text{ (STP)}$$

Berechnung der Partialdruckdifferenz:

$$p^{O_2}_{außen} = p_{ges} \cdot x_{O_2} = 1020\,\text{hPa} \cdot 0{,}209 = 213{,}18\,\text{hPa}$$

$$\Delta p = 213{,}18\,\text{hPa} - 0\,\text{Pa} = 213{,}18\,\text{hPa}$$

Berechnung des Permeabilitätskoeffizienten:

$$\frac{1}{A} \cdot \frac{dV}{dt} = P \cdot \frac{\Delta p}{d}$$

$$P = \frac{\dot{V}}{A} \cdot \frac{d}{\Delta p}$$

$$P = \frac{1{,}84 \cdot 10^{-7}\,\text{m}^3(STP) \cdot 20 \cdot 10^{-6}\,\text{m}}{14 \cdot 10^{-4}\,\text{m}^2 \cdot 213{,}18\,\text{hPa} \cdot 20 \cdot 3600\,\text{s}} = \frac{1{,}73 \cdot 10^{-18}\,\text{m}^3(STP) \cdot \text{m}}{\text{m}^2 \cdot \text{Pa} \cdot \text{s}}$$

$$P = 0{,}173 \cdot 10^{-3} \frac{\text{cm}^3(STP) \cdot \text{cm}}{\text{cm}^2 \cdot \text{bar} \cdot d}$$

Schnell-Abschätzung:

$$P \approx \frac{0{,}2\,\text{cm}^3 \cdot \dfrac{1}{500}\,\text{cm}}{14\,\text{cm}^2 \cdot \dfrac{1}{5}\,\text{bar} \cdot d} = 1{,}4 \cdot 10^{-4}$$

$$P \approx 0{,}14 \cdot 10^{-3} \frac{\text{cm}^3 \cdot \text{cm}}{\text{cm}^2 \cdot \text{bar} \cdot d}$$

Im Folgenden ist ein Beispiel für die Anwendung des Konzeptes der additiven Widerstände (vgl. 6.3) aufgeführt: Es soll die Permeabilität einer Verbundfolie aus zwei unterschiedlichen Materialien berechnet werden. Verbundfolien werden häufig mit dem Ziel hergestellt, verschiedene Eigenschaften von Materialien zu koppeln, z.B. mechanische Eigenschaften und Gasdurchlässigkeit.

Beispiel 6-2: Permeabilität einer Verbundfolie gegenüber CO_2

Folie 1: $P_1 = 2 \cdot 10^5\,\text{cm}^3 \cdot \mu\text{m} \cdot \text{m}^{-2} \cdot \text{bar}$

Folie 2: $P_2 = 5{,}65\,\text{cm}^3 \cdot \mu\text{m} \cdot \text{m}^{-2} \cdot \text{bar}$

Verbundfolie: 40 μm Folie 1 und 10 μm Folie 2
Es handelt sich um eine Reihenschaltung. Daher kann eine Addition der Widerstände bzw. Addition der reziproken Leitwerte erfolgen:

$$\left(\frac{d}{P}\right)_{ges} = \frac{d_1}{P_1} + \frac{d_2}{P_2}$$

$$\left(\frac{d}{P}\right)_{ges} = \left(\frac{40}{2 \cdot 10^5} + \frac{10}{5{,}65}\right) \frac{\text{m}^2 \cdot \text{bar}}{\text{cm}^3}$$

Abb. 6-4. Verbundfolie, schematisch

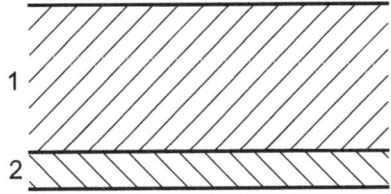

$$\left(\frac{d}{P}\right)_{ges} = 1{,}77 \, \frac{m^2 \cdot bar}{cm^3}$$

$$P_{ges} = \frac{d_{ges}}{1{,}77 \, m^2 \cdot bar} = \frac{(40+10) \, \mu m}{1{,}77 \, m^2 \cdot bar} = 28{,}2 \, cm^3 \cdot \mu m \cdot m^{-2} \cdot bar^{-1}$$

Die Permeabilität der Verbundfolie ist etwa um den Faktor 7000 geringer als bei der Verwendung einer gleich dicken Folie von Material 1 allein.

Molekular gesehen ist die Permeation ein zusammengesetzter Prozess aus

- Transport des Permeanten an die Grenzfläche des Materials
- Adsorption des Permeanten an der Grenzfläche des Materials
- Solubilisation des Permeanten im Material
- Diffusion des Permeanten im Material in Richtung des Partialdruckgradienten
- De-Solubilisation des Permeanten an der gegenüberliegenden Grenzfläche mit anschließender
- Adsorption des Permeanten an der Grenzfläche
- Abtransport (Desorption) von der Grenzfläche

Aus diesem Grunde beeinflussen sowohl der Diffusionskoeffizient D des Permeanten im Feststoff als auch dessen Löslichkeit S in diesem Material die Größe des Permeabilitätskoeffizienten P. Es ist:

$$P = D \cdot S \qquad (6\text{-}17)$$

Bei geringen Drücken lässt sich die Löslichkeit aus dem HENRY-Gesetz berechnen:

$$S = \frac{c}{p} \qquad (6\text{-}18)$$

P Permeabilitätskoeffizient in $m^2 \cdot s^{-1} \cdot Pa^{-1}$
D Diffusionskoeffizient in $m^2 \cdot s^{-1}$
S Löslichkeit in $\dfrac{m^3(STP)}{m^3 \cdot Pa}$
c Konzentration des Permeanten im Material in $\dfrac{m^3(STP)}{m^3}$
p Partialdruck des Permeanten in Pa

Für die Angabe der Permeation von Wasserdampf ist die Verwendung des Massenstroms vorteilhaft. Dies gilt besonders dann, wenn die Permeabilität durch ein gravimetrisches Messverfahren ermittelt wird (vgl. 6.4.2). Für Permanentgase ist die Verwendung des Volumenstroms üblich. Hierbei benutzt man zur besseren

Vergleichbarkeit die Gasvolumina im Normzustand. Der Normzustand für Gase ist in DIN 1343 festgelegt: 0°C, 1013,25 hPa. Zur Kennzeichnung dieser Volumenangabe schreibt man die Volumeneinheit als Ncm^3 (Norm-cm^3) oder als Volumen bei STP (Standard-Temperature and -Pressure).

6.4.1
Temperaturabhängigkeit

Sowohl Solubilisation als auch Diffusion sind thermisch aktivierte Prozesse. Das heißt, ihre Temperaturabhängigkeit kann mit dem ARRHENIUS-Ansatz beschrieben werden. Da die Permeation die Diffusion und Solubilsation eines Permeanten beinhaltet, gilt das ARRHENIUS-Prinzip auch für die Temperaturabhängigkeit der Permeabilität [3]:

$$P = P_0 \cdot e^{-\frac{E_P}{RT}} \tag{6-19}$$

$$D = D_0 \cdot e^{-\frac{E_D}{RT}} \tag{6-20}$$

$$S = S_0 \cdot e^{-\frac{\Delta_{sol} H}{RT}} \tag{6-21}$$

mit

$$E_P = E_D + \Delta_{sol} H \tag{6-22}$$

E_P Aktivierungsenergie der Permeation in J · mol^{-1}
E_D Aktivierungsenergie der Diffusion in J · mol^{-1}
$\Delta_{sol}H$ Lösungsenthalpie in J · mol^{-1}

$$\ln \frac{P(T_2)}{P(T_1)} = -\frac{E_P}{R}\left(\frac{1}{T_2} - \frac{1}{T_1}\right) \tag{6-23}$$

Zur Berechnung der Permeablität eines Verpackungsmaterials bei einer gegebenen Temperatur gemäß (6-23) sind Werte für E_P, E_D und $\Delta_{sol}H$ aus Literaturdaten notwendig. Falls derartige Daten nicht verfügt sind, lässt sich die gesuchte Permeabilität grafisch aus der ARRHENIUS-Auftragung einiger unterschiedlichen Temperaturen experimentell gewonnener Werte ablesen (s. Abb. 6-5).

6.4.2
Messung der Permeabilität

Zu unterscheiden sind stationäre und instationäre Verfahren. Im stationären Fall ist die Differenz der Partialdrücke auf der Außenseite und der Innenseite des zu untersuchenden Materials konstant, im instationären Fall ändern sich die Drücke mit der Zeit. Gemessen wird in beiden Fällen die Zunahme bzw. Abnahme der Menge des Permeanten in einem Gasraum, der vom zu untersuchenden Material begrenzt wird. Je nach Permeant verwendet man Gas-Sensoren, Gaschromatografen, Sorbentien für die Gravimetrie etc. Messungen können an ausgestanzten

6.4 Permeation durch Verpackungen

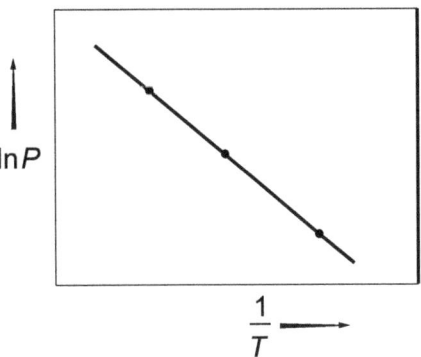

Abb. 6-5. Temperaturabhängigkeit der Permeabilität

Packstoffflächen erfolgen oder an kompletten Verpackungen. In der Praxis interessieren hauptsächlich die Permeabilitäten von Kunststofffolien, Verbundmaterialien sowie der Einfluss von Verschlussmitteln, Siegel- und Klebeverbindungen auf die Verpackung [4, 5].

Die Bestimmung der Wasserdampf-Permeabilität erfolgt am einfachsten durch Platzierung einer wasserdampf-absorbierenden Substanz (Sorbens, vgl. 1.2.2) in einer Kammer, welche von der wasserdampf-haltigen Atmosphäre durch das zu untersuchenden Material (z.B. einer Folie) getrennt ist. In manchen Fällen übernimmt die Verpackung selbst die Funktion der Kammer, nämlich dann, wenn das Sorbens z.B. im zu untersuchenden Beutel eingeschlossen wird. Die zeitliche Zunahme der Masse des Sorbats wird aufgenommen. Der Wasserdampfpartialdruck und die Temperatur beiderseits des zu untersuchenden Materials müssen bekannt sein bzw. konstant gehalten werden. Einen konstanten Wasserdampfpartialdruck $p_D^{H_2O}$ erreicht man durch Herstellen einer Atmosphäre mit konstanter relativer Luftfeuchte z.B. mit Hilfe einer automatischen Klimakammer oder indem man die Luft mit einem Feuchte-Standard ins Gleichgewicht bringt. In DIN 53122 ist ein derartiges gravimetrisches Verfahren zur Bestimmung der Wasserdampf-Permeabilität beschrieben. Die Wasserdampf-Permeabilität heißt in der Norm „Wasserdampfdurchlässigkeit" (WDD) und wird in der Einheit $g \cdot m^{-2} \cdot d^{-1}$ angegeben. Es werden kreisrunde Proben (z.B. einer Folie) von 90 mm Durchmesser verwendet. Als Sorbentien finden $CaCl_2$ oder Silicagel (Korngröße vorzugsweise 1,5…2 mm, nach Siebung mit 1,6 mm $< x <$ 4 mm) Verwendung. Für die Klima-Bedingungen (Temperatur und Luftfeuchte) werden Standard-Klimata empfohlen, z.B. Klima C gemäß Tabelle 6-5. Definierte Luftfeuchten herrschen im Gleichgewicht über gesättigten Salzlösungen, vgl. Tabelle 6-5 und Tabelle 1-12).

Die Aufnahme der m-t-Kurve erfolgt solange, bis 3 Messpunkte auf einer Geraden liegen, bzw. bis ihre Differenz innerhalb von 5% konstant ist. Aus der Steigung der m-t-Kurve wird die Massenzunahme in $g \cdot d^{-1}$ ermittelt. Die Wasserdampfdurchlässigkeit WDD wird gemäß (6-24) berechnet und in der Einheit $g \cdot m^{-2} \cdot d^{-1}$ angegeben.

$$WDD = \frac{1}{A} \frac{\Delta m}{\Delta t} \qquad (6\text{-}24)$$

Tabelle 6-5. Genormte Klima-Bezeichnungen

Klima	φ/% r.F.	T/°C	ges. Salzlösung
C	75	25	NaCl
E	85	20	KCl
D	85	23	KCl
A	90	25	KNO$_3$
B	90	38	KNO$_3$

Beispiel 6-3: Gravimetrische Bestimmung der Permeabilität einer Haushaltsfolie in Anlehnung an DIN 53122

Folie: $d = 10\ \mu\text{m}, A = \pi \cdot r^2 = \pi \cdot (12{,}75\ \text{mm})^2 = 5{,}1 \cdot 10^{-4}\ \text{m}^2$
$\vartheta = 25°C$
$\varphi_{innen} = 0$
$\varphi_{außen} = 66\%$ r.F.
$\Delta\varphi = 0{,}66$

Messwerte:

Zeit		t/h	m/g
05.10.00	15:56	0,000	78,5908
06.10.00	08:10	16,233	78,6063
06.10.00	15:20	23,400	78,6155
09.10.00	08:45	88,817	78,6841
09.10.00	16:25	96,483	78,6928
10.10.00	08:25	112,483	78,7092
11.10.00	11:15	139,317	78,7370

Auswertung:
Massenstrom aus der Steigung in Abb. 6-6:

$$\dot{m} = \frac{\Delta m}{\Delta t} = 3 \cdot 10^{-10}\ \text{kg} \cdot \text{s}^{-1}$$

Angabe gemäß DIN 53122:
Unter den gegebenen Bedingungen (25°C, 66% r.F.) beträgt die Wasserdampfdurchlässigkeit

$$WDD = \frac{1}{A}\frac{\Delta m}{\Delta t} = \frac{1}{5{,}1 \cdot 10^{-4}\ \text{m}^2} \cdot 3 \cdot 10^{-7}\ \text{g} \cdot \text{s}^{-1} = 50{,}8\ \text{g} \cdot \text{d} \cdot \text{m}^{-2}$$

Berechnung der Wasserdampf-Partialdrücke:

$p_s(25°C) = 31{,}66\ \text{hPa}$
$p = \varphi \cdot p_s$

Abb. 6-6. Massenzunahme durch Wasserdampf-Permeation

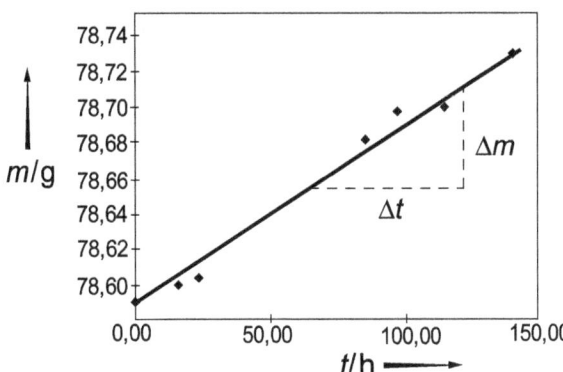

außen:

$p = 0{,}66 \cdot 31{,}66 \text{ hPa} = 2089{,}6 \text{ Pa}$

innen

$p = 0 \cdot 31{,}66 \text{ hPa} = 0 \text{ Pa}$

Differenz:

$\Delta p = 2089{,}6 \text{ Pa} - 0 \text{ Pa} = 2089{,}6 \text{ Pa}$

Berechnung des Permeabilitätskoeffizienten:

$$P = \frac{dm}{dt} \cdot \frac{d}{A \cdot \Delta p}$$

$$P = 3 \cdot 10^{-10} \text{ kg} \cdot \text{s}^{-1} \frac{10 \cdot 10^{-6} \text{ m}}{\pi \, (12{,}75 \cdot 10^{-3})^2 \, \text{m}^2 \cdot 2089{,}6 \text{ N} \cdot \text{m}^{-2}}$$

$$P = 2{,}8 \cdot 10^{-15} \text{ kg} \cdot \text{m} \cdot \text{m}^{-2} \cdot \text{s}^{-1} \cdot \text{Pa}^{-1}$$

Weitere Möglichkeiten, das Ergebnis auszudrücken sind im Folgenden aufgelistet. Eine Hilfe, welche Angabe bei welcher Fragestellung sinnvoll bzw. am einfachsten ist gibt Tabelle 6-6:

A) Unter den gegebenen Bedingungen beträgt die Wasserdampf-Permeation der Folie

$\dot{m} = 3 \cdot 10^{-10} \text{ kg} \cdot \text{s} = 26 \text{ mg} \cdot \text{d}^{-1}$

B) die flächenbezogene Wasserdampf-Permeation der Folie

$$\frac{\dot{m}}{A} = \frac{3 \cdot 10^{-10} \text{ kg} \cdot \text{s}^{-1}}{\pi \cdot (12{,}75 \text{ mm})^2} = 5{,}87 \cdot 10^{-7} \text{ kg} \cdot \text{s}^{-1} \cdot \text{m}^{-2} = 5{,}1 \text{ mg} \cdot \text{d}^{-1} \cdot \text{cm}^{-2}$$

Tabelle 6-6. Art der Angabe der Pemeabilität, Auswahlhilfe

Wenn Folien verglichen werden sollen…			verwende
gleicher Fläche	gleicher Dicke	bei gleicher Partial-druckdifferenz	
ja	ja	ja	A
–	ja	ja	B
–	–	ja	C
–	–	–	D

C) die flächenbezogene, auf eine Foliendicke von 1 μm berechnete Wasserdampf-Permeation der Folie

$$\dot{m} \cdot \frac{d}{A} = 3 \cdot 10^{-10} \text{ kg} \cdot \text{s}^{-1} \frac{10 \cdot 10^{-6} \text{ m}}{\pi \cdot (12{,}75 \text{ mm})^2} = 5{,}87 \cdot 10^{-12} \text{ kg} \cdot \text{s}^{-1} \cdot \text{m} \cdot \text{m}^{-2}$$

$$= 50{,}7 \text{ mg} \cdot \text{d}^{-1} \cdot \mu\text{m} \cdot \text{cm}^{-2}$$

D) die flächenbezogene, auf die Foliendicke von 1 μm und eine Partialdruckdifferenz von 1 Pa berechnete Wasserstoff-Permeation der Folie

$$P = \dot{m} \frac{d}{A \cdot \Delta p} = 3 \cdot 10^{-10} \text{ kg} \cdot \text{s}^{-1} \frac{10 \cdot 10^{-6} \text{ m}}{\pi \cdot (12{,}75 \text{ mm})^2 \cdot 2089{,}6 \text{ N} \cdot \text{m}^{-2}}$$

$$= 2{,}8 \cdot 10^{-15} \text{ kg} \cdot \text{s}^{-1} \cdot \text{m} \cdot \text{m}^{-2} \cdot \text{Pa}^{-1} = 2{,}4 \text{ g} \cdot \text{d}^{-1} \cdot \text{cm}^{-2} \cdot \mu\text{m} \cdot \text{bar}^{-1}$$

6.5
Applikationen

Pizza: Stofftransport und Wärmetransport beim Backen	[6]
Apfel: Einfluss des Wasserdampf-Diffusions-Koeffizienten auf die Trocknung	[7]
Erdbeeren: Rolle der Diffusions-Stoffgrößen bei der osmotischen Trocknung	[8]
Haltbarkeitsvorhersage: Berücksichtigung des Einflusses der Wasseraktivität auf die Wasserdampf-Permeabilität von Folien	[9]
Mass transfer coefficients: Zusammenstellung von Literaturdaten	[10]
Lactose-Kristallisation: Rolle des Diffusionskoeffizienten	[11]

6.6
Literatur

1. DIN (Hrsg) (1989) DIN-Taschenbuch 135, Packstoffe. Beuth , Köln
2. DIN (Hrsg) (1989) DIN-Taschenbuch 136, Verpackung. Beuth, Köln
3. Piringer OG (1993) Verpackungen für Lebensmittel. Wiley-VCH, Weinheim
4. Robertson GL (1993) Food packaging. Marcel Dekker, New York
5. Bureau G, Multon JL (eds) (2003) Food packaging technology. Wiley-VCH, Weinheim
6. Dumas C, Mittal GS (2002) Heat and mass transfer properties of pizza during baking. Intern J Food Properties 5:161
7. Funebo T, Ahrne L, Prothon F, Kidman S, Langton M, Skjoldebrand C (2002) Microwave and convective dehydration of ethanol treated and frozen apple – physical properties and drying kinetics. Int J Food Sci Tech 37:603-614
8. Fernando M, Spiess WEL (2003) Mass transfer in strawberry tissue during osmotic treatment. J Food Sci 68:1347–1364
9. Del Nobile MA, Buonocore GG, Limbo S, Fava P (2003) Shelf life prediction of cereal-based dry feeds packed in moisture sensitive films. J Food Sci 68: 1292–1300
10. Krokida M, Zogzas N, Maroulis Z (2001) Mass transfer coefficient in food processing: compilation of literature data. Intern J Food Properties 4:373
11. Visser RA (1983) Crystal growth kinetics of alpha lactose hydrate. Dissertation, Catholic University Nijmwegen
12. Bernd S (2003) Lexikon der Verpackungstechnik. Behr's, Hamburg

(100–129 befinden sich am Schluss des Buches)

7 Thermische Größen

Die meisten Verfahren der Haltbarmachung von Lebensmitteln basieren auf der kontrollierten Anwendung von Wärme. Hierzu muss Wärme mit Hilfe eines Wärmeträgers zum Lebensmittel hin transportiert werden, dort in das Lebensmittel übergehen und schließlich muss die Wärme sich im Lebensmittel ausbreiten. Die einzelnen Schritte sind im Abschnitt 7.7, Wärmetransport beschrieben. Die Zufuhr von Wärme führt zur gewünschten Temperaturerhöhung im Lebensmittel. Im Falle der Kühlung von Lebensmitteln wird dem Lebensmittel Wärme entzogen und an den Wärmeträger (Kälteträger) abgeführt. Abbildung 7-1 zeigt den Weg der Wärme schematisch. Beispiele für einige thermische Verfahren der Lebensmitteltechnik sind in Tabelle 7-1 zuammengestellt.

7.1 Temperatur

Die Temperatur eines Systems ist ein Maß für die kinetische Energie seiner molekularen Bestandteile. Das Produkt aus absoluter Temperatur T und der BOLTZMANN-KONSTANTEN k nennt man thermische Energie eines Systems:

$$E = k \cdot T \tag{7-1}$$

Abb. 7-1. Wärmeübertragung an Lebensmitteln

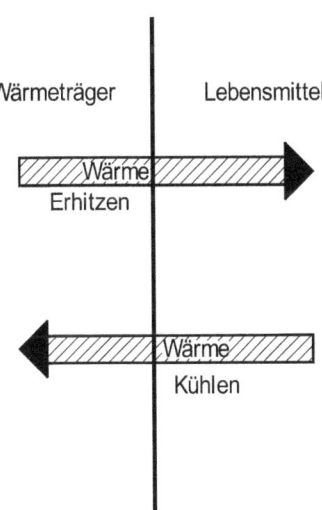

Im Falle des idealen Gases ist eine zunehmende thermische Energie anschaulich gleichbedeutend mit einer zunehmenden mittleren Geschwindigkeit der Gasteilchen. Auf molekularer Ebene ist Wärme also nichts anderes als die Bewegungsenergie der Atome beziehungsweise der Moleküle eines Systems. Nach außen messbar ist diese Wärme (die so genannte sensible Wärme) durch die Temperatur des Systems. Eine hohe Temperatur deutet also auf eine hohe Bewegungsenergie der submikroskopischen Teilchen hin, in der Nähe des Nullpunktes der absoluten Temperatur befinden sich die Teilchen dagegen nahezu in Ruhe. Die absolute Temperatur eines Systems wird in der Einheit K (KELVIN) angegeben. Die Skala der absoluten Temperatur beginnt bei 0 K (absoluter Nullpunkt der Temperatur) und ist nach oben hin offen. Die KELVIN-Skala ist eine ther-

Tabelle 7-1. Einige thermische Verfahren der Lebensmitteltechnik

Verfahrensschritt	Ziel	Beispiele	Wärmeträger	ϑ / °C
Pasteurisation/ Sterilisation	Inaktivierung pathogener Mikroorganismen. Erhöhung der Haltbarkeit	Fleisch, Fisch, Suppe, Gemüse, Obst, Sahne Milch, Sahne-Desserts, Suppe, Fruchtsaft, Bier, Ei	Elektrizität, heißes Wasser, Dampf (indirekt oder Direktdampf)	63...135
– batch		verpackte feste u. flüssige Lebensmittel	dto.	dto.
– kontinuierlich		– strömende Flüssigkeiten, anschließende aseptische Verpackung	dto.	dto.
Verdampfung	Entfernung von Wasser, Erzeugung flüssiger Konzentrate	Milch, Obst, Gemüse, Kaffee, Molke	Dampf	40...100
Trocknung	Entfernung von Wasser, Erzeugung trockenen Materials mit geringer Wasseraktivität	Milch, Kartoffeln, Gemüse, Obst, Fleisch, Fisch	heiße Luft, Dampf, heißes Wasser	150...250
Frittieren	Reaktionen (Proteine, Kohlenhydrate), Verdampfung von Wasser	Pommes Frites, Krapfen	heißes Öl	100...150
Kochen/ Backen	Reaktionen (Proteine, Kohlenhydrate), Verdampfung von Wasser	Fleisch, Brot, Kuchen	Dampf, heiße Luft, Mikrowellen	100...200
Kühlen/ Gefrieren	Verlangsamung von Verderbnisreaktionen, inkl. mikrobiologischer Aktivtität	Milchprodukte, Fleisch, Fisch, Obst, Gemüse, gefrorene Desserts	kalte Luft, Kältemittel, kryogene Flüssigkeiten (flüssiger Stickstoff)	10...0 bzw. −18...−30

Tabelle 7-2. Temperatur-Fixpunkte und Temperatur-Skalen

	Absoluter Nullpunkt	Siedepunkt N_2	Erstarrungspunkt H_2O	Tripelpunkt H_2O	menschliches Blut	Siedepunkt H_2O	Skala
T/K	0	77,4	273,15	273,16	310,15	373,15	Kelvin
ϑ/°C	−273,15	−195,8	0,0	0,01	37,8	100,0	Celsius
ϑ/°F	−459,67	−320,4	32,0	32,02	100	212,0	Fahrenheit

modynamische Temperaturskala; die Definition der physikalischen Einheit lautet: 1 K ist der 273,16te Teil der Tripelpunktstemperatur des Wassers.

Aus historischen Gründen gibt es weitere Temperaturskalen (°C, °F). Tabelle 7-2 zeigt die Zusammenhänge, die zwischen einigen Skalen bestehen. Allen Skalen gemeinsam ist, dass sie auf so genannten Fixpunkten der Temperatur basieren und zwischen diesen Fixpunkten eine messtechnisch gut zu erfassende Skaleneinteilung gewählt wird (z.B. 100 Teilstriche). Die empirische Celsius-Temperaturskala basiert auf den Fixpunkten Gefriertemperatur und Siedetemperatur von Wasser bei Atmosphärendruck und definiert den Abstand dieser Fixpunkte als 100°. Die empirische Fahrenheit-Skala verwendet als Fixpunkte die damals niedrigste Temperatur (−17.8°C = 0°F) und die Temperatur von menschlichem Blut (37°C = 100°F), und definiert den Abstand dieser Fixpunkte als 100°. Die thermodynamische Temperaturskala hat als Fixpunkte den absoluten Nullpunkt (0 K) und den Tripelpunkt von Wasser (273,16 K). Tabelle 14.22 im Anhang erlaubt die Umrechnung der verschiedenen Temperaturen untereinander.

Die so genannte internationale Temperaturskala (IST 90, aus dem Jahre 1990) ist eine praktische Temperaturskala für den weltweiten industriellen Einsatz. Sie basiert auf gut reproduzierbaren und messtechnisch leicht zu erfassenden Temperatur-Fixpunkten zwischen 0,7 K und 2500 K (s. Tabelle 7-3). Die Auswahl der Fixpunkte und deren genaue Temperaturen werden hin und wieder aktualisiert. In Deutschland ist die Physikalisch-Technische Bundesanstalt in Braunschweig (PTB) für die Darstellung und Weitergabe der Temperaturskala verantwortlich.

7.2 Thermische Ausdehnung

7.2.1 Längenausdehnung

Bei Erhöhung der Temperatur eines Körpers, nimmt seine Länge l um einen bestimmten, materialspezifischen Wert Δl zu. Bei vielen Werkstoffen besteht ein linearer Zusammenhang zwischen der Längenänderung und der Temperaturänderung bzw. der Ausgangslänge:

$$\Delta l \sim \Delta T \tag{7-2}$$

$$\Delta l = \alpha \cdot l \cdot \Delta T \tag{7-3}$$

In Differentialschreibweise:

$$dl = \alpha \cdot l \cdot dT \tag{7-4}$$

$$\alpha = \frac{1}{l}\frac{dl}{dT} \tag{7-5}$$

$\Delta l, dl$ Längenänderung in m
$\Delta T, dT$ Temperaturänderung in K
l Ausgangslänge in m
α thermischer Längenausdehnungskoeffizient in K^{-1}

Der thermische Längenausdehnungskoeffizient α (Synonyme: Ausdehnungskoeffizient, linearer Ausdehnungskoeffizient, Wärmeausdehnungskoeffizient) ist eine materialabhängige Stoffgröße. Betrachtet man größere Temperaturintervalle, stellt man Abweichungen von linearen Ausdehnungsverhalten fest, die darin begründet sind, dass der Wert von α ebenfalls temperaturabhängig ist. Gleichung (7-3) stellt insofern also eine Idealisierung für nicht zu große Temperaturdifferenzen dar. Auch gibt es Werkstoffe mit anomalem Verhalten, die sich mit (7-3) nicht beschreiben lassen. Hierzu gehören z.B. Schrumpffolien der Verpackungstechnik und so genannte Memory-Metalle, die bei Temperaturerhöhung irreversible Formänderungen zeigen.

Beispiel 7-1: Berechnung der Länge eines PE-Bauteiles infolge Temperaturänderung

Mit

$l = 2$ m
$\alpha = 2 \cdot 10^{-4}$ K^{-1}

ist bei einem Temperaturanstieg 10° auf 30°C

$$l(\vartheta_2) - l(\vartheta_1) = \alpha \cdot l(\vartheta_1) \cdot (\vartheta_2 - \vartheta_1)$$
$$l(\vartheta_2) = l(\vartheta_1) + \alpha \cdot l(\vartheta_1) \cdot (\vartheta_2 - \vartheta_1)$$
$$l(\vartheta_2) = l(\vartheta_1)(1 + \alpha \cdot (\vartheta_2 - \vartheta_1))$$
$$l(\vartheta_2) = l(\vartheta_1)(1 + \alpha \cdot \Delta T)$$

also

$$l(30°C) = 2 \text{ m} \cdot (1 + 2 \cdot 10^{-4} \text{ } K^{-1} \cdot 20) = 2{,}008 \text{ m}$$

7.2.2
Volumenausdehnung

Aufgrund der allseitigen thermischen Längenänderung ändert sich auch das Volumen eines Körpers bei Änderungen der Temperatur. Die Volumenänderung ist dem Ausgangsvolumen und der Temperaturänderung proportional:

$$\Delta V \sim \Delta T \tag{7-6}$$

$$\Delta V = \gamma \cdot V \cdot \Delta T \tag{7-7}$$

7.2 Thermische Ausdehnung

In Differentialschreibweise:

$$dV = \gamma \cdot V \cdot dT \tag{7-8}$$

$$\gamma = \frac{1}{V}\frac{dV}{dT} \tag{7-9}$$

$\Delta V, dV$ Volumenänderung in m^3
$\Delta T, dT$ Temperaturänderung in K
V Ausgangsvolumen in m^3
γ thermischer Volumenausdehnungskoeffizient in K^{-1}

Der thermische Volumenausdehnungskoeffizient γ (Synonyme: Ausdehnungskoeffizient, kubischer Ausdehnungskoeffizient, Raumausdehnungskoeffizient) ist wie der Längenausdehnungskoeffizient eine materialabhängige Stoffgröße und selbst ebenfalls von der Temperatur abhängig. Berechnet man die thermische Volumenänderung eines Würfels der Kantenlänge l mit Hilfe des Längenausdehnungskoeffizienten α, ergibt sich:

$$V_2 = l_2^3 = l_1^3(1+\alpha\cdot\Delta T)^3 = V_1(1+3\alpha\cdot\Delta T + 3\alpha^2\cdot\Delta T^2 + \alpha^3\cdot\Delta T^3) \approx V_1(1+3\alpha\cdot\Delta T) \tag{7-10}$$

ein Vergleich mit

$$V_2 = V_1(1+\gamma\cdot\Delta T) \tag{7-11}$$

aus Gl. (7-7) zeigt, dass näherungsweise gilt:

$$\gamma = 3\cdot\alpha \tag{7-12}$$

Beispiel 7-2: Berechnung des Volumens von Benzin bei Temperaturänderung

Mit

$V = 50 \text{ dm}^3$
$\alpha = 1{,}06\cdot 10^{-3}\text{ K}^{-1}$

ist bei einem Temperaturanstieg 10° auf 30°C

$$V(\vartheta_2) - V(\vartheta_1) = \gamma\cdot V(\vartheta_1)\cdot(\vartheta_2-\vartheta_1)$$
$$V(\vartheta_2) = V(\vartheta_1) + \gamma\cdot V(\vartheta_1)\cdot(\vartheta_2-\vartheta_1)$$
$$V(\vartheta_2) = V(\vartheta_1)(1+\gamma\cdot(\vartheta_2-\vartheta_1))$$
$$V(\vartheta_2) = V(\vartheta_1)(1+\gamma\cdot\Delta T)$$
$$V(30°C) = 50 \text{ dm}^3\cdot(1 + 1{,}06\cdot 10^{-3}\text{ K}^{-1}\cdot 20\text{ K}) = 51{,}06 \text{ dm}^3$$

Die thermische Ausdehnung von Körpern hat eine temperaturbedingte Abnahme der Dichte zur Folge. Mit Gl. (2-8) und (7-11) lässt sich schreiben:

$$\rho\,(T) = \frac{m}{V_0\,(1+\gamma \cdot \Delta T)} \qquad (7\text{-}13)$$

Dichtewerte für Luft [105] und Wasser [105, 108] sind tabelliert. Für Berechnungen der Dichte existieren empirische Polynomgleichungen, einige Beispiele sind im Anhang 14.8 aufgeführt.

7.3
Temperatur-Messung

Thermometer mit unterschiedlichem Funktionsprinzip und unterschiedlicher Bauart zeigen bei einer gegebenen Temperatur nicht zwangsläufig denselben Wert an. Unterschiedliche Bauformen bestimmen das Ansprechverhalten, die thermische Trägheit, die interne Mittelung des Messwertes, die Richtigkeit und die Genauigkeit des angezeigten Wertes. IR-Kameras können beispielsweise schneller anzeigen als einfache Alkohol-Thermometer. IR-Kameras messen jedoch die Oberflächen-Temperatur und nicht die Temperatur im Volumen des Körpers. Andererseits können sie – im Gegensatz zu herkömmlichen Thermometern ortaufgelöste Temperaturmessungen liefern. Die Bestimmung von Kerntemperaturen hingegen erfordert stabile Einstech-Sensoren, deren thermische Trägheit bei der Ablesung berücksichtigt werden muss (s. z.B. ambulante Temperaturmessung bei gefrorenen und tiefgefrorenen Lebensmitteln, Methode L00.00-5 in [100]). Bereits durch die Wahl des Sensors bzw. des Messverfahrens wird also die räumliche und zeitliche Auflösung der Temperaturmessung festgelegt.

7.3.1
Ausdehnungs-Thermometer

Die Messung der Temperatur erfolgt i.Allg. elektrisch oder klassisch unter Nutzung der thermischen Ausdehnung von Stoffen. Für letzteres wählt man Flüssigkeiten aus, die im betrachteten Anwendungsfall eine hinreichend lineare thermische Ausdehnung zeigen (s. 7.2). Die thermische Ausdehnung in einer Kapillare wird klassisch visuell beobachtet oder z.B. auf einen Zeiger übertragen. Die Kalibrierung derartiger Ausdehnungs-Thermometer erfolgt durch den Vergleich mit so genannten Temperatur-Fixpunkten. Tabelle 7-2 gibt einige historische Fixpunkte der KELVIN-, CELSIUS- und FAHRENHEIT-Skalen wieder. In Ta-

Tabelle 7.3. Definierende Fixpunkte der Internationalen Temperaturskala ITS-90

Gleichgewichtszustand	$\vartheta/°C$ gemäß ITS-90
Tripelpunkt des Wassers	0,01
Schmelzpunkt des Galliums	29,7646
Erstarrungspunkt des Indiums	156,5985

7.3 Temperatur-Messung

belle 7-3 sind einige Fixpunkte der Internationalen Temperaturskala aufgelistet, der Tripelpunkt des Wassers taucht auch hier wieder auf.

Die Internationale Temperaturskala als praktische Temperaturskala basiert auf gut reproduzierbaren und messtechnisch leicht erfassenden Fixpunkten, wie z.B. dem Tripelpunkt von Wasser. Da die Darstellung von Fixpunkten im klassischen Betriebslabor dennoch selten möglich ist, verwendet man häufig werkseitig kalibrierte oder geeichte Thermometer und vergleicht andere Temperatur-Messgeräte mit diesen. Bei eingeschränkten Genauigkeitsanforderungen vergleicht man mit der Temperatur von Eiswasser anstelle der Temperatur des Tripelzustandes.

Der Tripelpunkt ist als Fixpunkt deshalb so gut geeignet, weil die Anzahl der thermodynamischen Freiheitsgrade in einem Dreiphasen-System null beträgt. Bei einem Zweiphasen-System wie z.B. Eiswasser ist die Temperatur vom Umgebungsdruck abhängig. In einem derartigen System beträgt die Anzahl der Freiheitsgrade $F = 1$. Aus diesem Grunde kann das Zweiphasen-System bei unterschiedlichen Temperaturen bzw. Drücken realisiert werden. Beim Dreiphasensystem gibt es diese Freiheit nicht, es existiert nur bei einer einzigen Temperatur. Die Anzahl der thermodynamischen Freiheitsgrade liefert die GIBBS-Phasenregel:

$$F = K - P + 2 \qquad (7\text{-}14)$$

F Anzahl thermodynamischer Freiheitsgrade
K Anzahl unabhängiger Komponenten
P Anzahl Phasen

Das Dreiphasen-System aus gasförmigem, flüssigem und festem Wasser hat $P = 3$, $K = 1$ und folglich $F = 0$. D.h., es existiert nur bei einem einzigen Druck und einer einzigen Temperatur. Dies sind 611,2 Pa und 0,01°C. Dieser Punkt ist hiermit thermodynamisch eindeutig definiert und wird daher als weltweiter Fixpunkt für die Temperatur empfohlen. Ebenso basiert die Definition des Kelvin auf diesem Fixpunkt: 1K ist der 273,16-te Teil der Temperatur des Tripelpunktes von Wasser. Abbildung 7-2 zeigt das Phasendiagramm von Wasser mit dem Tripelpunkt als dem einzigen Punkt, an dem alle drei Phasen miteinander im Gleichgewicht stehen.

7.3.2
Elektrische Temperaturmessung

Zur elektrischen Temperaturmessung werden vorwiegend Thermoelemente und Widerstandsthermometer eingesetzt. Mit beiden werden so genannte berührende Messungen durchgeführt. Nicht-berührende Temperaturmessungen sind z.B. möglich durch Messung der Wärmestrahlung, die vom betrachteten Objekt ausgeht.

Thermoelement
Ein Thermoelement besteht aus zwei sich berührenden Metallen. An der Kontaktstelle treten Elektronen aus dem Metall mit dem niedrigeren FERMI-Niveau in das Metall mit dem höheren FERMI-Niveau über. Die dadurch zwischen den

Abb. 7-2. Ausschnitt aus dem Phasendiagramm des Wassers mit dem Tripelpunkt

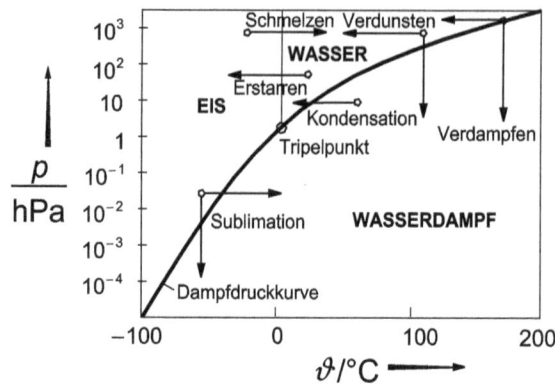

beiden Metallen entstehende elektrische Spannung ist messbar und wächst mit zunehmender Temperatur der Kontaktstelle. Dieser Effekt wird als thermoelektrischer Effekt oder auch als SEEBECK-Effekt bezeichnet, die temperaturabhängige Messgröße heißt auch Thermospannung. Die Temperaturmessung mit Thermoelementen wird praktisch ausschließlich als Relativmessung ausgeführt. Dazu vergleicht man die Thermospannung der Kontaktstelle mit der Thermospannung einer zweiten Kontakstelle, deren Temperatur bekannt ist. Aus der Differenz der Thermospannungen wird dann die Temperaturdifferenz ermittelt, die zwischen den beiden Kontaktstellen besteht. Thermoelemente sind mit unterschiedlichen Metallpaarungen erhältlich, die sich anhand ihres Koeffizienten (der so genannten „Thermokraft") $\frac{dU}{dT}$ und ihrer maximalen Einsatztemperatur unterscheiden. Tabelle 7-4 listet einige Typen auf, die bezüglich ihrer Eigenschaften genormt sind. Häufig eingesetzt wird Typ J. Thermoelemente werden häufig aus dünnen Metalldrähten gefertigt, was die Herstellung von Kontaktstellen mit sehr geringer thermischer Trägheit erlaubt. Temperatursensoren auf Basis von Thermoelementen können daher mit geringen Totzeiten hergestellt werden. Für die Auswahl des passenden Sensors sind außer dem zeitlichen Ansprechverhalten die Auflösung, die Toleranz im Anwendungsbereich und die Langzeitstabilität zu beachten.

Tabelle 7-4. Genormte Thermoelemente und Typenbezeichnungen gemäß DIN IEC 584-1

Thermopaar		Typ
Eisen – Konstantan	Fe – CuNi	J
Kupfer – Konstantan	Cu – CuNi	T
Nickelchrom – Nickel	NiCr – Ni	K
Nickelchrom – Konstantan	NiCr – CuNi	E
Platinrhodium – Platin	Pt10Rh – Pt	S
Platinrhodium – Platin	Pt30Rh – Pt	R

7.4 Enthalpie und Wärme

Widerstands-Thermometer
Der elektrische Widerstand eines Metalles steigt mit seiner Temperatur. Ursache hierfür ist die zunehmende thermische Bewegung der Metallatome, welche den Elektronenfluss behindert. Bei Kenntnis der Widerstand-Temperatur-Kennlinie lässt sich dieser Effekt zur Temperaturmessung nutzen. In der industriellen Messtechnik werden häufig Widerstände aus Platin mit Nennwiderständen von 100 Ω, 500 Ω und 1000 Ω eingesetzt. Häufig eingesetzt wird der Pt 100-Widerstand. Der Nennwiderstand eines Pt-100-Sensors beträgt bei 0°C 100 Ω (DIN IEC 751). Es gibt eine Reihe von Bauformen für derartige Mess-Widerstände wie zum Beispiel Pt-100 im Keramikrohr, eingeschmolzen in Glas, eingebettet in Folien, als Dünnschichtsensor auf Al_2O_3 usw., die über unterschiedliches Ansprechverhalten und Langzeitstabilität verfügen [1].

IR-Temperaturmessung
Die von einem Objekt ausgehende Wärmestrahlung (IR-Strahlung) hängt über das STEFAN-BOLTZMANN-Gesetz mit seiner Temperatur zusammen (vgl. 7.7.1). Daher ist es möglich, durch Detektion der IR-Strahlung eines Körpers berührungslos dessen Temperatur zu ermitteln. Man benutzt hierzu so genannte Pyrometer, die einen bestimmten Fleck des Messobjektes betrachten oder Infrarot-Kameras, mit denen eine ortsaufgelöste Darstellung der Temperaturverteilung des Objektes möglich ist. Es ist zu beachten, dass die Messung der Wärmestrahlung Information über die strahlende Oberfläche eines Objektes gibt (Oberflächentemperatur), während berührende Messverfahren je nach Sensor die Temperatur der Oberfläche oder die Temperatur im Inneren eines Körpers liefern können.

7.4
Enthalpie und Wärme

Wärme ist eine Form von Energie. Gemäß dem Satz von der Erhaltung der Energie kann Energie weder vernichtet, noch aus dem Nichts produziert werden. Vorhandene Energie kann nur in andere Energieformen umgewandelt werden. Tabelle 7-5 gibt eine Übersicht zu möglichen Formen der Energie mit Beispielen.

Tabelle 7-5. Übersicht über verschiedene Formen der Energie

Energieform	Beispiel: Energie in/aus
mechanische Energie	gespannte Feder (potentielle Energie)
	bewegter Körper (kinetische Energie)
elektrische Energie	Stromnetz
Lichtenergie	Sonnenlicht
chemische Energie	Pflanzenöl, Mineralöl, Kartoffelstärke
Kernenergie	Atomkern
Wärme	Warmwasser

Während alle anderen Energieformen theoretisch mit einem Wirkungsgrad von 100% ineinander überführbar sind (in der Realität ist der Wirkungsgrad allerdings immer kleiner als 100%), gilt dies für die Wärme nicht: Während zwar alle Energieformen vollständig in Wärme überführt werden können, kann Wärme nicht 100%ig in andere Energieformen wie z.B. Arbeit oder Bewegungsenergie umgewandelt werden.

Könnte man einen Körper auf 0 K abkühlen, wäre es theoretisch möglich, ihm sämtliche Wärme zu entnehmen, die er gespeichert hat. Wegen der Unerreichbarkeit des absoluten Nullpunktes der Temperatur ist dies jedoch ebenfalls ausgeschlossen. Die Wärme nimmt dadurch eine Sonderstellung unter allen Energieformen ein.

Die innere Energie U eines Systems kann auf zwei Wegen geändert werden: Durch Zufuhr beziehungsweise Abfuhr von Wärme Q oder durch Zufuhr beziehungsweise Abfuhr von Arbeit W'. Es gilt:

$$dU = dQ + dW' \qquad (7\text{-}15)$$

Wenn man Arbeitsanteile wie zum Beispiel Elektrisierungsarbeit, Magnetisierungsarbeit, Reibungsarbeit, Verformungsarbeit vernachlässigen kann, lässt sich die Arbeit auf die Form von so genannter Volumenarbeit W reduzieren. Es ist dann:

$$dU = dQ + dW \qquad (7\text{-}16)$$

$$dW = -pdV \qquad (7\text{-}17)$$

also

$$dU = dQ - pdV \qquad (7\text{-}18)$$

beziehungsweise

$$dQ = dU + pdV \qquad (7\text{-}19)$$

U innere Energie in J
Q Wärme in J
p Druck in Pa
W' Arbeit in J
W Volumenarbeit in J
V Volumen in m^3
H Enthalpie in J

Das negative Vorzeichen in der Definitionsgleichung 7-17 sorgt dafür, dass bei der Kompression eines Systems (negative Volumenänderung) eine positive Zunahme der inneren Energie auftritt beziehungsweise umgekehrt.

Den Begriff Enthalpie verwendet man für die Summe aus innerer Energie und dem Produkt aus pV:

$$H = U + pV \qquad (7\text{-}20)$$

Tabelle 7-6. Benennung der auftretenden Wärmen bei thermischen Prozessen

Allgemeiner Fall	$dQ = dH$	$dQ = dU + pdV + Vdp$
Isobarer Prozess mit Volumenarbeit	$dQ = dH$	$dQ = dU + pdV$
Isobarer Prozess ohne Volumenarbeit	$dQ = dU$	$dQ = dU$

d.h. für Änderungen der Enthalpie

$$dH = dU + pdV + Vdp \tag{7-21}$$

Betrachtet man zur Vereinfachung nur Fälle, bei denen der Druck konstant ist ($dp = 0$), vereinfacht sich die Gleichung zu

$$dH = dU + pdV \tag{7-22}$$

vergleicht man das Ergebnis mit (7-19) ergibt sich für diesen Fall:

$$dH = dQ \tag{7-23}$$

Mit anderen Worten: Die Wärme dQ, die bei einem isobaren Prozess auftritt (und damit als Messgröße bei der thermischen Analyse in Erscheinung tritt) ist identisch mit der Enthalpieänderung dH des Systems. Aus diesem Grund spricht man bei Laboruntersuchungen und Prozessen, die unter konstantem Druck ablaufen, häufiger von der Enthalpie anstelle von der Energie eines Systems.

Der Unterschied zwischen der Änderung der inneren Energie dU eines Systems und der Änderung seiner Enthalpie dH liegt in der Arbeit dW' beziehungsweise unter o.g. Vereinfachungen lediglich in der Volumenarbeit $dW = -pdV$. Tritt bei einem isobaren Prozess überhaupt keine Volumenarbeit auf (isochorer Prozess, $dV = 0$), so ist $dW = 0$ und die Zahlenwerte von dH und dU sind gleich: Die Enthalpieänderung dH ist dann identisch mit der Änderung der inneren Energie dU. Tabelle 7-6 fasst die Fälle zusammen.

Folgender Merksatz lässt sich für isobare Prozesse aufstellen:
„Die auftretende Wärme nennt man Enthalpieänderung. Sie resultiert aus der Änderung der inneren Energie zuzüglich der Volumenarbeit. Ist die Volumenarbeit null oder vernachlässigbar, so ist die Enthalpieänderung gleich der Änderung der inneren Energie".

Derjenige Anteil der Wärme, der zu einer Temperaturerhöhung (bzw. -erniedrigung) des Systems beiträgt, heißt sensible Wärme. Derjenige Anteil der Wärme, der von einem System aufgenommen (bzw. abgegeben) wird, ohne dass sich die Temperatur des Systems ändert, heißt latente Wärme.

7.5
Thermodynamische Grundlagen

Die Bestimmung der in einem System gespeicherten Energie erfolgt häufig mit Kalorimetern. Da messtechnisch lediglich Wärmeeffekte bzw. Temperaturänderungen zugänglich sind, müssen die Beiträge von innerer Energie, Arbeit und

Wärme zum thermischen Effekt berechnet werden. Zusätzlich lassen sich aus Temperaturabhängigkeit und Druckabhängigkeit von thermodynamischen Größen Informationen gewinnen.

7.5.1
Hauptsätze der Thermodynamik

Nach dem ersten Hauptsatz der Thermodynamik gilt für infinitesimale Änderungen der inneren Energie U:

$$dU = dQ + dW = dQ + dW_{rev} + dW' \qquad (7\text{-}24)$$

Q ist die mit der Umgebung ausgetauschte Wärme, W_{rev} stellt die am Gesamtsystem geleistete reversible Volumen-, Deformations-, Elektrisierungs-, Magnetisierungsarbeit usw. dar und in W' sind alle übrigen Arbeitsanteile (z.B. Reibungsarbeit, elektrische Arbeit von äußeren Stromquellen) zusammengefasst. Falls an Arbeitsanteilen nur reversible Volumenarbeit zu berücksichtigen ist, gilt:

$$dU = dQ - pdV \qquad (7\text{-}25)$$

Gleichung (7-25) wird der 1. Hauptsatz der Thermodynamik genannt. Ist das System thermisch isoliert, d.h. adiabatisch ($dQ = 0$), und wird gleichzeitig das Volumen konstant gehalten ($dV = 0$), so ist in einem geschlossenen System ($dn = 0$) die Änderung der inneren Energie null, es ist $dU = 0$ beziehungsweise U = const. Das ist der Satz von der Erhaltung der Energie.

Als Entropie S bezeichnet man den Quotienten aus Wärme und Temperatur. Für einen reversiblen Vorgang in einem geschlossenen System ist

$$dS \equiv \frac{dQ_{rev}}{T} \qquad (7\text{-}26)$$

Für alle irreversiblen Vorgänge in einem geschlossenen System ist

$$dS > \frac{dQ}{T} \qquad (7\text{-}27)$$

Gleichung (7-27) nennt man den 2. Hauptsatz der Thermodynamik

Beschränkt man sich auf reversible Vorgänge und berücksichtigt an Arbeit nur reversible Volumenarbeit, so ergibt eine Kombination des ersten Hauptsatzes und des zweiten Hauptsatzes für ein geschlossenes System:

$$dU = TdS - pdV \qquad (7\text{-}28)$$

Die Berücksichtigung einer Stoffmengenänderung, z.B. bei chemischen Reaktionen oder Materieaustausch mit der Umgebung (offenes System, $dn \neq 0$), führt zu:

$$dU = TdS - pdV + \sum_{i=1}^{k} \mu_i dn_i \qquad (7\text{-}29)$$

7.5 Thermodynamische Grundlagen

mit

$$\left(\frac{\partial U}{\partial n_i}\right)_{S,V,n_{j(j\neq i)}} \equiv \mu_i \tag{7-30}$$

als dem so genannten chemischen Potential der Komponente i.

Für viele Anwendungen ist die Benutzung der Enthalpie H anstelle der Inneren Energie U günstiger. Der Vorteil der Enthalpie besteht darin, dass sie innere Energie U und Energien aus dem Produkt pV zusammenfasst. Setzt man (7-28) in (7-21) ein, erhält man

$$dH = TdS + Vdp \tag{7-31}$$

7.5.2
Klassifikation von Phasenumwandlungen

Betrachtet man einfache Phasenübergänge wie z.B. das Schmelzen, so sind im Allgemeinen starke Änderungen von Enthalpie, Entropie und Volumen am Umwandlungspunkt charakteristisch. Die chemischen Potentiale zweier im Gleichgewicht nebeneinander vorliegenden Phasen sind zwar gleich, aber die Werte der molaren Enthalpien und Entropien, sowie der Molvolumina sind meistens sehr verschieden. Außerdem stellt man fest, dass sich bei gewöhnlichen Phasenübergängen die Werte der Wärmekapazität C_p und der Kompressibilität κ nicht sehr drastisch ändern, wenn man sich aus der Phase '' beziehungsweise ' kommend dem Umwandlungspunkt nähert. Es sind jedoch auch Phasenübergänge zu beobachten, bei denen weder eine Volumenänderung, noch eine Enthalpie- oder Entropieänderung auftritt. Die Klassifizierung von Phasenumwandlungen erfolgt nach der Theorie von EHRENFEST. Demnach weist eine Phasenumwandlung n-ter Ordnung für einen reinen Stoff an der Phasengrenze eine Unstetigkeit der n-ten Ableitung der molaren GIBBS-Energie G_m nach der Temperatur und dem Druck auf:

$$\left(\frac{\partial^n G_m'}{\partial T^n}\right)_p \neq \left(\frac{\partial^n G_m''}{\partial T^n}\right)_p \tag{7-32}$$

beziehungsweise

$$\left(\frac{\partial^n G_m'}{\partial p^n}\right)_T \neq \left(\frac{\partial^n G_m''}{\partial p^n}\right)_T \tag{7-33}$$

c spezifische Wärmekapazität in $J \cdot kg^{-1} \cdot K^{-1}$
Q Wärme in J
T Temperatur in K
p Druck in Pa
H Enthalpie in J
h spezifische Enthalpie in $J \cdot kg^{-1}$
U innere Energie in J
u spezifische innere Energie in $J \cdot kg^{-1}$

G GIBBS-Energie in J
S Entropie in $J \cdot K^{-1}$

Für eine Phasenumwandlung erster Ordnung zwischen den Phasen ' und " gelten folgende Beziehungen:

$$\Delta_{trs} G_m = G_m'' - G_m' = 0 \tag{7-34}$$

$$\left(\frac{\partial \Delta_{trs} G_m}{\partial T} \right) = \left(\frac{\partial G_m''}{\partial T} \right)_p - \left(\frac{\partial G_m'}{\partial T} \right)_p = -S_m'' + S_m' = -\Delta_{trs} S_m \neq 0 \tag{7-35}$$

$$T \cdot \Delta_{trs} S_m = \Delta_{trs} H_m \neq 0 \tag{7-36}$$

$$\left(\frac{\partial \Delta_{trs} G_m}{\partial p} \right) = \left(\frac{\partial G_m''}{\partial p} \right)_T - \left(\frac{\partial G_m'}{\partial p} \right)_T = V_m'' - V_m' = \Delta_{trs} V_m \neq 0 \tag{7-37}$$

In Abb. 7-3 ist unter anderem der Verlauf der molaren GIBBS-Energie als Funktion der Temperatur dargestellt für eine Umwandlung zweiter Ordnung (rechts oben). Bei Phasenumwandlungen erster Ordnung ist der Verlauf von H_m, S_m, V_m unstetig, die 1. Ableitung von G_m weist eine Diskontinuität auf. Bei Phasenumwandlungen zweiter Ordnung sind S_m, V_m, H_m stetig, ebenso die 1. Ableitungen, nicht jedoch die 2. Ableitungen.

Die sprunghaften Änderungen der molaren Größen Enthalpie, Entropie und Volumen sind also charakteristisch für Phasenumwandlungen erster Ordnung. Die erste Ableitung der molaren GIBBS-Energie zeichnet sich demnach durch eine Diskontinuität aus. In Abb. 7-3 sind die Änderungen einiger thermodynamischer Größen am Phasenübergang schematisch dargestellt.

Liegt eine Umwandlung zweiter Ordnung vor, so zeigt sich die Diskontinuität erst in der zweiten Ableitung der molaren GIBBS-Energie nach der Temperatur und dem Druck. Es gelten dann folgende Zusammenhänge:

$$\Delta_{trs} G = 0 \tag{7-38}$$

$$\left(\frac{\partial \Delta_{trs} G_m}{\partial T} \right)_p = -\Delta_{trs} S_m = 0 \tag{7-39}$$

$$\left(\frac{\partial^2 \Delta_{trs} G_m}{\partial T^2} \right)_p = -\frac{\Delta_{trs} C_{p,m}}{T} \neq 0 \tag{7-40}$$

beziehungsweise

$$\left(\frac{\partial \Delta_{trs} G_m}{\partial p} \right)_T = \Delta_{trs} V_m = 0 \tag{7-41}$$

$$\left(\frac{\partial^2 \Delta_{trs} G_m}{\partial p^2} \right)_T = -V_m \cdot \Delta_{trs} \kappa \neq 0 \tag{7-42}$$

$$\left(\frac{\partial^2 \Delta_{trs} G_m}{\partial p \partial T} \right) = V_m \cdot \Delta_{trs} \alpha_p \neq 0 \tag{7-43}$$

7.5 Thermodynamische Grundlagen

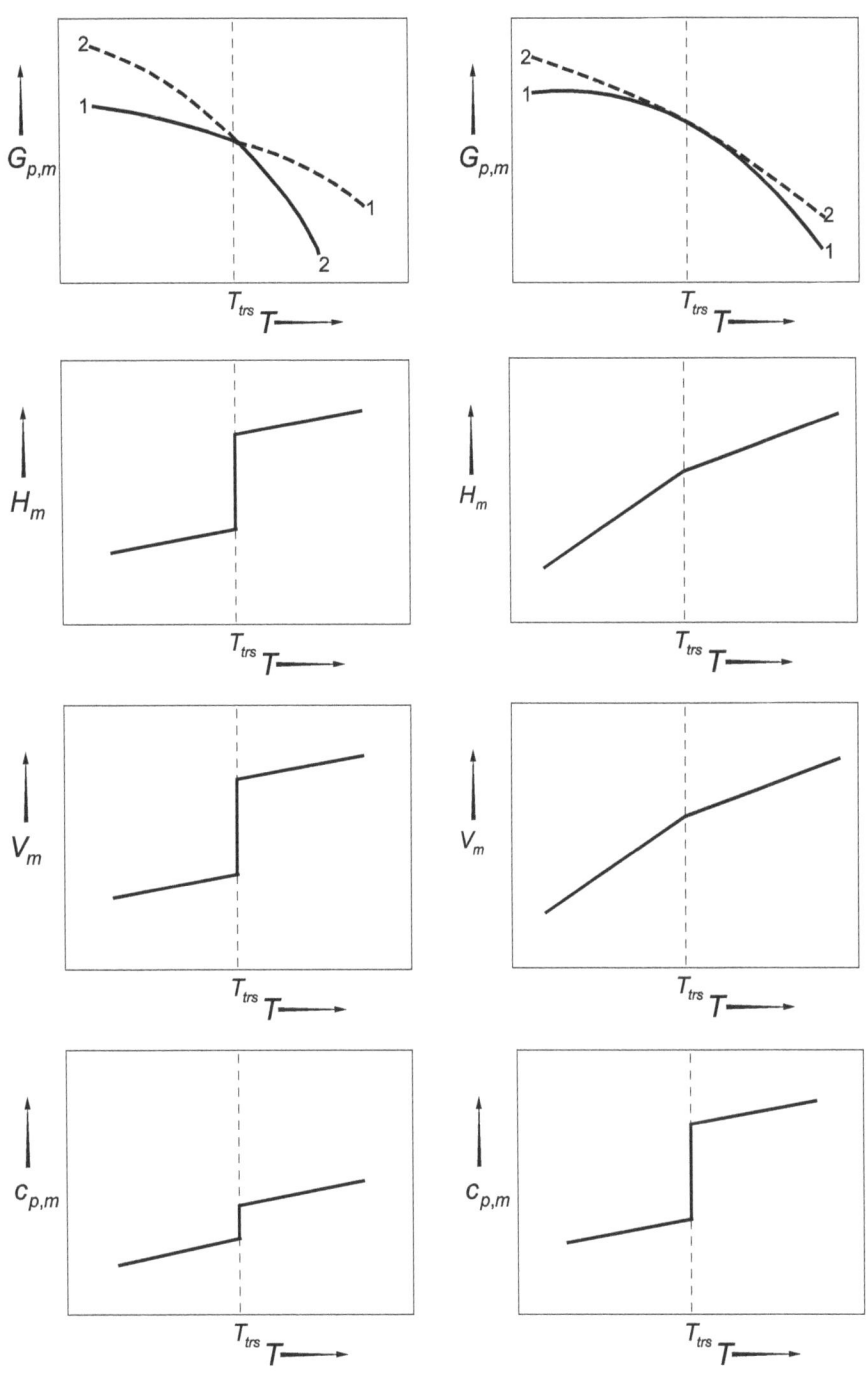

Umwandlung erster Ordnung   Umwandlung zweiter Ordnung

Abb. 7-3. Klassifizierung von Phasenübergängen nach EHRENFEST

Diese Umwandlungen sind also mit einer kontinuierlichen Änderung der molaren Größen Enthalpie, Entropie und Volumen verbunden. Eine Diskontinuität tritt jedoch in der molaren Wärmecapazität C_p, im isobaren thermischen Ausdehnungskoeffizienten α_p und in der isothermen Kompressibilität κ_T auf.

Für Phasenumwandlungen erster Ordnung kann die verallgemeinerte CLAUSIUS-CLAPEYRON-Gleichung zur Beschreibung der Gleichgewichtskurve der koexistierenden Phasen benutzt werden:

$$\left(\frac{dp}{dT}\right)_{koex} = \frac{\Delta_{trs}S_m}{\Delta_{trs}V_m} = \frac{\Delta_{trs}H_m}{T \cdot \Delta_{trs}V_m} = \frac{H''_m - H'_m}{T \cdot (V''_m - V'_m)} = \frac{h'' - h'}{T \cdot \left(\dfrac{1}{\rho''} - \dfrac{1}{\rho'}\right)} \quad (7\text{-}44)$$

Bezogen auf Umwandlungen zweiter Ordnung ergeben sich entsprechende Beziehungen:

$$d\Delta_{trs}S_m = \left(\frac{\partial \Delta_{trs}S_m}{\partial T}\right)_p dT + \left(\frac{\partial \Delta_{trs}S_m}{\partial p}\right)_T dp = 0 \quad (7\text{-}45)$$

$$d\Delta_{trs}V_m = \left(\frac{\partial \Delta_{trs}V_m}{\partial T}\right)_p dT + \left(\frac{\partial \Delta_{trs}V_m}{\partial p}\right)_T dp = 0 \quad (7\text{-}46)$$

Unter Verwendung von $\alpha_p = \dfrac{1}{V_m}\left(\dfrac{\partial V_m}{\partial T}\right)$ und $\kappa_T = -\dfrac{1}{V_m}\left(\dfrac{\partial V_m}{\partial p}\right)_T$ erhält man durch Umformen Ausdrücke, welche die Druckabhängigkeit der Umwandlungstemperatur für die Koexistenzkurve beschreiben (EHRENFEST-Gleichungen):

$$\left(\frac{dp}{dT}\right)_{koex} = \frac{\Delta_{trs}C_{p,m}}{T \cdot V_m \cdot \Delta_{trs}\alpha_p} = \frac{C''_{p,m} - C'_{p,m}}{T \cdot V_m (\alpha''_p - \alpha'_p)} = \frac{c''_p - c'_p}{T \cdot \dfrac{1}{\rho}(\alpha''_p - \alpha'_p)} \quad (7\text{-}47)$$

$$\left(\frac{dp}{dT}\right)_{koex} = \frac{\Delta_{trs}\alpha_p}{\Delta_{trs}\kappa_T} = \frac{\alpha''_p - \alpha'_p}{\kappa''_T - \kappa'_T} \quad (7\text{-}48)$$

V_m molares Volumen in m^{-3} · mol^{-1} C Wärmekapazität in J · K^{-1}
α thermischer Ausdehnungskoeffizient in K^{-1} ρ Dichte in kg · m^{-3}
κ Kompressibilität in Pa^{-1}

7.6
Wärmekapazität

Unter der Wärmekapazität versteht man das Speichervermögen eines Systems für Wärme. Die Wärmekapazität ist der Quotient aus aufgenommener Wärme eines Systems und der daraus resultierenden Temperaturänderung des Systems:

$$C = \frac{dQ}{dT} \quad (7\text{-}49)$$

7.6 Wärmekapazität

beziehungsweise

$$C = \frac{\Delta Q}{\Delta T} \qquad (7\text{-}50)$$

Bezieht man die Wärmekapazität eines Systems auf die Masse des Systems, so spricht man von der spezifischen Wärmekapazität:

$$c = \frac{C}{m} \qquad (7\text{-}51)$$

$$c = \frac{1}{m} \cdot \frac{dQ}{dT} = \frac{dq}{dT} \qquad (7\text{-}52)$$

Um sich klarzumachen, wie ein System Wärme speichern kann, stelle man sich 1 kg Wasser von 20°C vor: Wenn diesem Wasser eine Wärmemenge von z.B. 8,36 kJ zugeführt wird, erhöht sich die Temperatur des Wassers (um etwa 2 K). Die zugeführte Wärme führt dazu, dass die einzelnen Wassermoleküle nun im statistischen Mittel mehr Energie besitzen. Die Moleküle bewegen sich jetzt heftiger, sie besitzen größere Geschwindigkeiten der Translation und Rotation. Wenn man einen Finger in das Wasser hält (oder ein Thermometer), lässt sich diese thermische Energie spüren: Als Maß für die thermische Energie wird die Temperatur verwendet, die Temperaturänderung in diesem Beispiel beträgt $\Delta T = 2$ K.

Beispiel 7-3: Berechnung des Speichervermögens von Wasser für Wärme

Mit den o.g. Werten ergibt sich gemäß (7-52):

$$c_p = \frac{1}{m} \cdot \frac{\Delta Q}{\Delta T}$$

$$c_p = \frac{8{,}36 \text{ kJ}}{1 \text{ kg} \cdot 2 \text{ K}}$$

$$c_p = 4{,}18 \text{ kJ} \cdot \text{kg}^{-1} \text{ K}^{-1}$$

Häufig unterscheidet man zwischen Wärme, die in einem System mit Volumenarbeit auftritt (p = const., $dQ = dH$) und Wärme, die in einem System ohne Volumenarbeit auftritt (V = const., $dQ = dU$). Diese Fälle werden mit den Indices V und p gekennzeichnet (vgl. Tabelle 7-7).

7.6.1
Ideale Gase und ideale Festkörper

Für ideale Gase und ideale Festkörper sind die molekularen Bewegungen voraussagbar, und daher lässt sich die Wärmekapazität derartiger Stoffe theoretisch einfach berechnen. Die Teilchen in einem idealen Gas haben Translationsmöglichkeiten in drei Raumrichtungen, man spricht von drei Freiheitsgraden ($f = 3$). Lineare, zweiatomige Moleküle wie N_2 haben zusätzlich Freiheitsgrade der

Tabelle 7-7. Benennung von Wärmekapazitäten

p = const.	V = const.
$C_p = \dfrac{dH}{dT}$	$C_V = \dfrac{dU}{dT}$
$c_p = \dfrac{1}{m} \cdot \dfrac{dH}{dT}$	$c_V = \dfrac{1}{m} \cdot \dfrac{dU}{dT}$
$c_p = \dfrac{dh}{dT}$	$c_V = \dfrac{du}{dT}$

C Wärmekapazität in $J \cdot K^{-1}$
c spezifische Wärmekapazität in $J \cdot kg^{-1} \cdot K^{-1}$
Q Wärme in J
q spezifische Wärme in $J \cdot kg^{-1}$
T Temperatur in K
m Masse in kg
H Enthalpie in J
h spezifische Enthalpie in $J \cdot kg^{-1}$
U innere Energie in J
u spezifische innere Energie in $J \cdot kg^{-1}$

Schwingung, insgesamt also $f = 5$. Festkörperatome beziehungsweise -moleküle haben keine Translationsfreiheitsgrade, schwingen aber in drei Raumrichtungen. Tabelle 7-8 fasst die Fälle zusammen.

Im mechanischen Modell des idealen Gases ist die kinetische Energie gleich der thermischen Energie:

$$\frac{1}{2} m \cdot \overline{v^2} = \frac{f}{2} kT \tag{7-53}$$

$$E = \frac{f}{2} kT \tag{7-54}$$

Die innere Energie für $\overline{N}$ Teilchen ist also

$$U = \overline{N} \cdot \frac{f}{2} kT \tag{7-55}$$

Tabelle 7-8. Freiheitsgrade von Teilchen einfacher, idealer Systeme

	Translation	Rotation	Schwingung	Gesamt
Einatomige Gasmoleküle	3	–	–	$f = 3$
Starre, zweiatomige Gasmoleküle	3	2	0	$f = 5$
Festkörper	–	–	6	$f = 6$

7.6 Wärmekapazität

$$U = \frac{\overline{N}}{N_A} \cdot \frac{f}{2} k \cdot N_A \cdot T = n \cdot \frac{f}{2} R \cdot T \qquad (7\text{-}56)$$

$$U = n \cdot M \cdot \frac{f}{2} \cdot \frac{R}{M} \cdot T = m \cdot \frac{f}{2} R_s \cdot T \qquad (7\text{-}57)$$

Mit der Definition

$$C_V = \frac{dQ}{dt} \qquad (7\text{-}58)$$

wird

$$C_V = m \cdot \frac{f}{2} R_s \qquad (7\text{-}59)$$

beziehungsweise

$$c_V = \frac{f}{2} R_s \qquad (7\text{-}60)$$

Arbeitet man isobar, so ergibt sich analog

$$C_p = \frac{dQ}{dT} = \frac{dH}{dT} = \frac{dU}{dT} + \frac{pdV}{dT} = \frac{dU}{dT} + \frac{mR_s \cdot dT}{dT} \qquad (7\text{-}61)$$

d.h.

$$C_p = C_V + mR_s \qquad (7\text{-}62)$$

beziehungsweise

$$c_p = c_V + R_s \qquad (7\text{-}63)$$

k Boltzmann-Konstante
m Masse in kg
v Geschwindigkeit in m · s^{-1}
$\overline{N}$ Anzahl Teilchen
U innere Energie in J
M Molmasse in kg · mol^{-1}
R allgemeine Gaskonstante
R_s spezifische Gaskonstante
f Freiheitsgrad
p Druck in Pa
V Volumen in m^3
C_p Wärmekapazität bei p = const. in J · K^{-1}
C_V Wärmekapazität bei V = const. in J · K^{-1}
c_p spezifische Wärmekapazität bei p = const. in J · kg^{-1} · K^{-1}
c_V spezifische Wärmekapazität bei V = const. in J · kg^{-1} · K^{-1}

Tabelle 7-9. Theoretische und experimentell ermittelte Wärmekapazitäten einfacher Systeme

Stoff	f	R_s/kJ·kg^{-1}·K^{-1}	c_p(theor.)/ kJ·kg^{-1}·K^{-1}	c_p(exp.)/ kJ·kg^{-1}·K^{-1}	aus:
He	3	2,078	5,195	5,23	[106]
N$_2$	5	0,297	1,039	1,03	[106]
Luft	5	0,287	1,0045	1,005	[106]
Pb	6	0,0401	0,1203	0,129	[106]

Im Falle von Festkörpern und nicht zu hohen Drücken lässt sich die Näherung verwenden:

$$c_p \approx c_V \qquad (7\text{-}64)$$

mit $f = 6$ heißt das

$$c_p \approx 3 R_s \qquad (7\text{-}65)$$

Gleichung (7-65) nennt man die Regel von DULONG-PETIT für die Wärmekapazität von Festkörpern.

In Tabelle 7-9 sind auf dieser theoretischen Grundlage einige Wärmekapazitäten berechnet und mit experimentellen Werten verglichen. Man sieht, dass die Übereinstimmungen für Abschätzungen durchaus ausreichend sind, besonders im Bereich von Gasen, die als ideal genähert werden können. Im Falle der Festkörper gibt es bei Raumtemperatur allerdings auch größere Abweichungen von der Regel nach DULONG-PETIT $c_p = 3R_s$. Zur Abschätzung der Wärmekapazität von festen Lebensmitteln sollte vorzugsweise die folgende Methode benutzt werden. Sie basiert auf einer Additivität der Wärmekapazitäten der einzelnen Festkörperbestandteile.

7.6.2
Wärmekapazität zusammengesetzter, realer Festkörper

Wenn die spezifischen Wärmekapazitäten der chemischen Bestandteile eines Stoffes und seine Zusammensetzung bekannt sind, kann die Wärmekapazität des Stoffes grob abgeschätzt werden, indem man die Wärmekapazitäten der einzelnen Bestandteile aufaddiert:

$$c_p = \sum_i x_i \cdot c_{p,i} \qquad (7\text{-}66)$$

mit

$$x_i = \frac{m_i}{m} \qquad (7\text{-}67)$$

$$m = \sum_i m_i \qquad (7\text{-}68)$$

Tabelle 7-10. Spezifische Wärmekapazität von Lebensmittelinhaltsstoffen [116]

	c_p/kJ · kg^{-1} · K^{-1}
Wasser	≈ 4,2
Kohlenhydrate	≈ 1,4
Proteine	≈ 1,6
Fette	≈ 1,7
Asche (Mineralien)	≈ 0,8
Eis	≈ 2,1
fettfreie TS, tierisch	≈ 1,34…1,68
fettfreie TS, pflanzlich	≈ 1,21

c_p spezifische Wärmekapazität in J · K^{-1} · kg^{-1}
x_i Massenanteil der Komponente i
$c_{p,i}$ spezifische Wärmekapazität der Komponente i
m_i Masse der Komponente i

Tabelle 7-10 listet die Werte für spezifische Wärmekapazitäten von Lebensmittelbestandteilen auf.

Beispiel 7-4: Berechnung der Wärmekapazität eines Lebensmittels
Die Lebensmittelzusammensetzung sei

x_i /% (m/m)
84   Wasser
12   Fett
3   Protein
1   Mineralien

Die Wärmekapazität ist gemäß (7-33):

$$c_p / \text{kJ} \cdot \text{kg}^{-1} \cdot \text{K}^{-1} = \sum 0{,}84 \cdot 4{,}2 + 0{,}12 \cdot 1{,}7 + 0{,}03 \cdot 1{,}6 + 0{,}01 \cdot 0{,}8$$
$$c_p = 3{,}8 \, \text{kJ} \cdot \text{kg}^{-1} \cdot \text{K}^{-1}$$

7.7 Wärmetransport in Lebensmitteln

Der spontane Wärmetransport läuft stets vom Ort höherer Temperatur zum Ort niedrigerer Temperatur. Es gibt 4 Mechanismen, durch die Wärme transportiert werden kann: durch Wärmestrahlung, durch Wärmeleitung, durch Wärme-Konvektion und durch Phasenübergänge. Tabelle 7-11 stellt die wichtigsten Unterschiede einander gegenüber.

7.7.1 Wärmestrahlung

Unter Wärmestrahlung versteht man elektromagnetische Strahlung mit Frequenzen unterhalb des roten, sichtbaren Lichtes. Man nennt diese Strahlung auch

Tabelle 7-11. Wärmetransportmechanismen

Mechanismus	Erläuterung	Beispiel
Wärmestrahlung	Elektromagnetische Strahlung der Wellenlängen 1 µm bis 1 mm	Heizstrahler, Grill
Wärmeleitung	Ausbreitung der Wärme durch Stöße zwischen den Molekülen	Festkörper, der an einem Ende erhitzt wird
Wärmekonvektion	Ausbreitung von Wärme durch ein strömendes Fluid, welches Wärme mitführt	Strömendes warmes Wasser oder Gase
Phasenübergang	Aufnahme/Abgabe latenter Wärme	Kondensieren von Wasserdampf

Infrarotstrahlung (IR-Strahlung) oder ultrarote Strahlung. Jeder Körper, der eine Temperatur oberhalb von 0 K besitzt, sendet Wärmestrahlung aus. Der dadurch emittierte Wärmestrom wird vom STEFAN-BOLTZMANN-Gesetz beschrieben:

$$\dot{Q} = A \cdot \varepsilon \cdot \sigma \cdot T^4 \qquad (7\text{-}69)$$

ε Emissionsgrad des Körpers
σ STEFAN-BOLTZMANN-Konstante ($\sigma = 5{,}670 \cdot 10^{-8}$ W $\cdot$ m^{-2} $\cdot$ K^{-4})
T thermodynamische Temperatur des Körpers in K
A strahlende/absorbierende Fläche in m^2

Stehen zwei Körper mit unterschiedlichen Temperaturen T_1 und T_2 miteinander im Strahlungsgleichgewicht, so emittiert jeder Körper Wärmestrahlung gemäß dem STEFAN-BOLTZMANN-Gesetz, gleichzeitig absorbiert er Wärmestrahlung vom anderen Körper. Es fließt der Netto-Wärmestrom

$$\Delta \dot{Q} = A \cdot C_{12} \, (T_2^4 - T_1^4) \qquad (7\text{-}70)$$

$\Delta \dot{Q}$ Wärmestrom von/nach Körper 1 auf/von Körper 2 in J $\cdot$ s^{-1}
A strahlende/absorbierende Fläche in m^2
T_1 Temperatur Körper 1
T_2 Temperatur Körper 2
C_{12} Strahlungsaustauschkoeffizient in W $\cdot$ K^{-4} $\cdot$ m^{-2}
ε_1 Emissionsgrad Körper 1
ε_2 Emissionsgrad Körper 2

Der Strahlungsaustausch-Koeffizient C_{12} fasst die Emissionsgrade der beteiligten Körper und deren geometrische Anordnung zusammen. Besteht das Strahlungsgleichgewicht z.B. zwischen zwei parallelen Flächen der Körper, ist [119]:

$$C_{12} = \frac{\sigma}{\dfrac{1}{\varepsilon_1} + \dfrac{1}{\varepsilon_2} - 1} \qquad (7\text{-}71)$$

Emissionsgrad
Der Emissionsgrad ist eine Materialgröße zur Kennzeichnung des Vermögens eines Körpers zur Emission von elektromagnetischer Strahlung, insbesondere von Wärmestrahlung. Nach dem KIRCHHOFF'schen Strahlungsgesetz ist im thermischen Gleichgewicht der Emissionsgrad eines Stoffes gleich seinem Absorptionsgrad. Ein idealer schwarzer Körper besitzt definitionsgemäß den maximalen Absorptionsgrad von $\varepsilon = 1$, ideal reflektierende Körper besitzen $\varepsilon = 0$. Reale Körper (graue Körper) besitzen Emissionsgrade bzw. Absorptionsgrade zwischen Null und Eins.

Bei Kenntnis des Emissionsgrades ε eines Körpers lassen sich Energieverluste durch Wärmestrahlung berechnen oder umgekehrt durch Messung der abgegebenen Wärmeleistung Oberflächentemperaturen bestimmen (IR-Thermometer s. 7.3.2).

7.7.2
Wärmeleitung

Die Grundzüge der Wärmeleitung wurden bereits im Abschnitt 6.2 erwähnt. Bei der Berechnung von Wärmeströmen, die durch Wärmeleitung entstehen, kann man zwischen stationärer Wärmeleitung und instationärer Wärmeleitung sowie zwischen dem ebenen und dem zylindrischen Fall unterscheiden. Der ebene Fall ist einfach zu rechnen und eignet sich für viele einfache Probleme. Der zylindrische Fall trifft in der Technik auf viele Fälle an Rohrleitungen und zylindrischen Apparaten zu.

Sofern die Temperaturen innerhalb des Systems zeitlich konstant bleiben, spricht man vom stationären Fall, wenn hingegen die Temperaturen sich über die Zeit ändern, liegt der instationäre Fall vor.

Tabelle 7-12. Emissionsgrad ε (Absorptionsgrad α) einiger technischer Oberflächen bei Raumtemperatur

Oberfläche	ε
Chrom, poliert	0,058
Aluminium, poliert	0,095
Kupfer, poliert	0,03
Kupfer, oxidiert	0,76
Eisenblech, verrostet	0,685
Eisenblech, verzinnt	0,083
Gusseisen, oxidiert	0,95
Beton, rau	0,94
Dachpappe	0,91
Lack, weiß	0,925
Lack, matt, schwarz	0,97
Glas	0,88
Ziegelstein, rot	0,93
Mauerwerk, Putz	0,93
Eis, rauer Reifbalg	0,985
Wasser	0,90

Obwohl sich die Wärme in der Regel in drei Raumrichtungen ausbreitet, können viele Ausbreitungsvorgänge rechnerisch vereinfacht werden, indem man annimmt, dass die Vorgänge in allen Raumrichtungen gleich ablaufen. Man betrachtet dann den eindimensionalen Fall der Wärmeausbreitung. Der einfachste Fall soll zunächst behandelt werden:

Ebener, eindimensionaler, stationärer Fall
Betrachtet man den Wärmestrom in einem Festkörper wie in Abb. 7-4 ergibt sich der Wärmestrom für den ebenen, eindimensionalen Fall der Wärmeleitung nach dem 1. FOURIER-Gesetz.

$$\frac{\dot{Q}}{A} = -\lambda \cdot \frac{dT}{dx} \qquad (6\text{-}5)$$

mit den Beschriftungen in Abb. 7-4

$$\frac{\dot{Q}}{A} = \lambda \cdot \frac{T_0 - T_1}{\delta} \qquad (7\text{-}72)$$

und damit

$$\dot{Q} = A \cdot \lambda \cdot \frac{T_0 - T_1}{\delta} \qquad (7\text{-}73)$$

Abbildung 7.4 zeigt den Temperaturverlauf in der Wand

$\dfrac{dT}{dx}$	Temperaturgradient in $K \cdot s^{-1}$
λ	Wärmeleitfähigkeit in $W \cdot K^{-1} \cdot m^{-1}$
$\dot{Q}$	Wärmestrom in W
$\dfrac{\dot{Q}}{A}$	Wärmestromdichte in $W \cdot m^{-2}$

Abb. 7-4. Temperaturprofil in einer Feststoffschicht

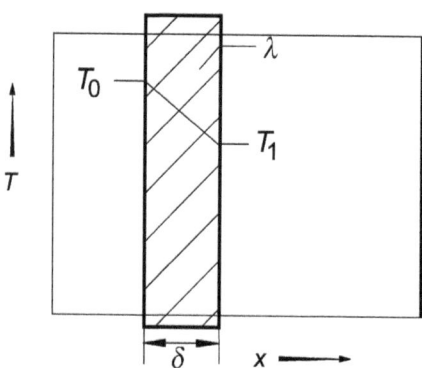

7.7 Wärmetransport in Lebensmitteln

Tabelle 7-13. Vorzeichen des Temperaturgradienten

Fall	Gradient	Erklärung
$x > 0$ $T_1 > T_0$	positiver Gradient	T nimmt in Richtung von x zu
$x > 0$ $T_1 < T_0$	negativer Gradient	T nimmt in Richtung von x ab

Das negative Vorzeichen im FOURIER-Gesetz sorgt dafür, dass sich ein positiver Wärmestrom ergibt, wenn der Wärmestrom in Richtung von x fließt, das heißt wenn ein negativer Temperaturgradient vorliegt. Tabelle 7-13 verdeutlicht die Vorzeichenregelung des Gradienten.

Die übertragene Wärmemenge ergibt sich dann aus der Integration über der Zeit:

$$\dot{Q} = \frac{dQ}{dt} \tag{7-74}$$

d.h.

$$dQ = -A \cdot \lambda \cdot \frac{T_1 - T_0}{\delta} \cdot dt \tag{7-75}$$

und

$$Q = \int_{t=0}^{t} A \cdot \frac{\lambda}{\delta} \cdot (T_0 - T_1) \cdot dt \tag{7-76}$$

Ebener, dreidimensionaler, stationärer Fall

Im dreidimensionalen Fall muss man unterschiedliche Temperaturgradienten für die einzelnen Raumrichtungen berücksichtigen. Die allgemeine Schreibweise für einen dreidimensionalen Temperaturgradienten lautet:

$$\frac{\dot{Q}}{A} = -\lambda \cdot \left(\frac{\partial T}{\partial x}, \frac{\partial T}{\partial y}, \frac{\partial T}{\partial z}\right) \tag{7-77}$$

d.h.

$$\frac{\dot{Q}}{A} = -\lambda \cdot \left(\frac{\partial}{\partial x}, \frac{\partial}{\partial y}, \frac{\partial}{\partial z}\right) T = -\lambda \cdot \text{grad } T \tag{7-78}$$

oder mit

$$\nabla T = \text{grad } T = \left(\frac{\partial}{\partial x}, \frac{\partial}{\partial y}, \frac{\partial}{\partial z}\right) T \tag{7-79}$$

auch kurz

$$\frac{\dot{Q}}{A} = -\lambda \cdot \nabla T \qquad (7\text{-}80)$$

∇ heißt Nabla-Operator.

Ebener, eindimensionaler, stationärer, mehrschichtiger Fall
Hat man es mit einer ebenen Wand aus mehreren Schichten verschiedener Materialien mit unterschiedlichen Wärmeleitfähigkeiten λ oder verschiedenen Dicken δ zu tun, dann setzt sich der Gesamt-Temperaturgradient wie folgt zusammen:
Der Wärmestrom durch alle Schichten ist gleich groß:

$$\dot{Q}_1 = \dot{Q}_2 = \dot{Q}_3 \qquad (7\text{-}81)$$

$$\frac{\dot{Q}_1}{A} = \frac{\dot{Q}_2}{A} = \frac{\dot{Q}_3}{A} \qquad (7\text{-}82)$$

$$\frac{\dot{Q}_1}{A} = -\lambda_1 \frac{T_1 - T_0}{\delta_1} \qquad (7\text{-}83)$$

mit

$$T_0 - T_1 = \frac{\dot{Q}_1}{A} \frac{\delta_1}{\lambda_1} \qquad (7\text{-}84)$$

sowie

$$\frac{\dot{Q}_2}{A} = -\lambda_2 \frac{T_2 - T_1}{\delta_2} \qquad (7\text{-}85)$$

Abb. 7-5. Temperaturprofil in einem mehrschichtigen Festkörper

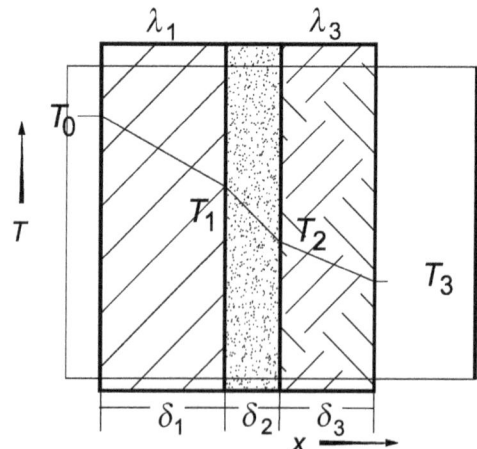

7.7 Wärmetransport in Lebensmitteln

mit

$$T_1 - T_2 = \frac{\dot{Q}_2}{A} \frac{\delta_2}{\lambda_2} \tag{7-86}$$

sowie

$$\frac{\dot{Q}_3}{A} = -\lambda_3 \frac{T_3 - T_2}{\delta_3} \tag{7-87}$$

mit

$$T_2 - T_3 = \frac{\dot{Q}_3}{A} \frac{\delta_3}{\lambda_3} \tag{7-88}$$

addiert man die Temperaturdifferenzen aus (7-84), (7-86) und (7-88) erhält man für die gesamte Temperaturdifferenz:

$$T_0 - T_3 = \frac{\dot{Q}}{A} \cdot \left(\frac{\delta_1}{\lambda_1} + \frac{\delta_2}{\lambda_2} + \frac{\delta_3}{\lambda_3} \right) \tag{7-89}$$

Daraus folgt für die Wärmestromdichte im dreischichtigen Fall:

$$\frac{\dot{Q}}{A} = \frac{1}{\left(\dfrac{\delta_1}{\lambda_1} + \dfrac{\delta_2}{\lambda_2} + \dfrac{\delta_3}{\lambda_3} \right)} \cdot (T_0 - T_3)$$

bzw.

$$\frac{\dot{Q}}{A} = \frac{1}{\left(\dfrac{\delta_1}{\lambda_1} + \dfrac{\delta_2}{\lambda_2} + \dfrac{\delta_3}{\lambda_3} \right)} \cdot \Delta T \tag{7-90}$$

Verallgemeinert auf stationäre Fälle mit n Schichten lauten die Formeln:

Für die Wärmestromdichte

$$\frac{\dot{Q}}{A} = \frac{1}{\sum_{i=1}^{n} \dfrac{\delta_i}{\lambda_i}} \cdot \Delta T \tag{7-91}$$

Für den Wärmestrom

$$\dot{Q} = A \cdot \frac{1}{\sum_{i=1}^{n} \dfrac{\delta_i}{\lambda_i}} \cdot \Delta T \tag{7-92}$$

Für die Wärmemenge

$$Q = A \cdot \frac{1}{\sum_{i=1}^{n} \dfrac{\delta_i}{\lambda_i}} \cdot \Delta T \cdot t \tag{7-93}$$

Ist die Fläche A nicht für alle n Schichten gleich, lautet (7-92)

$$\dot{Q} = \frac{1}{\sum_{i=1}^{n} \frac{\delta_i}{\lambda_i \cdot A_i}} \cdot \Delta T \qquad (7\text{-}94)$$

Ein Vergleich von (7-94) mit (6-12) zeigt, dass die Summe im Nenner von Gl. (7-94) die Summe der Wärmeleitwiderstände darstellt. Das Konzept der additiven Widerstände (vgl. Abschnitt 6.3) kann zur einfachen Behandlung des stationären, mehrschichtigen Fall der Wärmeleitung ebenfalls angewendet werden.

$$\sum_{i=1}^{n} \frac{\delta_i}{\lambda_i \cdot A_i} = \sum_{i=1}^{n} R_i \qquad (7\text{-}95)$$

Zylindrischer, eindimensionaler, stationärer, einschichtiger Fall
Die Berechnung des Wärmestroms durch Wärmeleitung durch eine einschichtige, zylindrische Wand im stationären, eindimensionalen Fall gemäß Abb. 7-6 erfolgt analog. Schreibt man das FOURIER-Gesetz für eine infinitesimal dünne Zylinderwand, lautet Gl. (6.5):

$$\frac{\dot{Q}}{A} = -\lambda \cdot \frac{dT}{dr} \qquad (7\text{-}96)$$

Der Wärmestrom ergibt sich durch Integration über die Zylinderwand:

$$dT = -\frac{\dot{Q}}{A \cdot \lambda} dr = -\frac{\dot{Q}}{2\pi \cdot l \cdot r \cdot \lambda} dr \qquad (7\text{-}97)$$

$$\int_{T_0}^{T_1} dT = -\int_{T_0}^{T_1} \frac{\dot{Q}}{2\pi \cdot l \cdot r \cdot \lambda} dr = -\frac{\dot{Q}}{2\pi \cdot l \cdot \lambda} \int_{r_0}^{r_1} \frac{dr}{r} \qquad (7\text{-}98)$$

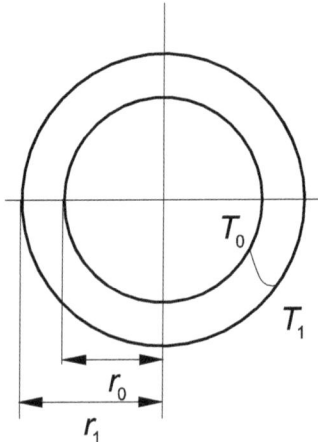

Abb. 7-6. Temperaturprofil in einer zylindrischen Festkörperschicht

7.7 Wärmetransport in Lebensmitteln

$$T_1 - T_0 = -\frac{\dot{Q}}{2\pi \cdot l \cdot \lambda} \ln \frac{r_1}{r_0} \qquad (7\text{-}99)$$

d.h.

$$\dot{Q} = \frac{2\pi \cdot l}{\ln \dfrac{r_1}{r_0}} \cdot \lambda \cdot (T_0 - T_1) \qquad (7\text{-}100)$$

Man kann die Wärmeleitung in Abb. 7-6 auch mit dem FOURIER-Gesetz beschreiben, indem man für den Wärmetransport eine mittlere Fläche A_m einsetzt. Der Wert für die Fläche A_m ergibt sich durch Verwendung eines mittleren Radius r_m. Im einfachsten Fall z.B. bei dünnwandigen Rohren, könnte man für r_m den arithmetischen Mittelwert von Außenradius und Innenradius einsetzen.

Besonders bei dünnwandigen Rohren macht man hiervon Gebrauch (vgl. Beispiel 7-5).

$$r_m = \frac{r_1 + r_0}{2} \qquad (7\text{-}101)$$

Rechnet man zunächst mit einem nicht näher definierten mittleren Radius r_m, dessen Wert zwischen r_0 und r_1 liegt, lautet Gl. (6.5):

$$\frac{\dot{Q}}{A_m} = \frac{\dot{Q}}{2\pi r_m \cdot l} = \frac{\lambda}{(r_1 - r_0)} \cdot (T_1 - T_0) \qquad (7\text{-}102)$$

Für den Wärmestrom erhält man dann

$$\dot{Q} = \frac{2\pi r_m \cdot l}{(r_a - r_i)} \cdot \lambda \cdot (T_0 - T_1) \qquad (7\text{-}103)$$

Vergleicht man dieses Ergebnis (7-103) mit Gleichung (7-100) ergibt sich:

$$2\pi r_m \cdot l \cdot \frac{\lambda}{r_1 - r_0} \cdot (T_0 - T_1) = \frac{2\pi l}{\ln \dfrac{r_1}{r_0}} \cdot \lambda \cdot (T_0 - T_1) \qquad (7\text{-}104)$$

d.h.

$$\frac{r_m}{r_1 - r_0} = \frac{1}{\ln \dfrac{r_1}{r_0}} \qquad (7\text{-}105)$$

bzw.

$$r_m = \frac{r_1 - r_0}{\ln \dfrac{r_1}{r_0}} \qquad (7\text{-}106)$$

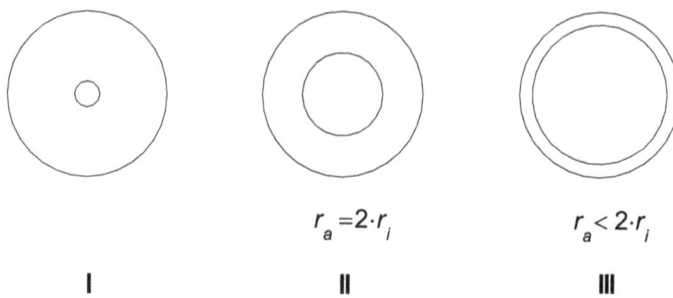

Abb. 7-7. Dickwandige (I) und dünnwandige Rohre (III), II ist der Grenzfall

Gleichung (7-106) liefert somit die Berechnungsvorschrift für r_m bei allen Typen von Rohren, also dickwandige und dünnwandige Rohre. Man nennt r_m den logarithmischen Mittelwert. Abbildung 7-7 zeigt die Unterscheidung zwischen dickwandigen und dünnwandigen Rohren: Von dünnwandigen Rohren spricht man, wenn der Außenradius kleiner ist als der doppelte Innenradius: $r_a < 2r_i$. Im umgekehrten Fall, wenn der Außenradius größer ist als der doppelte Innenradius $r_a > 2r_i$, spricht man von dickwandigen Rohren. $r_a = 2r_i$ markiert den Grenzfall.

Die Verwendung des logarithmischen Mittelwertes ist gemäß (7-106) die exakte Variante, die Verwendung des arithmetischen Mittelwertes ist eine Näherung, die bei dünnwandigen Rohren angewendet werden kann. Die Güte der Näherung lässt sich prüfen, indem man die Rechnung für beide Wege durchführt und das Ergebnis vergleicht:

Beispiel 7-5: Logarithmischer und arithmetischer Mittelwert im Vergleich

Der mittlere Radius eines zylindrischen Rohres wird als logarithmischer und als arithmetischer Mittelwert berechnet und verglichen. Die Berechnung erfolgt für den Grenzfall zwischen dickwandigen und dünnwandigen Rohren (Fall II in Abb. 7-7).

Logarithmischer Mittelwert   Arithmetischer Mittelwert

$$r_m = \frac{r_a - r_i}{\ln \frac{r_a}{r_i}} \qquad\qquad r_m = \frac{r_a + r_i}{2}$$

$$r_a = 2r_i$$

$$r_m = \frac{2r_i - r_i}{\ln \frac{2r_i}{r_i}} \qquad\qquad r_m = \frac{2r_i + r_i}{2}$$

$$r_m = \frac{r_i}{\ln 2} \qquad\qquad r_m = \frac{3}{2} r_i$$

$$r_m = 1{,}44\, r_i \qquad\qquad r_m = 1{,}5\, r_i$$

Relativer Fehler:

$$\frac{\Delta r_m}{r_m} = \frac{1{,}5\,r_i - 1{,}44\,r_i}{1{,}44\,r_i} = \frac{0{,}06}{1{,}44} = 4\%$$

Ergebnis: Verwendet man anstelle des logarithmischen Mittelwertes die Näherung „arithmetischer Mittelwert", liegt der so berechnete Wert für den Radius dünnwandiger Rohre maximal 4% unter dem exakten Wert.

Für den zylindrischen, einschichtigen, stationären, eindimensionalen Fall ergeben sich somit folgende Formeln:

Für die Wärmestromdichte

$$\frac{\dot{Q}}{A_m} = \frac{\lambda}{r_a - r_i} \cdot (T_i - T_a) \qquad (7\text{-}107)$$

Für den Wärmestrom

$$\dot{Q} = A_m \cdot \frac{\lambda}{r_a - r_i} \cdot (T_i - T_a) \qquad (7\text{-}108)$$

Für die Wärmemenge

$$Q = A_m \cdot \frac{\lambda}{r_a - r_i} \cdot (T_i - T_a) \cdot t \qquad (7\text{-}109)$$

Zylindrischer, eindimensionaler, stationärer, mehrschichtiger Fall

Für die Wärmeleitung im stationären, eindimensionalen Fall durch mehrschichtige, zylindrische Wände wie in Abb. 7-8 gilt analog:

Im ebenen, mehrschichtigen Fall war:

$$\dot{Q} = \frac{1}{\sum_{i=1}^{n} \frac{\delta_i}{\lambda_i \cdot A_i}} \cdot \Delta T \qquad (7\text{-}94)$$

Die Flächen A_i sind vom Radius abhängig und daher nicht für alle Schichten gleich groß. Aus diesem Grunde müssen die Flächen A_i einzeln in die Berechnung

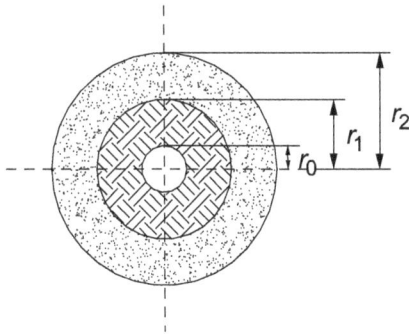

Abb. 7-8. Mehrschichtige zylindrische Wand

des Wärmestroms eingehen. Der Nenner von Gl. (7-94) steht für die Summe der n Wärmeleitwiderstände vgl. (7-95). Das Konzept der additiven Widerstände (vgl. Abschnitt 6.3) ist auch hier anwendbar.

$$\sum_{i=1}^{n} \frac{\delta_i}{\lambda_i \cdot A_i} = \sum_{i=1}^{n} R_i \qquad (7\text{-}95)$$

mit Gl. (7-106) in der Form

$$r_m = \frac{r_n - r_{n-1}}{\ln \frac{r_n}{r_{n-1}}} \qquad (7\text{-}110)$$

ist

$$\dot{Q} = \frac{1}{\sum \frac{r_n - r_{n-1}}{\lambda_n \cdot 2\pi r_{m_n} \cdot l}} \cdot \Delta T = \frac{2\pi l}{\sum \frac{r_n - r_{n-1}}{\lambda_n \cdot r_{m_n}}} \cdot \Delta T \qquad (7\text{-}111)$$

für den Nenner ergibt sich

$$\sum \frac{(r_n - r_{n-1}) \cdot \ln \frac{r_n}{r_{n-1}}}{\lambda_n \cdot (r_n - r_{n-1})} = \sum \frac{\ln \frac{r_n}{r_{n-1}}}{\lambda_n} \qquad (7\text{-}112)$$

Daraus folgt für den Wärmestrom durch mehrschichtige zylindrische Wände:

$$\dot{Q} = \frac{2\pi l}{\sum_{i=1}^{n} \frac{\ln \frac{r_n}{r_{n-1}}}{\lambda_n}} \cdot \Delta T \qquad (7\text{-}113)$$

Außer der Wärmestrahlung und Wärmeleitung gibt es die Wärmekonvektion und die Wärmeübertragung durch Phasenübergänge als weitere Mechanismen des Wärmetransportes (vgl. Tabelle 7-11). Zur Beschreibung dieser Mechanismen gibt es weitere thermische Größen, die hier nur kurz genannt sein sollen: Der Wärmeübergangskoeffizient charakterisiert den Übergang von Wärme aus einem strömenden Fluid auf einen Festkörper (bzw. umgekehrt). Der Wärmedurchgangskoeffizient ist ein Koeffizient, der mehrere Wärmeübergangskoeffizienten sowie thermische Eigenschaften einer (einschichtigen oder mehrschichtigen, ebenen oder zylindrischen) Festkörper-Wand zusammenfasst. Im Bereich der Gebäudetechnik und Wärmedämmung gibt es Berechnungsvorschriften und genormte Messverfahren für Wärmedurchgangskoeffizienten (z.B. DIN 4108, DIN EN ISO 10077, DIN EN 674). Die Beeinflussung und Steuerung des konvektiven Wärmetransports, von Wärmeübergangskoeffizienten und damit auch Wärmedurchgangskoeffizienten gehören zum Arbeitsgebiet der thermischen Verfahrenstechnik und Strömungsmechanik, s. z.B. [109, 116–121].

7.7.3
Wärmeleitfähigkeit

Die Wärmeleitfähigkeit ist der Koeffizent der Wärmeleitungsgleichung (FOURIER-Gesetz, Gl. (6-5), die ein Spezialfall der allgemeinen Transportgleichung (s. a. Kap. 6) für den Fall der Leitung von Wärme ist. Die Wärmeleitfähigkeit λ charakterisiert das Vermögen eines Materials, Wärme infolge von Wärmeleitung zu transportieren. Sie ist von seiner chemischen Zusammensetzung und dem physikalischen Zustand des Materials abhängig. Auf atomarer Ebene lassen sich zwei Beiträge zur Wärmeleitfähigkeit eines Stoffes unterscheiden: Die Elektronenleitfähigkeit und der Gitterleitfähigkeit.

Festkörper
In metallischen Festkörpern überwiegt infolge der hohen Elektronenbeweglichkeit die Elektronenleitfähigkeit. Das Verhältnis von thermischer zu elektrischer Leitfähigkeit ist von der Temperatur abhängig und wird durch das WIEDEMANN-FRANZ-Gesetz beschrieben:

$$\frac{\lambda}{\kappa} = L \cdot T \qquad (7\text{-}114)$$

λ Wärmeleitfähigkeit in $W \cdot K^{-1} \cdot m^{-1}$
κ elektrische Leitfähigkeit in $S \cdot m^{-1}$
L LORENZ-Koeffizient (für Metalle bei Raumtemperatur ist $L \approx 2{,}4 \cdot 10^{-8} \, V^2 K^2$)
T Temperatur in K

Störungen der Kristallstruktur wie Versetzungen und Fehlstellen reduzieren die Wärmeleitfähigkeit. Das gilt ebenso für nichtmetallische Werkstoffe und Polymere, bei denen die Wärmeleitfähigkeit mit abnehmender Kristallinität sinkt. In nicht-elektronenleitenden Festkörpern wird Wärme lediglich durch Gitterschwingungen, so genannten Phononen transportiert. Unter den Metallen besitzen Silber und Kupfer die höchste Wärmeleitfähigkeit. Die Verwendung von Edelstahl in der Lebensmitteltechnik anstelle von Kupfer aus Gründen der Korrosion hat eine deutlich verringerte Wärmeleitfähigkeit zur Folge. Bei einer Reihe von technischen Wärmeübertragungsproblemen ist die Wärmeleitung in metallischen Bauteilen jedoch nicht der limitierende Schritt, so dass die schlechtere Wärmeleitfähigkeit von Edelstahl gegenüber Kupfer dann nicht ins Gewicht fällt. Bei Erhitzung von verpackten Lebensmitteln zwecks Haltbarmachung (vgl. Tabelle 7-1) wird der Wärmetransport stark von der Wärmeleitfähigkeit und den thermischen Eigenschaften der Verpackung beeinflusst. Daher kommen für Metallverpackungen andere Erhitzungs-Verfahren zum Einsatz als für Verpackungen aus Glas oder Kunststoff.

Die Wärmeleitfähigkeit von Lebensmitteln wird stark von deren Wassergehalt bestimmt. Das Wasser in Lebensmitteln ist je nach Wasserbindung (s. Abschnitt 1.2) mehr oder weniger immobilisiert, so dass Wärme in nicht-strömenden Lebensmitteln vorwiegend durch Wärmeleitung und nicht durch Konvektion transportiert wird.

Empirische Berechnungsgleichungen für die Wärmeleitfähigkeit von festen Lebensmitteln enthalten daher den Wassergehalt des Materials als Variable. Da Luft eine sehr geringe Wärmeleitfähigkeit besitzt, sinkt der Wert der Wärmeleitfähigkeit von Lebensmitteln beim Einschlagen von Luft (Schaumbildung) stark ab. Für geschäumte Lebensmittel und Schüttgüter ist daher der Luftanteil eine weitere entscheidende Variable für die Berechnung der Wärmeleitfähigkeit. Enthält ein Werkstoff Poren, so wird eine Abnahme der Wärmeleitfähigkeit mit zunehmender Porosität beobachtet. Die Porenradienverteilung spielt ebenso eine Rolle für die Wärmeleitfähigkeit. Hinzu kommt bei offenporigen Systemen (1.2.1) eine deutliche Abhängigkeit von der relativen Luftfeuchte, da hiervon die Oberflächenbelegung und die Kapillarkondensation, d.h. der Wassergehalt in den Poren bestimmt wird (s. Abschnitt 1.2). Materialien für die thermische Isolierung bestehen aus diesen Gründen häufig aus Polymeren mit geschlossenen, luftgefüllten Poren.

Für nicht-isotrope Körper ist die Wärmeleitfähigkeit nicht für alle Raumrichtungen gleich. Dies ist der Fall bei faserigen Materialien wie Holz, Pflanzenstängeln, Fleisch usw. (vgl. Abb. 7-9). Als Faustformel für Fleisch gilt, dass die Wärmeleitfähigkeit parallel zur Faser 7–10% höher ist als senkrecht zur Faser.

Tabelle 7-14. Gesamtwärmeleitwiderstand bei Serienschaltung und Parallelschaltung

Serienschaltung	Parallelschaltung
$R_{ges} = \sum_i R_i$	$G_{ges} = \sum_i G_i$
$R_{ges} = \sum_i \dfrac{d_i}{A_i} \cdot \dfrac{1}{\lambda_i}$	$G_{ges} = \sum_i \dfrac{A_i}{d_i} \lambda_i$
wenn $A_1 = A_2 = A_3 \ldots$ und $d_1 = d_2 = d_3 \ldots$	
$\dfrac{1}{\lambda_{ges}} = \sum_i \dfrac{1}{\lambda_i}$	$\lambda_{ges} = \sum_i \lambda_i$
$\dfrac{1}{\lambda_{ges}} = \sum_i \dfrac{x_i}{\lambda_i}$	$\lambda_{ges} = \sum_i x_i \cdot \lambda_i$

λ	spezifische Wärmeleitfähigkeit in $W \cdot K^{-1} \cdot m^{-1}$
$\dfrac{1}{\lambda}$	spezifische Wärmeleitfähigkeit in $K \cdot m \cdot W^{-1}$
d	Dicke in m
A	Fläche in m²
$\lambda \dfrac{A}{d}$	Wärmeleitwert G_λ in $W \cdot K^{-1}$
$\dfrac{l}{\lambda} \dfrac{A}{d}$	Wärmeleitwiderstand R_λ in $K \cdot W^{-1}$
x_i	relativer Volumenanteil

7.7 Wärmetransport in Lebensmitteln   241

Abb. 7-9. Wärmeleitfähigkeit von Wasser (H_2O), Butter (B) und Truthahn-Fleisch (T). Truthahn: oberer Kurvenzweig λ parallel zur Faser, unterer Kurvenzweig λ senkrecht zur Faser

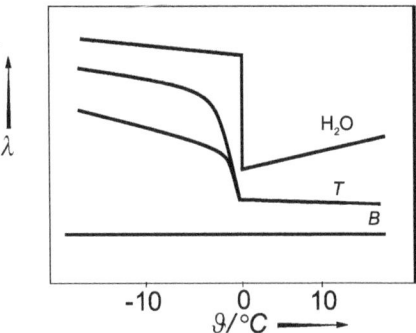

Zusammengesetzte Festkörper

Für Festkörper, die aus mehreren Schichten mit unterschiedlichen Wärmeleitfähigkeiten bestehen, kann die Wärmeleitfähigkeit mit dem Konzept der additiven Widerstände (s. Abschnitt 6.3) berechnet werden: Der Widerstand gegenüber der Wärmeleitung heißt spezifischer Wärmeleitwiderstand und ist die reziproke Wärmeleitfähigkeit. Im Falle der Serienschaltung von mehrerer Wärmeleitwiderständen erhält man den Gesamtwiderstand durch einfache Addition der Einzelwiderstände. Liegen die Wärmeleitwiderstände parallel zueinander, werden nicht die Widerstände R, sondern die Leitwerte $\frac{1}{R}$ addiert. Die Zusammenstellung in 7.14 zeigt die Fälle der Wärmeleitung. Zur Veranschaulichung des Unterschiedes zwischen seriellen und parallen Widerständen s. Abb. 6-2.

Für Feststoffgemische, die aus mehreren Materialien mit unterschiedlichen Wärmeleitfähigkeiten λ_i bestehen, werden die Wärmeleitfähigkeiten der Bestandteile gemäß ihren Volumenanteilen x_i addiert.

Temperaturabhängigkeit der Wärmeleitfähigkeit

Die Wärmeleitfähigkeit fester Lebensmittel nimmt mit steigender Temperatur leicht zu. Der Effekt ist jedoch gering im Vergleich zum Einfluss der Zusammensetzung (Wassergehalt, Luftanteil). Bei wasserhaltigen Lebensmitteln gibt es in der Nähe des Gefrierpunktes eine starke Temperatur-Abhängigkeit. Da sich die Wärmeleitfähigkeit von flüssigem Wasser und Eis deutlich unterscheiden, hängt die Wärmeleitfähigkeit eines Lebensmittels in diesem Bereich vom so genannten Eisanteil α ab. Abbildung 7-9 zeigt den Verlauf der Wärmeleitfähigkeit einiger Lebensmittel in diesem Temperaturbereich.

Reduziert man die Bestandteile eines Lebensmittels auf Wasser und Trockensubstanz, so lässt sich die Wärmeleitfähigkeit von zusammengesetzten Systemen (Parallelschaltung) berechnen gemäß:

$$\lambda_{ges} = x_{TS} \cdot \lambda_{TS} + x_{H_2O}(1-\alpha) \cdot \lambda_{H_2O} + x_{H_2O} \cdot \alpha \cdot \lambda_{Eis} \qquad (7\text{-}115)$$

mit

$$x_{H_2O} = 1 - x_{TS} \qquad (7\text{-}116)$$

Die Ermittlung des Eisanteils kann z.B. durch DSC (Abschnitt 7.9.2 oder NMR (Abschnitt 9.5) erfolgen. Oberhalb der Gefriertemperatur eines Lebensmittels ($\alpha = 0$) vereinfacht sich diese Gleichung zu:

$$\lambda_{ges} = x_{TS} \cdot \lambda_{TS} + x_{H_2O} \cdot \lambda_{H_2O} \tag{7-117}$$

x_{TS} Massenanteil der Trockensubstanz in kg · kg^{-1}
x_{H_2O} Massenanteil des Wassers in kg · kg^{-1}
α Eisanteil in kg · kg^{-1}
λ_{TS} Wärmeleitfähigkeit der Trockensubstanz in W · K^{-1} · m^{-1}
λ_{H_2O} Wärmeleitfähigkeit von Wasser in W · K^{-1} · m^{-1}
λ_{Eis} Wärmeleitfähigkeit von Eis in W · K^{-1} · m^{-1}

Im Anhang sind Werte für die Wärmeleitfähigkeit einiger Lebensmittel und Werkstoffe zusammengestellt. Weitere Werte siehe z.B. [2–4]

Flüssigkeiten
Da Flüssigkeiten beträchtliche Wärmemengen durch Konvektion transportieren, ist eine Messung der „reinen" Wärmeleitfähigkeit oft schwierig. Reine Wärmeleitung tritt auf, wenn in den Flüssigkeiten sämtliche Strömungsvorgänge unterbunden sind, wie z.B. nach der Bildung eines Gels. Für die Abschätzung der Wärmeleitfähigkeit von Wasser lässt sich verwenden [119]:

$$\lambda_{H_2O} / \text{W} \cdot \text{K}^{-1} \cdot \text{m}^{-1} = 0{,}100 + 0{,}00166 \cdot T / \text{K} \tag{7-118}$$

λ_{H_2O} Wärmeleitfähigkeit von Wasser in W · K^{-1} · m^{-1}
T Temperatur in K

Genauere Werte liefern folgende Polynom-Gleichungen [116]:

Für Wasser:

$$\lambda / \text{mW} \cdot \text{K}^{-1} \cdot \text{m}^{-1} = 568{,}96 + 188 \cdot \vartheta / °\text{C} - 8{,}2 \cdot 10^{-3} (\vartheta / °\text{C})^2 + 6{,}02 \cdot 10^{-6} (\vartheta / °\text{C})^3 \tag{7-119}$$

Für Milchprodukte mit Fettgehalt $x_f = 3 - 62\%$ (m/m):

$$\lambda / \text{W} \cdot \text{K}^{-1} \cdot \text{m}^{-1} = 0{,}5406 - 0{,}0055 \cdot x_f \qquad (x_f \text{ in \% (m/m)}) \tag{7-120}$$

Für Milchprodukte mit Fettgehalt $x_f = 62-100\%$ (m/m):

$$\lambda / \text{W} \cdot \text{K}^{-1} \cdot \text{m}^{-1} = 0{,}2309 - 0{,}00051 \cdot x_f \qquad (x_f \text{ in \% (m/m)}) \tag{7-121}$$

Gase
Auch bei Gasen und Dämpfen beruht die Wärmeleitfähigkeit auf dem Transport von Wärme durch Weitergabe molekularer kinetischer Energie, also durch Molekülstöße. Der Energieaustausch geht umso schneller, je höher die Geschwindigkeit der Moleküle ist. Daher steigt die Wärmeleitfähigkeit mit zunehmender

Abb. 7-10. Druckabhängigkeit der Wärmeleitfähigkeit von Gasen, schematisch

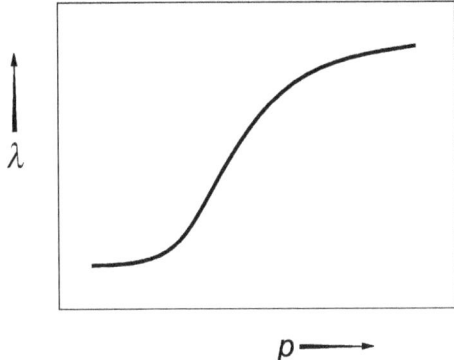

Temperatur sowie mit abnehmender Molmasse der beteiligten Gasmoleküle. Für Kühlzwecke verwendet man daher Gase wie Wasserdampf oder Helium mit einer hohen Wärmeleitfähigkeit und für thermische Isolationszwecke schwere Gase wie Xenon. Die Wärmeleitfähigkeit von Luft bei Atmosphärendruck lässt sich im Bereich von 0°C–500°C mit folgender Gleichung abschätzen:

$$\lambda / \mathrm{mW \cdot K^{-1} \cdot m^{-1}} = 0{,}701 + 0{,}0629 \cdot T / \mathrm{K} \tag{7-122}$$

Genauere Werte für Luft mit unterschiedlichen Luftfeuchten enthält man z.B. aus [105]. Die Wärmeleitfähigkeit von Gasen wächst mit der Häufigkeit der Molekülzusammenstöße. Je kleiner die mittlere freie Weglänge eines Moleküls ist, desto häufiger kommt es zum Stoß. Im Bereich niedriger Drücke (also niedriger Teilchenkonzentration) ist die mittlere freie Weglänge sehr groß. Wird sie größer als die mittlere Gefäßabmessung des betrachteten Systems, kommt man in den Bereich, in dem die Wärmeleitfähigkeit dem Druck direkt proportional ist. Die Wärmeleitfähigkeit von Gasen im Vakuum ist daher sehr gering. Abbildung 7-10 zeigt das Verhalten schematisch. Bei Vakuumverfahren wie z.B. der Gefriertrocknung ist ein Wärmetransport durch das umgebende Gas nicht möglich. Die Isolierwirkung von so genannten Vakuum-Mänteln und evakuierten Doppelglas-Fenstern kommt ebenfalls auf diese Weise zustande.

Scheinbare Wärmeleitfähigkeit

In Systemen, die aus Fluiden und Festkörpern zusammengesetzt sind, kann Wärme außer durch Wärmeleitung auch durch natürliche Konvektion übertragen werden. Zusätzlich kann Wärmestrahlung zum Gesamtwärmetransport beitragen. In solchen Fällen ist die festgestellte Wärmeleitfähigkeit größer als die reine Wärmeleitfähigkeit, die man ohne Konvektion messen würde. Man nennt diese festgestellte Wärmeleitfähigkeit die scheinbare Wärmeleitfähigkeit oder auch effektive Wärmeleitfähigkeit.

Bei Schüttgutstapeln aus Obst oder Gemüse mit großen Lufthohlräumen kann dieser Effekt auftreten. Der Konvektionsanteil nimmt mit steigendem Temperaturgradienten und steigendem Porendurchmesser der Schüttung zu. Zu beachten ist, dass die natürliche Konvektion eine vorgegebene Richtung (entgegenge-

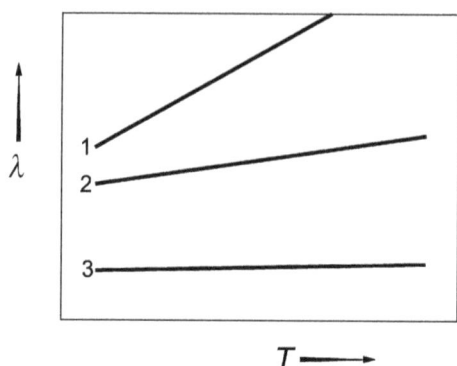

Abb. 7-11. Zunahme der scheinbaren Wärmeleitfähigkeit in einem Schüttgut bei steigender Temperaturdifferenz: Wärme von unten nach oben (1), von oben nach unten (2). Luft alleine (3) zeigt diese Tendenz nicht

setzt der Gravitation) hat. Dadurch ist die scheinbare Wärmeleitfähigkeit immer richtungsabhängig. Abbildung 7-11 zeigt die in verschiedenen Raumrichtungen unterschiedliche Wärmeleitfähigkeit eines Schüttgutstapels und die Abhängigkeit vom Temperaturunterschied zwischen Boden und Deckel. Ohne konvektiven Anteil (Kurve 3) beeinflusst die Temperatur die Wärmeleitfähigkeit praktisch nicht.

7.7.4
Temperaturleitfähigkeit

Die Temperaturleitfähigkeit a ist der Koeffizient im 2. FOURIER-Gesetz zur Beschreibung der instationären Wärmeleitung. Der Unterschied zwischen stationärer Wärmeleitung und instationärer Wärmeleitung (vgl. Kap. 6) liegt darin, dass im ersten Fall ein konstanter Temperaturgradient vorliegt, während im instationären Fall der Temperaturgradient sich mit der Zeit ändert. Abb. 7-12 und Abb. 7-13 verdeutlichen den Unterschied. Das 2. FOURIER-Gesetz lautet

im eindimensionalen Fall:

$$\frac{dT}{dt} = a \cdot \frac{d^2 T}{dx^2} \tag{7-123}$$

im dreidimensionalen Fall:

$$\frac{dT}{dt} = \nabla^2 T \tag{7-124}$$

Die Temperaturleitfähigkeit (veraltet: Temperaturleitzahl) ist eine aus Wärmeleitfähigkeit, Dichte und Wärmekapazität zusammengesetzte Stoffgröße:

$$a = \frac{\lambda}{\rho \cdot c_p} \tag{7-125}$$

T Temperatur in K
t Zeit in s

Abb. 7-12. Stationäre Wärmeleitung: konstanter Temperaturgradient

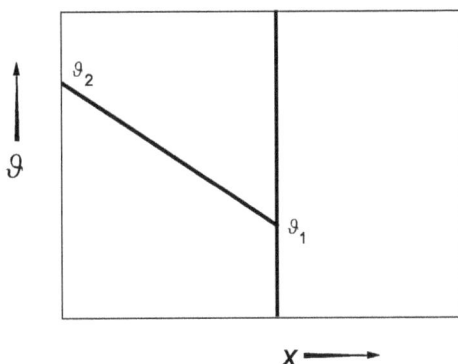

Abb. 7-13. Instationäre Wärmeleitung: der Temperaturgradient ist zeitabhängig

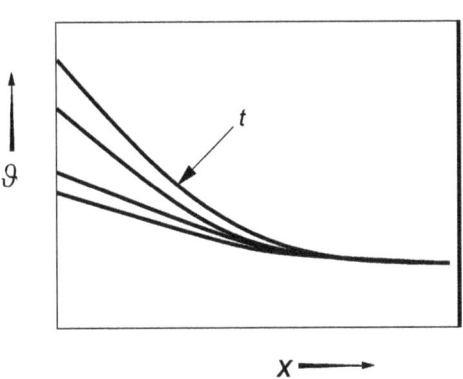

x Länge in m
λ Wärmeleitfähigkeit in $W \cdot K^{-1} \cdot m^{-1}$
ρ Dichte in $kg \cdot m^{-3}$
c_p Wärmeleitfähigkeit in $J \cdot K^{-1} \cdot kg^{-1}$
a Temperaturleitfähigkeit in $m^2 \cdot s^{-1}$

Abschätzung:
Lebensmittel mit Wärmeleitfähigkeiten im Bereich von 0,2–0,6 $W \cdot K^{-1} \cdot m^{-1}$ (oberhalb 0°C), Dichten von 900–1500 $kg \cdot m^{-3}$ und Wärmekapazitäten zwischen 1,2–4,2 $kJ \cdot kg^{-1} \cdot K^{-1}$ können gemäß (7-125) Werte für die Temperaturleitfähigkeit von theoretisch $0,02 \cdot 10^{-6} - 0,6 \cdot 10^{-6}$ $m^2 \cdot s^{-1}$ annehmen, häufig liegen die Werte im Bereich $0,1 \cdot 10^{-6} - 0,6 \cdot 10^{-6}$ $m^2 \cdot s^{-1}$. Genaue Werte müssen gemessen oder berechnet werden.

7.7.5
Messung von Wärmeleitfähigkeit und Temperaturleitfähigkeit

Wärmeleitfähigkeit und Temperaturleitfähigkeit sind Größen, die den Wärmetransport ausschließlich durch Wärmeleitung beschreiben. Man unterscheidet stationäre und instationäre Messverfahren. Stationäre Messverfahren basieren auf einem zeitlich unveränderten Temperaturfeld und damit konstanten Wärmestrom, bei instationären Messverfahren sind die Temperaturen nicht konstant – meistens nimmt der Temperaturgradient im zeitlichen Verlauf ab – und daher ist auch der resultierende Wärmestrom nicht konstant.

Stationäre Messverfahren
Der Vorteil der stationären Messverfahren liegt im einfachen Versuchsaufbau und der einfachen Auswertung (1. FOURIER-Gesetz, (6-5)). Nachteilig ist der oft hohe Zeitbedarf zur Einstellung des stationären Zustandes. Am günstigsten arbeitet man eindimensional mit homogenem oder radialem Wärmestrom. Die zu messenden Größen sind neben den geometrischen Größen Temperaturdifferenz und Wärmestrom. Als Wärmequellen verwendet man häufig elektrische Heizkörper. Aus der gemessenen Heizleistung $P = U \cdot I$ erhält man den Wärmestrom. Die Temperaturen werden meistens mit Thermoelementen oder Widerstandsthermometern (s. 7.3.2) gemessen. Der einfachste Versuchsaufbau besteht aus einer geheizten Platte als Wärmequelle und einer gekühlten Platte als Wärmesenke. Zwischen den Platten befindet sich die zu untersuchende Probe. Häufig verwendet man diese Messgeometrie zur symmetrischen Anordnung von zwei gleichartigen, plattenförmigen Proben gemäß DIN 52612 [107]. Abbildung 7-14 zeigt eine derartige Anordnung schematisch.

Verwendet man in Abb. 7-14 zwei unterschiedliche Materialien, bei denen bei einem die Wärmeleitfähigkeit bekannt ist (Referenzmaterial), ergibt sich die Möglichkeit der Relativmessung. Man bestimmt durch Temperaturmessung die Wärmeleitfähigkeit des Probenmaterials als Vielfaches des Wertes des Referenzmaterials. Der Vorteils dieses Vergleichsverfahren ist, dass eine genaue Messung des Wärmestroms nicht erforderlich ist.

Zu den Symbolen in (7-126) vgl. Abbildung 7-15 mit der zugehörigen Messanordnung.

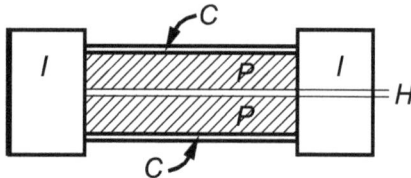

Abb. 7-14. Wärmeleitfähigkeit: Zweiplatten-Messeinrichtung
P Probe, C Kühlplatten, H Heizstab, I Wärmedämmung

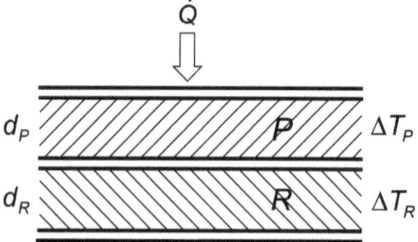

Abb. 7-15. Wärmeleitfähigkeit: Messeinrichtung für das Vergleichsverfahren.
P Probe, R Referenz

$$\frac{\lambda_p}{\lambda_R} = \frac{d_p}{d_R} \cdot \frac{\Delta T_R}{\Delta T_D} \tag{7-126}$$

Für fluide Proben kann man Messeinrichtungen wie in Abb. 7-15 zylinderförmig gestalten. Dann befindet sich eine elektrische Heizung als senkrechte Achse in einem von außen gekühlten Hohlzylinder. Um Konvektion zu unterbinden, verwendet man geringe Schichtdicken der Probe (1–3 mm) und geringe Temperaturdifferenzen (1–5 K). Abbildung 7-16 zeigt eine derartige Messgeometrie.

Bei allen Messeinrichtungen ist darauf zu achten, dass keine Wärmelecks auftreten. Stirnflächen und Seitenteile müssen dazu thermisch isoliert werden. Desweiteren müssen die Temperatursensoren durch Bohrungen und Rillen derart verlegt werden, dass sie möglichst genau die Temperatur der Probe an der Grenzfläche und nicht die Temperatur von Gehäuseteilen erfassen. Weitere Messeinrichtungen siehe [107].

Instationäre Messverfahren
Das Prinzip der instationären Messverfahren besteht darin, einen definierten Wärmestrom in die Probe einzubringen und den resultierenden zeitlichen Verlauf der Temperatur aufzunehmen. Die Anwendung geschieht auf Basis des 2. FOURIER-Gesetzes, (Gl. (7-124).

Bei Verwendung einer analogen Messeinrichtung wie in Abb. 7-16 wird das zu untersuchende Material in einen Zylinder gefüllt, in dem sich ein axial eingespannter Platin-Draht der Länge L befindet. Zu Versuchsbeginn ($t = 0$) befinden sich Draht und Probe auf derselben Temperatur. Nach Einschalten des Heizstromes $\dot{Q}$ (konstante Heizleistung) misst man die Temperatur des Heizdrahtes über der Zeit. Für die Wärmeleitfähigkeit gilt dann:

$$\lambda = \frac{\dot{Q}}{4\pi L \cdot (\vartheta_2 - \vartheta_1)} \ln \frac{t_2}{t_1} \tag{7-127}$$

Abb. 7-16. Zylindrische Messeinrichtung für fluide Proben, schematisch. Eine dünne Schicht der Probe P befindet sich in einem konzentrischen Ringspalt zwischen Heizstab H und gekühltem Außenmantel C

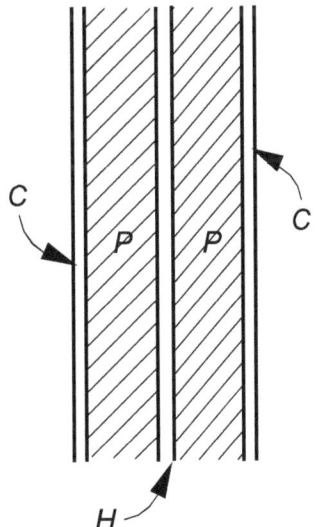

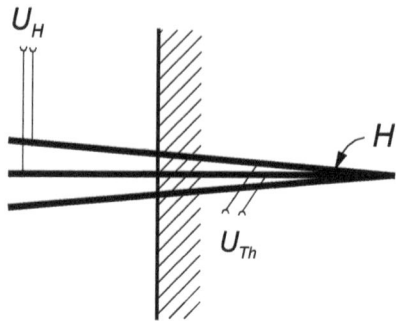

Abb. 7-17. Einstech-Sensor zur Messung der Wärmeleitfähigkeit. Das nadelförmige Heizelement H wird mit einer elektrischen Heizspannung versorgt (U_H). Die Thermospannung U_{Th} liefert die Temperatur in definierter Entfernung von der Wärmequelle H

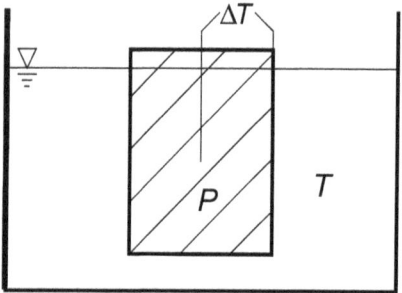

Abb. 7-18. Bestimmung der Temperaturleitfähigkeit: Messung der Differenz zwischen Kern- und Oberflächentemperatur einer Probe P in einem Thermostatenbad T

Eine andere Möglichkeit ist die Verwendung eines nadelförmigen Sensors, der an seiner Spitze elektrisch geheizt wird [5]. Man sticht den Sensor in das zu untersuchende Gut, bringt einen definierten Wärmestrom ein und misst die zeitliche Temperaturerhöhung am Schaft des Sensors (Abb. 7-17).

Eine weitere, einfache Möglichkeit zur Bestimmung der Temperaturleitfähigkeit ist die simultane Messung der Oberflächen- und die Kerntemperatur einer von außen geheizten Probe (vgl. Abb. 7-18). Nach [6] erhält man die Temperaturleitfähigkeit aus der Steigung des $\log \Delta T$ – t-Diagramms. Mittels temperaturmodulierter DSC ist ebenfalls die Messung der Wärmeleitfähigkeit von Lebensmitteln möglich (s. 7.9.2).

7.8
Brennwert und Energieinhalt von Lebensmitteln

7.8.1
Energieinhalt und -umsatz

Lebensmittel enthalten Energie, welche vom menschlichen Körper aufgenommen und umgewandelt wird. Hauptzweck der Energiezufuhr ist die Aufrechterhaltung der metabolischen Prozesse in den Zellen des Körpers, die Muskelkontraktion und die Umwandlung in Körperwärme. Der Anteil metabolisierbarer Energie er-

7.8 Brennwert und Energieinhalt von Lebensmitteln

gibt sich aus der Energiebilanz

$$E_A = E_M + E_N \qquad (7\text{-}128)$$

E_A aufgenommene Energie in J
E_M metabolisierte Energie in J
E_N nicht verwertete Energie in J
E_B mit Ballaststoffen ausgeschiedene Energie in J

Der Anteil der mit den Körperflüssigkeiten und Faeces ausgeschiedenen nicht-verwerteten Energie E_N ist beim gesunden Menschen gering. Die Ausscheidungen enthalten normalerweise kaum Protein oder Fett. Das ausgeatmete Kohlendioxid trägt keine nicht-verwertete Energie und liefert somit keinen Beitrag zu E_N. Von den Kohlenhydraten wird derjenige Teil als „energetisch nicht-verwertbar" ausgeschieden, der in der Darmflora überwiegend nicht gespalten werden kann, sogenannte Ballaststoffe, z.B. Cellulose-Verbindungen. Inzwischen ist bekannt, dass derartige Stoffe nicht ausschließlich „Ballast" für den Darm darstellen, sondern zu einem Teil durch Enzyme der Mikroorganismen des Dickdarms gespalten werden können und damit einen Effekt auf die Darmflora ausüben. Der Energiegewinn aus diesem Teil der Verdauung scheint jedoch vernachlässigbar zu sein.

Näherungsweise lässt sich daher sagen

$$E_A = E_M + E_B \qquad (7\text{-}129)$$

Bei einer ballaststoffarmen Ernährung also

$$E_A \approx E_M. \qquad (7\text{-}130)$$

Der Energieumsatz $\dot{E}$ des Körpers hängt stark von vielen Faktoren wie Alter, Geschlecht, Art der Tätigkeit, Umgebungstemperatur etc. ab und schwankt im Laufe von 24 h erheblich. Tabelle 7-15 gibt einige Anhaltswerte. Bemerkenswert ist, dass 70% dieser Energie allein zum „Dasein" notwendig sind, während 30% sich aus den vergleichsweise kürzeren körperlichen Aktivitäten aufsummieren.

Gemäß [7] ist der mittlere Energieumsatz des Menschen bei einer Vielzahl von Aktivitäten, bezogen auf die Körperoberfläche A

$$\frac{\dot{E}}{A} = 58{,}2 \ \text{W} \cdot \text{m}^{-2} \qquad (7\text{-}131)$$

Tabelle 7-15. Energieumsatz des Menschen (nach HAWTHORN (1981) in [115])

$\dot{E}$/W	Art der Tätigkeit
70	Sitzen („Dasein")
200–300	leichte Tätigkeit, Malen, Autofahren
300–500	Hacken, Schaufeln, Tennis, Rad fahren mit 16 km · h^{-1}
500–700	Schwimmen, Rennen
100	24 h – Mittelwert

Mit einem mittleren Wert von $A = 1{,}73$ m² für einen Erwachsenen (60 kg, 170 cm) liegt demnach der Energieumsatz im Tagesmittel bei etwa

$$P = 58{,}2 \cdot 1{,}75 \cong 100 \text{ W} \qquad (7\text{-}132)$$

Den Wert der eigenen Körperoberfläche kann man für Erwachsene nach [8] überschlägig berechnen mit:

$$A/m^2 = (\text{Masse}/\text{kg})^{0{,}5378} \cdot (\text{Körpergröße}/\text{cm})^{0{,}3964} \cdot 0{,}024265 \qquad (7\text{-}133)$$

Bei einem durchschnittlichen Energieumsatz von 100 W beträgt der Energiebedarf pro Tag

$$E = \dot{E} \cdot t \qquad (7\text{-}134)$$

$$E = 100 \text{ W} \cdot 24 \cdot 3600 \text{ s} = 8640 \text{ kJ} \qquad (7\text{-}135)$$

Der auf diese Weise überschlägig erhaltene Wert von 8640 kJ entspricht 2067 kcal und kommt den meisten Ernährungsempfehlungen („2000 Kalorien am Tag", gemeint sind 2000 kcal) recht nahe. Eine alte Merkregel besagt, dass der Grundumsatz des menschlichen Körpers 1 kcal pro Stunde und kg Körpergewicht beträgt. Dies ist gleichbedeutend mit der Faustformel: Der tägliche Energiebedarf für den Grundumsatz beträgt 100 kJ pro kg Körpergewicht.

Beispiel 7-6: Überschlägige Berechnung des Energie-Grundumsatzes bei 65 kg Körpergewicht:
mit alten Energieeinheiten:

$$\dot{E} = \frac{1 \text{ kcal}}{\text{h} \cdot \text{kg}} \cdot 65 \text{ kg} = \frac{65000 \text{ cal}}{3600 \text{ s}} = 18 \text{ cal} \cdot \text{s}^{-1} = 75 \text{ J} \cdot \text{s}^{-1}$$

sowie direkt berechnet

$$E = 100 \text{ kJ} \cdot \text{kg}^{-1} \cdot 65 \text{ kg} = 6500 \text{ kJ}$$

$$\dot{E} = \frac{6500 \cdot 10^3 \text{ J}}{24 \cdot 3600 \text{ s}} = 75 \text{ W}$$

Das entspricht in etwa den in Tabelle 7-15 genannten 70 W.

7.8.2
Berechnung des Energieinhaltes von Lebensmitteln

Da der Metabolismus des Energiegewinns aus der Nahrung weitgehend bekannt und überwiegend durch Oxidation erfolgt, lässt sich die Reaktionsenergie d.h. der Energieinhalt von Lebensmitteln auf einfache Weise überschlägig berechnen. Die spezifische Energie, die der Mensch aus den Stoffen der Nahrung erzeugen kann, die so genannten physiologischen Brennwerte, sind in Tabelle 7-16 aufge-

7.8 Brennwert und Energieinhalt von Lebensmitteln

Tabelle 7-16. Physiologische Brennwerte gemäß [9]

Stoffgruppe	$E_i/\text{kJ}\cdot\text{g}^{-1}$	$E_i/\text{kcal}\cdot\text{g}^{-1}$ (ATWATER-Faktor)
Proteine	17	4
Kohlenhydrate	17	4
Fette	37	9
Alkohol	29	–

listet. In den USA werden diese Werte in der Einheit kcal verwendet und dann als ATWATER-Faktoren bezeichnet [110]:

Mit Hilfe dieser Werte lässt sich der Energiegehalt von Lebensmitteln bekannter Zusammensetzung [s. z.B. [52, 128] additiv berechnen:

$$E = \sum_i m_i \cdot E_i \qquad (7\text{-}136)$$

E Energie in J
E_i physiologischer Brennwert des Bestandteils in $\text{J}\cdot\text{g}^{-1}$
m_i Masse des Bestandteils

Beispiel 7-7: Berechnung der Energie einer Kartoffel

100 g essbare Substanz einer Kartoffel enthalten:

m/g	
798	Wasser
2,1	Protein
0,1	Fett
17,7	Kohlenhydrate

Damit ergibt sich für den Energieinhalt:

$$E = 2{,}1\text{ g}\cdot 17\text{ kJ}\cdot\text{g}^{-1} + 0{,}1\text{ g}\cdot 37\text{ kJ}\cdot\text{g}^{-1} + 17{,}7\text{ g}\cdot 17\text{ kJ}\cdot\text{g}^{-1}$$

$$E = 340{,}3\text{ kJ} = 81{,}4\text{ kcal}$$

7.8.3
Messung des Brennwertes

Der Energiegehalt von Lebensmitteln lässt sich in Verbrennungskalorimetern experimentell bestimmen. Hierzu wird die Probe in einem so genannten Bombenkalorimeter unter erhöhtem Sauerstoff-Partialdruck vollständig oxidiert. Der aus der freiwerdenden Verbrennungswärme resultierende Temperaturanstieg wird aufgenommen und ausgewertet. Standardisierte Messverfahren sind in DIN 51900-2 oder z.B. CFR 101.9 (Code of Federal Regulations, USA) beschrieben. Im Verbrennungskalorimeter werden Proteine, Kohlenhydrate und Fette vollständig

Tabelle 7-17. Physikalische und physiologische Brennwerte im Vergleich

Nährstoff	Physikalischer Brennwert in kJ/g	Physiologischer Brennwert in kJ/g
Fette	38,9	37
Kohlenhydrate	17,2	17
Proteine	23,4	17
Alkohol	30,0	29

zu NO_2, CO_2 und H_2O oxidiert. Der so bestimmte physikalische Brennwert unterscheidet sich daher vom physiologischen Brennwert, da der Aminostickstoff im menschlichen Körper nicht zu NO_2 abgebaut wird. Aminostickstoff wird im menschlichen Körper zu 80–90% zu Harnstoff (H_2N–CO–NH_2), zu 3–5% zu Harnsäure und zu <1% zu Kreatinin metabolisiert. Diese Verbindungen sind nicht vollständig oxidiert so wie im Falle von NO_2, daher liegt der physiologische Brennwert unter dem physikalischen Brennwert. Tabelle 7-17 listet die Unterschiede auf.

Weitere Methoden zur Bestimmung von Brennwerten basieren auf Ganzkörperkalorimetrie oder auf der Messung des Sauerstoffumsatzes von Versuchspersonen. Ernährungsberatung zielt darauf ab, neben den energetischen Gesichtspunkten Fragen der Zusammensetzung der Nahrung in den Vordergrund zu stellen. Hierzu wird der jeweilige Bedarf an Energie und Nährstoffen abgeschätzt und darauf aufbauend Ernährungspläne erstellt.

7.9
Thermische Analyse

Die Thermische Analyse (TA) umfasst eine Reihe von Messverfahren wie Thermogravimetrie, dynamische Kalorimetrie, Dilatometrie, Thermomikroskopie und Thermomechanische Analyse. Die Definition gemäß DIN 51005 ist sehr umfassend und lautet: *„Thermische Analyse (TA): Oberbegriff für Methoden, bei denen physikalische oder chemische Eigenschaften einer Substanz, eines Substanzgemisches und/oder von Reaktionsgemischen als Funktion der Temperatur oder der Zeit gemessen werden, wobei die Probe einem kontrollierten Temperaturprogramm unterworfen ist."* Die Definition gemäß ICTA (International Confederation for Thermal Analysis) ist praktisch gleichbedeutend, enthält jedoch nur die Temperatur als unabhängige Variable nicht hingegen die Zeit [10, 11]. Bei strenger Anwendung dieser beiden Definitionen fallen viele physikalische Messverfahren in das Gebiet der Thermischen Analyse, so zum Beispiel auch die Bestimmung des Schmelzpunktes mit dem Schmelzpunktapparat, die Kyroskopie zur Untersuchung von Milch, die Bestimmung des Solid-Fat-Index mittels Kernresonanz-Spektroskopie (NMR) u.a. Als klassische Verfahren der Thermischen Analyse werden jedoch die in Tabelle 7-19 aufgelisteten Verfahren angesehen [12].

Die hohe Leistungsfähigkeit von thermoanalytischen Methoden entfaltet sich häufig durch Kopplung mehrerer Verfahren wie zum Beispiel DSC-TG, DSC-TOA,

7.9 Thermische Analyse

Tabelle 7-18. Verfahren der Thermischen Analyse

Messverfahren	Abk.	Beschreibung
Thermogravimetrie	TG	Die Gewichtsänderung der Probe während eines vorgegebenen Temperatur-Zeit-Programms wird aufgezeichnet
Differenzthermoanalyse	DTA	Die Temperaturdifferenz zwischen Probe und Referenz während eines vorgegebenen Temperatur-Zeit-Programms wird aufgezeichnet
Dynamische Wärmestrom-Differenz-Kalorimetrie (engl. Differential Scanning Calorimetry)	DWDK DSC	Die Wärmestromdifferenz zwischen Probe und Referenz während eines vorgegebenen Temperatur-Zeit-Programms wird aufgezeichnet
Dilatometrie		Die lineare thermische Ausdehnung der Probe während eines vorgegebenen Temperatur-Zeit-Programms wird aufgezeichnet
Thermomechanische Analyse	TMA	Mechanische Moduli (Elastizitäts-, Schubmodul) der Probe während eines vorgegebenen Temperatur-Zeit-Programms werden aufgezeichnet
Thermooptische Analyse (Thermomikroskopie)	TOA	Optische Eigenschaften der Probe während eines vorgegebenen Temperatur-Zeit-Programms werden aufgezeichnet
Emissionsgasanalyse	EGA	Emittierte Gase der Probe während eines vorgegebenen Temperatur-Zeit-Programms werden identifiziert und aufgezeichnet

Tabelle 7-19. Mittels TG untersuchbare Reaktionen

Verhalten der Probe	TG-Signal bei Aufheizung
Desorption, Verdampfung, z.B. Trocknung	Massenabnahme
Sublimation, Dissoziation	Massenabnahme
Zersetzung mit Abgabe gasförmiger Substanzen	Massenabnahme
Reaktionen mit gasförmiger Substanz, z.B. Oxidation	Massenzunahme
CURIE-Übergang von Metallen	scheinbare Massenabnahme

TG-EGA. Im Folgenden sollen die Messverfahren TG und DSC näher erläutert werden.

7.9.1
Thermogravimetrie (TG)

Ein thermogravimetrisches Messsystem besteht im Wesentlichen aus einer empfindlichen Waage in einem temperierbaren Ofen (Abb. 7-19). Während der Ofen ein vorgegebenes Temperatur-Zeit-Programm durchläuft, wird das Gewicht der Probe aufgezeichnet. Das Temperatur-Zeit-Programm kann zum Beispiel aus einer kontinuierlichen Aufheizung mit vorgegebener Heizrate (engl. ramp) bestehen, aus stufenartigen Temperaturanstiegen mit isothermen Haltezeiten (engl.

Abb. 7-19. Thermogravimetrie-System, schematisch: Die Probe P befindet sich in einem Ofen O, der Probenträger ist mit einem Waagebalken W außerhalb des Ofens verbunden [13]

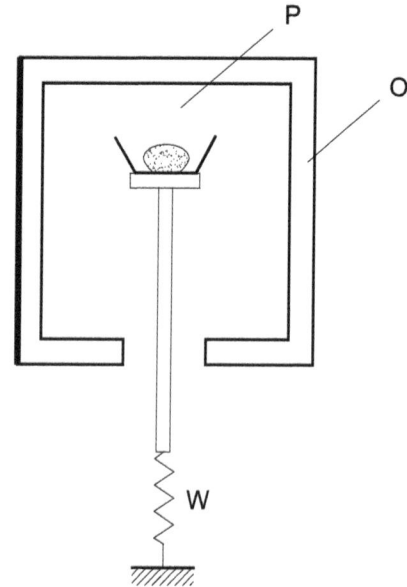

iso step) oder auch nur einer konstanten Temperatur, die über eine vorgegebene Zeit gehalten wird (isotherme Untersuchung). Die Atmosphäre im Ofen wird durch ein Spülgas vorgegeben, zum Beispiel durch trockene Luft oder Stickstoff. Treten bei Erhöhung der Temperatur flüchtige Komponenten aus der Probe aus, werden die Masseänderungen als Funktion der Temperatur (oder der Zeit) aufgezeichnet. Abbildung 7-22 zeigt ein Beispiel.

Thermogravimetrisch untersuchbare Reaktionen sind in Tabelle 7-19 aufgelistet. Der häufigste Anwendungsfall in der Lebensmitteltechnik ist die Untersuchung der thermischen Trocknung, also der Desorption und Verdampfung von Wasser. Abbildung 7-20 zeigt typische TG-Signale für derartige Umwandlungen.

Im Bereich der Lebensmitteltechnik sind es vor allem Trocknungsprozesse und Röstprozesse, die sich mit TG gut untersuchen lassen. Aus der Temperatur

Abb. 7-20. TG-Signale, schematisch: a) Verdampfung, Trocknung, Sublimation, b) Sieden im Tiegel mit kleinem Loch, c) Massenzunahme z.B. durch Oxidation, d) Curie-Umwandlung

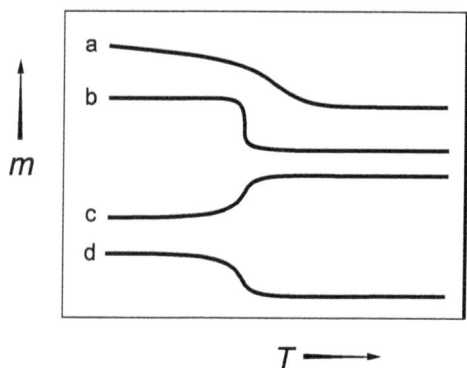

Abb. 7-21. TG und DTG-Signal. Beginn und Ende der Umwandlung werden grafisch ermittelt und als extrapolierte Anfangstemperatur T_e und Endtemperatur T_f bezeichnet. T_p ist die Temperatur des Peakmaximums, also die Temperatur des größten Massestroms [13]

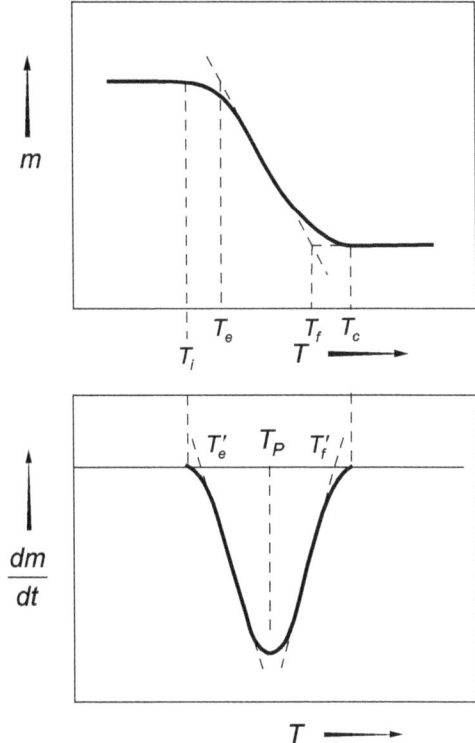

der Dehydratation kann auf die Art und Stärke der Wasserbindung geschlossen werden. Sorptionsenthalpien (vgl. 1.2) und Trocknungsprozesse können auf diese Weise berechnet werden. Zur Validierung von Methoden der Wasserbestimmung auf Basis des Trocknungsverlustes (Trockenschrank, IR-Wägung) sind TG-Messungen empfehlenswert. Sie erlauben festzustellen, bei welchen Temperaturen und Zeiten die Trocknung vollständig ist und bei welcher Temperatur bereits die thermische Zersetzung der Probe einsetzt.

Neben dem TG-Signal wird häufig dessen erste Ableitung grafisch dargestellt, das so genannte DTG-Signal (Derivative TG). Massenabnahmen erscheinen im DTG-Signal als negative Peaks, vgl. Abb. 7-22. Umgekehrt ergibt das Integral der DTG-Kurve die stufenartige TG-Kurve.

Zum Studium des Röstprozesses sowie des Masseverlustes durch Ausgasen von Röstprodukten aufgrund von CO_2-Emissionen bietet sich die TG an. Während man bei der Trocknung häufig davon ausgehen kann, dass die flüchtige Komponente Wasser ist, ist bei Röstprozessen die Kopplung mit EGA zur Identifikation der gasförmigen Röstprodukte empfehlenswert. Zur Untersuchung des Röstprozesses von Kaffee siehe CAMMENGA et al. [14, 15].

Die verschiedenen Bauformen von Thermowaagen unterscheiden sich bezüglich der Ofenkonstruktion, der Temperaturmessung, der Heizung und des Wägesystems. Ziel ist es stets, eine möglichst störungsfreie, hochaufgelöste Wä-

Abb. 7-22. TG- und DTG-Kurve der thermischen Zersetzung von Ca-Oxalat-Dihydrat: Stufen der Wasserabspaltung und Zersetzung [13]

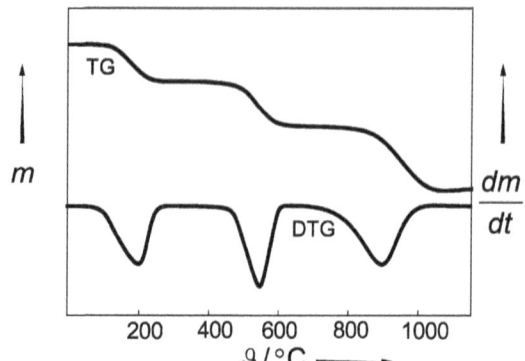

gung durchzuführen bei einer Temperatur, die der Probetemperatur möglichst nahe kommt. Zur Validierung beziehungsweise zur Kalibrierung von TG-Geräten lassen sich Substanzen einsetzen, deren Kristallwasserverlust bei einer exakt bekannten Temperatur einsetzt (s. Abb. 7-22) oder Substanzen, die eine bekannte CURIE-Temperatur besitzen. Beim Erreichen der CURIE-Temperatur zeigen Metalle einen Übergang vom Ferromagnetismus zum Paramagnetismus (vgl. 9.2). Befestigt man einen Permanentmagneten unterhalb des Probenraumes, so zeigt die Probe beim Erreichen der CURIE-Temperatur ein Nachlassen der magnetischen Anziehung, was auf dem TG-Thermogramm wie ein Masseverlust erscheint (Abb. 7-24). Der CURIE-Übergang ist reversibel und verglichen mit einer Kristallwasserabgabe vergleichsweise schnell und scharf.

Bei hohen Anforderungen an die Genauigkeit der Temperatur tritt bei TG-Systemen das Problem auf, dass der Ort der Temperaturmessung nicht in der Probe sondern lediglich in der Nähe der Probe liegt. Dadurch stimmen die angezeigte Temperatur und die Temperatur der Probe während des Aufheizprozesses oder während einer Umwandlung nicht exakt überein. Die Abweichung wird umso größer, je schlechter die Wärmeleitfähigkeit der Probe und je größer die Abmessungen der Probe sind. Darum wird in der TG ähnlich wie in der DSC empfohlen, mit kleinen Proben zu arbeiten, und wenn möglich geringe Partikelgrößen zu verwenden.

Abb. 7-23. TG von Aspartam. Massenverlust beim Aufheizen durch Methanolabspaltung bei 180°C. Die zeitliche Ableitung (DTG-Signal) stellt den Massenstrom dar und verdeutlicht die Geschwindigkeit des Massenverlustes. Das Integral eines DTG-Massenstrom-Peaks liefert die zugehörige Masseänderung (obere Kurve)

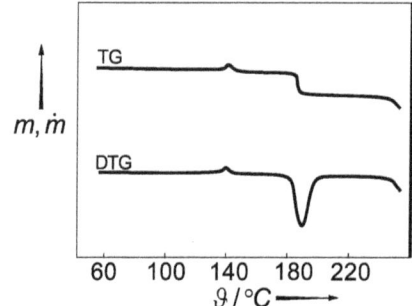

7.9 Thermische Analyse

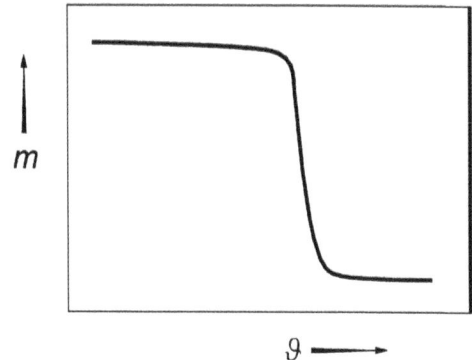

Abb. 7-24. TG-Kalibrierung: Ein Permanentmagnet unter dem Ofen zieht die Nickel-Probe nach unten. Beim Überschreiten der CURIE-Temperatur (Nickel: 351,4 ± 4,8°C) verschwindet die Anziehungskraft und das TG-Signal fällt steil ab

Durch den Wechsel des Spülgases können die Untersuchungsmöglichkeiten der TG beträchtlich erweitert werden. So lässt sich je nach Atmosphäre zwischen Adsorption und Desorption, Oxidation und Reduktion umschalten oder es können auch Vakuumprozesse untersucht werden [16].

Für Präzisionsauswertungen ist zu beachten, dass unterschiedliche Gasatmosphären unterschiedliche Auftriebseffekte verursachen und damit das Messsignal verfälschen können. Zur Durchführung der Auftriebskorrektur vgl. 2.2.

7.9.2
Wärmestrom-Kalorimetrie

Wärmestrom-Kalorimeter sind Weiterentwicklungen von DTA-Geräten. DTA-Geräte (Differenz-Thermo-Analyse) erfassen lediglich die Temperaturdifferenz zwischen der Probe und einem Referenzmaterial, während sich diese in einem Temperatur-Zeit-programmierten Ofen befinden [17]. Durch die Verwendung eines Referenzmaterials vereinfacht sich die Messung auf eine Relativmessung zwischen Probe und Referenz, es wird lediglich das Signal aufgezeichnet, um welches sich Probe und Referenz unterscheiden. Dieses Messprinzip verlangt jedoch gleichzeitig, dass die Messbedingungen für Probe und Referenz identisch sind. Diese so genannte Zwillingsbauweise derartiger Messgeräte fordert eine hohe Präzision bei der Herstellung von Tiegeln für Probe und Referenzmaterialien, der Sensoren und der thermischen Konstruktion des Ofens. Sind diese Bedingungen erfüllt, lassen sich mit diesem System Absolutmessungen von Wärmeströmen, Wärmen und Wärmekapazitäten durchführen. Es existieren im Wesentlichen zwei Bauarten: das ΔT-Messsystem und das Leistungskompensations-System.

ΔT-Messsystem
Abbildung 7-25 zeigt den Aufbau schematisch. Bei der kontrollierten Aufheizung des Ofens fließt ein Wärmestrom zur Probe. Setzt man voraus, dass man Wärmestrahlung und Konvektion vernachlässigen kann (vgl. 7.7), entsteht dieser Wärmestrom hauptsächlich durch Wärmeleitung zwischen Ofen und Probe. Der

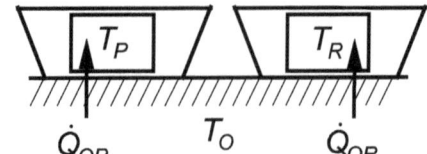

Abb. 7-25. DSC-Ofen schematisch. T_P Temperatur Probe, T_R Temperatur Probe Referenz, T_O Temperatur Ofen

Wärmestrom ist dann gemäß dem 1. FOURIER-Gesetz proportional zur Temperaturdifferenz ($T_O - T_P$) zwischen Ofen und Probe.

Der Differenz-Wärmestrom zwischen Probe und Referenz ergibt sich durch Subtraktion des Wärmestroms vom Ofen zur Probe und zur Referenz:

Wärmestrom zur Probe:

$$\dot{Q}_{OP} = k \cdot A \cdot (T_O - T_P) \tag{7-137}$$

Wärmestrom zur Referenz:

$$\dot{Q}_{OR} = k \cdot A \cdot (T_O - T_R) \tag{7-138}$$

Differenz-Wärmestrom

$$\dot{Q} = \dot{Q}_{OP} - \dot{Q}_{OR} \tag{7-139}$$

d.h.

$$\dot{Q} = k \cdot A \cdot (T_O - T_P - (T_O - T_R)) \tag{7-140}$$

also

$$\dot{Q} = k \cdot A \cdot (T_R - T_P) \tag{7-141}$$

oder kurz

$$\dot{Q} = k \cdot A \cdot \Delta T \tag{7-142}$$

mit der Kalibriergröße

$$K = k \cdot A \tag{7-143}$$

ist der Wärmestrom

$$\dot{Q} = K \cdot \Delta T \tag{7-144}$$

$\dot{Q}$ Wärmestrom in W
T Temperatur in K
ΔT Temperaturdifferenz in K
A Fläche in m²
k Wärmedurchgangskoeffizient in W · m^{-2} · K^{-1}
K Kalibriergröße in W · K^{-1}

Abb. 7-26. Zeitlicher Verlauf von ΔT während einer Messung

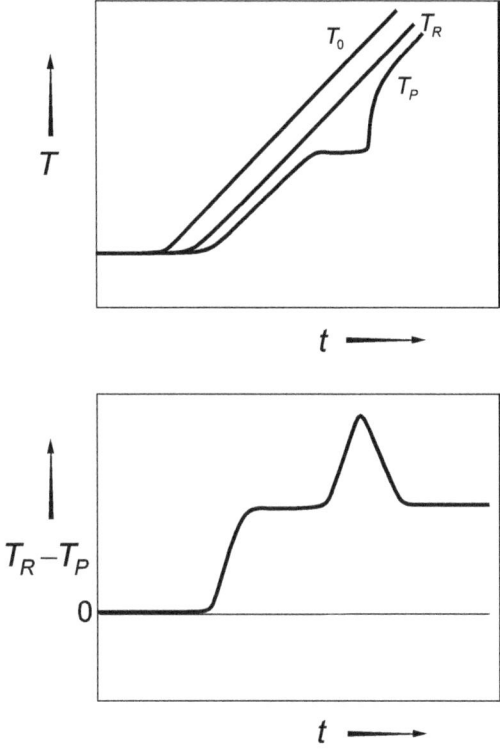

Indices:
O   Ofen
P   Probe
R   Referenz

Charakteristisch für ΔT-Messsysteme ist der definierte Wärmestrompfad im Gerät und das zwischen Probe und Referenz gemessene ΔT-Signal, aus dem der Differenz-Wärmestrom berechnet wird. Nach (7-144) ist der gesuchte Wärmestrom proportional zur gemessenen Temperaturdifferenz. In Abb. 7-26 ist der zeitliche Verlauf der Temperatur von Ofen, Probe und Referenz gezeigt.

Wärmestrom-Kalorimeter werden häufig als Scheibenmesssystem gebaut (Abb. 7-27). Hier werden die Tiegel für Referenz und Probe auf einer Scheibe platziert, in welche die Thermosäule zur ΔT-Messung integriert ist. Daneben gibt es das Zylinder-Messsystem, bei dem die Temperatursensoren nicht flach sondern zylindrisch geformt sind (Abb. 7-28). Das Zylindermesssystem bietet einen Vorteil bei größeren Proben.

Leistungskompensations-System
Außer den ΔT-Messsystemen gibt es DSC-Geräte mit dem Messprinzip der Leistungskompensation. Den prinzipiellen Aufbau eines dynamischen-Leistungskompensations-Differenz-Kalorimeters zeigt Abb. 7-29. Charakteristisch ist das

Abb. 7-27. DSC. Scheiben-Messsystem [13]

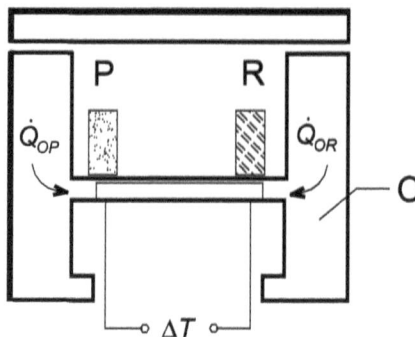

Abb. 7-28. DSC. Zylinder-Messsystem [13]

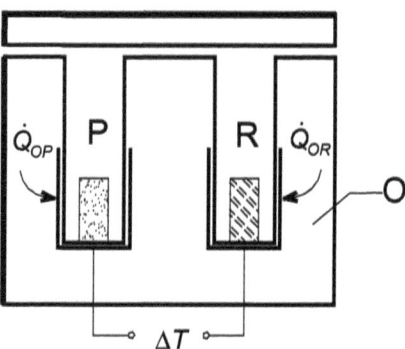

Abb. 7-29. Leistungskompensations-Kalorimeter, schematisch. T_P Probentemperatur, P_P Heizleistung an der Probe, T_R Temperatur der Referenz, P_R Heizleistung an der Referenz [13]

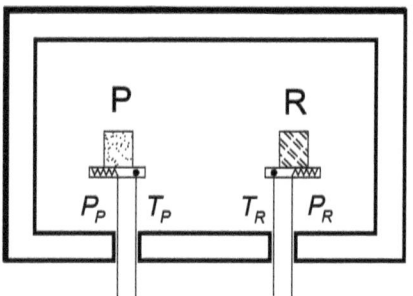

Vorhandensein von kleinen Heizwiderständen unterhalb von Probe und Referenz. Tritt nun eine Temperaturdifferenz zwischen Probe und Referenz auf, wird mit Hilfe der Heizwiderstände solange geheizt, bis die aufgetretene Temperaturdifferenz wieder null ist. Die dazu notwendige elektrische Heizleistung wird aufgezeichnet. Die Differenz der Wärmeströme zur Probe und zur Referenz ist die Messgröße. Während beim ΔT-Messsystem die Temperaturdifferenz zwischen Probe und Referenz gemessen wird, ist sie bei diesem System die Eingangsgröße zur Regelung der Heizleistung der kleinen Heizwiderstände unterhalb von Probe und Referenz. Die Messgröße ist hier der Heizstrom bzw. die Heizleistung.

Auswertung von DSC-Messungen

Abbildung 7-30 zeigt ein typisches DSC-Diagramm, in dem der ermittelte Wärmestrom über der Temperatur aufgetragen wird. Diese Auftragung wird auch Thermogramm genannt. Zur Vorzeichenkonvention: Endothermen Ereignissen werden positive Wärmeströme zugeordnet („Peak nach oben"). Ist also in (7-141) die Temperatur der Probe niedriger als die der Referenz, so fließt Wärme in die Probe hinein. Bei exothermen Ereignissen fließt umgekehrt ein Wärmestrom aus der Probe heraus und erhält daher ein negatives Vorzeichen („Peak nach unten"). In der amerikanischen Literatur ist die grafische Darstellung im Allgemeinen umgekehrt. Zum besseren Verständnis werden dann an den Diagramm-Achsen auch Hinweise angebracht wie „exo up" und „endo down".

Möglichkeiten der Auswertung eines derartigen Signals sind in Abb. 7-31 angedeutet: Nimmt man an, das endotherme Signal in Abb. 7-30 gehört zu einem Schmelzvorgang. Der Schnittpunkt der Wendetangente der ansteigenden Flanke mit der Basislinie liefert den Peakbeginn, die so genannte Onset-Temperatur hier also den Schmelzbeginn. Konstruiert man die Basislinie und bildet das Peak-Integral (schraffierte Fläche), erhält man die Enthalpie dieses thermischen Ereignisses, hier also die Schmelzenthapie. Mit Gl. (7-52) ist:

$$dq = c_p \cdot dT \tag{7-145}$$

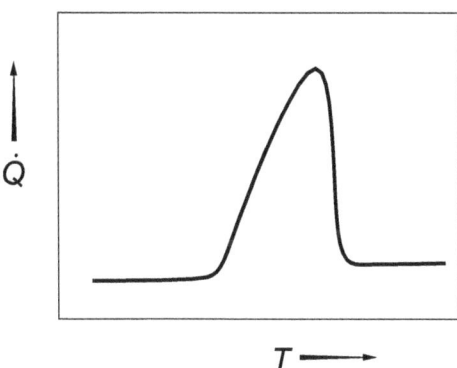

Abb. 7-30. Einfaches DSC-Thermogramm. Endothermes Signal

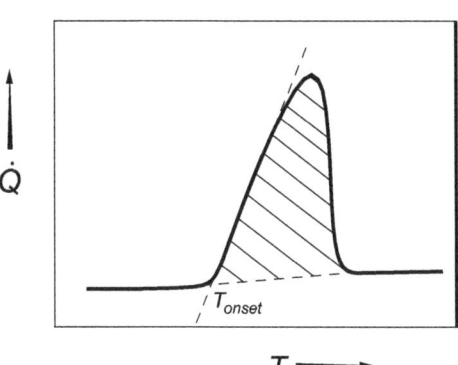

Abb. 7-31. Möglichkeiten der Auswertung eines DSC-Peaks

und

$$\Delta q = \int_T c_p \cdot dT \tag{7-146}$$

mit der Heizrate

$$\beta = \frac{dT}{dt} \tag{7-147}$$

lautet das

$$\Delta q = \int_t c_p \cdot \beta \cdot dt \tag{7-148}$$

Wegen (7-23) in der Form

$$dh = dq \tag{7-149}$$

liefert das Integral

$$\Delta h = \int_t c_p \cdot \beta \cdot dt \tag{7-150}$$

c_p spezifische Wärmekapazität in $J \cdot kg^{-1} \cdot K^{-1}$
q spezifische Wärme in $J \cdot kg^{-1}$
T Temperatur in K
t Zeit in s
β Heizrate in $K^{-1} \cdot min^{-1}$
h spezifische Enthalpie in $J \cdot kg^{-1}$

Da die Temperatur während der DSC-Messung mit der vorgegebenen Heizrate steigt, also eine Funktion der Zeit ist, lässt sich der gemessene Wärmestrom über die Zeit integrieren. Damit erhält man aus einem DSC-Peaks direkt die Umwandlungsenthalpie des betrachteten thermischen Ereignisses.

In den Ingenieurwissenschaften ist es üblich, die Wärme Q, Wärmekapazität C_p, Enthalpie H usw. als massenspezifische Größen anzugeben. Die massenspezifischen Größen werden mit den Kleinbuchstaben q, c_p, h etc. gekennzeichnet. Tabelle 7-20 stellt die Bezeichnungen und Rechenwege einander gegenüber.

Aus Auftragungen der Enthalpie über der Temperatur kann man in einfacher Weise Enthalpieänderungen ablesen. Abbildung 7-32 zeigt das h-T-Diagramm von Eismix. Die Wahl des Bezugspunkts – also des Nullpunkts der Enthalpie – kann nach praktischen Gesichtspunkten erfolgen, zum Beispiel durch die willkürliche Festlegung $h(0°C) = 0$. Beim Ablesen von Enthalpiedifferenzen aus dem Diagramm in Abb. 7-32 zeigt sich, dass die Wahl des Bezugspunkts für die Ermittlung Δh tatsächlich unerheblich ist (vgl. Beispiel 7-8).

Beispiel 7-8: Kühlen von Eismix
Wieviel Wärme muss 500 kg Eismix entzogen werden, um es von $-5°C$ auf $-20°C$ zu kühlen?

7.9 Thermische Analyse

Tabelle 7-20. Berechnung von Wärmen aus DSC-Messungen. Allgemeine und massenspezifische Nomenklatur

	massenspezifische Schreibweise
$C_p = \dfrac{dQ}{dT}$ $dQ = C_p \cdot dT$	$c_p = \dfrac{dq}{dT}$ $dq = c_p \cdot dT$
wegen $\beta = \dfrac{dT}{dt}$	
$dQ = C_p \cdot \beta \cdot dt$ $Q = \int C_p \cdot \beta \cdot dt$	$dq = c_p \cdot \beta \cdot dt$ $q = \int c_p \cdot \beta \cdot dt$
Mit $V \cdot dp = 0$ ist die gemessene Wärme identisch mit der Enthalpieänderung des Systems also	
$dH = dQ$ $\Delta H = \int dQ$ $\Delta H = \int C_p \cdot \beta \cdot dt$	$dh = dq$ $\Delta h = \int dq$ $\Delta h = \int c_p \cdot \beta \cdot dt$

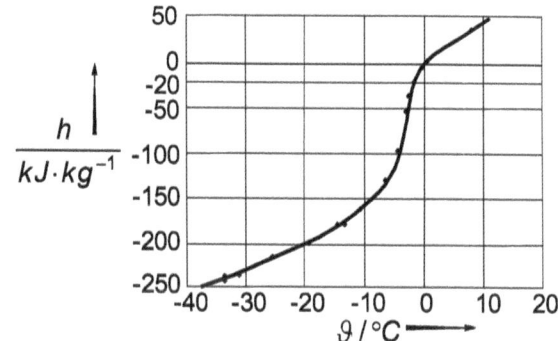

Abb. 7-32. Enthalpie von Eismix [109]

Aus Abb. 7-32 liest man ab:

$\Delta h = h_2 - h_1$

$\Delta h = h(-20°C) - h(-5°C)$

$\Delta h = -200 \, kJ \cdot kg^{-1} - (-100 \, kJ \cdot kg^{-1})$

$\Delta h = -100 \, kJ \cdot kg^{-1}$

$\Delta H = \Delta h \cdot m$

$\Delta H = -100 \, kJ \cdot kg^{-1} \cdot 500 \, kg = -50 \, MJ$

Es müssen also 50 MJ Wärme aus dem Eismix abgeführt werden. Das negative Vorzeichen der Enthalpieänderung bedeutet, dass diese Energie das System Eismix verlässt (exothermer Prozess).

Abb. 7-33. Partielle Integration eines DSC-Peaks

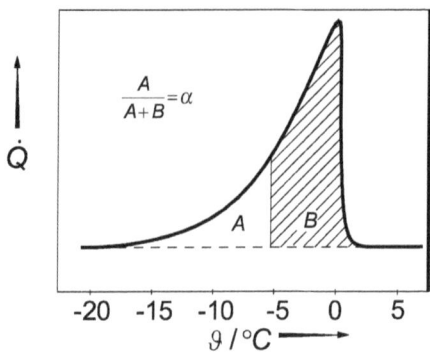

Abb. 7-34. DSC-Umsatzkurven von Speiseeis- unterschiedlicher Zusammensetzung. Bei z.B. –5°C ist das Eis mit Glucose (1) bereits zu 60% geschmolzen, während das Eis mit Glucosesirup DE40 (3) erst zu 20% geschmolzen ist. Die Saccharose-Rezeptur (2) liegt dazwischen

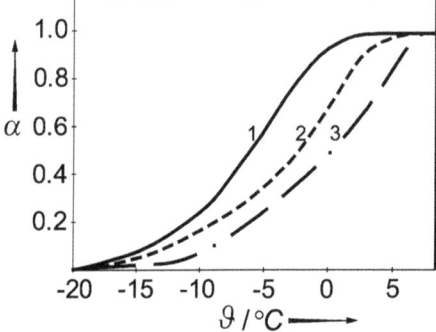

Führt man die oben beschriebene Integration eines DSC-Peaks nur partiell durch, erhält man partielle Integrale. Bildet man das Verhältnis von Teilintegral zum Gesamtintegral wie in Abb. 7-33, gewinnt man Information darüber, wie weit das thermische Ereignis auf einer Skala von 0 bis 100% bereits abgelaufen ist. Man nennt diese Größe den Umsatz α. Trägt man den Umsatz über der Temperatur auf, erhält man sigmoide Kurvenzüge, die von $\alpha = 0\ldots1$, also einem Umsatz von 0%...100% verlaufen. Abbildung 7-34 zeigt derartige Umsatzkurven am Beispiel von Speiseeis unterschiedlicher Rezepturen.

Abbildung 7-35 zeigt eine Zusammenstellung von Signalen wie sie im DSC-Thermogramm auftreten können. Das stufenförmige Signal links im Bild kann zu einem Glasübergang gehören, das nachfolgende exotherme Signal zum Beispiel zu der Kristallisation amorphen Materials. Der endotherme Peak kann von Schmelzvorgängen, Verdampfung, Sublimation oder anderen Probenumwandlungen verursacht sein. Im Falle von Polymeren kann ein exothermer Vernetzungspeak oberhalb des Schmelzpunktes auftreten. Wenn sich die Probe bei hohen Temperaturen thermisch zersetzt beziehungsweise oxidiert, erhält man ein starkes oft wenig reproduzierbares Exosignal am Ende des DSC-Thermogramms. Eine Einführung in die Thermische Analyse von Lebensmitteln findet sich bei [18].

Abbildung 7-36 zeigt als Beispiel das DSC-Thermogramm einer Kunststofffolie aus teilkristallinem Poly-Ethylen-Therephthallat (PET). Oberhalb des Glasübergangs bei etwa 60°C zeigt der Stoff einen Rekristallisationspeak (exotherm) und schließlich den Schmelzpeak des kristallinen Materials. Bei Lebensmitteln

7.9 Thermische Analyse

Abb. 7-35. Mögliche DSC-Signale, schematisch

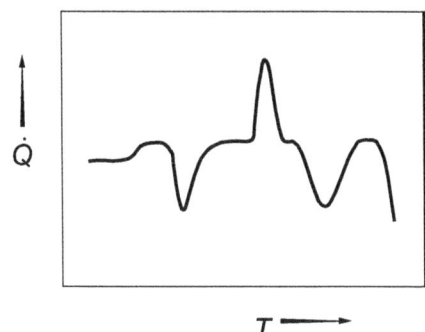

Abb. 7-36. DSC-Thermogramm von PET

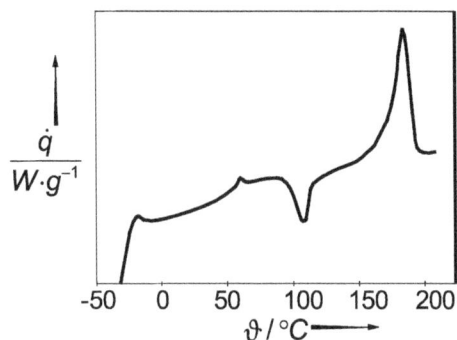

hat der Wassergehalt oftmals einen wesentlichen Einfluss auf den Glasübergang. Eine Einführung in die Arbeit mit Phasendiagrammen und metastabilen Glaszuständen findet sich in [19–21].

Temperatur-Modulierte DSC
Die temperaturmodulierte DSC (MDSC) basiert auf der Überlagerung eines periodischen und eines linearen Temperaturprogramms. Diese Technik wird auch als alternierende DSC (ADSC) bezeichnet. Abbildung 7-37 zeigt ein Beispiel für die Überlagerung einer periodischen Temperatur-Modulation mit einer linearen Heizrate. Im Falle einer sinusförmigen Temperatur-Modulation ist die momentane Ofentemperatur

$$\vartheta = \vartheta_0 + \beta_0 \cdot t + A_\vartheta \cdot \sin(\omega t) \tag{7-151}$$

Die Periodendauer T der Modulation ergibt sich aus

$$\omega = 2\pi \cdot f = \frac{2\pi}{T} \tag{7-152}$$

zu

$$T = \frac{2\pi}{\omega} \tag{7-153}$$

Abb. 7-37. Temperaturmodulierte Heizrate (MDSC)

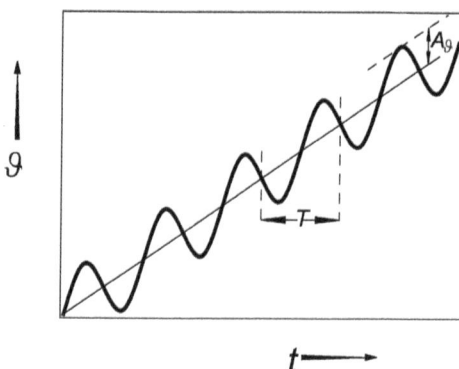

Die momentane Heizrate ist die zeitliche Ableitung der Temperatur

$$\beta = \frac{d\vartheta}{dt} \tag{7-154}$$

also

$$\beta = \beta_0 + A_\vartheta \cdot \omega \cdot \cos(\omega t) \tag{7-155}$$

Das Produkt $A_\vartheta \cdot \omega$ heißt Amplitude A_β der Heizrate, somit ist

$$\beta = \beta_0 + A_\beta \cdot \cos(\omega t) \tag{7-156}$$

β_0 ist die unterliegende, lineare Heizrate, während β die aktuelle (momentane) Heizrate ist.

- ϑ Temperatur in °C
- ϑ_0 Anfangstemperatur in °C
- t Zeit in s
- β_0 unterliegende Heizrate in K · s^{-1}
- β aktuelle Heizrate in K · s^{-1}
- A_ϑ Amplitude der Temperatur in K
- A_β Amplitude der Heizrate in K
- ω_f Kreisfrequenz in s^{-1}
- f Frequenz in s^{-1}
- T Periodendauer in s

Die Modulation der Heizrate führt zu einer modulierten Wärmestromkurve. Wegen

$$C_p = \frac{dQ}{d\vartheta} \tag{7-157}$$

ist der modulierte Wärmestrom

$$\dot{Q} = C_p \cdot \frac{d\vartheta}{dt} = C_p \cdot \beta \tag{7-158}$$

7.9 Thermische Analyse

Bei Vorgabe einer sinusförmigen Temperaturmodulation antwortet das System mit einem sinusförmig modulierten Wärmestrom $\dot{Q}$. Der modulierte Wärmestrom ist nicht proportional zu ϑ sondern zur Änderung der Temperatur $\frac{d\vartheta}{dt} = \beta$. Daher sind Wärmestrom $\dot{Q}$ und Heizrate β „in Phase", ihre Phasenverschiebung beträgt $\delta = 0°$. Dieser Fall liegt vor, wenn das untersuchte Stoffsystem aus einer reinen Wärmekapazität besteht, die der Modulation trägheitsfrei, ohne Verzögerung folgen kann. Wenn aber das System der Temperaturmodulation nicht augenblicklich folgen kann – was in der Realität häufig der Fall ist – tritt eine Phasenverschiebung $\delta > 0°$ zwischen Heizrate und Wärmestrom auf. Der Wert der Phasenverschiebung δ liefert Information über das Ausmaß der Abweichungen vom Verhalten der idealen Wärmekapazität. Tabelle 7-21 stellt die Fälle unterschiedlicher Phasenverschiebungen zusammen.

Allgemein lässt sich sagen, dass das gemessene, modulierte Wärmestromsignal sich additiv aus dem von der Wärmekapazität verursachten Teil und einem kinetisch verursachten Teil zusammensetzt. Durch mathematische Zerlegung mittels FOURIER-Analyse lässt sich das Wärmestromsignal in diese beiden Komponenten aufspalten. Bei Überlagerung der beiden Komponenten mit der Phasenverschiebung δ ergibt sich umgekehrt wieder das Gesamtsignal.

In der Sprache der Mathematik komplexer Größen nennt man diese beiden Komponenten Realteil und Imaginärteil.

$$\dot{Q} = C_p \cdot \beta + f(\vartheta, t) \tag{7-159}$$

als komplexe Größe:

$$\dot{Q}^* = \dot{Q}' + i \cdot \dot{Q}'' \tag{7-160}$$

$\dot{Q}^*$ Komplexer Wärmestrom in W
$\dot{Q}'$ Realteil des Wärmestroms in W
$\dot{Q}''$ Imaginärteil des Wärmestroms in W
C_p^* komplexe Wärmekapazität in $J \cdot K^{-1}$
C_p' Realteil der Wärmekapazität in $J \cdot K^{-1}$
C_p'' Imaginärteil der Wärmekapazität in $J \cdot K^{-1}$

Während der Realteil die so genannte Speichergröße beschreibt, steht der Imaginärteil für die Verlustgröße. Die Bezeichnungen und Bedeutungen werden analog in der Rheologie verwendet (vgl. z.B. 4.4, Speichermodul und Verlustmodul). Im Falle der Wärme heißt das, der Realteil des Wärmestroms $\dot{Q}'$ ist der Teil des Wärmestroms, der von der Probe – im Sinne einer Wärmekapazität – gespeichert

Tabelle 7-21. Phasenverschiebung von Heizrate und Wärmestrom und deren Ursache

Phasenwinkel δ	Heizrate und Wärmestrom	Wärmestrom enthält
$\delta = 0°$	in Phase	nur Wärmekapazitätsanteil
$0° < \delta < 90°$	um δ verschoben	beide Anteile
$\delta = 90°$	90° phasenverschoben	nur kinetischen Anteil

Tabelle 7-22. Komplexer Wärmestrom: Begriffe und Bedeutungen

$\dot{Q}^*$	$\dot{Q}'$	$\dot{Q}''$
komplexe Größe	Realteil	Imaginärteil
Gesamtwärmestrom	Reversiver Wärmestrom Wärmekapazitätskomponente in-phase ($\delta = 0°$)	nicht-reversiver Wärmestrom Kinetische Komponente out-of-phase ($\delta = 90°$)

Tabelle 7-23. Komplexe Wärmekapazität: Begriffe und Bedeutungen

C_p^*	C_p'	C_p''
Komplexe Größe	Realteil	Imaginärteil
Scheingröße	Wirkanteil in-phase ($\delta = 0°$)	Blindanteil out-of-phase ($\delta = 90°$)

wird. Der Realteil ist damit der Wärmestrom, der reversierend in die Probe fließt. Der Imaginärteil hingegen ist der Teil des Wärmestroms, der durch kinetische Effekte „verbraucht" wird. Es ist damit ein nicht-reversierender Wärmestrom. Tabelle 7-22 stellt die Begriffe zusammen.

Ebenso lässt sich für die Wärmekapazität der Probe sagen, dass sie als komplexe Wärmekapazität aus diesen beiden Anteilen zusammengesetzt ist. Tabelle 7-23 listet die zugehörigen Bezeichnungen auf.

$$C_p^* = \frac{\dot{Q}^*}{\beta} \tag{7-161}$$

$$C_p^* = C_p' + i \cdot C_p'' \tag{7-162}$$

Bei bekannter Phasenverschiebung δ ist die Berechnung der einzelnen Anteile aus der gemessenen Größe möglich. Daher ist die Phasenverschiebung δ eine wichtige Messgröße oszillierend durchgeführter Messungen.

Realteil:

$$C_p' = \left| C_p^* \right| \cdot \cos \delta \tag{7-163}$$

Imaginärteil:

$$C_p'' = \left| C_p^* \right| \cdot \sin \delta \tag{7-164}$$

MDSC-Experimente erlauben somit die Unterscheidung von reversiven und nicht-reversiven Wärmeströmen. In Abb. 7-38 ist das Thermogramm einer teilkristallinen Zucker-Probe dargestellt. Es ist zu erkennen, dass der Glasübergang im reversiven Signal zu finden ist, während die Rekristallisation nahezu vollständig ein nicht-reversives Signal verursacht. Das Schmelzsignal ist in diesem

Abb. 7-38. MDSC-Thermogramm eines teilkristallinen Zuckers. Der Glasübergang ist im reversen Signal (rev) zu identifizieren. Im klassischen DSC-Signal (total) ist der Glasübergang von der auftretenden Enthalpierelaxation verdeckt [22]

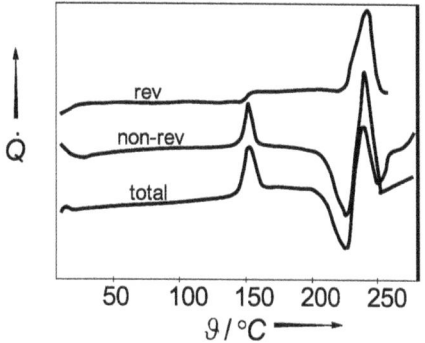

Beispiel aus reversivem und nicht-reversivem Signal zusammengesetzt. Derartige Information ist mittels konventioneller DSC nicht zu erhalten.

Experimentelle Bedingungen von MDSC-Messungen
Zu den Bedingungen, unter denen eine DSC-Messung durchgeführt wird (Einwaage, Tiegel, Heizrate) kommen bei MDSC-Messungen noch die Parameter Modulationsfrequenz und -amplitude hinzu. Für die Wahl der experimentellen Bedingungen gelten folgende Überlegungen: Damit die Probe dem modulierten Temperatursignal verzögerungsfrei folgen kann, muss sie möglichst geringe Abmessungen und eine kleine Masse haben. Die Einwaage sollte einige mg bis einige 10 mg betragen. Proben sollten – sofern möglich – flach sein und einen guten thermischen Kontakt zum Tiegelboden haben. Die Fähigkeit der Probe, der modulierten Temperatur zu folgen, hängt von ihrer Wärmekapazität und ihrer Wärmeleitfähigkeit ab. Erhöht man bei einer gegebenen Probe die Modulationsfrequenz, so wird sie ab einer bestimmten Frequenz der Anregung nicht mehr folgen können. Um diesen Frequenzbereich zu finden, führt man ein isothermes Experiment mit steigender Modulationsfrequenz und liest die Wärmekapazitäten der Probe ab (Abb. 7-39). Die Frequenz, bei der die ermittelte Wärmekapazität abknickt (d.h. falsch gemessen würde), ist die maximale Frequenz, die für diese Probe gewählt werden darf. Typische MDSC-Frequenzen sind 10...100 mHz, das entspricht einer Periodendauer von 10...100 s.

Abb. 7-39. Bestimmung der Wärmekapazität bei sinkender Periodendauer T der Modulation

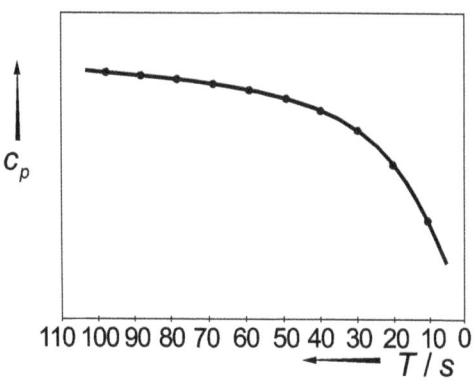

Abb. 7-40. Ermittlung der Halbwertsbreite eines DSC-Peaks

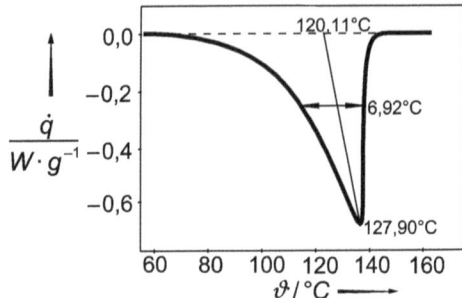

Nachdem die Modulationsfrequenz festgelegt wurde, ist die Heizrate für das MDSC-Experiment zu wählen. Hierzu wird zunächst ein Screening der Probe mittels konventioneller DSC durchgeführt. Man betrachtet den schmalsten Peak des DSC-Thermogramms und bestimmt dessen Halbwertsbreite $\Delta\vartheta_{1/2}$ in K. Abbildung 7-40 zeigt ein Beispiel.

Damit zwischen reversivem und nicht-reversivem Wärmestrom unterschieden werden kann, ist es notwendig, dass während der betrachteten Umwandlung einige Temperatur-Oszillationen ablaufen. Abbildung 7-41 verdeutlicht dies an einem Beispiel. Wenn während des betrachteten thermischen Ereignisses z.B. $n = 4\ldots 6$ Temperatur-Modulationen ablaufen sollen, muss die Heizrate entsprechend Gl. (7-165) niedrig gewählt werden.

$$\beta = \frac{\Delta\vartheta_{1/2}}{n \cdot T} \qquad (7\text{-}165)$$

$\Delta\vartheta_{1/2}$ Halbwertsbreite in K
T Periodendauer in s
n Anzahl Modulationszyklen
β Heizrate in $K \cdot s^{-1}$

Beispiel 7-9: Maximale Heizrate für ein MDSC-Experiment
Wie hoch ist die maximale Heizrate für ein thermisches Ereignis mit einer Peak-Halbwertsbreite von 5 K, wenn die Modulationsperiodendauer 60 s und $n = 5$ sein soll?

Abb. 7-41. Moduliertes Wärmestromsignal und konventionelles Wärmestromsignal einer thermischen Umwandlung

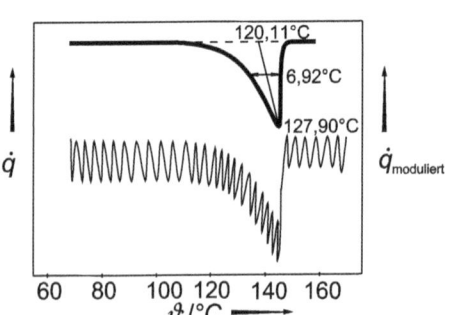

7.9 Thermische Analyse

Antwort:

$$\beta = \frac{5K}{5 \cdot 60 \text{ s}} = 0{,}017 \text{ K} \cdot \text{s}^{-1} = 1 \text{ K} \cdot \text{min}^{-1}$$

Im Falle von Glasübergängen lässt sich keine Peak-Halbwertsbreite bestimmen. Hier verwendet man die Breite des Glasüberganges anhand der (ersten und letzten) Abweichung von der Basislinie (s. Abb. 7-42). Im Falle von Glasübergängen mit deutlicher Enthalpierelaxation ist darauf zu achten, dass die oben genannte Berechnung von β mit der Halbwertsbreite des Relaxationspeaks durchgeführt wird (s. Abb. 7-43). In allen Fällen, bei denen die Anzahl der Modulationszyklen eines thermischen Ereignisses zu gering gewählt wurde, kommt es bei der Fourier-Analyse des Signals zu Abweichungen und gegebenenfalls zu Artefakten.

Bei richtiger Wahl der Modulationsfrequenz und Heizrate beeinflusst die Modulationsamplitude das Ergebnis der Wärmekapazität nicht. Eine höhere Amplitude führt allerdings zu einer größeren Empfindlichkeit. Bei der Wahl der Amplitude gibt es zwei Varianten von dadurch entstehenden Temperatur-Zeit-Profilen zu unterscheiden: Durch Überlagerung des Modulationssignals mit der unterliegenden Heizrate kann es zu einem Temperatur-Zeit-Profil kommen, bei dem die Temperatur sowohl steigt als auch fällt (modulated-heat-cool) oder zu einem Temperatur-Zeit-Profil, bei dem die Temperatur zwar oszilliert aber niemals abfällt (modulated-heat-only). Abbildung 7-44 illustriert diese beiden Fälle.

Abb. 7-42. Moduliertes Wärmestromsignal bei einem Glasübergang ohne Enthalpierelaxation

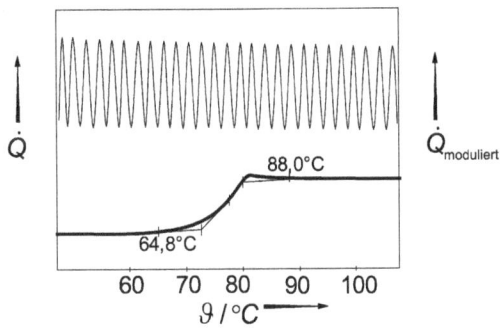

Abb. 7-43. Moduliertes Wärmestromsignal bei einem Glasübergang mit Enthalpierelaxation

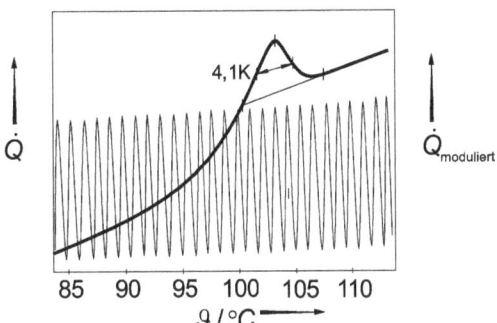

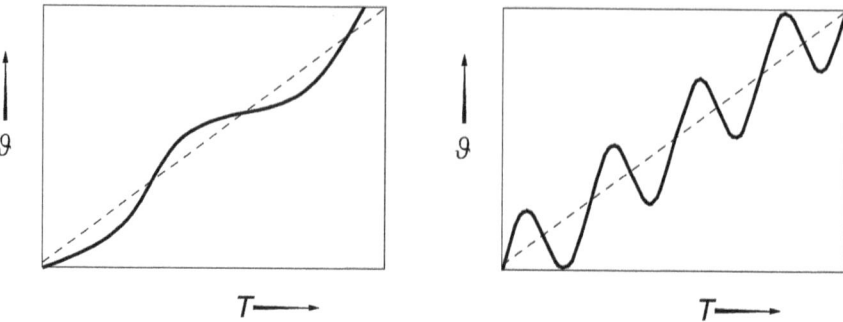

Abb. 7-44. Je nach Wahl der Modulationsamplitude entsteht das modulated-heat-only-Profil (links) oder das modulated-heat-cool-Profil (rechts)

Tabelle 7-24 stellt die Fälle einander gegenüber. „Modulated heat only" ist ein Spezialfall, den man zum Beispiel bei der Untersuchung von Umwandlungen mit simultanem Schmelzen und Kristallisieren wählen kann [23].

Damit ein modulated-heat-only-Profil erreicht wird, darf die Heizrate $\frac{d\vartheta}{dt} = \beta$ niemals unter Null sinken. Mit Gl. (7-155) und der Bedingung

$$\frac{d\vartheta}{dt} \geq 0 \tag{7-166}$$

bedeutet das

$$\beta_0 + A_\vartheta \cdot \omega \cdot \cos(\omega t) \geq 0 \tag{7-167}$$

Betrachtet man lediglich die Beträge der Amplituden, so gilt

$$\beta_0 \geq A_\vartheta \cdot \omega \tag{7-168}$$

also

$$A_\vartheta \leq \frac{\beta_0}{\omega} \tag{7-169}$$

d.h.

$$A_\vartheta \leq \frac{\beta_0 \cdot T}{2\pi} \tag{7-170}$$

Tabelle 7-24. MDSC-Temperatur-Zeit-Profile

Temperatur-Zeit-Profil	$\frac{d\vartheta}{dt}$	Erläuterung
modulated heat-cool	> 0 und < 0	allgemeiner Fall
modulated heat only	> 0	Spezialfall

A_ϑ Temperatur-Amplitude in K
β_0 unterliegende Heizrate in K · s^{-1}
T Periodendauer in s
ω Kreisfrequenz in s^{-1}
ϑ Temperatur in °C

Beispiel 7-10: Maximale MDSC-Amplitude für ein modulated-heat-only-Profil. Wie hoch darf die Amplitude maximal sein, damit bei einer Periodendauer von 60 s und einer unterliegenden Heizrate von 1 K · min^{-1} ein modulated-heat-only-Profil entsteht?

Antwort:

$$A_\vartheta \leq \frac{1\text{ K} \cdot 60\text{ s}}{60\text{ s} \cdot 2\pi} = 0{,}16\text{ K}$$

Tabelle 7-25 gibt weitere Zahlenwerte für die maximale Amplitude.

Tabelle 7-25. Maximale Amplituden für modulated-heat-only-Profile

β/K · min^{-1}	T / s						
	40	50	60	70	80	90	100
0,1	0,011	0,013	0,016	0,019	0,021	0,024	0,027
0,2	0,021	0,027	0,032	0,037	0,042	0,048	0,053
0,5	0,053	0,066	0,080	0,093	0,106	0,119	0,133
1,0	0,106	0,133	0,159	0,186	0,212	0,239	0,265
2,0	0,212	0,265	0,318	0,371	0,424	0,477	0,531
5,0	0,531	0,663	0,796	0,928	1,061	1,194	1,326

Zur Wahl der Modulationsamplitude bei Glasübergängen unter Beachtung der Linearität und Stationarität des Messsignals siehe auch [23].

7.10 Applikationen

Temperaturmessung

Ambulante Temperaturmessung in der Logistik und im Wareneingang von TK-Produkten [100] Methode L00.00-5

Flüssigkristalle als Temperatur-Sensoren für Lebensmittel zwischen 30 und 115°C [24]

Originalität und Verwässerung von Milch mittels Gefrierpunkt-Bestimmung [100] Methode L01.00-29 [104] Methode 961.07

Temperatur-Indikator für TK-Produkte und andere Lebensmittel [25–27]

Wärmeleitfähigkeit und Temperaturleitfähigkeit

Shrimp: Wärmeleitfähigkeit und Wärmekapazität	[28]
Eiskrem: Modellierung der thermischen Eigenschaften	[29]
Pet-Food: Messung der Temperatur-Leitfähigkeit	[30]
Wärmeleitfähigkeiten von Lebensmitteln: Zusammenstellung von Literatur-Daten	[31]
Wärmeübergangskoeffizienten in der Lebensmittelverarbeitung: Zusammenstellung von Literatur-Daten	[32]
Einfluss von Wassergehalt und Temperatur auf die Wärmeleitfähigkeit von Lebensmitteln	[33]

Thermische Analyse

Wärmekapazität und Enthalpie von Schweinefleisch und Rindfleisch mittels DSC	[34]
Käse: Modellierung thermischer Eigenschaften	[35]
Modellierung thermischer Stoffdaten im Bereich des Gefriepunktes für Fleisch und Teige	[36]
Weizenteige (gefroren): Phasenübergänge	[37]
Süßwaren: Lagerstabilität und Zustand der Zucker	[38]
Amorphe und teilkristalline Zucker und Zuckeraustauschstoffe	[39]
Stabilität von Invertase in amorpher Trehalose	[40]
Kinetik der Propanol-Freisetzung aus Zucker-Gläsern. Abhängigkeit von Glasübergangstemperatur und Viskosität	[41]
Glas-Übergang und Sorptions-Isotherme von Hähnchenfleisch	[42]
Beeinflussung der Glasübergangstemperatur von Erdbeeren	[43]
Glas-Übergang von amorphen Lactose-Saccharose-Mischungen	[44]
Untersuchung des Glaszustandes in Sporen mittels DSC and NMR	[45]
wasserfreie Lactose: Stabilitätsuntersuchung mittels DSC und RÖNTGEN-Diffraktometrie	[46]
Schokolade: Polymorphie der Kakobutter, Einfluss des Verfahrens	[47]
DSC bei Drücken bis 200 MPa	[48]
Fest-Fest-Umwandlungen mit DSC und RÖNTGEN-Diffraktometrie	[49]
Reinheits-Untersuchungen mittels DSC	[50]
TG an Coffein-Adsorbentien	[51]
Kaffee: Untersuchung des Röstprozess	[14, 15]

Normen

Differenzthermoanalyse (DTA), Grundlagen	DIN 51007
Thermische Analyse, Dynamische Differenzkalorimetrie (DDK), Prüfung von Kunststoffen und Elastomeren	DIN 53765

Enthalpies of fusion and crystallization by differential scanning calorimetry	ASTM E 793-95
Glass transition temperatures by differential scanning calorimetry or differential thermal analysis	ASTM E 1356-98

7.11 Literatur

1. Weber D, Nau N (1988) Elektrische Temperaturmessung. Firmenschrift Juchheim, Fulda
2. Tschubik IA, Maslow AM (1973) Wärmephysikalische Konstanten von Lebensmitteln und Halbfabrikaten. VEB, Leipzig
3. Hayes GD (1987) Food engineering data handbook. Longman Scientifc and Technical, Harlow, UK
4. Rao MA, Rizvi SSH (1995) Engineering properties of foods. Marcel Dekker, New York
5. Sweat (1974) in: Jowitt R, Escher F, Kent M, McKenna B, Roques M (1987) Physical properties of food – 2. Elsevier Applied Science, New York
6. Dickersen (1965) in: Jowitt R, Escher F, Kent M, McKenna B, Roques M (1987) Physical properties of food – 2. Elsevier Applied Science, New York
7. ASHRAE-Handbook (1981) Fundamentals. American Society of Heating, Refrigerating and Air Conditioning Engineers, Atlanta, Georgia
8. Kranz OM (1995) Vademecum für Pharmazeuten. Editio-Cantor-Verlag, Aulendorf
9. Nährwertkennzeichnungsverordnung (NKV) vom 25.11.1994 BGBl.I S.3526
10. Pope MI, Judd MD (1977) Differential thermal analysis, Heyden London
11. Lombardi G (1980) For better Thermal Analysis, 2.ed. International Conference on Thermal Analysis (ICTA) Universität Rom
12. Hemminger W, Höhne G (1979) Grundlagen der Kalorimetrie, Verlag Chemie, Weinheim
13. Hemminger W, Cammenga HK (1989) Methoden der thermischen Analyse, Springer Verlag, Heidelberg
14. Fischer C, Cammenga HK (2001) When are coffee beans just right? Development of physico-chemical properties during roasting. Proc IXX Int Conf on Coffee Science ASIC (Association Scientifique Internationale du Café) Trieste/Italia
15. Cammenga HK (2004) Thermochemistry of the roasting of coffee beans for optimal modelling, and conduct of coffee roasting. Proc XX Int Conf on Coffee Science ASIC (Association Scientifique Internationale du Café) Bangalore/India
16. Wiedemann HG (1970) in: Vacuum Microbalance Techniques. Vol. 7, 217–229 (CH Massen, HJ van Beckum; eds) Plenum Press, New York
17. Hemminger W, Höhne G (1984) Calorimetry-Fundamentals and Practise, Verlag Chemie, Weinheim
18. Harwalker VR, Ma CY (1990) Thermal analysis of foods. Elsevier Applied Science, New York
19. Slade L, Levine H (1995) Water and the glass transition – dependence of the glass transition on composition and chemical structure: special implications for flour functionality in cookie baking. J Food Engineering 24: 431–509
20. Roos YH (1995) Phase transitions in foods. Academic Press, San Diego
21. Roos Y (1995) Characterization of food polymers using state diagrams. J Food Engineering 24: 339–360
22. Figura LO (2003) Thermoanalytische Charakterisierung teilkristalliner Trehalose, in: Kunze W (Hrsg) Anwenderseminar Thermische Analyse in der pharmazeutischen Industrie und der Lebensmitteltechnologie, Würzburger Tage 2003, Reuters, Alzenau, p 125–137
23. Schick C, Merzlyakov M (2000) Optimization of experimental parameters in TMDSC: The influence of non-linear and non-stationary thermal response. J Therm Anal and Calorimetry 61: 649–657
24. Balasubramaniam VM, Sastry SK (1995) Use of liquid crystals as temperature sensors in food processing research. J Food Engineering 26: 219–230

25. Aust P (1996) Frozen food temperature abuse indicator. Trends in Food Science and Technology 7: 175
26. Fanni J, Ramet JP (1996) Time-temperature indicator. Trends in Food Science and Technology 7: 67–68
27. Trintignac F (1997) Time-temperature monitor. Trends in Food Science and Technology 8: 208
28. Karunakar B, Sushanta KM, Bandyopadhyay S (1998) Specific heat and thermal conductivity of shrimp meat. J Food Engineering 37:345-351
29. Cogné C, Andrieu J, Laurent P, Besson A, Nocquet J (2003) Experimental data and modelling of thermal properties of ice creams. J Food Engineering 58: 331–341
30. Kee WL, Ma S, Wilson DI (2002) Thermal diffusivity measurements of petfood. Int J Food Properties 5: 145
31. Krokida MK, Michailidis PA, Maroulis ZB, Saravacos GD (2002) Literature data of thermal conductivity of foodstuffs. Intern J Food Properties 5: 63
32. Zogzas NP, Krokida MK, Michailidis PA, Maroulis ZB (2002) Literature data of heat transfer coefficients in food processing. Intern J of Food Properties 5: 391
33. Maroulis ZB, Saravacos GD, Krokida, MK, Panagiotou NM (2002) Thermal conductivity prediction for foodstuffs: effect of moisture content and temperature. Intern J Food Properties 5: 23
34. Tocci AM, Mascheroni RH (1998) Characteristics of differential scanning calorimetry determination of thermophysical properties of meats. Lebensmittel-Wissenschaft-und-Technologie 31: 418–426
35. Marschoun L, Muthukumarappan K, Gunasekaran S (2001) Thermal properties of cheddar cheese: experimental and modeling. Int J Food Properties 4: 383
36. Lind I (1991) The measurement and prediction of thermal properties of food during freezing and thawing – a review with particular reference to meat and dough. J Food-Engineering 13: 285–319
37. Laaksonen TJ (2001) Effects of ingredients on phase and state transistions of frozen wheat doughs. Dissertation, University of Helsinki
38. Cammenga HK, Gehrich K (2003) Lagerstabilität von Süßwaren: Jedes Süßungsmittel ist anders. LVT Lebensmittel Industrie 48(7/8): 12–14
39. Gehrich K (2002) Phasenverhalten einiger Zucker und Zuckeraustauschstoffe. Dissertation, Technische Universität Braunschweig
40. Schebor C, del Pilar Buera M, Chirife J (1996) Glassy state in relation to the thermal inactivation of the enzyme invertase in amorphous dried matrices of trehalose, maltodextrin and pvp. J Food Engineering 30: 269–282
41. Levi G, Karel M (1995) The effect of phase transitions on release of n-propanol entrapped in carbohydrate glasses. J Food Engineering 24: 1–13
42. Delgado AE, Sun DW (2002) Desorption isotherms and glass transition temperature for chicken meat. J of Food Engineering 55: 1–8
43. Moraga G, Martínez-Navarrete N, Chiralt A (2004) Water sorption isotherms and glass transition in strawberries: influence of pre-treatment. J Food Engineering 62: 315–321
44. Biliaderis CG, Lazaridou A, Mavropoulos A, Barbayiannis N (2002) Water plasticization effects on crystallization behavior of lactose in a co-lyophilized amorphous polysaccharide matrix and its relevance to the. International J Food Properties 5: 463
45. Ablett S, Darke AH, Lillford PJ, Martin DR (1999) Glass formation and dormancy in bacterial spores. Int J Food Sci Tech 34: 59–69
46. Figura LO, Epple W (1994) Anhydrous lactose: a study with DSC and TXRD. J Therm Anal 41: 45–53
47. Geilinger IB (1982) Einfluss verschiedener Verfahren zur Schokoladenherstellung auf Kakaoinhaltsstoffe. Dissertation, ETH Zürich
48. Masberg St (1999) Differentialkalorimetrie (DSC) und Differenzthermoanalyse (DTA) bei hohen Drücken. Dissertation, Universität Bochum
49. Epple M (1992) Untersuchung von Festkörperreaktionen und fest-fest-Phasenumwandlungen mit zeit- und temperaturaufgelöster Röntgendiffraktometrie. Dissertation, Technische Universität Braunschweig

50. Sarge St (1988) Dynamische Kalorimetrie zur Bestimmung der Reinheit organischer und anorganischer Substanzen sowie der Energetik und Kinetik elementorganischer Umlagerungsreaktionen. Dissertation, Technische Universität Braunschweig
51. Gabel P (1988) Charakterisierung von Adsorbentien für einen Einsatz in der Kaffeeindustrie. Dissertation, Technische Universität Braunschweig
52. Hui YH (ed) (1991) Data sourcebook for food scientists and technologists. VCH Publishers Inc, New York

(100–129 befinden sich am Schluss des Buches)

8 Elektrische Eigenschaften

In diesem Kapitel sollen zunächst die Ursachen und Zusammenhänge der elektrischen Leitfähigkeit von Lebensmitteln behandelt werden. Nach den magnetischen Eigenschaften in Kapitel 9 werden die elektromagnetischen Eigenschaften in Kapitel 10 behandelt.

8.1 Konduktivität

Lebensmittel enthalten positiv geladene und negativ geladene Elektrolyte, Moleküle und/oder Makromoleküle und sind daher prinzipiell in der Lage, elektrischen Strom zu leiten. Positiv geladene Ionen nennt man Kationen, negativ geladene Anionen. Voraussetzung für die elektrische Leitung ist neben dem Vorhandensein von Ladungsträgern deren Beweglichkeit in der umgebenden Matrix. Die Einflussgrößen auf die elektrische Leitfähigkeit (bzw. auf den elektrischen Widerstand) eines Lebensmittels sind in Tabelle 8-1 zusammengefasst.

Allgemein gilt: Beim Vorhandensein beweglicher Ladungsträger fließt nach dem Anlegen einer elektrischen Spannung U ein elektrischer Strom, wobei die Stärke I des Stromes vom Widerstand R bestimmt wird, welchen das betrachtete Material dem elektrischen Strom entgegensetzt. Die reziproke Größe von R heißt elektrischer Leitwert G. Die lineare Abhängigkeit von Stromstärke und Spannung ist bekannt als OHM'sches Gesetz:

$$I = \frac{1}{R} \cdot U \qquad (8\text{-}1)$$

bzw.

$$I = G \cdot U \qquad (8\text{-}2)$$

Tabelle 8-1. Einflussgrößen auf die elektrische Leitfähigkeit eines Lebensmittels

Einflussgröße	z.B.
Konzentration der Ladungsträger	Salzgehalt, Rezeptur
Ladungszahl der Ladungsträger	einwertige, mehrwertige Ionen
Beweglichkeit der Ladungsträger	Aggregatzustand, Molmasse, Bindung

Abb. 8-1. Stromdurchflossenes Lebensmittel, schematisch

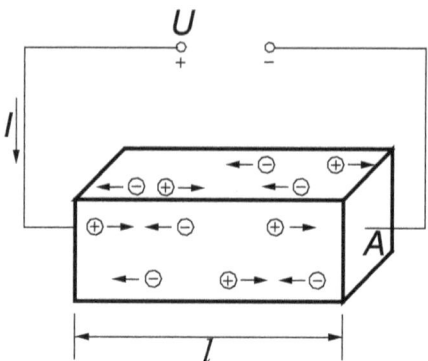

U elektrische Spannung in V
I elektrische Stromstärke in A
R elektrischer Widerstand in Ω
G elektrischer Leitwert in S
A stromdurchflossene Fläche in m²
l Länge des Leiters in m

Um Materialien unabhängig von ihrer Geometrie (Länge l, Querschnittsfläche A) vergleichen zu können, verwendet man den spezifischen elektrischen Widerstand ρ bzw. dessen reziproke Größe, die spezifische elektrische Leitfähigkeit κ. Die spezifische Leitfähigkeit κ eines Lebensmittels ist eine reine Materialgröße. d.h. geometrie-unabhängig. Sie hängt von der Zusammensetzung des Materials (z.B. Wassergehalt) und vom Zustand des Materials, d.h. von Temperatur und Druck, ab. Es ist

$$R = \rho \cdot \frac{l}{A} \tag{8-3}$$

bzw.

$$\kappa = \frac{1}{\rho} \tag{8-4}$$

ρ spezifischer elektrischer Widerstand in $\Omega \cdot m$ (engl. specific resistivity)
κ spezifische elektrische Leitfähigkeit in $S \cdot m^{-1}$ (engl. specific conductivity)

Einheiten-Umrechnung:
$1\,V \cdot A^{-1} = 1\,\Omega$ (OHM)
$1\,\Omega^{-1} = 1\,S$ (SIEMENS)

Eine SI-fremde Schreibweise für das reziproke Ω ist mho. Beispiel: $1\,\text{mho} \cdot cm^{-1} = 100\,S \cdot m^{-1}$.

In Tabelle 8-2 sind Werte des spezifischen elektrischen Widerstandes für verschiedene Materialien zusammengestellt.

8.1 Konduktivität

Tabelle 8-2. Spezifischer elektrischer Widerstand einiger Lebensmittel

Material	ϑ/°C	$\rho/\Omega \cdot m$	nach
Apfel (McIntosh)	–	95,0	[115]
Apfel (Winesap)	–	75,0	[115]
Apfel (Alabama white)	–	33,3	[115]
Apfel (Idaho)	–	45,3	[115]
KCl-Lösung 0,01 M	25	7,08	[106]
KCl-Lösung 0,1 M	25	0,78	[106]
KCl-Lösung 1 M	25	0,09	[106]
Milch, 1,5% Fett	20	0,57	[1]
Orangensaft	20	0,44	[1]
Apfelsaft	20	0,29	[1]
Weizenbier	20	0,20	[1]
Leitungswasser	20	0,06	[1]
Tomatensaft	20	1,5	[1]
Sauerkrautsaft	20	2,1	[1]

Stoffe mit anisotropem Aufbau können je nach Raumrichtung unterschiedliche Werte der elektrischen Leitfähigkeit aufweisen. Dieser Effekt kann bei festen Lebensmitteln mit faserigem Aufbau auftreten. Für technische Anwendungen wie die konduktive Erhitzung von Lebensmitteln ist die elektrische Leitfähigkeit eine grundlegende Größe.

8.1.1
Temperaturabhängigkeit der elektrischen Leitfähigkeit

Mit steigender Temperatur nimmt die Viskosität von Stoffen ab und damit die Beweglichkeit von gelösten Ionen zu. Bei schwachen Elektrolyten nimmt zusätzlich mit steigender Temperatur der Dissoziationsgrad zu. Für viele flüssige Lebensmittel kann die temperaturbedingte Zunahme der elektrischen Leitfähigkeit mit folgender linearer Beziehung abgeschätzt werden [1]:

$$\kappa = \kappa_0 \, (1 + b_0 \cdot \Delta T) \tag{8-5}$$

κ elektrische Leitfähigkeit in $S \cdot m^{-1}$
κ_0 elektrische Leitfähigkeit bei der Bezugstemperatur in $S \cdot m^{-1}$
b_0 Temperaturkoeffizient in K^{-1}
ϑ_R Referenztemperatur in °C
ϑ Temperatur in °C
$\Delta T = \vartheta - \vartheta_R$

Diese lineare Beziehung wurde von REITLER [1] für eine Reihe von Lebensmitteln quantifiziert. Eine Abhängigkeit von der Messfrequenz trat im Bereich von 50…3000 Hz nicht auf. Bei Leitungswasser kommt es ab ca. 100°C zu einem zunehmenden Verlust an temporärer Wasserhärte (Carbonat-Ionen), daher entsteht bei dieser Temperatur eine Abweichung vom linearen Verhalten. Zur Beschrei-

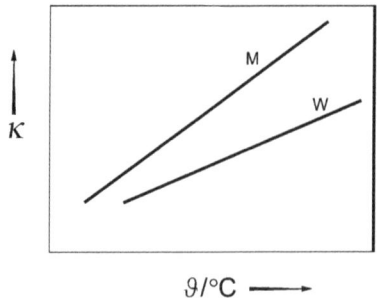

Abb. 8-2. Näherungsweise lineare Temperaturabhängigkeit der elektrischen Leitfähigkeit einiger flüssiger Lebensmittel [1].
M Milch, W Weizenbier

bung der Temperaturabhängigkeit der elektrischen Leitfähigkeit von festen Lebensmitteln wird zwischen pflanzlichen und tierischen Lebensmitteln unterschieden.

8.1.2
Feste pflanzliche Lebensmittel

Trotz hoher Wassergehalte liegt in unbeschädigter Rohware von Obst und Gemüse kaum frei bewegliche Flüssigkeit vor. Das vorhandene Wasser befindet sich in Form intrazellulärer Flüssigkeit zwischen den nicht-leitenden Zellwänden. Daher steigt die elektrische Leitfähigkeit von pflanzlichen Materialien bei einer Zerstörung der Zellstruktur durch thermische, mechanische oder enzymatische Aktivitäten stark an. Abbildung 8-3 zeigt ein Beispiel. Während der Verarbeitung (z.B. Erhitzen, Garen, Zerkleinern) kann es daher zu einem deutlichen Anstieg der Leitfähigkeit kommen.

8.1.3
Feste tierische Lebensmittel

In frischem Fleisch ist nahezu das gesamte Wasser (ca. 75% m/m) in eine nichtleitende Zellstruktur eingebunden. Durch die Autolyse des Fleisches wird die Zellstruktur abgebaut und die Ionen der intrazellulären Flüssigkeit können zum

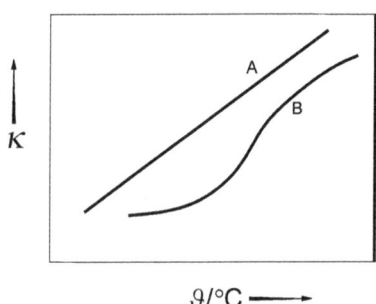

Abb. 8-3. Temperaturabhängigkeit der elektrischen Leitfähigkeit von Bananen [1].
A püriert, B stückig

Stromtransport beitragen. Durch die selbstständige postmortale Veränderung der Fleischstruktur verhalten sich stückiges Fleisch und mechanisch zerkleinertes nach kurzer Zeit ähnlich. Nach REITLER [1] beträgt der Temperaturkoeffizient in Gl. (8-5) zwischen 20°C und 60°C $b = 0{,}022$ K^{-1}. Oberhalb von 60°C zeigt sich eine Abweichung vom linearen Verhalten in der Temperaturabhängigkeit, die von KESSLER [109] dem Kollagenabbau zugeschrieben wird. Fleisch zeigt eine deutliche Anisotropie der elektrischen Leitfähigkeit.

8.1.4
Elektrolyt-Lösungen

Die elektrische Leitfähigkeit von Elektrolyt-Lösungen lässt sich anhand der so genannten Äquivalentleitfähigkeit, dem Quotienten aus spezifischer elektrischer Leitfähigkeit und der Elektrolytkonzentration charakterisieren:

$$\Lambda = \frac{\kappa}{v \cdot c} \qquad (8\text{-}6)$$

Λ Äquivalentleitfähigkeit in S · m^{-2} · mol^{-1}
κ elektrische Leitfähigkeit in S · m^{-1}
c Elektrolytkonzentration in mol · m^{-3}
v Äquivalentzahl

Das aus der physikalischen Chemie stammende Konzept der Äquivalentleitfähigkeit bietet den Vorteil, dass Elektrolytlösungen aus unterschiedlichen Stoffen verglichen werden können, welche rechnerisch die gleiche Ladungsträger-Konzentration aufweisen. Unterscheiden sich Lösungen anhand ihrer Äquivalentleitfähigkeiten (z.B. eine NaCl-Lösung und eine Essigsäure-Lösung) so zeigt das die unterschiedliche Beweglichkeit oder den unterschiedlichen Dissoziationsgrad der betrachteten Elektrolyte. Die Äquivalentzahl v ist das Produkt aus stöchiometrischem Faktor z des Kations oder des Anions eines dissoziierenden Elektrolyten und dessen Ladungszahl n. Tabelle 8-3 verdeutlicht dies an einigen Beispielen.

Eine 1-molare Al$_2$(SO$_4$)$_3$-Lösung enthält also 6-mal so viele „Ladungsträger" wie eine 1-molare NaCl-Lösung. Bezüglich der Elektrolytkonzentration ist eine 1 M Al$_2$(SO$_4$)$_3$-Lösung daher einer 6 M NaCl-Lösung äquivalent. Mit zunehmender Konzentration sinkt der Dissoziationsgrad von Elektrolyten. Für schwache Elektrolyte (z.B. Essigsäure) ist dieser Effekt stark ausgeprägt, für starke Elektrolyte weniger stark. Bei starken Elektrolyten ist die Abnahme der Äquivalent-

Tabelle 8-3. Äquivalentzahl von Elektrolyten, Beispiele

Elektrolytsystem	$(z \cdot n)_{\text{Kation}}$	$= (z \cdot n)_{\text{Anion}}$	$= v$
Al$_2$(SO$_4$)$_3$ → 2 Al^{3+} + 3 SO$_4^{2-}$	2 · 3	3 · 2	= 6
H$_3$PO$_4$ → 3 H$^+$ + PO$_4^{3-}$	3 · 1	1 · 3	= 3
NaCl → Na$^+$ + Cl$^-$	1 · 1	1 · 1	= 1
CaCl$_2$ → Ca^{2+} + 2 Cl$^-$	1 · 2	2 · 1	= 2

leitfähigkeit proportional zur Wurzel aus der Konzentration. (KOHLRAUSCH-Quadratwurzelgesetz):

$$\Lambda = \Lambda_0 - a\sqrt{c} \qquad (8\text{-}7)$$

Λ Äquivalentleitfähigkeit in $S \cdot m^{-2} \cdot mol^{-1}$
Λ_0 Äquivalentleitfähigkeit bei $c = 0$ in $S \cdot m^{-2} \cdot mol^{-1}$
c Konzentration in $mol \cdot m^{-3}$
a Stoffkonstante in $S \cdot m^{-1/2} \cdot mol^{-3/2}$

Abbildung 8-4 verdeutlicht, dass die Konzentrationsabhängigkeit der Äquivalentleitfähigkeit starker Elektrolyte im $\Lambda - \sqrt{c}$-Diagramm eine Gerade darstellt. Schwache Elektrolyte (wie Essigsäure, HAc) lassen sich hingegen nicht mit dem KOHLRAUSCH-Quadratwurzelgesetz beschreiben. Die Extrapolation der Gerade auf $c = 0$ liefert die Grenzleitfähigkeit Λ_0. Das ist die Äquivalentleitfähigkeit eines Elektrolytes bei unendlicher Verdünnung, d.h. in einem Idealzustand ohne intermolekulare Wechselwirkungen. Λ_0-Werte für einzelne Ionen sind als so genannte Ionen-Äquivalentleitfähigkeiten tabelliert und erlauben die überschlagsmäßige Berechnung der Äqivalenteitfähigkeit von Mischungen verschiedener Elektrolyte:

$$\Lambda_0 = \sum_i \lambda_{0,i}\,(Anionen) + \sum_j \lambda_{0,j}\,(Kationen) \qquad (8\text{-}8)$$

Λ_0 Äquivalentleitfähigkeit Elektrolyt
λ_0 Ionen-Äquivalentleitfähigkeit

Bei der Verwendung von λ_0-Werten aus Tabellen ist – besonders bei mehrwertigen Ionen – auf die Art der Auflistung zu achten: So kann z.B. die Ionenleitfähigkeit von Calcium als $\lambda_0\left(\frac{1}{2} Ca^{2+}\right) = 59$ oder $\lambda_0(Ca^{2+}) = 118$ angegeben werden. Im ersten Fall gilt die Angabe für ein hypothetisches halbes Ca^{2+}-Ion gemäß

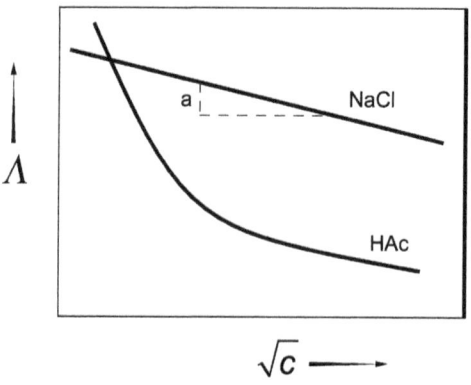

Abb. 8-4. Konzentrationsabhängigkeit der Äquivalentleitfähigkeit. Unterschiedliches Verhalten starker Elektrolyte (obere Kurve, z.B. NaCl) und schwacher Elektrolyte (untere Kurve, z.B. Essigsäure)

8.1 Konduktivität

Tabelle 8-4. Äquivalentleitfähigkeit einiger Ionen [2]

Ion	$\lambda_0/S \cdot cm^2 \cdot mol^{-1}$	
	25°C	18°C
H^+	349,6	315,0
Na^+	50,1	43,5
NH_4^+	73,5	64,0
$\frac{1}{2}Mg^{2+}$	50,3	45,0
$\frac{1}{2}Ca^{2+}$	59,0	56,0
OH^-	199,1	174,0
Cl^-	76,4	65,5
NO_3^-	71,5	61,7
CH_3COO^-	40,9	34,5
CO_3^{2-}	138,6	121,0

$$\lambda_0 = \left(\frac{1}{n}\lambda_0\right)_{Kation} + \left(\frac{1}{n}\lambda_0\right)_{Anion} \tag{8-9}$$

Beispiel 8-1: Elektrische Leitfähigkeit einer wässrigen 5% (m/m) $CaCl_2$-Lösung
Wegen der Dissoziation $CaCl_2 \rightarrow Ca^{2+} + 2\,Cl^-$ beträgt die Äquivalentzahl $v = 2$

$M(CaCl_2) = 111 \text{ g} \cdot \text{mol}^{-1}$

Die Konzentration ist:

$$c = \frac{5 \text{ g}}{1000 \text{ g}} \approx \frac{5 \text{ g}}{1 \text{ l}} = \frac{\frac{5 \text{ g}}{111 \text{ g}} \text{mol}}{1 \text{ l}} = 0,045 \text{ mol} \cdot l^{-1} = 4,5 \cdot 10^{-5} \text{mol} \cdot cm^{-3}$$

Die Äquivalentleitfähigkeit ist:

$\Lambda_0 = \lambda_{0,Ca} + \lambda_{0,Cl}$
$\Lambda_0 = 59,0 \text{ S} \cdot cm^2 \cdot mol^{-1} + 76,4 \text{ S} \cdot cm^2 mol^{-1} = 135,4 \text{ S} \cdot cm^2 \cdot mol^{-1}$

Direkte Anwendung von (8-6), unter Vernachlässigung des KOHLRAUSCH-Quadratwurzelgesetzes liefert

$\kappa = \Lambda_0 \cdot c \cdot v = 135,4 \text{ S} \cdot cm^2 \cdot mol^{-1} \cdot 4,5 \cdot 10^{-5} \text{mol} \cdot cm^{-3} \cdot 2 = 1,2 \text{ S} \cdot m^{-1}$

Beispiel 8-2: Elektrische Leitfähigkeit einer wässrigen Lösung (20°C) mit 3% (m/m) $CaCl_2$ und 1% (m/m) NaCl.

$v\,(CaCl_2) = 2$
$M\,(CaCl_2) = 111 \text{ g} \cdot \text{mol}^{-1}$

v (NaCl) = 1
M (NaCl) = 58,4 g · mol^{-1}

Die Konzentrationen sind:

$$c\,(CaCl_2) = \frac{3\,g}{1000\,g} \approx \frac{3\,g}{1\,l} = \frac{\frac{3\,g}{111\,g} \cdot mol}{1\,l} = 0,027\,\frac{mol}{l} = 2,7 \cdot 10^{-5}\,\frac{mol}{cm^3}$$

$$c\,(NaCl) = \frac{1\,g}{1000\,g} \approx \frac{1\,g}{1\,l} = \frac{\frac{1\,g}{58,4\,g} \cdot mol}{1\,l} = 0,017\,\frac{mol}{l} = 1,7 \cdot 10^{-5}\,\frac{mol}{cm^3}$$

Die Äquivalentleitfähigkeiten sind:

$$\Lambda_0\,(NaCl) = \lambda_{Na^+} + \lambda_{Cl^-} = (50,1 + 76,4)\,S \cdot cm^2 \cdot mol^{-1} = 126,5\,S \cdot cm^2 \cdot mol^{-1}$$

$$\Lambda_0\,(CaCl_2) = \lambda_{Ca^{2+}} + \lambda_{Cl^-} = (59,0 + 76,4)\,S \cdot cm^2 \cdot mol^{-1} = 135,4\,S \cdot cm^2 \cdot mol^{-1}$$

Anwendung des KOHLRAUSCH-Quadratwurzelgesetz:

$$\Lambda = \Lambda_0 - a\sqrt{c}$$

mit: $a\,(NaCl) \approx a\,(CaCl_2) = 80\,S \cdot cm^2 \cdot mol^{\frac{1}{2}} \cdot l^{-\frac{1}{2}}$

$$\Lambda\,(NaC) = (126,5 - 80 \cdot \sqrt{0,017})\,S \cdot cm^2 \cdot mol^{-1} = 116,1\,S \cdot cm^2 \cdot mol^{-1}$$

$$\Lambda\,(CaCl_2) = (135,4 - 80 \cdot \sqrt{0,027})\,S \cdot cm^2 \cdot mol^{-1} = 122,3\,S \cdot cm^2 \cdot mol^{-1}$$

Berechnung der spezifischen elektrischen Leitfähigkeit unter Anwendung von (8-6):

$$\kappa = \Lambda \cdot v \cdot c = (\Lambda \cdot v \cdot c)_{NaCl} + (\Lambda \cdot v \cdot c)_{CaCl_2}$$
$$= (116,1 \cdot 1 \cdot 1,7 \cdot 10^{-5} + 122,3 \cdot 2 \cdot 2,7 \cdot 10^{-5})\,S \cdot cm^{-1}$$

$$\kappa = 858\,mS \cdot m^{-1}$$

Vernachlässigt man das KOHLRAUSCH-Quadratwurzelgesetz, d.h. setzt man näherungsweise $a = 0$; d.h. $\Lambda = \Lambda_0$, dann ergibt sich für $\kappa = 946$ mS · m^{-1}. Der auf diese Weise entstehende Fehler beträgt in diesem Beispiel also etwa 10%.

Frequenzabhängigkeit

Ionen in einer Elektrolytlösung sind von einer Hülle ihrer Gegenionen umgeben. Betrachten wir eine KCl-Lösung, dann sind die K$^+$-Ionen von Cl$^-$-Ionen umgeben. Im einem elektrischen Feld erfahren das Zentralion (z.B. K$^+$) und die Ionenatmosphäre (z.B. aus Cl$^-$) Kräfte in entgegengesetzte Richtungen. Nach DEBYE-HÜCKEL-ONSAGER (s. z.B.[2]) kommt es dadurch zu einer Deformation der ursprünglich kugelsymmetrischen Ionenatmosphäre (s. Abb. 8-5), verbunden mit einem bremsenden Effekt auf das Zentralion. Man nennt dies den katopho-

Abb. 8-5. Katophoretischer Effekt

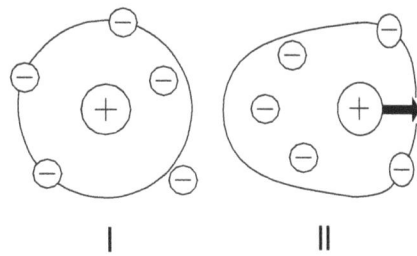

Abb. 8-6. Hydratisierte Ionen einer Elektrolytlösung

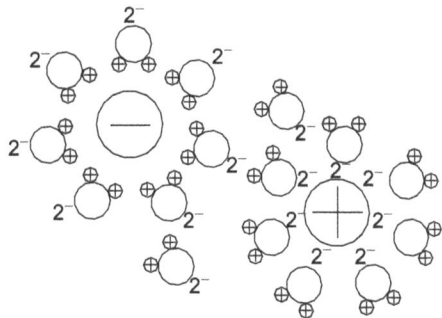

retischen Effekt. Außer der Ionenatmosphäre schleppt ein wanderndes Ion eine Hülle aus Solvat-Molekülen mit. Im Falle von wässrigen Lösungen spricht man von einer Hydrathülle (Abb. 8-6). Die im elektrischen Feld mitgeschleppte Hydrathülle wirkt zusätzlich bremsend auf die Ionenbewegung. Diesen Effekt nennt man den elektrophoretischen Effekt.

Untersucht man die Leitfähigkeit von Elektrolytlösungen statt in einem statischen elektrischen Feld in einem elektrischen Wechselfeld mit zunehmender Frequenz, wechselt auch die Deformation der Ionenatmosphäre im Takt des elektrischen Feldes. Dadurch lassen die bremsenden Wirkungen des elektrophoretischen und katophoretischen Effektes auf die Ionenwanderung nach und die spezifische elektrische Leitfähigkeit der Elektrolytlösung nimmt zu. Den Effekt einer mit steigender Frequenz zunehmenden Leitfähigkeit von Elektrolytlösungen heißt DEBYE-FALKENHAGEN-Effekt.

Temperaturabhängigkeit
Der elektrophoretische und katophoretische Effekt sowie die Viskosität von Lösungen nehmen mit steigender Temperatur ab. Aus diesen Gründen steigt die Leitfähigkeit von Elektrolytlösungen mit zunehmender Temperatur. Als Temperaturkoeffizienten für die Äquivalentleitfähigkeit verwendet man:

$$k = \frac{1}{\Lambda} \cdot \frac{d\Lambda}{dT} \tag{8-10}$$

k Temperaturkoeffizient in K^{-1}
Λ Äquivalentleitfähigkeit
T Temperatur in K

Tabelle 8-5. Beispiele von Temperaturkoeffizienten der Leitfähigkeit bei Raumtemperatur [2]

	k/K^{-1}
starke Säuren	0,016
starke Basen	0,019
Salze	0,022
Wasser	0,058

Tabelle 8-5 gibt einige Werte wieder.

Beispiel 8-3: Änderung der Leitfähigkeit von Wasser bei Temperaturerhöhung
Erhöht man die Temperatur von Wasser von 20°C auf 21°C, dann ist

$$\frac{\Delta \Lambda}{\Lambda} = k \cdot \Delta T$$

$$\frac{\Delta \Lambda}{\Lambda} = 0{,}058 \text{ K}^{-1} \cdot 1 \text{ K} = 0{,}058 = 5{,}8\%$$

Dieses Beispiel zeigt deutlich die starke Temperaturabhängigkeit der elektrischen Leitfähigkeit. Konduktometrische Messungen müssen daher unbedingt genau temperiert werden, Messwerte ohne Temperaturangabe sind wenig aussagekräftig.

8.2
Messung der elektrischen Leitfähigkeit

Die Bestimmung der elektrischen Leitfähigkeit wird Konduktometrie genannt. Zur konduktometrischen Untersuchung von Lösungen verwendet man Eintauch-Messzellen mit zugehörigem Messumformer bzw. Anzeigegerät. Die Messzelle besteht im Prinzip aus zwei Elektroden, die je nach Einsatzzweck plattenartig, zylinderförmig o.a. geformt sein können. Sinnvoll ist die Integration eines Temperatursensors in die Messzelle. Die Messung selbst ist eine Messung des elektrischen Widerstandes R bzw. elektrischen Leitwertes G der zwischen den beiden Elektroden befindlichen Probe. Mit den Beschriftungen von (8-3) und der so genannten Zellkonstanten k ist:

$$\kappa = \frac{1}{\rho} = \frac{1}{R} \cdot \frac{A}{l} \tag{8-3}$$

mit

$$k = \frac{l}{A} \tag{8-11}$$

$$\kappa = \frac{1}{R} \cdot \frac{1}{k} \tag{8-12}$$

8.2 Messung der elektrischen Leitfähigkeit

Tabelle 8-6. Spezifische Leitfähigkeit von KCl-Lösungen

$c/\text{mol} \cdot \text{dm}^{-3}$	$\kappa/S \cdot m^{-1}$		
	18°C	20°C	25°C
0,1	1,119	1,167	1,288
0,01	0,1225	0,1278	0,1413

Die Zellkonstante k wird durch Kalibrierung ermittelt. Hierzu taucht man die Messzelle in Standard-Flüssigkeiten unterschiedlicher elektrischer Leitfähigkeiten und entnimmt die Zellkonstante aus der Steigung der κ-R-Kurve. Als Kalibriersubstanzen werden oftmals KCl-Lösungen eingesetzt (Tabelle 8-6). Ein-Punkt-Kalibrierungen auf Knopfdruck sind verbreitet.

Da die elektrische Leitfähigkeit stark temperaturabhängig ist, ist eine genaue Temperaturkontrolle während der Messung erforderlich. Die meisten Leitfähigkeitsmessgeräte bieten zudem eine so genannte automatische Temperaturkompensation an. Dies ist eine geräteinterne Anwendung eines Temperaturkoeffizienten wie in Gl. (8-10). Dadurch ist es möglich, einen Messwert für eine gewünschte Temperatur anzuzeigen, z.B. $\kappa_{25°C}$, obwohl die Messung bei einer anderen Temperatur stattfindet. Um korrekte Resultate zu erhalten, muss der für das Stoffsystem gültige Temperaturkoeffizient geräteintern vorhanden sein. Viele Messgeräte erlauben eine frei wählbare Eingabe dieses Koeffizienten. Für gelöste Salze wird vielfach der Temperaturkoeffizient $k = 0{,}022$ K^{-1}, d.h. 2,2% $\cdot$ K^{-1} verwendet, vgl. Tabelle 8-5.

Um den katophoretischen und elektrophoretischen Effekt (s. 8.1.4) zurückzudrängen und da Gleichspannungen zur Elektrodenveränderung führen können, werden Leitfähigkeitsmessungen im Allgemeinen mit hochfrequenten Wechselspannungen durchgeführt (1–500 kHz). Die Messung liefert dann nicht den elektrischen Widerstand, sondern die Impedanz der Probe (vgl. 14.4).

$$Z = \sqrt{X_R^2 + X_I^2 + X_C^2} \qquad (8\text{-}13)$$

mit

$$X_R = R \qquad (8\text{-}14)$$

$$X_I = 2\pi \cdot f \cdot I \qquad (8\text{-}15)$$

$$X_C = \frac{1}{2\pi \cdot f \cdot C} \qquad (8\text{-}16)$$

Z Impedanz in Ω
X_R Ohmscher Widerstand R in Ω
X_I induktiver Widerstand in Ω
X_C kapazitiver Widerstand in Ω
f Frequenz in Hz
C Kapazität in F
I Induktivität in H

Tabelle 8-7. Typische Werte für elektrische Leitfähigkeiten

	κ-Bereich
Reinstwasser	0,1 µS · cm^{-1}
demineralisiertes Wasser	0,1 – 10 µS · cm^{-1}
Trinkwasser	100 – 1000 µS · cm^{-1}
Abwasser	1–10 mS · cm^{-1}
Meerwasser	1–100 mS · cm^{-1}
Salzlösungen	10–500 mS · cm^{-1}
konz. Säuren und Laugen	100–1000 mS · cm^{-1}

Die Induktivität der Messzelle und damit der induktive Widerstand ist normalerweise vernachlässigbar gering. Sorgt man dafür, dass die Kapazität der Messzelle groß ist, wird insbesondere bei hohen Messfrequenzen der kapazitive Widerstand X_C gemäß (8-16) sehr klein. Dann ist die ermittelte Impedanz Z näherungsweise gleich mit dem Widerstand R. Eine große Kapazität der Messzelle erzielt man durch Vergrößerung der Elektrodenoberfläche. Dies geschieht häufig durch elektrochemisches Abscheiden von Platin. Platinierte Elektroden sind allerdings nicht unempfindlich gegen mechanischen Abrieb. Neben den klassischen Messzellen aus in Glaskörpern eingeschmolzenen Pt-Elektroden gibt es Messzellen mit zylinderförmigen Elektroden im Kunststoffgehäuse, Messzellen mit mehr als zwei Elektroden und für raue Prozessbedingungen induktiv arbeitende Zellen, die auf dem HALL-Effekt basieren. Tabelle 8-7 gibt einen Überblick über typische Werte für die elektrische Leitfähigkeit.

Eine auf der Verfolgung der elektrischen Leitfähigkeit basierende Messmethode ist die Bestimmung der Oxidations-Stabilität von Fetten und Ölen. Um die Testdauer zu verkürzen, wird die Oxidationsstabilität bei erhöhter Temperatur beobachtet, z.B. 100°C der 130°C. Man lässt Luft durch das bei dieser Temperatur befindliche Fett hindurchperlen und leitet die austretende Luft in demineralisiertes Wasser. Flüchtige Oxidationsprodukte wie kurzkettige Fettsäuren, die mit dem Luftstom aus dem Fett ausgetragen werden, lösen sich im Wasser, dissoziieren und erhöhen die elektrische Leitfähigkeit des Wassers. Die Zeit, nach der ein charakteristischer Anstieg der Konduktivität festzustellen ist, wird als Induktionszeit bezeichnet (engl. auch: oil stability index, OSI). Derartige Untersuchungen können zur Beurteilung der Wirksamkeit von zugesetzten Antioxidantien dienen [9,10].

8.3
Kapazität und Induktivität

Während die Resistanz und Impedanz von Lebensmitteln eine technologische Rolle spielen, gilt dies für die Kapazität und Induktivität nur eingeschränkt. Die elektrische Kapazität eines Materials ist eine Folge seiner Permittivität, welche wiederum aus der Polarisierbarkeit resultiert. Auf diese Größen kommt es besonders in der Optik und der Mikrowellentechnik an, während kapazitive und induktive Widerstände eher in der Verfahrenstechnik und Messtechnik eine Rolle

8.3 Kapazität und Induktivität

Abb. 8-7. Teilweise gefüllter Plattenkondensator

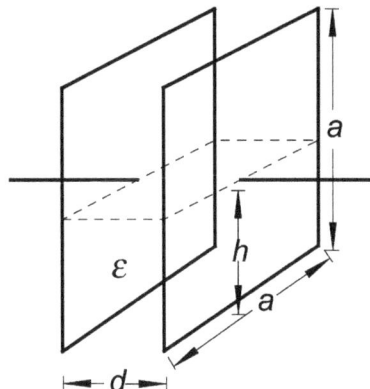

spielen. Als Beispiel sei das induktive Kochen genannt, bei dem das Kochgeschirr durch Induktion erhitzt wird. Als Beispiel eines kapazitiven Sensors soll hier das Prinzip eines einfachen Füllstands-Sensors behandelt werden.

Beispiel 8-4: Kapazitive Füllstandsmessung

Die Kapazität eines quadratischen Plattenkondensators wie in Abb. 8-7 beträgt:

$$C = \varepsilon \cdot \varepsilon_0 \cdot \frac{a^2}{d} \qquad (8\text{-}17)$$

C Kapazität in F
ε Permittivitätszahl
ε_0 elektrische Feldkonstante
a Plattenlänge in m
h Füllhöhe in m
d Plattenabstand in m
χ elektrische Suszeptibilität

Die Kapazität eines teilweise mit Produkt gefüllten Plattenkondensators (Abb. 8-7) lässt sich berechnen, indem man den gefüllten Teil und den leeren Teil des Kondensators als zwei Kondensatoren betrachtet, welche parallel geschaltet sind (Abb. 8-8).

Die Gesamtkapazität ergibt sich aus

$$C_{ges} = C_{voll} + C_{leer} \qquad (8\text{-}18)$$

die Einzelkapazitäten lauten

$$C_{voll} = \varepsilon_V \cdot \varepsilon_0 \cdot \frac{a \cdot h}{d} \qquad (8\text{-}19)$$

$$C_{leer} = \varepsilon_{leer} \cdot \varepsilon_0 \cdot \frac{(a-h) \cdot a}{d} \qquad (8\text{-}20)$$

Abb. 8-8. Parallel geschaltete Kondensatoren

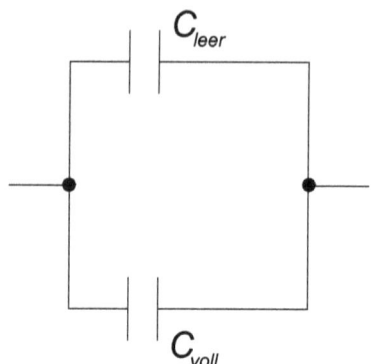

Das heißt für die Gesamtkapazität

$$C_{ges} = \frac{\varepsilon_0 \cdot a}{d} \cdot (\varepsilon_V \cdot h + (a-h)) \tag{8-21}$$

umgeformt

$$C_{ges} = \frac{\varepsilon_0 \cdot a}{d} \cdot (h \cdot (\varepsilon_V - 1) + a) \tag{8-22}$$

d.h.

$$C_{ges} = \frac{\varepsilon_0 \cdot a}{d} \cdot (a + h \cdot \chi) \tag{8-23}$$

$$C_{ges} = C_{leer} + \frac{\varepsilon_0 \cdot a \cdot \chi}{d} \cdot h \tag{8-24}$$

Aus (8-24) ist ersichtlich, dass die Kapazität der Messanordnung linear mit der Füllhöhe h des Kondensator steigt. Eine derartige Anordnung ist daher als Füllstandssensor geeignet. Manchmal sind zylinderförmige Kondensatoren vorteilhaft, dann gilt analog:

Für die Kapazität eines Zylinderkondensators wie in Abb. 8-9:

$$C = \frac{2\pi \cdot \varepsilon_0 \cdot \varepsilon \cdot l}{\ln \frac{r_a}{r_i}} \tag{8-25}$$

Die Gesamtkapazität ergibt sich aus

$$C_{ges} = C_{Voll} + C_{leer} \tag{8-26}$$

die Einzelkapazitäten lauten

$$C_{voll} = \frac{2\pi \cdot \varepsilon_0}{\ln \frac{r_a}{r_i}} \varepsilon \cdot h \tag{8-27}$$

8.3 Kapazität und Induktivität

Abb. 8-9. Teilweise gefüllter Zylinderkondensator

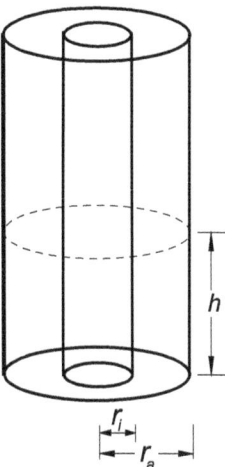

$$C_{leer} = \frac{2\pi \cdot \varepsilon_0}{\ln \frac{r_a}{r_i}} (l-h) \tag{8-28}$$

d.h.

$$C_{ges} = \frac{2\pi \cdot \varepsilon_0}{\ln \frac{r_a}{r_i}} \varepsilon \cdot h + \frac{2\pi \cdot \varepsilon_0}{\ln \frac{r_a}{r_i}} (l-h) \tag{8-29}$$

$$C_{ges} = \frac{2\pi \cdot \varepsilon_0}{\ln \frac{r_a}{r_i}} \cdot (\varepsilon \cdot h + (l-h)) \tag{8-30}$$

$$C_{ges} = \frac{2\pi \cdot \varepsilon_0}{\ln \frac{r_a}{r_i}} \cdot (h(\varepsilon-1)+l) = \frac{2\pi \cdot \varepsilon_0}{\ln \frac{r_a}{r_i}} \cdot (h \cdot \chi + l) \tag{8-31}$$

$$C_{ges} = \frac{2\pi \cdot \varepsilon_0 \cdot l}{\ln \frac{r_a}{r_i}} + \frac{2\pi \cdot \varepsilon_0 \cdot \chi}{\ln \frac{r_a}{r_i}} \cdot h \tag{8-32}$$

$$C_{ges} = C_{leer} + \frac{2\pi \cdot \varepsilon_0 \cdot \chi}{\ln \frac{r_a}{r_i}} \cdot h \tag{8-33}$$

Auch hier ergibt sich eine lineare Kennlinie für den Füllstands-Sensor (Gl. (8-33)).

8.4
Applikationen

Konduktive Erhitzung von Lebensmitteln	[3, 4]
Agrarprodukte: Elektrische und rheologische Untersuchung von Gefrierschäden	[5]
Konduktometrische Bestimmung des Wassergehaltes von Getreide	[110]
Honig: Wassergehalt und elektrische Leitfähigkeit	[100] Methode L40.00-5
Milch: Modellierung der Leitfähigkeit	[8]
Apfelsaft: Nachweis von Hefen mittels Konduktometrie	[6]
Mikrobiologisches Wachstum: Beobachtung über die Messung der Kapazität	[7]
Fette, Oxidations-Stabilität. Bestimmung über die elektrische Leitfähigkeit der Stripp-Lösung	[9, 10]

8.5
Literatur

1. Reitler W (1990) Konduktive Erwärmung von Nahrungsmitteln. Dissertation, Technische Universität München
2. Atkins PW (1990) Physikalische Chemie. VCH Weinheim
3. Sastry SK, Barach JT (2000) Ohmic and inductive heating. J Food Sci 65: 42–46
4. Wang WC, Sastry SK (1997) Starch gelatinization in ohmic heating. J Food Engineering 34: 225–242
5. Ohnishi S, Fujii T, Miyawaki O (2002) Electrical and rheological analysis of freezing injury of agricultural products. Int J Food Properties 5: 317
6. Deak T, Beuchat LR (1993) Evaluation of the indirect conductance method for the detection of yeasts in laboratory media and apple juice. Food Microbiology 10: 255–262
7. Noble PA (1999) Hypothetical model for monitoring microbial growth by using capacitance measurements – a minireview. J Microbiological Methods 37: 45–49
8. Therdthai N, Zhou W (2002) Hybrid neural modeling of the electrical conductivity property of recombined milk. Intern J Food Properties 5: 49–61
9. Farooq A, Bhanger MI, Kazi TG (2003) Relationship between rancimat and active oxygen method values at varying temperatures for several oils and fats. J Am Oil Chemists Soc 80: 151–155
10. Allam SSM, Mohamed HMA (2002) Thermal stability of some commercial natural and synthetic antioxidants and their mixtures. J Food Lipids 9: 277–293

(100–129 befinden sich am Schluss des Buches)

9 Magnetische Eigenschaften

Bringt man einen Stoff in ein Magnetfeld, so wird er magnetisch polarisiert, man sagt auch er wird magnetisiert. Im einfachen Elementarmagnet-Modell wird dieses Verhalten mit dem Ausrichten kleiner, submikroskopischer Bestandteile des Stoffes, sog. Elementarmagnete erklärt. Das Vermögen der Stoffe, eine derartige magnetische Polarisation zu zeigen, nennt man magnetische Permeabilität. Stoffe mit hoher magnetischer Permeabilität zeigen in einem gegebenen Magnetfeld eine starke Magnetisierung, Stoffe mit geringer Permeabilität eine geringe Magnetisierung. Untersucht man die Ursachen der magnetischen Polarisierung, so unterscheidet man Stoffe, die auf atomarer Ebene permanente magnetische Dipole enthalten (paramagnetische Stoffe, Paramagnetismus) und Stoffe, welche diese permanenten magnetischen Dipole nicht enthalten (diamagnetische Stoffe, Diamagnetismus). Paramagnetismus entsteht dadurch, dass die Atome eines Stoffes über magnetische Momente (Bahn-Momente und/oder Spin-Momente) verfügen. Häufig überwiegt der Einfluss ungepaarter Elektronenspins. Die Atome diamagnetischer Stoffe hingegen besitzen Elektronenkonfigurationen – zum Beispiel vollständig gepaarte Elektronenspins – aus denen kein magnetisches Moment resultiert.

9.1
Paramagnetismus

Als Beispiel für einen paramagnetischen Stoff soll Aluminium betrachtet werden:
Die Elektronenkonfiguration lautet: $1s^2 2s^2 2p^6 3s^2 3p^1$ (Abb. 9-1). Durch das ungepaarte Elektron in der äußeren Schale entsteht ein permanentes magnetisches Dipolmoment des Al-Atoms. Das Atom kann man vereinfacht als einen Elementarmagneten darstellen, welcher sich in einem äußeren Feld ausrichten kann (Abb. 9-1).

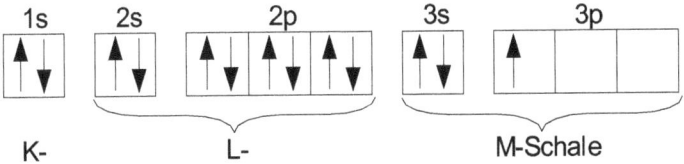

Abb. 9-1. Elektronenkonfiguration des Aluminiums

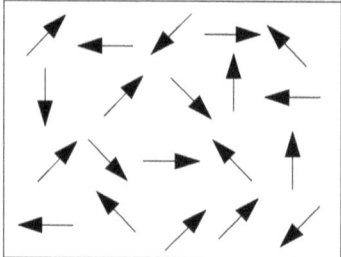 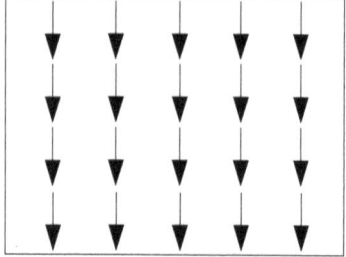

Abb. 9-2. Aluminium ohne äußeres Magnetfeld (links). Aluminium im Magnetfeld (rechts) ist magnetisch polarisiert

Durch diese spontane magnetische Polarisierung haben Magnetfelder, in denen sich ein paramagnetischer Stoff befindet, eine höhere magnetische Flussdichte, als ein gleiches Feld ohne diesen Stoff (Vakuumfall). Man nennt dies Feldverstärkung durch magnetisierbare Stoffe. Bei zunehmender Temperatur und damit zunehmender thermischer Gitterbewegung wird die einheitliche Orientierung der Elementarmagnete erschwert. Ab einer für den jeweiligen Stoff charakteristischen Temperatur – der CURIE-Temperatur – verschwindet der paramagnetische Effekt daher völlig.

9.2 Ferromagnetismus

Einige Stoffe – namentlich Eisen (lat. Ferrum) – besitzen mikroskopische Bereiche, in denen die vorkommenden Elementarmagnete bereits einheitlich ausgerichtet sind, sogenannte WEISS'sche Bezirke. Die Magnetisierungsrichtung der einzelnen WEISS'schen Bezirke zueinander ist nicht einheitlich, sondern zufällig verteilt. Bringt man einen derartigen Stoff in ein äußeres Magnetfeld, vergrößern sich die Bezirke, die bereits „richtig" zur Feldrichtung orientiert sind auf Kosten der Bezirke, die nicht in Feldrichtung polarisiert sind. Dadurch erscheint es, als ob die „richtig" polarisierten WEISS'schen Bezirke wachsen, bis schließlich der gesamte Stoff magnetisiert ist. Der ferromagnetische Effekt führt zu einer stärkeren magnetischen Polarisation als der paramagnetische Effekt allein. Die Verstärkung der magnetischen Flussdichte durch Ferromagnetika ist deutlich größer als durch Paramagnetika. Bei steigender Temperatur nimmt die einheitliche Orientierung der Elementarmagnete ab. Auch ferromagnetische Stoffe besitzen eine charakteristische CURIE-Temperatur, bei welcher der ferromagnetische Effekt verschwindet.

9.3 Diamagnetismus

Stoffe, die nicht über ungepaarte Elektronenspins verfügen (z.B. Blei), können keine magnetische Polarisierung zeigen. Bringt man einen derartigen Stoff in ein Magnetfeld, findet keine Stoff-Magnetisierung und damit auch keine Feldver-

9.3 Diamagnetismus

Tabelle 9-1. Vergleich diamagnetischer, paramagnetischer und ferromagnetischer Stoffe

	diamagnetische Stoffe	paramagnetische Stoffe	ferromagnetische Stoffe
Permanente, atomare, magnetische Dipole sind…	nicht vorhanden	vorhanden	vorhanden und zu Bezirken gleicher Orientierung vereinigt
Elektronenspins sind…	alle gepaart	ungepaart	ungepaart
Stoffe zeigen Magnetisierung	nein	ja	ja, stark
erhöhen Magnetfeldwirkung	nein	ja	ja, stark
zeigen diamagnetischen Effekt	ja	ja	ja
Beispiele	Blei, Kupfer, Wasser, Stickstoff, Wasserstoff	Aluminium, Platin, Sauerstoff	Eisen, Cobalt, Nickel

stärkung statt. Bei genauer Betrachtung haben diese Stoffe nicht nur einen Null-Effekt, sondern sogar einen leicht gegenteiligen Effekt: Sie schwächen die Feldwirkung ein wenig. Ursache hierfür ist die Wechselwirkung zwischen dem äußeren Feld und dem Magnetfeld der subatomaren Ströme im Stoff, die von den bewegten Elektronen verursacht werden. Gemäß der LENZ'schen Regel ist ein induzierter Strom seiner Ursache (hier das eindringende äußere Magnetfeld) entgegengerichtet, daher kommt es zu einer Abschwächung des Magnetfeldes im betrachteten Stoff, man nennt diesen den diamagnetischen Effekt. Dieser Effekt ist nicht auf einige Stoffe beschränkt, es ist vielmehr so, dass sämtliche Stoffe diesen diamagnetischen Effekt zeigen. Da der Effekt vergleichsweise schwach ist, wird er bei paramagnetischen und ferromagnetischen Stoffen jedoch nicht wahrgenommen. Diamagnetische Stoffe sind somit diejenigen Stoffe, die keinen Paramagnetismus oder Ferromagnetismus zeigen. Den diamagnetischen Effekt hingegen zeigen alle Stoffe. Da dieser subatomare Ursachen hat, wird er von der BROWN'schen Molekularbewegung nicht gestört, das heißt er ist nicht temperaturabhängig.

Neben der parallelen Anordnung der magnetischen Momente benachbarter Atome bei der Magnetisierung gibt es noch die Möglichkeit der paarweisen antiparallelen Einstellung. Dann heben sich die Wirkungen der einzelnen magnetischen Momente auf und der Stoff scheint diamagnetisch zu sein. Man nennt diese Erscheinung, die vor allem die Oxide von Eisen, Mangan und Chrom zeigen, Antiferromagnetismus. Beim Überschreiten einer der CURIE-Temperatur entsprechenden Temperatur, der sogenannten NÉEL-Temperatur verschwindet die antiparallele Magnetisierung und der Stoff wird paramagnetisch. Wenn sich in einem Gitter ungleiche magnetische Momente paarweise antiparallel stellen, so heben sich die magnetischen Momente nicht auf. Diese Erscheinung nennt man Ferrimagnetismus, die betreffenden Stoffe werden Ferrite genannt. Ferrite aus gesinterten Oxiden von Eisen, Mangan, Nickel, Zink und Cadmium haben im Gegensatz zu den metallischen ferromagnetischen Stoffen eine sehr geringe elektrische Leitfähigkeit.

9.4
Magnetisierung

Ähnlich wie beim elektrischen Feld gibt es zwei Größen zur Beschreibung des Magnetfeldes, die magnetische Feldstärke H und die magnetische Flussdichte B. Die Flussdichte wird auch magnetische Induktion B genannt. Der Zusammenhang lautet

$$\vec{B} = \mu \cdot \mu_0 \cdot \vec{H} \qquad (9\text{-}1)$$

B magnetische Flussdichte in $V \cdot s \cdot m^{-2}$
H magnetische Feldstärke in $A \cdot m^{-1}$
μ_0 magnetische Feldkonstante ($\mu_0 = 4\pi \cdot 10^{-7} \, Vs \cdot A^{-1} \, m^{-1}$)
μ magnetische Permeabilitätszahl
J Magnetisierung in $V \cdot s \cdot m^{-2}$

Vergleicht man bei gegebener Feldstärke H die Flussdichte im materiegefüllten Raum B mit der Flussdichte im Vakuum B_0, erhält man einen Ausdruck für die magnetische Permeabilitätszahl μ:

mit Materie lautet (9-1)

$$B = \mu \cdot \mu_0 \cdot H \qquad (9\text{-}2)$$

ohne Materie

$$B_0 = \mu_0 \cdot H$$

vergleicht man beide Zustände, ist offenbar

$$B = \mu \cdot B_0$$

und

$$\mu = \frac{B}{B_0}$$

Die magnetische Permeabilitätszahl μ (häufig kurz: die Permeabilität) ist also ein Maß für die feldverstärkende Wirkung von Stoffen, für das Vakuum ist $\mu = 1$.
Die Differenz $B - B_0$ nennt man die Magnetisierung J des betreffenden Materials:

$$J = \Delta B = B - B_0 \qquad (9\text{-}3)$$

$$J = \mu \cdot \mu_0 \cdot H - \mu_0 \cdot H \qquad (9\text{-}4)$$

$$J = (\mu - 1)\mu_0 \cdot H \qquad (9\text{-}5)$$

mit

$$\chi = \mu - 1 \qquad (9\text{-}6)$$

und

$$J = \chi \cdot \mu_0 \cdot H \tag{9-7}$$

Die Größe χ heißt magnetische Suszeptibilität und ist ein Maß für die Magnetisierung des betreffenden Materials, also für die feldverstärkende Wirkung des Materials. Tabelle 9-2 zeigt die Möglichkeit der Unterteilung von Stoffen anhand der magnetischen Suszeptibilität. Tabelle 9-3 und Tabelle 9-4 zeigen einige magnetische Stoffwerte, weitere Werte für μ und χ siehe z.B. [106].

Hysterese der Magnetisierung
Bei steigender Feldstärke des äußeren Magnetfeldes nimmt die Ausrichtung der WEISS'schen Bezirke in einem Stoff zu und nähert sich einem Sättigungswert, welcher die maximale Magnetisierung darstellt (Abb. 9-3). Bei Wegnahme des äußeren Feldes bleibt die Magnetisierung ganz oder teilweise bestehen, sofern die

Tabelle 9-2. Einteilung magnetischer Materialien anhand von Permeabilität und Suszeptibilität

diamagnetische Stoffe	paramagnetische Stoffe	ferromagnetische Stoffe
$\mu < 1$	$\mu > 1$	$\mu \gg 1$
$\chi < 1$	$\chi > 0$	$\chi \gg 0$

Tabelle 9-3. Permeabilität verschiedener Materialien, Größenordnungen

Material	μ
Vakuum	1
Luft	≈ 1
Wasser, 20°C	0,999991
Stahl (Baustahl)	100
Hyperm 900 (Krupp)	Max. 55000

Tabelle 9-4. Magnetische Suszeptibilität einiger Stoffe [114] bei Raumtemperatur

Stoff	χ
Kupfer	$-9{,}65 \cdot 10^{-6}$
Wasser	$-9{,}03 \cdot 10^{-6}$
Stickstoff	$-8{,}60 \cdot 10^{-9}$
Sauerstoff (g)	$1{,}86 \cdot 10^{-6}$
Sauerstoff (l)	$3{,}62 \cdot 10^{-3}$
Aluminium	$2{,}08 \cdot 10^{-5}$
Baustahl	50…500
Ferrite	10…1000
Permalloy	6000…70000

Abb. 9-3. Hysteresekurve eines ferromagnetischen Materials

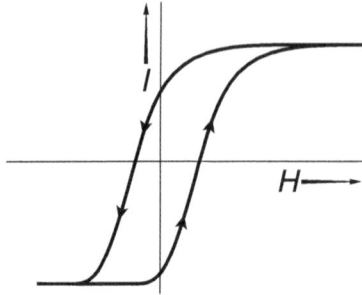

Temperatur deutlich unterhalb der CURIE-Temperatur ist. Man nennt dies die Remanenz-Magnetisierung. Die Magnetisierung zeigt somit ein Hystereseverhalten. Die Permeabilitätszahl des Materials ist hier also keine Konstante, sondern von der Vorgeschichte des Materials abhängig. Abbildung 9-3 zeigt die Hysteresekurve eines ferromagnetischen Materials. Die Schnittpunkte der Kurve mit der H-Achse nennt man Koerzitivfeldstärke. Es ist diejenige Feldstärke eines äußeren Magnetfeldes, die benötigt wird, um die remanente Magnetisierung des Stoffes auf Null zurück zu bringen.

Stoffe mit einer hohen Remanenz-Magnetisierung sind nicht leicht ummagnetisierbar. Sie eignen sich besonders für magnetische Speichermedien (Videobänder, Disketten etc.) und Permanentmagnete in Elektrogeräten. Stoffe mit geringerer Koerzitivfeldstärke sind leichter ummagnetisierbar. Sie eignen sich kaum für magnetische Datenspeicher, allerdings umso besser für elektromagnetische Wandler wie Schreib-Lese-Köpfe. Tabelle 9-5 fasst die Materialeigenschaften zusammen und gibt einige Beispiele.

Magnetfelder können von Permanentmagneten oder von stromdurchflossenen Leitern, z.B. Spulen erzeugt werden. Die Stärke von Feldern lässt sich in Form der magnetischen Feldstärke H oder als magnetische Flussdichte B angeben. Die Erde ist ebenfalls ein sehr großer Magnet, die Ursachen des Erdmagnetismus sind allerdings nicht mit denjenigen von konventionellen Permanentmagneten identisch. Die Flussdichte des Erdmagnetfeldes beträgt etwa 10^{-4} T (Tesla), starke

Tabelle 9-5. Magnetisch weiche und harte Materialien im Vergleich

	weichmagnetisches Material	hartmagnetisches Material
Koerzitivfeldstärke	gering	hoch
Ummagnetisierbarkeit	leicht	schwer
Magnetisierung	wenig dauerhaft	dauerhaft
Beispiele	Permalloy (Ni-Fe-Legierung) Eisen (rein)	Al-Ni-Co-Legierungen Ferrite, z.B. Fe_2O_3, CrO_2
Anwendungen	Transformator- und Spulenkerne Magnetische Schreib-Lese-Köpfe	Permanentmagnete z.B. in Lautsprechern, magnetische Speichermedien z.B. Videobänder, Tonbänder, Disketten

Permanentmagnete können 1 T und magnetische Pulse in technischen Geräten bis zu 100 T haben.

Die offensichtlichste Eigenschaft des magnetischen Feldes ist die Kraftwirkung auf magnetisierbare Stoffe bzw. Magnete und auf bewegte elektrische Ladungen. Die Kraftwirkung eines Magnetfeldes auf andere Magnete (Permanent- oder Elektromagnete) sowie auf magnetisierbare Stoffe wird in Elektromotoren, Linearmotoren, Generatoren technisch genutzt sowie zur reibungsarmen Führung von bewegten Teilen, zum Beispiel für magnetische Lager oder Magnetschwebebahnen. Sie lässt sich zur Fixierung von Werkstücken während der industriellen Bearbeitung einsetzen und zur Sortierung von Metallen zum Beispiel beim Werkstoff-Recycling. Das Recycling von gebrauchten Lebensmittelverpackungen basiert ebenfalls auf der Sortierung der unterschiedlichen Materialien. Die Unterscheidung von Weißblech (ferromagnetisch) und Aluminium (paramagnetisch) gelingt durch unterschiedliche Kraftwirkungen im magnetischen Feld.

Das Verschwinden des Paramagnetismus bei Überschreitung der CURIE-Temperatur T_c lässt sich zur Temperatur-Kalibrierung von Thermowaagen nutzen (s. 7.9.1). Während die Kalibrierprobe, z.B. Nickel unterhalb von T_c von einem Permanentmagneten angezogen wird, verschwindet diese Anziehungskraft beim Erreichen von T_c. Thermogravimetrische Analysatoren detektieren dies als „Massesignal" bei definierter Temperatur.

Bewegen sich elektrisch geladene Teilchen mit der Geschwindigkeit v durch ein Magnetfeld der Stärke B, so erfahren diese Teilchen eine seitliche Ablenkungskraft F_L, die LORENTZ-Kraft genannt wird. Die Richtung der LORENTZ-Kraft ist senkrecht zur Richtung der Geschwindigkeit und senkrecht zur Richtung des Magnetfeldes. Zur Auffindung der Richtung von F_L hilft die „Drei-Finger-Regel der rechten Hand" [113].

Betragsmäßig geschrieben ergibt sich die LORENTZ-Kraft aus

$$|F_L| = Q \cdot v \cdot B \cdot \sin < (\vec{v}; \vec{B}) \qquad (9\text{-}8)$$

F_L LORENTZ-Kraft in N
Q Elektrische Ladung in C
v Geschwindigkeit in m · s^{-1}
B magnetische Flussdichte in V · s · m^{-2}

Die LORENTZ-Kraft führt dazu, dass sich geladene Teilchen beim Durchqueren von Magnetfeldern nicht geradlinig, sondern auf gekrümmten Bahnen bewegen.

9.4.1
Applikationen

Technische Anwendungen der LORENTZ-Kraft sind zum Beispiel sogenannte magnetische Linsen, das sind Magnetfeld-Anordnungen mit denen sich Elektronenstrahlen fokussieren lassen. Magnetische Linsen werden u.a. in Elektronenmikroskopen (REM, TEM) verwendet. Weitere Ablenkungssysteme für Elektronenstrahlen befinden sich in Röhren-Monitoren für Computer und TV-Geräte. Die Klassierung von geladenen Molekülen in magnetischen Massenspektrometern erfolgt ebenfalls mit Hilfe der LORENTZ-Kraft. In Synchrotronen und Zyklotronen lassen sich geladene Teilchen auf sehr hohe Geschwindigkeiten bringen. Damit die Anlagen nicht hunderte von Kilometern lang gebaut werden müssen, zwingt man die Teilchen mit Hilfe der LORENTZ-Kraft auf Kreisbahnen beziehungsweise auf Spiralbahnen. Synchrotron- und Zyklotronstrahlung werden zunehmend für medizinische Diagnosezwecke eingesetzt.

Eine wichtige Anwendungen der Magnetfeldtechnik in der Lebensmitteltechnik sind Metalldetektoren: Lebensmittel werden im Laufe der Produktion auf unzulässige Fremdkörper überprüft. Der Nachweis von Metallpartikeln erfolgt auf Basis der Magnetisierbarkeit beziehungsweise der Induktionswirkung dieser Materialien. Hierzu wird das Produkt durch das elektrische Wechselfeld einer Senderspule geführt. Eine Empfängerspule zeichnet das Induktionssignal dieses Feldes auf und registriert Veränderungen dieses Signals. Derartige Veränderungen werden durch Metallteile im Produkt hervorgerufen und zwar um so stärker je größer die Partikelgröße und je höher die magnetische Permeabilität des Materials ist. Ferromagnetische und paramagnetische Partikel erzeugen klare Signale. Mit empfindlichen Systemen ist auch der Nachweis von diamagnetischen Materialien wie Aluminium, Blei und Messing möglich. Metalldetektoren haben oft eine tunnelförmige Bauweise, wie in Abb. 9-4 angedeutet. Lose oder bereits verpackte Lebensmittel auf Fließbändern oder fluide Lebensmittel in Rohrleitungen werden durch diesen Tunnel geführt und können beim Ansprechen des Metalldetektors automatisch ausgeschleust werden.

HALL-Sensoren ermöglichen die Messung der Magnetfeldstärke. Abbildung 9-5 zeigt die Wirkungsweise: Ein elektrischer Strom der Stärke I durchfließt ein dünnes Plättchen. Durch die LORENTZ-Kraft des Magnetfeldes B werden La-

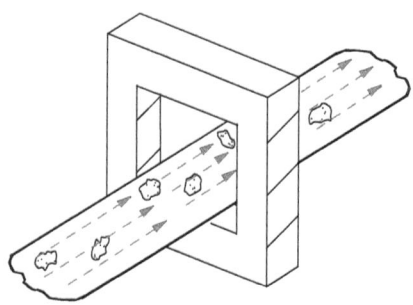

Abb. 9-4. Tunnelförmiger Metalldetektor, schematisch

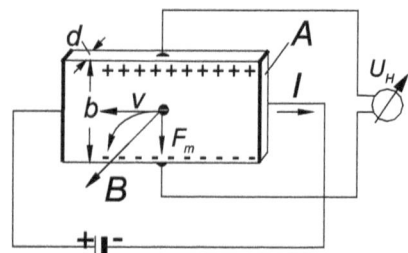

Abb. 9-5. Enstehung der HALL-Spannung U_H, schematisch

9.4 Magnetisierung

Abb. 9-6. Magnetisch-induktiver Durchfluss-Sensor. Senkrecht zur Strömungsgeschwindigkeit v der geladenen Teilchen und senkrecht zur Richtung des Magnetfeldes B entsteht die elektrische Spannung U_E

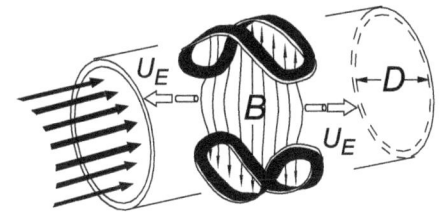

dungsträger abgelenkt und führen zum Aufbau einer Spannung U_H senkrecht zur Stromrichtung. Durch Messung der HALL-Spannung U_H kann z.B. die Magnetfeldstärke bestimmt werden und es können Änderungen des Magnetfeldes schnell und einfach detektiert werden. Eine alltägliche Anwendung ist die so genannte Stromzange mit integriertem HALL-Chip, mit der sich die elektrische Stromstärke in einem Kabel berührungslos messen lässt.

Eine weitere Anwendung der Magnetfeldtechnik sind magnetisch-induktive Durchfluss-Sensoren: Magnetisch induktive Durchflussmessgeräte (MIDs) basieren ebenfalls auf der LORENTZ-Kraft, die auf elektrische Ladungen wirkt, die sich im strömenden Lebensmittel befinden. Durch die Ablenkung der elektrischen Ladungen entsteht analog zum HALL-Effekt eine elektrische Spannung, die der Strömungsgeschwindigkeit des Fluids proportional ist. In Abb. 9-6 ist die Wirkungsweise schematisch dargestellt. Aus der Strömungsgeschwindigkeit lassen sich Volumenstrom oder Massenstrom des Fluids berechnen. Dieser Typ von Durchflussmessgeräten ist für die Lebensmitteltechnik deswegen interessant, weil er ohne Teile auskommt, die in die Strömung hineinragen. Da der Effekt auf der Ablenkung von elektrisch geladenen Teilchen im Magnetfeld beruht, funktionieren MIDs nur mit elektrisch leitenden Fluiden. Die erforderlich Mindestleitfähigkeit wird häufig bereits von Leitungswasser erreicht (vgl. Tabelle 8-7).

Tabelle 9-6. Technische Anwendungen des Magnetfeldes, Beispiele

Kraft auf Magnete und Stoffe	LORENTZ-Kraft auf geladene Teilchen	elektrische Induktion
Elektromotoren reibungsarme Lager Magnetbahnen Festhaltesysteme Sensoren mit Festplatten magnetic field depending resistor (GAUSS-Effekt) zur Messung von Feld, Weg, Abstand, Winkel, Drehfrequenz Sortierung von Metallen Magnetische Fluide (z.B. für Dichtungen)	TV-Geräte/Monitore (Röhrensysteme) Elektronenmikroskope (magnetische Linsen) HALL-Sensoren (Messung von Feldstärke, Stromstärke, Abstand, usw.) Zyklotron Synchrotron Massenspektrometer magnetisch induktive Durchflussmesser	Wirbelstromverfahren zur Materialprüfung Messung von Schichtdicke, Abstand, Entfernung Metalldetektoren

Eine Reihe von weiteren messtechnischen Sensoren basiert auf Wirkungen des Magnetfeldes. So gibt es z.B. induktive Aufnehmer und Wirbelstromaufnehmer als Sensoren für Weg, Winkel, Abstand, Beschleunigung, Systeme zur Materialprüfung und Schichtdickenmessung. Tabelle 9-6 gibt einen Überblick über technische Anwendungen von Magnetfeldeffekten, für Details s. z.B. [114].

Zur Fremdkörpererkennung mit magnetischen, optischen, elektrischen
    Techniken s. [1, 2],
Zur Magnettechnik für die Steuerung von Molch-Anlagen vgl. [3, 4].

9.5
Magnetische Resonanz

Spektroskopische Methoden, bei denen die Übergänge zwischen unterschiedlichen Präzessions-Zuständen von magnetischen Momenten ausgenutzt werden, werden als Magnet-Resonanz-Verfahren bezeichnet. Von den beiden Teilgebieten kernmagnetische Resonanz (engl. nuclear magnetic resonance, NMR) und Elektronenspin-Resonanz (engl. electron spin resonance, ESR) soll hier die kernmagnetische Resonanz (auch: Kernspin-Resonanz) behandelt werden. Einige ESR-Anwendungen sind im Abschnitt 13.5 aufgelistet.

Atomkerne mit einer ungeraden Protonenzahl (Ordnungszahl) oder einer ungeraden Atommassenzahl (das ist die Summe aus Neutronen und Protonen) besitzen ein magnetisches Moment. Eine sehr vereinfachte, anschauliche Vorstellung eines derartigen Atomkerns ist eine rotierende Kugel, mit welcher die Kernladung rotiert und welcher daher über einen magnetischen Nordpol und Südpol verfügt (Abb. 9-7).

Atomkerne wie ^{1}H, ^{13}C, ^{19}F oder ^{31}P besitzen demnach ein magnetisches Moment. Nicht hingegen der Atomkern von ^{12}C, der aus sechs Neutronen und sechs Protonen besteht. ^{12}C kann daher mittels NMR nicht untersucht werden. In Tabelle 9-7 sind einige Beispiele zusammengestellt.

Ähnlich wie Atome können auch Atomkerne durch Anregung, d.h. durch Energieaufnahme auf höhere Energieniveaus übergehen. Aus quantenmechanischen Gründen gibt es auch hier nicht beliebige Energiezustände, sondern nur bestimmte – gequantelte – Zustände, die eingenommen werden können. Für den Kernspin gibt es nur zwei mögliche Zustände. Ohne äußeres Magnetfeld sind

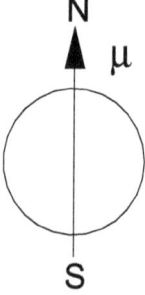

Abb. 9-7. Rotierender Atomkern mit einem magnetischen Moment μ (magnetischer Dipol mit Nordpol N und Südpol S)

9.5 Magnetische Resonanz

Tabelle 9-7. Atomkerne mit und ohne magnetisches Moment

Protonenzahl	Massenzahl	Bezeichnung		magnetisches Moment	Beispiel
ungerade	ungerade	ungerade-	ungerade-Kern	ja	^{19}F
gerade	ungerade	gerade-	ungerade-Kern	ja	^{13}C
ungerade	gerade	ungerade-	gerade-Kern	ja	^{1}H
gerade	gerade	gerade-	gerade-Kern	nein	^{12}C

diese beiden Zustände energetisch praktisch gleich, legt man aber ein äußeres Magnetfeld B an, so unterscheiden sich die beiden Energieniveaus deutlich. Aufgrund des magnetischen Moments μ des Atomkerns ist es nun ein Unterschied, ob μ in Richtung B zeigt oder anders herum. Abbildung 9-8 illustriert die Energiedifferenz. Anmerkung: Dass der Vektor μ parallel oder antiparallel zu B steht, ist lediglich ein einfaches Anschauungsmodell. Genauere Modelle gehen davon aus, dass der Vektor μ eine Präzessionsbewegung um den Vektor B mit einer charakteristischen Frequenz ausführt, die man LARMOR-Frequenz nennt.

Schaltet man ein Radiofrequenzfeld mit der passenden Frequenz ein, so können Atomkerne Energie aus diesem elektromagnetischen Feld aufnehmen um auf das höhere Energieniveau zu gelangen. Eine „passende" Frequenz bedeutet, dass der Kern in der Lage sein muss, diese Frequenz zu absorbieren, man nennt diese Übereinstimmung zwischen Sender und Empfänger Resonanz. Die

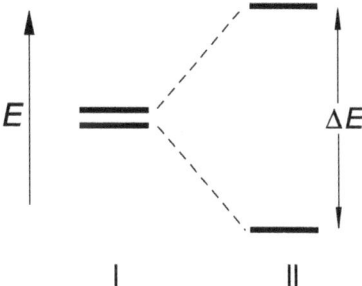

Abb. 9-8. Energie-Niveaus von Kernspins. Im äußeren Magnetfeld (II) ist die Energiedifferenz ΔE zwischen den Niveaus größer als ohne äußeres Feld (I)

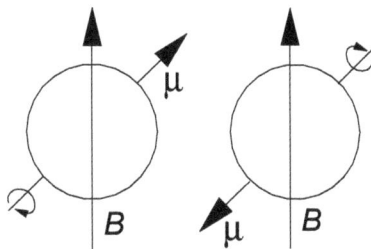

Abb. 9-9. Einstellmöglichkeiten des Kernspins im Magnetfeld B. Die beiden Zustände unterscheiden sich um den Energiebetrag ΔE

Resonanzfrequenz eines Atoms hängt vom magnetischen Moment ab und ergibt sich nach

$$h \cdot f = 2 \cdot \mu \cdot B \tag{9-9}$$

- h PLANCK'sche Konstante
- f Frequenz in Hz
- μ magnetisches Moment in C · m
- B magnetische Flussdichte in Vs · m^{-2}

Die exakte Resonanzfrequenz hängt dabei leicht von der physikalisch-chemischen Umgebung des Atomkerns ab. Man bezeichnet diesen Einfluss als „chemical shift". Durch die Elektronenwolken des eigenen Atoms, aber auch durch die Elektronenwolken von Nachbaratomen und -bindungen unterscheiden sich die Resonanzfrequenzen von leichten und schweren Atomen, von Wasserstoffkernen in CH-Bindungen und in OH-Bindungen usw. leicht voneinander und genau darauf beruht die NMR-Spektroskopie. Mit NMR-Verfahren bestimmt man die Resonanz-Frequenzen (Absorptions-Frequenzen) von Atomkernen und erhält so Informationen nicht nur über die Atome sondern auch den Zustand der chemischen Bindungen in der Nachbarschaft. Anhand von NMR-Spektren lassen sich auf diese Weise chemische Gruppen und deren Zustände identifizieren. Zum Verständnis der NMR-Spektroskopie kann man einen Vergleich zur Spektroskopie mit sichtbarem Licht herstellen. Tabelle 9-8 zeigt die Gemeinsamkeiten und die Unterschiede. Ein NMR-Spektrometer besteht im Wesentlichen aus einer Probenhalterung in einem Magnetfeld, die mit einer Radiofrequenz bestrahlt werden kann. Eine Detektorspule nimmt das Antwortsignal der Probe auf. Abbildung 9-10 zeigt den Aufbau eines NMR-Spektrometers schematisch.

9.5.1
NMR-Varianten

Man unterscheidet gepulste NMR-Verfahren (Puls-NMR) und continous-wave-Verfahren (CW-NMR). Während beim Puls-Betrieb die Radiofrequenz nur für einen kurzen Augenblick eingestrahlt wird, besteht die Radiofrequenz-Einstrahlung beim CW-Betrieb dauerhaft. Um die Resonanz-Frequenz beim CW-Betrieb

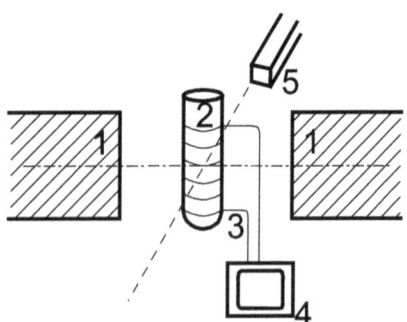

Abb. 9-10. Aufbau eines NMR-Spektrometers, schematisch. 1 Magnet, 2 Probengefäß, 3 Detektorspule, 4 Auswerteeinrichtung, 5 Radiofrequenzsender

9.5 Magnetische Resonanz

Tabelle 9-8. Vergleich von NMR-Spektroskopie und Spektroskopie im sichtbaren Bereich

	Atomabsorptions-Spektroskopie	vis-Spektroskopie	NMR-Spektroskopie
Anregung von…	Elektronen in Atomen	Elektronen in Atomen	Atomkernen im magnetischen Feld
Anregung durch…	hohe Temperatur	Licht	Radiofrequenz
gequantelte Energiezustände	der Elektronen	der Elektronen	der Atomkerne
Bestimmung der Resonanzfrequenz	nein	ja	früher
Messung der Absorption	ja	ja	ja
Messung der Emission von…	Licht typischer Frequenz	Licht typischer Frequenz	Radiowellen typischer Frequenz
Information der Emission stammt von…	Elektronenhülle	Elektronenhülle	Umgebung des Atomkerns
liefert Information über…	Atomsorte	Moleküle, Bindungen	Moleküle und Bindungszustände

zu finden, kann man die B-Feldstärke langsam variieren (engl. field sweep) oder bei konstantem B-Feld die Radiofrequenz langsam variieren (engl. frequency sweep). Die CW-Varianten erinnern an das Aufsuchen eines Radiosenders: Durch langsames Drehen (sweep) am Wahlknopf wird das gesuchte Programm (Resonanzfrequenz) gefunden. Die CW-Varianten sind veraltet, heute wird fast ausschließlich mit gepulster Technik gearbeitet: Während das B-Feld eines starken Magneten konstant gehalten wird, werden die Atomkerne mit einem kurzen (z.B. 10 ms) elektromagnetischen Impuls angeregt. Die Richtung des Radiofrequenz-Feldes ist gegenüber der Richtung des B-Feldes geneigt, z.B. um 90°. Die Atomkerne absorbieren die „passenden" Frequenzen und nehmen dabei Energie auf. Sofort nachdem der Radioimpuls zu Ende ist, geben die Atomkerne ihre Anregungsenergie wieder ab, sie „relaxieren". Die Energieabgabe erfolgt durch Aussendung gedämpfter Cosinus-Schwingungen, deren Aufnahme mit der Detektorspule (vgl. Abb. 9-10) liefert das Messsignal, den sogenannten free induction decay (FID) (Abb. 9-11).

Man unterscheidet High-Resolution-NMR (HR-NMR) und Low-Resolution-NMR (LR-NMR). High-Resolution-Geräte haben einen großen Platzbedarf, sie erfordern hohe Magnetfeldstärken, sie werden oftmals mit Helium-gekühlten, supraleitenden Elektromagneten realisiert. Low-Resolution-Geräte sind als Tischgeräte erhältlich und sind in den Laboren der Lebensmittelindustrie – z.B. im Bereich der Fettcharakterisierung – verbreitet.

High-Resolution-NMR
Bei der HR-NMR wird das FID-Signal daraufhin analysiert, welche Frequenzen in ihm enthalten sind. Man erreicht das durch die mathematische Zerlegung des

Abb. 9-11. Relaxations-Signal bei der Puls-NMR: free induction decay, FID

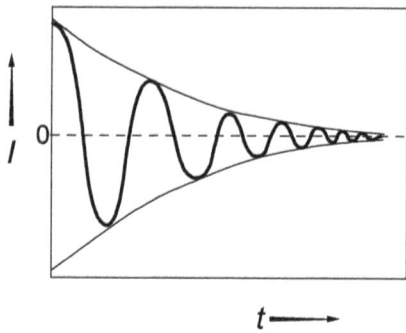

FID-Signals mit Hilfe der sogenannten FOURIER-Transformation. Mit der FOURIER-Transformation erhält man aus dem FID (vgl. Abb. 9-12, oben) eine Verteilung, die aussagt, welche Resonanz-Frequenzen mit welcher Intensität enthalten waren (s. z.B. [11]). Auf diese Weise gelangt man zu einem Spektrum, also einer Auftragung von Intensitäten über der Resonanzfrequenz (vgl. Abb. 9-12, Mitte). Gewöhnlich trägt man die ermittelten Intensitäten nicht über der Frequenz, sondern über der Frequenz-Verschiebung (chemical shift) gegenüber einem Nullwert auf und erhält dann ein sogenanntes NMR-Spektrum [5, 10]. In Abb. 9-12, unten ist ein derartiges NMR-Spekrum gezeigt.

Low-Resolution NMR
Bei der apparativ wesentlich einfacheren Low-Resolution-NMR (LR-NMR) wird das FID-Signal nicht hinsichtlich der enthaltenen Frequenzen analysiert, sondern nur hinsichtlich seiner Form, das heißt insbesondere hinsichtlich der Dämpfung und Relaxationszeit. Das FID-Signal ergibt sich aus einer Überlegung von Spin-Gitter-Relaxationen (Relaxationszeit T_1) und Spin-Spin-Relaxationen (T_2) von allen beteiligten Atomkernen.

Im Folgenden sollen ausschließlich Protonen betrachtet werden (^{1}H-NMR). Protonen (^{1}H-Atomkerne) relaxieren je nach physikalisch-chemischer Umgebung der Atomkerne unterschiedlich schnell. Die Protonen in festen Phasen sind stärker gedämpft und relaxieren schneller als Protonen in flüssigen Phasen, Protonen in Wasser relaxieren schneller als Protonen in Öl etc. Die Intensität des Signals ist proportional zur Anzahl der beteiligten Protonen. Aus diesen Gründen lassen sich mit Hilfe von LR-NMR z.B. Fettgehalte, Wassergehalte sowie Fest-Flüssig-Verhältnisse in der Probe ermitteln. Diese Art der NMR-Spektroskopie gehört im strengen Sinne nicht zu den spektroskopischen Verfahren, da keine Spektren (Intensität als Funktion der Frequenz) gewonnen werden. Im angelsächsischen Sprachraum ist die Bezeichnung time domain NMR anstelle von frequency domain NMR verbreitet. In Tabelle 9-9 sind die Unterschiede zwischen HR-NMR und LR-NMR sowie die Begriffe gegenübergestellt.

Betrachtet man das FID-Signal in Abb. 9-13, so wird der anfängliche Intensitätsverlust hauptsächlich von den Festphasen-Protonen verursacht. Der länger auslaufende Teil des Signals wird von den langsamer relaxierenden Flüssigphasen-Protonen bestimmt. Durch mathematische Rekonstruktion dieser beiden Re-

9.5 Magnetische Resonanz

Abb. 9-12. HR-NMR: Durch FOURIER-Transformation erhält man die Verteilung (mittleres Bild) der Frequenzen im Originalsignal (oberes Bild). Eine übliche Darstellung ist die Auftragung über „chemical shift" anstelle der absoluten Frequenz (unteres Bild)

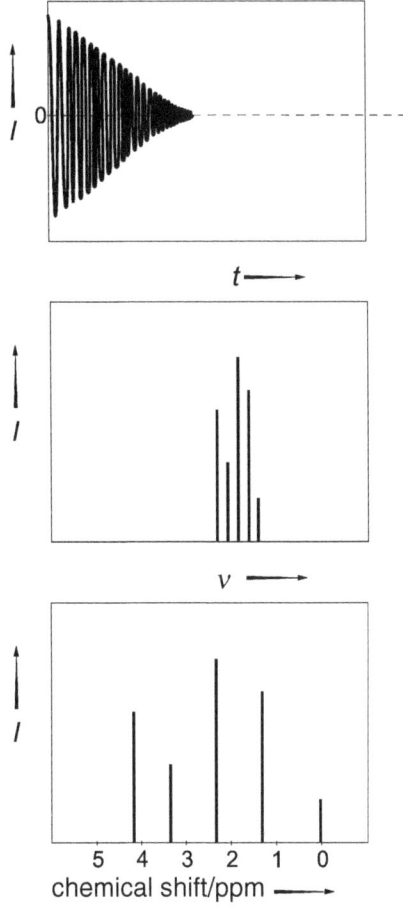

Tabelle 9-9. Puls-NMR: Unterschiede zwischen High-Resolution und Low-Resolution NMR

	Low-Resolution	High-Resolution
NMR liefert	FID	FID
FOURIER-Transformation	nein	ja
liefert	–	Frequenzen des FID
ausgewertet wird	Zeitverlauf FID	Intensität der einzelnen Frequenzen
engl. Kurzbezeichnung für diese Auftragung	time domain NMR sowie wide line NMR	frequency domain NMR

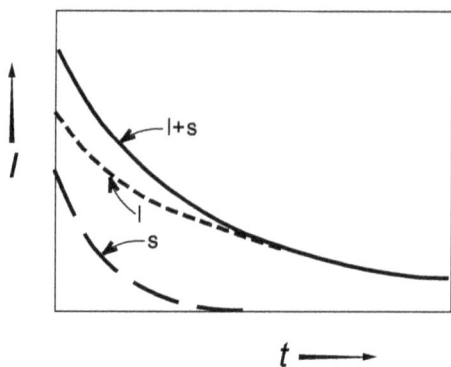

Abb. 9-13. Feste (s) und flüssige Phase (l) zeigen unterschiedliches Relaxationsverhalten. Die Messkurve (FID) stellt die Überlagerung dar

laxations-Kurven aus der vorliegenden Messkurve lässt sich daher das Fest-Flüssig-Verhältnis der Probe bestimmen. Bei Fetten nennt man diese Größe den Festfettanteil (engl. solid fat content, SFC), bei wässrigen Lebensmittel-Systemen entspricht das dem gefrorenen Anteil. Eine Schwierigkeit bei der mathematischen Kurven-Rekonstruktion kommt dadurch zustande, dass der NMR-Detektor im Allgemeinen eine Totzeit von einigen ms aufweist und daher der Beginn der FID-Kurve nicht aufgezeichnet werden kann.

Für die ^{1}H-Low-Resolution NMR in der Lebensmitteluntersuchung sind verschiedene Möglichkeiten der Signalauswertung möglich: Der Intensitäts-Vergleich, die Auswertung des Relaxationsverhaltens und die Aufnahme des Spin-Echos. Beim Intensitäts-Vergleich wird aus der Intensität des Signals direkt auf die Menge an vorhandenen Protonen geschlossen. Durch entsprechende Probenvorbereitung kann erreicht werden, dass der Protonen-Gehalt direkt mit dem Fettgehalt oder dem Wassergehalt korreliert. Durch Vergleich von Proben untereinander anhand der Intensität können Unterschiede beziehungsweise unzulässige Abweichungen festgestellt werden. Da Protonen in einer Festphase wesentlich schneller relaxieren als die gleichen Protonen in der flüssigen Phase, ist es möglich, durch mathematische Analyse der Relaxationskurve Informationen über das Fest-Flüssig-Verhältnis in Proben zu erhalten. Um das unterschiedliche Relaxationsverhalten von fester und flüssiger Substanz zu verstärken, kann man die Spin-Echo-Technik anwenden. Hier wird nach einem kurzen 90°-Radioimpuls einen kurzen Moment abgewartet bis die meisten Festphasen-Protonen relaxiert sind und dann ein zweiter Radioimpuls (180°) von doppelter Dauer eingestrahlt. Das Resultat ist ein weiterer FID – das so genannte spin echo –, der praktisch ausschließlich von den Kernen mit der größeren Relaxationszeit verursacht wird [6].

9.5.2
Applikationen

Obwohl die theoretischen Zusammenhänge der NMR-Messverfahren recht kompliziert sind, kann der Laboreinsatz von LR-Geräten sehr einfach sein. Nach Einführen der Probe in das Gerät erhält man Ergebnisse in nur wenigen Sekunden und kann durch automatische Wiederholungsmessungen die Streuung der Messwerte schnell und einfach reduzieren.

Eine häufige Anwendung ist die Bestimmung des Solid-Fat-Contents (standardisierte Methoden: L13.00-9 in [100], ISO 8292, IUPAC 2.150, AOCS Cd 16b-93, AOCS Cd 16–81) sowie des Schmelzverhaltens von Butter, Margarine und Schokolade. Möglich ist die Wasserbestimmung in Lebensmitteln und Futtermitteln, die Fettbestimmung in Süßwaren und Emulsionen, die Bestimmung von Wasser und Fett in Ölsaaten oder Milchpulvern. Die Verfolgung von Gefrierprozessen ist ebenso möglich wie die Bestimmung der Tröpfchengröße von W/O-Emulsionen und der Viskosität von Flüssigkeiten [6].

Zukünftige Anwendungen der NMR in der Lebensmitteltechnik können im Bereich der bildgebenden Verfahren liegen (MRI, magnetic resonance imaging). Durch Untersuchung ganzer Produkte und Erzeugung ortsaufgelöster Spektren können Daten über Struktur, Zusammensetzung und Qualität von Lebensmitteln gewonnen werden. Die Ermittlung von Dichte, Viskosität, Wasseraktivität und Textur per MRI ist denkbar [7–9]. On-line fähige NMR-Geräte können Produkte verfolgen und Prozesse (zum Beispiel Gefrierprozesse) überwachen. Die Entwicklung von preisgünstigen Low-Resolution NMR-Geräten (on-line Relaxometer, bench-top-Relaxometer) und mobilen NMR-Geräten („NMR-mouse") bringt weitere, neue Anwendungsmöglichkeiten für die Qualitätsprüfung von Werkstoffen, Produktion und Rohstoffen.

Milchprodukte: Anwendungsmöglichkeiten der NMR-Spektroskopie	[12]
Fette: Bestimmung des Festanteils von Fetten und Ölen (Solid Fat Content, SFC)	[100] L13.00-9
Fette: Authentizität und Qualität mittels HR-NMR	[13]
Apfel: Chrakterisierung osmotisch getrockneter Früchte mittels NMR und DSC	[14]
Online NMR-Prüfung: Avocado, Kirschkerne	[15]
Fisch: Wasserbindung, Wasseraktivität, Glasübergang mittels Puls-NMR	[16]
Inulin und Oligofructose: Untersuchung des Polymerisationsgrades mittels NMR	[17]
Gefrorene Gele: Modellierung thermophysikalischer Eigenschaften anhand von NMR-Daten	[18]
Kollagen-Denaturierung: Untersuchung mittels NMR und DSC	[19]
Bildgebende NMR-Verfahren	
Kartoffeln: Wasserverteilung und Textur von gekochten Produkten	[20]
Reis: Online-Wassergehalt während des Kochprozesses mittels NMR	[21]
Nudeln: NMR-Bildanalyse während des Trocknungsprozesses	[22]
Fleisch: Muskelcharakterisierung, Wasserbindung, Gefrierverlauf mittels NMR	[23–25]
Mikrowellenerhitzung: 3-D-Temperaturverteilung mittels NMR-Bildanalyse	[26]

Hydratation von Snack Food, Rigatoni, Butterbohnen: Bildgebende, [27]
zerstörungsfreie Untersuchung

9.5.3
Literatur

1. Graves M, Smith A, Batchelor B (1998) Approaches to foreign body detection in foods. Trends in Food Science and Technology 9: 21-27
2. Bradford M (1999) Reducing risk of metal contamination in the food processing industry. Leatherhead Food RA Food Industry Journal 2: 162-173
3. Weissenbach MJ (1998) Pigging – about new ways of scraping pipes and product economy. Fruit-Processing 8: 319-326
4. Hiltscher G (1999) Molchtechnik Wiley-VCH
5. Herzog WD, Messerschmidt M (1994) NMR-Spektroskopie für Anwender. VCH Weinheim
6. Ruan RR, Chen PL (2001) Nuclear magnetic resonance techniques and their application in food quality analysis. In: Gunaseharan (ed) Nondestructive Food Evaluation: Techniques to Analyze Properties and Qualiy. Marcel Dekker, New York
7. McCarthy MJ, McCarthy KL (1996) Applications of magnetic resonance imaging to food research. Magn. Resonance Imaging 14: 799-802
8. Belton PS, Delgadillo I, Gil AM, Webb GA (eds) (1995) Magnetic Resonance in Food Science. Royal Soc of Chemistry
9. Martinez I, Aursand M, Erikson U, Singstad TE, Veliyulin E, van der Zwaag C (2003) Destructive and non-destructive analytical techniques for authentication and composition analyses of foodstuffs. Trends in Food Science and Technology 14: 489-498
10. Baianu IC, Pessen H, Kumosinksi, TF (eds) (1993) Physical chemistry of food Processes, Vol 2. AVI, van Nostrand Reinhold, New York
11. Baianu IC (ed) (1992) Physical chemistry of food processes, Vol 1. AVI, van Nostrand Reinhold, New York
12. Belloque J, Ramos M (1999) Application of NMR spectroscopy to milk and dairy products. Trends in Food Science and Technology 10: 313-320
13. Hidalgo FJ, Zamora R (2003) Edible oil analysis by high-resolution nuclear magnetic resonance spectroscopy: recent advances and future perspectives. Trends in Food Science and Technology 14: 499-506
14. Cornillon P (2000) Characterization of osmotic dehydrated apple by NMR and DSC. Lebensmittel-Wissenschaft und -Technologie 33: 261-267
15. Kim SM, Chen P, McCarthy MJ, Zion B (1999) Fruit Internal Quality Evaluation using On-line Nuclear Magnetic Resonance Sensors. J Agricultural Engineering Research 74:293-301
16. Ronaldo NMP, Guilherme AMR (2003) Nuclear magnetic resonance and water activity in measuring the water mobility in pintado (Pseudoplatystoma corruscans) fish. J Food Engineering 58: 59-66
17. de Gennaro S, Birch GG, Parke SA, Stancher B (2000) Studies on the physicochemical properties of inulin and inulin oligomers. Food Chemistry 68: 179-183
18. Cornillon P, Andrieu J, Duplan JC, Laurent M (1995) Use of nuclear magnetic resonance to model thermophysical properties of frozen and unfrozen model food gels. J Food Engineering 25: 1-19
19. Rochdi A, Foucat L, Renou JP (2000) NMR and DSC studies during thermal denaturation of collagen. Food Chemistry 69: 295-299
20. Thybo AK, Szczypinski PM, Karlsson AH, Dønstrup S, Stødkilde-Jørgensen HS, Andersen HJ (2004) Prediction of sensory texture quality attributes of cooked potatoes by NMR-imaging (MRI) of raw potatoes in combination with different image analysis methods. J Food Engineering 61: 91-100
21. Takeuchi S, Fukuoka M, Gomi Y, Maeda M, Watanabe H (1997) An application of magnetic resonance imaging to the real time measurement of the change of moisture profile in a rice grain during boiling. J Food Engineering 33: 181-192

22. Hills, BP, Godward J, Wright KM (1997) Fast radial NMR microimaging studies of pasta drying. J Food Engineering 33: 321–335
23. Evans SD, Nott KP, Kshirsagar AA, Hall LD (1998) The effect of freezing and thawing on the magnetic resonance imaging parameters of water in beef, lamb and pork meat. Int J Food Sci Tech 33: 317–328
24. Laurent W, Bonny JM, Renou JP (2000) Muscle characterisation by NMR imaging and spectroscopic techniques. Food Chemistry 69: 419–426
25. Renou JP, Foucat L, Bonny JM (2003) Magnetic resonance imaging studies of water interactions in meat. Food Chemistry 82: 35–39
26. Nott KP, Hall LD (2001) Three-dimensional MRI mapping of minimum temperatures achieved in microwave and conventional food processing. Int J Food Sci Tech 36: 243–252
27. Duce SL, Hall LD (1995) Visualization of the hydration of food by nuclear magnetic resonance imaging. J Food Engineering 26: 251–257

(100–129 befinden sich am Schluss des Buches)

10 Elektromagnetische Eigenschaften

Unter elektromagnetischen Eigenschaften von Lebensmitteln kann man alle jene Eigenschaften zusammenfassen, die mit der Absorption bzw. Emission von elektromagnetischer Strahlung in Verbindung stehen. Wegen ihrer Relevanz werden die optischen Eigenschaften von Lebensmitteln einschließlich NIR-Spektroskopie und Kolorimetrie in eigenen Kapiteln behandelt, so dass es in diesem Kapitel vorwiegend um Mikrowellen geht. Ursächlich für die elektromagnetischen Eigenschaften von Lebensmitteln ist die Absorptionsfähigkeit des jeweiligen Stoffes im entsprechenen Frequenzbereich, d.h. die elektrische Polarisierbarkeit des Materials.

10.1 Elektrische Polarisation

Stoffe, die aus mehr oder minder polaren Molekülen bestehen, lassen sich im elektrischen Feld polarisieren. Man unterscheidet im Stoff vorhandene permanente Dipole wie z.B. H_2O und temporäre Dipole wie z.B. Kohlenwasserstoffe. Während polare Moleküle, also permanente Dipole durch die Wirkung eines äußeren elektrischen Feldes orientiert werden (Orientierungspolarisation), können unpolare Moleküle unter dem Einfluss eines äußeren Feldes deformiert werden und dadurch vorübergehend Dipolcharakter annehmen (Verschiebungspolarisation). Da diese Deformation beim Ausschalten des äußeren Feldes wegfällt, spricht man hier von temporären Dipolen.

Sowohl Orientierungs- als auch Verschiebungspolarisation sind von der Stärke des äußeren elektrischen Feldes abhängig. Beide zusammen tragen zur Polarisation P eines Volumenelementes V des jeweiligen Stoffes bei:

$$P = \frac{p}{V} \tag{10-1}$$

P Polarisation in $C \cdot m^{-2}$
p Dipolmoment in $C \cdot m$
V Volumen in m^3

Vergleicht man die elektrische Erregung D eines derartig elektrisch polarisierten Stoffes mit einem völlig unpolarisierten Stoff (z.B. Vakuum), wird deutlich, dass die Polarisation P die Differenz der elektrischen Erregung in diesen beiden Zuständen ist:

Allgemein gilt

$$D = \varepsilon \cdot \varepsilon_0 \cdot E \tag{10-2}$$

Im Vakuum ist

$$D_0 = 1 \cdot \varepsilon_0 \cdot E \tag{10-3}$$

Der Vergleich liefert:

$$D - D_0 = \varepsilon \cdot \varepsilon_0 \cdot E - \varepsilon_0 \cdot E = \varepsilon_0 \cdot E \, (\varepsilon - 1) = P \tag{10-4}$$

Also für die Polarisation

$$P = (\varepsilon - 1) \, \varepsilon_0 \cdot E \tag{10-5}$$

bzw. mit

$$\chi = (\varepsilon - 1) \tag{10-6}$$

$$P = \chi \cdot \varepsilon_0 \cdot E \tag{10-7}$$

D elektrische Erregung in $C \cdot m^{-2}$
E elektrische Feldstärke in $V \cdot m^{-1}$
ε_0 elektrische Feldkonstante ($8{,}854 \cdot 10^{-12}\, C \cdot V^{-1} \cdot m^{-1}$)
ε Permittivitätszahl
χ elektrische Suszeptibilität

Die Permittivitätszahl ε (früher: relative Dielektrizitätskonstante, *DK*) und ebenso die Suszeptibilität χ sind ein Maß für die Polarisierbarkeit eines Stoffes.

Je größer die Polarisierbarkeit eines Stoffes im elektrischen Feld ist, desto stärker kann der Stoff aus dem Feld Energie absorbieren. Im elektrischen Wechselfeld ändert sich die Polarisation des Stoffes mit der Frequenz des Feldes, d.h. Dipole ändern fortdauernd ihre Ausrichtung. Da dieser nicht ideal elastisch abläuft, geht ein Teil der eingestrahlten Energie in den Stoff über. Die eingetragene Energie führt zu einer Erwärmung des Stoffes, dies ist das Prinzip der Lebensmittelerhitzung durch Hochfrequenzverfahren.

Die Gesamtpolarisierbarkeit α_{ges} eines Moleküls setzt sich aus dem Anteil an induzierter Polarisation α_{ind} (Verschiebungspolarisation) und dem Anteil an permanenter Polarisation $\alpha_{permanent}$ (Orientierungspolarisation) zusammen.

$$\alpha_{ges} = (\alpha_{ind} + \alpha_{permanent}) \tag{10-8}$$

damit ist die Polarisation

$$P = N \cdot \alpha_{ges} \cdot E \tag{10-9}$$

Die Orientierung vorhandener permanenter Dipole – wie z.B. dem H_2O-Molekül – durch ein äußeres elektrisches Feld steht in Konkurrenz zur regellosen Anordnung infolge der thermischen Bewegung der Moleküle. Mit steigender Temperatur geht daher der Beitrag der Orientierungspolarisation im Vergleich zur Gesamtpolarisation zurück. Im statistischen Mittel beträgt die Orientierungspolarisation

$$\alpha_{permanent} = \frac{\mu^2}{3\,kT} \qquad (10\text{-}10)$$

Damit ist:

$$P = N\left(\alpha_{ind} + \frac{\mu^2}{3\,kT}\right) \cdot E \qquad (10\text{-}11)$$

P Polarisation in $C \cdot m^{-2}$
N Teilchenzahldichte in m^{-3}
α_{ind} Polarisierbarkeit in $c^2 \cdot m^2 \cdot J^{-1}$
μ Molekül-Dipolmoment in $C \cdot m$
k BOLTZMANN-Konstante
T Temperatur in K
E elektrische Feldstärke in $V \cdot m^{-1}$
ε_0 elektrische Feldkonstante

Werte für die (temporäre) Polarisierbarkeit α_{ind} verschiedener Moleküle sind tabelliert. Anstelle von α wird häufig das so genannte Polarisierungsvolumen α' tabelliert.
Es ist:

$$\alpha' = \frac{\alpha_{ind}}{4\pi \cdot \varepsilon_0} \qquad (10\text{-}12)$$

Ebenso wie Werte für α_{ind} sind die permanente Dipolmomente μ von Molekülen aus der Literatur erhältlich. Tabelle 10-1 listet einige Beispiele auf. Neben der SI-Einheit $C \cdot m$ wird noch die Einheit D (DEBYE) für das Dipolmoment verwendet.
Es ist: $1\,D = 3{,}3 \cdot 10^{-30}\,C \cdot m$.

Tabelle 10-1. Dipolmoment und Polarisierbarkeit einiger einfacher Moleküle [1]

	$\mu/C \cdot m$	μ/D	$\mu/C^2 \cdot m^2 \cdot J^{-1}$	α'/cm^3
H_2	0	0	$9{,}11 \cdot 10^{-40}$	$8{,}19 \cdot 10^{-25}$
N_2	0	0	$1{,}97 \cdot 10^{-41}$	$1{,}77 \cdot 10^{-24}$
CO_2	0	0	$2{,}93 \cdot 10^{-40}$	$2{,}63 \cdot 10^{-24}$
H_2O	$6{,}17 \cdot 10^{-30}$	1,85	$1{,}65 \cdot 10^{-40}$	$1{,}48 \cdot 10^{-24}$
C_2H_5OH	$5{,}64 \cdot 10^{-20}$	1,69	–	–
CH_3OH	$5{,}70 \cdot 10^{-30}$	1,71	$3{,}59 \cdot 10^{-40}$	$3{,}23 \cdot 10^{-24}$

Mit der CLAUSIUS-MOSOTTI-DEBYE-Gleichung (10-13), welche den Zusammenhang zwischen Permittivitätszahl ε eines Stoffes und dessen Polarisierbarkeit herstellt (s. z.B. [1]), lässt sich die Polarisierbarkeit eines Stoffes berechnen.

$$\frac{\varepsilon-1}{\varepsilon+2} = \frac{N}{3\cdot\varepsilon_0}\left(\alpha + \frac{\mu^2}{3\,kT}\right) \tag{10-13}$$

Mit Hilfe der Umformung von (10-13)

$$\frac{\varepsilon-1}{\varepsilon+2}\cdot\frac{3}{4\pi} = N\cdot\frac{1}{4\pi\varepsilon_0}\left(\alpha + \frac{\mu^2}{3\,kT}\right) \tag{10-14}$$

und unter Verwendung von (10-8) erhält man

$$\frac{\varepsilon-1}{\varepsilon+2}\cdot\frac{3}{4\pi} = N\cdot\frac{1}{4\pi\varepsilon_0}\cdot\alpha_{ges} \tag{10-15}$$

mit (10-12) ergibt sich daraus

$$\frac{\varepsilon-1}{\varepsilon+2}\cdot\frac{3}{4\pi} = N\cdot\alpha'_{ges} = \varphi_N \tag{10-16}$$

φ_N ist die von der Teilchendichte N verursachte Polarisierbarkeit. φ_N ist dimensionslos, da es sich um das Polarisierungsvolumen pro Volumeneinheit des Stoffes handelt. Eine Dimensionsanalyse ergibt:

$$\frac{V\cdot m}{C\cdot m^3}\left(\frac{C^2\cdot m^2}{J}\right) = \frac{V\cdot C\cdot C\cdot m^2}{J\cdot m^2\cdot C} = 1$$

Erweitert man φ_N mit $\dfrac{M}{\rho}$ ergibt sich die von einem Mol Teilchen verursachte Polarisierbarkeit φ_n. Man nennt φ_n die molare Polarisierbarkeit ausgedrückt als Polarisierungsvolumen pro mol.

$$\varphi_n = \varphi_N \cdot \frac{M}{\rho} \tag{10-17}$$

unter Verwendung von (10-16) ist das

$$\varphi_n = \frac{M}{\rho}\cdot\frac{3}{4\pi}\cdot\frac{\varepsilon-1}{\varepsilon+2} \tag{10-18}$$

mit der Beziehumg für die Teilchendichte N

$$N = \frac{\rho\cdot N_A}{M} \tag{10-19}$$

10.1 Elektrische Polarisation

ergibt sich das molare Polarisierungsvolumen aus (10-18) zu

$$\varphi_n = \frac{N_A}{4\pi\varepsilon_0}\left(\alpha_{ind} + \frac{\mu^2}{3kT}\right) \tag{10-20}$$

φ_N volumenbezogenes Polarisierbarkeitsvolumen in m³ · m⁻³
φ_n molares Polarisierbarkeitsvolumen in m³ · mol⁻¹
    spezifisches Polarisierbarkeitsvolumen in m³ · kg⁻¹
M Molmasse in kg · mol⁻¹
ρ Dichte in kg · m⁻³
N_A Avogadro-Konstante (6,022 · 10²³ mol⁻¹)

φ_n ist die von einem Mol Teilchen resultierende Polarisierbarkeit eines Stoffes und wird auch molare Polarisierbarkeit oder Mol-Polarisation genannt. Da φ_n das auf auf ein Mol bezogene Polarisierungsvolumen ist, hat φ_n hat die Einheit m³ · mol⁻¹.

Erweitert man φ_N aus (10-16) mit der reziproken Dichte $\frac{1}{\rho}$, erhält man mit (10-19) wegen

$$N \cdot \frac{1}{\rho} = \frac{N_A}{M} = \frac{1}{m} \tag{10-21}$$

das auf die Masse bezogene Polarisierungsvolumen φ_m.

$$\varphi_m = \varphi_n \cdot \frac{1}{\rho} = \frac{1}{m} \cdot \frac{1}{4\pi\varepsilon_0} \cdot \left(\alpha_{ind} + \frac{\mu^2}{3kT}\right) \tag{10-22}$$

unter Verwendung von (10-16) ergibt sich hieraus

$$\varphi_m = \frac{3}{4\pi \cdot \rho} \cdot \frac{\varepsilon - 1}{\varepsilon + 2} \tag{10-23}$$

φ_m als das auf die Masse m eines Stoffes bezogene Polarisierungsvolumen hat die SI-Einheit m³ · kg⁻¹. Man nennt diese Größe auch das spezifische Polarisierbarkeitsvolumen oder auch spezifische Polarisierbarkeit. Die Dimensionsanalyse liefert für φ_m

$$\frac{V \cdot m}{kg \cdot C}\left(\frac{C^2 \cdot m^2}{J}\right) = \frac{V \cdot C \cdot m^3}{J \cdot kg} = \frac{m^3}{kg}$$

10.1.1 Temperaturabhängigkeit

Aus den Gleichungen (10-22) und (10-23) ergibt sich folgender Zusammenhang, aus der die Temperaturabhängigkeit der Polarisierbarkeit bzw. der Permittivität ersichtlich ist.

$$\varphi_m = \frac{3}{4\pi\rho} \cdot \frac{\varepsilon-1}{\varepsilon+2} = \frac{1}{4\pi\varepsilon_0 m}\left(\alpha_{ind} + \frac{\mu^2}{3kT}\right) \quad (10\text{-}24)$$

Bestimmt man nun experimentell die Permittivitätszahl ε eines Materials bei verschiedenen Temperaturen, berechnet das spezifische Polarisierungsvolumen φ_m gemäß (10-23) und trägt es über $\frac{1}{T}$ auf, ergibt sich die Möglichkeit der Bestimmung des permanenten Dipolmomentes μ und der Polarisierbarkeit α_{ind}. Wie in Abb. 10-1 dargestellt, bestimmt man die Geradensteigung b und den Achsenabschnitt a und berechnet daraus die gesuchten Größen. Gemäß (10-24) ist

$$a = \frac{\alpha_{ind}}{4\pi\varepsilon_0 m} \quad \text{und} \quad b = \frac{\mu^2}{12\pi\varepsilon_0 m \cdot k}$$

Für diese Art der Charakterisierung der elektrischen Polarisierbarkeit von Lebensmitteln ist lediglich die Kenntnis der Dichte notwendig. Bei Fragestellungen bei denen auch die Molmasse bzw. die mittlere Molmasse $\overline{M}$ des betreffenden Stoffes bekannt ist, verwendet man zur Auswertung vorteilhafter die grafische Auftragung des molaren Polarisierbarkeitsvolumes über $\frac{1}{T}$. Aus (10-20) erhält man

$$\varphi_n = \frac{M}{\rho} \cdot \frac{3}{4\pi} \cdot \frac{\varepsilon-1}{\varepsilon+2} = \frac{N_A}{4\pi\varepsilon_0}\left(\alpha_{ind} + \frac{\mu^2}{3\,kT}\right) \quad (10\text{-}25)$$

und als Steigung bzw. Achsenabschnitt der φ_n über $\frac{1}{T}$-Darstellung analog

$$a = \frac{N_A \cdot \alpha_{ind}}{4\pi\varepsilon_0}; \quad b = \frac{N_A \cdot \mu^2}{12\pi\varepsilon_0 \cdot k}$$

Aus der grafischen Darstellung in Abb. 10-1 ist ersichtlich, dass mit zunehmender Temperatur der Anteil der permanenten Dipole an der Polarisierbarkeit des Stoffes zurückgeht, während der Anteil, der aus der Verschiebungspolarisation re-

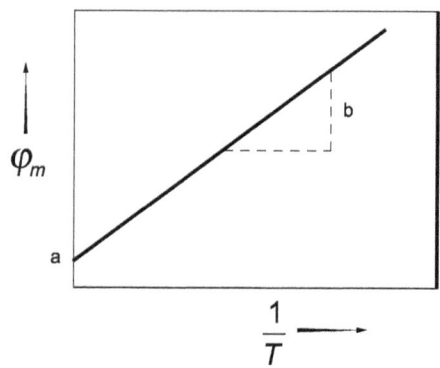

Abb. 10-1. Temperaturabhängigkeit des spezifischen Polarisierungsvolumens und dessen grafische Auswertung

sultiert erhalten bleibt. Dies lässt sich damit erklären, dass bei steigender Temperatur die regellose thermische Bewegung der Moleküle zunimmt und der Orientierung der permanenten Dipole durch das äußere elektrische Feld zunehmend entgegenwirkt. Der Effekt der Verschiebungspolarisation hingegen, der auf der Deformation der Molekül-Elektronenhülle beruht, wird von der BROWN'schen Bewegung nicht vermindert.

Dies führt dazu, dass polare Stoffe bei hohen Temperaturen eine geringere Polarisierbarkeit zeigen als bei tiefen Temperaturen. Der Effekt ist jedoch klein und ist für Temperaturdifferenzen von unter 100 K häufig vernachlässigbar. Bei der Erhitzung von Lebensmitteln durch Hochfrequenzverfahren oder Mikrowellen [2, 3] ist die Kenntnis der Polarisierbarkeit bzw. der Permittivität und ihrer Temperaturabhängigkeit notwendig (vgl. auch Abb. 10-3).

10.1.2
Frequenzabhängigkeit

Die Rotation eines Moleküls in einer Flüssigkeit benötigt etwa 10^{-12} s. Wenn ein elektrisches Feld mit einer Frequenz oberhalb von 10^{12} Hz wechselt, steht pro Wechsel nur noch eine Zeitspanne von weniger als 10^{-12} s zur Verfügung. Das führt dazu, dass permanente Dipole wie H_2O-Moleküle ab etwa dieser Frequenz dem Wechselfeld nicht mehr zu folgen vermögen. Der Beitrag der Orientierungspolarisation zur Gesamtpolarisation in Gl. (10-8) nimmt daher bei Erreichen dieser Frequenz deutlich ab. Der Beitrag der Verschiebungspolarisation hingegen ändert sich nicht. Abbildung 10-2 verdeutlicht den Verlauf der Polarisierbarkeit mit zunehmender Frequenz.

Orientierungspolarisation spielt bei optischen Frequenzen praktisch keine Rolle mehr. Erhöht man die Frequenz des eingestrahlten Wechselfeldes weiter bis hin zum UV-Bereich, fällt schließlich auch die Verschiebungspolarisation weg (s. Abb. 10-2). Elektromagnetische Wechselfelder mit Frequenzen im UV- oder RÖNTGENbereich treten nur noch mit den Elektronen der im Molekül vorhandenen Atome in Wechselwirkung.

Die Messung der Polarisierbarkeit im IR-Bereich oder mit nicht zu hohen Frequenzen des sichtbaren Lichtes liefert daher ausschließlich den auf Verschie-

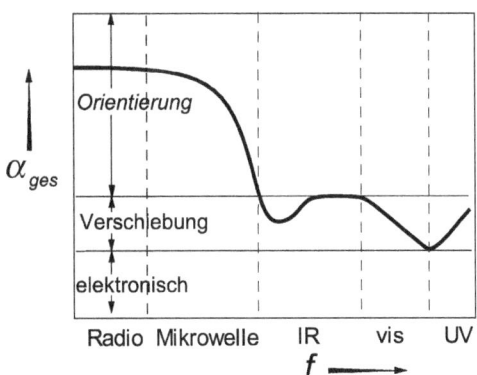

Abb. 10-2. Frequenzabhängigkeit der elektrischen Polarisierbarkeit [1]

bungspolarisation beruhenden Anteil der Polarisierbarkeit. Wegen des Wegfalles der Polarisierung durch permante Dipole kann in Gleichung (10-20) $\mu = 0$ eingesetzt werden, d.h.

$$\varphi_n = \frac{N_A}{4\pi\varepsilon_0} \alpha_{ind} \qquad (10\text{-}26)$$

Mit (10-18) und der MAXWELL-Gleichung

$$\varepsilon = n^2 \qquad (10\text{-}27)$$

entsteht daraus die Beziehung zwischen Polarisierbarkeit und Brechzahl n.

$$\varphi_n = \frac{N_A}{4\pi\varepsilon_0} \cdot \alpha_{ind} = \frac{M}{\rho} \cdot \frac{3}{4\pi} \cdot \frac{n^2-1}{n^2+2} \qquad (10\text{-}28)$$

Auf Basis von (10-28) ist die Bestimmung der elektrischen Polarisierbarkeit von Stoffen durch Bestimmung der Brechzahl (s. 11.1.2) möglich. Die beschriebenen Effekte führen zu einer Frequenzabhängigkeit der Polarisierbarkeit bzw. Permittivitätszahl und der Brechzahl des betreffenden Materials. So hat Wasser bei Raumtemperatur im Radiofrequenzbereich eine Permittivitätszahl von $\varepsilon = 84$, im Bereich der Optik hingegen $\varepsilon = 2$. Abbildung 10-3 zeigt ein weiteres Beispiel für die Frequenzabhängigkeit der Permittivitätszahl.

10.1.3
Applikationen

Bestimmung der Feuchte in Agrarprodukten durch Messung der Permittivität [5–9, 110]

Dielektrische Bestimmung von freiem Wasser, gebundenem Wasser, Wasseraktivität und Sorptionsisotherme [10, 11]

10.2
Mikrowellen

Elektromagnetische Wellen im Frequenzbereich zwischen 300 MHz und 300 GHz heißen Mikrowellen. Da Mikrowellen für Navigations- und Telekommunikationszwecke eingesetzt werden (Flugverkehr, Satelliten, RADAR etc.) ist ihr Einsatz gesetzlich geregelt. In den meisten Industrienationen (s. ITU, International Telecommunication Union) sind die Frequenzen 915 ± 13 MHz und 2450 ± 50 MHz für den industriellen, wissenschaftlichen und medizinischen Einsatz zugelassen.

Mit der Beziehung

$$c = \lambda \cdot f \qquad (10\text{-}29)$$

c Ausbreitungsgeschwindigkeit in m · s^{-1}
λ Wellenlänge in m
f Frequenz in Hz

lassen sich die Wellenlängen von Mikrowellen berechnen. Für die o.g. Frequenzen ergibt sich:

$$\lambda_{915} = \frac{2{,}99 \cdot 10^8 \text{ m} \cdot \text{s}^{-1}}{915 \cdot 10^6 \text{ s}^{-1}} = 32{,}8 \text{ cm}$$

$$\lambda_{2450} = \frac{2{,}99 \cdot 10^8 \text{ m} \cdot \text{s}^{-1}}{2450 \cdot 10^6 \text{ s}^{-1}} = 12{,}2 \text{ cm}$$

Für Mikrowellen gelten nahezu die gleichen Gesetzmäßigkeiten wie für andere elektromagnetische Wellen wie z.B. Licht. So können Mikrowellen reflektiert, absorbiert und transmittiert werden. Mit Hilfe von Metallreflektoren lassen sich Mikrowellen umlenken, fokussieren oder streuen. Manche Materialien können Mikrowellen stark absorbieren, sie besitzen einen hohen Absorptionsgrad bzw. einen geringen Transmissionsgrad. Materialien wie Glas, Keramik und Kunststoffe hingegen zeigen kaum beziehungsweise keine Mikrowellenabsorption. Sie haben wegen ihrer elektrischen Polarisierbarkeit (s. 10.1) in diesem Frequenzbereich einen niedrigen Absorptionsgrad bzw. einen hohen Transmissionsgrad. Beim Übergang von einem Material zum anderen kann sich die Richtung von Mikrowellen ändern, analog zur Brechung von Licht an Phasengrenzflächen.

Der Absorptionsgrad eines Materials für Mikrowellen hängt davon ab, ob im Material elektrische Dipole sind, welche diese Frequenzen „wie Antennen" empfangen können. Sind derartige elektrische Dipole vorhanden, die z.B. mit einer Frequenz von $2{,}45 \cdot 10^9$ Hz schwingen können, so kann der Stoff Energie aus Mikrowellenstrahlung absorbieren.

Hierbei werden temporäre und permanente elektrische Dipole unterschieden (s. 10.1). Beide zusammen verursachen die elektrische Polarisierbarkeit des betreffenden Materials, die mit Hilfe der elektrischen Permittivität gekennzeichnet wird. Die Permittivitätszahl (früher: relative Dielektrizitätskonstante) ist das Verhältnis von elektrischer Erregung D im betrachteten Material zur elektrischen Erregung im Vakuum D_{vak}.

Gemäß Gl. (10-2) ist die Permittivitätszahl

$$\varepsilon = \frac{D}{D_{vak}} \qquad (10\text{-}30)$$

D elektrische Erregung in $C \cdot m^{-2}$
D_{vak} elektrische Erregung im Vakuum in $C \cdot m^{-2}$
ε Permittivitätszahl

Ein Material mit einer hohen Polarisierbarkeit beziehungsweise mit vielen permanenten Dipolen hat im Allgemeinen eine hohe Permittivitätszahl, der materiefreie Raum hingegen hat den niedrigsten Wert, nämlich $\varepsilon = 1$. Zur Berechnung der Mikrowellenabsorption eines Stoffes ist die Kenntnis der Permittivitätszahl notwendig. Wie Abb. 10-3 zeigt, ist die Permittivitätszahl von der Temperatur abhängig.

Abb. 10-3. Elektrische Permittivitätszahl (a) und Verlustwinkel (b) von Polyester als Funktion von Temperatur und Frequenz [113]

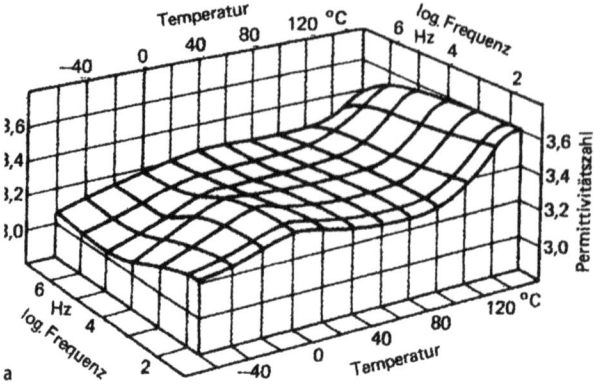

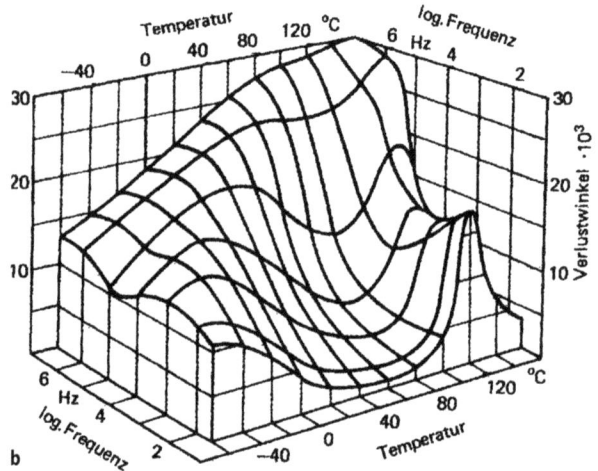

10.2.1
Umwandlung von Mikrowellen in Wärme

Wenn elektrische Dipole in einem Material durch Mikrowellen zu Schwingungen angeregt werden, geht das nicht völlig verlustfrei. Ein mit 2450 MHz schwingender Dipol in einem Stoff verliert einen Teil seiner Energie an die Umgebungsmoleküle. Da der Dipol zu seinen Nachbarmolekülen in Wechselwirkung steht, wird dessen Bewegung – von immerhin $2{,}45 \cdot 10^9$ Schwingungen in jeder Sekunde – auf die Umgebung übertragen, wodurch diese sich erwärmt. Ein idealer (vollkommen elastischer und reibungsfreier) Schwinger würde mit einer bestimmten, ihm zugeführten Energiemenge unendlich lange schwingen. Reale Schwinger hingegen zeigen immer Energieverluste an die Umgebung, man nennt die Schwingung gedämpft.

Der Grad der Dämpfung bestimmt nun das Ausmaß der Erwärmung eines Materials durch die Mikrowellenabsorption. Mathematisch zerlegt man die Permittivitätszahl hierzu in zwei Komponenten: den elastischen Anteil ε' und

10.2 Mikrowellen

Tabelle 10-2. Bezeichnungen zur komplexen Permittivitätszahl

ε'	ε''
Realteil der Permittivitätszahl	Imaginärteil der Permittivitätszahl
Elastischer Anteil	Inelastischer Anteil
in-phase-component	out-of-phase-component
	Verlustfaktor

den inelastischen Anteil ε'', der die Dämpfung d.h. den Energieverlust beschreibt. Es ist

$$\varepsilon^* = \varepsilon' + i \cdot \varepsilon'' \tag{10-31}$$

ε^* komplexe Permittivitätszahl
ε' reale Permittivitätszahl
ε'' imaginäre Permittivitätszahl
i imaginäre Einheit ($\sqrt{-1}$)

In Gl. (10-31) ist ε^* als komplexe Permittivitätszahl dargestellt, die sich aus zwei Komponenten, dem Realteil und Imaginärteil zusammensetzt. Die üblichen Bezeichnungen für die beiden Komponenten sind in Tabelle 10-2 aufgeführt.

Der Verlustanteil der elektrischen Permittivität mit dem Symbol ε'' wird in der englischsprachigen Literatur auch „electric loss factor" genannt. Es ist diejenige Größe, welche die Mikrowellenerwärmung eines Materials charakterisiert. Das Verhältnis von ε'' zu ε' (engl. loss tangent) kann bei bekanntem Wert von ε' ebenfalls zur Beschreibung der Fähigkeit eines Materials zur Absorption von Mikrowellen und damit der Mikrowellen-Erwärmungsfähigkeit dienen [24]:

$$\frac{\varepsilon''}{\varepsilon'} = \tan \delta \tag{10-32}$$

In Abb. 10-3 ist neben dem Verlustanteil ε'' auch der Verlustwinkel δ und dessen Temperatur- und Frequenzabhängigkeit aufgetragen. Die Erwärmung eines Materials durch Mikrowellenabsorption ist von der Frequenz, der elektrischen Feldstärke und dem Verlustanteil ε'' abhängig. Nach [25] ist

$$P_D = 55{,}61 \cdot 10^{-14} E^2 \cdot f \cdot \varepsilon'' \tag{10-33}$$

P_D dissipierte Leistung in W
E elektrische Feldstärke in $V \cdot m^{-1}$
f Frequenz in Hz
ε'' Verlustfaktor

Man sieht, dass die elektrische Feldstärke als quadratische Größe einen wesentlichen Einfluss auf die Erwärmung mit der Leistung P_D hat. Bei vorgegebener Mikrowellen-Quelle ($E, f = const$) ist ausschließlich die Materialgröße ε'' ausschlaggebend für das Ausmaß der Mikrowellenerwärmung.

10.2.2
Eindringtiefe von Mikrowellen

Wenn Mikrowellen in ein Material eindringen und polarisierbare Dipole deren Energie absorbieren, dann werden diese Mikrowellen beim Voranschreiten in diesem Material zunehmend abgeschwächt. Je stärker die Absorption, desto stärker ist die Abschwächung der eindringenden Mikrowelle. In stark absorbierenden Materialien verlieren Mikrowellen bereits nach wenigen Zentimetern einen Großteil ihrer Energie. Das heißt für die innen liegenden Bereiche eines Lebensmittels, dass die dort ankommende Mikrowellenintensität geringer ist als in außen liegenden Bereichen. Diejenige Distanz d, nach der die Mikrowellenleistung durch Absorption auf $\frac{1}{e}$ ihrer ursprünglichen Leistung zurückgegangen ist, bezeichnet man als Eindringtiefe z der Mikrowelle. Nach [26] gilt für die Leistung

$$P = P_0 \cdot e^{-\frac{z}{d}} \qquad (10\text{-}34)$$

und die Eindringtiefe:

$$z = \frac{\lambda}{2\pi} \left[\frac{2}{\varepsilon'(\sqrt{1+\tan^2 \delta} - 1)} \right]^{\frac{1}{2}} \qquad (10\text{-}35)$$

Beträgt die betrachtete Distanz d genau z, dann ergibt sich für die Leistung $\frac{P}{P_0} = \frac{1}{e} = 0{,}368$, d.h., nachdem die Mikrowelle die Distanz $d = z$ in das Material eingedrungen ist, hat sie nur noch 36,8% ihrer ursprünglichen Leistung. Die übrigen 63,2% sind bereits vom durchstrahlten Material absorbiert worden.

Eine geringere Absorption führt damit zu einer hohen Eindringtiefe der Mikrowelle, während eine hohe Absorption zu einer geringen Eindringtiefe führt. Tabelle 10-3 verdeutlicht den Zusammenhang an Hand einiger Materialbeispiele.

Tabelle 10-3. Eindringtiefe von Mikrowellen, Beispiele

	Reflexionsgrad	Absorptionsgrad	Transmissionsgrad	Eindringtiefe
Metalle	hoch	niedrig	niedrig	niedrig
Glas, Kunststoffe, Keramik	niedrig	niedrig	hoch	hoch
Wasser, flüssig	niedrig	hoch	niedrig	niedrig
Eis	niedrig	niedrig	hoch	hoch

Beispiel 10-1: Mikrowellen-Eindringtiefe in Kartoffeln
Wie hoch ist die Eindringtiefe des Mikrowellenfeldes in rohe Kartoffeln? Die Mikrowellenfrequenz ist 2450 MHz, die Stoffdaten lauten $\varepsilon' = 64$ und $\varepsilon'' = 15$.

$$\tan \delta = \frac{\varepsilon''}{\varepsilon'} = 0{,}23$$

$$\lambda = \frac{c}{f} = \frac{2{,}99 \cdot 10^8}{2450 \cdot 10^6}\,\text{m} = 0{,}1220\,\text{m}$$

$$z = \frac{\lambda}{2\pi}\left[\frac{2}{\varepsilon'\left(\sqrt{1+\tan^2\delta}-1\right)}\right]^{\frac{1}{2}}$$

$$z = \frac{0{,}1220\,\text{m}}{2\pi}\left[\frac{2}{64\left(\sqrt{1+0{,}23^2}-1\right)}\right]^{\frac{1}{2}}$$

$$z = \frac{0{,}1220\,\text{m}}{2\pi} \cdot 1{,}094 = 0{,}0212\,\text{m} = 21{,}2\,\text{mm}$$

10.2.3
Mikrowellenerwärmung von Lebensmitteln

Die Erwärmung von Lebensmitteln mit Hilfe von Mikrowellen bedingt einige Unterschiede zur konventionellen Erwärmung zum Beispiel im Backofen. Der Leistungseintrag kann sehr hoch sein. Industrielle Mikrowellenanlagen haben Leistungen von 5 bis 100 kW und ermöglichen steile Temperaturanstiege im Lebensmittel und kurze Behandlungszeiten. Es muss jeweils geprüft werden, ob die erwünschten physikalischen, chemischen und biologischen Reaktionen im Lebensmittel in dieser kurzen Zeit überhaupt ausreichend ablaufen können.

Gefrorene Lebensmittel
Während flüssiges Wasser Mikrowellen sehr stark absorbiert, gilt dies für festes Wasser (Eis) nicht, Tabelle 10-4 zeigt die Stoffdaten.
Eis ist nahezu vollständig transparent für Mikrowellen, daher erwärmt es sich kaum durch Absorption der Mikrowellenenergie. Behandelt man gefrorene Lebensmittel mit hoher Mikrowellenleistung, so werden die flüssigen, wässrigen Bereiche bereits heiß während sich das Eis nur wenig erwärmt, und nur ganz allmählich abtaut. Um Überhitzungsschäden zu vermeiden, muss das Auftauen per Mikrowelle mit gedrosselter Leistung vorgenommen werden. Optimal ist die Re-

Tabelle 10-4. Dielektrische Eigenschaften von Wasser [27]

	ε'	ε''	$\tan \delta$
Eis	3,2	0,0029	0,0009
Wasser, 25°C	78	12,48	0,16

gelung der Mikrowellenleistung mit Hilfe einer online ermittelten Temperatur des Lebensmittels [30].

Form des Lebensmittels
Um eine räumlich symmetrische Mikrowellen-Erwärmung eines homogenen Produktes zu erreichen, wäre die Kugelform am günstigsten. Selbstverständlich gilt auch für die Kugelform das über die Eindringtiefe Gesagte: Bei starker Absorption wird das geometrische Zentrum weniger Mikrowellenleistung erhalten als die äußeren Schichten. In der Realität wird man flache Lebensmittel mit möglichst einheitlichem Radius verwenden. Kanten und Ecken sind stets gefährdet überhitzt zu werden.

Zusammensetzung der Lebensmittel
Für die Erwärmung von Lebensmitteln per Mikrowelle ist neben der Permittivität die spezifische Wärmekapazität eine wesentliche Größe. Führt man eine bestimmte Wärmemenge zu, so zeigen Stoffe mit niedriger Wärmekapazität einen starken Temperaturanstieg. Stoffe mit hoher Wärmekapazität, wie z.B. Wasser zeigen hingegen einen geringen Temperaturanstieg. Bei der Mikrowellenerwärmung von Lebensmitteln kommt hinzu, dass der Wassergehalt die dielektrischen Eigenschaften entscheidend mitbestimmt und damit auch die Mikrowellenabsorption beeinflusst.

Stoffe mit hohem Wassergehalt haben eine höhere Mikrowellenabsorption als trockene Stoffe, sie zeigen aber wegen ihrer hohen Wärmekapazität nicht so starke Temperaturanstiege wie wasserfreie Stoffe bei Zufuhr der gleichen Energiemenge. Dies ist zusammen mit der Wärmeleitfähigkeit und Verdampfungsenthalpie von Wasser ein Grund dafür, dass ölhaltige Bereiche eines Lebensmittels den Mikrowellenofen heißer verlassen können als wasserhaltige Bereiche. Eine Erhöhung der Konzentration an Ionen in wässrigen Bereichen vergrößert die Permittivität. Der Elektrolytgehalt von Lebensmitteln ist somit ein weiterer Parameter zur Steuerung der Mikrowellenerhitzung [28].

Trockene, hochporöse und lufthaltige Lebensmittel zeigen eine geringe Mikrowellenabsorption. Wegen ihrer geringen Wärmeleitfähigkeit können sie in Backöfen wie thermische Isolatoren wirken. Im Mikrowellenofen können sie heiße, mikrowellen-absorbierende Bereiche umschließen und deren Abkühlung verhindern.

10.2.4
Applikationen

Mikrowellen-Trocknung vs. konvektive Trocknung	[12]
Klassifizierung von Mikrowellen-Materialien anhand physikalischer Eigenschaften	[13]
Kartoffeln: Dielektrische Eigenschaften	[14]
Hühnereiweiß: Dielektrische Untersuchung der Denaturierung	[15]
Fisch: Mikrowellen-Garung und Qualität	[16]

Traubensaft: Dielektrische Eigenschaften, Eignung für HELP-Behandlung [17]
Knoblauch: Dielektrische Eigenschaften [18]
Käse: Dielektrische Eigenschaften [19]
Geflügelfleisch: Dielektrische Bestimmung von Wasserzusatz [20]
Spargel: Mikrowellenpasteurisation [21]
Dielektrische Erfassung der Glasur gefrorener Lebensmittel [22]
Mikrowellenbasierter Feuchte-Sensor [23]
Bildgebende RADAR-Tomographie zur physikalischen Analyse von Lebensmitteln [29]
Wasserbindung und BET-Daten aus dielektrischen Messungen [31]

10.2.5 Literatur

1. Atkins PW (1990) Physikalische Chemie. VCH Weinheim
2. Wang Y, Wig TD, Tang J, Hallberg LM (2003) Dielectric properties of foods relevant to RF and microwave pasteurization and sterilization. J Food Engineering 57: 257–268
3. Ryynänen S (1995) The electromagnetic properties of food materials: a review of the basic principles. J Food Engineering 26: 409–429
4. Schneider U (2000) Breitbandige dielektrische Studien der Dynamik struktureller Glasbildner. Dissertation, Universität Augsburg
5. Berbert PA, Stenning BC (1996) Analysis of density-independent equations for determination of moisture content of wheat in the radiofrequency range. J Agricultural Engineering Research 65:275-286
6. Sheen NI, Woodhead IM (1999) An open-ended coaxial probe for broad-band permittivity measurement of agricultural products. J Agricultural Engineering Research 74: 193–202
7. Sokhansanj S, Nelson SO (1998) Dependence of dielectric properties of whole-grain wheat on bulk density. J Agricultural Engineering Research 39: 173–179
8. Berbert PA, Queiroz DM, Sousa EF, Molina MB, Melo EC, Faroni LRD (2001) PH – postharvest technology: dielectric properties of parchment coffee. J Agricultural Engineering Research 80: 65–80
9. Berbert PA, Stenning BC (1996) On-line moisture content measurement of wheat. J Agricultural Engineering Research 65: 287–296
10. Henry F, Costa LC, Serpelloni M (2003) Dielectric method for the determination of a_w. Food Chemistry 82: 73–77
11. Clerjon S, Daudin JD, Damez JL (2003) Water activity and dielectric properties of gels in the frequency range 200 MHz – 6 GHz. Food Chemistry 82: 87–97
12. Khraisheh MAM, Cooper TJR, Magee TRA (1997) Microwave and air drying I. Fundamental considerations and assumptions for the simplified thermal calculations of volumetric power absorption. J Food Engineering 33: 207–219
13. Bows JR (2000) A classification system for microwave heating of food. Intern J Food Sci Tech 35: 417–430
14. Regier M, Housova J, Hoke K (2001) Dielectric properties of mashed potatoes. Intern J Food Properties 4: 431
15. Lu Y, Fujii M (1998) Dielectric analysis of hen egg white with denaturation and in cool storage. Int J Food Sci Tech 33: 393–399
16. Sahin S, Sumnu G (2001) Effects of microwave cooking on fish quality. Intern J Food Properties 4: 501

17. García A, Torres JL, Prieto E, De Blas M (2001) Dielectric properties of grape juice at 0.2 and 3 GHz. J Food Engineering 48: 203–211
18. Sharma GP, Prasad S (2002) Dielectric properties of garlic (Allium sativum L.) at 2450 MHz as function of temperature and moisture content. J Food Engineering 52: 343–348
19. Herve AG, Tang J, Luedecke L, Feng H (1998) Dielectric properties of cottage cheese and surface treatment using microwaves. J Food Engineering 37: 389–410
20. Kent M, Anderson D (1996) Dielectric studies of added water in poultry meat and scallops. J Food Engineering 28: 239–259
21. Lau MH, Tang J (2002) Pasteurization of pickled asparagus using 915 MHz microwaves. J Food Engineering 51: 283–290
22. Kent M, Stroud G (1999) A new method for the measurement of added glaze on frozen foods. J Food Engineering 39: 313–321
23. Hinz T, Menke F, Eggers R, Knöchel R (1996) Development of a Microwave Moisture Sensor for Application in the Food Industry. Lebensmittel-Wissenschaft und -Technologie 29: 316–325
24. Decareau RV, Peterson RA (1986) Microwave Processing and Engineering. VCH Publ, Deerfield Beach, Florida
25. Copson DA, Microwave Heating (1975) AVI Publ Co Westport, Connecticut
26. Hippel von AR (1954) Dielectrics and Wave. MIT Press Cambridge
27. Schiffman RF (1986) Food product development for microwave processing. Food Technology 40: 94–98
28. van der Veen ME, van der Goot AJ, Vriezinga CA, De Meester JWG, Boom RM (2003) On the potential of uneven heating in heterogeneous food media with dielectric heating. J Food Engineering, In Press
29. Abdullah MZ, Guan LC, Lim KC, Karim AA (2004) The applications of computer vision system and tomographic radar imaging for assessing physical properties of food. J Food Engineering 61: 125–135
30. Bows JR, Patrick ML, Janes R, Dibben DC (1999) Microwave phase control heating. Int J Food Sci Tech 34: 295–304
31. Henry F, Gaudillat M, Costa LC, Lakkis F (2003) Free and/or bound water by dielectric measurements. Food Chemistry 82: 29–34

(100–129 befinden sich am Schluss des Buches)

11 Optische Eigenschaften

Zu den optischen Eigenschaften von Lebensmitteln zählen alle die Eigenschaften, welche durch Wechselwirkung mit elektromagnetischer Strahlung im Bereich optischer Wellenlängen entstehen. Dazu gehören charakteristische Absorptionen und Emissionen, die Farbe und Änderungen der Licht-Ausbreitungsgeschwindigkeit, die zur so genannten Brechung führen. Die NIR-Eigenschaften von Lebensmitteln werden in diesem Kapitel den optischen Eigenschaften hinzugerechnet, während die Mikrowellen-Eigenschaften bereits in 10.2 behandelt wurden. Ein weites Gebiet stellt die Mikroskopie von Lebensmitteln dar, die mit automatischen Bildanalyse-Systemen gekoppelt werden kann. Bildanalytische Techniken bleiben dabei nicht auf rein optische Frequenzen beschränkt, sondern können auf IR-, UV-, RADAR-, Mikrowellen- und RÖNTGEN-Bilder angewendet werden. Eine gute Einführung in die Mikroskopie von Lebensmitteln bietet [23].

11.1 Refraktometrie

11.1.1 Grundlagen

Unter Brechung (Refraktion) versteht man die Änderung der Ausbreitungsrichtung einer Welle beim (nicht-senkrechten) Auftreffen auf eine Grenzfläche zwischen Medien, die eine unterschiedliche Ausbreitungsgeschwindigkeit für diese

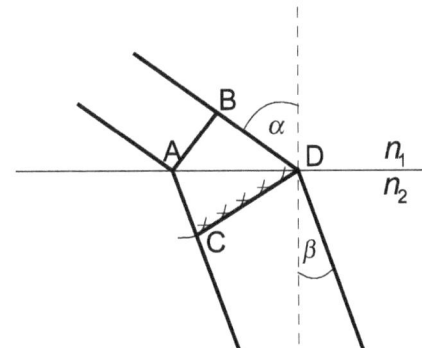

Abb. 11-1. Brechung als Folge unterschiedlicher Wellen-Ausbreitungsgeschwindigkeiten

Abb. 11-2. Brechungswinkel und Reflexionswinkel

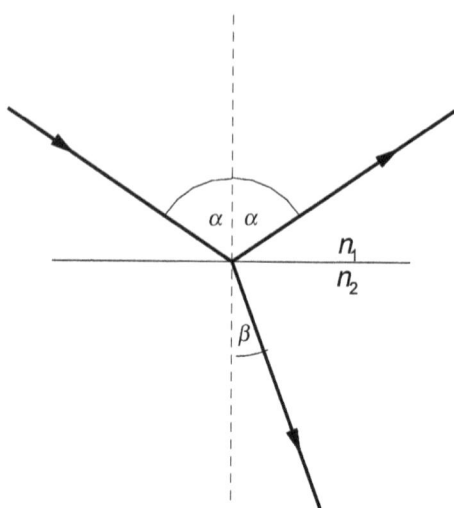

Welle besitzen. Betrachten wir einen Strahl – zum Beispiel einen Lichtstrahl wie in Abb. 11-2 –, der vom Medium 1 auf das Medium 2 trifft. Ein Teil des Lichtes wird an der Grenzfläche reflektiert (Einfallswinkel = Ausfallswinkel), das übrige Licht tritt in das Medium 2 ein. Gemäß dem HUYGENS-Prinzip sind alle beleuchteten Punkte an der Grenzfläche Ausgangspunkte sphärischer Wellen, die sich unter anderem ins Medium 2 ausbreiten (s. Abb. 11-1). Wenn die an diesen Ausgangspunkten startenden Wellen im Medium 2 eine geringere Ausbreitungsgeschwindigkeit besitzen als im Medium 1, hat dieses ein Abknicken des Strahls „zum Einfallslot hin" zur Folge.

Der Brechungswinkel β in Abb. 11-2 lässt sich mit Hilfe des SNELLIUS-Gesetzes berechnen:

$$\frac{\sin \alpha}{\sin \beta} = \frac{c_1}{c_2} \tag{11-1}$$

$$\frac{c_1}{c_2} = \frac{\dfrac{c_0}{n_1}}{\dfrac{c_0}{n_2}} \tag{11-2}$$

$$\frac{\sin \alpha}{\sin \beta} = \frac{n_2}{n_1} \tag{11-3}$$

c_1 Lichtgeschwindigkeit in Medium 1 in m · s^{-1}
c_2 Lichtgeschwindigkeit in Medium 2 in m · s^{-1}
c_0 Vakuumlichtgeschwindigkeit in m · s^{-1}
n_1 Brechzahl Medium 1

n_2 Brechzahl Medium 2
α Einfallswinkel
β Brechungswinkel

Die Betrachtung gilt selbstverständlich allgemein für sämtliche Wellen und nicht nur für Lichtwellen. Vergrößert man den Einfallswinkel α, so wächst der Brechungswinkel β gemäß dem SNELLIUS-Gesetz. Wenn $\beta = 90°$ erreicht, tritt kein Licht mehr in das Medium 2 ein, sämtliches Licht wird an der Grenzfläche reflektiert. Man nennt diesen Winkel den Grenzwinkel der Totalreflexion. Die Bestimmung dieses Winkels kann zur Brechzahlbestimmung genutzt werden (s. Abschnitt 11.1.2).

Die Lichtausbreitung – genauso wie die Ausbreitung anderer Wellen – in einem Medium geschieht durch Absorption und Anregung von schwingungsfähigen Systemen, zum Beispiel Elektronen in diesem Medium. Da die Absorptionsfähigkeit nicht für alle Frequenzen gleich ist (vgl. 10.1.2), ist auch die Brechzahl frequenzabhängig, dieser Effekt wird Dispersion der Brechung genannt.

11.1.2
Messung der Brechzahl

Brechzahlen lassen sich durch Ausmessen von Einfallswinkel und Brechungswinkel bestimmen. Eine experimentelle Vereinfachung besteht darin, dass man als Brechungswinkel 90° wählt und den zugehörigen Einfallswinkel α sucht. Die Brechzahl von Flüssigkeiten kann man ebenso bestimmen, in dem man sie in ein Hohlprisma füllt. Im Labor beziehungsweise in der Produktion erfolgt die Bestimmung der Brechzahl jedoch mit automatischen Refraktometern, meistens ebenfalls auf der Basis der Bestimmung des Grenzwinkels der Totalreflexion. Man lässt hierzu Licht definierter Wellenlänge aus einem optisch dichten Material schräg auf die Probe treffen und erhöht den Einfallswinkel kontinuierlich so lange bis der Brechungswinkel 90° beträgt. Bei einem Brechungswinkel von $\beta = 90°$ tritt das Licht parallel zur Grenzfläche $\frac{n_1}{n_2}$ aus (streifend), dieser Punkt ist eindeutig zu detektieren. Labor-Refraktometer arbeiten mit wenigen Tropfen Probeflüssigkeit, die zu einem dünnen Film geformt werden und liefern Brechzahlen nach wenigen Sekunden Messzeit. Mit Durchlaufküvetten können Brechzahlen von strömenden Flüssigkeiten on-line erhalten werden, in-line Refraktometer dienen zur Steuerung von Prozessen.

Abbildung 11-3 zeigt ein Refraktometer schematisch. Durch Schwenken der Lichtquelle 4 wird der Einfallswinkel α so lange variiert, bis Licht am Detektor 8 austritt ($\beta = 90°$). Dann ist:

$$\frac{\sin \alpha}{\sin \beta} = \frac{\sin \alpha_G}{\sin 90°} \qquad (11\text{-}4)$$

$$\frac{\sin \alpha_G}{\sin 90°} = \frac{n_2}{n_1} \qquad (11\text{-}5)$$

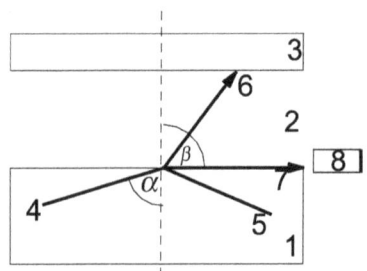

1 Medium mit Brechzahl n_1
2 Probe mit Brechzahl n_2
3 Probenraumabdeckung
4 Lichtquelle
5 reflektierter Strahl
6 gebrochener Strahl
7 total-reflektierter Strahl
8 Detektor

Abb. 11-3. Brechzahlbestimmung. 1 Fenster, 2 Probe, 3 Abdeckung, 4 eintretender Strahl, 5 reflektierter Strahl, 6 gebrochener Strahl, 7 total-reflektierter Strahl, 8 Detektor

$$n_2 = n_1 \cdot \sin \alpha_G \qquad (11\text{-}6)$$

α Einfallswinkel
β Brechungswinkel
n_2 Brechzahl der Probe
n_1 Brechzahl des Refraktometers
α_G Grenzwinkel

Mit der bekannten Brechzahl n_1 des Refraktometer-Fensters lässt sich somit einfach die Brechzahl der Probe ermitteln.

Tabelle 11-1 zeigt exemplarisch die Brechzahlen einiger Stoffe, die Bezeichnung Brechungsindex ist im Deutschen überholt, jedoch in der angelsächsischen Literatur (index of refraction) weit verbreitet.

Durch die experimentelle Bestimmung der Brechzahl lässt sich ein Stoff schnell charakterisieren. Mit Hilfe von tabellierten Konzentrations-Brechzahl-Werten lässt sich die Saccharose-Konzentration von Lebensmitteln wie Getränken schnell und einfach ermitteln.

Tabelle 14.32 im Anhang ist eine international verwendete Tabelle mit Brechzahl-Saccharosekonzentration-Werten (ICUMSA). Auf Basis derartiger Tabellen verfügen viele Refraktometer über eingebaute Umrechnungsfaktoren und können statt einer Brechzahl bereits Saccharose-Konzentrationen zum Beispiel in der Einheit °Bx (Brix) anzeigen. Es muss beachtet werden, dass derartige Tabellen nur für die angegebene Temperatur und Wellenlänge ermittelt werden sowie nur für den Fall

Tabelle 11-1. Brechzahlen einiger Stoffe

Stoff	Brechzahl (20°C, 10^3 hPa, $\lambda = 589$ nm)
Diamant	2,414
Quarzglas	1,459
Luft	1,0003
CO_2	1,0045
Ethanol	1,362
Wasser	1,333
20% (m/m) Saccharose-Lösung	1,364

11.1 Refraktometrie

binärer Lösungen aus Saccharose und Wasser. Befinden sich zum Beispiel andere Zuckerarten in der Lösung beziehungsweise weitere Stoffe, welche die Brechzahl der Lösung beeinflussen, gilt so eine Zuordnung nicht mehr. Ist jedoch Saccharose ein Hauptbestandteil und die Genauigkeitsanforderung nicht sehr hoch, können derartige Tabellen mit entsprechenden Einschränkungen dennoch verwendet werden. Refraktometrische Schnellmethoden werden zum Teil für ganze Früchte und Fruchtpulpe eingesetzt. Aus der Brechzahl wird dann eine hypothetische Zuckerkonzentration errechnet, die zutreffend wäre, wenn alle gelösten Stoffe Saccharose wären. Auf diese Weise lassen sich kohlenhydratreiche Lebensmittel anhand ihres Gehaltes löslicher Trockensubstanz (total soluble solids) charakterisieren.

Da die Brechung und damit die Brechzahl mit der Ausbreitungsgeschwindigkeit einer elektromagnetischen Welle im betrachteten Medium – das heißt mit der Absorptionsfähigkeit des Materials für diese Frequenz – zusammenhängt, gibt es eine Beziehung zwischen Brechzahl und Permittivität des betreffenden Materials.

Mit der DRUDE-Formel

$$\varepsilon^* = \varepsilon_0 + N \cdot \alpha^* \tag{11-7}$$

und

$$c_0 = \sqrt{\varepsilon_0 \cdot \mu_0} \tag{11-8}$$

sowie mit der MAXWELL-Relation

$$n^* = \sqrt{\varepsilon^* \cdot \mu^*} \tag{11-9}$$

sowie mit der Vereinfachung $\mu^* = 1$, die für viele Stoffe zutrifft, wird für Frequenzen unterhalb des Hochfrequenzbereichs [112]

$$n = \mathrm{Re}\sqrt{\varepsilon^*} \tag{11-10}$$

also

$$n = \sqrt{\varepsilon} \tag{11-11}$$

c_0 Vakuum-Lichtgeschwindigkeit
ε_0 elektrische Feldkonstante
μ_0 magnetische Feldkonstante
ε Permittivitätszahl
μ Permeabilitätszahl
μ^* komplexe Permeabilitätszahl
N Anzahl Resonatoren in m^{-3}
α^* komplexe Polarisierbarkeit in cm^3
ε^* komplexe Permittivitätszahl
n^* komplexe Brechzahl

Oberhalb von einigen 100 MHz (Licht hat eine weitaus höhere Frequenz) gilt diese Vereinfachung $n = \mathrm{Re}\sqrt{\varepsilon^*}$ nicht, hier muss mit den komplexen Größen gerechnet werden.

11.1.3
Applikationen

Trockensubstanzgehalt in Sirup (solids in syrup)	[104] Methode 9.32.14 C
Trockensubstanz-Gehalt von Tomatenmark durch Messung der Refraktion	[100]Methode L29.11.03-1
Gehalt an löslichem Trockenstoff in Frucht und Gemüseerzeugnissen mittels Refraktion	[100] Methoden L31.00-16 und L30.00-2(EG) [104] Methoden 976.20 und 938.17

11.2
Kolorimetrie

Die Kolorimetrie (Farbmesstechnik) ist nicht rein physikalischer Natur. Ein optischer Reiz (Farbreiz) entsteht durch Auftreffen einer Strahlung auf die Netzhaut des Auges. Die auftreffende Strahlung bewirkt eine visuelle Empfindung, die wir Farbe nennen. Die Strahlung lässt sich mit rein physikalischen Methoden erfassen, mit der Untersuchung der Wirkung des Reizes – der Farbempfindung – jedoch verlässt man das Gebiet der Physik. Farbe ist damit keine physikalische Größe wie z.B. Schmelzpunkt oder Partikelgröße, die (empfundene) Farbe hängt jedoch von vielen physikalischen Faktoren ab, wie z.B. [1–5]:

- Beleuchtungsstärke
- Lichtart
- Beleuchtungswinkel
- Beobachtungswinkel
- Oberflächenbeschaffenheit

Für die Beschreibung von Farbe ist es ein Unterschied, ob ein selbstleuchtender Körper betrachtet wird oder ein nicht-selbstleuchtender Körper. Die Farbe des Nicht-Selbstleuchters hängt neben den physikalischen Eigenschaften des Körpers auch von der Art der Beleuchtung ab. Selbstverständlich hängt die visuell wahrgenommene Farbe auch stark mit dem Farb-Sehvermögen des Betrachters und dessen Farbempfindung zusammen. Das menschliche Auge bewertet Farbreize nach mehreren verschiedenen spektralen Empfindlichkeitsfunktionen, doch werden die einzelnen Erregungen zu einer einheitlichen Empfindung zusammengesetzt, die Farbvalenz heißt. In der Farbvalenzmetrik werden Farbvalenzen (Farben) mit Hilfe von Maßzahlen gekennzeichnet. Die Maßzahlen stehen je nach verwendetem System für z.B. Helligkeit, Rotanteil, Grünanteil, Blauanteil, Sättigung usw. Durch Farbmesstechnik und Verwendung eines Farbvalenzmetrik-System lässt sich eine Farbe als Vektor bzw. als Zahlentripel darstellen.

11.2.1
Entstehen von Farbe und Färbung

Sichtbares Licht ist elektromagnetische Strahlung mit Wellenlängen zwischen 380 nm und 750 nm. Größere Wellenlängen (IR) und kleinere Wellenlängen (UV-Strahlung) sind für den Menschen unsichtbar. Tabelle 11-2 zeigt, dass der sichtbare Teil des elektromagnetischen Spektrums nur einen kleinen Teil des Gesamtspektrums ausmacht.

Das Produkt aus Wellenlänge und Frequenz liefert die Ausbreitungsgeschwindigkeit der Welle, hier die Lichtgeschwindigkeit:

$$c = \lambda \cdot f \qquad (11\text{-}12)$$

c Ausbreitungsgeschwindigkeit in m · s^{-1}
λ Wellenlänge in nm
f Frequenz in s^{-1}

Innerhalb des sichtbaren Bereichs lassen sich weitere Unterteilungen vornehmen. Das sichtbare Spektrum lässt sich in eine Reihe verschiedener Farben

Tabelle 11-2. Elektromagnetische Strahlung

Frequenz in Hz	Elektromagnetische Strahlung	Größe von Vergleichsobjekten	Vakuumwellenlänge in m
$3 \cdot 10^{24}$			10^{-16}
$3 \cdot 10^{23}$		Atomkern	10^{-15}
$3 \cdot 10^{22}$	γ-Strahlung		10^{-14}
$3 \cdot 10^{21}$			10^{-13}
$3 \cdot 10^{20}$	Röntgenstrahlung		10^{-12}
$3 \cdot 10^{19}$			10^{-11}
$3 \cdot 10^{18}$		Elektronenbahn im Atom	10^{-10}
$3 \cdot 10^{17}$			10^{-9}
$3 \cdot 10^{16}$	Ultraviolett		10^{-8}
$3 \cdot 10^{15}$		Viren	10^{-7}
$3 \cdot 10^{14}$	Licht	Bakterien	10^{-6}
$3 \cdot 10^{13}$	Infrarot (Wärme)		10^{-5}
$3 \cdot 10^{12}$			10^{-4}
$3 \cdot 10^{11}$	Millimeterwellen		10^{-3}
$3 \cdot 10^{10}$	Zentimeterwellen	Chip	10^{-2}
$3 \cdot 10^{9}$	Dezimeterwellen (UHF)	Fernsehwellen	10^{-1}
$3 \cdot 10^{8}$	Ultrakurzwellen (UKW)		10^{0}
$3 \cdot 10^{7}$	Kurzwellen	Haus	10^{1}
$3 \cdot 10^{6}$	Mittelwellen	Wolkenkratzer	10^{2}
$3 \cdot 10^{5}$	Langwellen		10^{3}
$3 \cdot 10^{4}$		Mount Everest	10^{4}
$3 \cdot 10^{3}$	Tonfrequenzen		10^{5}
$3 \cdot 10^{2}$	Wechselstrom		10^{6}
$3 \cdot 10^{1}$		Erddurchmesser	10^{7}
$3 \cdot 10^{0}$			10^{8}

Tabelle 11-3. Grobe Wellenlängen-Einteilung des sichtbaren Lichts

Rot:	700 nm – 770 nm
Gelb:	570 nm – 590 nm
Blau:	400 nm – 475 nm

aufsplitten („die Farben des Regenbogens"). Eine grobe Einteilung zeigt Tabelle 11-3.

Durch Mischen von Licht unterschiedlicher Wellenlängen (unterschiedlicher Farben) lassen sich beliebige Farben herstellen. Man nennt dies additive Farbmischung. Andererseits führt das Herausfiltern bestimmter Wellenlängen zu einer neuen Farbe des verbleibenden Lichtes. Dies wird als subtraktive Farbmischung bezeichnet.

Beispiel 11-1: Farbe von Rotwein
Wenn wir einen Lichtstrahl auf eine Probe Rotwein richten, so werden die Anthocyane im Wein einen Teil der eingestrahlten Energie absorbieren und in Wärme umwandeln. Da die Anthocyan-Farbstoffe bevorzugt Energie um 500 nm (grün) absorbieren, fehlt dem austretenden Licht diese Komponente und es erscheint daher Rot. Manche Rotweine haben eine ausgeprägte Gelb-Absorption, daher ist das austretende Licht Rot-Blau.

Farben entstehen also als Folge selektiver Absorption im sichtbaren Frequenzbereich. Das Ausmaß der Absorption hängt bei nicht-wässrigen und wässrigen Lösungen – wie Rotwein – von der Konzentration der absorbierenden Stoffe und der Schichtdicke der Probe ab. Dies Verhalten wird durch das LAMBERT-BEERsche Gesetz beschrieben:

$$E = k(\lambda) \cdot c \cdot d \qquad (11\text{-}13)$$

E Extinktion
k Extinktionskoeffizient
c Konzentration
d Schichtdicke in m

Bei bekanntem Extinktionskoeffizienten und bekannter Schichtdicke kann man auf diese Weise bequem und schnell die Konzentration von gelösten Stoffen bestimmen. In der Photometrie und Spektralphotometrie macht man hiervon Gebrauch und nutzt zusätzlich zu den sichtbaren Wellenlängen auch UV-Wellenlängen (UV/vis-Spektralphotometer).

Nach dem Rotwein soll nun ein farbiger Festkörper betrachtet werden: Das grüne Flaschenglas einer Rotweinflasche. Das Material absorbiert einige rote Wellenlängen (außerdem auch UV), wodurch das Glas seine grüne Farbe erhält. Das Licht, das den Wein in der Flasche erreicht, ist durch das Flaschenglas verändert. Im günstigen Fall ist es derart verändert, dass die Qualität des Weines dadurch besser erhalten wird als bei anderer Verpackung.

Ebenso ist das Licht, das nun vom Wein zu unserem Auge gelangt, durch das Flaschenglas verändert: Einige rote Frequenzen wurden vom Glas absorbiert und erreichen das Auge des Betrachters nicht, außerdem ist die Intensität des ausgestrahlten Lichtes vermindert. Beides verändert die visuelle Wahrnehmung der Weinfarbe.

Betrachtet man die Scherben der grünen Weinflasche, so stellt man bei zunehmender Zerkleinerung der Glasscherben fest, dass der grüne Farbton zu verschwinden scheint. Während grobe Glaspartikel noch die ursprüngliche grüne Farbe zeigen, erscheint ein feines Glasgranulat bereits hellgrün und ein feines Glaspulver erscheint nahezu weiß. Die Ursache hierfür ist die Lichtstreuung: Ein Teil des auf die Probe auftreffenden Lichtes dringt nicht in die Probe ein sondern wird reflektiert. Bei zunehmender Vermahlung der Glasscherben nimmt der Anteil des reflektierten Lichtes zu, folglich erscheint die Probe eher in der Farbe weiß, d.h. in der Farbe der Beleuchtung als in der Farbe grün.

Die Entstehung der Farbe eines Körpers (Nicht-Selbstleuchter) hängt also von mehreren Faktoren ab. Tabelle 11-4 fasst einige Faktoren zusammen.

11.2.2
Physiologie des Farbsehens

Auf der Retina des menschlichen Auges befinden sich zwei Arten lichtempfindlicher Rezeptoren. Die sogenannten Stäbchen (engl. rods) sind hell-dunkelempfindlich, die Zapfen (engl. cones) sind sensitiv für Farben. Von den Zapfen existieren drei unterschiedliche Typen, die Fotopigmente dieser Typen haben ihre Absorptionsmaxima bei 420 nm (Blau), 535 nm (Grün) und 565 nm (Rot). Vereinfacht gesagt gibt es also Zapfen für rote, grüne und blaue Wellenlängen. Durch das Zusammenspiel dieser drei Sensortypen können wir weitere Farben als nur die Primärfarben Rot, Blau, Grün wahrnehmen. Man nennt diese Mischfarben.

Die Entstehung von Mischfarben durch additive Farbmischung lässt sich anhand des sogenannten Farbdreiecks (Abb. 11-4) studieren. Aufgetragen sind die (maximal gesättigten) Spektralfarben, geordnet nach ihrer Wellenlänge. Die Größen x und y heißen Normfarbanteile. Es entsteht ein hufeisenförmiger Spektralkurvenzug. Die Eckpunkte dieses Spektralkurvenzuges werden durch Violett,

Tabelle 11-4. Einflussgrößen auf die Farbe eines nichtselbstleuchtenden Körpers und deren Parameter

Einflussgrößen	Parameter
Beleuchtung	Lichtart, Winkel
Transmission Absorption Emission Reflexion	Material, Oberflächenbeschaffenheit, Absorptionsfähigkeit
Beobachtung	Betrachter, Winkel

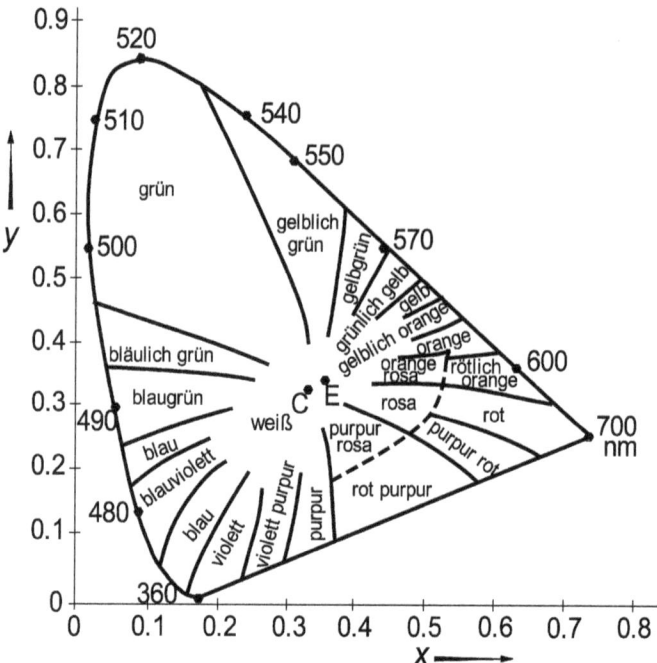

Abb. 11-4. Normfarbtafel: Innerhalb des hufeisenförmigen Dreiecks liegen alle wahrnehmbaren Farben (DIN 5033). Auf dem Kurvenzug selbst liegen die gesättigten Spektralfarben

Grün und Rot gebildet. Die von Violett nach Rot gezogene Linie (Purpurlinie) formt schließlich das hufeisenförmige Farbdreieck. In diesem Dreieck sind alle Farben enthalten, die je beobachtet wurden, auch Farben, die nicht im Spektrum vorkommen wie z.B. Purpur. Das Dreieck ist so gestaltet, dass bei der additiven Mischung von zwei beliebigen Farbtönen eine Mischfarbe entsteht, die auf der Verbindungsgeraden im Farbdreieck liegt. Beispielsweise ergibt die Mischung von Rot und Grün den Farbeindruck Gelb oder die Mischung von Rot und Blau eine der Purpurfarben. Eine additive und symmetrische Mischung von Farben, die durch den Punkt E geht, liefert den Farbeindruck Weiß. Das ist z.B. der Fall, wenn man ein Gelb von 580 nm mit einem Blau von 480 nm mischt. Solche Spektralfarben, dessen Mischung Weiß ergibt, heißen Komplementärfarben. Der Punkt E in Abb. 11-4 heißt Weißpunkt (auch: Unbuntpunkt) [107].

11.2.3
Terminologie

In der Terminologie der Commission Internationale de l'Eclairage (CIE) bzw. des Deutschen Instituts für Normung (DIN 5033) heißt eine Mischfarbe aus der Farbtafel in Abb. 11-4 Farbton bzw. Farbvalenz. Die Primärfarben Rot, Grün, Blau heißen Primärvalenzen R, G, B. Deren Wellenlängen wurde durch Normung auf die in Tabelle 11-5 dargestellten, monochromatischen Werte festgelegt.

11.2 Kolorimetrie

Tabelle 11-5. Normierte Werte der Primärvalenzen [107]

Primärvalenz	λ/nm
R (rot)	700,0
G (grün)	546,1
B (blau)	435,8

Eine Farbe (Farbvalenz E) lässt sich demnach als Vektor im Farbenraum darstellen. Der Vektor ergibt sich aus der Linearkombination der Primärvalenzen. Die Primärvalenzen R, G und B nehmen dabei die Rolle von Einheitsvektoren an:

$$E = r \cdot R + g \cdot G + b \cdot B \tag{11-14}$$

r, b, g geben die Beiträge an, mit denen die Primärvalenzen in der additiven Farbmischung vorhanden sind. Das von der CIE entworfene Normvalenz-System gilt für menschliches Farbensehen unter einem Betrachtungswinkel (Öffnungswinkel) von 2°. Es wurde in die deutsche Norm übernommen und heißt dort 2°-Normvalenz-System (DIN 5033). Inzwischen wurde auch ein 10°-Normvalenz-System entworfen (CIE 1971, DIN 5033), das sich aufgrund der Physiologie der menschlichen Netzhaut leicht vom 2°-System unterscheidet. Die Ursache liegt darin, dass die Verteilung der farbsensitiven Zapfen in der Retina nicht gleichmäßig ist. Im Sehzentrum (foveales Sehen) werden Farben etwas anders empfunden als in weiter außen liegenden Bereichen der Netzhaut (perifoveales Sehen).

Die Normung von Farbsystemen spielt eine wichtige Rolle für industrielle farbgebende Verfahren (Anstrichmittel, Druckindustrie) und z.B. zur Kennzeichnung von Lichtquellen und Beleuchtungsarten durch Normlichtarten [1, 2, 107].

Für technische Zwecke lassen sich Farben durch
- Farbton
- Sättigung
- Helligkeit

charakterisieren [107]. Der Farbton (Farbvalenz) entsteht gemäß (11-14) durch Mischen der Primärfarben R, G, B (Abb. 11-4) zu beispielsweise Orange oder Blaugrün. Insgesamt lassen sich etwa 200 Farbtöne unterscheiden. Die Sättigung kennzeichnet die Beimischung von Graustufen (zwischen Schwarz und Weiß) zum jeweiligen Farbton. Farben in der Nähe des Unbuntpunktes (Punkt E in Abb. 11-4) besitzen eine niedrige Sättigung, Farben in der Nähe des Spektralkurvenzugs besitzen eine hohe Sättigung.

Die Farben auf dem Kurvenzug haben die maximale Sättigung. Es sind die Spektralfarben, sie werden reine Farben genannt. Es können etwa 20–25 Sättigungsstufen unterschieden werden. Farbton und Sättigung zusammen bestimmen die so genannte Farbart. Beispielsweise gibt ein reines Rot gemischt mit Weiß die Farbart Rosa, gemischt mit Schwarz die Farbart Braun.

Schließlich kann jeder Farbe eine Helligkeit zugeordnet werden. Etwa 500 Helligkeitsstufen sind unterscheidbar. Durch die Kombination von Farbton, Sättigung und Helligkeit ergeben sich beim Farbensehen mehrere Millionen Differenzierungsmöglichkeiten.

DIN-System

In Deutschland und Europa wird vielfach das DIN-Farbsystem und die DIN-Farbkarte (DIN 6164) benutzt. Die Farben werden hierbei nach Farbtonzahl T, Sättigungsstufe S und Dunkelstufe D quantitativ beschrieben. Diese so genannten Farbmaßzahlen T, S, D werden zu einem Farbenzeichen zusammengefasst, das aus den drei durch Doppelpunkt getrennten Maßzahlen in der Reihenfolge T, S, D besteht. Beispiel: Farbe DIN 6164 – 7:3:2.

In DIN 6164 sind Normlichtart D65, senkrechte Beobachtungsrichtung und 45°C Beleuchtung festgelegt.

Lab-System

Fasst man Farben als Vektoren im Farbraum auf, so lassen sie sich vorteilhaft in einem Zylinder-Koordinatensystem darstellen. Im sogenannten MUNSELL-System (Abb. 11-5) stellt die vertikale Achse die Helligkeitsachse dar, der horizontale Abstand des Farbpunktes (Spitze des Farbvektors) von der vertikalen Achse kennzeichnet die Farbsättigung. Der ebene Winkel α kennzeichnet den Farbton. Die Farben auf dem in Abb. 11-5 gezeichneten Ring besitzen alle die gleiche Sättigung und die gleiche Helligkeit; jeder Punkt auf dem Ring hat einen anderen Farbton. Diese Darstellung heißt MUNSELL-Darstellung einer Farbe, teilweise wird die Bezeichnung MUNSELL-Farbraum verwendet.

Verwendet man zur Kennzeichnung des Farbtons anstelle des ebenen Winkels α die Größen a, b aus (11-15)

$$\tan \alpha = \frac{b}{a} \tag{11-15}$$

und benennt die Helligkeit mit L, gelangt man zum JUDD-HUNTER-System. Dieses System wird häufig auch Lab-System genannt. Die Größen a und b sind die

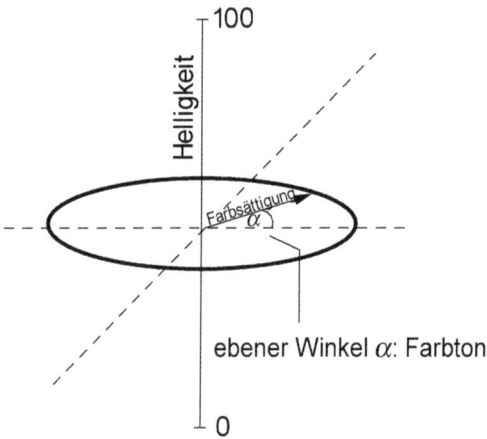

Abb. 11-5. Darstellung einer Farbe als Punkt im Zylinder-Koordinatensystem (MUNSELL-System)

11.2 Kolorimetrie

Abb. 11-6. Darstellung einer Farbe im JUDD-HUNTER-System (Lab-System)

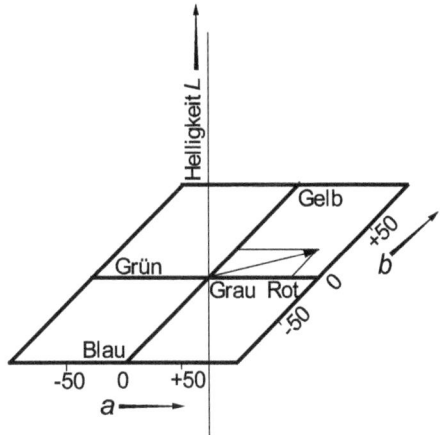

Katheten des vom Winkel α aufgespannten rechtwinkeligen Dreiecks (s. Abb. 11-6). Im JUDD-HUNTER-System wird eine Farbe also mit den drei Größen L, a und b gekennzeichnet. Während der Wert von L die Helligkeit angibt, wird die Lage des Farbpunktes in der betreffenden L-Ebene durch die Koordinaten a und b charakterisiert. Dann steht $+a$ für rot, $-a$ für grün, $+b$ für gelb, $-b$ für blau (siehe Abb. 11-6). Für MUNSELL-Darstellung und HUNTER-Darstellung gilt:

$$\text{Farbsättigung} = \sqrt{a^2 + b^2} \tag{11-16}$$

Beispiel 11-2: Lab-Werte für Farben
Tabelle 11-6 zeigt einige Beispiele.

Das JUDD-HUNTER-System ist anschaulich und einfach zu handhaben. Während der Helligkeitswert L die Lage der a-b-Ebene im Farbraum kennzeichnet, stehen positive Werte von a für den Anteil an Rot, negative Werte von a für den Anteil an Grün, positive Werte von b für den Anteil an Gelb und negative Werte von b für den Anteil an Blau in der betrachteten Farbe.

Tabelle 11-6. Charakterisierung von Farbe im JUDD-HUNTER-System

L	a	b	Beschreibung
0	a	b	vollständig dunkel, schwarz
100	a	b	vollständig hell, weiß
L	-80	0	Grün
L	$+100$	0	Rot
L	0	-70	Blau
L	0	$+70$	Gelb

Tabelle 11-7. Attribute zur Beschreibung von Farbe

Attribut	Beschreibung	Beispiel
Farbton MUNSELL: hue (engl.) RAL DS: Buntton	Unterscheidung von Farbfamilien im Farbdreieck	Rotgelb, nicht Grüngelb
Helligkeit engl. brightness, MUNSELL: value (engl.) RAL DS: Helligkeit	Grad der Helligkeit	helles Rotgelb dunkles Rotgelb
Sättigung (Farbsättigung, Brillanz) MUNSELL: chroma (engl.) RAL DS: Buntheit blasses Rotgelb	Grad der Beimischung von Unbunt (weiß und schwarz)	reines Rotgelb

Das JUDD-HUNTER-System ist in den USA weitverbreitet und wird häufig kurz Lab-System oder $L^*a^*b^*$-System genannt. Es wurde 1976 von der CIE übernommen und dort CIELAB genannt.

In der angelsächsischen Literatur wird der von HUNTER verwendete Farbton als „hue", der Helligkeitswert als „value" und die Sättigung als „chroma" bezeichnet. Im DIN-System heißt der Farbton auch „Buntton". Tabelle 11-7 stellt die Begriffe gegenüber.

11.2.4
Farbmessverfahren

Farbmessungen können mit visuellen Verfahren, mit spektrophotometrischen Verfahren [6] oder mit klassischer Tristimulus-Kolorimetrie [8] durchgeführt werden. Hinzu kommen einige spezielle produktspezifische Farbmessverfahren [7].

Die visuelle Farbmessung beruht auf der (nicht-instrumentierten) Beobachtung von Proben unter definierter Beleuchtung und dem Vergleich mit Farb-Standards. Spektrophotometrische Messungen beruhen auf der Bestimmung der Absorption einzelner Wellenlängen bzw. Wellenlängenbereiche durch die Probe bei definierter Beleuchtung. Tristimulus-Messverfahren verwenden 3-Filter-Systeme, um die Reizempfindlichkeit des menschlichen Auges (Zapfen) nachzuempfinden. Zu den produktspezifischen Farbmessverfahren zählen z.B. die Klassierung von Braumalz (EBC-Farbskala) oder z.B. die Intensitätsmessung ausgewählter (z.B. grüner) Farbanteile zur Klassierung von reifen und unreifen Agrarprodukten.

Visuelle Farbmessverfahren
Zwei Objekte werden als farbgleich bezeichnet, wenn bei Betrachtung unter gleichen Beleuchtungsbedingungen kein Farbunterschied feststellbar ist. Verwendet man definierte Farbstandards, und stellt experimentell fest, zu welchem Standard

Abb. 11-7. Tristimulus-Kolorimeter, schematisch. Eine definierte Lichtquelle V beleuchtet die Probe P. Am Detektor S wird die Intensität gemessen. Es ist nur einer der drei verschiedenen Filter F gezeichnet

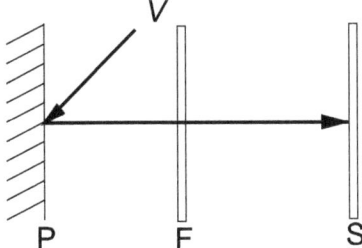

das untersuchte Objekt farbgleich ist (engl. color match), so bietet sich eine Möglichkeit zur Quantifizierung der visuell wahrgenommenen Farbe (sensorische Prüfung).

Als Farbstandards werden in den amerikanischen und europäischen Arzneibüchern wässrige Lösungen von $CoCl_3$ (rosa), $FeCl_3$ (gelb) und $CuSO_4$ (blau) und deren Mischungen als Standards – sog. matching Fluids – empfohlen. Die Herstellung und Verwendung derartiger Vergleichslösungen ist im Anhang 14.9 beschrieben.

Tristimulus-Kolorimetrie
Basierend auf der Erkenntnis, dass das Farbsehen auf der Wahrnehmung von Rot-, Blau- und Grün-Reizen beruht, lassen sich Farbmessgeräte bauen, welche die von einem Objekt ausgehende, sichtbare Strahlung ebenfalls in drei derartige Größen zerlegen. Hierzu bestrahlt man die Probe zunächst unter festgelegtem Beleuchtungswinkel mit einer definierten Lichtart. Das von der Probe ausgehende Licht wird in drei Teilstrahlen aufgeteilt, die jeweils einen Filter passieren bevor sie auf eine lichtempfindliche Zelle treffen, welche die Intensität des jeweiligen Teilstrahles misst. Die drei Filter sind so konstruiert, dass ein roter, ein grüner und ein blauer Teilstrahl entsteht, der jeweils die Reizung der drei verschiedenen, farbsensitiven Zapfen der Retina darstellen soll (Tristimulus). Die Filterwellenlängen wurden durch Normung (CIE 1976) so festgelegt, dass sie der spektralen Empfindlichkeit eines Norm-Beobachters entsprechen.

Die so photometrisch ermittelten R-, G-, B-Anteile werden vom Kolorimeter als Normfarbwerte X, Y, Z (CIE-XYZ-System) oder in Lab-Werte (HUNTER-System) umgerechnet.

11.2.5
Applikationen

Geflügelfleisch: Beeinflussung der Farbe durch Inhaltsstoffe und Verfahren	[10]
Mais: Farbe als Indikator von Wachstums-Stress (Wasser- und Stickstoff-Mangel)	[11]
Mais: Automatische Farb-Klassierung	[12]
Pizza: Bildanalyse zur Qualitätskontrolle	[13]

Zucker: Prüfung auf Farbe und Weißheit	[100] Methode L39.01.02-1
Einfluss des Trockungsprozesses auf die Farbe von Apfel, Banane, Kartoffeln, Karotte	[14]
Farbmessung mittels digitaler Bildverarbeitung	[15]
Farbe und andere physikalische Eigenschaften mittels Bildanalyse und Radar-Tomografie	[16]
Geflügel-Karkassen: Qualitätskontrolle per Video-Bildanalyse	[17]
Früchte: Größe, Farbe und Oberflächen-Qualität mittels automatischer Bildanalyse	[18]
Bier: Blasengrößenverteilung und Blasengeschwindigkeit per Bildanalyse	[19]
Rindfleisch: UV/vis-Bildanalyse zur Textur-Untersuchung von dünnen Scheiben	[20]
Farbe und rheologische Eigenschaften von Hochdruck-Fruchtzubereitungen	[21]
Tomaten-Farbmessgerät	[22]

11.2.6
Literatur

1. Völz HG (2001) Industrielle Farbprüfung, Wiley-VCH, Weinheim
2. Judd DB and Wyszecki G (1967) Color in Business, Science, and Industry. Wiley, New York
3. Clydesdale FM (1969). The measurement of color. Food Technol 23: (1969) 16–22
4. Clydesdale FM and Francis FJ (1969) Colorimetry of Foods. J of Food Sci 34: 349–352
5. Francis FJ and Clydesdale FM (1975) Food Colorimetry: Theory und Applications. AVI Westport, Conn.
6. Kortüm G (1969) Reflectance Spectroscopy, Principles, Methods, Applications. Springer-Verlag, New York
7. Gruenwedel DW, Whitaker JR (eds) (1984) Food analysis I, physical characterization. Marcel Decker, New York
8. Hunter R (1942) Photoelectric Tristimulus Colorimetry with Three Filters. Natl Bur Std Circ C429
9. Europäisches Arzneibuch (2003) Wiss Verlagsgesellschaft mbh, Stuttgart
10. Froning GW (1995) Color of poultry meat. Poultry and Avian Biology Reviews 6: 83–93
11. Ahmad IS, Reid JF (1996) Evaluation of colour representations for maize images. J Agricultural Engineering Research 63: 185–195
12. Liao K, Paulsen MR, Reid JF (1994) Real-time detection of colour and surface defects of maize kernels using machine vision. J Agricultural Engineering Research 59: 263–271
13. Sun DW (2000) Inspecting pizza topping percentage and distribution by a computer vision method. J Food Engineering 44: 245–249
14. Krokida MK, Maroulis ZB, Saravacos GD (2001) The effect of the method of drying on the colour of dehydrated products. Int J Food Sci Tech 36: 53–59
15. Yam KL, Papadakis SE (2004) A simple digital imaging method for measuring and analyzing color of food surfaces. J Food Engineering 61: 137–142
16. Abdullah MZ, Guan LC, Lim KC, Karim AA (2004) The applications of computer vision system and tomographic radar imaging for assessing physical properties of food. J Food Engineering 61: 125–135

17. Eger H, Hinz A (1996) Video image analysis of carcass quality. Trends in Food Science and Technology 7: 273
18. Davenel A, Guizard C, Labarre T, Sevila F (1988) Automatic detection of surface defects on fruit by using a vision system. J Agricultural Engineering Research 41: 1–9
19. Hepworth NJ, Hammond JRM, Varley J (2004) Novel application of computer vision to determine bubble size distributions in beer. J Food Engineering 61: 119–124
20. Basset O, Buquet B, Abouelkaram S, Delachartre P, Culioli J (2000) Application of texture image analysis for the classification of bovine meat. Food Chemistry 69: 437–445
21. Dervisi P, Lamb J, Zabetakis I (2001) High pressure processing in jam manufacture: effects on textural and colour properties. Food Chemistry 731: 85–91
22. Hunter RS and Yeatmen JN (1961) Direct reading tomato colorimeter. J Opt Soc Am 51: 552–554
23. Flint O (1994) Food Microscopy. Bios Scientific Oxford

11.3
NIR – nahes Infrarot

11.3.1
Grundlagen

Unter Infrarot-Strahlung (IR) versteht man den Teil des elektromagnetischen Spektrums mit Wellenlängen von $\lambda = 0{,}8\ \mu m - 1000\ \mu m$. In der IR-Spektroskopie wird zur Kennzeichnung der Strahlung statt der Wellenlänge häufig der reziproke Wert, die so genannte Wellenzahl (wavenumber) verwendet. Obwohl die SI-Einheit der Wellenzahl m^{-1} ist, wird für die Wellenzahl häufig die Einheit cm^{-1} verwendet.

Es ist:

$$c = \lambda \cdot f \tag{11-18}$$

$$\tilde{\nu} = \frac{1}{\lambda} \tag{11-19}$$

c Ausbreitungsgeschwindigkeit in $m \cdot s^{-1}$
λ Wellenlänge in m
f Frequenz in Hz
$\tilde{\nu}$ Wellenzahl in m^{-1}

Man unterteilt den IR-Bereich in nahes Infrarot (NIR), mittleres Infrarot (MIR) und fernes Infrarot (FIR). Tabelle 11-8 zeigt die zugehörigen Wellenlängenbereiche.

Unter IR-Spektroskopie versteht man die Untersuchung der IR-Absorption von Stoffen. Die grafische Auftragung der Absorption über der Frequenz nennt man das Absorptions-Spektrum der untersuchten Substanz. Im Bereich der IR-Spektroskopie verwendet man traditionell allerdings anstelle der Frequenz die Wellenzahl. Außer Absorptions-Spektren sind auch Transmissions-Spektren gebräuchlich.

Die IR-Spektroskopie beschränkt sich auf Stoffe, die infrarot-aktive Moleküle enthalten. Das sind Stoffe, die Molekülschwingungen im IR-Bereich absorbieren

Tabelle 11-8. Unterteilung der IR-Wellenlängenbereiche

Bezeichnung		$\lambda/\mu m$	$\tilde{\nu}/cm^{-1}$
NIR	near IR	800–2500	4000–12500
MIR	middle IR	2500–5000	2000–4000
FIR	far IR	5000–10^6	10–2000

können. Moleküle oder Molekülbindungen, bei denen während einer Schwingung eine periodische Änderung des Dipolmoments auftritt, sind infrarotaktiv. Abbildung 11-8 zeigt eine derartige Molekülschwingung am Beispiel des Wassermoleküls. Weitere Grundschwingungen (Normalschwingungen) des H_2O-Moleküls mit den zugehörigen Wellenzahlen sind in Tabelle 11-9 aufgelistet.

Moleküle und Molekülschwingungen können außer ihren Normalschwingungen auch Schwingungen mit der doppelten, dreifachen usw. Frequenz ausführen. Man nennt diese Schwingungen die Oberschwingungen oder manchmal – in Anlehnung an die Akustik – auch Obertöne. Tabelle 11-10 zeigt die Systematik.

Moleküle, die größer als das bis hierhin betrachtete H_2O-Molekül sind, besitzen noch wesentlich mehr Absorption-Frequenzen. Durch die Kopplung benachbarter Schwingungen kommt es zu so genannten Kombinationsschwingungen. Dies hat zur Folge, dass IR-Spektren häufig eine Vielzahl von Peaks bzw. Banden aufweisen und kompliziert aussehen. Andererseits ist es dadurch mög-

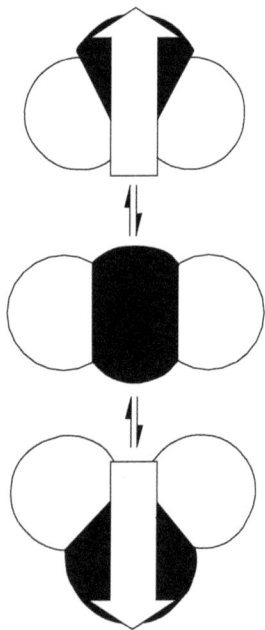

Abb. 11-8. Molekülschwingung des H_2O-Moleküls, schematisch

11.3 NIR – nahes Infrarot

Tabelle 11-9. Normalschwingungen des H_2O-Moleküls

	Bezeichnung	engl.	$\tilde{\nu}/cm^{-1}$ (Absorption)
	symmetrische Streckschwingung	symmetric stretch	3652
	asymmetrische Streckschwingung	asymmetric stretch	3756
	Knickschwingung	scissoring	1596

Tabelle 11-10. Bezeichnung von Grundschwingungen und Oberschwingungen

Bezeichnung	engl.	Frequenz	Wellenlänge
Grundschwingung (Normalschwingung)	fundamental oscillation	f	λ
1. Oberschwingung	1. overtone	$2 \cdot f$	$\frac{\lambda}{2}$
2. Oberschwingung usw.	2. overtone	$3 \cdot f$	$\frac{\lambda}{3}$

lich, aus dem Spektrum Informationen über die Molekülzusammensetzung und die Bindungszustände im Molekül zu gewinnen. Tabelle 11-11 und Abb. 11-9 verdeutlichen das Zustandekommen typischer Banden. Tabelle 11-12 zeigt die typischen Absorptionsbereiche von Lebensmittelinhaltsstoffen.

Wegen der Vielzahl von Absorptionsbanden wirken NIR-Spektren zunächst schwer interpretierbar. Tatsächlich ist im NIR-Bereich eine visuelle Zuordnung von Banden und absorbierenden Strukturelementen kaum möglich. Abbildung 11-9 verdeutlicht dies am Beispiel des NIR-Spektrums von Cellulose. Durch geeignete Auswerteverfahren ist es jedoch möglich geworden, Stoffe und Stoffgemische anhand ihrer NIR-Spektren zu identifizieren und zu quantifizieren. Auch physikalische Parameter wie zum Beispiel Teilchengröße, Kristallinität und Schüttdichte können das Spektrum beeinflussen. Daher sind derartige Parameter als potenzielle Störgrößen bei der Messung zu berücksichtigen. Andererseits bietet sich die Möglichkeit, aus den NIR-Spektren auch Informationen über diese physikalischen Eigenschaften – wie z. B. die Partikelgrößenverteilung der Probe – zu gewinnen [2, 3].

Tabelle 11-11. Absorptionsbereiche (MIR) funktioneller organischer Gruppen [110]

	Schwingung	$\tilde{\nu}/cm^{-1}$ (Absorption)
Alkane	– CH Streck- und Biege- – CH_2 Streck- und Biege- – CH_3 Streck- und Biege-	2800–3000 1420–1470 1340–1380
Alkene	– CH Olefin-Streck-	3000–3100
Alkine	– CH Acetylen-Streck-	3300
Aromaten	– CH aromatische Streck- – C=C – Streck- – OH Streck- – OH Biege- C–O Streck-	3000–3100 1600 3200–3600 1300–1500 1000–1200
Ether	C–O asymmetrische Streck-	1000–1220
Amine	– NH primäre und sekundäre Amin- Streck-	3300–3500
Aldehyde, Ketone	– C=O Streck- – OH (Dublett)	1700–1735 2700–2850
Carbonsäuren	– C=O Streck-	1720–1740
Amide	– C=O Streck- – NH Streck- – NH Biege-	1640–1670 3100–3500 1550–1640

Tabelle 11-12. Absorptionsbereiche (NIR) von Lebensmittel-Inhaltsstoffen [110]

Stoff	Schwingung	λ/nm
Wasser	– OH Streck- /Kombinations- – OH Streck-	1920–1950 1400–1450
Proteine, Peptide	– NH Deformations-	1560–1670 2080–2220
Fette	– CH Streck- – CH_2 und – CH_3 Streck-	2300–2350 1680–1760
Kohlenhydrate	C–O und O–H Streck-/Kombinations-	2060–2150

11.3.2
Messtechnik

NIR-Spektrometer bestehen wie andere Spektrometer im Prinzip aus einem Strahlerzeugungssystem, mit dem die Probe bestrahlt wird und einem Detektionssystem, welches die von der Probe reflektierte oder transmittierte Strahlung auffängt. Um die Probe sukzessive mit Wellenlängen unterschiedlicher Frequenzen zu bestrahlen, ist ein System zur Erzeugung monochromatischer Strahlung notwendig. Die einfachste Technik hierzu ist die Verwendung von verschiedenen Filtern, die nacheinander in den Strahlengang geschwenkt werden. Eine weitere Technik zur Beleuchtung der Probe mit diskreten NIR-Wellenlängen ist

Abb. 11-9. Typische IR-Banden und zugehörige funktionelle Gruppen [1].
C Grundschwingung
O Oberschwingung

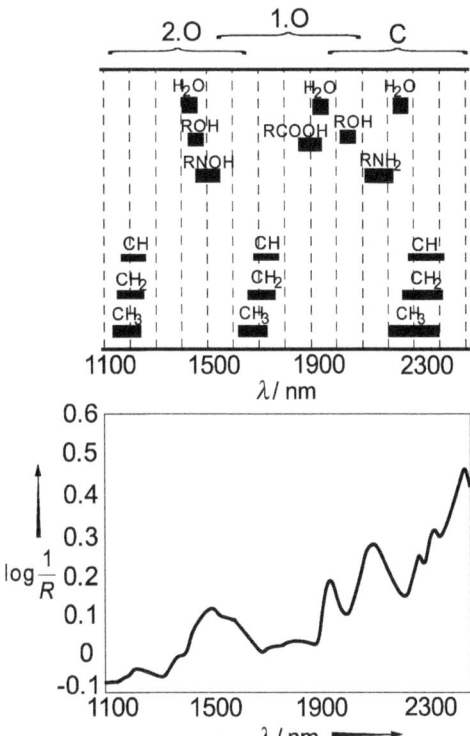

die Verwendung von LEDs (lichtemittierende Diode, engl. light emitting diode), die Strahlung im unsichtbaren NIR-Bereich aussenden (NIR-LEDs). Eine andere Möglichkeit, verschiedene Wellenlängen zu erhalten, ist die Verwendung eines optischen Gitters als Monochromater.

Mit einem Gitter-Monochromater können kontinuierliche NIR-Spektren erhalten werden (engl. scanning monochromator). Mit durchstimmbaren akustooptischen Filtern (AOTF, engl. acousto-optical-tunable filters) können ebenfalls kontinuierliche Spektren aufgenommen werden, zudem sehr schnell und ohne mechanisch bewegte Teile wie sie beim Gitter- oder Filter-Spektrometer notwendig sind.

Ganz ohne Filter und Monochromator arbeiten FOURIER-Transform-Spektrometer (FT-Spektrometer). Sie verfügen über ein eingebautes Interferometer (häufig ein MICHELSON-Interferometer) und beleuchten die Probe mit dem Interferogramm der verwendeten monochromatischen Lichtquelle. Durch FOURIER-Transformation lässt sich hieraus ein Frequenzspektrum berechnen, dem das erhaltene Detektorsignal zugeordnet werden kann.

Tabelle 11-13 fasst die Messprinzipien zusammen.

Je nach Anordnung von Probe, NIR-Quelle und Detektor ist es möglich, die Probe anhand ihrer NIR-Absorption, -Transmission oder -Reflexion zu charak-

Tabelle 11-13. Merkmale und Typen von NIR-Spektrometern

Spektrometer-Typ	
Filter	schwenkbare IR-Filter
Tunable-Filter	durchstimmbare optische Filter (zum Beispiel AOTF)
Dioden (IR-LED)	monochromatische LEDs als IR-Quelle
Gitter	schwenkbares optisches Gitter
Prisma	schwenkbares Prisma
FOURIER-Transform (FT)	eingebautes Interferometer

terisieren. Während klassisch in Transmission gearbeitet wurde um hieraus die Absorption zu ermitteln, wird heute oftmals die Reflexion der Probe detektiert (Abb. 11-10). Mit einem Reflektor am Boden des Probengefäßes, der die von der Probe transmittierte Strahlung zurückwirft, nennt man diese Art der Probenbeleuchtung Transflexion.

Anders als in Abb. 11-10 wird der Detektor häufig so angeordnet, dass nicht die direkte Reflexion des NIR-Strahls erfasst wird, sondern nur die von der Probe in andere Raumrichtungen emittierte Strahlung, die so genannte diffuse Reflexion.

Um die diffuse Reflexion der Probe räumlich und zeitlich zu mitteln, verwendet man Integrationskugeln (ULBRICHT-Kugeln) und/oder rotierende Probenbehälter.

Die Vorzüge der NIR-Spektroskopie (NIRS) liegen im geringen Aufwand für die Probenvorbereitung und in der Möglichkeit, mit einem NIR-Spektrum gleichzeitig mehrere Inhaltsstoffe der Probe zu bestimmen.

Die Kalibrierung der Geräte erfolgt derart, dass man eine Reihe von Spektren von Proben aufnimmt, deren interessierende Inhaltsstoffe über andere Verfahren ermittelt wurden. Die Zusammenhänge zwischen den aufgenommenen Spektren und den Daten aus den Referenzverfahren werden mit geeigneter Software (zum

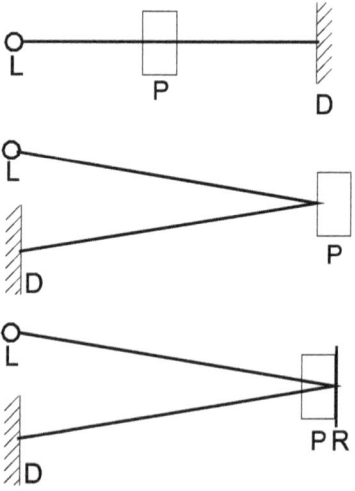

Abb. 11-10. NIR-Messung, schematisch: L Lichtquelle, Probe P, Detektor D, Reflektor R. Messung in Transmission (oben), Reflexion (Mitte) und Transflexion (unten)

Beispiel mittels Clusteranalyse) ermittelt und in eine Kalibrierfunktion übersetzt. Mit derart kalibrierten Geräten können Qualitätsprüfung, Eingangskontrollen und Prozessanalysen schnell und automatisch durchgeführt werden. Da ein NIR-Spektrum von einer Vielzahl von Einflussgrößen abhängt, ist jedoch eine genaue Eingrenzung der Gültigkeit einer Kalibrierung notwendig. Einen Eindruck über das Potenzial der NIR-Analytik verschafft die folgende Auflistung von Applikationen. Weitere Anwendungsbeispiele finden sich in [4, 109, 110]

11.3.3
Applikationen

NIR

Bestimmung von Wasser in Lebensmitteln mittels NIR	[5]
Verderb von Frittierfetten	[6]
Einsatz von NIR in der Milchindustrie	[7]
Feuchteverlauf während des Erhitzens von Lebensmitteln	[8]
Zerstörungsfreie Bestimmung des Zuckergehaltes von Zitrusfrüchten	[9]
Strukturparameter von gefrorenem Modell-Sorbet mittels in-line-NIR	[10]
Verfolgung von Extrusions-Koch-Prozessen mittels NIR	[11]
Milch: Verfolgung der labinduzierten Protein-Koagualation durch on-line Sensoren auf Basis von NIR, Wärmeleitfähigkeit und Schallausbreitung	[12]
Multispektrale Bildanalyse von Geflügel-Karkassen	[13]
Klassifizierung von Citrus-Ölen durch NIR	[14]
Wassergehalt in Ginseng mittels NIR	[15]
Polymorphie in Pulvermischungen	[16]
Partikelgrößenverteilung von mikrokristalliner Cellulose	[2]
On-line Qualitätssicherung verpackter Pharmazeutika	[17]
Prozesskontrolle von Pulvermischungen	[1]

UV/vis

Wachse: UV-Spektroskopische Reinheitsprüfung	[100] Methode L57.12.152
Zuckergehalt in Milchtrockenprodukten: Polarimetrische Bestimmung	[100] Methode L02.06-5
Wassergehalt/Zuckergehalt in Zuckerarten: Polarimetrische Bestimmung	[100] Methoden L39.00-1 bis 10
Tomatenketchup: Licht-Absorption und Vergleich mit BOSTWICK-Konsistenz	[18]

11.3.4
Literatur

1. Berntsson O (2001) Characterization and application of near infrared reflection spectroscopy for quantitative process analysis of powder mixtures. Diss Kungl Högskolan Stockholm
2. O'Neil AJ, Jee RD, Moffat AC (1999) Measurement of cumulative particle size distribution of microcrystalline cellulose using NIR spectroscopy. Analyst 124: 33–36
3. Gehäuser Cl (1997) Aufbau und Auswertung von NIR-Datenbanken zur Identifizierung von Arzneistoffen. Dissertation Universität Tübingen
4. Köstler M, Isengard HD (2001) Einsatzmöglichkeiten der NIR-Spektroskopie in der Qualitätssicherung von Lebensmitteln im Wareneingang. GIT – Labor-Fachzeitschrift 45: 520–523
5. Büning-Pfaue H (2003) Analysis of water in food by near infrared spectroscopy. Food Chemistry 82: 107–115
6. Isengard HD (1999) Analytische Methoden zur Kontrolle des Verderbs von Frittierfetten. Proc. 57. Diskussionstagung FEI, Bonn, p 117–129
7. Wüst E, Rudzik L (2003) The Use of Infrared Spectroscopy in the Dairy Industry. J Molecular Structure 291: 661–662
8. Wählby U and Skjöldebrand C (2001) NIR-measurements of moisture changes in foods. J Food Engineering 47: 303–312
9. Miller WM, Zude M (2002) NIR-based sensing coupled with physical/color features to identify brix level of Florida citrus. ASAE Annual Meeting, Chigago
10. Bolliger S, Closs C, Zeng Y, Windhab E (1998) In-line use of near infrared spectroscopy to measure structure parameters of frozen model sorbet. J Food Engineering 38: 455–467
11. Guy RCE, Osborne BG, Robert P (1996) The application of near infrared reflectance spectroscopy to measure the degree of processing in extrusion cooking processes. J Food Engineering 27: 41–258
12. O'Callaghan DJ, O'Donnell CP, Payne FA (2000) On-line sensing techniques for coagulum setting in renneted milks. J Food Engineering 43: 155-165
13 Park B, Chen YR, Huffman RW (1996) Integration of visible/NIR spectroscopy and multispectral imaging for poultry carcass Inspection. J Food Engineering 30:197–207
14 Steuer B, Schulz H, Läger E (2001) Classification and analysis of citrus oils by NIR spectroscopy. Food Chemistry 72: 113–117
15 Guixing R, Feng C (1997) Determination of moisture content of ginseng by near infra-red reflectance spectroscopy. Food Chemistry 60: 433–436
16 Patel AD, Luner PE, Kemper MS (2000) Quantitative analysis of polymorphism binary and multicomponent mixtures by near infrared reflectance spectroscopy. Int J Pharmacy 206: 63–74
17 Herbert TV (2001) Evaluierung einer NIR-Methode zur on-line Qualitätssicherung von Pharmazeutika auf der Verpackungsstraße. Diss Universität Tübingen
18 Haley TA, Smith RS (2003) Evaluation of in-line absorption photometry to predict consistency of concentrated tomato products. Lebensmittel Wissenschaft und Technologie 36: 159–164

(100–129 befinden sich am Schluss des Buches)

12 Akustische Eigenschaften

Luftdruckschwankungen im Frequenzbereich von 16 Hz bis etwa 16 kHz werden vom menschlichen Ohr als hörbarer Schall wahrgenommen.

Schall mit höheren Frequenzen wird als Ultraschall, ab 10^9 Hz als Hyperschall bezeichnet. Der Bereich tiefer Frequenzen < 10 Hz heißt auch Infraschall (s. Tabelle 12-1).

12.1 Schall

Die Fortpflanzung von Schall geschieht in Form mechanischer Longitudinalwellen. Schall kann sich in Gasen, Luft, Flüssigkeiten und elastischen Festkörpern ausbreiten. Damit Schallwellen vom menschlichen Ohr wahrgenommen werden können, müssen die Gehörknöchelchen mit Schwingungen der betreffenden Frequenz angeregt werden. Dies geschieht im Allgemeinen über Schwingungen der Luft vor dem menschlichen Trommelfell. Schallwellen aus schwingenden Festkörpern (Maschinenteilen, etc.) gelangen daher im Allgemeinen nur über die Luft an das Gehör. Im Vakuum gibt es keine Schallausbreitung und daher keine Schallempfindung. Bei Verringerung des Luftdrucks geht die Schallempfindung zurück, im luftleeren Raum herrscht völlige Stille. Eine direkte Einkopplung von Schall in das Innenohr unter Umgehung von Luft und Trommelfell ist technisch möglich.

12.1.1 Schallgeschwindigkeit

Die Schallgeschwindigkeit hängt von der Koppelung der schwingenden Moleküle oder Atome untereinander ab. Daher ist die Schallgeschwindigkeit in Festkörpern

Tabelle 12-1. Unterscheidung von Schall nach Frequenzbereichen

Bezeichnung	Frequenzbereich
Infraschall	0 – 16 Hz
hörbarer Schall	16 Hz – 16 kHz
Ultraschall	20 kHz – 10 GHz
Hyperschall	$10^9 - 10^{12}$ Hz

Tabelle 12-2. Schallgeschwindigkeit bei 15°C und 1013 hPa (aus [112])

Stoff	$v/\text{m} \cdot \text{s}^{-1}$
Eisen	5170
Blei	1250
Wasser	1464
Wasserstoff	1284
Sauerstoff	316
Luft	331

und Flüssigkeiten wesentlich höher als in Gasen, in denen die Teilchen eine vergleichsweise geringe Wechselwirkung besitzen. Einen Vergleich von Schallgeschwindigkeiten zeigt Tabelle 12-2. Die Schallgeschwindigkeit in Luft hängt von der Luftdichte ab, das heißt von der Temperatur, Druck und der vorhandenen Luftfeuchte (s. Tabelle 12-3). Zur Berechnung der Luftdichte s. 2.3.1.

Unter der Schallleistung versteht man die pro Zeiteinheit von der Schallwelle abgestrahlte Energie. Beispiele für typische Schallleistungen zeigt Tabelle 12-4.

Die sogenannte Schallschnelle kennzeichnet die Geschwindigkeit der durch Schall schwingenden Moleküle beziehungsweise Atome. Sie ist nicht identisch mit der Ausbreitungsgeschwindigkeit der Schallwelle, der Schallgeschwindigkeit.

Zur Kennzeichnung von Schallfeldern verwendet man häufig so genannte Pegel. Es handelt sich um logarithmierte Verhältniszahlen von aktueller Schall-

Tabelle 12-3. Einfluss der Temperatur auf die Schallgeschwindigkeit in Luft

Stoff	$\vartheta/°C$	$v/\text{m} \cdot \text{s}^{-1}$
Luft trocken	−20	319
Luft trocken	0	331
Luft trocken	20	344
Luft trocken	100	387
Wasserdampf	130	450

Tabelle 12-4. Typische Werte der Schallleistung [112]

	Schallleistung
Unterhaltungssprache	$7 \cdot 10^{-6}$ W
menschliche Stimme, Höchstwert	$2 \cdot 10^{-3}$ W
Trompete	0,3 W
Autohupe	5 W
75-Mann-Orchester	70 W
Beschallungsanlage	> 100 W
Alarmsirene	> 1000 W

12.1 Schall

feldgröße zu einem Bezugswert. Als Bezugswerte verwendet man die Werte der unteren Hörgrenze, die in DIN 45630 festgelegt sind. Wie in der Elektrotechnik wird das Zehnfache dieses logarithmischen Relativwertes mit der Einheit Dezibel (dB) bezeichnet.

Als Schall-Intensität I bezeichnet man die von einer Schallwelle durch ein senkrecht zur Schallausbreitung stehendes Flächenelement dA transportierte Schallleistung dP.

$$I = \frac{dP}{dA} \tag{12-1}$$

Der Schalldruck ist die durch Schall hervorgerufene Druckschwankung (auch: Schallwechseldruck) und hat die Einheit Pa. Die Ausbreitungsgeschwindigkeit von Druckstörungen durch mechanische Wellen beträgt

$$c = \sqrt{\frac{K}{\rho}} \tag{12-2}$$

Bei idealen Gasen ergibt sich der Kompressionsmodul mit Hilfe des Isentropen-Exponenten κ

$$K = \kappa \cdot p \tag{12-3}$$

das heißt für die Ausbreitungsgeschwindigkeit

$$c = \sqrt{\frac{\kappa \cdot p}{\rho}} \tag{12-4}$$

mit der Beziehung für ideale Gase

$$p \cdot V = m \cdot R_S \cdot T \tag{2-10}$$

beziehungsweise

$$\rho = \frac{p}{R_S T} \tag{2-6}$$

ist dann

$$c = \sqrt{\frac{\kappa \cdot p}{p} \cdot R_S \cdot T} = \sqrt{\kappa \cdot R_s \cdot T} \tag{12-5}$$

p Druck in Pa
κ Isentropen-Exponent
K Kompressions-Modul in Pa
R_s spezifische Gaskonstante
m Masse in kg

ρ Dichte kg·m^{-3}
T Temperatur in K

Beispiel 12-1: Schallgeschwindigkeit von Luft
Für Luft von 25°C ergibt sich nach (12-5) mit $\kappa = 1{,}4$ und $R_S = 287$ J·kg^{-1}·K^{-1}

$$c_L = \sqrt{1{,}4 \cdot 287 \text{ J} \cdot \text{kg}^{-1} \cdot \text{K}^{-1} \cdot 295{,}15 \text{ K}} = \sqrt{118591 \text{ Nm} \cdot \text{kg}^{-1}} = 344{,}3 \text{ m} \cdot \text{s}^{-1}$$

Als Näherungsformel für die Schallgeschwindigkeit in Luft im Temperaturbereich –20°C bis 40°C wird verwendet [113]:

$$c_L / \text{m} \cdot \text{s}^{-1} = 331{,}5 + 0{,}6 \, \vartheta / \degree\text{C}$$

Tabelle 12-5 fasst die Definition unterschiedlicher Schallpegel zusammen.

12.1.2
Lautstärke

Der Maßstab für das Lautheitsempfinden des Gehörorgans ist die Lautstärke L_s, das ist der 20-fache Logarithmus des Verhältnisses des aktuellen Schalldruckes zum Bezugs-Schalldruck p_0. Die Lautstärke wird in phon angegeben.

Bei der Schallfrequenz von 1000 Hz ist der Wert der Lautstärke gleich dem Schalldruckpegel. Einige typische Lautstärkepegel sind in Tabelle 12-6 aufgelistet.

$$L_s = 20 \cdot \lg \frac{p}{p_0} \text{ phon} \qquad (12\text{-}6)$$

L_S Lautstärkepegel in phon
p Schalldruck in Pa
p_0 Bezugsschalldruck in Pa

Tabelle 12-5. Definition und Bezugsgröße unterschiedlicher Schallpegel

Schallpegel (in dB)	Definition	Bezugsgröße
Schalldruckpegel	$L_p = 20 \lg \dfrac{p}{p_0}$	$p_0 = 2 \cdot 10^{-5}$ Pa
Schallschnellepegel	$L_v = 20 \lg \dfrac{v}{v_0}$	$v_0 = 5 \cdot 10^{-8}$ m·s^{-1}
Schallintensitätspegel	$L_I = 10 \lg \dfrac{I}{I_0}$	$I_0 = 10^{-12}$ W·m^{-2}
Schallleistungspegel	$L_P = 10 \lg \dfrac{P}{P_0}$	$P_0 = 10^{-12}$ W

Tabelle 12-6. Typische Lautstärkepegel

	L_s/phon
Hörschwelle	0
leises Uhrticken	12
ruhiger Garten	20
Unterhaltungssprache (1 m)	65
starker Straßenverkehr (7 m)	80
Hupe	90
Flugzeug (Jet) (200 m)	115
Schmerzgrenze	130

Da die Hörschwelle p_0 nicht für alle akustischen Frequenzen denselben Wert hat, ist die menschliche Lautstärkeempfindung ebenfalls von der Frequenz abhängig. Es kommt hinzu, dass sich die frequenzabhängigen Hörschwellen lärmbedingt und altersbedingt ändern.

Zur Anpassung der Messung des Schalldruckpegels an die empfundene Lautstärke verwendet man international standardisierte Bewertungskurven. Es gibt die Bewertungskurven *A*, *B*, *C* und für Fluglärm den Typ *D*. Aus praktischen Gründen wird heute nur noch die *A*-Bewertung nach DIN 45633 verwendet. *A*-bewertete Messergebnisse werden durch Hinzufügen des Buchstabens A zum Einheitenzeichen gekennzeichnet. Beispiel: Die Lautstärke beträgt 72 dB(A) oder 72 dBA.

12.1.3
Geräusch

In physikalischen Sinn ist ein Geräusch eine Schallform, deren Frequenzspektrum kontinuierlich ist, im Gegensatz zu einem Ton oder Klang. Während ein Ton oder ein Klang aus diskreten Frequenzen besteht, sind in einem Geräusch alle Frequenzen – mit unterschiedlicher Intensität – vertreten. Einige technische Normen definieren jedes unbeabsichtigte Schallereignis als Geräusch, in der Unterscheidung von Lärm, der als unangenehm empfundenes Schallereignis aufgefasst wird.

Verschiedene Geräusche können ganz charakteristische Frequenzspektren haben, die eine Wiedererkennung und einschlägige Begriffsbildung ermöglichen, zum Beispiel Knallen, Blubbern, Zischen. Bei der Qualitäts-Beurteilung von Lebensmitteln spielen Geräusche eine wichtige Rolle. Ob ein Material als z.B. knusprig oder knackig empfunden wird, hängt stark mit dem Geräusch zusammen, das beim ersten Biss, beim Kauen oder auch beim Brechen mit der Hand entsteht. Das Bruchgeräusch, das beispielsweise beim Verzehr von Corn Flakes entsteht, geht wesentlich stärker in die Beurteilung der Knusprigkeit ein als die von den Zahnwurzeln und Kaumuskeln wahrgenommene Bruchkraft.

Teilweise kann aufgrund des Kaugeräusches auf den Qualitätszustand, den Garzustand bzw. den vorausgegangenen Erhitzungsprozess zurückgeschlossen werden, man denke an frische, gegarte oder halbgegarte Zwiebeln und anderes

Gemüse „mit Biss". Weitere Lebensmittel mit deutlicher Geräusch-Charakteristik sind Apfel, Bockwurst, frische Brötchen, Gurke, Karotte, Salat usw.

12.1.4
Lärm

Als Lärm bezeichnet man sämtliche als störend empfundene Schalleindrücke [112]. Niederfrequente Geräusche tragen stark zur Lärmempfindung bei, dauerhaft hohe Schallpegel können die Gesundheit schädigen. Nach der VDI-Richtlinie 2058 liegt der Grenzwert der Gehörbelastbarkeit bei einem äquivalenten Dauerschallpegel von 85 dB(A) bezogen auf einen 8-stündigen Arbeitstag. Er führt bei 5% der Betroffenen nach 10 Jahren zu einer Lärmschwerhörigkeit. Diese beginnt meistens mit der Anhebung der Hörschwelle im Frequenzbereich von 2...6 kHz, weil dort viele Lärmquellen ihr Schallmaximum haben.

Vorbeugende Maßnahmen sind Lärmschutz, Lärmbekämpfung, Schallschutz wie das Tragen von Gehörschutzmitteln (Stöpselgehörschützer, Kapselgehörschützer, Gehörschutzklappen). Mechanische Zerkleinerungsprozesse (z.B. Brechen gefrorener Lebensmittel, Mahlen trockener Hülsenfrüchte, Verpackungsprozesse wie Flaschenabfüllung und Dosen verschließen) aber auch Strömungsapparate und einfache Antriebsmaschinen sollten gelegentlich auf Möglichkeiten der modernen Lärmbekämpfung hin untersucht werden.

12.2
Ultraschall

Schall mit Frequenzen zwischen 20 kHz und 10 GHz heißt Ultraschall. Die zugehörigen Wellenlängen in Luft ($c = 300 \text{m} \cdot \text{s}^{-1}$) liegen gemäß

$$c = \lambda \cdot v \qquad (12\text{-}7)$$

zwischen 33 nm und 1,6 cm, in Wasser ($c = 1400 \text{ m} \cdot \text{s}^{-1}$) zwischen 0,1 µm und 7 cm, in Festkörpern ($c = 4000 \text{ m} \cdot \text{s}^{-1}$) zwischen 0,4 µm und 20 cm. Die kürzesten Ultraschallwellen liegen somit im Bereich der Wellenlängen von Licht. Wegen ihren kürzeren Wellenlängen zeigen Ultraschallwellen – wesentlich stärker als hörbare Schallwellen – Erscheinungen der Wellenoptik wie Brechung, Beugung, Reflexion.

Die technisch vergleichsweise einfache Erzeugung von Ultraschall mit Sonotroden auf Basis des piezoelektrischen Effekts führte zu einer weit verbreiteten Anwendung von Ultraschall. Einige technische Anwendungen sind in Tabelle 12-7 aufgelistet.

Ultraschallwellen werden fast immer elektrisch erzeugt. Hierzu wird in einem Sender eine elektromagnetische Welle von z.B. 100 kHz erzeugt, piezoelektrisch oder magnetostriktiv in eine mechanische Welle umgewandelt und abgestrahlt. Die meisten Anwendungen von Ultraschall beruhen auf den hohen Beschleunigungen, denen die schwingenden Moleküle beziehungsweise Atome ausgesetzt sind. Die Beschleunigungswerte können zwischen 10^3 g und 10^6 g liegen. Das Zerreißen von Flüssigkeiten unter dem Einfluss dynamischer Zugspannungen wird

12.2 Ultraschall

Tabelle 12-7. Technische Anwendungen von Ultraschall [113]

Dispergieren	Fräsen
Emulgieren	Schneiden
Extrahieren	Schweißen
Reinigen	Werkstoffprüfung
Entgasen	Diagnostik
Polymerisationssteuerung	Echolot
Bohren	Messtechnik

als Schwingungskavitation bezeichnet. In der Sogphase der Ultraschallschwingung bilden sich Hohlräume in der Flüssigkeit, die in der Druckphase zusammenstürzen [107]. Die Dispergier-, Emulgier- und Reinigungswirkung der Ultraschallwelle wird wesentlich der Wirkung der Kavitation zugeschrieben.

In der medizinischen Diagnostik nutzt man das quasi-optische Ausbreitungsverhalten von Ultraschallwellen. Ultraschall-Diagnoseverfahren wie z.B. das Puls-Echo-Verfahren bewirken keine Ionisation des beschallten biologischen Gewebes.

Die Bestimmung der Laufzeit eines Ultraschall-Pulses kann zur Entfernungsbestimmung eingesetzt werden. Technische Anwendung sind Füllstandsensoren für Flüssigkeiten und Schüttgüter, Echo-Lot, SONAR-Geräte und Fishfinder in der Fischerei.

Strahlt man einen Ultraschall-Puls schräg in eine Rohrleitung mit einer strömenden Flüssigkeit, lässt sich aus der Laufzeit des Pulses die Strömungsgeschwindigkeit und der Volumenstrom der Flüssigkeit ermitteln. Ultraschall-Durchfluss-Sensoren sind häufig aufgebaut wie in Abb. 12-1. Aus der Differenz der Puls-Laufzeiten in Strömungsrichtung und entgegen der Strömungsrichtung lässt sich die Strömungsgeschwindigkeit ermitteln.

Durch Anwendung des so genannten Sing-around-Verfahrens lässt sich die Strömungsgeschwindigkeit weitgehend unabhängig von der momentanen

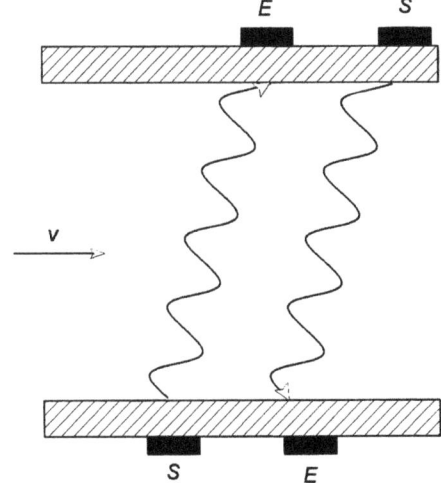

Abb. 12-1. Ultraschall-Durchfluss-Sensor. Die Laufzeit eines Ultraschall-Pulses vom Sensor S zum Empfänger E ist in Strömungsrichtung kürzer als entgegen der Strömungsrichtung

Schallgeschwindigkeit erhalten, die ja temperaturbedingten Schwankungen unterliegen kann [114].

Aus der Strömungsgeschwindigkeit kann der Volumenstrom ermittelt werden, bei bekannter Dichte des strömenden Fluids ist die Ermittlung des Massenstromes möglich. Die Dichte wiederum lässt sich bei bekanntem Kompressionsmodul des Fluids mit Hilfe des Ultraschallverfahrens aus der ermittelten Schallgeschwindigkeit errechnen [114]. Ultraschall-Durchfluss-Sensoren sind robuste Volumenstrom- und Massestrom-Sensoren. Sie kommen ohne Einbauten aus, die in die Strömung hineinragen, was unter hygienischen Gesichtspunkten ein Vorteil ist. Ultraschall-Durchfluss-Messgeräte sind auch als mobile Geräte erhältlich.

12.3
Anwendungsbeipiele

Akustische Ermittlung des Wassergehaltes in Getreide	[1]
Akustische Ermittlung der Festigkeit und Reife von Äpfeln	[2]
BENDIX- Ultraschall-Viskosimeter, für NEWTONsche Fluide bis 50 Pa · s	[3]
Schallspektroskopische Messung der Tröpfchengrößenverteilung in Emulsionen	[4]
Beurteilung von Schäumen anhand der komplexen akustischen Impedanz	[5]
Gefrierverlauf von Lebensmitteln mittels Ultraschall	[6]
Chicken Nuggets: Bestimmung von Knusprigkeit, Textur und Feuchte aus der Ultraschall-Frequenzverteilung	[7]
Sol-Gel-Übergang bei κ-carrageenan und Pectin mittels Ultraschall und Oszillations-Rheologie	[8]
Textur und Zusammensetzung von Fleischprodukten mittels Ultraschall	[9]
Zusammensetzung von Fisch mittels Ultraschall	[10]
Ultraschall-Untersuchung von Honig	[11]

12.4
Literatur

1. Friesen TL, Brusewitz GH, Lowery RL (1988) An acoustic method of measuring moisture content in grain. J Agricultural Engineering Research 39: 49–56
2. Duprat F, Grotte M, Pietri E, Loonis D (1997) Impulse Response Method for Measuring the Overall Firmness of Fruit. J Agricultural Engineering Research 66: 251–259
3. Laszlo H (1985) Fachlexikon ABC Messtechnik. VEB Fachbuchverlag Leipzig, p 478
4. Babick F, Ripperger S (2002) Schallspektroskopische Bestimmung von Partikelgrößenverteilungen submikroner Emulsionen. Filtrieren and Separieren 16: 311–313
5. Kulmyrzaev A, Cancelliere C, McClements DJ (2000) Characterization of aerated foods using ultrasonic reflectance spectroscopy. J Food Engineering 46: 235–241
6. Sigfusson H, Ziegler GR, Coupland JN (2004) Ultrasonic monitoring of food freezing. J Food Engineering 62: 263–269
7. Anatoria I, Mallikarjunan P, Duncan SE (2003) Correlating Objective Measurements of Crispness of Breaded Chicken Nuggets with Sensory Crispness. J Food Sci 68: 1308–1315

8. Toubal M, Nongaillard B, Radziszewski E, Boulenguer B, Langendorff V (2003) Ultrasonic monitoring of sol-gel transition of natural hydrocolloids. J Food Engineering 58: 1-4
9. Simal S, Benedito J, Clemente G, Femenia A, Rosselló C (2003) Ultrasonic determination of the composition of a meat-based product. J Food Engineering 58: 253-257
10. Ghaedian R, Coupland JN, Decker EA, McClements DJ (1998) Ultrasonic determination of fish composition. J Food Engineering 35: 323-337
11. Kulmyrzaev A, McClements DJ (2000) High frequency dynamic shear rheology of honey. J Food Engineering 45: 219-224

(100-129 befinden sich am Schluss des Buches)

13 Radioaktivität

Atome eines Stoffes, deren Atomkern gleich viele Protonen aber unterschiedlich viele Neutronen enthält, nennt man Isotope. Isotope eines Stoffes, zum Beispiel $^{12}_{6}C$ und $^{13}_{6}C$ besitzen unterschiedliche Massen, haben jedoch wegen der gleichen Protonenzahl (Ordnungszahl) auch identische Elektronenzahlen und gehören damit zum gleichen chemischen Element. Die Eigenschaft bestimmter Isotope, sich von selbst – das heißt ohne äußere Einwirkung – umzuwandeln und dabei eine charakteristische energiereiche Strahlung auszusenden, nennt man Radioaktivität. Entstammen diese Isotope der Natur spricht man von natürlicher Radioaktivität, sind sie dagegen das Produkt künstlicher Kernumwandlungen, spricht man von künstlicher Radioaktivität.

Die natürliche Radioaktivität wurde 1896 von H.A. BECQUEREL entdeckt, als er feststellte, dass von Uransalzen eine Strahlung ausging. Heute kennt man über 40 verschiedene natürlich radioaktive Isotope wie zum Beispiel ^{14}C und ^{40}K. Die Nuklide mit einer Ordnungszahl oberhalb von 83 zeigen durchweg Radioaktivität.

Im Folgenden soll es im Wesentlichen um die natürliche Radioaktivität gehen, insbesondere um die natürliche Radioaktivität in Lebensmitteln.

13.1
Strahlenarten

Unter α-Strahlung versteht man den Ausstoß von Partikeln die aus 2 Neutronen und 2 Protonen bestehen. Diese beim α-Zerfall ausgeschleuderten α-Teilchen sind positiv geladene Partikel mit vergleichsweise geringer Geschwindigkeit und Reichweite. Von β-Strahlung spricht man bei ausgeschleuderten Elektronen und Positronen. β-Teilchen haben eine Geschwindigkeit in der Größenordnung der Lichtgeschwindigkeit und eine entsprechend hohe Reichweite. Die beim radioaktiven Zerfall ausgesendete γ-Strahlung besteht aus Quanten energiereicher, elektromagnetischer Strahlung mit Frequenzen oberhalb der RÖNTGENstrahlung.

Man nennt radioaktive Stoffe, die überwiegend α-Strahlung aussenden α-Strahler, analog spricht man von β-Strahlern und γ-Strahlern. Da die aus dem Kern kommenden Strahlen beim Durchgang durch den radioaktiven Stoff selbst Sekundärteilchen erzeugen, kommt es beim radioaktiven Zerfall oft zu einem Gemisch unterschiedlicher Strahlenarten. Außer den erwähnten Strahlenarten gibt es in Verbindung mit der künstlichen Radioaktivität noch die Aussendung von Protonen, Positronen und Neutrinos.

Tabelle 13-1. Arten radioaktiver Strahlung

Bezeichnung	Beschreibung	elektrische Ladung	Beispiel
α-Strahlung	Ausstoß langsamer He-Kerne	2+	α (Radium 4.9 MeV), Reichweite in Luft einige cm
β-Strahlung	Ausstoß schneller Elektronen oder Positronen	1− oder 1+	β (^{40}K, 1,4 MeV) Reichweite in Luft einige m
γ-Strahlung	Ausstoß energiereicher γ-Quanten	0	Wellenlänge < 10 pm einige keV bis MeV pro Quant Reichweite in Luft einige 100 m
Neutronen-Strahlung	Ausstoß schneller oder langsamer Neutronen	0	

Geladene Partikel wie α- und β-Teilchen erzeugen beim Auftreffen auf Atome und Moleküle in ihrer Umgebung Sekundär-Ionen. Bei diesem Prozess entstehen also neue Ladungsträger während die ursprünglichen α-Teilchen (z.B. durch Umwandlung in He-Atome) und β-Teilchen (z.B. durch Elektroneneinfang) verschwinden. Da α-Teilchen sehr stark ionisierend auf ihre nähere Umgebung wirken, haben sie nur eine geringe Reichweite. β-Teilchen hingegen sind schnell, bilden nicht nur am Ort ihres Entstehens Sekundärionen und haben daher eine größere Reichweite. γ-Quanten haben – ähnlich wie Licht oder RÖNTGENstrahlung – eine extrem hohe Reichweite.

Die Reichweiten der unterschiedlichen Strahlenarten hängt somit von der Absorptionsfähigkeit der Umgebung für die jeweilige Strahlenart ab. Die Reichweiten in Luft, Wasser, Metall oder biologischem Gewebe sind völlig verschieden. Tabelle 13-1 fasst einige Eigenschaften der radioaktiven Strahlenarten zusammen.

13.2
Radioaktives Zerfallsgesetz

Die radioaktive Umwandlung eines Kerns erfolgt spontan, das heißt ohne erkennbare äußere Einwirkung. Die Berechnung des Zerfalls von Kernen kann daher nicht für einzelne Fälle erfolgen, sondern nur mit statistischen Methoden für eine größere Zahl von Atomkernen.

Beobachtet man eine große Anzahl von Kernen, so stellt man fest, dass die Zerfallsrate proportional zur Zahl vorhandener Kerne ist. Nach und nach nimmt die Zahl der noch vorhandenen Kerne ab und damit auch die Zerfallsrate und die radioaktive Strahlung.

Da bei jedem einzelnen Zerfall radioaktive Strahlung entsteht, strahlen Stoffe stärker, wenn viele Kerne pro Sekunde zerfallen. Man spricht von einer hohen Aktivität bzw. einer großen Zerfallskonstante. Stoffe hingegen mit einer niedri-

13.2 Radioaktives Zerfallsgesetz

gen Zerfallskonstante zerfallen sehr langsam, zeigen daher nur eine vergleichsweise geringe radioaktive Strahlung und es dauert sehr lange, bis deren Aktivität nachlässt. Die Aktivität hat die Einheit BECQUEREL, 1 Bq = 1 s^{-1}. Eine Aktivität von 10^3 Bq = bedeutet 1000 Zerfälle pro Sekunde.

$$-\frac{dN}{dt} = \lambda \cdot N \tag{13-1}$$

$$\lambda = \frac{-\frac{dN}{dt}}{N} \tag{13-2}$$

$$A = -\frac{dN}{dt} = N \cdot \lambda \tag{13-3}$$

$$\int_{N_0}^{N} -\frac{dN}{N} = \lambda \int_{t=0}^{t} dt \tag{13-4}$$

$$-(\ln N - \ln N_0) = \lambda (t - 0) \tag{13-5}$$

$$\ln \frac{N}{N_0} = -\lambda \cdot t \tag{13-6}$$

$$N = N_0 \cdot e^{-\lambda \cdot t} \tag{13-7}$$

N Anzahl Atomkerne
N_0 Anzahl Kerne zu Beginn
A Aktivität in Bq
λ Zerfallskonstante in s^{-1}
$T_{1/2}$ Halbwertszeit in s, d, y
m Masse in kg
M Molmasse in kg · kmol^{-1}
N_A AVOGADRO-Konstante

Unter der Halbwertszeit T versteht man die Zeit, nach der die Hälfte aller ursprünglich vorhandenen Kerne zerfallen ist. Dies ist auch die Zeit, nach welcher die Aktivität auf den halben Wert abgeklungen ist. Tabelle 12-2 zeigt einige Beispiele von Halbwertszeiten.

$$N = \frac{N_0}{2} \tag{13-8}$$

$$-T_{1/2} \cdot \lambda = \ln \frac{N}{N_0} = \ln \frac{1}{2} \tag{13-9}$$

$$T_{1/2} = -\ln \frac{1}{2} \cdot \frac{1}{\lambda} \tag{13-10}$$

Tabelle 13-2. Zerfallskonstanten λ und Halbwertszeiten $T_{1/2}$ einiger radioaktiver Stoffe (aus [1]).

Isotop	T	λ/s^{-1}
^{40}K	$1{,}25 \cdot 10^9$ a	$1{,}8 \cdot 10^{-17}$
^{14}C	5730 a	$3{,}8 \cdot 10^{-12}$
^{226}Ra	1580 a	$1{,}4 \cdot 10^{-11}$
^{137}Cs	30 a	$7{,}3 \cdot 10^{-10}$
^{90}Sr	28,1 a	$7{,}8 \cdot 10^{-10}$
^{131}I	8,05 d	$1 \cdot 10^{-6}$

$$T_{1/2} = \frac{\ln 2}{\lambda} \tag{13-11}$$

Stoffe mit einer hohen Aktivität (bzw. einer hohen Zerfallskonstante λ) besitzen demnach eine kleine Halbwertszeit und Stoffe mit einer großen Halbwertszeit besitzen eine geringere Aktivität.

Eine von der Aktivität abgeleitete Größe ist die so genannte spezifische Aktivität. Sie ist der Quotient aus der Aktivität A einer Substanz und ihrer Masse m. Für den Fall einer isotopenreinen Probe der Masse m mit N radioaktiven Kernen kann die spezifische Aktivität wie folgt berechnet werden:

$$a = \frac{A}{m} = \frac{\lambda \cdot N}{m} = \frac{\lambda \cdot m \cdot N_A}{m \cdot M} = \lambda \cdot \frac{N_A}{M} \tag{13-12}$$

Die spezifische Aktivität hat die SI-Einheit $Bq \cdot kg^{-1}$. Liegen Substanzen als Isotopengemische von radioaktiven und nicht radioaktiven Isotopen desselben Elementes vor, so wird als spezifische Aktivität dieses Gemisches der Quotient aus Aktivität und Gesamtmasse bezeichnet.

Die radioaktive Umwandlung ist mit einer hohen Energieentwicklung verknüpft, welche häufig nur deswegen nicht hervortritt, weil sie über lange Zeiträume verteilt auftritt (vgl. Tabelle 13-2). So erzeugt zum Beispiel 1 g Radium mitsamt seinen Folgeprodukten eine Energie von $1{,}2 \cdot 10^7$ kJ. Zum Vergleich: 1 g Kohle liefert beim Verbrennen 32 kJ.

13.3
Messung ionisierender Strahlung (α-, β-, γ-)

Der Nachweis und die quantitative Bestimmung von radioaktiver Strahlung erfolgt durch Erfassung der von der Strahlung erzeugten Effekte, meistens durch Bestimmung der Anzahl erzeugter Ionen mit Hilfe von Ionisations-Detektoren (auch: Anregungsdetektoren).

Zur Unterscheidung von α-, β- und γ-Strahlung kann man die Strahlung vor dem Eintritt in Ionisationsdetektoren filtern. Hierzu bieten sich elektrische und magnetische Felder an, welche die geladenen α-Teilchen und β-Teilchen ablenken, jedoch γ-Quanten nicht beeinflussen. Im elektrischen Feld lassen sich Elektronen (β^-) und Positronen (β^+) durch die COULOMB-Kraft trennen sowie von γ-

13.3 Messung ionisierender Strahlung (α-, β-, γ-) 369

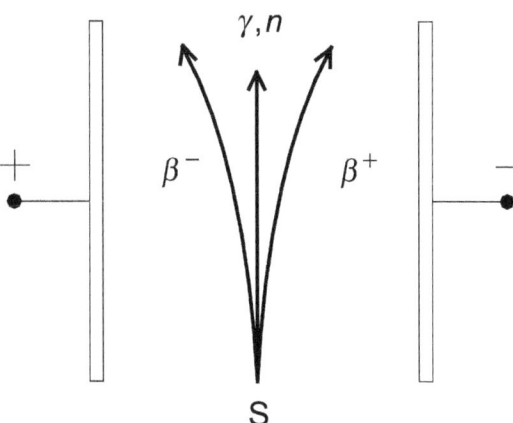

Abb. 13-1. Unterscheidung radioaktiver Strahlungsarten im elektrischen Feld

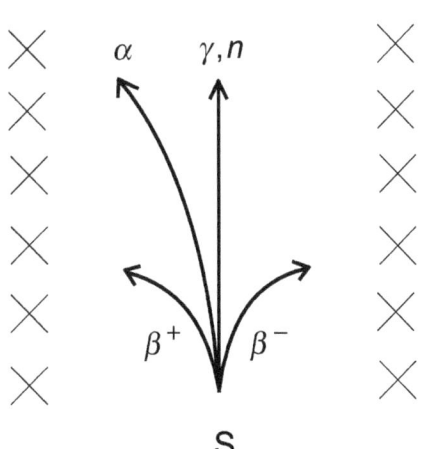

Abb. 13-2. Unterscheidung radioaktiver Strahlungsarten im magnetischen Feld. Die senkrecht zum Magnetfeld aus der Strahlungsquelle austretenden Teilchen werden gemäß ihrer Ladung und Geschwindigkeit unterschiedlich abgelenkt

Strahlung unterscheiden (s. Abb. 13-1). Im Magnetfeld wirkt die LORENTZ-Kraft auf die geladenen Partikel (vgl. 9.4). Je nach Ladungszahl, Vorzeichen der Ladung und Geschwindigkeit der Teilchen werden die Teilchen unterschiedlich abgelenkt (Abb. 13-2).

Eine weitere Möglichkeit ist die selektive Absorption mit geeigneten Materialien. Während α-Strahlung bereits mit z.B. einem Blatt Karton ausgeblendet werden kann, ist die grobe Unterscheidung von β- und γ-Strahlung mit Metallplatten geeigneter Dicke (abhängig von der Energie der Strahlung) möglich.

Zählrohre

Durch die Strahlung werden in einem so genannten Zählgas (Edelgase He, Ne, Ar) Ionen erzeugt (Primärionisation). Diese Ionen erzeugen in einem starken elektrischen Feld durch Stoßionisation weitere Ionen (Sekundärionisation). Die sekundär erzeugten Elektronen können weitere Gasatome anregen und Photoelektronen aus dem Wandmaterial des Zählrohres auslösen. Die so entstehende

Elektronenlawine ist als kurzzeitiger Stromimpuls messbar. Bei nicht zu hoher elektrischer Spannung im Zählrohr ist die Zahl der nachgewiesenen Elektronenlawinen proportional zur Zahl der primär erzeugten Elektronen. Ein derartig betriebenes Zählrohr heißt Proportionalzählrohr.

Bei Erhöhung der elektrischen Spannung im Zählrohr kommt es aufgrund der unterschiedlichen Beweglichkeit von Elektronen und positiven Ionen zu einer Trennung dieser beiden Ladungsträger-Arten. Die verbleibende positive Raumladung verhindert das Ausbilden weiterer Elektronenlawinen, dies führt zur so genannten Totzeit des Zählrohrs. Dieser Effekt wird mit Hilfe eines Löschgases (zum Beispiel Ethanol) reduziert. Das Löschgas absorbiert Ionen und Photonen ohne neue Sekundärelektronen zu erzeugen. Weil jedes Ionenpaar nun zur Auslösung einer Elektronenlawine führt, heißen Zählrohre dieser Betriebsart – z.B das GEIGER-MÜLLER-Zählrohr – Auslösezählrohre.

Halbleiter-Detektoren
In Halbleiter-Detektoren führen die von der radioaktiven Strahlung erzeugten Ionen zu zählbaren Spannungsimpulsen. Man verwendet z.B. pn-Übergänge in Li-dotierten Germanium-Detektoren (für γ-Strahlung) und Li-dotierten Silizium-Detektoren (für RÖNTGENstrahlung) oder nicht dotierte Reinstgermanium-Detektoren. Mit Halbleiter-Detektoren ist es möglich, die Energie der γ-Quanten zu bestimmen. So ist es möglich, Kernzerfälle nicht nur nachzuweisen und pauschal zu zählen, sondern das Energiespektrum der Strahlung aufzunehmen.

Mit Hilfe derartiger Spektren lassen sich Rückschlüsse auf Art und Herkunft der Strahlung und damit auf die Strahlenquelle ziehen. Falls radioaktive Kontaminationen von Lebensmitteln vorliegen, ist die Klärung der Art und Herkunft der Radionuklide eine wesentliche Frage.

Bei Anregungs-Detektoren führt die Bestrahlung eines so genannten Szintillators zur Emission eines Lichtimpulses. Die Lichtemission wird mit einem Photosekundärionenvielfacher verstärkt und gezählt. Als Szintillatoren werden Kristalle (Anthracen für β-Strahlung, ZnS/Ag für α-Strahlung, NaI/Tl für γ-Strahlung), Flüssigkeiten und feste Lösungen (z.B. Li-haltige Gläser für langsame Neutronen) eingesetzt. Das Energieauflösungsvermögen von NaI/Tl-Szintillations-Detektoren ist nicht so hoch wie das von Halbleiter-Detektoren. Flüssige Szintillatoren können mit der Probe gemischt in Küvetten vermessen werden.

Abb. 13-3. Energiespektrum radioaktiver Strahlung: Intensität über der Energie E der γ-Quanten

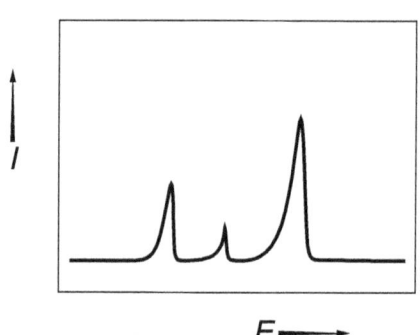

Es treten dann keine Absorptionsverluste zwischen Probe und Szintillator auf, daher ist diese Variante für energiearme Strahlung (zum Beispiel ^{14}C) vorteilhaft.

13.4 Natürliche Radioaktivität

Natürliches Kalium besteht überwiegend aus den stabilen Isotopen ^{39}K und ^{41}K und zu einem sehr geringen Anteil aus den instabilen – d.h. radioaktiven – Isotopen ^{40}K, ^{42}K und ^{43}K. In Tabelle 13-3 sind die natürlichen Häufigkeiten der einzelnen Isotope dargestellt. Wegen der kurzen Halbwertszeit von ^{42}K und ^{43}K sind diese Isotope praktisch ausgestorben und die Häufigkeit wird mit 0% angegeben.

Durch den Gehalt an natürlichem ^{40}K besitzt der menschliche Körper im Mittel eine spezifische Radioaktivität von etwa 130 Bq/kg [112]. D.h. ein Mensch besitzt eine Aktivität in der Größenordnung von 10000 Bq. Tabelle 13-4 zeigt die Beiträge einzelner Isotope zu diesem Wert.

Beispiel 13-1: Radioaktives Kalium im menschlichen Körper
1 g Kalium (mittlere Molmasse M = 39,1g · mol^{-1}) enthält 8,1 · 10^{21} K-Atome.

$$n = \frac{m}{M} \tag{13-13}$$

n Stoffmenge in mol
m Masse in kg
M Molmasse in kg · mol^{-1}
N Anzahl Teilchen
N_A AVOGADRO-Konstante

$$N = n \cdot N_A \tag{13-14}$$

$$n = \frac{1\,\text{g}}{39{,}1\,\text{g} \cdot \text{mol}^{-1}} = 0{,}0256\,\text{mol}$$

$$N = 0{,}0256\,\text{mol} \cdot 6{,}022 \cdot 10^{23}\,\text{Teilchen} \cdot \text{mol}^{-1} = 1{,}5 \cdot 10^{22}\,\text{Teilchen}$$

Tabelle 13-3. Wichtige Isotope des Kaliums und deren Halbwertszeiten $T_{1/2}$ [112]

Isotop	natürliche Häufigkeit / %	$T_{1/2}$
^{39}K	93,2581	stabil
^{40}K	0,0117	1,25 · 10^9 a
^{41}K	6,7302	stabil
^{42}K	≈ 0	12,36 h
^{43}K	≈ 0	22,3 h

Tabelle 13-4. Die wichtigsten natürlichen Radionuklide im Menschen [112]

Nuklid	Aktivität in Bq
^{40}K	4500
^{14}C	3800
^{87}Rb	650
^{210}Pb	<100
^{210}Bi	<100
^{210}Po	<100
^{3}H	<100
^{7}Be	<100
Rn-Zerfallsprodukte	<100

Von diesen K-Atomen sind 0,0117% ^{40}K-Isotope, also $9{,}5 \cdot 10^{17}$ Atome:

$$N(^{40}\text{K}) = 0{,}000117 \cdot 1{,}5 \cdot 10^{22} = 1{,}8 \cdot 10^{18}$$

Die Zerfallskonstante von ^{40}K ist:

$$\lambda = \frac{\ln 2}{T_{1/2}}$$

$$\lambda = \frac{\ln 2}{1{,}25 \cdot 10^{9}\,\text{a}} = 1{,}76 \cdot 10^{-17}\,\text{s}^{-1}$$

Die Aktivität eines Gramms Kalium ergibt sich damit zu:

$$A = \lambda \cdot N$$
$$A = 1{,}76 \cdot 10^{-17}\,\text{s}^{-1} \cdot 1{,}8 \cdot 10^{18} = 31{,}7\,\text{s}^{-1}$$

λ Zerfallskonstante in s^{-1}
A Aktivität in Bq
A_m spezifische Aktivität in Bq · kg^{-1}

Die Radioaktivität von natürlichem Kalium wird also im Wesentlichen von ^{40}K verursacht. Die spezifische Aktivität beträgt $A_m = 31{,}7$ Bq · g^{-1}.

Der Kalium-Gehalt des menschlichen Körpers hängt von Alter, Geschlecht und der Ernährung ab. Er liegt bei etwa 2 g pro kg Körpergewicht. Eine genauere Berechnung ist mittels folgender empirischer Formeln möglich:

	K-Gehalt c in g pro kg Körpergewicht
Männer	$c = 2{,}38658 - (0{,}00893 \cdot$ Alter in Jahren$)$
Frauen	$c = 1{,}9383 - (0{,}0675 \cdot$ Alter in Jahren$)$

Für einen 30-jährigen Mann ergibt sich 2,2 g Kalium pro kg Körpergewicht, also eine spezifische Aktivität von

$$A_m = 31{,}7\,\text{Bq} \cdot \text{g}^{-1} \cdot 2{,}2\,\text{g} \cdot \text{kg}^{-1} = 69{,}7\,\text{Bq} \cdot \text{kg}^{-1}$$

13.4 Natürliche Radioaktivität

Legt man ein Körpergewicht von 70 kg zu Grunde, so beträgt die vom Kaliumgehalt des Körpers hervorgehende Aktivität:

$A = m \cdot A_m$
$A_m = 70 \text{ kg} \cdot 69{,}9 \text{ Bq} \cdot \text{kg}^{-1} = 4882 \text{ Bq}$

Im menschlichen Körper befinden sich weitere Radionukilde außer ^{40}K. Die gesamte natürliche Radioaktivität des Körpers liegt nach [112] bei

$A_m = 60 - 130 \text{ Bq} \cdot \text{kg}^{-1}$

sowie

$A = 4000 \text{ Bq} - 10000 \text{ Bq}$

In Materialien, die einen höheren Kaliumgehalt als der menschliche Körper haben, sind die natürlichen Aktivitäten entsprechend höher (vgl. Tabelle 13-5). So weist reines KCl oder zum Beispiel Kali-Düngemittel eine spezifische Aktivität von 16000 Bq · kg^{-1} auf.

Je nach Stoffwechsel und Stellung in der Nahrungskette enthalten auch Pflanzen und Tiere sowie die daraus hergestellten Lebensmittel natürlich vorkommende Radionuklide, darunter überwiegend ^{40}K. Durch ein Gleichgewicht zwischen der Aufnahme natürlicher Radionuklide aus der Nahrung oder der Luft und ihrer biologischen Ausscheidung ist der Wert der natürlichen Radioaktivität von Mensch, Tier und Pflanze bzw. Lebensmitteln weitgehend konstant. Die mittlere Aktivität von pflanzlichen und tierischen Lebensmitteln liegt daher bei 40-50 Bq · kg^{-1}, Trockenprodukte und Konzentrate entsprechend höher (Tabelle 13-6).

Derartige Werte können allerdings regional unterschiedlich sein und durch Ereignisse wie den Reaktorunfall in Tschernobyl, bei dem künstliche Radioaktivität in die Umwelt gelangt ist, stark verändert werden.

Tabelle 13-5. Spezifische Aktivitäten einiger kaliumhaltiger Materialien

Stoff	spezifische Aktivität in Bq · kg^{-1}
Milch	40-50
menschlicher Körper	60-130
Granit	1000
Kali-Dünger	16000

Tabelle 13-6. Radioaktivität von Lebensmitteln [102]

Lebensmittel	spezifische Aktivität/Bq · kg^{-1}
Milch	40-50
Milchpulver	400-500
Fruchtsaftkonzentrate	600-800
Instantkaffeepulver	>1000

Tabelle 13-7. Qualitätsfaktoren für radioaktive Strahlungsarten [112]

Strahlung	Qualitätsfaktor
Photonen (Röntgen-, γ-Strahlung)	1
Elektronen, Positronen (β-Strahlung)	1
Neutronen	
10 keV	5
10–100 keV	10
100 keV–2 MeV	5
2–20 MeV	20
Protonen	5–15
α-Teilchen	20

Strahlenbelastung des Menschen

Für die Berechnung der Strahlenbelastung des Menschen entscheidend ist die vom Gewebe des Körpers absorbierte Energie, die sogenannte Energiedosis. Es ist

$$\text{Energiedosis} = \frac{\text{absorbierte Strahlungsenergie}}{\text{Masse}} \tag{13-15}$$

Die Energiedosis hat die Einheit $J \cdot kg^{-1}$. Es ist $1\, J \cdot kg^{-1} = Gy$ (GRAY).

Die Umrechnung der alten Einheit rad (radiation absorbed dose) lautet 1 rad $= 10^{-2}$ Gy (zur Umrechnung weiterer Einheiten siehe 14.1).

Da für die Strahlenbelastung des Gewebes nicht nur die absorbierte Energie sondern auch die Art der Strahlung eine Rolle spielt, mutlipliziert man die Energiedosis mit einem Qualitätsfaktor (s. Tabelle 13-7) und kann so die Äquivalentdosis berechnen. Die Äquivalentdosis einer aufgenommenen Strahlendosis entspricht der Wirkung einer gleich großen Energiedosis aus einer RÖNTGEN, γ- oder β- Bestrahlung und soll damit eine Vergleichbarkeit herstellen.

Es ist:

$$\text{Äquivalentdosis} = \text{Qualitätsfaktor} \cdot \text{Energiedosis} \tag{13-16}$$

Die Einheit der Äquivalentdosis ist Sv (SIEVERT). Die Umrechnung aus der alten Einheit rem (roentgen equivalent man) lautet: 1 rem = 10^{-2} Sv. Weitere Dosimetrie-Größen sind in Tabelle 13-8 aufgeführt.

Die durchschnittliche Strahlenexposition eines Menschen in Deutschland lag 1975 bei etwa 2 mGy $\cdot a^{-1}$. Etwa 0,2 mGy $\cdot a^{-1}$ davon entfielen auf inkorporierte natürliche Radionuklide, 90% hiervon ist durch ^{40}K verursacht, der Rest vor allem durch ^{14}C.

Die natürliche Strahlenbelastung des Menschen in der Bundesrepublik Deutschland (Boden, Wasser, Luft, Nahrung) liegt bei etwa 2 mSv $\cdot a^{-1}$, 0,4 mSv $\cdot a^{-1}$ hiervon sind durch natürliche Radionuklide in der Nahrung bedingt.

Die durch den Reaktorunfall in Tschernobyl verursachte zusätzliche Äquivalentdosis für Menschen in Deutschland wird auf 0,04…0,26 mSv geschätzt. Für Milch wurde ein Aktivitätshöchstwert von 500 Bq $\cdot l^{-1}$ und für Gemüse ein Höchstwert von 250 Bq $\cdot kg^{-1}$ festgelegt [102].

13.4 Natürliche Radioaktivität

Tabelle 13-8. Größen der Dosimetrie

Größe	Definition	SI-Einheit	gleichbedeutend
Aktivität	$\dfrac{\text{Anzahl Zerfälle}}{\text{Zeit}}$	Bq	s^{-1}
spezifische Aktivität	$\dfrac{\text{Anzahl Zerfälle}}{\text{Masse} \cdot \text{Zeit}}$	$Bq \cdot kg^{-1}$	$s^{-1} \cdot kg^{-1}$
Energie		J, eV	J
Energiedosis	$\dfrac{\text{absorbierte Energie}}{\text{Masse}}$	Gy	$J \cdot kg^{-1}$
Energiedosisleistung	$\dfrac{\text{absorbierte Engerie}}{\text{Masse} \cdot \text{Zeit}}$	$Gy \cdot s^{-1}$	$J \cdot kg^{-1} \cdot s^{-1}$
Äquivalentdosis	$\dfrac{\text{absorbierte Energie} \cdot Q}{\text{Masse}}$	Sv	$J \cdot kg^{-1}$
Äquivalentdosisleistung	$\dfrac{\text{absorbierte Energie} \cdot Q}{\text{Masse} \cdot \text{Zeit}}$	$Sv \cdot s^{-1}$	$J \cdot kg^{-1} \cdot s^{-1}$
Ionendosis	$\dfrac{\text{absorbierte Ladung}}{\text{Masse}}$	$C \cdot kg^{-1}$	$A \cdot s \cdot kg^{-1}$
Ionendosisleistung	$\dfrac{\text{absorbierte Ladung}}{\text{Masse} \cdot \text{Zeit}}$	$C \cdot kg^{-1} \cdot s^{-1}$	$A \cdot kg^{-1}$

Tabelle 13-9. Radioaktivität und Bestrahlung: Amtliche Untersuchungsverfahren

Messung der Radioaktivität von Lebensmitteln	[104]	Methode L00.00-14
Nachweis von bestrahlten knochen- bzw. grätenhaltigen Lebensmitteln, Verfahren mittels ESR Spektroskopie	[104]	Methode L00.00-41
ESR- spektroskopischer Nachweis von bestrahlten cellulosehaltigen Lebensmitteln	[104]	Methode L00.00-42
Nachweis von bestrahlten Lebensmitteln, von denen Silikatmineralien isoliert werden können. Verfahren mittels Thermolumineszenz	[104]	Methode L00.00-43
Nachweis einer Strahlenbehandlung (ionisierende Strahlen) von knochenhaltigem Fleisch durch Messung des ESR (Elektronen-Spin-Resonanz)-Spektrums	[104]	Methode L06.00-30

Tabelle 13-10. Energiedosis und Strahlungswirkung [109]

Dosis/kGy	Strahlenwirkung
0,005–0,01	tödlich für Menschen
0,05–0,2	Keimhemmung bei Kartoffeln und Zwiebeln
0,2–0,1	Schädlingsbekämpfung (Insekten, Trichinen)
0,5–1	Reifebeeinflussung bei Obst und Gemüse
1–10	Abtötung pathogener Mikroorganismen (Pasteurisation)
10–50	Sterilisieren
10–200	Viren-Inaktivierung
20–1000	Enzym-Inaktivierung

Bestrahlung von Lebensmitteln und Verpackungsmaterial
Durch Bestrahlung von Lebensmitteln mit γ-Strahlung oder β-Strahlung können Enzyme, Viren, pathogene Keime und Schädlinge inaktiviert werden, das Schimmelwachstum kann bekämpft und somit die Haltbarkeit erhöht werden. Tabelle 13-10 zeigt die Größenordnungen von Strahlendosis und deren Wirkung. Details zur Technologie und zu gesetzlichen Regeln finden sich bei [2, 3, 109]. Bei der Bestrahlung verpackter Lebensmittel sind auch mögliche Auswirkungen auf die physikalisch-chemischen Eigenschaften des Verpackungsmaterials zu beachten.

Der Nachweis einer Bestrahlung kann mit Hilfe von Elektronen-Spin-Resonanz-Spektroskopie erfolgen (ESR-Spektroskopie). Das Verfahren beruht auf

Tabelle 13-11. Radioaktive Messverfahren

Bezeichnung	Messbeispiele	Strahler z.B.
β-Durchstrahl-Verfahren	on-line Schichtdicken-Messung von Papier, Kunststoff, Metall, on-line Dichtemessung von Flüssigkeiten in Eindampfanlagen	^{90}Sr ^{204}Tl ^{147}Pm
γ-Durchstrahl-Verfahren	on-line Schichtdicken-Messung von dicken Proben wie Glas, Metall, Kunststoff auf Förderbändern, on-line-Füllstandsmessung	^{241}Am ^{60}Co ^{137}Cs
β-Rückstreu-Verfahren	Bestimmung dünner Schichten (einige µm) auf einem Substrat, Metallüberzüge	^{90}Sr ^{204}Tl
γ-Rückstreu-Verfahren	Dickenmessung von Glas, Kunststoff, Leichtmetalllegierungen	^{137}Cs ^{241}Am
Statik-Eliminatoren	Entfernung statischer Aufladungen von elektrischen Bestandteilen, Folien, Filmen etc. mit luftionisierenden Düsen und Gebläsen (Verpackungstechnik, Druckindustrie)	^{210}Po
Elektronen-Einfang-Detektor (ECD)	Der Detektor erfasst einen Elektronenstrom, der durch Analyte verändert wird. Einsatz in der Gaschromatographie.	^{63}Ni
β-Radiografie-Verfahren	Sichtbarmachen von Wasserzeichen, Sichtbarmachen der Verteilung eines Medikamentes in einem Organ durch radioaktive Markierung des Medikaments	^{14}C Polymethylmethacrylat (PMMA)
γ-Radiografie-Verfahren	zerstörungsfreie Untersuchung von Schweißnähten direkt am Montageort	^{60}Co ^{192}Ir
n-Radiografie-Verfahren	zerstörungsfreie Untersuchung von Komponenten mit geringer Massenzahl (zum Beispiel Turbinenschaufeln, Ventilteile, Verklebungen) durch Neutronenstreuung	^{252}Cf
Strahlenbehandlung	Tumorbekämpfung, Haltbarmachung oder Sterilisation von Medizinprodukten, Agrarprodukten, Lebensmitteln	^{60}Co

dem Nachweis von Radikalen, welche durch die ionisierende Bestrahlung im Material verbleiben. Die Lebenszeit dieser Radikale ist in trockenen Materialien wie Knochen oder Verpackungen aus Karton recht hoch, in wasserhaltigen Materialien ist die Lebenszeit dagegen sehr kurz. Eine Auflistung von amtlichen Untersuchungmethoden zum Nachweis von Radioaktivität in Lebensmitteln sowie der Bestrahlung von Lebensmitteln zeigt Tabelle 13-9.

13.5
Applikationen

Die technischen Anwendungen von radioaktiver Strahlung basieren ausnahmslos auf industriell hergestellten Strahlungsquellen (wie zum Beispiel ^{63}Ni-Folien). In vielen Fällen misst man die Absorption der Strahlung im Probematerial und zieht Rückschlüsse auf deren Beschaffenheit (zum Beispiel auf die Dicke). Tabelle 13-11 fasst wichtige Anwendungen zusammen.

13.6
Literatur

1. Lieser KH (2003) Einführung in die Kernchemie. Wiley VCH Weinheim
2. Schubert H Ehlermann D (1988) Chem. Ing Tech 60: 365–384
3. Helle N, Schreiber GA, Bögl KW (1992) Lebensmittelbestrahlung. Berichte der Bundesforschungsanstalt für Ernährung, Karlsruhe, available online http://www.bfa-ernaehrung.de

(100–129 befinden sich am Schluss des Buches)

14 Anhänge

14.1 Das Internationale Einheitensystem (SI)

Das Internationale Einheitensystem (le System International d'Unites; Abk. SI-System) ist die heutige Form des metrischen Einheitensystems, wie es weltweit angewendet wird.

Man unterscheidet Basiseinheiten (Tabelle 14-1) und davon abgeleitete Einheiten (Tabelle 14-2 bis Tabelle 14-5).

Tabelle 14-1. SI- Basiseinheiten und ihre Definitionen

Basisgröße	Basiseinheit	Symbol	Definition	relative Unsicherheit
Zeit	Sekunde	s	1 Sekunde ist das 9 192 631 770-fache der Periodendauer der dem Übergang zwischen den beiden Hyperfeinstrukturniveaus des Grundzustands von Atomen des Nuklids ^{133}Cs entsprechenden Strahlung.	10^{-14}
Länge	Meter	m	1 Meter ist die Länge der Strecke, die Licht im Vakuum während der Dauer von 1/299 792 458 Sekunden durchläuft.	10^{-14}
Masse	Kilogramm	kg	1 Kilogramm ist die Masse des internationalen Kilogrammprototyps.	10^{-9}
elektrische Stromstärke	Ampere	A	1 Ampere ist die Stärke eines zeitlich unveränderten Stroms, der durch zwei im Vakuum parallel im Abstand von 1 Meter voneinander angeordnete, geradlinige, unendlich lange Leiter von vernachlässigbar kleinem kreisförmigen Querschnitt fließend, zwischen diesen Leitern je 1 Meter Leiterlänge die Kraft $2 \cdot 10^{-7}$ Newton hervorruft.	10^{-6}

Tabelle 14-1 (Fortsetzung)

Basisgröße	Basiseinheit	Symbol	Definition	relative Unsicherheit
Temperatur	Kelvin	K	1 Kelvin ist der 273,16te Teil der thermodynamischen Temperatur des Tripelpunktes des Wassers.	10^{-6}
Lichtstärke	Candela	cd	1 Candela ist die Lichtstärke in einer bestimmten Richtung einer Strahlungsquelle, die monochromatische Strahlung der Frequenz 540 THz aussendet und deren Strahlstärke in dieser Richtung 1/683 W/sr beträgt.	$5 \cdot 10^{-3}$
Stoffmenge	Mol	mol	1 Mol ist die Stoffmenge eines Systems, das aus ebensoviel Einzelteilchen besteht, wie Atome in 12/1000 Kilogramm des Kohlenstoffnuklids ^{12}C enthalten sind.	10^{-6}

Tabelle 14-2. Abgeleitete SI-Einheiten

Größe	Name	Zeichen
Fläche	Quadratmeter	m^2
Volumen	Kubikmeter	m^3
Geschwindigkeit	Meter durch Sekunde	m/s
Beschleunigung	Meter durch Sekundenquadrat	m/s^2
Wellenzahl	Reziprokes Meter	m^{-1}
Dichte	Kilogramm durch Kubikmeter	$kg \cdot m^{-3}$
spezifisches Volumen	Kubikmeter durch Kilogramm	$m^3 \cdot kg^{-1}$
elektrische Stromdichte	Ampere durch Quadratmeter	$A \cdot m^{-2}$
magnetische Feldstärke	Ampere durch Meter	$A \cdot m^{-1}$
Stoffmengenkonzentration	Mol durch Kubikmeter	$mol \cdot m^{-3}$
Leuchtdichte	Candela durch Quadratmeter	$cd \cdot m^{-2}$

Tabelle 14-3. Abgeleitete SI-Einheiten mit eigenem Namen und Zeichen

Größe	SI-Einheit			
	Name	Zeichen	durch andere SI-Einheiten ausgedrückt	durch SI-Basiseinheiten ausgedrückt
ebener Winkel	Radiant	rad		$m \cdot m^{-1} = 1$
Raumwinkel	Steradiant	Sr		$m^2 \cdot m^{-2} = 1$
Frequenz	Hertz	Hz		s^{-1}
Kraft	Newton	N		$m \cdot kg\, s^{-2}$
Druck, Spannung	Pascal	Pa	N/m^2	$m^{-1} \cdot kg\, s^{-2}$

14.1 Das internationale Einheitensystem (SI)

Tabelle 14-3 (Fortsetzung)

Größe	SI-Einheit			
	Name	Zeichen	durch andere SI-Einheiten ausgedrückt	durch SI-Basiseinheiten ausgedrückt
Energie, Arbeit, Wärmemenge	Joule [2]	J	N m	$m^2 \cdot kg \, s^{-2}$
Leistung, Energiestrom	Watt	W	J/s	$m^2 \cdot kg \, s^{-3}$
Elekrizitätsmenge, elektrische Ladung	Coulomb	C		$A \cdot s$
elektrisches Potential, elektrische Spannung, elektromotorische Kraft	Volt	V	W/A	$m \cdot kg \cdot s^{-3} \cdot A^{-1}$
elektrische Kapazität	Farad	F	C/V	$m^{-2} \cdot kg^{-1} \cdot s^4 \cdot A^2$
elektrischer Widerstand	Ohm		V/A	$m^2 \cdot kg \cdot s^{-3} \cdot A^{-2}$
elektrischer Leitwert	Siemens	S	A/V	$m^{-2} \cdot kg^{-1} \cdot s^3 \cdot A^2$
magnetischer Fluss	Weber	Wb	V s	$m^2 \cdot kg \cdot s^{-2} \cdot A^{-1}$
magnetische Flussdichte	Tesla	T	Wb/m²	$kg \cdot s^{-2} \cdot A^{-1}$
Induktivität	Henry	H	Wb/A	$m^2 \cdot kg \cdot s^{-2} \cdot A^{-2}$
Celsius-Temperatur	Grad Celsius	°C		K
Lichtstrom	Lumen	lm		$cd \cdot sr$ (*)
Beleuchtungsstärke	Lux	lx	lm/m²	$cd \cdot sr \cdot m^{-2}$ (*)

(*) Der Steradiant (sr) ist keine Basiseinheit. In der Lichttechnik wird er aber angegeben, wenn die Einheiten als Potenzprodukte der Basiseinheiten dargestellt werden.

Tabelle 14-4. Abgeleitete SI-Einheiten mit besonderen Namen, die zum Schutz der menschlichen Gesundheit zugelassen sind

Größe	abgeleitete SI-Einheiten			
	Name	Zeichen	durch andere SI-Einheiten ausgedrückt	durch SI-Basiseinheiten ausgedrückt
Aktivität (eines Radionuklids)	Becquerel	Bq		s^{-1}
Energiedosis, spezifische übertragene Energie, Kerma Energiedosisindex	Gray	Gy	J/kg	$m^2 \, s^{-2}$
Äquivalentdosis, Äquivalentdosisindex	Sievert Becquerel	Sv	J/kg	$m^2 \, s^{-2}$

[2]) gesprochen: dschul

Tabelle 14-5. Beispiele für abgeleitete SI- Einheiten und deren Ausdruck durch Basiseinheiten

Größe	SI-Einheit		
	Name	Zeichen	durch SI-Basiseinheiten ausgedrückt
Winkelgeschwindigkeit	Radiant durch Sekunde	rad/s	
Winkelbeschleunigung	Radiant durch Sekundenquadrat	rad/s^2	
Dynamische Viskosität	Pascalsekunde	Pa s	m^{-1} kg s^{-1}
Moment einer Kraft	Newtonmeter	N m	m^2 kg s^{-2}
Oberflächenspannung	Newton durch Meter	N/m	kg s^{-2}
Wärmestromdichte, Bestrahlungsstärke	Watt durch Quadratmeter	W/m^2	kg s^{-3}
Strahlstärke	Watt durch Steradiant	W/sr	m^2 kg s^{-3} sr^{-1} (*)
Strahldichte	Watt durch Meterquadrat-Steradiant	W/(m· sr)	kg s^{-3} sr^{-1} (*)
Wärmekapazität, Entropie	Joule durch Kelvin	J/K	m^2 kg s^{-2} K^{-1}
spezifische Wärmekapazität, spezifische Entropie	Joule durch Kilogramm- Kelvin	J/(kg K)	m^2 s^{-2} K^{-1}
spezifische Energie	Joule durch Kilogramm	J/kg	m^2 s^{-2}
Wärmeleitfähigkeit	Watt durch Meter-Kelvin	W/(m K)	m kg s^{-3} K^{-1}
Energiedichte	Joule durch Kubikmeter	J/m^2	m^{-1} kg s^{-2}
elektrische Feldstärke	Volt durch Meter	V/m	m kg s^{-3} A^{-1}
elektrische Ladungsdichte	Coulomb durch Kubikmeter	C/m^3	m^{-3} s A
elektrische Flussdichte, Verschiebung	Coulomb durch Quadratmeter	C/m^2	m^{-2} s A
Permittivität	Farad durch Meter	F/m	m^{-3} kg^{-1} s^4 A^2
Permeabilität	Henry durch Meter	H/m	m kg s^{-2} A^{-2}
molare Energie	Joule durch Mol	J/mol	m^2 kg s^{-2} mol^{-1}
molare Entropie, molare Wärmekapazität	Joule durch Mol-Kelvin	J/(mol K)	m^2 kg s^{-2} K^{-1}mol^{-1}
Ionendosis (Röntgen- und γ-Strahlen)	Coulomb durch Kilogramm	C/kg	kg^{-1} s
Energiedosisleistung	Gray durch Sekunde	Gy/s	m^2 s^{-3}

14.1 Das internationale Einheitensystem (SI)

Tabelle 14-6. SI Vorsätze

Faktor	Vorsatz	Vorsatzzeichen	Faktor	Vorsatz	Vorsatzzeichen
10^{24}	Yotta	y	10^{-1}	Dezi	d
10^{21}	Zetta	Z	10^{-2}	Zenti	c
10^{18}	Exa	E	10^{-3}	Milli	m
10^{15}	Peta	P	10^{-6}	Mikro	μ
10^{12}	Tera	T	10^{-9}	Nano	n
10^{9}	Giga	G	10^{-12}	Piko	p
10^{6}	Mega	M	10^{-15}	Femto	f
10^{3}	Kilo	k	10^{-18}	Atto	a
10^{2}	Hekto	h	10^{-21}	Zepto	z
10	Deka	da	10^{-24}	Yokto	y

Tabelle 14-7. Einheiten, die gemeinsam mit dem SI-System genutzt werden

Name		Zeichen	Beziehung zu den SI-Einheiten
Minute	(Zeit)	Min	1 min = 60 s
Stunde		H	1 h = 60 min = 3600 s
Tag		D	1 d = 24 h = 86400 s
Gon		Gon	1 gon = (1/200) rad
Grad	(ebener Winkel)	°	1° = (1/180) rad
Minute	(ebener Winkel)	′	1′ = (1/60)° = (1/10800) rad
Sekunde	(ebener Winkel)	″	1″ = (1/60)° = (1/648 000) rad
Liter		l, L	1 l = 1 dm³ = 10^{-3}
Tonne		t	1 t = 10^3 kg

Das Liter hat zwei Einheitszeichen, weil in vielen der heute gebräuchlichen Zeichensätze nicht oder nur schwer zwischen 1 (Zahl Eins) und l (Buchstabe „kleines L") unterschieden werden kann. In Deutschland wird gelegentlich ℓ als Einheitszeichen für das Liter verwendet.

Tabelle 14-8. Einheiten, die vorübergehend neben dem Internationalen Einheitensystem beibehalten werden

Name	Zeichen	Beziehung zu den SI- Einheiten
Seemeile		1 Seemeile = 1852 m
Knoten		1 Seemeile durch Stunden = (1852/3600) m/s
Angström	Å	1 Å = 0,1 nm = 10^{-10} m
Ar	a	1 a = 1 dam² = 10^2 m²
Hektar	ha	1 ha = 1 hm² = 10^4 m²
Bar	bar	1 bar = 0,1 MPa = 10^5 Pa
Gal	Gal	1 Gal = 1 cm/s³ = 10^{-2} m/s²
Curie	Ci	1 Ci = 3,7 10^{10} Bq
Röntgen	R	1 R = 2,58 10^{-4} C/kg
Rad	rad	1 rad = 1 cGy = 10^{-2} Gy
Rem	rem	1 rem = 1 cSv = 10^{-2} Sv

Tabelle 14-9. Umrechnungsbeziehungen für angelsächsische Einheiten

Länge
1 mile	= 1,60934 km
1 furlong	= 0,201168 km
1 chain	= 20,1168 m
1 yd (yard)	= 0,9144 m
1 ft (foot)	= 0,3048 m
1 in (inch)	= 2,54 cm
1 nautical	= 1,85318 km
1 fathom	= 1,8288 m

Volumen
1 yd^3 (cubic yard)	= 0,764 55 m^3
1 ft^3 (cubic foot)	= 28,3168 dm^3
1 in^3 (cubic inch)	= 16,3871 cm^3
1 bu (bushel)	= 36,3687 dm^3
1 pk (peck)	= 9,09218 dm^3
1 gal (gallon)	= 4,54609 dm^3
1 US-gal	= 3,78541 dm^3
1 qt (quart	= 1,13652 dm^3
1 pt (pint UK)	= 0,568261 dm^3
1 gill	= 0,142065 dm^3
1 fl oz	= 28,4131 cm^3
1 fluid drachm	= 3,55163 cm^3
1 minim	= 59,1939 mm^3

Fläche
1 sq mile	= 2,58999 km^2
1 acre	= 4046,86 m^2
1 rood	= 1011,71 m^2
1 yd^2 (square yard)	= 0,836127 m^2
1 ft^2 (square foot)	= 0,092903 m^2
1 in^2 (square inch)	= 6,4516 cm^2

Masse
1 ton	= 1016,05 kg
1 cwt (hundredweight)	= 50,8023 kg
1 short hundredweight	= 45,3592 kg
1 quarter	= 12,7006 kg
1 stone	= 6,35029 kg
1 lb (pound)	= 0,453592 37 kg
1 oz (ounce)	= 28,3495 g
1 dr (dram)	= 1,77185 g
1 gr (grain)	= 64,7989 mg
1 troy pound	= 373,24172 g
1 oz tr (troy ounce)	= 31,1035 g
1 drachm	= 3,88793 g
1 scruple	= 1,29598 g
1 dwt (pennyweight)	= 1,55517 g
1 slug	= 14,5939 kg

Flächenbezogene Masse
1 ton/sq mile	= 392,298 kg/km^2
	= 3,92298 kg/ha
1 ton/acre	= 0,251071 kg/m^2
	= 2510,71 kg/ha
1cwt/acre	= 0,0125535 kg/m^2
	= 125,535 kg/ha
1 lb/ft^2	= 4,88243 kg/m^2
1 lb/in^2	= 70,3070 g/cm^2
1 oz/yd^2	= 33,9057 g/m^2
1 oz/ft^2	= 305,152 g/cm^2

Fläche durch Masse
1 sq mile/ton	= 2 549,08 m^2 kg
1 yd^2/ton	= 0,822 922 m^2/t

Massenkonzentration
1 gr/100 ft^2	= 0,0228835 g/cm^2
1 oz/gal	= 6,23602 g/l
1 gr/gal	= 14,2538 mg/l

Trägheitsmoment
1 lb ft^2	= 0,0421401 kg m^2
1 lb in^2	= 2,92640 kg cm^2
1 oz in^2	= 0,182900 kg cm^2
1 slug ft^2	= 1,35582 kg m^2

Impuls
1 lb ft/s	= 0,138255 kg m/s

Spezifisches Volumen
1 in^3/lb	= 36,1273 cm^3/kg
1 ft^3/ton	= 0,027869 6 dm^3/kg
1 ft^3/lb	= 62,4280 dm^3/kg
1 gal/lb	= 10,0224 dm^3/kg

Treibstoffverbrauch
1 gal/mile	= 2,82481 l/km
1 Usgal/mile	= 2,35215 l/km
1 mile/gal	= 0,354006 km/l
1 mile/USgal	= 0,425144 km/l

Dichte
1 ton/yd^3	= 1,32894 t/m^3
1 lb/ft^3	= 16,0185 kg/m^3
1 lb/in^3	= 27,6799 g/cm^3
1 lb/gal	= 0,099776 3 kg/l
1 slug/ft^3	= 515,379 kg/m^3

Drehimpuls
1 lb ft^3/s	= 0,0421401 kg m^3/s

Kraft
1 tonf (ton-force)	= 9 964,02 N
1 lbf (pound-force)	= 4,44822 N
1 ozf	= 0,278014 N
1 pdl (poundal)	= 0,138255 N

Tabelle 14-9 (Fortsetzung)

Drehmoment		**Volumenbezogene Wärmekapazität**	
1 lbf ft	= 1,35582 N m	1 Btu/ft² °F	= 0,067066 1 J/cm² K
1 ton f ft	= 3037,03 N m		
1 pdl ft	= 0,042140 1 N m	**Energie**	
1 ozf in	= 0,706155 N cm	1 therm	= 105,506 MJ
1 lbf in	= 0,112985 N m	1 hp h	= 2,68452 MJ
		(horsepower × hour)	
Druck, Spannung		1 Btu	= 1,05506 kJ
1 tonf/f²	= 107,252 kPa	(British thermal unit)	
1 tonf/in²	= 15,4443 Mpa	1 ft lbf	= 1,35582 J
1 lbf/ft²	= 47,8803 Pa	1 ft pdl	= 0,042140 1 J
1 lbf/in²	= 6894,76 Pa		
1 ft H$_2$O	= 1,48816 Pa	**Leistung**	
1 in H$_2$O	= 249,089 Pa	1 hp (housepower)	= 745,700 W
1 in Hg	= 3386,39 Pa	1 lf lbf/s	= 1,35582 W
Dynamische Viskosität		**Wärmestromdichte**	
1 pdl s/ft²	= 1,48816 Pa s	1 Btu/ft² h	= 3,15459 W/m²
1 lbf h/ft²	= 0,172369 Mpa s	**Wärmeübergangskoeffizient**	
1 lbf s/ft²	= 47,8803 Pa s	1 Btu/ft² h °F	= 5,67826 W/m² K
Wärmestrom		**Wärmeleitfähigkeit**	
1 Btu/ h	= 0,293071 W	1 Btu/ft² h °F	= 1,73073 W/m K
		1 Btu/ft² h °F	= 0,144228 W/m K
Spezifische Energie		1 Btu/ft² h °F	= 519,220 W/m K
1 Btu/lb	= 2326 J/kg		
1 ft lbf/lb	= 2,98907 J/kg	**Spezifischer Wärmewiderstand**	
		1 ft² h °F/Btu in	= 6,933 47 K m/W
Volumenbezogener Brennwert		1 ft² h °F/Btu ft	= 57,778 9 K cm/W
1 therm/gal	= 23,2080 MJ/l		
1 Btu/ft³	= 0,037258 9 J/cm³	**Beleuchtungsstärke**	
		1 lm/ft² =	= 10,763 9 lx
Spezifische Wärmekapazität		1 foot-candle	
1 Btu/lb °F	= 4186,8 J/kg K		
1 ft lbf/lb °F	= 5,38032 J/kg K	**Leuchtdichte**	
		1 cd/ft²	= 10,7639 cd/m²
Spezifische Entropie		1 cd in²	= 1 550,00 cd/m²
1 Btu/lb °R	= 4186,8 J/kg K	1 foot-lambert	= 3,42626 cd/m²

Pound:
Im Troy-System, das hauptsächlich für Edelmetalle und Drogeriewaren eingesetzt wird, gilt:

1 troy pound = 12 troy ounces = 240 pennyweight = 5760 grain

Für das Avoidurpois- System (alle Waren) gilt:

1 (avoirdurpois) pound = 0,453 592 27 kg

Weitere spezielle Einheiten siehe [2].

14.2
Gestaltung von Manuskripten (z.B. Protokolle, Berichte)

Zur besseren Lesbarkeit sind zahlreiche Formelzeichen und Darstellungsarten für Manuskripte standardisiert [5, 6]. Allerdings gibt es international eine Reihe von verschiedenen Standards. Eine Liste diesbezüglicher deutscher Normen findet sich am Ende des Abschnitts. Im Folgenden sind einige grundlegende Regeln aufgeführt.

Zeichen
Zur Schreibweise von Zahlen, Ziffern und Symbolen siehe Tabelle 14-10:

Tabelle 14-10. Verwendung senkrechter und kursiver Zeichen [1]

Gegenstand	Schriftart	Beispiele
Zahlen in Ziffern geschrieben	senkrecht	3; 1,56; 10^4
Zahlen durch Buchstaben dargestellt (allgemein)	kursiv	N; a_{ik}
Vektoren und Tensoren	kursiv, halbfett	**a; b; A; B**
Formelzeichen für physikalische Größen	kursiv	m (Masse) C (Kapazität) μ (Permeabilität)
Zeichen für Funktionen und Operatoren, deren Bedeutung frei gewählt werden kann.	kursiv	$f(x)$; y''
Zeichen für Funktionen und Operatoren mit festgelegter Bedeutung	senkrecht	d; Δ; Σ; Π; $\int$ exp, sin, lg, lim div; Re (Realteil)
Einheitenzeichen	senkrecht	m; μF
Symbole für Chemie und Atomphysik	senkrecht	H_2SO_4 (Schwefelsäure) e^- (Elektron) pH-Wert

Indizes werden ihrer Bedeutung nach in senkrechter oder kursiver Schrift gesetzt.

Als Formelzeichen für Größen werden Buchstaben benutzt. Sie werden unabhängig von der Schriftart des umgebenden Textes kursiv wiedergegeben.

Beispiele:
l für Länge
m für Masse
H für magnetische Feldstärke

Zahlreiche Formelzeichen sind genormt. Sehr viele Formelzeichen befinden sich in der Normenreihe DIN 1304. Die dort angegebenen Formelzeichen stimmen weitgehend mit den international festgelegten Formelzeichen in ISO 31 und IEC 27-1 überein.

14.2 Gestaltung von Manuskripten (z.B. Protokolle, Berichte)

Tabellen
In Tabellenköpfen werden Größennamen oder Formelzeichen angegeben. Wenn die Tabelle nur die Zahlenwerte enthält, schreibt man vor die Einheit im Tabellenkopf „in". Das Einheitenzeichen darf nicht in eckige Klammern gesetzt werden. Im Tabellenkopf kann auch ein Bruch mit dem Formelzeichen im Zähler und dem Einheitenzeichen im Nenner stehen.

Beispiele:

falsch	richtig	richtig	richtig	richtig
h [m]	h/m	h in m	$\frac{h}{m}$	h · 10⁴ in m
$6{,}123 \cdot 10^{-4}$	$6{,}123 \cdot 10^{-4}$	$6{,}123 \cdot 10^{-4}$	$6{,}123 \cdot 10^{-4}$	6,123
...	...	...	...	...
...	...	...	...	...
...	...	...	...	...
...	...	...	...	...

zum Gebrauch der eckigen Klammer (DIN 1313):
[G] bedeutet : eine Einheit der Größe G
[l] bedeutet : eine Längeneinheit (also m, inch usw.)

Der Zahlenwert einer Größe (oft benötigt in grafischen Darstellungen oder in Köpfen von Zahlenwertspalten („Tabellenköpfen")) lässt sich darstellen, indem die Größe durch die Einheit dividiert wird: l/m oder $\frac{l}{m}$

allgemein: $\frac{G}{[G]}$

zum Gebrauch der geschweiften Klammer:
Die geschweifte Klammer ist das allgemeine Zeichen für einen Zahlenwert. {G} bedeutet: der Zahlenwert der Größe G ausgedrückt in der Einheit [G].

Chemische Elemente
Die Namen und Symbole der chemischen Elemente sind in DIN 32 640 genormt. Die deutschen Namen der Elemente wurden in mehreren Fällen an die englischen angeglichen. Beachtenswert sind folgende Fälle:

Symbol	Deutscher Name	Früher gebräuchlicher Name
Bi	Bismut	Wismut
Cd	Cadmium	Kadmium
Cs	Caesium	Cäsium
Ca	Calcium	Kalzium

Symbol	Deutscher Name	Früher gebräuchlicher Name
Co	Cobalt	Kobalt
I	Iod	Jod
Si	Silicium	Silizium

Zahlenangaben:

falsch	richtig	Anmerkung
51 × 51 × 25 mm	51 mm × 51 mm × 25 mm	jeder Zahlenwert mit Einheit
225 bis 2400 nm	225 nm bis 2400 nm	
225 nm – 2400 nm	225 nm bis 2400 nm	
8,2; 9,0; 9,5; 9,8; 10,0 GHz	(8,2; 9,0; 9,5 ; 9,8; 10,0) GHz	
63,2 ± 0,1 m *oder* 63,2 m ± 0,1	63,2 m ± 0,1 m *oder* (63,2 ± 0,1) m	
6 cm · 4 cm · 3 cm	6 cm × 4 cm × 3 cm	das liegende Malkreuz für Abmessungen von Formaten
Sek., Std., ccm, qm	s, h, cm^3, m^3	an international vereinbarte Zeichen halten
m/s/s	m/s^2 *oder* m · s^{-2}	nie mehr als einen Schrägstrich pro Zeile
370 N/mm^2 *oder* 370 N/ mm^2	370 N/mm^2	Zahlenwert und Einheit nicht trennen
mN	Nm, N · m	wenn N · m gemeint ist
m · N	mN	wenn Milli-NEWTON gemeint ist
1 mμm	1 nm	nicht mehrere SI-Vorsätze hintereinander setzen
1 μkg	1 mg	
1 M/m^3	10^6/m^3	Vorsätze nicht allein für sich verwenden

14.2 Gestaltung von Manuskripten (z.B. Protokolle, Berichte)

falsch	richtig	Anmerkung
$U = 10\,\text{V}_{\text{max}}$	$U_{\text{max}} = 10\,\text{V}$	Keine Indices an Einheiten
U = 10 V	$U = 10\,\text{V}$	Formelzeichen kursiv. Zahlenwert, Einheit aufrecht

Angabe von Messergebnissen

Ergebnisse von experimentellen Messungen sind stets mit Messunsicherheiten behaftet. Man unterscheidet systematische und zufällige Messunsicherheiten. Zur Angabe der „Sicherheit einer Aussage" bzw. der „Unsicherheit einer Angabe" wurden spezielle Begriffe und Streumaße entwickelt (Tabelle 14-11).

Tabelle 14-11. Analyse von Messunsicherheiten: Begriffe

Absoluter Fehler (Messunsicherheit):	Δm
Relativer Fehler (relative Messunsicherheit):	$\dfrac{\Delta m}{\overline{m}}$
Arithmetischer Mittelwert:	$\overline{m} = \dfrac{1}{n}\sum_{i=1}^{n} m_i$
Anzahl der Messwerte:	n
Fehlersumme:	$\sum_{i=1}^{n}(m_i - \overline{m}) \quad (\approx 0)$
(manchmal auch als Betrag geschrieben):	$\sum_{i=1}^{n} |m_i - \overline{m}| \quad (\neq 0)$
Fehlerquadratsumme:	$\sum_{i=1}^{n}(m_i - \overline{m})^2$
Varianz:	$\sigma^2 = \dfrac{1}{n-1}\sum_{i=1}^{n}(m_i - \overline{m})^2$
Standardabweichung des Messwertes:	$\sigma = \sqrt{\dfrac{1}{n-1}\sum(m_i - \overline{m})^2}$
Standardabweichung des arithmetischen Mittelwertes: „Messunsicherheit"	$\Delta \overline{m} = \dfrac{\sigma}{\sqrt{n}}$
Relative Standardabweichung des arithmetischen Mittelwertes: „Relative Messunsicherheit"	$\dfrac{\Delta \overline{m}}{\overline{m}}$

Allgemeine Form der Angabe eines Messergebnisses:

Messgröße = Mittelwert ± Messunsicherheit

im Falle einer Längenmessung also zum Beispiel: $l = \bar{l} \pm \Delta l$

mit der Messunsicherheit $\Delta l = t \cdot \dfrac{\sigma}{\sqrt{n}}$

t ist der STUDENT-Faktor. Er hängt von der Anzahl n der durchgeführten Einzelmessungen ab und von der Sicherheit P, mit der das Messergebnis angegeben werden soll (Tabelle 14-12). Als industrie-üblich gilt $P = 95\%$.

$\bar{m} \pm \Delta\bar{m}$ oder	z.B. (1,24 ± 0,41) g	1,24 g ± 0,41 g
$\bar{m} \pm \dfrac{\Delta\bar{m}}{\bar{m}}$	z.B. 11,24 g ± 33%	1,24 (1 + 33%) g

Tabelle 14-12. STUDENT-Faktor [107]

	1 σ-Regel, P = 68,27%		2 σ-Regel, P = 95%		3 σ-Regel, P = 99%	
n	t	$t/\sqrt{n}$	t	$t/\sqrt{n}$	t	$t/\sqrt{n}$
(2)	(1,8)	(1,3)	(12,7)	(9,0)	(64)	(45)
3	1,32	0,76	4,3	2,5	9,9	5,7
4	1,20	0,60	3,2	1,6	5,8	2,9
5	1,15	0,51	2,8	1,14	4,6	2,1
6	1,11	0,45	2,6	1,05	4,0	1,6
8	1,08	0,38	2,4	0,84	3,5	1,24
10	1,06	0,34	2,3	0,72	3,25	1,03
20	1,03	0,23	2,1	0,47	2,9	0,64
30	1,02	0,19	2,05	0,37	2,8	0,50
50	1,01	0,14	2,0	0,28	2,7	0,38
100	1,00	0,10	2,0	0,20	2,6	0,26
200	1,00	0,07	1,97	0,14	2,6	0,18
<200	1,00	$t/\sqrt{n}$	1,96	$t/\sqrt{n}$	2,58	$t/\sqrt{n}$

Runden

Beim Runden wird die letzte Stelle, die nach dem Runden noch bei der Zahl verbleibt, Rundestelle genannt. Für das Runden gilt nach DIN 1333 folgende Regel: Steht hinter der Rundestelle eine der Ziffern 0 bis 4, so wird abgerundet, steht hinter der Rundestelle einer der Ziffern 5 bis 9, so wird aufgerundet.

Soll eine Messunsicherheit gerundet werden, so wird die Rundestelle nach folgender Regel gefunden: Von links beginnend ist die erste von Null verschiedene Ziffer der Messunsicherheit zu suchen. Ist dies eine der Ziffern 3 bis 9, so ist sie die Rundestelle. Wenn die erste von Null verschiedene Zahl eine 1 oder 2 ist, ist die Rundestelle rechts neben dieser Zahl. Messunsicherheiten werden immer aufgerundet.

Mit wie vielen Kommastellen muss ein Messergebnis angegeben werden?
Mittelwert:
Der angegebene Mittelwert muss genauso viele Kommastellen haben wie die Messunsicherheit.

Messunsicherheit:
Die Anzahl der anzugebenden Kommastellen ergibt sich durch Runden der Messunsicherheit nach obigen Regeln. Tabelle 14-13 zeigt zwei Beispiele.

Tabelle 14-13. Runden von Messergebnissen, Beispiele

Mittelwert:	8,579617	8,579617
Messunsicherheit:	0,00383	0,001632
Rundestelle:	↑	↑
gerundete Messunsicherheit:	0,004	0,0017
gerundeter Mittelwert:	8,580	8,5796
Messergebnis:	8,580 ± 0,004	8,5796 ± 0,0017

Literatur

1. PTB (Hrsg.) (1986) Leitfaden für den Gebrauch des Internationalen Einheitensystems, Physikalisch-Technische-Bundesanstalt (PTB), Braunschweig
2. Kurzweil P (2000) Das Einheiten-Lexikon, Formeln und Begriffe aus Physik, Chemie und Technik. Vieweg Braunschweig
3. Bureau International des Poids et Mesures: Le Systeme International d'Unites (SI). 6^e Edition, 1991 : Pavillon de Breteuil, F-92310 Sevres. – ISBN 92-822-2112-1
4. Taylor, B. N.: Guide for the Use of the International System of Units (SI). Gaithersburg, 1995 (NIST Special Publication 811)
5. DIN Deutsches Institut für Normung e.V. (Hrsg.): DIN- Taschenbuch 202, Formelzeichen, Formelsatz, Mathematische Zeichen und Begriffe. 2. Auflage. Berlin, Köln: Beuth-Verlag, 1994. – ISBN 3-410-12954-5
6. International Organization for Standardization: Quantities and Units. Third edition. Genf: International Organization for Standardization, 1993 (ISO Standards Handbook). ISBN 92-67-10185-4

Normen

DIN 461	Graphische Darstellungen in Koordinatensystemen
DIN 1301	SI-Einheiten, SI-Vorsätze
DIN 1302	Allgemeine mathematische Zeichen und Begriffe
DIN 1304	Formelzeichen (universelle Gaskonstante R, spezielle R_S)
DIN 1313	Physikalische Größen und Gleichungen, Begriffe, Schreibweisen
DIN 1310	Zusammensetzung von Mischphasen
DIN 1319 Teil	Grundlagen der Messtechnik, Begriffe für die Anwendung von Messmitteln
DIN 1333	Runden von Zahlen
DIN 1338	Formelzeichen (kursiv und aufrecht...)

DIN 32640   Chemische Elemente und einfache anorganische Verbindungen, Namen und Symbole
DIN 1305   Masse, Wägewert, Kraft, Gewichtskraft, Gewicht, Last, Begriffe
DIN 1421   Gliederung und Benummerung in Texten
DIN 1422   Veröffentlichungen aus Wissenschaft, Technik, Wirtschaft und Verwaltung
DIN 1505 Teil 3   Titelangaben von Dokumenten, Literaturverzeichnis, Zitierregeln
DIN 5008   Schreib- und Gestaltungsregeln für die Textverarbeitung
DIN 5483   Zeitabhängige Größen, Formelzeichen
DIN 16511   Korrekturzeichen

14.3 Verteilungsfunktionen

Zum Verstehen von Verteilungsfunktionen hier ein Übungsbeispiel zu den Themen Geschwindigkeitsverteilung – Wahrscheinlichkeitsverteilung – Anzahlverteilung.

Beispiel 14-1: Geschwindigkeitsverteilung gemäß PKW-Radarkontrolle
Die Messwerte einer PKW-Radarkontrolle waren:
$v/\mathrm{km} \cdot \mathrm{h}^{-1}$

50
20
40
30
60
80
70
Anzahl der Messwerte: $N = 7$

Die Werte sind nicht alle gleich, sie sind „verteilt". Der Median der Verteilung ist der Wert, der die Mitte einer geordneten Reihe in zwei gleiche Hälften teilt. Hier also 50 km/h.

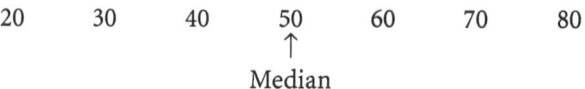

14.3 Verteilungsfunktionen

Die Radarkontrolle mit einer größeren Stichprobe:
$v/\mathrm{km} \cdot \mathrm{h}^{-1}$

50
40
30
60
60
50
40
30
20
40
50
50
60
60
70
60

Anzahl der Messwerte: $N = 16$

Arithmetischer Mittelwert: $\bar{v} = \dfrac{1}{N} \sum_{i=1}^{N} v_i = 48{,}1 \ \mathrm{km \cdot h^{-1}}$

Klassierung der Messwerte (in diesem Beispiel 5 Klassen):

Tabelle 14-14. Klassierung der Messwerte aus der Radarkontrolle

i	j	$v_j/$ $\mathrm{km \cdot h^{-1}}$	$\Delta v_i/$ $\mathrm{km \cdot h^{-1}}$	$\bar{v}_i$ $\mathrm{km \cdot h^{-1}}$	ΔN_i	$\Delta Q_i = \dfrac{\Delta N_i}{N}$	$Q_{0,i}$	$q_{0,i}/$ $\mathrm{km \cdot h^{-1}}$
	0	0					0,000	3,0 · 10⁻³
1			21	10,5	1	0,0625		
	1	21					0,0625	8,3 · 10⁻³
2			14	28,5	2	0,125		
	2	35					0,1875	25,7 · 10⁻³
3			17	43,5	7	0,4375		
	3	52					0,625	31,3 · 10⁻³
4			10	57,0	5	0,3125		
	4	62					0,9375	4,8 · 10⁻³
5			13	68,5	1	0,0625		
	5	75					1,0	

Begriffs-Erläuterungen:

$Q = \sum_{i=1}^{j} \frac{\Delta N_i}{N} = Q_0(N_i) = Q_{0,i}$	Verteilungssumme (hier: Anzahlsumme)
$N = \sum_{i=1}^{k} \Delta N_i$	Summe (Mengensumme, die Menge ist hier eine Anzahl N und nicht z.B. eine Länge oder eine Masse)
$q_{0,i} = \dfrac{\frac{\Delta N_i}{N}}{\Delta v_i}$	Verteilungsdichte (hier: Anzahldichte)
i	Index der Klasse
j	Index des Merkmalswertes (z.B. Geschwindigkeit, Alter, Durchmesser, Äquivalentdurchmesser, Sinkgeschwindigkeit, Siebmaschenweite etc.)
$\dfrac{\Delta N_i}{N} = \Delta Q_{0,i}$	relativer Mengenanteil der Klasse i (hier Anzahl-Anteil)
$\dfrac{\Delta \mu_i}{\mu} = \Delta Q_{r,i}$	allgemein für: relativer Mengenanteil der Klasse i

Trägt man Q über der Messgröße auf, erhält man eine Verteilungskurve, genauer die Verteilungssummenkurve, in diesem Beispiel eine Anzahlsummenkurve (Abb. 14-1). Der Ordinatenwert läuft von 0 bis 1. Die s-förmige Kurvendarstellung stellt eine Näherungskurve für sehr viele Klassen – im Idealfall unendlich viele Klassen mit unendlich vielen Messwerten – dar.

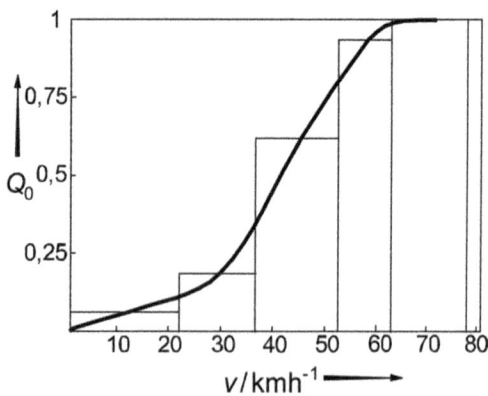

Abb. 14-1. Verteilungssummen-Funktion aus der Radarkontrolle

14.3 Verteilungsfunktionen

Abb. 14-2. Verteilungsdichtefunktion aus der Radarkontrolle

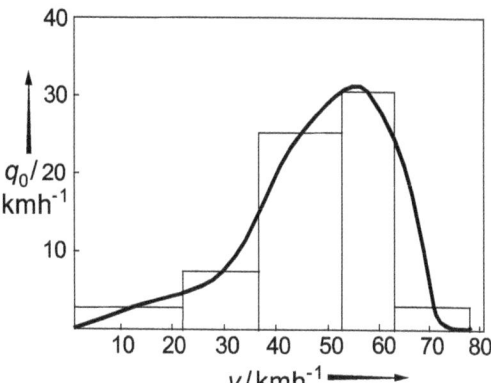

Trägt man q über der Messgröße auf, erhält man eine Verteilungsdichtekurve, in diesem Beispiel die Anzahldichtekurve. Es handelt sich um die mathematische Ableitung der o.g. Verteilungssummenkurve. In der Histogramm-Darstellung erkennt man, aus wie viel Klassen die Verteilungsdichtekurve entstanden ist. Die glockenförmige Kurvendarstellung stellt die Näherungskurve für sehr viele Klassen dar.

Am Anfang dieses Beispiels stand eine Geschwindigkeitsmessung (Radarkontrolle). Umgangssprachlich könnte man sagen, hier geht es um eine Geschwindigkeitsverteilung. Mathematisch gesehen geht es aber um eine Anzahlverteilung. Da in den Klassen die **Anzahl** von Autos notiert wurde, konnten eine Anzahlsummen-Darstellung und eine Anzahldichte-Darstellung erzeugt werden. Die Geschwindigkeit ist in diesem Beispiel die Messgröße, es hätte auch die Länge oder die Masse der Autos sein können, was für nicht-polizeiliche Zwecke denkbar wäre. Die in diesem Beispiel betrachtete Mengenart ist nicht die Länge, das Volumen oder die Masse von Autos in einer Klasse sondern die Anzahl von Autos, welche sich in einer Geschwindigkeits-Klasse bewegen. Messgröße und Mengenart sind nicht identisch.

Eine Anzahlverteilung kann gleichzeitig auch wie eine Wahrscheinlichkeitsverteilung genutzt werden: Der Ausdruck $\frac{\Delta N_i}{N} = \Delta Q_0(v_i)$ gibt den relativen Anteil von Autos in der Geschwindigkeitsklasse i an. In der Klasse $i = 4$ dieses Beispiels (Geschwindigkeiten zwischen 52 and 62 km · h^{-1}) befinden sich 5 Autos. D.h. für $\Delta Q_{0,4} = \frac{5}{16} = 0{,}3125 = 31{,}25\%$. Wenn die Daten einigermaßen verlässlich sind – was bei einer ausreichend großen Stichprobe eher zutrifft – dann lässt sich sagen: Die Wahrscheinlichkeit, dass eines der beobachteten Autos eine Geschwindigkeit zwischen 52 und 62 km · h^{-1} hat, beträgt 31,25%.

Die Wahrscheinlichkeit ist

$$P = \frac{\Delta N_i}{N} = \Delta Q_0(v) \qquad (14\text{-}1)$$

bzw.

$$P = \frac{dN}{N} = dQ_0(v) \qquad (14\text{-}2)$$

Bei Vorliegen einer Anzahlverteilung lässt sich die Q_0-v-Kurve auch als Wahrscheinlichkeits-Kurve oder Wahrscheinlichkeits-Verteilung verstehen. Die Ableitung der Kurve bzw. die Größe q_0 heißt dann Wahrscheinlichkeitsdichte-Funktion. Umgangssprachlich wird die Größe q_0 aus diesem Beispiel häufig ebenfalls als Geschwindigkeits-Verteilungs-Funktion $f(v)$ bezeichnet.

$$q_0 = f(v) = \frac{dQ_0}{dv} \qquad (14\text{-}3)$$

Tabelle 14-15 listet einige Eigenschaften der Funktion $f(v)$ auf.

Der Vorteil einer vorhandenen Verteilungsfunktion $f(v)$ liegt in der Möglichkeit einer direkten Berechnung von statistischen Kenngrößen wie z.B.:

- wahrscheinlichste Geschwindigkeit (Modalwert)
- mittlere Geschwindigkeit
- mittleres Geschwindigkeitsquadrat
- Median-Wert
- Breite der Verteilung
- Standardabweichung.

Tabelle 14-15. Eigenschaften der Geschwindigkeits-Verteilungs-Funktion $f(v)$:

$\int_{v_1}^{v_i} f(v) \cdot dv = \Delta Q_0$	relativer Mengenanteil von Autos in der Klasse i, also im Geschwindigkeitsintervall $v_1 \ldots v_2$. Als Anzahlanteil gleichbedeutend mit: Wahrscheinlichkeit, in diesem Intervall angetroffen zu werden.
$\int_{v_{min}}^{v_{max}} f(v) \cdot dv = 1$	Normierungsbedingung: Der relative Mengenanteil von Autos zwischen $v_{min} \ldots v_{max}$ ist 1 (d.h. die Wahrscheinlichkeit, in diesem Intervall angetroffen zu werden, ist 1 = 100%)
$\int_0^\infty f(v) \cdot v \cdot dv = \bar{v}$	liefert den integralen (auch: gewichteten) Mittelwert der Geschwindigkeit
$\int_0^\infty f(v) \cdot v \cdot dv = \int_0^\infty \frac{dN}{N} \cdot v \cong \frac{1}{N} \sum_{i=1}^{N} \Delta N_i v_i$	dies ist im Fall der Anzahlverteilung identisch mit dem arithmetischen Mittelwert der Geschwindigkeit
$\int_0^\infty f(v) \cdot v^2 \cdot dv = \overline{v^2}$	liefert den integralen Mittelwert des Geschwindigkeitsquadrates

14.3 Verteilungsfunktionen

Die Berechnung dieser Größen sei am Beispiel der Verteilungsfunktion $f(v)$ der Geschwindigkeit von Gasmolekülen gezeigt. Die Geschwindigkeits-Verteilung $f(v)$ in einem idealen Gas (von MAXWELL entwickelt, von BOLTZMANN bewiesen) wird auch MAXWELL-BOLTZMANN-Verteilung genannt:
MAXWELL-BOLTZMANN-Gleichung

$$f(v) = 4\pi \left(\frac{m}{2\pi k T}\right)^{\frac{3}{2}} \cdot v^2 \cdot \underbrace{e^{-\frac{\frac{1}{2}mv^2}{kT}}}_{\text{BOLTZMANN-Faktor}} \tag{14-4}$$

- m Masse eines Teilchens in kg
- k BOLTZMANN-Konstante ($1{,}380658 \cdot 10^{-23}$ J · K^{-1})
- T Temperatur in K
- v Geschwindigkeit eines Teilchens in m · s^{-1}

Das Maximum der $f(v)$-Kurve liefert die wahrscheinlichste Geschwindigkeit.
Maximum:

$$\frac{df(v)}{dv} = 0 \tag{14-5}$$

Bedingung dafür ist:

$$\left(e^{-\frac{mv^2}{2kT}} = e^{-1}\right) \Rightarrow \left(\frac{df(v)}{dv} = 0\right) \tag{14-6}$$

d.h.

$$\frac{1}{2} m \cdot v^2 = kT \tag{14-7}$$

gleichbedeutend mit

$$E_{kin} = kT \tag{14-8}$$

die wahrscheinlichste Geschwindigkeit ist somit:

$$v_w = \sqrt{\frac{2kT}{m}} \tag{14-9}$$

Die mittlere Geschwindigkeit (arithmetisches Mittel) erhält man durch Bildung des integralen Mittelwertes der Anzahlverteilung. Dieser Mittelwert wird auch als durchschnittliche Geschwindigkeit bezeichnet:

durchschnittliche Geschwindigkeit:

$$\bar{v}_d = \int_0^\infty f(v) \cdot v \cdot dv = \left(\frac{8kT}{\pi m}\right)^{\frac{1}{2}} = \sqrt{\frac{4}{\pi}} \cdot \sqrt{\frac{2kT}{m}} \qquad (14\text{-}10)$$

sie ist damit leicht verschieden von (14-9):

$$\bar{v}_d = \sqrt{\frac{4}{\pi}} \cdot \sqrt{\frac{2kT}{m}} = 1{,}128 \cdot v_w \qquad (14\text{-}11)$$

Der integrale Mittelwert von v^2, das so genanne mittlere Geschwindigkeitsquadrat erhält man zu

$$\overline{v^2} = \int_0^\infty f(v) \cdot v^2 \cdot dv = \frac{3kT}{m} \qquad (14\text{-}12)$$

die „mittlere" Geschwindigkeit hiernach ist also:

$$v_m = \sqrt{\overline{v^2}} = \sqrt{\frac{3kT}{m}} \qquad (14\text{-}13)$$

Vergleich mit (14-9):

$$\overline{v^2} = \sqrt{\frac{3}{2}} \cdot v_w = 1{,}225 \cdot v_w \qquad (14\text{-}14)$$

Tabelle 14-16 fasst die verschiedenen Kenngrößen zusammen.

$v_m = \sqrt{\frac{3kT}{m}}$ ist im Übrigen eine Grundannahme für die Zustandsgleichung idealer Gase

$$p \cdot V = m \cdot R_S \cdot T \qquad (2\text{-}10)$$

Bei genauerer Betrachtung der MAXWELL-BOLTZMANN-Verteilung fällt auf, dass es sich um die Überlagerung einer Wurzelfunktion und einer Exponentialfunktion handelt: Bei niedrigen Temperaturen/Geschwindigkeiten dominiert die Wurzelfunktion, bei hohen Temperaturen/Geschwindigkeiten dominiert die Exponentialfunktion.

Tabelle 14-16. Zusammenfassung der Kenngrößen der Geschwindigkeits-Verteilung

Geschwindigkeit	Symbol	Berechnung	Vergleich mit v_w	Kriterium
wahrscheinlichste	v_w	$\sqrt{\dfrac{2kT}{m}}$	$1 \cdot v_w$	Kurvenmaximum
durchschnittliche	v_d	$\sqrt{\dfrac{8}{\pi}\dfrac{kT}{m}}$	$1{,}128 \cdot v_w$	arithm. Mittel
mittlere	$v_m = \sqrt{\overline{v^2}}$	$\sqrt{\dfrac{3kT}{m}}$	$1{,}225 \cdot v_w$	mittleres v^2

14.4 Komplexe Zahlen

Unter komplexen Zahlen versteht man Zahlen mit einem reellen und einem imaginären Bestandteil. Imaginäre Zahlen sind Vielfache der so genannten imaginären Einheit i

Es ist: $i = \sqrt{-1}$ mit

$i = \sqrt{-1} \qquad i^2 = -1 \qquad i^3 = -i \qquad i^4 = +1$

i und $-i$ sind Lösungen der quadratischen Gleichung $x^2 = -1$
Es ist:

$i^5 = i^9 = i$
$i^6 = i^{10} = -1$
$i^7 = i^{11} = -i$
$i^8 = i^{12} = 1$

Die Stellung der imaginären bzw. der komplexen Zahlen innerhalb der Zahlen der Mathematik zeigt Tabelle 14-17.

Grafisch darstellen lassen sich komplexe Zahlen in der so genannten Zahlenebene. Auf der Abszisse wird der Realteil a aufgetragen (reelle Achse), auf der Ordinate wird der Imaginärteil b als Vielfaches von i aufgetragen (s. Abb. 14-3).

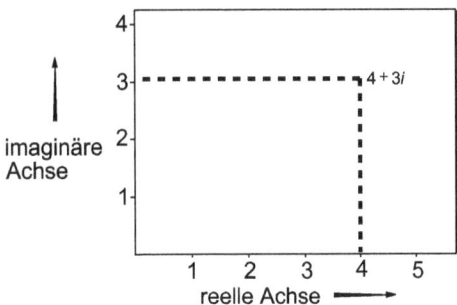

Abb. 14-3. Darstellung der komplexen Zahl $4 + 3i$ in der Zahlenebene

Tabelle 14-17. Zahlen der Mathematik

Zahlen						
reelle Zahlen					imaginäre Zahlen	
rationale Zahlen		irrationale Zahlen			rein imaginäre Zahlen	komplexe Zahlen
ganze Zahlen	gebrochene Zahlen	algebraische Zahlen	transzendente Zahlen		Vielfache von i	Zahlen mit reellen und imaginären Bestandteilen
1; 2; 3	$\dfrac{1}{3};\dfrac{1}{2}$	$\sqrt{2};\sqrt{3}$	$\pi = 3{,}1416\ldots$		$i=\sqrt{-1}$ $\sqrt{-4}=2i$	$4 + 3i$
18; –18	0,25; –6,3	$\sqrt[5]{\dfrac{27}{4}}$	$e = 2{,}718\ldots$			
…	…	…	$\sin 2 = 0{,}9093$			

Die Zahl lautet allgemein:

$$z = a + i \cdot b \tag{14-15}$$

Ähnlich sieht die grafische Darstellung einer komplexen Zahl in Polarkoordinaten aus (Abb. 14-4). Man nennt dies auch goniometrische Darstellung:

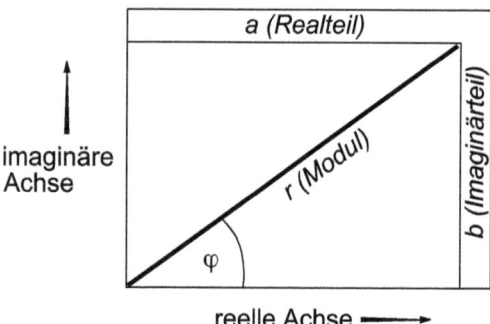

Abb. 14-4:. Goniometrische Darstellung einer komplexen Zahl

Für den Winkel φ in Abb. 14-4 gilt:

$$\cos\varphi = \frac{a}{r} \quad a = r\cdot\cos\varphi$$

$$\sin\varphi = \frac{b}{r} \quad b = r\cdot\sin\varphi$$

Eingesetzt in (14-15) also:

$$z = r\,(\cos\varphi + i\cdot\sin\varphi) \tag{14-16}$$

14.4 Komplexe Zahlen

Außerdem lässt sich schreiben:

$$\tan \varphi = \frac{b}{a} \qquad (4\text{-}17)$$

$$r = \sqrt{a^2 + b^2}$$

Beispiel 14-2: Die komplexe Zahl 3 + 4i

Wenn die komplexe Zahl z lautet 3 + 4i, dann ist

$a = 3$
$b = 3$
$|z| = \sqrt{a^2 + b^2}$
$|z| = \sqrt{3^2 + 4^2} = 5$

weiterhin ist

$$\cos \varphi = \frac{3}{5} = 0{,}6 \quad \varphi = 53{,}13°$$

$$\sin \varphi = \frac{4}{5} = 0{,}8 \quad \varphi = 53{,}13°$$

eingesetzt in (14-16) erhält man umgekehrt:

$z = 5 \,(\cos 53{,}13° + i \cdot \sin 53{,}13°) = 5\,(0{,}6 + i\ 0{,}8) = 3 + 4i$

Sehr einfach lassen sich komplexe Zahlen mit Hilfe der Relationen von EULER schreiben. Die EULER'schen Gleichungen lauten:

$$e^{ix} = \cos x + i \cdot \sin x \qquad (14\text{-}18)$$

$$e^{-ix} = \cos x - i \cdot \sin x \qquad (14\text{-}19)$$

Unter der EULER'schen Zahl e versteht man die Basis des natürlichen Logarithmus.

Mit φ aus der goniometrischen Darstellung (Abb. 14-4) ist dann:

$$e^{i\varphi} = \cos \varphi + i \cdot \sin \varphi \qquad (14\text{-}20)$$

$$e^{-i\varphi} = \cos \varphi - i \cdot \sin \varphi \qquad (14\text{-}21)$$

Damit lässt sich eine komplexe Zahl z schreiben als:

$$z = |z| \cdot e^{i\varphi} \qquad (14\text{-}22)$$

$$z = |z| \cdot (\cos \varphi + i \cdot \sin \varphi) \tag{14-23}$$

$$z = \underbrace{|z| \cdot \cos \varphi}_{Realteil} + \underbrace{i \cdot |z| \cdot \sin \varphi}_{Imaginärteil} \tag{14-24}$$

Der Vergleich der Gleichungen (14-19) und (14-24) zeigt, dass der Modul r der goniometrischen Darstellung identisch mit dem Betrag der komplexen Zahl z ist.

$$r = |z| \tag{14-25}$$

Die Einfachheit, mit Hilfe der EULER'schen Gleichungen eine komplexe Zahl darzustellen, besteht darin, dass man nicht mehr als die Größe φ benötigt, um die komplexe Zahl auszudrücken [122] (vgl. rechte Spalte in Tabelle 14-18).

Beispiel 14-3: EULER'sche Darstellung der komplexen Zahl $3 + 4i$

$$z = 3 + 4i$$

$$z = a + b \cdot i$$

$$z = \underbrace{|z| \cdot \cos \varphi}_{3} + i \cdot \underbrace{|z| \sin \varphi}_{4}$$

$$\tan \varphi = \frac{b}{a} = \frac{4}{3}$$

$$\varphi = 53{,}13°$$

$$z = e^{i\varphi}$$

$$z = e^{i \cdot 53{,}13°}$$

$$|z| = \sqrt{a^2 + b^2} = \sqrt{9 + 16}$$

$$|z| = 5$$

Tabelle 14-18. Darstellungsmöglichkeiten der komplexen Zahl $3 + 4i$

Realteil	Imaginärteil	Winkel φ in °	Winkel φ in rad	nach EULER	nach EULER
3	$4i$	53,13°	0,927	$z = e^{i \cdot 53{,}13°}$	$z = e^{i \cdot 0{,}927}$

Allgemein gilt:

$$\tan \varphi = \frac{\text{Imaginärteil}}{\text{Realteil}}$$

$$|z| = \sqrt{(\text{Realteil})^2 + (\text{Imaginärteil})^2}$$

14.4 Komplexe Zahlen

Tabelle 14-19. Verschiedene Phasenwinkel und ihre Interpretation, Beispiele

$\varphi/°$	$\tan \varphi$	Erläuterung
0	0	Realteil $\gg$ Imaginärteil (z.B. Imaginärteil = 0)
30	$\frac{1}{3}\sqrt{3}$	Realteil > Imaginärteil
45	1	Realteil = Imaginärteil
60	$\sqrt{3}$	Imaginärteil > Realteil
90	∞	Imaginärteil $\gg$ Realteil (z.B. Realteil = 0)
135	-1	Imaginärteil = $-$ (Realteil)
180	0	siehe $\varphi = 0°$

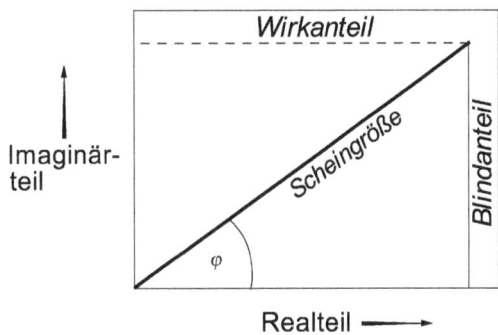

Abb. 14-5. Goniometrische Darstellung einer physikalischen Größe als Scheingröße

Komplexe physikalische Größen

Auch physikalische Größen können als komplexe Größen auftreten und aus einem Realteil und einem Imaginärteil bestehen. Eine derartige physikalische Größe heißt Scheingröße, die sich aus einem Wirkanteil (Realteil) und einem Blindanteil (Imaginärteil) zusammensetzt. Abbildung 14-5 zeigt die goniometrische Darstellung (vgl. Abb. 14-4) einer komplexen physikalischen Größe.

Wenn man „normal" rechnet (reel, d.h. ohne imaginäre Zahlen zu verwenden), setzt man stillschweigend voraus, dass der Blindanteil = 0 ist. Man verwendet also unbewusst die Näherung, dass die Scheingröße mit der Wirkgröße identisch ist.

Beispiel 14-4: Komplexer elektrischer Widerstand
In der Wechselstromtechnik und Elektrotechnik muss man zwischen Wirkwiderständen und Blindwiderständen unterscheiden. Die wichtigsten Bezeichnungen sind in Tabelle 14-20 und Tabelle 14-21 zusammengefasst:

Tabelle 14-20. Bezeichnungen komplexer elektrischer Widerstände

Scheinwiderstand (komplexer Widerstand, Impedanz)	=	Wirkwiderstand (Resistanz)	+	Blindwiderstand (Reaktanz)
Z	=	R	+	$i\left(\omega L - \dfrac{1}{\omega C}\right)$

Tabelle 14-21. Bezeichnungen komplexer elektrischer Leitwerte

Scheinleitwert (komplexer Leitwert, Admittanz)	=	Wirkleitwert (Konduktanz)	+	Blindleitwert (Suszeptanz)
Y	=	G	+	$i\left(\omega C - \dfrac{1}{\omega L}\right)$

Z, R Widerstand in Ω
Y, G Leitwert in S
C Kapazität in F
L Induktivität in H
ω Kreisfrequenz in s^{-1}

Es gibt Fälle, in denen der Blindwiderstand null wird, z.B. wenn die Kapazität C null wird, oder die Kreisfrequenz null wird ($\omega = 0$). Daher ist in der Gleichstromtechnik eine Unterscheidung von Wirkwiderstand (bzw. Wirkleitwert) und Impedanz (bzw. Admittanz) nicht notwendig. In der Gleichstromtechnik sind alle auftretenden Widerstände auch Wirkwiderstände, d.h. OHM'sche Widerstände. In der Wechselstromtechnik hingegen können erhebliche Blindwiderstände (bzw. Blindleitwerte) auftreten. Dann unterscheiden sich Impedanz und Resistanz deutlich voneinander.

Beispiel 14-5: Rheologie – Oszillationstest
Durch mechanische Oszillation eines Materials ist es möglich, seine elastischen und nichtelastischen (viskosen) Eigenschaften zu unterscheiden. Man kann die elastischen Größen als komplexe Größen darstellen (z.B. komplexer Schubmodul, komplexe Nachgiebigkeit), welche beide Eigenschaften (elastische und viskose) enthalten. Umgekehrt kann die viskose Größe als komplexe Viskosität formuliert werden. Der Abschnitt 4.6.2 befasst sich mit diesem Thema.

Beispiel 14-6: Modulierte DSC
Oszillationstests innerhalb der DSC (Thermische Analyse, vgl. 7.9) werden als temperatur-modulierte Tests (MDSC) bezeichnet. Man erhält einen komplexen Wärmestrom, der sich aus einem Realteil und einem Imaginärteil zuammensetzt. Der Realteil wird von der Wärmekapazität der Probe verursacht, der Imaginärteil ist ein Verlust-Wärmestrom. Analog kann man eine komplexe Wärmekapazität definieren. Der Abschnitt Modulierte DSC (7.9) befasst sich mit diesem Thema.

14.5 Griechische Schriftbuchstaben

Abb. 14-6. Griechische Druckbuchstaben und deren Bezeichnungen

A	α	a	Alpha
B	β	b	Beta
Γ	γ	g	Gamma
Δ	δ	d	Delta
E	ε	e	Epsilon
Z	ζ	z	Zeta
H	η	e	Eta
Θ	θ, ϑ	th	Theta
I	ι	j	Jota
K	$\varkappa, \kappa$	k	Kappa
Λ	λ	l	Lambda
M	μ	m	My
N	ν	n	Ny
Ξ	ξ	x	Ksi
O	o	o	Omikron
Π	π	p	Pi
P	ϱ, ρ	r	Rho
Σ	σ	s	Sigma
T	τ	t	Tau
Y	υ	y	Ypsilon
Φ	φ	ph	Phi
X	χ	ch	Chi
Ψ	ψ	ps	Psi
Ω	ω	o	Omega

Zum Üben der Schreibweise von griechischen Buchstaben ist Abb. 14-7 geeignet:

Abb. 14-7. Griechische Schreibschrift

14.6
Umrechnung von Temperaturangaben

Tabelle 14-22. Umrechnungsformeln für Temperaturangaben

	Gesuchter Wert in:			
gegebener Wert in:	°C	°F	°R	K
°C	1	$\vartheta/°F = 9/5 \cdot \vartheta/°C + 32$	$\vartheta/°R = 9/5 \cdot \vartheta/°C + 491{,}67$	$T/K = \vartheta/°C + 273{,}15$
°F	$\vartheta/°C = 5/9 \cdot (\vartheta/°F-32)$	1	$\vartheta/°R = \vartheta/°F + 459{,}67$	$T/K = [5/9 \cdot (\vartheta/°F-32)] + 273{,}15$
°R	$\vartheta/°C = 5/9 \cdot (\vartheta/°R-491{,}67)$	$\vartheta/°F = \vartheta/°R - 459{,}67$	1	$T/K = 5/9 \cdot (\vartheta/°R-491{,}67) + 273{,}15$
K	$\vartheta/°C = T/K - 273{,}15$	$\vartheta/°F = 9/5 \cdot T/K - 459{,}67$	$\vartheta/°R = 9/5 \cdot (T/K-273{,}15) + 491{,}67$	1

°R Grad Rankine, °C Grad Celsius, °F Grad Fahrenheit, K Kelvin.

14.7
Umrechnung von Zuckergehalt und Dichte

Tabelle 14-23. Umrechnungstabelle für Zuckergehalte bzw. Trockensubstanz (Grad Brix, Grad Oechsle, Grad Baumé, Klosterneuburger Grade)

Saccharose-gehalt °Bx	relative Dichte d 20/20	Grad Oechsle °Oe	Grad Baumé °Be	Klosterneuburger Grade
1	1,00389	4	0,56	1,3
2	1,00779	8	1,12	2,0
3	1,01172	12	1,68	2,8
4	1,01567	16	2,24	3,6
5	1,01965	20	2,79	4,4
6	1,02366	24	3,35	5,2
7	1,02770	28	3,91	5,9
8	1,03176	32	4,46	6,9
9	1,02586	36	5,02	7,7
10	1,03998	40	5,57	8,5
11	1,04413	44	6,13	9,3
12	1,04831	48	6,68	10,1
13	1,05252	53	7,24	11,0
14	1,05677	57	7,79	11,9
15	1,06104	61	8,34	12,7
16	1,06534	65	8,89	14,4
17	1,06968	70	9,45	14,3
18	1,07404	74	10,0	15,2
19	1,07844	78	10,55	16,0
20	1,08287	83	11,10	16,9
21	1,08733	87	11,65	17,7
22	1,09183	92	12,20	18,6
23	1,09636	96	12,74	19,5
24	1,10092	101	13,29	20,3
25	1,10551	106	13,84	20,9
26	1,11014	110	14,39	21,9
27	1,11480	115	14,93	22,8
28	1,11949	119	15,48	23,6
29	1,12422	124	16,02	24,4
30	1,12898	129	16,57	25,3
31	1,13378	134	17,11	26,1
32	1,13861	139	17,65	26,8
33	1,14347	143	18,19	27,8
34	1,14837	148	18,73	28,7
35	1,15331	153	19,28	–
36	1,15828	158	19,81	–
37	1,16329	163	20,35	–
38	1,16833	168	20,89	–
39	1,17341	173	21,43	–
40	1,17853	179	21,97	–

14.8
Einige Stoffdaten

Im Folgenden sind einige häufig benötigte Stoffdaten wiedergegeben. Für physikalische Daten von Lebensmitteln siehe [123], bzw. www.nelfoord.com

Tabelle 14-24. Stoffwerte von Wasser: Dichte (ρ), Viskosität (η), Brechzahl, 589 nm (n_D), Permittivitätszahl (ε), Dampfdruck (p_v), und Oberflächenspannung (σ) bei verschiedenen Temperaturen (ϑ)

ϑ/ °C	ρ/ kg·m⁻³	η/ mPa·s	n_D/	ε/	p_v/ kPa	σ/ mN·m⁻¹
0	999,9	1,787	1,3346	87,9	0,610	75,6
5	1000,0	1,519	1,3346	85,9	0,872	74,8
10	999,7	1,307	1,3343	84,0	1,228	74,1
15	999,1	1,139	1,3338	82,1	1,705	73,3
20	998,2	1,002	1,3333	80,2	2,34	72,6
25	997,1	0,890	1,3329	78,4	3,17	71,8
30	995,7	0,798	1,3323	76,6	4,24	71,0
40	992,2	0,653	1,3309	73,2	7,38	69,4
50	988,1	0,547	1,3293	69,9	12,33	67,7
60	983,2	0,466	1,3275	66,8	19,92	66,0
70	977,8	0,404	1,3255	63,8	31,16	64,3
80	971,8	0,355	1,3231	60,9	47,34	62,5
90	965,3	0,315	1,3209	58,2	70,1	60,7
100	958,4	0,282	1,3182	55,6	101,3	58,9

Dichte [109]
von Wasser:
$\rho = 1000{,}22 + 1{,}0205 \cdot 10^{-2}\, \vartheta - 5{,}8149 \cdot 10^{-3}\, \vartheta^2 + 1{,}496 \cdot 10^{-5}\, \vartheta^3$ in kg·m⁻³
von Molke:
$\rho = \rho_{Wasser} + 4{,}039 \cdot TS + 1{,}273 \cdot 10^{-2}\, TS^2 + 9{,}62 \cdot 10^{-5}\, TS^3$ in kg·m⁻³
von H-Milch:
$\rho = 1040{,}7 - 0{,}2665 \cdot \vartheta - 2{,}3 \cdot 10^{-3}\, \vartheta^2$ in kg·m⁻³
von Traubensaft:
$\rho = 969 + 0{,}5715 \cdot TS - (25 + 0{,}42\, TS)\, \vartheta/100$ in kg·m⁻³
von Milch und Rahm:
$\rho = 2{,}3 \cdot 10^{-3}\, \vartheta^2 - 2{,}665 \cdot 10^{-1}\, \vartheta$
$\quad + 1040{,}7 - x_f\, (-4{,}81 \cdot 10^{-5}\, \vartheta^2 + 9{,}76 \cdot 10^{-3}\, \vartheta + 1{,}001)$ in kg·m⁻³

TS   Trockensubstanz in % (m/m)
ρ Dichte in kg·m⁻³
ϑ Temperatur in °C
x_f Fettgehalt in % (m/m)

14.8 Einige Stoffdaten

Oberflächenspannung:

Tabelle 14-25. Oberflächenspannung von Mager- und Vollmilch gegenüber Luft [109]

Temperatur in °C	Oberflächenspannung $\sigma/N \cdot m^{-1}$	
	Magermilch	Vollmilch
0	0,0557	0,0515
10	0,0536	0,0507
20	0,0515	0,0500
30	0,0497	0,0493
40	0,0479	0,0488
50	0,0462	0,0483
60	0,0446	0,0478
70	0,0432	0,0474
80	0,0418	0,0471
90	0,0406	0,0469
100	0,0395	0,0467

Tabelle 14-26. Oberflächenspannung verschiedener Medien gegenüber Luft bei 20°C [109]

Medium	$\sigma/N \cdot m^{-1}$
Sahne (30%)	0,0492
Molke (*TS* 5%)	0,0566
Eiklar	0,060
Magermilchpermeat (Proteingehalt 0,1%)	0,069
Magermilchretentat (Proteingehalt 5%)	0,0513
Buttermilch (BM)	0,0489
BM-Permeat	0,0630
BM-Retentat	0,0485
Butterfett 99.9%, 30°C	0,0318

Tabelle 14-27. Wärmeleitfähigkeit von Lebensmittelbestandteilen (Richtwerte) [116]

	$\lambda/W \cdot K^{-1} \cdot m^{-1}$
Luft	0,025
Protein	0,20
Kohlenhydrate	0,245
Fett	0,15
Wasser	0,55
Eis	2,21
fettfreie Trockensubstanz tierisch	0,26
fettfreie Trockensubstanz pflanzlich	0,22

Tabelle 14-28. Wärmeleitfähigkeit einiger TK-Lebensmittel [116]

Produkt	$\lambda/\text{W} \cdot \text{K}^{-1} \cdot \text{m}^{-1}$	
	frisch	gefroren
Erdbeeren	0,49	1,12
Obstsäfte	0,56	2,10
Kartoffelpüree	0,49	1,10
Gurken	0,54	1,26
Volleimasse	0,43	0,97
Lachs	0,50	1,17
Dorschfilet	0,54	1,20
Rindfleisch	0,48	1,40
Schweinefleisch, fett	0,37	0,72
Schweinefleisch, mager	0,50	1,55
Schweinespeck	0,19	0,27

Tabelle 14-29. Wärmeleitfähigkeit einiger Lebensmittel [116]

Lebensmittel	$\lambda/\text{W} \cdot \text{K}^{-1} \cdot \text{m}^{-1}$	$\vartheta/°\text{C}$
Milch	0,55	20
Bananenpürree	0,56	16
Butter (17% H_2O)	0,2	20
Kabeljau	0,44	0
Kabeljau	1,22	10
Kabeljau	1,37	20
Gemüse	0,3…0,6	20
Getreide (lose)	0,15	20
Kartoffel	0,55	20
Margarine	0,2	20
Obst	0,35…0,55	20
Rindfleisch (78,5% H_2O)	0,48	0
Rindfleisch (78,5% H_2O)	1,06	5
Rindfleisch (78.5% H_2O)	1,35	10
Rindfleisch (78.5% H_2O)	1,57	20
Rinderfett (7% H_2O)	0,2	0
Rinderfett (7% H_2O)	0,21	5
Rinderfett (7% H_2O)	0,23	10
Rinderfett (7% H_2O)	0,26	20
Schweinefleisch (76.8% H_2O)	0,2	0
Schweinefleisch (76.8% H_2O)	0,8	5
Schweinefleisch (76.8% H_2O)	0,99	10
Schweinefleisch (76.8% H_2O)	1,29	20
Schweinefett	0,19	0
Schweinefett	0,29	20
Stärke (lose)	0,15	20
Kochsalz (fest)	7	20
Zucker (fest)	0,6	20
Zucker (lose)	0,15…0,35	20
Rizinusöl	0,181	20
Wasser	0,596	20
Luft	0,026	20

14.8 Einige Stoffdaten

Tabelle 14-30. Temperaturleitfähigkeit einiger Lebensmittel bei 20°C

Lebensmittel	$a \cdot 10^6 / \mathrm{m^2 \cdot s^{-1}}$
Ethanol	0,100
Bier	0,134
Butter	0,086
Fette	0,09
Fisch	0,147
Fleisch, mager	0,15
Gemüse	0,14
Getreide (lose)	0,095
Kartoffeln	0,156
Margarine	0,092
Orangen	0,150
Olivenöl	0,115
Steinsalz	3,2
Zucker (lose)	0,2

Tabelle 1-31. Werte für die Wärmeleitfähigkeit und Temperaturleitfähigkeit einiger Materialien bei Umgebungstemperatur

Material	$\lambda / \mathrm{W \cdot K^{-1} \cdot m^{-1}}$	$a \cdot 10^6 / \mathrm{m^2 \cdot s^{-1}}$
Silber	407	176
Kupfer	384	107
Aluminium	220	94,6
Glas	0,1…1,0	
Edelstahl	8…16	
Bronze	62	18,6
Fe	74	16,2
Glas	1	0,61
Quarzglas	1,36	
Graphit	169	
Konstantan	23	
Messing	80…220	
Stahl (St37)	45	14,7
V2A-Stahl	15	
Titan	22	
PS	0,15	
PVC	0,16	
EPS (Styropor)	0,036	
Plexiglas	0,19	
PA	0,26	
PE	0,4	
Beton	1,3	0,66
Gasbeton	0,3	
Erdreich	0,4…1,3	
Fensterglas	0,8	0,6
Gips	0,5	0,47
Kalksandstein	1,1	
Marmor	2,8	
Porzellan	0,9	

Tabelle 1-31 (Fortsetzung)

Material	$\lambda / \mathrm{W} \cdot \mathrm{K}^{-1} \cdot \mathrm{m}^{-1}$	$a \cdot 10^6 / \mathrm{m}^2 \cdot \mathrm{s}^{-1}$
Sandstein	1,9	1,0…1,3
Schamotte	0,5…1.2	0,33…0,69
Verputz	0,8	
Ziegelstein	0,5	0,27
Ziegelmauer	0,8	0,55
Asphalt	0,7	
Dachpappe	0,2	
Eiche/Buche	0,17…031	0,11
Tanne	0,14…0,26	
Gummi	0,13–0,24	0,1
Kork	0,05	
Korkschrot	0,036	
Mineralfasern	0,04	
Pflanzenfasern	0,05	
Asbestplatten	0,7	
Schiefer	2,1	

Tabelle 14-32. Brechzahl (20°C, 589 nm) von Saccharose-Lösung unterschiedlicher Konzentration. Die Konzentration in der linken Spalte in °Bx aufgetragen (ICUMSA Methods Book (1974) International Commission for Uniform Methods of Sugar Analysis)

	0	0,1	0,2	0,3	0,4	0,5	0,6	0,7	0,8	0,9
0	1,33299	1,33313	1,33327	1,33342	1,33356	1,33370	1,33385	1,33399	1,33413	1,33428
1	1,33442	1,33456	1,33471	1,33485	1,33500	1,33514	1,33529	1,33543	1,33558	1,33572
2	1,33587	1,33601	1,33616	1,33630	1,33645	1,33659	1,33674	1,33688	1,33703	1,33717
3	1,33732	1,33747	1,33761	1,33776	1,33791	1,33805	1,33820	1,33835	1,33849	1,33864
4	1,33879	1,33893	1,33908	1,33923	1,33938	1,33952	1,33967	1,33982	1,33997	1,34012
5	1,34026	1,34041	1,34056	1,34071	1,34086	1,34101	1,34116	1,34131	1,34146	1,34160
6	1,34175	1,34190	1,34205	1,34220	1,34235	1,34250	1,34265	1,34280	1,34295	1,34310
7	1,34325	1,34341	1,34356	1,34371	1,34386	1,34401	1,34416	1,34431	1,34446	1,34461
8	1,34477	1,34492	1,34507	1,34522	1,34537	1,34553	1,34568	1,34583	1,34598	1,34614
9	1,34629	1,34644	1,34660	1,34675	1,34690	1,34706	1,34721	1,34736	1,34752	1,34767
10	1,34783	1,34798	1,34813	1,34829	1,34844	1,34860	1,34875	1,34891	1,34906	1,34922
11	1,34937	1,34953	1,34968	1,34984	1,34999	1,35051	1,35031	1,35046	1,35062	1,35077
12	1,35093	1,35109	1,35124	1,35140	1,35156	1,35172	1,35187	1,35203	1,35219	1,35234
13	1,35250	1,35266	1,35282	1,35298	1,35313	1,35329	1,35345	1,35361	1,35377	1,35393
14	1,35409	1,35424	1,35440	1,35456	1,35472	1,35488	1,35504	1,35520	1,35536	1,35552
15	1,35568	1,35584	1,35600	1,35616	1,35632	1,35648	1,35664	1,35680	1,35697	1,35713
16	1,35729	1,35745	1,35761	1,35777	1,35793	1,35810	1,35826	1,35842	1,35858	1,35875
17	1,35891	1,35907	1,35923	1,35940	1,35956	1,35972	1,35989	1,36005	1,36021	1,36038
18	1,36054	1,36070	1,36087	1,36103	1,36120	1,36136	1,36153	1,36169	1,36186	1,36202
19	1,36219	1,36235	1,36252	1,36268	1,36285	1,36301	1,36318	1,36334	1,36351	1,36368
20	1,36384	1,36401	1,36418	1,36434	1,36451	1,36468	1,36484	1,36501	1,36518	1,36535
21	1,36551	1,36568	1,36585	1,36602	1,36619	1,36635	1,36652	1,36669	1,36686	1,36703
22	1,36720	1,36737	1,36754	1,36771	1,36788	1,36804	1,36821	1,36838	1,36855	1,36872
23	1,36889	1,36907	1,36924	1,36941	1,36958	1,36975	1,36992	1,37009	1,37026	1,37043
24	1,37060	1,37078	1,37095	1,37112	1,37129	1,37147	1,37164	1,37181	1,37198	1,37216
25	1,37233	1,37250	1,37267	1,37285	1,37302	1,37320	1,37337	1,37354	1,37372	1,37389
26	1,37407	1,37424	1,37441	1,37459	1,37476	1,47494	1,37511	1,37529	1,37546	1,37564
27	1,37582	1,37599	1,37617	1,37634	1,37652	1,37670	1,37687	1,37705	1,37723	1,37740

Tabelle 14-32 (Fortsetzung)

	0	0,1	0,2	0,3	0,4	0,5	0,6	0,7	0,8	0,9
28	1,37758	1,37776	1,37793	1,37811	1,37829	1,37847	1,37865	1,37882	1,37900	1,37918
29	1,37936	1,37954	1,37972	1,37989	1,38007	1,38025	1,38043	1,38061	1,38079	1,38097
30	1,38115	1,38133	1,38151	1,38169	1,38187	1,38205	1,38223	1,38241	1,38259	1,38277
31	1,38296	1,38314	1,38332	1,38350	1,38368	1,38386	1,38405	1,38423	1,38441	1,38459
32	1,38478	1,38496	1,38514	1,38532	1,38551	1,38569	1,38588	1,38606	1,38624	1,38643
33	1,38661	1,38679	1,38698	1,38716	1,38735	1,38753	1,38772	1,38790	1,38809	1,38827
34	1,38846	1,38865	1,38883	1,38902	1,38920	1,38939	1,38958	1,38976	1,38995	1,39014
35	1,39032	1,39051	1,39070	1,39088	1,39107	1,39126	1,39145	1,39164	1,39182	1,39201
36	1,39220	1,39239	1,39258	1,39277	1,39277	1,39135	1,39333	1,39352	1,39371	1,39390
37	1,39409	1,39428	1,39447	1,39466	1,39485	1,39505	1,39524	1,39543	1,39562	1,39581
38	1,39600	1,39619	1,39638	1,39658	1,39677	1,39696	1,39715	1,39734	1,39754	1,39773
39	1,39792	1,39812	1,39831	1,39850	1,39870	1,39889	1,39908	1,39928	1,39947	1,39967
40	1,39986	1,40006	1,40025	1,40044	1,40064	1,40084	1,40103	1,40123	1,40142	1,40162
41	1,40181	1,40201	1,40221	1,40240	1,40260	1,40280	1,40299	1,40319	1,40339	1,40358
42	1,40378	1,40398	1,40418	1,40437	1,40457	1,40477	1,40497	1,40517	1,40537	1,40557
43	1,40576	1,40596	1,40616	1,40636	1,40656	1,40676	1,40696	1,40716	1,40736	1,40756
44	1,40776	1,40796	1,40817	1,40837	1,40857	1,40877	1,40897	1,40917	1,40937	1,40958
45	1,40978	1,40998	1,41018	1,41039	1,41059	1,41079	1,41099	1,41120	1,41140	1,41160
46	1,41181	1,41201	1,41222	1,41242	1,41262	1,41283	1,41303	1,41324	1,41344	1,41365
47	1,41385	1,41406	1,41427	1,41447	1,41468	1,41488	1,41509	1,41530	1,41550	1,41571
48	1,41592	1,41612	1,41633	1,41654	1,41675	1,41695	1,41716	1,41737	1,41758	1,41779
49	1,41799	1,41820	1,41841	1,41862	1,41883	1,41904	1,41925	1,41946	1,41967	1,41988
50	1,42009	1,42030	1,42051	1,42072	1,42093	1,42114	1,42135	1,42156	1,42177	1,42199
51	1,42220	1,42241	1,42262	1,42283	1,42305	1,42326	1,42347	1,42368	1,42390	1,42411
52	1,42432	1,42454	1,42475	1,42497	1,42518	1,42539	1,42561	1,42582	1,42604	1,42625
53	1,42647	1,42668	1,42690	1,42711	1,42733	1,42754	1,42776	1,42798	1,42819	1,42841
54	1,42863	1,42884	1,42906	1,42928	1,42949	1,42971	1,42993	1,43015	1,43036	1,43058
55	1,43080	1,43102	1,43124	1,43146	1,43168	1,43190	1,43211	1,43233	1,43255	1,43277
56	1,43299	1,43321	1,43343	1,43365	1,43387	1,43410	1,43432	1,43454	1,43476	1,43498

Tabelle 14-32 (Fortsetzung)

	0	0,1	0,2	0,3	0,4	0,5	0,6	0,7	0,8	0,9
57	1,43520	1,43542	1,43565	1,43587	1,43609	1,43631	1,43654	1,43676	1,43698	1,43720
58	1,43743	1,43765	1,43787	1,43810	1,43832	1,43855	1,43877	1,43900	1,43922	1,43944
59	1,43967	1,43989	1,44012	1,44035	1,44057	1,44080	1,44102	1,44125	1,44148	1,44170
60	1,44193	1,44216	1,44238	1,44261	1,44284	1,44306	1,44329	1,44352	1,44375	1,44398
61	1,44420	1,44443	1,44466	1,44489	1,44512	1,44535	1,44558	1,44581	1,44604	1,44627
62	1,44650	1,44673	1,44696	1,44719	1,44742	1,44765	1,44788	1,44811	1,44834	1,44858
63	1,44881	1,44904	1,44927	1,44950	1,44974	1,44997	1,45020	1,45043	1,45067	1,45090
64	1,45113	1,45137	1,45160	1,45184	1,45207	1,45230	1,45254	1,45277	1,45301	1,45324
65	1,45348	1,45371	1,45395	1,45419	1,45442	1,45466	1,45513	1,45513	1,45537	1,45560
66	1,45584	1,45608	1,45631	1,45655	1,45679	1,45703	1,45726	1,45750	1,45774	1,45798
67	1,45822	1,45846	1,45870	1,45893	1,45917	1,45941	1,45965	1,45989	1,46013	1,46037
68	1,46061	1,46085	1,46109	1,46134	1,46158	1,46182	1,46206	1,46230	1,46254	1,46278
69	1,46303	1,46327	1,46351	1,46375	1,46400	1,46424	1,46448	1,46473	1,46497	1,46521
70	1,46546	1,46570	1,46594	1,46619	1,46643	1,46668	1,46692	1,46717	1,46741	1,46766
71	1,46790	1,46815	1,46840	1,46864	1,46889	1,46913	1,46938	1,46963	1,46987	1,47012
72	1,47037	1,47062	1,47086	1,47111	1,47136	1,47161	1,47186	1,47210	1,47235	1,47260
73	1,47285	1,47310	1,47335	1,47360	1,47385	1,47410	1,47435	1,47460	1,47485	1,47510
74	1,47535	1,47560	1,47585	1,47610	1,47653	1,47661	1,47686	1,47711	1,47736	1,47761
75	1,47787	1,47812	1,47837	1,47862	1,47888	1,47913	1,47938	1,47964	1,47989	1,48015
76	1,48040	1,48065	1,48091	1,48116	1,48142	1,48167	1,48193	1,48218	1,48244	1,48270
77	1,48295	1,48321	1,48346	1,48372	1,48398	1,48423	1,48449	1,48475	1,48501	1,48526
78	1,48552	1,48578	1,48604	1,48629	1,48655	1,48681	1,48707	1,48733	1,48759	1,48785
79	1,48811	1,48837	1,48863	1,48889	1,48915	1,48941	1,48967	1,48993	1,49019	1,49045
80	1,49071	1,49097	1,49123	1,49149	1,49175	1,49202	1,49228	1,49254	1,49280	1,49307
81	1,49333	1,49359	1,49386	1,49412	1,49438	1,49465	1,49491	1,49517	1,49544	1,49570
82	1,49597	1,49623	1,49650	1,49676	1,49703	1,49729	1,49756	1,49782	1,49809	1,49835
83	1,49862	1,49889	1,49915	1,49942	1,49969	1,49995	1,50022	1,50049	1,50076	1,50102
84	1,50129	1,50156	1,50183	1,50210	1,50237	1,50263	1,50290	1,50317	1,50344	1,50371
85	1,50398	1,50425	1,50452	1,50479	1,50506	1,50533	1,50560	1,50587	1,50614	1,50641

14.9
Farbvergleichslösungen

Gemäß Ph.Eur. [129] werden durch Mischen von drei Farbstamm-Lösungen (Gelb: $FeCl_2$-Lösung; Rot: $CoCl_2$-Lösung; Blau: $CuSO_4$-Lösung) fünf so genannte Farbstandardlösungen hergestellt: Sie sind braun, bräunlich-gelb, gelb, grünlich-gelb, rot. Durch definiertes Verdünnen in sechs Stufen erhält man 30 (5 · 6) sogenannte Farbvergleichslösungen. Während die Farbstammlösungen unbegrenzt haltbar sind, wird empfohlen die Farbstandardlösungen und Farbvergleichslösungen möglichst frisch anzusetzen. Für den Vergleich der Probe mit einer Farbvergleichslösung werden zwei Methoden beschrieben:

Methode I: Jeweils 2 cm^3 von Probe und Vergleichslösung werden in farblose Reagenzgläser von 12 mm lichter Weite gefüllt und bei diffusem Tageslicht in horizontaler Durchsicht gegen einen weißen Hintergrund betrachtet.

Methode II: Jeweils 10 cm^3 von Probe und Vergleichslösung werden in farblose Reagenzgläser von 16 mm lichter Weite gefüllt und bei diffusem Tageslicht in vertikaler Durchsicht gegen einen weißen Hintergrund betrachtet.

Methode II hat den Vorteil der höheren Reproduzierbarkeit aufgrund einer größeren Schichtdicke der betrachteten Lösungen. Empfehlenswert ist die Verwendung von sogenannten NESSLER-Zylindern anstelle der Reagenzgläser. Das sind durchsichtige, farblose Zylinder mit 16 mm lichter Weite und flachem, durchsichtigem Boden.

Herstellen der Farbstamm-Lösungen:
Farbstamm-Lösung Gelb
46 g Eisen(III)-chlorid *R* werden in etwa 900 ml einer Mischung von 25 ml Salzsäure *R* und 975 ml Wasser gelöst und mit dieser Mischung zu 1000,0 ml verdünnt. Nach der Gehaltsbestimmung wird mit so viel der Salzsäure-Wasser-Mischung verdünnt, dass 1 ml Lösung 45,0 mg $FeCl_3 \cdot 6H_2O$ enthält.

Gehaltsbestimmung
10,0 ml der Stamm-Lösung Gelb werden in einem 200-ml Erlenmeyerkolben mit Glasstopfen mit 15 ml Wasser, 5 ml Salzsäure *R* und 4 g Kaliumjodid *R* versetzt. Der Kolben wird sofort verschlossen und 15 Minuten im Dunkeln stehen gelassen. Nach Zusatz von 100 ml Wasser wird das ausgeschiedene Jod mit 0,1 N-Natriumthiosulfat-Lösung titriert. Gegen Ende der Titration werden 10 Tropfen Stärke-Lösung *R* zugesetzt.
 1 ml 0,1 N-Natriumthiosulfat-Lösung entspricht 27,03 mg $FeCl_3 \cdot 6H_2O$.

Stamm-Lösung Rot
60 g Kobalt(II)-chlorid *R* werden in etwa 900 ml einer Mischung von 25 ml Salzsäure *R* und 975 ml Wasser gelöst und mit dieser Mischung zu 1000,0 ml verdünnt. Nach der Gehaltsbestimmung wird mit so viel der Salzsäure-Wasser-Mischung verdünnt, dass 1 ml Lösung 59,5 mg $CoCl_2 \cdot 6H_2O$ enthält.

14.9 Farbvergleichslösungen

Gehaltsbestimmung
5,0 ml der Stamm-Lösung Rot werden in einem 200-ml Erlenmeyerkolben mit Glasstopfen mit 5 ml verdünnter Wasserstoffperoxid-Lösung R und 10 ml einer 30-prozentigen Lösung (m/V) von Natriumhydroxid R 10 Minuten lang zum schwachen Sieden erhitzt. Nach dem Abkühlen wird mit 60 ml verdünnter Schwefelsäure R und 2 g Kaliumjodid R versetzt, der Kolben sofort verschlossen und der Niederschlag unter leichtem Umschwenken gelöst. Das ausgeschiedene Jod wird mit 0,1 N-Natriumthiosulfat-Lösung bis zur Rosafärbung titriert. Gegen Ende der Titration werden 10 Tropfen Stärke-Lösung R zugesetzt.
1 ml 0,1 N-Natriumthiosulfat-Lösung entspricht 23,79 mg $CoCl_2 \cdot 6H_2O$.

Stamm-Lösung Blau
63 g Kupfer(II)-sulfat R werden in etwa 900 ml einer Mischung von 25 ml Salzsäure R und 975 ml Wasser gelöst und mit dieser Mischung zu 1000,0 ml verdünnt. Nach der Gehaltsbestimmung wird mit so viel der Salzsäure-Wasser-Mischung verdünnt, dass 1 ml Lösung 62,4 mg $CuSO_4 \cdot 5H_2O$ enthält.

Gehaltsbestimmung
10,0 ml der Stamm-Lösung Blau werden in einem 200-ml Erlenmeyerkolben mit Glasstopfen mit 50 ml Wasser, 12 ml verdünnter Essigsäure R und 3 g Kaliumjodid R versetzt. Das ausgeschiedene Jod wird mit 0,1 N-Natriumthiosulfat-Lösung bis zur schwachen Braunfärbung titriert. Gegen Ende der Titration werden 10 Tropfen Stärke-Lösung R zugesetzt. 1 ml 0,1 N-Natriumthiosulfat-Lösung entspricht 24,979 mg $CuSO_4 \cdot 5H_2O$.

Farbstandard-Lösungen
Die Nomenklatur der 5 Farbstandard-Lösungen und der Farbvergleichslösungen geht aus Tabelle 14-33 und Tabelle 14-34 hervor.

Tabelle 14-33. Farbstandard-Lösungen [129]

Farbstandard-Lösung	Farbstamm-Lösung Gelb ml	Farbstamm Lösung Rot ml	Farbstamm Lösung Blau ml	Salzsäure 1% (m/V)
B (braun)	3,0	3,0	2,4	1,6
BG (bräunlich-gelb)	2,4	1,0	0,4	6,2
G (gelb)	2,4	0,6	0,0	7,0
GG (grünlich-gelb)	9,6	0,2	0,2	0,0
R (rot)	1,0	2,0	0,0	7,0

Aus diesen 5 Farbstandard-Lösungen werden die Farbvergleichslösungen gemäß Tabelle 14-34 hergestellt.

Tabelle 1-34. Farbvergleichslösungen [129]

Farbvergleichslösungen B

Farbvergleichslösung	Farbstandard-Lösung B ml	Salzsäure 1 % (m/V) ml
B_1	1,50	0,50
B_2	1,00	1,00
B_3	0,75	1,25
B_4	0,50	1,50
B_5	0,25	1,75
B_6	0,10	1,90

Farbvergleichslösungen BG

Farbvergleichslösung	Farbstandard-Lösung BG ml	Salzsäure 1 % (m/V) ml
BG_1	2,00	0,00
BG_2	1,50	0,,50
BG_3	1,00	1,00
BG_4	0,50	1,50
BG_5	0,25	1,75
BG_6	0,10	1,90

Farbvergleichslösungen G

Farbvergleichslösung	Farbstandard-Lösung G ml	Salzsäure 1 % (m/V) ml
G_1	2,0	0,00
G_2	1,50	0,50
G_3	1,00	1,00
G_4	0,50	1,50
G_5	0,25	1,75
G_6	0,10	1,90

Farbvergleichslösungen GG

Farbvergleichslösung	Farbstandard-Lösung GG ml	Salzsäure 1 % (m/V) ml
GG_1	0,5	1,50
GG_2	0,30	1,70
GG_3	0,17	1,83
GG_4	0,10	1,91
GG_5	0,06	1,94
GG_6	0,03	1,97

14.9 Farbvergleichslösungen

Farbvergleichslösungen R

Farbvergleichslösung	Farbstandard-Lösung R ml	Salzsäure 1 % (m/V) ml
R_1	2,00	0,00
R_2	1,50	0,50
R_3	1,00	1,00
R_4	0,75	1,25
R_5	0,50	1,50
R_6	0,25	1,75

Die entsprechenden Farbvergleichslösungen (engl. matching fluids) gemäß US-Arzneibuch werden ebenfalls aus wässrigen $CoCl_2$-, $FeCl_3$- und $CuSO_4$-Lösungen hergestellt. Die zugehörige Nomenklatur ist in Tabelle 14-35 aufgelistet.

Tabelle 14-35. Farb-Standards gemäß USP XII

Matching Fluid	Parts of Cobaltous Chloride CC	Parts of Ferric Chloride FS	Parts of Cupric Sulfate CS	Parts of water
A	0,1	0,4	0,1	4,4
B	0,3	0,9	0,3	8,5
C	0,1	0,6	0,1	4,2
D	0,3	0,6	0,4	3,7
E	0,4	1,2	0,3	3,1
F	0,3	1,2	0,0	3,5
G	0,5	1,2	0,2	3,1
H	0,2	1,5	0,0	3,3
I	0,4	2,2	0,1	2,3
J	0,4	3,5	0,1	1,0
K	0,5	4,5	0,0	0,0
L	0,8	3,8	0,1	0,3
M	0,1	2,0	0,1	2,8
N	0,0	4,9	0,1	0,0
O	0,1	4,8	0,1	0,0
P	0,2	0,4	0,1	4,3
Q	0,2	0,3	0,1	4,4
R	0,3	0,4	0,2	4,1
S	0,2	0,1	0,0	4,7
T	0,5	0,5	0,4	3,6

14.10
Abbildungs-Verzeichnis

Abb. 1-1.	Adsorptions-Gleichgewicht. 1: Adsorptiv, 2: Adsorpt, 3: Adsorbens, 2+3: Adsorbat	2
Abb. 1-2.	Begriffe der Sorption. Einteilung nach Art der Bindung (I), nach Ort der Anlagerung (II), nach Richtung der Sorption (III)	3
Abb. 1-3.	Adsorption (I) und Desorption (II) in einer Flaschenpore, schematisch	7
Abb. 1-4.	Lineare Darstellung der Massenzunahme durch Adsorption	10
Abb. 1-5.	Sorption von Wasserdampf an Lebensmitteln. 1: Wasserdampf = Adsorptiv, 2: adsorbiertes Wasser = Adsorpt, 3: wasserfreies Lebensmittel = Adsorbens, 2+3: Lebensmittel einschließlich sorbiertes Wasser = Adsorbat	12
Abb. 1-6.	BET-Auftagung der Menge adsorbierten Wassers	15
Abb. 1-7.	Auswertung des BET-Diagramms	16
Abb. 1-8.	Relative Geschwindigkeit v_{rel} verschiedener Verderbsreaktionen als Funktion der Wasseraktivität a_W von Lebensmitteln. 1 Lipid-Oxidation, 2 Bräunungs-Reaktionen, 3 enzymatische Reaktionen, 4 Schimmelpilze, 5 Hefen, 6 Bakterien	24
Abb. 1-9.	Aufnahme eines Punktes der Sorption-Isotherme. Die Probe wird mit einem Feuchte-Standard definierter Wasserkativität ins Gleichgewicht gebracht	27
Abb. 1-10.	Sorptions-Isotherme von mikrokristalliner Cellulose (25°C, Adsorption) (aus [23])	28
Abb. 2-1.	Einfluss des Luftauftriebs, schematisch	34
Abb. 2-2.	Normale (N) und anomale (H_2O) thermische Volumenausdehnung, schematisch	36
Abb. 2-3.	Anomalie des Wassers (H_2O-Dichtemaximum bei 4°C) und normaler Dichteverlauf (N) im Vergleich	37
Abb. 2-4.	Pyknometer nach DIN, Beispiele	42
Abb. 2-5.	Pyknometer-Bauarten a) nach REISCHAUER, b) nach BINGHAM, c) nach GAY-LUSSAC, d) nach SPRENGEL, e) nach LIPKIN, f) nach HUBBARD	43
Abb. 2-6.	Hydrostatische Waage	44
Abb. 2-7.	Zusammenhang zwischen Stärkegehalt c von Kartoffeln und relativer Dichte d bzw. dem Unterwassergewicht (UWG)	45
Abb. 2-8.	MOHR-WESTPHAL-Waage	46
Abb. 2-9.	Aräometer	47
Abb. 2-10.	Ablesung eines Aräometers	48
Abb. 2-11.	Tauchkörper-Verfahren	49
Abb. 2-12.	Schwebemethode	50
Abb. 2-13.	Aufbau eines U-Rohr-Biegeschwingers, schematisch	50
Abb. 2-14.	Beziehung zwischen Schwingungsdauer und Dichte im Biegeschwingersystem	51
Abb. 2-15.	Pyknometrische Bestimmung der Feststoffdichte eines Pulvers P	55
Abb. 2-16.	Gerät zur Bestimmung von Schüttdichte und Rütteldichte	57
Abb. 3-1.	Längen aus der Projektion eines Einzelpartikels. Die Pfeile links geben die Messrichtung an. Der MARTIN-Durchmesser x_{Ma} teilt die Projektionsfläche in zwei gleiche Hälften [1]	60

14.10 Abbildungs-Verzeichnis

Abb. 3-2.	Partikelformen, Beispiele	64
Abb. 3-3.	Definition der Klasse und Klassenbreite	67
Abb. 3-4.	Verteilungssummenfunktion und zugehörige Verteilungsdichtefunktion	70
Abb. 3-5.	Monomodale Verteilung (links) und bimodale Verteilung (rechts)	72
Abb. 3-6.	Lage von Medianwert und Modalwert [1]	77
Abb. 3-7.	Siebmaschine [1]	80
Abb. 3-8.	Streuung: Beugung (3), Reflexion (5), Brechung (4) von Lichtwellen (1) an einem Einzelpartikel (2)	82
Abb. 3-9.	Prinzip der Laser-Streuung: I Lichtquelle, II Probe, III gebeugtes Licht, IV Linse, V Brennebene, VI Detektor, VII Intensitätsverteilung am Detektor, schematisch	83
Abb. 3-10.	Elektrisches Impuls-Zählverfahren, schematisch	83
Abb. 4-1.	Spannungs-Dehnungs-Diagramm eines Materials mit ausgeprägter Streckgrenze	88
Abb. 4-2.	Spannungs-Dehnungs-Diagramm eines Stoffes mit wenig ausgeprägter Streckgrenze	89
Abb. 4-3.	Kompression eines Festkörpers durch isotropen Druck. Links: isotrope Kompressibilität. Rechts: Gestaltsänderung infolge anisotroper Kompressibilität	92
Abb. 4-4.	Scherung eines Körpers unter dem Einfluss der Tangentialkraft F_t	93
Abb. 4-5.	Symbole für die Grund-Modellkörper: I HOOKE-Element, II Bruch-Element, III-NEWTON-Element, IV ST. VENANT-Element	97
Abb. 4-6.	Zweiplattenmodell: Fließen eines Materials zwischen einer ruhenden und einer bewegten Platte	97
Abb. 4-7.	Winkelgeschwindigkeit und Scherwinkel	99
Abb. 4-8.	Fließkurve (oben) und Viskositätskurve (unten) eines NEWTON'schen Fluids. Die Steigung der Fließkurve – die Viskosität – ist für alle Scherraten gleich	103
Abb. 4-9.	Fließfunktionen: 1 NEWTONsch, 2 strukturviskos, 3 dilatant, 4 NEWTONsch mit Fließgrenze (BINGHAM), 5 strukturviskos mit Fließgrenze (BINGHAM)	105
Abb. 4-10.	Viskositäts-Fuktionen: 1 newtonsch, 2 strukturviskos, 3 dilatant, 4 NEWTONsch mit Fließgrenze (BINGHAM), 5 strukturviskos mit Fließgrenze (BINGHAM)	106
Abb. 4-11.	NEWTON'sches (1) Fluid und nicht-NEWTON'sche Fluide (2, 3) im Vergleich	106
Abb. 4-12.	Schichtdicke x beim Überziehen mit Schokolade	109
Abb. 4-13.	Nicht-NEWTONsches Fließverhalten	110
Abb. 4-14.	Systematik nicht-NEWTON'schen Fließverhaltens mit Beispielen	111
Abb. 4-15.	Strukturabbau in einem Fluid: Die Fließkurve flacht ab	112
Abb. 4-16.	Strukturabbau in einem Fluid: Die Viskosität sinkt von η_0 auf η_∞	112
Abb. 4-17.	Auswertung einer OSTWALD-DE-WAELE-Fließkurve	115
Abb. 4-18.	Ermittlung der extrapolierten Fließgrenze τ_1 (WINDHAB-Modell)	118
Abb. 4-19.	Viskoelastizität: Bei Vorgabe eines rechteckförmigen Schubspannung-Signals (obere Kurve) zeigt ein viskoelastisches Fluid eine Zeit-verzögerte Sprungantwort	119
Abb. 4-20.	Rheologische Systematik idealer und nicht-idealer Materialien	120
Abb. 4-21.	Reales Verhalten als Mischfälle von idealem Verhalten	121

Abb. 4-22.	Zylinder-Messsysteme nach SEARLE (links) und COUETTE (rechts)	124
Abb. 4-23.	Rotationsrheometer, SEARLE-Typ	124
Abb. 4-24.	MOONEY-EWART-Messsystem	124
Abb. 4-25.	Drehmoment auf den Rotationszylinder (links), Zylinder-Mantelfläche (rechts)	125
Abb. 4-26.	Schubspannung und Winkelgeschwindigkeit am Rotationszylinder	127
Abb. 4-27.	Kegel-Platte-Messsystem	130
Abb. 4-28.	Platte-Platte-Messsystem	132
Abb. 4-29.	Veranschaulichung von Deformation und Auslenkung beim Platte-Platte-System	136
Abb. 4-30.	Phasenverschiebung bei oszillierender Scherbelastung	138
Abb. 4-31.	Phasenverschiebung zwischen Deformation (I) und Schubspannung (II).	138
Abb. 4-32.	Oszillationstest an einer viskoelastischen Substanz, schematisch	141
Abb. 4-33.	statische Beanspruchung (oben) und dynamische Beanspruchung (unten). Dazwischen liegt die stufenartige Beanspruchung (Mitte)	148
Abb. 4-34.	Kompressions-Test zwischen parallelen Platten (links). Penetrations-Test bzw. Schneidtest (rechts). 1 Unterlage, 2 Probe, 3 Kraftmessung, 4 Lift, 5 Werkzeug	150
Abb. 4-35.	Einfache Spannungs-Dehnungs-Kurven fester Materialien. Typen: 1 hard strong, 2 hard weak, 3, soft strong, 4 soft weak	150
Abb. 4-36.	Spannungs-Dehnungs-Kurven fester Körper Typen: 1 ideal elastisch, 2 nichtlinear elastisch, 3 nichtlinear elastisch plastisch, 4 plastisch. σ_0 ist die Fließgrenze	151
Abb. 4-37.	Fließ-Test an einer viskoelastischen Substanz. Oben: Unterschiedliche Scherraten $\dot{\gamma}$ und Messung der Schubspannung. Unten: Unterschiedliche Dehnraten $\dot{\varepsilon}$ und Messung der axialen Spannung beziehungsweise Kraft	152
Abb. 4-38.	Verhalten einer Probe nach Aufbringen einer plötzlichen, gleich bleibenden Deformation. oben: elastisches Material, Mitte: viskoses Material, unten: viskoelastisches Material	153
Abb. 4-39.	MAXWELL-Körper: Feder-Dämpfer in Serie	154
Abb. 4-40.	Relaxationsverhalten des MAXWELL-Körpers	154
Abb. 4-41.	Kriech-Test an einer viskoelastischen Substanz: 1 elastische Verformung, 2 Fließen, 3 elastische Rückverformung, 4 bleibende Verformung	156
Abb. 4-42.	Stauch-Bruchtest, schematisch. Oben: Spannungs-Dehnungs-Diagramm, unten: Kraft-Weg-Diagramm. Die schraffierte Fläche symbolisiert die Bruch-Arbeit	157
Abb. 4-43.	Spannungs-Dehnungs-Diagramm einer viskoelastischen Substanz. V dissipierte Energie, E elastische Energie (engl. resiliance)	158
Abb. 4-44.	Spannungs-Dehnungs-Diagramm für einen Zug-Bruchtest	160
Abb. 4-45.	Drei-Punkt-Biegetest. N: neutrale Achse; C: komprimierte Achse; E: gedehnte Achse	161
Abb. 5-1.	Intermolekulare Kräfte an der Grenzfläche. Ein Molekül M erfährt an der Grenzflächen eine Kraft F	168
Abb. 5-2.	Bildung einer Grenzfläche, schematisch	169
Abb. 5-3.	Volumenarbeit einer Fluidkugel	170
Abb. 5-4.	Temperaturabhängigkeit der Grenzflächenspannung	174

14.10 Abbildungs-Verzeichnis 423

Abb. 5-5.	Konzentrationsabhängigkeit der Grenzflächenspannung, grenzflächenaktive Substanzen	177
Abb. 5-6.	Ab Erreichen der maximalen Grenzflächenbelegung bleibt die Grenzflächenspannung konstant	178
Abb. 5-7.	Messung der Grenzflächenspannung mit der Bügelmethode, schematisch	179
Abb. 5-8.	WILHELMY-Platte	179
Abb. 5-9.	Steighöhenmethode zur Ermittlung der Grenzflächenspannung	180
Abb. 5-10.	Bestimmung der Oberflächenspannung aus dem Tropfenvolumen	181
Abb. 5-11.	Spinning-drop-Methode, schematisch	181
Abb. 5-12.	Grenzflächenspannungen am Berührungspunkt von drei Phasen: 1 Gasphase, 2 Flüssigkeit A, 3 Flüssigkeit B	183
Abb. 5-13.	Vektoren der Grenzflächenspannungen	183
Abb. 5-14.	Grenzflächenspannungen am Berührungspunkt von drei Phasen. 1 Gasphase, 2 Festkörper, 3 Flüssigkeit	185
Abb. 5-15.	Benetzung einer Festkörperoberfläche: I Filmbildung, II teilweise Benetzung, III Abperlen einer Flüssigkeit	185
Abb. 5-16.	Benetzungswinkel φ (links) und oberhalb von 90° (rechts)	186
Abb. 6-1.	Verlauf des Potentials φ längs eines Festkörpers (z.B. Folie) der Dicke d. Infolge des Potentialgradienten entsteht ein Mengenstrom $\dot{M}$	188
Abb. 6-2.	Mengenstrom durch hintereinanderliegende Widerstände und parallel liegende Widerstände	194
Abb. 6-3.	Permeations-Strom durch eine Folie, schematisch	196
Abb. 6-4.	Verbundfolie, schematisch	199
Abb. 6-5.	Temperaturabhängigkeit der Permeabilität	201
Abb. 6-6.	Massenzunahme durch Wasserdampf-Permeation	203
Abb. 7-1.	Wärmeübertragung an Lebensmitteln	207
Abb. 7-2.	Ausschnitt aus dem Phasendiagramm des Wassers mit dem Tripelpunkt	214
Abb. 7-3.	Klassifizierung von Phasenübergängen nach EHRENFEST.	221
Abb. 7-4.	Temperaturprofil in einer Feststoffschicht	230
Abb. 7-5.	Temperaturprofil in einem mehrschichtigen Festkörper	232
Abb. 7-6.	Temperaturprofil in einer zylindrischen Festkörperschicht	234
Abb. 7-7.	Dickwandige (I) und dünnwandige Rohre (III), II ist der Grenzfall	236
Abb. 7-8.	Mehrschichtige zylindrische Wand	237
Abb. 7-9.	Wärmeleitfähigkeit von Wasser (H_2O), Butter (B) und Truthahn-Fleisch (T). Truthahn: oberer Kurvenzweig λ parallel zur Faser, unterer Kurvenzweig λ senkrecht zur Faser	241
Abb. 7-10.	Druckabhängigkeit der Wärmeleitfähigkeit von Gasen, schematisch	243
Abb. 7-11.	Zunahme der scheinbaren Wärmeleitfähigkeit in einem Schüttgut bei steigender Temperaturdifferenz: Wärme von unten nach oben (1), von oben nach unten (2). Luft alleine (3) zeigt diese Tendenz nicht	244
Abb. 7-12.	Stationäre Wärmeleitung: konstanter Temperaturgradient	245
Abb. 7-13.	Instationäre Wärmeleitung: der Temperaturgradient ist zeitabhängig	245
Abb. 7-14.	Wärmeleitfähigkeit: Zweiplatten-Messeinrichtung P Probe, C Kühlplatten, H Heizstab, I Wärmedämmung	246
Abb. 7-15.	Wärmeleitfähigkeit: Messeinrichtung für das Vergleichsverfahren. P Probe, R Referenz	246

Abb. 7-16.	Zylindrische Messeinrichtung für fluide Proben, schematisch. Eine dünne Schicht der Probe P befindet sich in einem konzentrischen Ringspalt zwischen Heizstab H und gekühltem Außenmantel C	247
Abb. 7-17.	Einstech-Sensor zur Messung der Wärmeleitfähigkeit. Das nadelförmige Heizelement H wird mit einer elektrischen Heizspannung versorgt (U_H). Die Thermospannung U_{Th} liefert die Temperatur in definierter Entfernung von der Wärmequelle H	248
Abb. 7-18.	Bestimmung der Temperaturleitfähigkeit: Messung der Differenz zwischen Kern- und Oberflächentemperatur einer Probe P in einem Thermostatenbad T	248
Abb. 7-19.	Thermogravimetrie-System, schematisch: Die Probe P befindet sich in einem Ofen O, der Probenträger ist mit einem Waagebalken W außerhalb des Ofens verbunden [13]	254
Abb. 7-20.	TG-Signale, schematisch: a) Verdampfung, Trocknung, Sublimation, b) Sieden im Tiegel mit kleinem Loch, c) Massenzunahme z.B. durch Oxidation, d) CURIE-Umwandlung	254
Abb. 7-21.	TG und DTG-Signal. Beginn und Ende der Umwandlung werden grafisch ermittelt und als extrapolierte Anfangstemperatur T_e und Endtemperatur T_f bezeichnet. T_p ist die Temperatur des Peakmaximums, also die Temperatur des größten Massestroms [13]	255
Abb. 7-22.	TG- und DTG-Kurve der thermischen Zersetzung von Ca-Oxalat-Dihydrat: Stufen der Wasserabspaltung und Zersetzung [13]	256
Abb. 7-23.	TG von Aspartam. Massenverlust beim Aufheizen durch Methanolabspaltung bei 180°C. Die zeitliche Ableitung (DTG-Signal) stellt den Massenstrom dar und verdeutlicht die Geschwindigkeit des Massenverlustes. Das Integral eines DTG-Massenstrom-Peaks liefert die zugehörige Masseänderung (obere Kurve)	256
Abb. 7-24.	TG-Kalibrierung: Ein Permanentmagnet unter dem Ofen zieht die Nickel-Probe nach unten. Beim Überschreiten der Curie-Temperatur (Nickel: 351.4 ± 4.8°C) verschwindet die Anziehungskraft und das TG-Signal fällt steil ab	257
Abb. 7-25.	DSC-Ofen schematisch. T_P Temperatur Probe, T_R Temperatur Probe Referenz, T_O Temperatur Ofen	258
Abb. 7-26.	Zeitlicher Verlauf von ΔT während einer Messung	259
Abb. 7-27.	DSC. Scheiben-Messsystem [13]	260
Abb. 7-28.	DSC. Zylinder-Messsystem [13]	260
Abb. 7-29.	Leistungskompensations-Kalorimeter, schematisch. T_P Probentemperatur, PP Heizleistung an der Probe, T_R Temperatur der Referenz, P_R Temperatur der Referenz [13]	260
Abb. 7-30.	Einfaches DSC-Thermogramm. Endothermes Signal	261
Abb. 7-31.	Möglichkeiten der Auswertung eines DSC-Peaks	261
Abb. 7-32.	Enthalpie von Eismix [109]	263
Abb. 7-33.	Partielle Integration eines DSC-Peaks	264
Abb. 7-34.	DSC-Umsatzkurven von Speiseeis- unterschiedlicher Zusammensetzung. Bei z.B. -5°C ist das Eis mit Glucose (1) bereits zu 60% geschmolzen, während das Eis mit Glucosesirup DE40 (3) erst zu 20% geschmolzen ist. Die Saccharose-Rezeptur (2) liegt dazwischen	264
Abb. 7-35.	Mögliche DSC-Signale, schematisch	265
Abb. 7-36.	DSC-Thermogramm von PET	265

14.10 Abbildungs-Verzeichnis

Abb. 7-37.	Temperatur-modulierte Heizrate (MDSC)	266
Abb. 7-38.	MDSC-Thermogramm eines teilkristallinen Zuckers. Der Glasübergang ist im reversen Signal (rev) zu identifizieren. Im klassischen DSC-Signal (total) ist der Glasübergang von der auftretenden Enthalpierelaxation verdeckt [22]	269
Abb. 7-39.	Bestimmung der Wärmekapazität bei sinkender Periodendauer T der Modulation	269
Abb. 7-40.	Ermittlung der Halbwertsbreite eines DSC-Peaks	270
Abb. 7-41.	moduliertes Wärmestromsignal und konventionelles Wärmestromsignal einer thermischen Umwandlung	270
Abb. 7-42.	Moduliertes Wärmestromsignal bei einem Glasübergang ohne Enthalpierelaxation	271
Abb. 7-43.	Moduliertes Wärmestromsignal bei einem Glasübergang mit Enthalpierelaxation	271
Abb. 7-44.	Je nach Wahl der Modulationsamplitude entsteht das modulated-heat-only-Profil (links) oder das modulated-heat-cool-Profil (rechts)	272
Abb. 8-1.	Stromdurchflossenes Lebensmittel, schematisch	280
Abb. 8-2.	Näherungsweise lineare Temperaturabhängigkeit der elektrischen Leitfähigkeit einiger flüssiger Lebensmittel [1]. M Milch, W Weizenbier	282
Abb. 8-3.	Temperaturabhängigkeit der elektrischen Leitfähigkeit von Bananen [1]. A püriert, B stückig	282
Abb. 8-4.	Konzentrationsabhängigkeit der Äquivalentleitfähigkeit. Unterschiedliches Verhalten starker Elektrolyte (obere Kurve, z.B. NaCl) und schwacher Elektrolyte (untere Kurve, z.B. Essigsäure)	284
Abb. 8-5.	Katophoretischer Effekt	287
Abb. 8-6.	Hydratisierte Ionen einer Elektrolytlösung	287
Abb. 8-7.	teilweise gefüllter Plattenkondensator	291
Abb. 8-8.	parallelgeschaltete Kondensatoren	292
Abb. 8-9.	Teilweise gefüllter Zylinderkondensator	293
Abb. 9-1.	Elektronen-Konfiguration des Aluminiums	295
Abb. 9-2.	Aluminium ohne äußeres Magnetfeld (links). Aluminium im Magnetfeld (rechts) ist magnetisch polarisiert	296
Abb. 9-3.	Hystereseschleife eines ferromagnetischen Materials	300
Abb. 9-4.	Tunnelförmiger Metalldetektor, schematisch	302
Abb. 9-5.	Enstehung der HALL-Spannung U_H, schematisch	302
Abb. 9-6.	Magnetisch-induktiver Durchfluss-Sensor. Senkrecht zur Strömungsgeschwindigkeit v der geladenen Teilchen und senkrecht zur Richtung des Magnetfeldes B entsteht die elektrische Spannung U_E	303
Abb. 9-7.	Rotierender Atomkern mit einem magnetischen Moment μ (magnetischer Dipol mit Nordpol N und Südpol S)	304
Abb. 9-8.	Energie-Niveaus von Kernspins. Im äußeren Magnetfeld (II) ist die Energiedifferenz ΔE zwischen den Niveaus größer als ohne äußeres Feld (I)	305
Abb. 9-9.	Einstellmöglichkeiten des Kernspins im Magnetfeld B. Die beiden Zustände unterscheiden sich um den Energiebetrag ΔE	305
Abb. 9-10.	Aufbau eines NMR-Spektrometers, schematisch. 1 Magnet, 2 Probengefäß, 3 Detektorspule, 4 Auswerteeinrichtung, 5 Radiofrequenzsender	306
Abb. 9-11.	Relaxations-Signal bei der Puls-NMR: free induction decay, FID	308

Abb. 9-12.	HR-NMR: Durch FOURIER-Transformation erhält man die Verteilung (mittleres Bild) der Frequenzen im Originalsignal (oberes Bild). Eine übliche Darstellung ist die Auftragung über „chemical shift" anstelle der absoluten Frequenz (unteres Bild)	309
Abb. 9-13.	Feste (s) und flüssige Phase (l) zeigen unterschiedliches Relaxationsverhalten. Die Messkurve (FID) stellt die Überlagerung dar	310
Abb. 10-1.	Temperaturabhängigkeit des spezifischen Polarisierungsvolumens und dessen grafische Auswertung	320
Abb. 10-2.	Frequenzabhängigkeit der elektrischen Polarisierbarkeit [1]	321
Abb. 10-3.	Elektrische Permittivitätszahl von Polyester [113]	324
Abb. 11-1.	Brechung als Folge unterschiedlicher Wellen-Ausbreitungsgeschwindigkeiten	331
Abb. 11-2.	Brechungswinkel und Reflexionswinkel	332
Abb. 11-3.	Brechzahlbestimmung. 1 Fenster, 2 Probe, 3 Abdeckung, 4 eintretender Strahl, 5 reflektierter Strahl, 6 gebrochener Strahl, 7 totalreflektierter Strahl, 8 Detektor	334
Abb. 11-4.	Normfarbtafel: Innerhalb des hufeisenförmigen Dreiecks liegen alle wahrnehmbaren Farben (DIN 5033). Auf dem Kurvenzug selbst liegen die gesättigten Spektralfarben	340
Abb. 11-5.	Darstellung einer Farbe als Punkt im Zylinder-Koordinatensystem (MUNSELL-System)	342
Abb. 11-6.	Darstellung einer Farbe im Hunter-System (Lab-System)	343
Abb. 11-7.	Tristimulus-Colorimeter, schematisch. Eine definierte Lichtquelle V beleuchtet die Probe P. Am Detektor S wird die Intensität gemessen. Es ist nur einer der drei verschiedenen Filter F gezeichnet	345
Abb. 11-8.	Molekülschwingung des H_2O-Moleküls, schematisch	348
Abb. 11-9.	Typische Banden und ihre Ursachen [1]	351
Abb. 11-10.	NIR-Messung, schematisch: L Lichtquelle, Probe P, Detektor D, Reflektor R. Messung in Transmission (oben), Reflexion (Mitte) und Transflexion (unten)	352
Abb. 12-1.	Ultraschall-Durchfluss-Sensor. Die Laufzeit eines Ultraschall-Pulses vom Sensor S zum Empfänger ist in Strömungsrichtung kürzer als entgegen der Strömungsrichtung	361
Abb. 13-1.	Unterscheidung radioaktiver Strahlungsarten im elektrischen Feld	369
Abb. 13-2.	Unterscheidung radioaktiver Strahlungsarten im magnetischen Feld. Die senkrecht zum Magnetfeld aus der Strahlungsquelle austretenden Teilchen werden gemäß ihrer Ladung und Geschwindigkeit unterschiedlich abgelenkt	369
Abb. 13-3.	Energiespektrum radioaktiver Strahlung: Intensität der auftretenden Energie E der γ-Quanten	370
Abb. 14-1.	Verteilungssummen-Funktion aus der Radarkontrolle	394
Abb. 14-2.	Verteilungsdichtefunktion aus der Radarkontrolle	395
Abb. 14-3.	Darstellung der komplexen Zahl $4+3i$ in der Zahlenebene.	399
Abb. 14-4.	Goniometrische Darstellung einer komplexen Zahl	400
Abb. 14-5.	Goniometrische Darstellung einer physikalischen Größe als Scheingröße	403
Abb. 14-6.	Griechische Druckbuchstaben und deren Bezeichnungen	405
Abb. 14-7.	Griechische Schreibschrift	405

14.11
Tabellen-Verzeichnis

Tabelle 1-1.	Einteilung von gebundenem Wasser [6]	2
Tabelle 1-2.	Einteilung von Poren gemäß IUPAC [2]	5
Tabelle 1-3.	Relative Dampfdrücke in Zylinderporen	6
Tabelle 1-4.	Vier häufige Typen von Sorptions-Isothermen	7
Tabelle 1-5.	Angabe des Wassergehaltes bezogen auf Trockensubstanz oder auf Einwaage	14
Tabelle 1-6.	Zwei-Parameter-Modelle für Sorptions-Isothermen	22
Tabelle 1-7.	Drei-Parameter-Modelle für Sorptions-Iosthermen	23
Tabelle 1-8.	Vier-Parameter-Modelle für Sorptions-Iosthermen	23
Tabelle 1-9.	Faustregeln zur Haltbarkeit von Lebensmitteln unterschiedlicher Wasseraktivität	24
Tabelle 1-10.	Grenzen der Wasseraktivität für das Wachstum von Mikroorgansimen (aus: [101])	24
Tabelle 1-11.	Typische Wasseraktivitäten einiger Lebensmittel (Durchschnittswerte)	25
Tabelle 1-12.	Feuchte-Standards	27
Tabelle 2-1.	Wägung eines 1 kg-Standards: Eine in Zürich kalibrierte Waage zeigt abweichende Ergebnisse an anderen Aufstellungsorten, da die Erdbeschleunigung nicht überall gleich groß ist	31
Tabelle 2-2.	Einfluss der Luftauftriebskorrektur, Beispiele	34
Tabelle 2-3.	Dichtemessverfahren	41
Tabelle 3-1.	Beispiele für disperse Systeme	59
Tabelle 3-2.	Statistische Längen von Partikeln (Auswahl)	61
Tabelle 3-3.	Geometrische Äquivalentdurchmesser	61
Tabelle 3-4.	Physikalische Äquivalentdurchmesser	62
Tabelle 3-5.	Spezifische Oberfläche von Körpern	62
Tabelle 3-6.	Definition einiger Formfaktoren	64
Tabelle 3-7.	Beispielwerte für Formfaktoren idealer Partikel	65
Tabelle 3-8.	Mengenarten	66
Tabelle 3-9.	Beispiel einer Analysensiebung und deren Auswertung. In der linken Spalte ist der Siebsatz angedeutet	68
Tabelle 3-10.	Beispiel einer Analysensiebung: Tabellendarstellung nach DIN 66141	69
Tabelle 3-11.	Nomenklatur charakteristischer Partikelgrößen	77
Tabelle 3-12.	Vergleich von Partikel-Messverfahren	84
Tabelle 3-13.	Benennung von Medianwerten	84
Tabelle 3-14.	Messverfahren und Mengenarten	84
Tabelle 3-15.	Anwendung von Kennwerten aus Verteilungsfunktionen	85
Tabelle 3-16.	Deutsche Normen zum Bereich Partikelanalyse	85
Tabelle 4-1.	Begriffe zur Interpretation von σ-ε-Diagrammen	89
Tabelle 4-2.	Werte für den Elastizitäts-Modul, Beispiele	90
Tabelle 4-3.	K-Modul einiger Materialien	92
Tabelle 4-4.	Poisson-Zahlen einiger Materialien [115]	95

Tabelle 4-5.	Extremfälle der POISSON-Zahl	95
Tabelle 4-6.	Abschätzungen für extreme POISSON-Zahlen	95
Tabelle 4-7.	Rheologische Grund-Modellkörper	95
Tabelle 4-8.	Zusammengesetzte Modelle	96
Tabelle 4-9.	Synonyme Begriffe für die Scherrate	100
Tabelle 4-10.	Synonyme Begriffe für den Scherwinkel	100
Tabelle 4-11.	Synonyme Begriffe für die Schubspannung und -kraft	101
Tabelle 4-12.	Größenordnung der Scherraten von Strömungsvorgängen	101
Tabelle 4-13.	NEWTON'sche Fluide (Beispiele)	104
Tabelle 4-14.	Umrechnungen alter Viskositätsangaben	105
Tabelle 4-15.	Echte und unechte Strukturviskosität	107
Tabelle 4-16.	Fließgrenzen und Schichtdicken, Beispielwerte	110
Tabelle 4-17.	Unterschiedliches Fließverhalten, Glossar	111
Tabelle 4-18.	Modellfunktionen für Fluide ohne Fließgrenze	113
Tabelle 4-19.	Fließexponten und OSTWALD-Faktoren (Beispiele)	115
Tabelle 4-20.	Modellfunktionen für plastische Fluide	117
Tabelle 4-21.	Modellgesetze nach TSCHEUSCHNER und nach WINDHAB	117
Tabelle 4-22.	Systematik der Rheologie von Festkörpern und Fluiden	119
Tabelle 4-23.	Beispiele für ideale und nicht-ideale Materialien zu Abb. 4-20	120
Tabelle 4-24.	DEBORAH-Zahl idealer Körper	121
Tabelle 4-25.	Begriffe des komplexen Speichermoduls	139
Tabelle 4-26.	Begriffe der komplexen Viskosität	140
Tabelle 4-27.	Definition rheologischer Kenngrößen	140
Tabelle 4-28.	Texturmerkmale	145
Tabelle 4-29.	Beispiele von Texturmerkmalen ausgewählter Lebensmittel	146
Tabelle 4-30.	Verknüpfungen von Textur und physikalischen Eigenschaften	147
Tabelle 4-31.	Einteilung von Messverfahren nach Beanspruchungsart und Messgröße	147
Tabelle 4-32.	Begriffe bei statischen und dynamischen Tests	149
Tabelle 4-33.	Möglichkeiten der Reaktion auf eine mechanische Spannung	149
Tabelle 4-34.	Einfache Charakterisierung fester Materialien, vgl. Abb. 4-35	151
Tabelle 4-35.	Experimentelle Varianten von Stress-Tests	151
Tabelle 4-36.	DEBORAH-Zahl und Materialeigenschaft	155
Tabelle 4-37.	Experimentelle Varianten von Kriech-Tests	155
Tabelle 4-38.	Zeitabhängige und zeitunabhängige Kenngrößen	156
Tabelle 4-39.	CAUCHY-Dehnung und HENCKY-Dehnung	159
Tabelle 5-1.	Einteilung der Grenzflächen	167
Tabelle 5-2.	Kapillardruck von unterschiedlich gekrümmten Grenzflächen	172
Tabelle 5-3.	Oberflächenspannung von Wasser. Vergleich experimenteller und berechneter Daten	175
Tabelle 5-4.	Fälle mit unterschiedlichen Kontaktwinkeln	184
Tabelle 5-5.	Unterschiedliche Kontaktwinkel auf einer Festkörperoberfläche	185
Tabelle 6-1.	Mengenbegriffe bei Transportprozessen	188

14.11 Tabellen-Verzeichnis

Tabelle 6-2.	Schreibweisen der Transportgleichung und Benennung der jeweiligen Koeffizienten	191
Tabelle 6-3.	Benennungen der Widerstände und Leitwerte für unterschiedliche Formulierungen der Transportgleichung	193
Tabelle 6-4.	Ermittlung des Gesamtwiderstandes bei konstanter Geometrie	195
Tabelle 6-5.	Genormte Klima-Bezeichnungen	202
Tabelle 6-6.	Art der Angabe der Pemeabilität, Auswahlhilfe	204
Tabelle 7-1.	Thermische Verfahren der Lebensmitteltechnik	208
Tabelle 7-2.	Temperatur-Fixpunkte und Temperatur-Skalen	209
Tabelle 7-3.	Definierende Fixpunkte der Internationalen Temperaturskala ITS-90	212
Tabelle 7-4.	Genormte Thermoelemente und Typenbezeichnungen gemäß DIN IEC 584-1	214
Tabelle 7-5.	Übersicht über verschiedene Formen der Energie	215
Tabelle 7-6.	Benennung der auftretenden Wärmen bei thermischen Prozessen	217
Tabelle 7-7.	Benennung von Wärmekapazitäten	224
Tabelle 7-8.	Freiheitsgrade von Teilchen einfacher, idealer Systeme	224
Tabelle 7-9.	Theoretische und experimentell ermittelte Wärmekapazitäten einfacher Systeme	226
Tabelle 7-10.	Spezifische Wärmekapazität von Lebensmittelinhaltsstoffen [116]	227
Tabelle 7-11.	Wärmetransportmechanismen	228
Tabelle 7-12.	Emissionsgrad (Absorptionsgrad) einiger technischer Oberflächen bei Raumtemperatur	229
Tabelle 7-13.	Vorzeichen des Temperaturgradienten	231
Tabelle 7-14.	Gesamtwärmeleitwiderstand bei Serienschaltung und Parallelschaltung	240
Tabelle 7-15.	Energieumsatz des Menschen (nach HAWTHORN (1981) in [115])	249
Tabelle 7-16.	Physiologische Brennwerte gemäß [9]	251
Tabelle 7-17.	Physikalische und physiologische Brennwerte im Vergleich	252
Tabelle 7-18.	Verfahren der Thermischen Analyse	253
Tabelle 7-19.	mittels TG untersuchbare Reaktionen	253
Tabelle 7-20.	Berechnung von Wärmen aus DSC-Messungen. Allgemeine und massenspezifische Nomenklatur	263
Tabelle 7-21.	Phasenverschiebung von Heizrate und Wärmestrom und deren Ursache	267
Tabelle 7-22.	Komplexer Wärmestrom: Begriffe und Bedeutungen	268
Tabelle 7-23.	Komplexe Wärmekapazität: Begriffe und Bedeutungen	268
Tabelle 7-24.	MDSC-Temperatur-Zeit-Profile	272
Tabelle 7-25.	Maximale Amplituden für modulated-heat-only-Profile	273
Tabelle 8-1.	Einflussgrößen auf die elektrische Leitfähigkeit eines Lebensmittels	279
Tabelle 8-2.	Spezifischer elektrischer Widerstand einiger Lebensmittel	281
Tabelle 8-3.	Äquivalentzahl von Elektrolyten, Beispiele	283
Tabelle 8-4.	Äquivalentleitfähigkeit einiger Ionen [2]	285
Tabelle 8-5.	Beispiele von Temperaturkoeffizienten der Leitfähigkeit bei Raumtemperatur [2]	288
Tabelle 8-6.	spezifische Leittfähigkeit von KCl-Lösungen	289
Tabelle 8-7.	Typische Werte für elektrische Leitfähigkeiten	290

Tabelle 9-1.	Vergleich diamagnetischer, paramagnetischer und ferromagnetischer Stoffe	297
Tabelle 9-2.	Einteilung magnetischer Materialien anhand von Permeabilität und Suszeptibilität	299
Tabelle 9-3.	Permeabilität verschiedener Materialien, Größenordnungen	299
Tabelle 9-4.	Magnetische Suszeptibilität einiger Stoffe [114] bei Raumtemperatur	299
Tabelle 9-5.	Magnetisch weiche und harte Materialien im Vergleich	300
Tabelle 9-6.	Technische Anwendungen des Magnetfeldes, Beispiele	303
Tabelle 9-7.	Atomkerne mit und ohne magnetisches Moment	305
Tabelle 9-8.	Vergleich von NMR-Spektroskopie und Spektroskopie im sichtbaren Bereich	307
Tabelle 9-9.	Puls-NMR: Unterschiede zwischen High-Resolution und Low-Resolution NMR	309
Tabelle 10-1.	Dipolmoment und Polarisierbarkeit einiger einfacher Moleküle [1]	317
Tabelle 10-2.	Bezeichnungen zur komplexen Permittivitätszahl	325
Tabelle 10-3.	Eindringtiefe von Mikrowellen, Beispiele	326
Tabelle 10-4.	Dielektrische Eigenschaften von Wasser [27]	327
Tabelle 11-1.	Brechzahlen einiger Stoffe	334
Tabelle 11-2.	Elektromagnetische Strahlung	337
Tabelle 11-3.	Grobe Wellenlängen-Einteilung des sichtbaren Lichts	338
Tabelle 11-4.	Einflussgrößen auf die Farbe eines nichtselbstleuchtenden Körpers und deren Parameter	339
Tabelle 11-5.	Normierte Werte der Primärvalenzen [107]	341
Tabelle 11-6.	Charakterisierung von Farbe im JUDD-HUNTER-System	343
Tabelle 11-7.	Attribute zur Beschreibung von Farbe	344
Tabelle 11-8.	Unterteilung der IR-Wellenlängenbereiche	348
Tabelle 11-9.	Normalschwingungen des H_2O-Moleküls	349
Tabelle 11-10.	Bezeichnung von Grundschwingungen und Oberschwingungen	349
Tabelle 11-11.	Absorptionsbereiche (MIR) funktioneller organischer Gruppen [110]	350
Tabelle 11-12.	Absorptionsbereiche (NIR) von Lebensmittel-Inhaltsstoffen [110]	350
Tabelle 11-13.	Merkmale und Typen NIR-Spektrometern	352
Tabelle 12-1.	Unterscheidung von Schall nach Frequenzbereichen	355
Tabelle 12-2.	Schallgeschwindigkeit bei 15°C und 1013 hPa (aus [112])	356
Tabelle 12-3.	Einfluss der Temperatur auf die Schallgeschwindigkeit in Luft	356
Tabelle 12-4.	Typische Werte der Schallleistung [112]	356
Tabelle 12-5.	Definition und Bezugsgröße unterschiedlicher Schallpegel	358
Tabelle 12-6.	Typische Lautstärkenpegel	359
Tabelle 12-7.	Technische Anwendungen von Ultraschall [113]	361
Tabelle 13-1.	Arten radioaktiver Strahlung	366
Tabelle 13-2.	Zerfallskonstanten λ und Halbwertszeiten $T_{1/2}$ einiger radioaktiver Stoffe (aus [1])	368
Tabelle 13-3.	Wichtige Isotope des Kaliums und deren Halbwertszeiten $T_{1/2}$ [112]	371
Tabelle 13-4.	Die wichtigsten natürlichen Radionuklide im Menschen [112]	372
Tabelle 13-5.	Spezifische Aktivitäten einiger kaliumhaltiger Materialien	373

14.11 Tabellen-Verzeichnis

Tabelle 13-6.	Radioaktivität von Lebensmitteln [102]	373
Tabelle 13-7.	Qualitätsfaktoren für radioaktive Strahlungsarten [112]	374
Tabelle 13-8.	Größen der Dosimetrie	375
Tabelle 13-9.	Radioaktivität und Bestrahlung: Amtliche Untersuchungsverfahren	375
Tabelle 13-10.	Energiedosis und Strahlungswirkung [109]	375
Tabelle 13-11.	Radioaktive Messverfahren	376
Tabelle 14-1.	SI-Basiseinheiten und ihre Definitionen.	379
Tabelle 14-2.	Abgeleitete SI-Einheiten	380
Tabelle 14-3.	Abgeleitete SI-Einheiten mit eigenem Namen und Zeichen	380
Tabelle 14-4.	Abgeleitete SI-Einheiten mit besonderen Namen, die zum Schutz der menschlichen Gesundheit zugelassen sind	381
Tabelle 14-5.	Beispiele für abgeleitete SI-Einheiten und deren Ausdruck durch Basiseinheiten	382
Tabelle 14-6.	SI Vorsätze	383
Tabelle 14-7.	Einheiten, die gemeinsam mit dem SI-System genutzt werden	383
Tabelle 14-8.	Einheiten, die vorübergehend neben dem Internationalen Einheitensystem beibehalten werden	383
Tabelle 14-9.	Umrechnungsbeziehungen für angelsächsische Einheiten	384
Tabelle 14-10.	Verwendung senkrechter und kursiver Zeichen [1]	386
Tabelle 14-11.	Analyse von Messunsicherheiten: Begriffe	389
Tabelle 14-12.	Student-Faktor 107	390
Tabelle 14-13.	Runden von Messergebnissen, Beispiele	391
Tabelle 14-14.	Klassierung der Messwerte aus der Radarkontrolle	393
Tabelle 14-15.	Eigenschaften der Geschwindigkeits-Verteilungs-Funktion $f(v)$:	396
Tabelle 14-16.	Zusammenfassung der Kenngrößen der Geschwindigkeits-Verteilung	399
Tabelle 14-17.	Zahlen der Mathematik	400
Tabelle 14-18.	Darstellungsmöglichkeiten der komplexen Zahl $3+4i$	402
Tabelle 14-19.	Verschiedene Phasenwinkel und ihre Interpretation, Beispiele	403
Tabelle 14-20.	Bezeichnungen komplexer elektrischer Widerstände	403
Tabelle 14-21.	Bezeichnungen komplexer elektrischer Leitwerte	404
Tabelle 14-22.	Umrechnungsformeln für Temperaturen	406
Tabelle 14-23.	Umrechnungstabelle für Zuckergehalte bzw. Trockensubstanz (Grad Brix, Grad Oechsle, Grad Baumé, Klosterneuburger Grade)	407
Tabelle 14-24.	Stoffwerte von Wasser: Dichte (ρ), Viskosität (η), Brechzahl, 589 nm (n_D), Permittivitätszahl (ε), Dampfdruck (p_v), und Oberflächenspannung (σ) bei verschiedenen Temperaturen (ϑ)	408
Tabelle 14-25.	Oberflächenspannung von Mager- und Vollmilch gegenüber Luft [109]	409
Tabelle 14-26.	Oberflächenspannung verschiedener Medien gegenüber Luft bei 20°C [109]	409
Tabelle 14-27.	Wärmeleitfähigkeit von Lebensmittelbestandteilen (Richtwerte) [116]	409
Tabelle 14-28.	Wärmeleitfähigkeit einiger TK-Lebensmittel [116]	410
Tabelle 14-29.	Wärmeleitfähigkeit einiger Lebensmittel [116]	410
Tabelle 14-30.	Temperaturleitfähigkeit einiger Lebensmittel bei 20°C	411
Tabelle 14-31.	Werte für die Wärmeleitfähigkeit und Temperaturleitfähigkeit einiger Materialien bei Umgebungstemperatur	411

Tabelle 14-32.	Brechzahl (20°C, 589 nm) von Saccharose-Lösung unterschiedlicher Konzentration. Die Konzentration in der linken Spalte in °Bx aufgetragen (ICUMSA Methods Book (1974) International Commission for Uniform Methods of Sugar Analysis)	413
Tabelle 14-33.	Farbstandard-Lösungen [129]	417
Tabelle 14-34.	Farbvergleichslösungen [129]	418
Tabelle 14-35.	Farb-Standards gemäß USP XII	419

15 Allgemeine Literatur

100. BVL Bundesamt für Verbraucherschutz und Lebensmittelsicherheit (Hrsg) Amtliche Sammlung von Untersuchungsverfahren nach § 35 LMBG. Beuth Berlin
101. Schweizerisches Bundesamt für Gesundheit (Hrsg) (2003) Schweizerisches Lebensmittelhandbuch. CD-ROM 2003, Eidg Drucksachen- und Materialienzentrale, CH-Bern
102. Belitz HD, Grosch W, Schieberle P (2001). Lehrbuch der Lebensmittelchemie, Springer Berlin
103. Matissek R, Schnepel FM, Steiner G (1992) Lebensmittelanalytik. Springer, Berlin Heidelberg New York
104. Official Methods of Analysis of AOAC International (2003) 17th Edition, 2nd Revision, Association of Official Agricultural Chemists, Gaithersburg
105. VDI (Hrsg) (1988) VDI-Wärmeatlas. VDI-Verlag, Düsseldorf
106. Kohlrausch F (1996) Praktische Physik Band 3. Teubner Stuttgart
107. Kohlrausch F (1996) Praktische Physik Band 1. Teubner Stuttgart
108. Grigull U (Hrsg) (1989) Zustandsgrößen von Wasser und Dampf. Springer, Berlin Heidelberg New York
109. Kessler HG (1996) Lebensmittel- und Bioverfahrenstechnik. A. Kessler, Freising
110. Nielsen SS (ed) (2003) Food analysis. Kluwer Academic Press, New York
111. Rauscher K, Engst, R, Freimuth U (1986) Untersuchung von Lebensmitteln. VEB Fachbuchverlag Leipzig
112. Greulich W (ed) (1998) Lexikon der Physik. Spektrum Verlag Heidelberg
113. Hering E, Martin R, Stohrer M (1995) Physik für Ingenieure. VDI-Verlag, Düsseldorf
114. Czichos H (1996) Hütte: Die Grundlagen der Ingenieurwissenschaften, Springer Berlin
115. Lewis MJ (1996) Physical properties of foods and food processing systems. Woodhead Publishing Limited, Cambridge
116. Tscheuschner HD (1996) Grundzüge der Lebensmitteltechnik. Behr's, Hamburg
117. Toledo R (2003) Verfahrenstechnische Grundlagen der Lebensmittelproduktion. Behr's, Hamburg
118. Singh RP, Heldman DR (1993) Introduction to food engineering, Second Edition. Academic Press, New York
119. Kurzhals HA (Hrsg.) (2003) Lexikon der Lebensmitteltechnik. Behr's, Hamburg
120. Loncin M (1969) Grundlagen der chemischen Technik, Die Grundlagen der Verfahrenstechnik in der Lebensmittelindustrie. Sauerländer, Frankfurt am Main
121. Valentas KJ, Rotstein E, Singh RP (1997) Food engineering practise. CRC Press, New York
122. Böge A (1990) Das Techniker Handbuch. Grundlagen und Anmerkungen der Maschinenbau-Technik. Vieweg Braunschweig
123. Nesvadba P, Houska M, Wolf W, Gekas V, Jarvis D, Sadd PA, Johns AI (2004) Database of physical properties of agro-food materials. J Food Engineering 61: 497–503
124. Rha C (ed) (1975) Theory, determination and control of physical properties of food materials. D Reidel Publishing Comp, Dordrecht
125. Schiweck H, Rymon-Lipinski GW (1991) Handbuch Süßungsmittel. Behr's, Hamburg
126. Okos MR (1986) Physical and chemical properties of food. ASAE Publication, St. Joseph

127. Sharma SK, Mulvaney SJ, Rizvi SS (1991) Food process engineering, theory and laboratory experiments. Wiley-VCH, Weinheim
128. Scherz H (Hrsg) Souci Fachmann Kraut (2000) Die Zusammensetzung der Lebensmittel. Nährwert-Tabellen. Wiss Verlagsgesellschaft, Stuttgart
129. Europäisches Arzneibuch (2003) Wiss Verlagsgesellschaft mbh, Stuttgart

Sachverzeichnis

A
α-Strahlung 365
A-Bewertung 359
Abperlen 185
Abschwächung 326
Absorptionsgrad 229, 323
ADSC 265
Adhäsion 184
Adhäsionsarbeit 184
Adsorbat 2
Adsorbens 2
Adsorpt 2
Adsorption 1
Adsorptionsenergie 4
Adsorptionsgleichgewicht 4
Adsorptions-Isotherme 7, 11
Adsorptiv 2
Aktivität 366
Ampere 379
Analyse, organoleptische 144
Analysen-Sichtung 81
Analysensiebung 66, 67, 68, 80
Anion 279
Anisotropie 91
Anomalie 36
Anregungsdetektor 368
Anteil, gefrorener 310
Antiferromagnetismus 297
Anzahlverteilung 65
AOTF 351
Äquivalentdurchmesser 60
Äquivalentleitfähigkeit 283
Äquivalentdosis 374
Äquivalentzahl 283
Aräometer 47
ARRHENIUS 122, 200
Atom 365
Atomkern 366
Atto 383
ATWATER 251
auditorisch 144
Aufschlag 53

Auftriebskraft 42
Auge 339, 344
Ausdehnungskoeffizient 210, 211
Auslaufbecher 144
Auslauf-Test 162
Auslauf-Verfahren 144
Auslösezählrohre 370

B
β-Strahlung 365
Basiseinheiten 379
Benetzung 185
Benetzungswinkel 180, 185
Beschreibung, sensorische 144
Bestrahlung 374
BET-Modell 9
BET-Oberfläche 83
Beugung 82
Beweglichkeit 281
Biegebeanspruchung 161
Biegeschwinger 50
Biegetest 161
BINGHAM 105, 110, 116
BLAINE 83
Blasengröße 59
Blaseninnendruck 181
Blasen-Viskosimeter 143
Blindanteil 139
Blindschubmodul 139
Blindviskosität 140
Bombenkalorimeter 251
BOSTWICK-Fließgrenze 144
BOSTWICK-Konsistometer 144
Brechung 331
Brechzahl 333
Brechzahlbestimmung 334
Brennwert 248
brightness 344
Brillanz 344
Bruchdehnung 89
Bruchgeräusch 359
Bruchgrenze 89

Bruchkraft 158, 359
Bruchspannung 157, 160
Bruchtest 156, 160, 161
BRUNNAUER 9
Bubble-point-Tensiometer 181
Bügelmethode 178
Buntheit 344
Buntton 344

C
Candela 380
CANNON-FENSKE 142
CASSON 116
CAUCHY-Dehnung 159
CELSIUS 209
chemical shift 306
Chemisorption 1
chroma 344
CIE 340
CIELAB 344
CIE-XYZ-System 345
CLAUSIUS-CLAPEYRON 222
CLAUSIUS-MOSOTTI-DEBYE 318
color match 345
COUETTE-Typ 123
CSR-Modus 125
CSS-Modus 125
CURIE-Temperatur 256, 296
CURIE-Umwandlung 254
CW-NMR 306

D
Dämpfung 324
dB 357
DE HAVEN 112
DEBORAH-Zahl 120, 155
DEBYE 317
DEBYE-FALKENHAGEN-Effekt 287
DEBYE-HÜCKEL-ONSAGER 286
Deformation, oszillierende 137
Deformationsgeschwindigkeit 100
Dehngrenze 88
Dehntest 160
Dehnung 88, 150
Deka 383
Depletion 182
Desorption 4
Desorptions-Isotherme 11
Dezi 383
Dezibel 357
diamagnetische Stoffe 297
Diamagnetismus 295, 296
Dichte 35, 212
-, relative 41

-, scheinbare 42
-, wahre 42
Dielektrizitätskonstante 316
Differenz-Thermo-Analyse 257
Diffusion 187
Diffusionskoeffizienten 189
dilatant 105, 111
Dilatanz 108, 110
Dilatation 91
Dipole 315
Dipolmoment 315, 317
disperse
– Phase 59
– Systeme 59
Dispersion der Brechung 333
Dissoziationsgrad 283
DMA-Messgeräte 162
Dreiphasen-System 213
Druck 88
DSC, temperaturmodulierte 265
DSC-Ofen 258
DTA 257
DTG 255
DULONG-PETIT 226
Dunkelstufe 342
Durchfluss-Sensoren, magnetisch-induktive 303
Durchgang 66
Durchgangssumme 68
dynamischer Test 146

E
Effekt
-, elektrophoretischer 287
-, katophoretischer 287
-, thermoelektrischer 214
effektive Wärmeleitfähigkeit 243
EHRENFEST 219, 221
– -Gleichung 222
Eichung 32
Eindringtiefe 326
– von Mikrowellen 326
Einheiten 379
Einheitensystem 379
Eisanteil 240, 242
Elastizität 89
Elastizitätsgrenze, technische 89
Elastizitätsmodul 90
elektrische
– Leitfähigkeit 191, 279
– Polarisierbarkeit 315
elektrischer Leitwert 279
Elektroden, platinierte 290
Elektrolyte 279
Elektrolytlösungen 283

Sachverzeichnis 437

elektromagnetisches Spektrum 337
Elektronenkonfiguration 295
Elektronenleitfähigkeit 239
Elektronenspin-Resonanz 304
Elektronen-Spin-Resonanz-Spektroskopie 376
elektrophoretischer Effekt 287
ELLIS 112
Emissionsgrad 229
EMMET 9
E-Modul 90, 158
Emulsion 59
endotherme Ereignisse 261
Energie 169, 215
–, innere 216
–, thermische 207
Energiedosis 373, 374
Energieumsatz des Menschen 249
ENGLER 144
Enthalpie 216
Enthalpieänderungen 262
Enthalpierelaxation 271
Entropie 218
EÖTVÖS 172
Ereignisse
–, endotherme 261
–, exotherme 261
ESCHER 145
ESR 304
ESR-Spektroskopie 376
EUKLID 95, 96
Exa 383
exotherme Ereignisse 261
Extrusionstest 142, 162
Exzess-Enthalpie 11, 17, 20

F
FAHRENHEIT 209
Farbart 341
Farbdreieck 339
Farbe 336
Farbempfindung 336
Farben 340
Farbenraum 341
Farbenzeichen 342
farbgleich 345
Farbmaßzahlen 342
Farbmesstechnik 336
Farbmessverfahren 344
Farbmischung 338
Farbreiz 336
Farbsättigung 342
Farbstandard 344, 345
Farbton 340, 341

Farbtonzahl 342
Farbvalenz 340
Farbvalenzmetrik 336
Farbvektor 342
Feder-Dämpfer-Modell 154
Feinheitsmerkmal 80
Feinheitsparameter 79
Feldstärke, magnetische 298
Femto 383
FERET-Durchmesser 61
Ferrimagnetismus 297
Ferrite 297
ferromagnetische Stoffe 297
Ferromagnetismus 296
FERRY 112
Festfettanteil 310
Fest-Flüssig-Verhältnis 310
Festkörper-Grenzfläche 167
Feststoffdichte 54
Feuchtestandard 27, 201
FICK 189
FID 307
Filmbildung 185
Filter-Spektrometer 351
FIR 347
Fixpunkt 209, 212
Flächenverteilung 65
Fließexponent 114
Fließgesetz, NEWTON'sches 103
Fließgrenze 108, 151
Fließindex 103, 114
Fließtest 151
Fließverfestigung 108
Fließverflüssigung 107
Fließverhalten, plastisches 108
Fluide, NEWTON'sche 103
Fluid-Fluid-Grenzflächen 167
Fluidität 104
Flussdichte, magnetische 298
Flüssigkeit, intrazelluläre 282
Flüssigkeitsgrenzfläche 167
Flüssigkeitstropfen 168, 183
FORD 144
Formfaktor 59, 64
FOURIER 190
FOURIER-Gesetz 230, 244
Fraktion 66, 68
free induction decay 307, 308
freies Wasser 12, 18
Freiheitsgrad 213, 224
Fremdkörper 302
frequency domain NMR 308, 309
FREUNDLICH-Modell 7, 9
FT-Spektrometer 351
Füllstands-Sensor 293

G

γ-Strahlung 365
GAB-Gleichung 19
GAB-Modell 18
gebundenes Wasser 18
gefrorener Anteil 310
Gegenion 286
GEIGER-MÜLLER-Zählrohr 370
Geräusch 359
Germanium-Detektor 370
Gewichtskraft 31
gewogener Mittelwert 76
GGS-Funktion 79
GIBBS-Energie 220
GIBBS-Phasenregel 213
Giga 383
Gitterleitfähigkeit 239
Glasübergang 264
Glaszustand 25
Gleichgewichtsbelegung 4
Gleitmodul 93
Gradient 187, 231
Graustufen 341
Gravitation 31
Grenzfläche 167
grenzflächenaktiv 176
Grenzflächenbelegung 176
Grenzflächenenergie 168
Grenzflächenkonzentration 1
Grenzflächenphase 167
Grenzflächenspannung 168
Grenzflächenstabilisierung 181
Grenzschicht-Adsorption 176
Grenzwinkel 333
Größe, komplexe 267
Größenverteilungen 65
Grundschwingung 348
Grundumsatz 250
GUGGENHEIM-ANDERSEN-DE BOER 18
GUGGENHEIM-Konstante 19

H

Habitus 63
HAGEN-POISEUILLE 141
Halbleiter-Detektor 370
Halbwertszeit 367, 368
HALL-Sensor 302
Haltbarkeit 23, 196
Haltbarmachung 24
haptisch 144
Hauptsatz der Thermodynamik 218
HAUSNER-Faktor 56
HAUSNER-Verhältnis 56

HEINZ 116
Hekto 383
Helligkeit 341
HENCKY-Dehnung 159
HENRY 199
HENRY-Gesetz 9
HERAKLIT 87
HERSCHEL-BULKLEY 116
High-Resolution-NMR 307
Hochdruck 38
Hohlraumvolumen 57
HOOKE 88, 90, 95
HOOKE-Element 97
HÖPPLER 143
Hörgrenze 357
Hörschwelle 359
HR-NMR 307
hue 344
HUYGENS-Prinzip 332
Hydrathülle 287
Hydrometer 47
hydrophil 176
hydrophob 176
hydrostatische Waage 42, 44
Hyperschall 355
Hysteresekurve 300
Hystereseverhalten 300

I

Imaginärteil 267
Impedanz 289
Impuls-Zählverfahren 83
Induktion, magnetische 298
Infrarot-Strahlung 347
Infraschall 355
innere Energie 216
instationäre Wärmeleitung 244
Integrale, partielle 264
integraler Mittelwert 75
Integrationskugel 352
Intervallgrenze 66
intrazelluläre Flüssigkeit 282
Ionenatmosphäre 286
Ionisations-Detektor 368
IR 347
IR-Spektroskopie 347
IR-Strahlung 215, 228
IR-Temperaturmessung 215
isopiestische Methoden 26
Isotope 365
ITS-90 212

J

JUDD-HUNTER-System 342, 343

K

Kalibrierung 32
Kalorien 250
Kapillardruck 170, 172
kapillare Steighöhe 179
Kapillarkondensation 5, 6
Kapillar-Viskosimeter 141
Kation 279
katophoretischer Effekt 287
Kaugeräusch 359
Kavitation 361
Kegel-Platte-Messsystem 123, 130
Kelvin 380
KELVIN-Gleichung 5
KELVIN-Körper 97, 119
Kennwert, robuster 71
Kernspin-Resonanz 304
Kerntemperatur 212
Kilo 383
Kilogramm 379
kinästhetisch 144
kinematische Viskosität 104
KIRCHHOFF 229
Klang 359
Klasse 67
Klassenbreite 67
Klassierung 80
Klima-Bedingungen 201
K-Modul 91
Knickschwingung 349
Koerzitivfeldstärke 300
Kohäsion 184
Kohäsionsarbeit 184
KOHLRAUSCH-Quadratwurzelgesetz 284
Kolorimetrie 336
Kombinationsschwingung 349
Komplementärfarben 340
komplexe
– Größe 267
– Permittivitätszahl 325
– Viskosität 139
– Wärmekapazität 268
komplexer Schubmodul 138
Kompressibilität 37, 91
Kompressionsmodul 38, 91
Kompressions-Test 157, 161
Konduktanz 192
Konduktivität 279
Konduktometrie 288
Konsistenzfaktor 114, 116
Kontaktwinkel 180, 184
kontinuierliche Phase 59
Korngröße 59
Körnungsparameter 79

Körper, schwarzer 229
Körperwärme 248
Kraft-Weg-Verlauf 150
Kriech-Test 155
Kristalle 63
Krümmungsdruck 171
Krümmungsradius 171
Kugelfall-Viskosimeter 143
Kunststofffolie 196

L

$L*a*b*$-System 344
Lab-System 342
Ladungsträger 279
Lageparameter 79
LAMBERT-BEER'sches Gesetz 338
Längenausdehnung 209
Längenausdehnungskoeffizient 210
LANGMUIR-Modell 8, 9
LAPLACE 171
Lärm 359, 360
LARMOR-Frequenz 305
Laserbeugung 82
Laserbeugungs-Spektroskopie 81
latente Wärme 217
Lautstärke 358
Lautstärkepegel 359
Leistungskompensation 259
Leitfähigkeit, elektrische 191, 279
Leitwert 192
–, elektrischer 279
Licht 337
Lichtstreuung 339
logarithmischer Mittelwert 236
LORENTZ-Kraft 301
loss factor 325
loss tangent 325
Low-Resolution-NMR 307
LR-NMR 307
Luftauftrieb 33
Luftauftriebskorrektur 34
Luftdichte 33
Luftfeuchte 201
Luftstrahlsieb 80
lyophil 176
lyophob 176

M

Magnetfeld 295, 303
magnetic resonance imaging 311
magnetische
– Feldstärke 298
– Flussdichte 298
– Induktion 298
– Permeabilität 295

magnetische
- Permeabilitätszahl 298
- Polarisierung 296
- Resonanz 304
- Suszeptibilität 298
magnetisches Moment 305
magnetisch-induktive Durchfluss-Sensoren 303
Magnetisierung 295, 298
MARGULES-Gleichung 128
MARTIN-Durchmesser 61
Masse 31
Massenstromdichte 188
Masse-Standards 32
Masseverteilung 65
Materialien, viskoelastische 138, 152
MAXWELL 96
MAXWELL-Gleichung 322
MAXWELL-Körper 119, 154
MDSC 265
mechanische Spannung 87
Median 71
Medianwert 71, 84
Mega 383
Mengenarten 65, 66
Mengenstromdichte 188
Menschen 249
-, Energieumsatz des 249
Metalldetektoren 302
Meter 379
Methoden, isopiestische 26
MID 303
Migration 196
Mikro 383
Mikrowellen 322
-, Eindringtiefe von 326
Mikrowellenabsorption 324, 328
Mikrowellenanlagen 327
Mikrowellenerwärmung 325
Mikrowellenleistung 328
Milli 383
MIR 347
Mittelwert
-, gewogener 76
-, integraler 75
-, logarithmischer 236
Mizellbildung 177
Mizellen 176
Modalwert 72
Modellkörper 95
MOHR-WESTPHAL 45
Mol 380
Moment, magnetisches 305
Momente, statistische 75

Monolayer 11, 184
Monoschicht 19
MOONEY-EWART-Messsystem 123
MRI 311
MUNSELL-System 342

N
Nabla-Operator 232
Nachgiebigkeit 140
Nahrung 250
Nano 383
NÉEL-Temperatur 297
Netzhaut 341
NEWTON 95
NEWTON-Element 97
NEWTONsch 111
NEWTON'sche Fluide 103
NEWTON'sches Fließgesetz 103
nicht-NEWTON'sche Fluide 105
nicht-NEWTONsch 111
nicht-reversiver Wärmestrom 268
NIR 347
NIRS 352
NIR-Spektrometer 350, 352
NMR 304
NMR-Spektroskopie 306
Normalschwingung 348
Normalvalenz-System 341
Norm-Beobachter 345
Normfarbtafel 340
Normfarbwert 345
Normzustand 200
NOUY 178
nuclear magnetic resonance 304

O
Oberfläche 167
-, spezifische 62, 83
Oberflächenbestimmung 10
Oberflächenenergie 168
Oberflächentemperatur 215
Oberschwingung 348
Öchsle 52
OHM 191, 280
OHM'sches Gesetz 279
oil stability index 290
Ordnungszahl 365
organoleptische Analyse 144
Orientierungspolarisation 315, 321
OSI 290
OSTWALD 142
OSTWALD-DE-WAELE 112, 114
OSTWALD-Faktor 114
Oszillations-Modus 137
Oszillationstest 137

oszillierende Deformation 137
overrun 53
overtone 349
Oxidations-Stabilität 290
Oszillations-Test 146

P
Packstoff 196
Parallelschaltung 194
paramagnetische Stoffe 297
Paramagnetismus 295
partielle Integrale 264
Partikel 59
Partikelform 64
Partikelgröße 59
Partikelgrößenverteilung 66
Partikelklasse 66
Partikel-Messverfahren 84
PASCAL 95
Penetrations-Test 161
Permanentmagnete 300
Permeabilität 196, 299
–, magnetische 295
Permeabilitätskoeffizient 190
Permeabilitätszahl, magnetische 298
Permeant 196
Permeation 187, 196, 199
Permittivität 335
Permittivitätszahl 316, 322, 323, 324
–, imaginäre 325
–, komplexe 325
–, reale 325
Peta 383
Phase 167
–, disperse 59
–, kontinuierliche 59
Phasendiagramm 214
Phasenumwandlung 219
Phasenverschiebung 137, 268
phon 358
Phononen 239
Physisorption 1
Piko 383
plastisch 88, 108, 111
plastische Viskosität 116
plastisches Fließverhalten 108
Plastizität 108
platinierte Elektroden 290
Platten-Messverfahren 178
Plattenmethode 178
Platte-Platte-Messsystem 132
Platte-Platte-System 123
POISSON 93
Polarisation 315
Polarisierbarkeit, elektrische 315

Polarisierung, magnetische 296
Polarisierungsvolumen 317
Polymer 182
Poren 4, 5
Porosität 5, 57
Potential 187
Potentialgradienten 187
PRANDTL 96
Primärvalenz 340, 341
Proportionalzählrohr 370
pseudoplastisch 107
Pt 100 215
PTB 209
Puderzucker 63
Puls-NMR 306
Pyknometer 40
Pyrometer 215

Q
Qualität 145
Querdehnung 93

R
radioaktive Strahlung 365
Radioaktivität 365
Radionuklid 370, 371
Raumausdehnungskoeffizient 211
reale Schwinger 324
Realteil 267
REDWOOD 144
Referenzmaterial 246, 257
Refraktion 331
Reißfestigkeit 160
REITLER 281
relative Dichte 41
Relativmessung 246
Relaxation 154
Relaxations-Test 151
Relaxations-Verhalten 151
Relaxationszeit 120, 154, 308
Relaxometer 311
Remanenz-Magnetisierung 300
Resonanz, magnetische 304
Retina 339
reversiver Wärmestrom 268
rheologische Systematik 120
rheopex 111
Rheopexie 108, 110
Ringmethode 178
robuster Kennwert 71
Rotations-Rheometer 123
Rotationsviskosimeter 123
RRSB-Funktion 79
Rückstandssumme 68

Rütteldichte 56
Rüttelgewicht 56

S

Sättigung 341
Sättigungsstufe 342
SAUTER-Durchmesser 78
Schall 355
Schalldruck 357
Schallgeschwindigkeit 355
Schall-Intensität 357
Schallleistung 356
Schallpegel 358
Schallschnelle 356
Schallspektroskopie 83
Schaum 59
scheinbare Dichte 42
scheinbare Viskosität 114
scheinbare Wärmeleitfähigkeit 243
Scheinviskosität 140
Schergeschwindigkeit 100
Schergeschwindigkeitsgradient 100
Scher-Oszillationstest 140
Scherrate 98, 100
Scherspannung 92, 101
Scherung 92
Scherwinkel 100
Schichtdicke 110
Schmelz-Index-Prüfung 142
Schneidtest 159
Schubmodul 92
–, komplexes 138
Schubspannung 92, 101
Schüttdichte 56
Schüttgewicht 56
Schüttgutdichte 56
Schüttgüter 54
Schüttung 54, 56
schwarzer Körper 229
Schwebemethode 49
Schwinger, reale 324
Schwingungskavitation 361
SEARLE-Typ 123
Sedimentationsverfahren 81
SEEBECK-Effekt 214
Sekunde 379
sensible Wärme 217
sensorisch 145
sensorische Beschreibung 144
Serienschaltung 194
SFC 310
SHELL 144
sichtbares Licht 338
Sichtung 81
Siebbewegung 80

Siebhilfe 80
Sieböffnung 80
Sieböffnungsweite 80
Siebsatz 80
Siebung 80
SIEMENS 280
simple shear 129
Sinkgeschwindigkeit 143
SISKO 112
SI-System 379
SNELLIUS-Gesetz 332
solid fat content 310
soluble solids 335
Sonotrode 360
Sorptionsenthalpie 11, 15
Sorptions-Isotherme 25
Sorptions-Messungen 26
Spannung, mechanische 87
Spannungs-Dehnungs-Diagramm 150
Spannungs-Dehnungs-Kurve 88
specific gravity 40
Speichergröße 267
Speichermodul 139
Spektralfarbe 339
Spektrometer-Typ 352
Spektrum, elektromagnetisches 337
spezifische Oberfläche 62, 83
spin echo 310
Spindel 48
Spin-Gitter-Relaxation 308
spinning drop 181
Spinning-drop-Methode 181
Spin-Spin-Relaxation 208
Spreitung 184
Spreitungsdruck 184
ST. VENANT 95
Standard-Klima 201
stationäre Wärmeleitung 244
statischer Test 146
statistische Momente 75
Stauch-Test 157
Stauchung 150
STEFAN-BOLTZMANN-Gesetz 228
Steifheit 93, 158
Steighöhe, kapillare 179
Steighöhenmethode 179
STEINER-STEIGER-ORY 112
Stickstoff-Adsorption 83
Stoffe
–, diamagnetische 297
–, ferromagnetische 297
–, paramagnetische 297
Stoffstromdichte 188
Stofftransport 187
STOKES 102, 143

STP 200
Strahlenarten 365
Strahlendosis 374
Strahlenexposition 374
Strahlung, radioaktive 365
Strahlungswirkung 375
Streckgrenze 88
Streckschwingung 349
Streichfähigkeit 162
Stress-Test 151
Streulicht-Verfahren 81
Streuung 82
Streuungsparameter 79
Stromdichte 188
Strömungsgeschwindigkeit 361
strukturviskos 105, 107, 111
Strukturviskosität 107, 110
Stufentest 148
Suspension 59
Suszeptibilität 299, 316
-, magnetische 299
Systematik, rheologische 120
Systeme, disperse 59
Szintillator 370
Szyszkowski-Gleichung 177

T
TA 252
taktil 144
Tauchgewichts-Verhältnis 46
Tauchkörper 49
technische Elastizitätsgrenze 89
Teilintegral 264
TELLER 9
Temperatur 207
Temperaturgradient 190, 231
Temperaturkompensation 289
Temperaturleitfähigkeit 244, 248
Temperatur-Messung 212
Temperaturmodulation 267
temperaturmodulierte DSC 265
Temperaturprofil 232
Temperatursensor 214
Temperaturskala 209
Tera 383
Test
-, dynamischer 146
-, statischer 146
Textur 144
TG 253
thermische Analyse 252
thermische Energie 207
thermisches Verfahren 208
thermoelektrischer Effekt 214
Thermoelement 213, 214

Thermogramm 261
Thermogravimetrie 28, 253
Thermometer 212
Thermospannung 214
Thermowaagen 255
thixotrop 111
Thixotropie 107, 110
time domain NMR 308, 309
Ton 359
Torsionsmodul 93
Totalreflexion 333
Transflexion 352
Transmissionsgrad 323
Transportgleichung 188
Transportgrößen 187
Tripelpunkt 209, 213
Tristimulus 344, 345
Trocknungsverlust 255
Trommelfell 355
Tropfenform 183
Tropfengröße 59
TSCHEUSCHNER 116

U
UBBELOHDE 142
Überziehen 109
ULBRICHT-Kugel 352
Ultraschall 355, 360, 361
Umsatz 264
Umwandlungsenthalpie 262
Unbuntpunkt 340
Unterwassergewicht 45
UWG 45

V
Verbrennungskalorimeter 251
Verbrennungswärme 251
Verbundfolie 195
Verderb 23
Verfahren, thermisches 208
Verhalten, viskoses 97
Verlustgröße 267
Verlustmodul 139
Verpackung 160, 187, 196, 338
Verschiebungspolarisation 315
Verteilungen 65
Verteilungsdichte 67, 68
Verteilungsdichtefunktion 70
Verteilungsfunktion 59, 65
Verteilungskurve 59
Verteilungssummenfunktion 67, 70
viskoelastisch 119
viskoelastische Materialien 138, 152
Viskoelastizität 118, 153
viskoses Verhalten 97

Viskosität 97
-, kinematische 104
-, komplexe 139
-, plastische 116
-, scheinbare 114
VOGEL 123
Volumenarbeit 170, 216
Volumenausdehnung 210
Volumenstromdichte 188
Volumenverteilung 65

W
Waage, hydrostatische 42, 44
wahre Dichte 42
Wärme 207, 216
-, latente 217
-, sensible 217
Wärmedurchgangskoeffizient 238
Wärmekapazität 222, 224, 226, 328
-, komplexe 268
Wärmeleitfähigkeit 190, 239
-, effektive 243
-, scheinbare 243
Wärmeleitung 230
-, instationäre 244
-, stationäre 244
Wärmeleitwiderstand 240
Wärmestrahlung 215, 227
Wärmestrom 231, 257
-, nicht-reversiver 268
-, reversiver 268
Wärmestromdichte 188, 230
Wärmestrom-Kalorimetrie 257
Wärmetransport 227
Wärmeübergangskoeffizient 238
Wasser
-, freies 12, 18
-, gebundenes 18
Wasseraktivität 1, 23
Wasserbindung 18
Wasserdampfdurchlässigkeit 201
Wasserdampfpartialdruck 201
Wasserdampf-Permeabilität 201

Wassergehalt 13, 14
Wasser-Monolayer 15
WDD 201
WEISS'sche Bezirke 296
Weißpunkt 340
Wellenzahl 347
wide line NMR 309
Widerstand 192
Widerstandsthermometer 213
WIEDEMANN-FRANZ-Gesetz 239
WILHELMY 178
WINDHAB 116
Windsichtung 81
Winkeldeformation 92
Winkeldeformationsgeschwindigkeit 100
Winkelgeschwindigkeit 100
Wirkanteil 139
Wirkschubmodul 139
Wirkviskosität 140

Y
Yokto 383
Yotta 383
YOUNG 90, 185

Z
Zählrohr 369
Zählverfahren 82
ZAHN 144
Zenti 383
Zentralion 286
Zepto 383
Zerfallskonstante 366
Zerfallsrate 366
Zetta 383
Zugbeanspruchung 87
Zugfestigkeit 88, 160
Zugspannung 87
Zug-Test 157
Zweiphasen-System 213
Zweiplattenmodell 99
Zylinder-Messsystem 123

GPSR Compliance

The European Union's (EU) General Product Safety Regulation (GPSR) is a set of rules that requires consumer products to be safe and our obligations to ensure this.

If you have any concerns about our products, you can contact us on

ProductSafety@springernature.com

In case Publisher is established outside the EU, the EU authorized representative is:

Springer Nature Customer Service Center GmbH
Europaplatz 3
69115 Heidelberg, Germany

www.ingramcontent.com/pod-product-compliance
Ingram Content Group UK Ltd.
Pitfield, Milton Keynes, MK11 3LW, UK
UKHW021255180426
11947UKWH00010B/790